高等学校计算机科学与技术 项目驱动案例实践 系列教材

机器视觉应用开发与项目案例教程

梁立新　林霖　梁震戈　赵建　编著

清华大学出版社
北京

内 容 简 介

本书是学习机器视觉的基础教材,采用"项目驱动"的教学模式,通过完整的智能分拣项目案例,系统地介绍使用机器视觉进行应用开发的方法和技术。本书共 10 章,主要讲解机器视觉、机器视觉智能分拣实训平台、图像与机器视觉系统、图像数据结构和标注、图像特征提取、光学字符识别、图像分类识别、目标检测与识别、人脸识别、机器视觉云服务等。

本书注重理论与实践相结合,内容详尽,与时俱进。本书提供了大量实例,突出应用能力的培养,并将一个实际项目的知识点分解在各章作为案例讲解,是一本实践性突出的教材。

本书适合作为高等学校计算机相关专业的教材,也可供从事机器视觉研究与开发的专业人员参考使用。

图书在版编目(CIP)数据

机器视觉应用开发与项目案例教程/梁立新等编著. --北京:清华大学出版社,2025.8.

(高等学校计算机科学与技术项目驱动案例实践系列教材/李晓明主编). -- ISBN 978-7-302-68866-2

Ⅰ. TP302.7

中国国家版本馆 CIP 数据核字第 2025BG4757 号

责任编辑:张瑞庆 常建丽
封面设计:常雪影
责任校对:郝美丽
责任印制:宋 林

出版发行:清华大学出版社
  网   址:https://www.tup.com.cn,https://www.wqxuetang.com
  地   址:北京清华大学学研大厦 A 座   **邮   编**:100084
  社 总 机:010-83470000   **邮   购**:010-62786544
  投稿与读者服务:010-62776969,c-service@tup.tsinghua.edu.cn
  质量反馈:010-62772015,zhiliang@tup.tsinghua.edu.cn
  课件下载:https://www.tup.com.cn,010-83470236
印 装 者:三河市铭诚印务有限公司
经   销:全国新华书店
开   本:185mm×260mm   **印   张**:28.75   **字   数**:699 千字
版   次:2025 年 9 月第 1 版   **印   次**:2025 年 9 月第 1 次印刷
定   价:79.90 元

产品编号:093837-01

序　言

　　作为教育部高等学校计算机科学与技术教学指导委员会的工作内容之一，自从 2003 年参与清华大学出版社的"21 世纪大学本科计算机专业系列教材"的组织工作以来，陆续参加或见证了多个出版社的多套教材的出版，但是现在读者看到的这一套"高等学校计算机科学与技术项目驱动案例实践系列教材"有着特殊的意义。

　　这个特殊性在于其内容。这是第一套我所涉及的以项目驱动教学为特色，实践性极强的规划教材。如何培养符合国家信息产业发展要求的计算机专业人才，一直是这些年人们十分关心的问题。加强学生的实践能力的培养，是人们达成的重要共识之一。为此，高等学校计算机科学与技术教学指导委员会专门编写了《高等学校计算机科学与技术专业实践教学体系与规范》（清华大学出版社出版）。但是，如何加强学生的实践能力培养，在现实中依然遇到种种困难。困难之一，就是合适教材的缺乏。以往的系列教材，大都比较"传统"，没有跳出固有的框框。而这一套教材，在设计上采用软件行业中卓有成效的项目驱动教学思想，突出"做中学"的理念，突出案例（而不是"练习作业"）的作用，为高校计算机专业教材的繁荣带来了一股新风。

　　这个特殊性在于其作者。本套教材目前规划了十余本，其主要编写人不是我们常见的知名大学教授，而是知名软件人才培训机构或者企业的骨干人员，以及在该机构或者企业得到过培训的并且在高校教学一线有多年教学经验的大学教师。我以为这样一种作者组合很有意义，他们既对发展中的软件行业有具体的认识，对实践中的软件技术有深刻的理解，对大型软件系统的开发有丰富的经验，也有在大学教书的经历和体会，他们能在一起合作编写教材本身就是一件了不起的事情，没有这样的作者组合是难以想象这种教材的规划编写的。我一直感到中国的大学计算机教材尽管繁荣，但也比较"单一"，作者群的同质化是这种风格单一的主要原因。对比国外英文教材，除了 Addison Wesley 和 Morgan Kaufmann 等出版的经典教材长盛不衰外，我们也看到 O'Reilly"动物教材"等的异军突起——这些教材的作者，大都是实战经验丰富的资深专业人士。

　　这个特殊性还在于其产生的背景。也许是由于我在计算机技术方面的动手能力相对比较弱，其实也不太懂如何教学生提高动手能力，因此一直希望有一个机会实际地了解所谓"实训"到底是怎么回事，也希望能有一种安排让现在

PREFACE

教学岗位的一些青年教师得到相关的培训和体会。于是作为2006—2010年教育部高等学校计算机科学与技术教学指导委员会的一项工作，我们和教育部软件工程专业大学生实习实训基地(亚思晟)合作，举办了6期"高等学校青年教师软件工程设计开发高级研修班"，每期时间虽然只是短短的1~2周，但是对于大多数参加研修的青年教师来说都是很有收获的一段时光，在对他们的结业问卷中充分反映了这一点。从这种研修班得到的认识之一，就是目前市场上缺乏相应的教材。于是，这套"高等学校计算机科学与技术项目驱动案例实践系列教材"应运而生。

当然，这样一套教材，由于"新"，难免有风险。从内容程度的把握、知识点的提炼与铺陈，到与其他教学内容的结合，都需要在实践中逐步磨合。同时，这样一套教材对我们的高校教师也是一种挑战，只能按传统方式讲软件课程的人可能会觉得有些障碍。相信清华大学出版社今后将和作者以及教育部高等学校计算机科学与技术教学指导委员会一起，举办一些相应的培训活动。总之，我认为编写这样的教材本身就是一种很有意义的实践，祝愿成功。也希望看到更多业界资深技术人员加入大学教材编写的行列中，和高校一线教师密切合作，将学科、行业的新知识、新技术、新成果写入教材，开发适用性和实践性强的优秀教材，共同为提高高等教育教学质量和人才培养质量做出贡献。

原教育部高等学校计算机科学与技术教学指导委员会副主任、北京大学教授

前　言

　　21世纪,什么技术将影响人类的生活? 什么产业将决定国家的发展? 信息技术与信息产业是首选的答案。高等学校学生是企业和政府的后备军,国家教育部门计划在高等学校中普及政府和企业信息技术与软件工程教育。经过多所院校的实践,信息技术与软件工程教育受到学生的普遍欢迎,并取得了很好的教学效果。然而,也存在一些不容忽视的共性问题,其中突出的是教材问题。

　　从近几年信息技术与软件工程教育研究看,许多任课教师提出目前教材不合适。具体体现在:第一,来自信息技术与软件工程专业的术语很多,没有这些知识背景的学生学习起来具有一定难度;第二,书中案例比较匮乏,与企业的实际情况相差太远,致使案例可参考性差;第三,缺乏具体的课程实践指导和真实项目。因此,针对高等学校信息技术与软件工程课程教学特点与需求,编写适用的规范化教材已刻不容缓。

　　本书就是针对以上问题编写的,作者希望推广一种最有效的学习途径,这就是Project-Driven Learning,即用项目实践带动理论的学习(或者叫作"做中学")。基于此,作者围绕一个真实项目案例贯穿机器视觉各个模块的理论讲解,包括机器视觉、机器视觉智能分拣实训平台、图像与机器视觉系统、图像数据结构和标注、图像特征提取、光学字符识别、图像分类识别、目标检测与识别、人脸识别、机器视觉云服务等。通过项目实践,读者可以对技术应用有明确的目的性(为什么学),对技术原理更好地融会贯通(学什么),也可以更好地检验学习效果(学得怎样)。

本书特色:

1. 重项目实践

　　作者多年项目开发经验的体会是"IT是做出来的,不是想出来的",理论虽然重要,但一定要为实践服务。以项目为主线来带动理论的学习是最好、最快、最有效的方法。通过此书,作者希望读者对机器视觉技术有一个整体了解,减少对项目的盲目感和神秘感,能根据本书的体系循序渐进地动手做出自己的真实项目。

2. 重理论要点

　　本书以项目实践为主线,着重介绍机器视觉理论中最重要、最精华的部分,

FOREWORD

以及它们之间的融会贯通;而不是面面俱到,没有重点和特色。读者首先通过项目把握整体概貌,再深入局部细节,系统学习理论;然后不断优化和扩展细节,完善整体框架和改进项目。本书既有整体框架,又有重点理论和技术。一书在手,思路清晰,项目无忧。

为了便于教学,本书配有教学课件,读者可从清华大学出版社的网站下载。

本书第一作者梁立新的工作单位为深圳技术大学,本书获得深圳技术大学的大力支持和教材出版资助,欧楚怡、陈俊鹏、刘梓濠等参与了教材的编写工作,在此表示感谢。

限于作者水平,书中难免有不足之处,敬请广大读者批评指正。

书中彩图请扫下面二维码获取。

梁立新

2025 年 6 月

C O N T E N T S

目　录

C O N T E N T S

C O N T E N T S

CONTENTS

CONTENTS

CONTENTS

CONTENTS

第
1
章

机
器
视
觉

本章学习目的与要求

本章学习机器视觉的相关知识。了解机器视觉的历史,机器视觉的研究范畴,以及机器视觉的发展和展望。

本章主要内容

- 机器视觉的历史
- 机器视觉的研究范畴
- 机器视觉的发展和展望

1.1 机器视觉的历史

机器视觉技术是计算机学科的一个重要分支,自起步发展至今,机器视觉已经有 30 多年的历史,其功能以及应用范围随着工业自动化的发展逐渐完善和推广。

初级阶段为 1990—1998 年,期间真正的机器视觉系统市场销售额微乎其微,国际上主要的机器视觉厂商还没有进入中国市场。在 1990 年以前,仅在大学和研究所中有一些研究图像处理和模式识别的实验室拥有机器视觉设备。20 世纪 90 年代初,一些来自这些研究机构的工程师成立了他们自己的视觉公司,开发了第一代图像处理产品,使人们能做一些基本的图像处理和分析工作。尽管这些公司用视觉技术成功解决了一些实际问题,例如多媒体处理、印刷品表面检测、车牌识别等,但由于产品本身软硬件方面的功能和可靠性还不够好,它们在工业应用中的发展受到限制。另一个重要的因素是市场需求不大,工业界的很多工程师对机器视觉没有概念,另外很多企业也没有认识到质量控制的重要性。

第二阶段为 1998—2002 年,被定义为机器视觉概念引入期。自 1998 年以来,越来越多的电子和半导体工厂落户广东和上海,带有机器视觉的整套的生产线和高级设备被引入中国。随着这股潮流,一些厂商和制造商开始希望发展自己的视觉检测设备,这是真正的机器视觉市场需求的开始。设备制造商或 OEM 厂商需要更多来自外部的技术开发支持和产品选型指导,一些自动化公司抓住了这个机遇,走了不同于上面提到的图像公司的发展道路——做国际机器视觉供应商的代理商和系统集成商。他们从美国和日本引入最先进的成熟产品,给终端用户提供专业培训咨询服务,有时也和他们的商业伙伴一起开发整套的视觉检测设备。

经过长期市场开拓和培育,不仅是半导体和电子行业,而且在汽车、食品、饮料、包装等行业中,一些顶级厂商开始认识到机器视觉对提升产品品质的重要作用。在此阶段,许多著名视觉设备供应商,如 Cognex、Basler、Data Translation、TEO、SONY 开始接触中国市场寻求本地合作伙伴,但符合要求的本地合作伙伴寥若晨星。

第三阶段从 2002 年至今,我们称之为机器视觉发展期,从下面几点可以看到中国机器视觉的快速增长趋势。

在各个行业,越来越多的客户开始寻求视觉检测方案,机器视觉可以解决精确的测量问题,并更好地提高他们的产品质量,一些客户甚至建立了自己的视觉部门。越来越多的本地公司开始在他们的业务中引入机器视觉,一些是普通工控产品代理商,一些是自动化系统集成商,一些是新的视觉公司。虽然他们绝大多数尚没有充分的回报,但都一致认为机器视觉市场潜力很大。资深视觉工程师和实际项目经验的缺乏是他们面临的最主要的问题。

一些有几年实际经验的公司逐渐清晰了自己的定位,使得它们能更好地发展机器视觉业务。他们或者继续提高采集卡和图像软件开发能力,或者试图成为提供工业现场方案或视觉检查设备的领袖厂商。单纯的代理仍然是他们业务的一部分,但他们已经开始开发自己的技术(在元件和系统的层次上)。经过几年寻找代理的过程,许多跨国公司开始在中国建立自己的分支机构。通常他们在北京、上海、广东、深圳等地建立自己在中国的分支机构,管理关键的客户以及向合作伙伴提供技术和商务支持。

在中国,机器视觉应用起源于 20 世纪 80 年代的技术引进,半导体及电子行业是机器视觉应用较早的产业之一,其都集中在如 PCB 印刷电路组装、元器件制造、半导体及集成电路设备等。机器视觉在该产业的应用推广,对提高电子产品质量和生产效率起了举足轻重的作用。

根据中国行业研究院调研结果显示,2021 年中国机器视觉市场规模达 8.3 亿元人民币,同比增长 48.2%,其中智能相机、软件、光源和板卡的增长幅度都达到 50%,工业相机和镜头也保持了 40%以上的增幅,皆为 2007 年以来的最高水平。机器视觉市场高速增长的主要原因在于:电子制造、市政交通、汽车、食品和包装机械等众多行业需求的大幅增长带来包括机器视觉在内的自动化产品的需求增长;政策性因素和内生式复苏带来的增长在市政交通、汽车和电子制造行业表现明显。

目前,中国正处于经济和社会的高速发展期,随着我国城市化的快速进程及其大量配套工程的展开,如机场、港口、火车站、码头、停车场、客货运站场和枢纽公交站的重要部位,以及高速公路、城市快速干线、城市主干线、中心区各主要路口、城市各出入口、江河主航道、人行天桥、大型桥梁、隧道等重要交通设施、地铁营运线各站出入口、站台通道、旅客列车、地下商场等重要场合都要安装电子眼,并已明确提出急需智能化图像信息处理和分析的高端视觉装备。

为了加强对社会治安的保驾护航,视觉监控已成为一种城市平安防护的根本措施,包括公共汽车、电车、客运船舶等大型公共交通运输工具;公园、会议中心、体育场馆、医院、学校、住宅区、商业街、大型农贸市场等公众活动和聚集场所等重要位置;酒店(宾馆)、餐饮、娱乐场所、办公楼的大堂出入口、电梯和其他主要通道等。与欧洲的一些做法相似,中国的许多大城市将进入百万电子眼的信息化治安时代。

智能图像安保系统需要解决的最重要的技术问题是误报警率。误报警的来源主要包括监控范围里不感兴趣的运动物体,例如控制场以外的人员车辆,快速移动的云的影子,水面上的反光,等等,以及监控设备造成的误报警,例如安装在高处的相机在强风下的抖动,相机自动光圈,亮度调节,等等。尤其在银行金融机构应用领域,还要求在强烈的光线比照下采用自然比照度校正功能看到人物、场景的特征,成为整套监控系统成败的关键。另外,如指纹、瞳孔、人脸特征检测与识别等领域也是机器视觉迅速发展的空间。

机器视觉产业巨大的市场空间为企业开展创造了机遇,同时产业也面临应用障碍,包括预算限制、不易使用、工程实施资源限制、操作人员的承受程度、视觉技术的了解、相对于其他自动化工程的优先级别不够高等。

1.2　机器视觉的研究范畴

机器视觉是一种利用计算机算法和数学模型处理数字图像的技术,其研究范畴包括图像获取、图像处理、特征提取以及目标检测与识别等方面。首先,图像获取是机器视觉技术中不可或缺的步骤,它涉及摄像头、相机等设备,并需要对采集的图像进行预处理。其次,图像处理包括降噪、增强、分割、配准等子领域,主要涉及对图像进行去噪、增强、分隔和匹配等操作,以便更好地进行后续分析和处理。接着,特征提取是机器视觉领域的核心问题之一,其目的是从原始图像中提取出有意义的特征信息,以便完成目标检测、分类等任务。最后,目标检测与识别是机器视觉技术的重点研究领域,其任务是自动识别和定位图像中的物体实例,如人脸、车辆、动物等。这些研究领域共同构成机器视觉技术发展的核心,并在实践中得到广泛应用。

市场对机器视觉行业中备受关注的热门技术,如深度学习、高光谱/多光谱成像、偏振、嵌入式视觉、3D 成像和计算成像等充满了期望。接下来对这些技术的重要性以及它们在视觉行业中的应用发展情况做简要介绍和总结。

深度学习机器如何独立于人类交互来处理信息和对信息采取行动,是许多研究领域中的一个重要方向。在视觉市场上,深度学习技术的最早且现在最成熟的用途之一是在工业检测领域,例如 PCB 检测系统。深度学习的软件模型和硬件系统正在视觉世界的许多其他领域快速部署。深度学习软件用于分析房屋的卫星图像以进行太阳能潜力调查,市政部门将深度学习用于路牌位置分类。到目前为止,深度学习技术已经取得了进步,可以将其部署在智能手机上,以提供个性化的皮肤检测或儿童的视力障碍检测,甚至可以利用现成的相机看到角落。

高光谱/多光谱成像是一种可以同时获取物体表面多个波段光谱信息的成像技术。传统的彩色图像只包含红、绿、蓝 3 个波段的信息,而高光谱/多光谱成像技术则可以获取更多的光谱信息,从而提高对物体的识别和分析能力。这种技术可应用于许多领域,如地球观测、农业、环境监测、医学影像等。例如,在农业领域,可以通过高光谱/多光谱成像技术识别和分类不同作物和害虫,以实现精准施肥和农药喷洒,从而提高产量和保护环境。在地球观测领域,高光谱/多光谱成像技术可以帮助科学家对地球表面进行精细的观测和分析,例如检测海洋污染、植被分布情况等。在医疗影像方面,高光谱/多光谱成像技术可以帮助医生更好地观察组织和细胞的特征,从而更准确地诊断疾病。

机器视觉偏振是一种利用偏振光学原理实现对物体表面特征分析的方法。偏振光指的是光波在传播过程中,与介质相互作用而发生的偏振现象。当光波被反射或透射时,其偏振状态会发生改变,这种改变可以用来描述物体表面的形态、材质和组成等特征。机器视觉偏振技术通常使用偏振滤波器(Polarizer)和偏振旋转器(Retarder)分析光的偏振状态。其中,偏振滤波器可以将光波按照偏振方向进行筛选,只通过符合条件的光波;而偏振旋转器则可以改变光波的偏振方向,从而实现对光波偏振状态的调制。机器视觉偏振技术在工业、医疗、安防、农业等领域都有广泛的应用。例如,在工业制造中可用于检测表面缺陷、划痕、裂纹等;在医疗诊断中可用于皮肤病变的检测和分析;在农业中可用于作物生长状态的监测和评估。

嵌入式视觉是指将图像处理算法及相关硬件模块集成到单个嵌入式系统中,以实现对数字图像的实时处理和分析。具体来说,嵌入式视觉系统通常由以下几部分组成。首先是摄像头/图像采集模块,用于捕获场景中的数字图像;其次是图像预处理模块,针对采集到的图像进行去噪、滤波、增强等处理,以提高后续算法的性能和鲁棒性;接着是特征提取和识别模块,使用计算机视觉算法(如边缘检测、特征点提取、目标检测、分类器等)从图像中提取出目标物体的特征,并进行识别或分类,例如人脸识别、车辆识别等。此外,数据传输模块也非常重要,它能将采集到的图像数据和算法处理结果传输给其他设备或系统,例如云端服务器、移动设备等。最后,控制模块管理嵌入式视觉系统的各个模块之间的协调和交互,包括图像采集的控制、算法的运行控制等。总的来说,嵌入式视觉系统具有高度的可定制化和灵活性,可以用于各种应用场景,例如智能家居、智能制造、无人驾驶等。同时,由于其紧凑的设计和低功耗特性,嵌入式视觉系统也非常适合在嵌入式设备、物联网设备等资源受限的环境下使用。"嵌入式视觉"是一项很难分解为单一定义的技术。从最基本的定义看,嵌入式视觉技术旨在能在无人机等非常小的平台上运行。专为工厂安装而设计为独立单元的工业 PC 也符合嵌入式技术的定义。OpenMV 总裁兼联合创始人 Kwabena Agyeman 讲了一个故事,讲述了廉价串行相机模块的开发如何启发了流行的开源嵌入式相机平台的创建。OpenMV 只是嵌入式视觉的许多开源体系结构之一。低成本开发工具还有助于视觉在该行业的增长。由于这些努力,随着越来越多的应用程序被设计和实现,"嵌入式视觉"的定义将继续变得模糊。在嵌入式视觉的情况下,可以将不清楚的定义视为成功的标志!

3D 成像指的是通过数字技术将物体或场景进行三维重建,并生成可以在计算机屏幕上显示的 3D 模型。它使用的方法主要包括立体摄影、激光雷达扫描、计算机视觉等。立体摄影是一种利用红色/蓝色滤镜和立体相机捕捉两个不同位置的图像,再将它们合并成一个 3D 图像的方法。激光雷达扫描则是利用激光束对目标物体进行扫描,根据激光反射信号的强度分析出物体表面的形状,最终生成 3D 模型。计算机视觉则是通过分析多张 2D 图片之间的位移关系,计算出物体外形的 3D 信息。

计算成像是通过计算机图形学和数字信号处理技术,利用数学模型对现实世界中的三维物体进行建模、渲染和重构,生成二维或三维图像的过程。为了实现这一目标,计算成像一般包括以下几个步骤。首先是三维建模,使用计算机辅助设计软件或三维扫描设备等工具,将真实的三维物体建立起来,并生成相应的三维模型;其次是几何变换,将三维模型进行旋转、平移、缩放等变换操作,以得到不同角度和大小的视图;接着是光照模型,通过光照模型对三维物体进行表面反射、漫反射和阴影等处理,使其看起来更加逼真。此外,还需要将三维模型投影到二维平面上,生成相应的二维图像,这就是投影变换;同时,还需要将纹理贴图映射到三维模型表面,使其具有更真实的外观,这就是纹理映射。最后,需要对生成的二维或三维图像进行色彩、亮度、对比度等处理,以达到最终的视觉效果,这就是渲染处理。总的来说,计算成像广泛应用于电子游戏、电影制作、虚拟现实、医学成像等领域。其优点在于可以快速、准确地生成逼真的图像,同时也能提高设计者和用户之间的沟通效率,加速产品开发和创意表达的过程。计算成像通常在其他系统中起辅助作用,因为计算成像本质上是一种增强捕获图像的方法,例如合并在不同条件下拍摄的图像。光度立体视觉也是一种计算成像技术,可用来增强图像对比度的组合图像与不同的方向照明。计算成像算法允许研究人员利用激光雷达系统发射的单个光子进行远距离拍照。计算生成的高动态范围图像可用于测量钢铁产品的油漆涂层厚度。目前,机器视觉开发人员可能只触及了计算机成像所能完成的工作的皮毛,以后我们将继续关注它们的进展。

1.3　机器视觉的发展和展望

机器视觉发展至今,早已不是单一的应用产品。机器视觉的软硬件产品已逐渐成为生产制造各个阶段的必要部分,这就对系统的集成性提出更高的要求。工业自动化企业要求能与测试或控制系统协同工作的一体化工业自动化系统,而非独立的视觉应用。在现代自动化生产过程中,人们将机器视觉系统广泛用于工况监视、成品检验和质量控制等领域。

随着全球制造中心向中国转移,中国机器视觉市场正在继北美、欧洲和日本之后,成为国际机器视觉厂商的重要目标市场。目前包括中国和日本在内的亚太地区占全球的比重突破 20%,已经超过欧洲,位居全球第二大区域市场。

从产业发展生命周期看,国际机器视觉产业已经处于成熟期,在诸如工业 4.0 等市场热点的推动下,预期未来 3～5 年,欧洲、北美、日本机器视觉技术仍将不断有创新,国际机器视觉市场有望保持现有市场规模,并继续增长。国内机器视觉产业目前还处于成长期,从 2014 年、2015 年情况看,我国机器视觉产业已积累了足够的技术、市场、行业经验,且已步入快速发展阶段。

从全球市场角度看,机器视觉行业已经走向成熟,2006—2015 年,国外机器视觉市场专利数量逐年下降。全球机器视觉专利分布主要集中在美国、欧洲、日本等发达国家,欧美在机器视觉领域的技术处于统治地位。

随着人工智能技术的不断发展,AI 芯片的出现使得机器视觉领域得到空前的发展。相比于传统 CPU,AI 芯片具有较高的运算速度和低功耗的特点,能快速处理海量的图像数据,为实时图像分析提供了基础支持。同时,算法的优化也是机器视觉发展的重要驱动力之一,例如深度学习、卷积神经网络等算法的不断优化与改进,使得机器视觉系统在分类、检测等任务中取得了更加精准的结果。此外,不断涌现的新算法和新技术,如强化学习、迁移学习、生成对抗网络等,也为机器视觉领域带来新的思路和方法。因此,AI 芯片和算法的优化将成为机器视觉发展的重要驱动力,推动机器视觉技术在各个领域的应用和发展。

近年来,随着数据集的增大和硬件设备的不断升级,机器视觉技术正在发生革命性变化,未来将有更多的应用场景和更高的性能需求。人工智能与机器视觉的结合将会更加紧密。机器视觉技术可以为人工智能提供更精确、更全面的视觉数据。图像、视频、三维模型等数据都是机器学习模型训练的重要输入,因此机器视觉将成为人工智能技术中的核心之一。同时,人工智能也将为机器视觉提供更丰富的思路和方法论,例如强化学习、元学习等新兴算法的应用将进一步推动机器视觉的发展。更大规模的数据集也将是机器视觉未来的一个趋势。由于深度学习模型需要大量的训练数据来实现高质量的预测,未来的机器视觉技术将需要更多、更广泛的数据集来支撑。这包括从图像和视频到点云和三维重建等各种形式的数据,并且还需要考虑数据的多样性、复杂度和规模等问题。因此,机器视觉领域将需要更加高效的数据采集、标注和管理方法。更强大的计算资源也是机器视觉未来的一个关键趋势。随着深度学习模型的不断发展和扩展,模型的参数量急剧增长,对计算资源的需求也在不断提高。为了满足高质量、高效率的计算需求,机器视觉技术将需要更快、更强大的硬件设备来支持。例如,GPU、TPU 等专业加速器的应用将会成为机器视觉领域中的主流。

1.4 本书结构

本书共 10 章,内容涵盖机器视觉领域的基础理论、实践技术和应用案例。

第 1 章从历史、研究范畴和未来展望的角度概述机器视觉的发展现状和未来趋势。

第 2 章介绍智能分拣实训平台的硬件和软件系统,通过演示系统的综合操作,帮助读者全面了解该系统以及其在实际场景中的应用。

第 3 章深入讲解机器视觉系统的构成以及开源工具 OpenCV 的使用方法,为读者提供理论基础和实践支持。

第 4 章重点探讨图像数据采集和标注的原理和操作方法,为后续的图像分析和识别打下坚实基础。

第 5 章详细讲解各种图像特征提取的方法和应用案例,包括传统方法和深度学习方法,使读者能灵活选择适合自己需求的方法。

第 6 章着眼于光学字符识别技术,介绍相关概念、算法和应用案例。

第 7 章深入探讨深度学习理论,结合卷积神经网络和迁移学习技术,详细讲解图像分类识别的方法和实现过程。

第 8 章从目标检测与识别的角度出发,介绍传统算法和深度学习框架下的实现方式,使读者能全面掌握该领域的最新进展和应用场景。

第 9 章基于人脸识别应用,介绍基于人脸识别原理、人脸检测与人数统计技术和人脸识别技术,最后通过案例更好地实现人脸识别应用。

第 10 章以机器视觉云服务为主题,介绍百度云服务的卡证识别、图像分类和人物特征识别,并举例说明基于百度云服务的车标图像识别应用案例,帮助读者更好地理解云服务在机器视觉领域中的应用。

1.5　本章小结

　　本章的主要内容是关于机器视觉的概述。我们了解到机器视觉是一门涉及图像处理、模式识别、计算机视觉等多个学科领域的交叉学科,它的发展离不开硬件设备的进步和算法模型的改进。我们回顾了机器视觉的历史,了解到它的起源可以追溯到 20 世纪 50 年代,随着计算机技术的发展和应用,机器视觉也得以快速发展。现在,机器视觉在很多领域都有广泛的应用,如工业自动化、医疗健康、无人驾驶、安全监控等。此外,本章还介绍了机器视觉的研究范畴,包括图像获取、图像处理、特征提取、目标检测与识别等方面。这些研究领域都是机器视觉技术发展的核心。最后,讨论了机器视觉的未来发展和展望。随着深度学习和神经网络技术的发展,机器视觉将会得到更加广泛的应用和发展。同时,AI 芯片的发展和算法的优化也将成为机器视觉发展的重要驱动力。

习题 1

1. 机器视觉的历史是什么?
2. 机器视觉的研究范畴有哪些?
3. 机器视觉的发展和展望如何?

第 2 章 机器视觉智能分拣实训平台

本章学习目的与要求

本书采用"项目驱动"(Project-Driven Learning)的教学模式,通过完整的智能分拣实训平台学习机器视觉应用开发的理论和技术。本章学习智能分拣实训平台(AI-InRB)的基本介绍,智能分拣实训平台是基于机器视觉技术和机器人智能控制技术实现工厂机械臂的智能识别和分拣应用。

本章主要内容

- 智能分拣实训平台的基本介绍
- 智能分拣实训平台的硬件设备
- 智能分拣实训平台的软件系统
- 系统的综合演示

2.1 智能分拣实训平台的基本介绍

本书采用"项目驱动"的教学模式,通过完整的智能分拣实训平台介绍使用机器视觉进行应用开发的方法和技术。智能分拣实训平台的产品图片和主要部件示意图如图 2-1 所示,其部件相关说明如下。

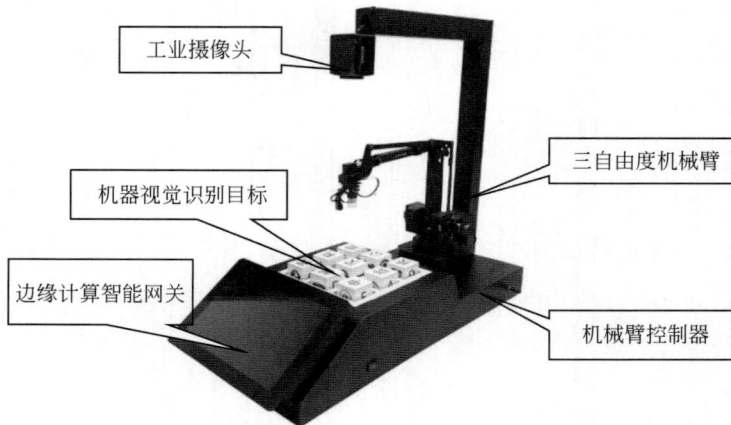

图 2-1 智能分拣实训平台的产品图片和主要部件示意图

工业摄像头：通常用于捕捉要分拣的物品的图像。这些图像可以传输到计算机中,以进行图像处理和识别。

机器视觉识别目标：机器视觉技术用于识别要分拣的物品。通过对摄像头捕获的图像进行分析,机器学习算法可以确定物品的特征,并将其与预定义的模板或数据库中的图像进行比较,从而确定物品的类别。

边缘计算智能网关：负责处理、识别和分类任务,在机器视觉的基础上提供更高级别的决策,同时减少对云服务的依赖。它还可以协调机器人和其他设备之间的通信,并处理实时数据以支持快速决策。

三自由度机械臂：负责在识别和分类后,对物品进行抓取和放置。它可以通过旋转、弯曲和伸展,精确地控制机械臂的位置和方向,以完成分拣任务。

机械臂控制器：是机器人的大脑,负责控制机械臂的运动。它接收来自计算机和传感器的指令,并将其转换为机械臂的动作。通过与机器视觉系统和其他设备的协调,机械臂控制器可以确保机械臂按照正确的路径和速度执行任务,从而实现高效的分拣过程。

智能边缘计算网关会对这些图像进行初步的处理。这个过程可以包括以下几个步骤：

(1) 图像压缩：将原始的图像数据进行压缩,以减少数据传输的带宽和存储成本。常见的图像压缩算法包括 JPEG、PNG 等。

(2) 去噪：在图像传输过程中,可能会受到各种噪声的干扰,如电磁干扰、光线反射等。因此,在图像处理之前,需要对图像进行去噪处理,以提高图像的清晰度和质量。

(3) 亮度调整：根据具体的场景需求,有时需要对图像的亮度进行调整,以确保图像能清晰地表达出所要表达的信息。

(4) 图像格式转换：不同的设备和系统支持不同的图像格式。因此,在处理过程中,可能需要将图像转换为特定的格式,以便后续处理和显示。

(5) 完成这些初步处理后,智能边缘计算网关会将图像流传递给神经网络模型进行深度学习分析。分析结果可用于各种自动化应用中,例如人脸识别、目标跟踪、视频监控等。

通过该平台,可以学习到智能制造和智能物流领域各种机器人的机械臂控制技术。智能分拣实训平台产品特性如下：基于嵌入式平台实现边缘计算智能；基于深度学习的目标物体识别；机械臂精准定位和目标拾取；机械臂控制算法可扩展,可采用强化学习控制机械臂；本书介绍该平台并提供图像分类、目标抓取两类多实训项目。通过理论学习和开发实践以及综合项目开发,掌握智能分拣 AI 支持的原理、功能和开发技术,从而具备基本的开发能力。

智能分拣实训平台的主要应用场景是在物流、仓储和制造等领域中,用于提高货物分类、分拣的效率和准确性。具体来说,它可应用于以下场景。

对于物流分拣场景,智能分拣实训平台可利用计算机视觉技术和机器学习算法,对快递包裹进行识别和分类,自动将其归入相应的类别中,例如根据目的地、质量、尺寸、服务类型等分类,这样可以大大减少人工分拣的时间和成本,同时提高效率和准确性。

在仓储分拣场景下,智能分拣实训平台可以通过扫描条码或 RFID 标签识别货物,并且根据预设的规则自动将货物归类到正确的位置。此外,还可以使用机器人等自动化设备进行分拣,进一步提高操作效率和准确性。

对于制造产线场景,智能分拣实训平台可以将零件按照特定要求进行分类,例如根据形状、材质、尺寸等特征进行分类,同时也可以自动检测零件的质量和完整性,以确保生产流程顺畅与品质的一致性。

2.2 智能分拣实训平台的硬件设备

智能分拣实训平台的核心硬件由一款桌面级四轴迷你开源机械臂以及高性能的智能边缘计算网关 GW3399 组成,另外使用高清摄像头采集图像,图像传输到智能边缘计算网关,智能边缘计算网关运行神经网络模型对图片流进行分析,返回处理结果并能控制机械臂进行相关的追踪动作。智能分拣实训平台设备参数如表 2-1 所示。

表 2-1 智能分拣实训平台设备参数

设 备 部 件	参 数 指 标
主控单元	智能边缘计算网关采用工业级铝合金一体屏设计,AI 最强嵌入式边缘计算处理器 RK3399,4GB+16GB 内存配置,10 英寸高清电容屏,可运行 Ubuntu、ROS、Android 多种操作系统,能完成人工智能视觉、机器控制等课程的教学和实验实践
执行机构	三自由度铝合金机器臂,采用步进电动机及减速器式驱动,12 位磁编码器,精准动作,最大末端运动速度达 100mm/s,能够快速抓取反应
视觉分析仪	ONTOP X2 高清摄像头,自动高速对焦;集成低亮度补偿感光芯片,自动曝光、自动增益、自动白平衡。详细参数如下。 1. 像素:500 万; 2. 分辨率:最高支持 2592×1944 像素; 3. 对焦方式:自动高速对焦,对焦时间为 0.7s; 4. 帧数:最高 30 帧; 5. 视角:75°; 6. 供电:工作电压为 DC 5V,USB 直接供电;工作电流为 120~320mA
主体框架	1. 整体尺寸:598×265×400(长×宽×高,单位 mm); 2. 底盘材质:304 不锈钢; 3. 支架材质:铝合金型材; 4. 目标托盘:3×3 木质九宫格,每格尺寸 50×50×20(长×宽×高,单位 mm)

智能边缘计算网关是一个硬件设备,具有较强的计算处理能力和存储数据的能力。当摄像头捕捉到图像后,这些图像会被传输到智能边缘计算网关中。智能边缘计算网关可以对这些图像进行初步的处理,例如图像压缩、去噪、亮度调整等。

2.2.1 机械臂

机械臂是一款四轴迷你的桌面级机械臂,三自由度铝合金机器臂,采用步进电动机及减速器式驱动,12 位磁编码器。一款基于开源硬件 Arduino 的开发板用于控制整个操作,最大的特点是底部转盘,所有动力装置都装在此处以减少机械臂部分的质量,从而减少惯性动作对稳定性的影响,同时也能增加机械臂的负载能力以提高效力,如图 2-2 所示。

2.2.2 边缘计算主机

智能边缘计算网关是一种基于嵌入式边缘计算技术的设备,它采用工业级铝合金一体屏设计,外观坚固耐用,适用于各种恶劣环境下的应用,如图 2-3 和图 2-4 所示。该设备配备了

图 2-2 机械臂示意图

高精度减速机

Arduino Mega
2560主板

500g负载
0.2mm重复定位精度
50~320mm工作范围

最强的嵌入式边缘计算处理器 RK3399,这是一款高性能、低功耗的处理器,能提供出色的计算和处理能力。智能边缘计算网关还配备了 4GB＋16GB 内存,可以保证在运行多个任务时的稳定性和流畅性。同时,它还拥有 10 英寸高清电容屏,可以为用户提供清晰、舒适的视觉体验。该设备支持多种操作系统,包括 Ubuntu、ROS、Android 等,用户可以根据自己的需求选择不同的操作系统完成各种任务。此外,智能边缘计算网关还具备人工智能视觉和机器控制能力,可以帮助用户完成各种教学和实验实践任务,如机器人控制、图像识别等。

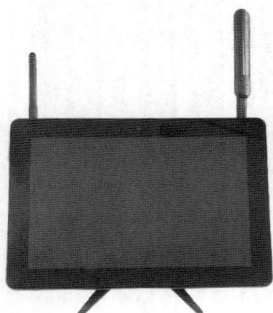

图 2-3 AI 智能边缘计算网关正面

图 2-4 AI 智能边缘计算网关背面

AI 智能边缘计算网关提供丰富的外设接口,便于功能扩展,方便开发与调试。智能边缘计算网关上下部接口示意图如图 2-5 所示。

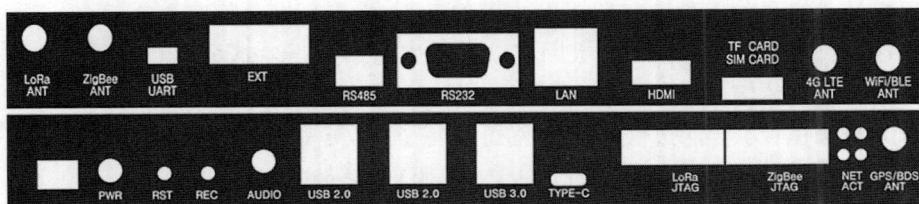

图 2-5 智能边缘计算网关上下部接口示意图

(1) USB 接口:智能边缘计算网关配备了多个 USB 3.0 接口和一个 USB 2.0 接口,可以连接各种外设设备,如鼠标、键盘、U 盘、摄像头等。

（2）网络接口：该设备支持千兆以太网接口和双通道 WiFi 接口，可以实现高速网络连接，支持远程控制和数据传输。

（3）HDMI 和 DP 接口：智能边缘计算网关配备了 HDMI 和 DP 接口，可以连接显示器或投影仪，实现高清视频输出。

（4）GPIO 接口：该设备具有 GPIO 接口，可以连接各种传感器和执行器，如温度传感器、光线传感器、舵机等，支持基于物联网的应用开发。

（5）音频接口：智能边缘计算网关配备了音频 I/O 接口，可用于音频采集和播放。

智能边缘计算网关的内部框架示意图如图 2-6 所示。

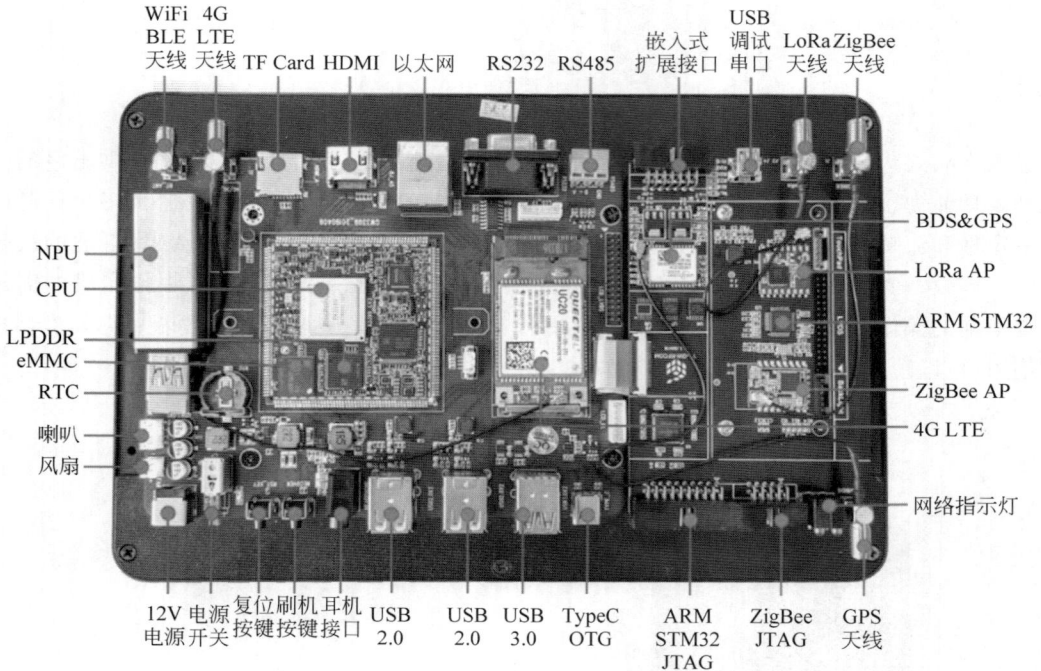

图 2-6　智能边缘计算网关的内部框架示意图

硬件框架：

中央处理器（CPU）：该设备采用 Rockchip RK3399 处理器，拥有双核 Cortex-A72 和四核 Cortex-A53 CPU，配合 Mali-T860 GPU，具有强大的计算和图形处理能力。

存储器：智能边缘计算网关配备了 4GB DDR3 RAM 和 16GB eMMC 闪存存储器，这些存储器提供了充足的存储空间用于安装操作系统、应用程序和数据文件。

网络接口：该设备支持千兆以太网接口和双通道 WiFi 接口，可实现高速网络连接，支持远程控制和数据传输。

显示屏和触控板：智能边缘计算网关还配备了 10 英寸高清电容屏，可以为用户提供清晰、舒适的视觉体验，同时还带有触控板，方便用户进行输入和控制。

外设接口：该设备提供了多个 USB 3.0 接口和一个 USB 2.0 接口，还配备了 HDMI、DP 接口、GPIO 接口和音频接口，可以方便地进行功能扩展和开发调试。

软件框架：

操作系统：智能边缘计算网关支持多种操作系统，包括 Ubuntu、Android 等，用户可以根据自己的需求选择不同的操作系统完成各种任务。

开发工具：该设备还提供了丰富的开发工具，如 Python、C++ 编译器、ROS 机器人操作系统、OpenCV 图像处理库等，方便用户进行应用程序开发和实验研究。

应用程序：智能边缘计算网关还预装了多个常用应用程序，如 Office 办公套件、浏览器、邮件客户端和媒体播放器等，满足用户日常使用需求。

2.2.3 高清摄像头

高清摄像头采用 1080P 工业级 AI 宽动态摄像头，125°广角镜头焦距，支持自动聚焦，采用高品质 CMOS 传感器，传输速度快，成像效果好，传输稳定，具有 AI 视觉图像视频捕捉处理功能，支持 USB 免驱即插即用，如图 2-7 所示。

智能分拣实训平台提供丰富的应用拓展模块，可完成视觉、语言、感觉、控制等 AI 知识点的学习和项目开发，用户可根据应用需求选型和搭配。应用拓展模块见表 2-2。

图 2-7　高清摄像头示意图

表 2-2　应用拓展模块

名称	图片	描述
4G LTE 模块		(1) 网络：FDD-LTE/TDD-LTE/WCDMA/TD-SCDMA/GSM/EDGE； (2) 制式：CMCC/CUCC(B1/B3/B8/B34/B38/B39/B40)； (3) 工作频带：HSPA1900/2100，GSM 900/1800； (4) 高速 USB 2.0 接口、PCI-E 接口； (5) 支持短信、数据、电话本、PCM 语音功能； (6) 支持 IPv4、IPv6 协议； (7) 支持 LTE 多频； (8) 支持最大 150Mb/50Mb/s 的理论上下行数据传输速率； (9) 可安装到智能网关板载使用
BDS&GPS 模块		(1) 北斗/GPS 双系统模块； (2) 支持双频：北斗 B1，GPS L1； (3) 定位精度(RMS)：2.5m CEP； (4) 速度精度(RMS)：GPS/GNSS：0.1m/s，北斗：0.2m/s； (5) 可安装到智能网关板载使用
传感网 AP 模块		(1) LoRa&LoRaWAN 双传感网 AP 模组，支持 LoRa&LoRaWAN 传感网设备接入，提供 JTAG 调试接口； (2) ZigBee 传感网 AP 模组，支持 ZStack 传感网设备接入，提供 JTAG 调试接口
AI 高清摄像头		(1) 1080P 工业级 AI 宽动态摄像头； (2) 125°广角镜头焦距，支持自动聚焦； (3) 提供远程网络视频远程传输功能，AI 视觉图像视频捕捉处理功能； (4) 能接入 AI 机器视觉/语音教学平台使用； (5) 提供基于 AI 机器视觉/语音教学平台的人脸识别系统案例

名称	图 片	描 述
AI麦克风阵列		(1) 麦克风阵列，提供声源定向、声场成像、波束形成、语音唤醒、语音识别等功能； (2) 带硬件浮点运算的 RISC-V 双核 64 位处理器，主频最高为 800MHz； (3) 具备机器听觉能力和语音识别能力，内置语音处理单元(APU)； (4) 具备卷积人工神经网络硬件加速器 KPU，可高性能进行卷积人工神经网络运算； (5) 快速傅里叶变换加速器(FFT Accelerator)； (6) 内置 ARM STM32 USB 音频驱动芯片，提供 USB 声卡驱动，开放源代码； (7) 模块采用 USB 接口输出，需能接入 AI 机器视觉/语音教学平台使用

2.3 智能分拣实训平台的软件系统

智能分拣实训平台内置丰富的软件资源，方便用户进行课程教学、项目开发、售后服务等，包括智联平台、应用引擎、网络融合、远程协助、内网穿透等。

智联平台：实验平台内置 AI 智联中间件引擎，集成 AI 系统运行环境、图像/视频算法库、神经网络算法库、智能硬件资源库，提供算法、模型、应用耦合的开发框架，实现算法、模型、硬件、应用的模块化统一接口，能快速替换任意模块进行 AI 智联网应用开发。

应用引擎：实验平台内置 Python Django Web 引擎，提供智联网 Web 应用服务。同时，为了解决 Web 应用的部署和远程调用，为每个实验平台分配二级域名访问，实现实验平台 Web 应用的远程访问和 API 调用。

网络融合：实验平台内置智联网多网协议网关服务，支持 ZigBee、LoRa、LoRaWAN、BLE、WiFi、NB-IoT、LTE 等传感网接入，为异构网络提供认证服务、数据接入、地址解析、数据推送和网络配置服务。

远程协助：实验平台内置 SSH 服务和 VNC 服务，支持终端的调试和桌面的远程调用，同时为远程访问提供二级域名及端口，提供多用户基于互联网远程登录实验平台，方便工程师异地远程进行软件调试、部署及故障跟踪。

内网穿透：为了避免高校内网的网络中心和防火墙等限制，实现摄像头等局域网设备远程调用和编程，实验平台内置内网穿透服务，为 USB 摄像头和 IP 摄像头分配唯一的访问域名及编程接口，无须进行复杂的内网端口配置及网络权限申请即可远程调用。

课程资源：智能分拣实训平台提供企业级教材和相关教学资源，能满足机器视觉、自然语言、嵌入式 Linux、人工智能中间件、人工智能应用实训等课程的实验和实训需求。

本系统采用 Python Django 框架编写，前端 Web 系统界面简洁明了，易于操作。软件系统中包含如下的机器视觉功能。

中文汉字识别：分别是中、智、讯、武、汉、科、技、公、司，如图 2-8 所示。

英文字母识别：分别是 A、B、C、D、E、F、G、H、I，如图 2-9 所示。

数字识别：分别是 1、2、3、4、5、6、7、8、9，如图 2-10 所示。

汽车标志识别：分别是宝马、雪铁龙、大众、一汽、法拉利、福特、福田、本田、Mini 的牌子车标，如图 2-11 所示。

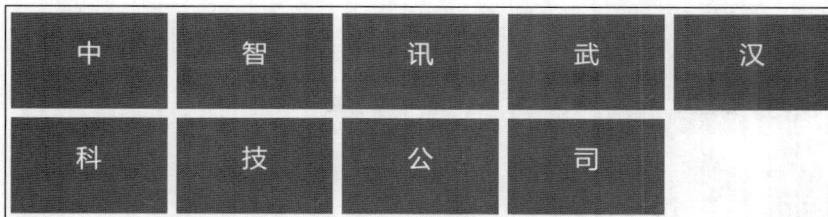

图 2-8　中文汉字识别示意图

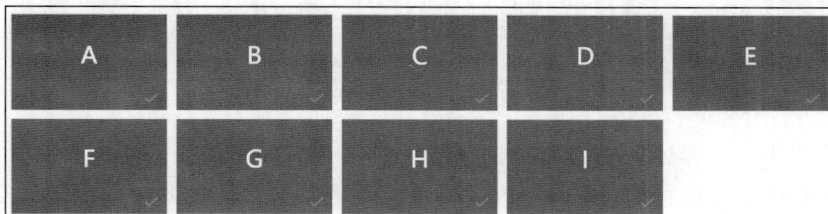

图 2-9　英文字母识别示意图

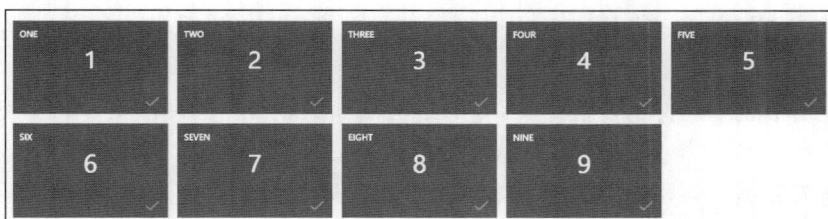

图 2-10　数字识别示意图

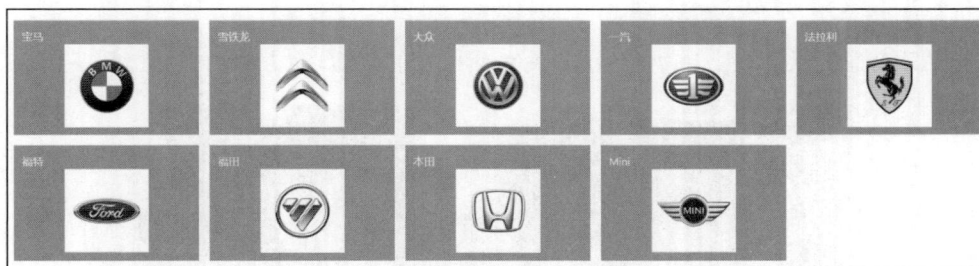

图 2-11　汽车标志识别示意图

交通标志识别：分别是小心警告、小心滑倒、限速 80、道路维修、注意行人、注意野生动物出没、直行或右转、停车、环岛的图片标识，如图 2-12 所示。

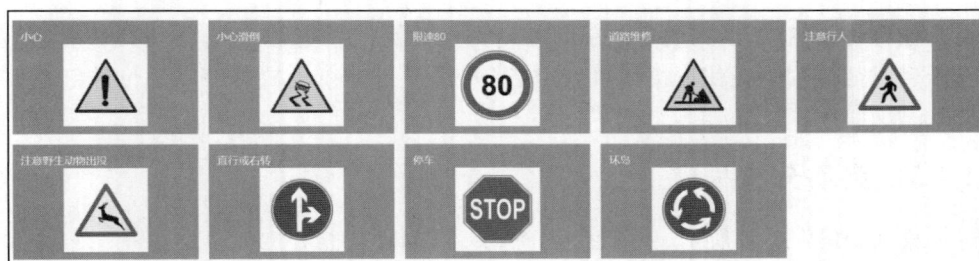

图 2-12　交通标志识别示意图

动物识别：分别是狐狸、兔子、狮子、老鼠、蜗牛、老虎、比目鱼、大象这几类图片的识别，如图 2-13 所示。

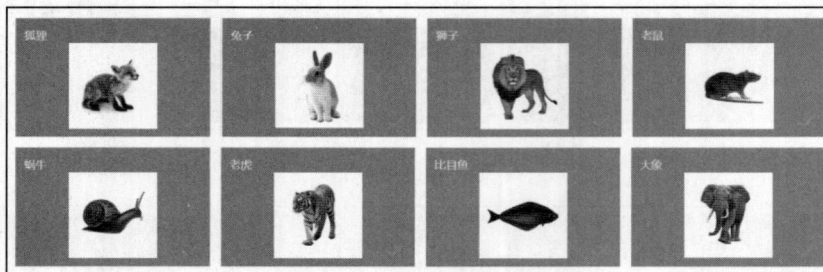

图 2-13　动物识别示意图

通过识别获取目标位置，从而控制机械臂。

运行该系统应先进行软件环境配置，具体参考附录完成配置边缘计算网关网络、配置边缘计算网关音频、配置智云网关服务、配置智能产业套件的无线节点。

2.4　系统的综合演示

前面介绍了整个硬件的功能结构，以下是机械臂抓取目标的具体操作和实现。

操作演示在 GW3399 上进行，默认环境配置已安装完成，具体参考附录 B。

智能网关提供了远程协助服务，供技术人员远程登录智能网关，检查各应用模块运行状况，监测机械臂运行情况，从而减小传统实验设备的调试和技术支持难度。

2.4.1　设备启动

首先开启总开关，如图 2-14 所示，开关在分拣台的侧边，为方框内按钮。

图 2-14　总开关示意图

2.4.2　机械臂启动

当机械臂将要启动时，需要将机械臂手动调至初始位靠左边一点，如图 2-15 所示。

未开启时需要用手托住下机械臂，机械臂开机按钮是在机械臂底座部位的红色按钮，如图 2-16 所示。

2.4.3　启动分拣程序

进入桌面，如图 2-17 所示，单击智能分拣文件，启动智能分拣程序。

图 2-15 机械臂位置示意图

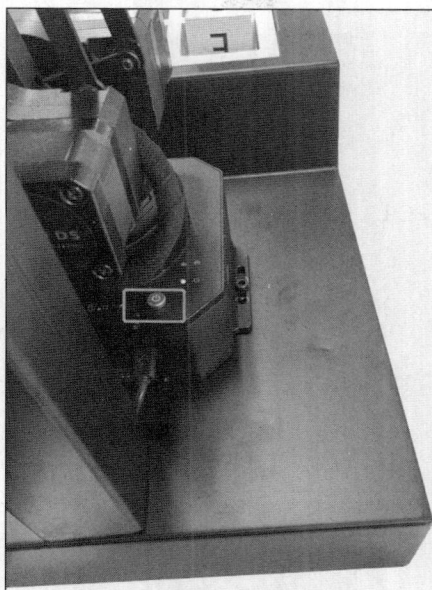
图 2-16 机械臂开机按钮示意图

图 2-17 桌面示意图

单击之后会等待一定时间,当弹出终端的显示如图 2-18 所示,则说明系统已完全启动。

找到浏览器,如图 2-19 所示。在浏览器中输入地址 127.0.0.1:8080,如图 2-20 所示。

单击大类中的小目标,当摄像头拍摄的图片识别正确后,会获取目标的位置,机械臂会对目标进行抓取。

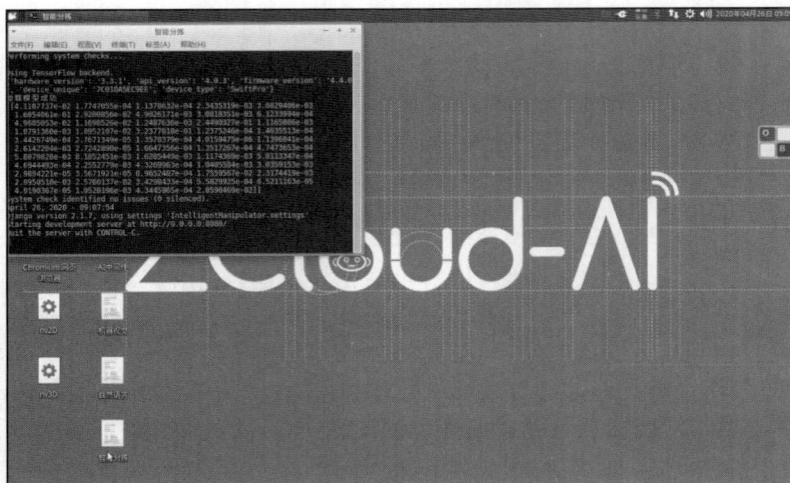

图 2-18　弹出终端示意图

图 2-19　浏览器图标

图 2-20　输入地址示意图

2.5 本章小结

本章主要介绍了智能分拣实训平台(AI-InRB),包括其应用场景、技术特点等,同时也介绍了该平台涉及的硬件设备和软件系统,以及简单的系统演示。通过了解智能分拣实训平台,我们可以更好地了解机器视觉技术和机器人智能控制技术的应用现状以及未来发展方向。接下来,我们将结合智能分拣系统项目案例学习机器视觉原理和技术。

习题 2

1. 什么是智能分拣实训平台?
2. 智能分拣实训平台是如何实现工厂机械臂的智能识别和分拣的?
3. 智能分拣实训平台包含哪些硬件设备?
4. 智能分拣实训平台的主要应用场景是什么?

第 3 章 图像与机器视觉系统

本章学习目的与要求

学习机器视觉首先要了解图像处理基础。通过本章的学习,能了解图像处理基础,认识机器视觉系统,掌握机器视觉工具的使用,学会机器视觉软件的安装,熟悉开发环境,学会简单的 OpenCV 程序的设计与运行。

本章主要内容

- 图像处理基础
- 机器视觉系统
- 机器视觉工具
- 机器视觉软件
- OpenCV 程序设计与运行
- 图像数据采集应用案例

3.1 图像处理基础

图像处理是指对数字图像进行各种操作和处理的技术,包括色彩空间转换、图像滤波、图像分割、特征提取和目标识别等。色彩空间转换可将图像从一种颜色表示方式转换为另一种,以便更好地显示或分析图像。图像滤波则可以有效地去除噪声和增强图像的细节。图像分割可将图像分成若干子区域,以便更好地分析和识别其中的信息。特征提取则是通过分析图像中的关键特征来描述和识别图像,而目标识别则是找出图像中与预先定义好的目标匹配的区域。本节将详细介绍这些图像处理技术的原理和应用。

3.1.1 色彩空间

色彩空间(Color Space)是对色彩的组织方式。借助色彩空间和针对物理设备的测试,可以得到色彩的固定模拟和数字表示。模式识别类的研究不可避免地会用到特征,或高阶特征,或低阶特征,或人为设计的特征,或神经网络自动学习的特征,而色彩空间就是一种有效的图像特征。我们经常用颜色直方图作为图像描述符,可以根据图像的色彩分布提取特征。

下面介绍几种不同的色彩空间,以及它们之间的转换方式和应用场景。

1. RGB 色彩空间

一般来说,图像由 RGB 构成的元组表示。通常将 RGB 色彩空间想象成一个立方体,如图 3-1 所示。

RGB 颜色空间是一种基于红、绿、蓝 3 种颜色的模式,通过不同程度的叠加,这 3 种颜色可以产生丰富而广泛的颜色。这种三基色模式的理论起源可以追溯到 19 世纪初,当时 Thomas Young 和 Helmholtz 提出视觉的三原色学说,即视网膜中存在 3 种视锥细胞,分别含有对红、绿、蓝 3 种光线敏感的视色素。当一定波长的光线作用于视网膜时,3 种视锥细胞会以一定的比例产生不同程度的兴奋,这种信息传递至大脑中枢,就会产生某种颜色的感觉。

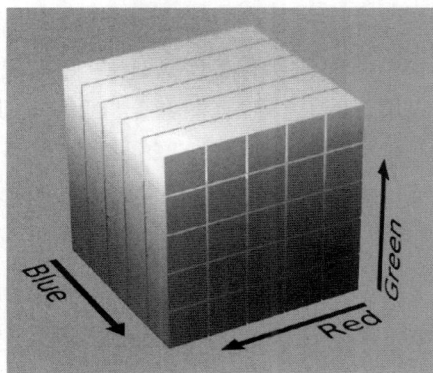

图 3-1　RGB 色彩空间立方体图

随着彩色显示器的发明,人们开始使用不同颜色的荧光粉(CRT,等离子体显示器)、滤色片(LCD)或者半导体发光器件(OLED 和 LED 大型全彩显示牌)来形成色彩。不过,无论哪种技术,选择的发光单元都是 Red、Green、Blue 这 3 种颜色。通过控制这些发光单元的发光强度,可以组合出人眼能感知到的大部分自然色彩。因此,RGB 颜色空间成为一种重要的色彩模式。

RGB 能表示所有的可见光颜色。RGB 颜色空间涵盖人类能感知到的所有颜色,因此它是一种非常通用的颜色空间,可用于各种各样的应用程序,在计算机图形学和数字图像处理中广泛使用。因为计算机中的显示器和相机都是基于 RGB 颜色空间的,因此在数字图像处理和计算机图形学中使用 RGB 是自然的选择。可以通过简单的加减法实现颜色混合。因为 RGB 是基于加法混色的颜色空间,所以可以通过简单的加减法来混合颜色,使得在计算机图形学和数字图像处理中非常容易实现。

2. HSL 和 HSV 色彩空间

HSL 和 HSV 是基于 RGB 颜色模型的另外两种颜色表示方式。它们都是在 3D 颜色空间中进行的,其中 H 代表色调(Hue)、S 代表饱和度(Saturation)、L 代表亮度(Lightness)、V 代表明度(Value)。

(1)色调(H)是色彩的基本属性,就是平常所说的颜色名称,如红色、黄色等。以角度度量,取值范围为 $0°\sim360°$。以红色为起点,按逆时针方向计算,绿色为 $120°$,蓝色为 $240°$。补色分别为黄色 $60°$,青色 $180°$,品红为 $300°$。颜色会在 $0°\sim359°$ 范围依次变换,当角度达到 $360°$ 时,又回到红色,角度重新回到 $0°$。

(2)饱和度(S)是指色彩的纯度,表示颜色接近光谱色的程度,可看作某种光谱色与白色混合的结果。光谱色所占比例越大,颜色接近光谱色的程度和饱和度越高。高饱和度的颜色色彩深沉、艳丽。

（3）明度（V）表示颜色明亮的程度。对于光源色，明度值与发光体的光亮度有关，通常取值范围为 0（黑）～100%（白）。

（4）亮度（L）是描述颜色明暗程度的一种参数，代表了人眼感知到的亮度或光线的强度。在国际标准的色彩空间中，亮度 L 的取值范围为 0（黑）～100%（白）。亮度 L 与人眼所感知到的光线强度呈线性关系，即当亮度 L 加倍时，人眼感知到的光线强度也会加倍。亮度 L 与明度 V 之间也存在一定的关系，通常，当亮度 L 较高时，明度 V 也会相应地较高。

HSL 和 HSV 这两种颜色空间的使用场景不同。HSL 通常用于图形设计中，例如调整颜色的饱和度和亮度，以便更好地配合设计。而 HSV 则更适用于图像处理和计算机视觉应用，如颜色分割、图像分析和物体识别等。

HSV 是根据颜色的直观特性由 A. R. Smith 在 1978 年创建的一种颜色空间，也称六角锥体模型（Hexcone Model），一个圆锥空间模型。圆锥的顶点处，$V=0$，H 和 S 无定义，代表黑色。圆锥的顶面中心处 $V=\max$，$S=0$，H 无定义，代表白色，如图 3-2 所示。

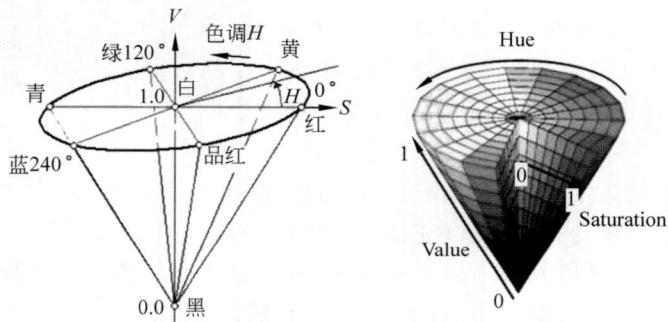

图 3-2　六角锥体模型

HSV 是一种直观的颜色模型，允许用户通过指定色相角度 H 和同时设置饱和度 S 与明度 V 的值来创建纯色。如果要创建特定的颜色，可以通过增加黑色来减小明度 V，而保持饱和度 S 不变，或者通过增加白色来减小饱和度 S，而保持明度 V 不变，如图 3-3 所示。

例如，想要深蓝色的颜色，可以将 H 设为 240°，V 设为 0.4，S 设为 1。相反，如果想要浅蓝色，可以将 H 设为 240°，V 设为 1，S 设为 0.4。

3. 色彩空间类型转换函数

OpenCV 提供了函数 cvtColor 来转换颜色空间，其一般格式为

```
dst = cv2.cvtColor(src, code[, dst[, dstCn]])
```

其中，

- src：输入图像，可以是 numpy 数组、图像路径或者视频中的某一帧；
- code：颜色空间转换代码，常见的有 cv2.COLOR_BGR2GRAY、cv2.COLOR_BGR2HSV、cv2.COLOR_BGR2YCrCb 等；
- dst：输出图像，可以是 numpy 数组；
- dstCn：目标图像通道数，可以是 0，1 或 3。

注意：如果 dst 没有指定，则函数会根据输入图像的大小和深度自动创建一个合适的

Color	R	G	B	H	H_2	C	C_2	V	L	I	Y'_{601}	S_{HSV}	S_{HSL}	S_{HSI}
	1.000	1.000	1.000	n/a	n/a	0.000	0.000	1.000	1.000	1.000	1.000	0.000	0.000	0.000
	0.500	0.500	0.500	n/a	n/a	0.000	0.000	0.500	0.500	0.500	0.500	0.000	0.000	0.000
	0.000	0.000	0.000	n/a	n/a	0.000	0.000	0.000	0.000	0.000	0.000	0.000	0.000	0.000
	1.000	0.000	0.000	0.0°	0.0°	1.000	1.000	1.000	0.500	0.333	0.299	1.000	1.000	1.000
	0.750	0.750	0.000	60.0°	60.0°	0.750	0.750	0.750	0.375	0.500	0.664	1.000	1.000	1.000
	0.000	0.500	0.000	120.0°	120.0°	0.500	0.500	0.500	0.250	0.167	0.293	1.000	1.000	1.000
	0.500	1.000	1.000	180.0°	180.0°	0.500	0.500	1.000	0.750	0.833	0.850	0.500	1.000	0.400
	0.500	0.500	1.000	240.0°	240.0°	0.500	0.500	1.000	0.750	0.667	0.557	0.500	1.000	0.250
	0.750	0.250	0.750	300.0°	300.0°	0.500	0.500	0.750	0.500	0.583	0.457	0.667	0.500	0.571
	0.628	0.643	0.142	61.8°	61.5°	0.501	0.494	0.643	0.393	0.471	0.581	0.779	0.638	0.699
	0.255	0.104	0.918	251.1°	250.0°	0.814	0.750	0.918	0.511	0.426	0.242	0.887	0.832	0.756
	0.116	0.675	0.255	134.9°	133.8°	0.559	0.504	0.675	0.396	0.349	0.460	0.828	0.707	0.667
	0.941	0.785	0.053	49.5°	50.5°	0.888	0.821	0.941	0.497	0.593	0.748	0.944	0.893	0.911
	0.704	0.187	0.897	283.7°	284.8°	0.710	0.636	0.897	0.542	0.596	0.423	0.792	0.775	0.686
	0.931	0.463	0.316	14.3°	13.2°	0.615	0.556	0.931	0.624	0.570	0.586	0.661	0.817	0.446
	0.998	0.974	0.532	56.9°	57.4°	0.466	0.454	0.998	0.765	0.835	0.931	0.467	0.991	0.363
	0.099	0.795	0.591	162.4°	163.4°	0.696	0.620	0.795	0.447	0.495	0.564	0.875	0.779	0.800
	0.211	0.149	0.597	248.3°	247.3°	0.448	0.420	0.597	0.373	0.319	0.219	0.750	0.601	0.533
	0.495	0.493	0.721	240.5°	240.4°	0.228	0.227	0.721	0.607	0.570	0.520	0.316	0.290	0.135

图 3-3　相关颜色参数

输出图像;如果 dstCn 没有指定,则输出图像的通道数会根据目标颜色空间的需要自动确定。

色彩空间类型转换函数如表 3-1 所示。

表 3-1　色彩空间类型转换函数

转 换 类 型	OpenCV 2.x	OpenCV 3.x
RGB<–>BGR	CV_BGR2BGRA,CV_RGB2BGRA,CV_BGRA2RGBA,CV_BGR2BGRA,CV_BGRA2BGR	COLOR_BGR2BGRA,COLOR_RGB2BGRA,COLOR_BGRA2RGBA,COLOR_BGR2BGRA,COLOR_BGRA2BGR
RGB<–>GRAY	CV_RGB2GRAY,CV_GRAY2RGB,CV_RGBA2GRAY,CV_GRAY2GRBA	COLOR_RGB2GRAY,COLOR_GRAY2RGB,COLOR_RGBA2GRAY,COLOR_GRAY2GRBA
RGB<–>HSV	CV_BGR2HSV,CV_RGB2HSV,CV_HSV2BGR,CV_HSV2RGB	COLOR_BGR2HSV,COLOR_RGB2HSV,COLOR_HSV2BGR,COLOR_HSV2RGB
RGB<–>YCrCb JPEG(或 YCC)	CV_RGB2YCrCb,CV_RGB2YCrCb,CV_YCrCb2BGR,CV_YCrCb2RGB（可以用 YUV 代替 YCrCb）	COLOR_RGB2YCrCb,COLOR_RGB2YCrCb,COLOR_YCrCb2BGR,COLOR_YCrCb2RGB（可以用 YUV 代替 YCrCb）
RGB <–>CIE XYZ	CV_BGR2XYZ,CV_RGB2XYZ,CV_XYZ2BGR,CV_XYZ2RGB	COLOR_BGR2XYZ,COLOR_RGB2XYZ,COLOR_XYZ2BGR,COLOR_XYZ2RGB
RGB<–>HLS	CV_BGR2HLS,CV_RGB2HLS,CV_HLS2BGR,CV_HLS2RGB	COLOR_BGR2HLS,COLOR_RGB2HLS,COLOR_HLS2BGR,COLOR_HLS2RGB
RGB<–>CIE L*a*b	CV_BGR2Lab,CV_RGB2Lab,CV_Lab2BGR,CV_Lab2RGB	COLOR_BGR2Lab,COLOR_RGB2Lab,COLOR_Lab2BGR,COLOR_Lab2RGB
RGB<–>CIE L*a*b	CV_BGR2Luv,CV_RGB2Luv,CV_Luv2BGR,CV_Luv2RGB	COLOR_BGR2Luv,COLOR_RGB2Luv,COLOR_Luv2BGR,COLOR_Luv2RGB

23

续表

转 换 类 型	OpenCV 2.x	OpenCV 3.x
Bay-->RGB	CV_BayerBG2BGR,CV_BayerGB2BGR, CV_BayerRG2BGR,CV_BayerGR2BGR, CV_BayerBG2RGB,CV_BayerGB2RGB, CV_BayerRG2RGB,CV_BayerGR2RGB	COLOR_BayerBG2BGR,COLOR_BayerGB2BGR, COLOR_BayerRG2BGR,COLOR_BayerGR2BGR, COLOR_BayerBG2RGB,COLOR_BayerGB2RGB, COLOR_BayerRG2RGB,COLOR_BayerGR2RGB

如果对 8-bit 图像使用 cvtColor() 函数进行转换将会有一些信息丢失。cvtColor() 函数用于颜色空间的转换,例如将 RGB 颜色空间转换为灰度图像。当 8-bit 图像被转换为另一个颜色空间时,例如 HSV 或 Lab,由于颜色空间的差异,一些信息可能会丢失。例如,将 RGB 图像转换为灰度图像时,颜色信息被丢弃,只保留了亮度信息。在转换过程中可能出现舍入误差和量化误差,这些误差可能影响图像的质量。因此,使用 cvtColor() 函数进行图像转换时,可能会出现信息丢失和误差的问题,并评估转换后图像的质量是否满足应用的要求。

在 OpenCV 2.x 版本时颜色空间转换代码用的宏定义以 CV_前缀开头,而在 OpenCV 3.x 版本其颜色空间转换代码宏定义更改为以 COLOR_开头。

OpenCV 颜色模型存储的方式是 BGR,但是目前大部分的库均用 RGB,所以经常需要转换。

BGR 转换为 RGB 的代码:

```
cv.cvtColor(img, cv.COLOR_BGR2RGB)
```

BGR 空间转换为 HSV 空间可以根据以下变换实现。

$$h = \begin{cases} 0°, & \max = \min \\ 60° \times \dfrac{g-b}{\max-\min} + 0°, & \max = r \text{ 且 } g \geqslant b \\ 60° \times \dfrac{g-b}{\max-\min} + 360°, & \max = r \text{ 且 } g < b \\ 60° \times \dfrac{g-b}{\max-\min} + 120°, & \max = g \\ 60° \times \dfrac{g-b}{\max-\min} + 240°, & \max = b \end{cases}$$

$$s = \begin{cases} 0°, & \max = 0 \\ \dfrac{\max-\min}{\max} = 1 - \dfrac{\min}{\max}, & \text{其他} \end{cases}$$

$$v = \max$$

3.1.2 图像滤波

图像滤波是图像处理中最基本的操作之一,其目的是消除图像中的噪声、平滑图像或者增强图像中的特定细节。在数字图像处理中,图像通常表示为一个二维矩阵。通过对这个矩阵进行滤波操作,可以改变每个像素值及其周围像素值的权重,从而影响整个图像的外观。

图像滤波操作的基本思想是：用一个称为卷积核或滤波器的小型矩阵，在图像上做一个类似于"卷积"的操作，将每个像素点替换成该点周围像素的加权平均值，以此达到平滑、去噪或其他目的的效果。

常见的图像滤波方法包括线性滤波、非线性滤波等。线性滤波的滤波器是由一组权重系数构成的矩阵，例如 3×3 的低通滤波器就是一种线性滤波器。非线性滤波器则不遵循线性原则，并且会根据像素值的大小和位置进行过滤。这些方法可用来平滑图像、锐化图像、检测边缘或纹理，等等。

下面介绍 OpenCV 中 4 个常用的图像滤波函数：均值滤波 blur()、高斯滤波 GaussianBlur()、中值滤波 medianBlur()、双边滤波 bilateralFilter()。

1. 均值滤波 blur()函数

均值滤波是最基本的线性滤波器之一，也称为盒子滤波。该函数通过将每个像素周围的像素进行平均处理来平滑图像。可以通过指定内核大小控制平滑程度。在 OpenCV 中，可以使用函数 blur()实现均值滤波，其语法为

```
cv2.blur(src, ksize[, dst[, anchor[, borderType]]])
```

src 表示输入图像，ksize 表示内核大小，dst 表示输出图像，anchor 表示内核锚点位置，borderType 表示边界填充方式。

2. 高斯滤波 GaussianBlur()函数

高斯滤波是一种非线性滤波器。它使用高斯函数对像素做加权平均，从而达到平滑图像的效果。与均值滤波相比，高斯滤波更能保留图像中的细节信息。高斯滤波最有用，它根据当前像素和邻域像素之间空间距离的不同，计算得出一个高斯核（邻域像素的加权系数）。

然后，高斯核从左至右、从上到下遍历输入图像，与输入图像的像素值求卷积和，得到输出图像的各个像素值，公式如下。

$$G_0(x,y) = A e^{\frac{-(x-\mu_x)^2}{2\sigma_x^2} + \frac{-(y-\mu_y)^2}{2\sigma_y^2}}$$

其中，x，y 为不同坐标方向的像素值，μ_x 和 μ_y 分别为 x 方向和 y 方向像素的均值，σ_x 和 σ_y 分别为 x 方向和 y 方向像素的标准差。此公式说明邻域像素距离当前像素越远，其相应的加权系数越小。在 OpenCV 中，可以使用函数 GaussianBlur()实现高斯滤波，其语法为

```
cv2.GaussianBlur(src, ksize, sigmaX[, dst[, sigmaY[, borderType]]])
```

src 表示输入图像，ksize 表示内核大小，sigmaX 和 sigmaY 分别表示在水平和垂直方向上的标准差，dst 表示输出图像，borderType 表示边界填充方式。

3. 中值滤波 medianBlur()函数

中值滤波是一种非线性滤波器，它用中值代替像素的灰度值，从而达到去除椒盐噪声等噪声的效果。在 OpenCV 中，可以使用函数 medianBlur()实现中值滤波，其语法为

```
cv2.medianBlur(src, ksize[, dst])
```

src 表示输入图像,ksize 表示内核大小,dst 表示输出图像。

4. 双边滤波 bilateralFilter() 函数

双边滤波器是一种非线性滤波器,它能保留更多的细节信息,同时还能去除噪声。该滤波器使用两个高斯分布对像素进行加权平均,其中一个高斯分布基于像素之间的空间距离,另一个基于像素之间的灰度差异。这使得该滤波器在保留边缘信息的同时,也能有效地消除噪声。

在 OpenCV 中,可以使用函数 bilateralFilter() 实现双边滤波,其语法为

```
cv2.bilateralFilter(src, d, sigmaColor, sigmaSpace[, dst[, borderType]])
```

src 表示输入图像,d 表示像素在空间上相差的最大距离,sigmaColor 表示颜色空间的标准差,sigmaSpace 表示坐标空间的标准差,dst 表示输出图像,borderType 表示边界填充方式。

不同的噪声类型会对图像产生不同的影响,因此需要采用不同的滤波方法处理它们。

均值滤波通过计算一个像素周围邻域内像素的平均值来代替该像素点的灰度值。在均值滤波中,图像中每个像素的值都将被视为其周围像素值的加权平均。对于高斯噪声,均值滤波可以有效地抑制噪声。因为高斯噪声是一种均值为 0、方差为常数的随机误差,其干扰信号不太可能影响到整个图像,而是分散在各个像素点上。在这种情况下,均值滤波可以通过取平均值来降低高斯噪声的影响,达到去噪的目的。对于椒盐噪声(即随机出现的黑白点),均值滤波的效果并不好。因为椒盐噪声会在图像中随机生成一些亮点或暗点,这些点对周围像素会产生极大的影响,导致平均值失真,进而导致图像模糊。均值滤波适用于对高斯噪声进行平滑处理,但对于其他类型的噪声,如椒盐噪声,可能会产生不良效果。因此,在实际应用中,需根据图像所包含的噪声类型选择适当的滤波方法。

高斯滤波通过使用高斯核来卷积图像以去除噪声。在高斯滤波中,像素点和周围像素之间被认为是高斯分布的关系,因此使用高斯函数作为卷积核可以有效地消除高斯噪声。高斯噪声是一种随机误差,其干扰信号随机分布于整个图像中。高斯噪声产生的原因可能是传感器噪声、传输过程中的干扰等。由于高斯噪声的分布特点,高斯滤波可用来降低高斯噪声的影响。如果图像包含其他类型的噪声,例如椒盐噪声或脉冲噪声,高斯滤波的效果将会变弱。椒盐噪声是指随机出现的黑白点,而脉冲噪声则是指随机出现的亮度突变。这些类型的噪声与高斯噪声不同,在空间分布上非常不均匀。因此,使用高斯滤波对这些类型的噪声进行处理时,可能导致图像中的细节模糊或形变。所以,高斯滤波适用于对高斯噪声进行平滑处理,但对于其他类型的噪声,如椒盐噪声或脉冲噪声,可能产生不良效果。因此,在实际应用中,需要根据图像所包含的噪声类型选择适当的滤波方法。

中值滤波是一种非线性平滑滤波方法,其目的是去除图像中的噪声。在中值滤波中,通过在窗口内对像素值进行排序并选择中间值来代替该像素点的灰度值。中值滤波由于不受噪声影响,因此适用于各种图像噪声类型,尤其是椒盐噪声和脉冲噪声。这些类型的噪声会在图像中产生随机的亮点或暗点,导致图像出现明显的失真和伪影。而中值滤波可以通过选择中间值来取代受噪声影响的像素值,从而有效地减少这些噪声的影响。相对于其他滤波方法,中值滤波具有更可靠的处理效果。因为中值滤波能在去除噪声的同时保留原始图像数据中的细节信息。与均值滤波或高斯滤波相比,中值滤波不会导致图像模糊,

并且能在一定程度上恢复由噪声引起的图像细节损失。当然,中值滤波也有一些缺点。例如,它可能会降低图像的分辨率,并且在处理大型图像时可能导致计算速度变慢。因此,在实际应用中,需要根据图像特点和噪声类型选择适当的滤波方法,以达到最佳的处理效果。

3.1.3 图像分割

图像分割是一个重要的领域,其目标是将图像中的不同区域或对象划分出来。为了实现这一目标,研究者开发了各种不同类型的分割算法。这些算法通常被归为不同的类别,但它们具有相互关联的特征,近期的综述中,学者将图像分割简单地分为数据驱动和模型驱动两类。

基于阈值、区域、边缘、数学形态和特定理论的分割方法都是常见的技术,可用于不同的应用场景。其中,基于阈值的分割是最简单的方法之一,其通过将图像灰度值与事先设定的阈值进行比较,将图像分为前景和背景。区域分割方法则通过将图像分成相邻的区域,并将区域内像素的属性合并来实现分割。边缘分割方法利用图像中的边缘信息分割图像,而数学形态学方法则利用形态学运算对图像进行处理和分割。另外,还有一些基于特定理论的分割方法,如基于能量函数的分割方法和基于图论的分割方法等。

虽然这些算法被归为不同的类别,但它们通常具有相互关联的特征。对于特定的应用,需要根据其需求选择最适合的分割方法。总之,图像分割是一个复杂的研究领域,在不同的领域和应用中都有广泛的应用。

3.1.4 图像特征提取

特征提取是计算机视觉和图像处理中的重要概念。它可用来将图像上的点分为不同的子集,这些子集可以是孤立的点、连续的曲线或者连续的区域。特征的精确定义往往由问题或者应用类型决定。因此,特征提取是在图像处理和计算机视觉领域非常重要的技术。

特征是许多计算机图像分析算法的起点,因此一个算法是否成功往往由它使用和定义的特征决定。特征提取在图像分类、目标检测、人脸识别等领域广泛应用。但是,特征的定义和提取方法也需要根据具体问题和应用需求进行灵活调整和改进,保证特征的刻画能准确且可重复地反映出图像的重要信息。

常用的图像特征有颜色特征、纹理特征、形状特征、空间关系特征。

1. 颜色特征

颜色特征是一种全局特征,能描述图像或图像区域的表面性质,但它并不擅长捕捉对象的局部特征。颜色特征基于像素点的特征,所有属于图像或图像区域的像素都有贡献。常用的表达颜色特征的方法是颜色直方图,但是它无法表达颜色空间分布的信息。因此,在图像检索中,仅使用颜色特征可能存在局限性。为了得到更准确的结果,需要将颜色特征与其他特征结合起来使用。尽管颜色直方图不能完全表达颜色空间分布的信息,但在许多场景下已经足够有效,可以作为一种有效的颜色特征表示方法。结合其他特征,并使用颜色直方图等方法,可以克服颜色特征在图像检索中的局限性,获得更加准确和有效的检索结果。常用的特征提取与匹配方法如下。

1）颜色直方图

其优点在于：这种方法可以简单地描述图像中不同颜色的整体分布情况，从而判断各种颜色在整个图像中所占比例，特别适用于难以进行自动分割的图像以及无须考虑物体空间位置的图像。但是，它的缺陷在于无法描述图像中颜色的局部分布和每种颜色所处的空间位置，即无法准确描述图像中的某一具体对象或物体。

颜色直方图特征匹配方法：直方图相交法、距离法、中心距法、参考颜色表法、累加颜色直方图法。

2）颜色集

颜色集是一种用于全局颜色特征提取与匹配的方法。它可以从图像中提取出整体颜色信息，但无法区分图像中的局部颜色信息。使用该方法前，需要先将图像从 RGB 颜色空间转化成视觉均衡的颜色空间，并进行量化处理。同时，自动颜色分割技术可将图像分为不同的区域，并用某个颜色分量索引表示每个区域。最终，我们可以得到一个二进制的颜色索引集。在图像匹配时，需要比较不同图像颜色集之间的距离和色彩区域之间的空间关系，这样才能得出两幅图像之间的相似程度，便于进行匹配和识别。

3）颜色矩

颜色矩可以通过对图像的颜色分布进行统计所得，其中包含了一系列有关颜色空间中像素亮度、色彩分布及颜色协方差等信息。

颜色矩可用于图像检索、分类、识别和相似度比较等多种应用。计算颜色矩时，首先需要将图像从 RGB 颜色空间转化为其他加权颜色空间（如 HSV、YCbCr 等），然后根据每个像素的颜色值将其划分到不同的颜色区域中。接着，在每个颜色区域内，我们可以利用各像素点的颜色分量值计算颜色矩。

常见的颜色矩包括三阶矩、四阶矩和七阶矩等。三阶矩包括平均值、标准差和偏度等参数，可以用于表示亮度、色调和饱和度等特征信息。四阶矩还增加了峰度这一参数，能更好地表现颜色分布的形态特征。而七阶矩则包含了更多的颜色空间信息，如颜色分布熵、对比度和相关性等。

4）颜色聚合向量

颜色聚合向量（Color Quantization Vector）是一种用于图像颜色压缩的方法，它通过对图片中的颜色进行聚合来减少颜色数目，从而实现降低图片文件大小和加速数据处理的目的。

在使用颜色聚合向量的过程中，需要将图像转化到一个合适的颜色空间，如 RGB、HSV 或 YUV 等。接着，我们可以使用聚类算法，如 K-means、层次聚类等，将图像中的颜色分成若干个簇，每个簇代表一个颜色。然后，通过计算每个簇的中心点，即可得到颜色聚合向量。

与传统的颜色直方图相比，颜色聚合向量能更精确地表示图像中的颜色信息，因为它考虑了颜色分布的空间关系，而不仅仅是数量。此外，颜色聚合向量能有效地降低图像的维度，从而减小了特征向量的维数，使得处理时间更短，同时也减小了占用的存储空间。

2. 纹理特征

纹理特征是一种全局特征，用来描述图像或图像区域所对应景物的表面性质。这种特征需要在包含多个像素点的区域中进行统计计算。纹理特征具有较大的优越性,在模式匹配中不会由于局部偏差而无法成功匹配。此外,纹理特征常具有旋转不变性,并且对噪声有较强的抵抗能力。

　　然而,仅利用纹理特征是无法获得高层次图像内容的,因为纹理只是物体表面的一种特性,并不能完全反映出物体的本质属性。此外,纹理特征可能会受光照、反射情况的影响,从 2D 图像中反映出来的纹理不一定是 3D 物体表面真实的纹理。另外,当图像的分辨率变化时,计算出来的纹理可能会有较大的偏差。

　　例如,水中的倒影、光滑的金属面互相反射造成的影响等都会导致纹理的变化。由于这些不是物体本身的特性,因而将纹理信息应用于检索时,有时这些虚假的纹理会对检索造成“误导”。

　　检索在粗细、疏密等方面具有较大差别的纹理图像时,利用纹理特征是一种有效的方法。但当纹理之间的粗细、疏密等易于分辨的信息之间相差不大时,通常的纹理特征很难准确地反映出人的视觉感觉不同的纹理之间的差别。

　　纹理特征描述方法分类如下。

　　1) 统计方法

　　统计方法的典型代表是一种称为灰度共生矩阵的纹理特征分析方法,Gotlieb 和 Kreyszig 等在研究共生矩阵中各种统计特征基础上,通过实验,得出灰度共生矩阵的 4 个关键特征:能量、惯量、熵和相关性。统计方法中另一种典型方法,则是从图像的自相关函数(即图像的能量谱函数)提取纹理特征,即通过对图像的能量谱函数的计算,提取纹理的粗细度及方向性等特征参数。

　　2) 几何法

　　所谓几何法,是建立在纹理基元(基本的纹理元素)理论基础上的一种纹理特征分析方法。纹理基元理论认为,复杂的纹理可以由若干简单的纹理基元以一定的有规律的形式重复排列构成。在几何法中,比较有影响的算法有两种:Voronio 棋盘格特征法和结构法。

　　3) 模型法

　　模型法以图像的构造模型为基础,采用模型的参数作为纹理特征。典型的方法是随机场模型法,如马尔可夫(Markov)随机场(MRF)模型法和 Gibbs 随机场模型法。

　　4) 信号处理法

　　纹理特征的提取与匹配主要有灰度共生矩阵、Tamura 纹理特征、自回归纹理模型、小波变换等。

　　灰度共生矩阵特征提取与匹配主要依赖于能量、惯量、熵和相关性 4 个参数。Tamura 纹理特征基于人类对纹理的视觉感知心理学研究,提出 6 种属性,即粗糙度、对比度、方向度、线像度、规整度和粗略度。自回归纹理模型(Simultaneous Auto-Regressive,SAR)是马尔可夫随机场模型的一种应用实例。

　　3. 形状特征

　　各种基于形状特征的检索方法都可以比较有效地利用图像中感兴趣的目标进行检索,但它们也有一些共同的问题,包括:①目前基于形状的检索方法还缺乏比较完善的数学模型;②如果目标有变形,检索结果往往不太可靠;③许多形状特征仅描述了目标局部的性质,要全面描述目标,常对计算时间和存储量有较高的要求;④许多形状特征反映的目标形状信息与人的直观感觉不完全一致,或者说,特征空间的相似性与人视觉系统感受到的相似性有差别。另外,从 2D 图像中表现的 3D 物体实际上只是物体在空间某一平面的投影,从 2D 图像中反映出的形状常不是 3D 物体真实的形状,由于视点的变化,可能会产生各种失真。

通常情况下,形状特征有两类表示方法:一类是轮廓特征;另一类是区域特征。图像的轮廓特征主要针对物体的外边界,而图像的区域特征则关系到整个形状区域。

下面为几种典型的形状特征描述方法。

1) 边界特征法

该方法通过对边界特征的描述获取图像的形状参数。其中 Hough 变换检测平行直线方法和边界方向直方图方法是经典方法。Hough 变换是利用图像全局特性而将边缘像素连接起来组成区域封闭边界的一种方法,其基本思想是点—线的对偶性;边界方向直方图法首先微分图像求得图像边缘,然后,做出关于边缘大小和方向的直方图,通常的方法是构造图像灰度梯度方向矩阵。

2) 傅里叶形状描述符法

傅里叶形状描述符(Fourier Shape Descriptors)的基本思想是用物体边界的傅里叶变换作为形状描述,利用区域边界的封闭性和周期性,将二维问题转化为一维问题。由边界点导出 3 种形状表达,分别是曲率函数、质心距离、复坐标函数。

3) 几何参数法

形状的表达和匹配采用更简单的区域特征描述方法,例如采用有关形状定量测度(如矩、面积、周长等)的形状参数法。在 QBIC 系统中,便是利用圆度、偏心率、主轴方向和代数不变矩等几何参数,进行基于形状特征的图像检索。

需要说明的是,形状参数的提取,必须以图像处理及图像分割为前提,参数的准确性必然受到分割效果的影响,对分割效果很差的图像,形状参数甚至无法提取。

4) 形状不变矩法

利用目标所占区域的矩作为形状描述参数。

4. 空间关系特征

所谓空间关系,是指图像中分割出的多个目标之间的相互的空间位置或相对方向关系,这些关系也可分为连接/邻接关系、交叠/重叠关系和包含/包容关系等。通常,空间位置信息可分为两类:相对空间位置信息和绝对空间位置信息。前一种关系强调的是目标之间的相对情况,如上下左右关系等,后一种关系强调的是目标之间的距离大小以及方位。显而易见,由绝对空间位置可推出相对空间位置,但表达相对空间位置信息常比较简单。

空间关系特征的使用可加强对图像内容的描述区分能力,但空间关系特征常对图像或目标的旋转、反转、尺度变化等比较敏感。另外,实际应用中,仅利用空间信息往往是不够的,不能有效准确地表达场景信息。为了检索,除使用空间关系特征外,还需要其他特征来配合。

提取图像空间关系特征有两种方法:一种方法是首先对图像进行自动分割,划分出图像中所包含的对象或颜色区域,然后根据这些区域提取图像特征,并建立索引;另一种方法则简单地将图像均匀地划分为若干规则子块,然后对每个图像子块提取特征,并建立索引。姿态估计问题就是:确定某一三维目标物体的方位指向问题。姿态估计在机器人视觉、动作跟踪和单照相机定标等很多领域都有应用。

在不同领域用于姿态估计的传感器是不一样的,这里主要讲基于视觉的姿态估计。

基于视觉的姿态估计根据使用的摄像机数目又可分为单目视觉姿态估计和多目视觉姿态估计,根据算法的不同又可分为基于模型的姿态估计和基于学习的姿态估计。

1)基于模型的姿态估计方法

基于模型的方法通常利用物体的几何关系或者物体的特征点估计。其基本思想是利用某种几何模型或结构表示物体的结构和形状,并通过提取某些物体特征,在模型和图像之间建立起对应关系,然后通过几何或者其他方法实现物体空间姿态的估计。这里使用的模型既可能是简单的几何形体,如平面、圆柱,也可能是某种几何结构,还可能是通过激光扫描或其他方法获得的三维模型。

2)基于学习的姿态估计方法

基于学习的方法借助机器学习方法,从事先获取的不同姿态下的训练样本中学习二维观测与三维姿态之间的对应关系,并将学习得到的决策规则或回归函数应用于样本,所得结果作为对样本的姿态估计。基于学习的方法一般采用全局观测特征,不需检测或识别物体的局部特征,具有较好的鲁棒性。其缺点是由于无法获取在高维空间中进行连续估计所需要的密集采样,因此无法保证姿态估计的精度与连续性。

3.1.5　目标识别

目标识别是指通过计算机程序、算法等技术手段,将一种特殊目标或一类目标从其他目标或其他类型的目标中区分出来的过程。这个过程需要对图像进行分析和处理,以便确定它们之间的差异和相似之处。

1. 目标识别概述

通常,目标识别需要通过预先训练模型和算法实现。进行目标识别时,首先需要收集并准备相关数据。这些数据可以来自不同的来源,如摄像头、传感器等设备,或者是已经存在的图像库。然后,我们需要对这些数据进行预处理,包括去噪声,调整亮度、对比度等。接着,需要使用特征提取方法将数据转化为数学向量,以便计算机能对其进行处理和分类。常见的特征提取方法包括边缘检测、角点检测、纹理分析和色彩直方图等。最后,可以使用分类器对这些数据进行分类和识别。分类器是一种数学模型,可以将数据划分成不同的类别,以便进一步分析和处理。通常使用支持向量机(SVM)或卷积神经网络(Convolutional Neural Network,CNN)等分类器进行目标识别。

目标识别是一项非常重要的技术,可以广泛应用于多个领域,如安防、医学、自动驾驶等。使用这项技术,可以更完整地认识各种事物,更好地理解它们的特征和属性。

识别能力从高到低可以分为3个层次,包括仪器水平、动物水平和人类智能水平,具体介绍如下。

1)仪器水平:物理识别

仪器水平是指利用各种物理设备进行识别的能力。这种识别方式主要通过物理特征或参数进行判断,如颜色、形状、尺寸等。它是一种非常精确的识别方式,但也存在一定的局限性。例如,被识别的对象必须符合预定的规范或标准,且必须在仪器的探测范围内。

2)动物水平:模糊识别

动物水平指动物进行识别的能力。与仪器水平相比,动物水平更加灵活和广泛,因为许多动物可以根据经验和感觉对物体进行识别,而不受规范或标准的限制。例如,狗可以通过嗅觉识别出不同的气味,鸟类可以通过听觉识别出不同的声音。动物水平的识别虽然比较模糊,但通常很快速,并且适应性强。

3)人类智能水平:情感识别

人类智能水平是指人类进行识别的能力,它是最高级别的识别方式。与前两者不同,人类智能水平的识别包含了更多的因素,如语言、社会文化背景、情感等。在这种识别方式中,人们可以通过语言交流等方式沟通和分享信息,同时也可以从声音、面部表情、姿态等方面捕捉到对象的情感状态。

2. 图像识别概述

图像识别技术是一种基于计算机视觉的技术,它通过对图像进行分析和处理,实现对图像中对象、场景或其他特定特征的自动识别。使用该技术之前,需先收集并准备图像数据。预处理过程包括清除噪声、增强对比度、调整亮度和颜色等操作,以提高后续目标检测和分类的准确性。特征提取是将图像信息转化为数学向量的过程,常用的方法包括边缘检测、角点检测、纹理分析和色彩直方图等。使用分类器进行目标检测和物体识别,常见的分类器有 SVM、CNN 等。图像识别技术已广泛应用于多个领域,如安防、医学和工业等。

图像识别的基本方法如下。

统计分类方法:在对分类图像进行大量统计分析的基础上,找出规律性,抽取能反映目标特征的统计向量进行识别。

句法结构方法:通过对图像结构的分析,将图像用一些语句表达,通过符号匹配、语法分析等,实现图像中目标的识别。

1)统计分类方法

对样本进行分类主要经过以下两个阶段。

(1)分析阶段(学习阶段):确定需分类的目标与类别。

对每种类别,选定一组目标样本,然后对样本数据进行分析,形成不同类别目标的特征向量,每个向量构成一个模式。

(2)识别阶段。

对待分类图像进行必要的预处理与特征提取,按上述各类别的特征向量,对提取的特征进行判决分类,确定其归属的类别。

统计分类方法中有一些常见的方法,具体如下。

(1)最小距离分类器。

假设现有两个模板 m1 和 m2,判断未知模式向量 x,判断 x 与 m1 和 m2 的距离,如果与 m1 的距离小于与 m2 的距离,则 x 属于 m1,否则属于 m2。

(2)相关匹配。

用样板子图像直接作为模式,通过子图像与原图像直接进行相关计算,把相关计算结果作为决策函数,若相关计算获得最大值的位置,则被认为匹配成功。

2）句法结构方法

句法结构方法中的各个环节都围绕着语法的研究展开,定义了字符集、句子、语言,字符组成句子,句子组成语言。常见的方法有匹配形状树法和串匹配法。

（1）匹配形状数法。

形状数：描述一个对象的边界、结构时,所得到的表达式或特征数,可视为模式串、模式数的一种通用表述。

匹配形状数法是通过两个对象边界的形状数的相似程度匹配对象。两个区域边界的相似级别 k 是指相同形状数的最大序号,两个区域边界的形状数的距离 D 定义为相似级别 k 的倒数。用不同密度的网格划分边界区域,就会获得不同序数的形状数。

如果使用相似级别 k , k 越大说明越相似；如果使用相似距离 D , D 越小说明越相似。

（2）串匹配法。

串匹配是指比较两个边界的串编码的相似程度来进行匹配。

设两个区域边界 A 和 B 已分别被编码为 $A_1, A_2, \cdots, A_N$ 和 $B_1, B_2, \cdots, B_N$,则当 $A_k = B_k$ 时就可以说发生了一个匹配。

3. 算法介绍

卷积神经网络是一种强大的深度学习模型,可以有效地处理图像等复杂数据,具有很好的特征提取和分类能力。卷积神经网络(CNN)用于图像分类的基本流程。

（1）输入图片：将需要分类的图像作为输入,通常是一个二维数组或矩阵表示的图像数据。

（2）将图片分成几个区域：CNN 会将输入的图像分成多个不同的区域,每个区域大小一样,通常称为“卷积核”或“滤波器”。

（3）将每个区域看成单独的图片：对于每个区域,CNN 会对其进行卷积操作,即将该区域与一个卷积核做点积运算。这个操作类似于计算机视觉中的特征提取,可以提取出该区域的特征信息。

（4）把这些图片分成不同的类别：接下来,CNN 会将这些特征图作为输入,经过池化(Pooling)层进行处理。在池化层中,通常采用平均值、最大值等方法对输入的特征图进行压缩处理,以减少特征的数量和计算量。

（5）把结果结合：最后,将经过池化层处理后的特征图输入全连接层中,通过多层的神经元连接,输出图像的类别。对于图像分类任务,通常使用交叉熵损失函数,配合反向传播算法进行训练。在训练过程中,CNN 会调整卷积核的权重和偏置,以最小化损失函数,在测试阶段,输入未知图像数据,输出它所属的类别。

RCNN(Region-based Convolutional Neural Network)是一种经典的目标检测算法,利用 CNN 提取候选物体区域的特征表示,并对每个候选区域进行分类和位置回归。RCNN 是一种基于区域的目标检测算法,其主要步骤如下。

（1）预先取一个预训练卷积神经网络：通常使用在大规模图像分类任务上预训练好的 CNN 模型,如 VGG、ResNet 等。

（2）根据需要检测的目标类别数量,训练网络的最后一层：将原本 CNN 模型中的全连接层替换为新的子网络,该子网络有两个输出,一个用于确定物体或背景的二元分类,另一个用于精确定位物体位置的回归。这个子网络只会在感兴趣的区域上进行训练,而不是整张图片。

(3) 对图片中感兴趣的区域重新改造,以让其符合 CNN 的输入尺寸要求:通过选择一些候选区域(如使用选择性搜索算法),对其进行裁剪、缩放等变换,将其大小统一为固定值,使得可以作为 CNN 的输入。

(4) 得到这些区域后,我们训练 SVM 来辨别目标物体和背景,对每个类别训练一个二元 SVM:针对每个候选区域,提取出其特征向量,并使用已经训练好的 SVM 模型对其进行分类判断,判断该区域是否包含目标物体。

(5) 训练一个线性回归模型,为每个辨识到的物体生成更精确的边界框:针对每个被判定为有物体的候选区域,使用线性回归模型对其位置进行微调,从而得到更加精准的边界框。

3.1.6 图像运算

图像运算是数字图像处理中非常重要的一部分,其中包括了加法运算、减法运算、乘法运算、除法运算和逻辑运算等。这些运算技术可以对图像进行各种处理和操作,如增强图像的亮度、对比度、色彩鲜艳度等,从而使图像更加清晰、生动、有趣。通过这些运算技术,可以更好地理解数字图像的本质,快速、高效地处理和优化图像,满足人们的各种需求。

1. 加法运算

在图像处理过程中,加法运算是一种常见的图像处理方法,可用来实现图像融合、亮度调整等效果。在加法运算中,如果两个像素值相加的结果超过了像素灰度值范围 0~255,那么就需要进行限制或者截断操作。

使用运算符"+"对图像进行加法运算,如果两个像素值相加结果超过了 255,则会自动将结果截断为 255。这种方式简单直接,但可能会导致图像亮度失真和信息丢失。而cv2.add()函数则对此做了更加细致的处理。它能在两个像素相加结果超过 255 时,将结果限制到 255 内,从而避免了信息丢失和图像亮度失真的问题。同时,还可以设置可选参数来调整加权系数,从而达到不同的图像处理效果。

1) 用加号'+'运算符进行加法运算

例:使用随机数生成一幅灰度图像,观察使用'+'对像素值求和的结果

```python
import numpy as np
import cv2
img1 = np.random.randint(0, 256, size=(3, 3), dtype=np.uint8)
img2 = np.random.randint(0, 256, size=(3, 3), dtype=np.uint8)
img1, img2
img1+img2
```

结果如图 3-4 所示。

说明:参数 dtype=np.uint8 是定义生成的数组对象的类型,让生成的数组对象的类型为 uint8 类型。uint8 类型的数据对象可以保证数组内的所有数值的大小都在[0, 255]范围。而图像数据中的每个像素点的值都是 256 个灰度级,当两个图像的对应像素点相加,如果数值超过了 255,就进行取余操作。所以,当用"+"号对两幅图像进行相加后,如果对

```
[18]: (array([[153, 183, 176],
              [ 53,  41,  51],
              [224,  41, 109]], dtype=uint8),
       array([[ 85, 200,   6],
              [ 84,   1, 173],
              [ 35, 155,  53]], dtype=uint8))
[18]: array([[238, 127, 182],
             [137,  42, 224],
             [  3, 196, 162]], dtype=uint8)
```

图 3-4 '十'运算符运行结果

应位置上的像素点值都非常大,也就是非常亮的时候,进行相加操作后对应位置的亮度反而会变暗。

2)用 cv2.add()函数进行图像的加法运算

```
dst = add(src1, src2[, dst[, mask[, dtype]]])
```

src1 表示第一幅图像的像素矩阵;

src2 表示第二幅图像的像素矩阵;

dst 表示输出的图像,必须和输入图像具有相同的大小和通道数;

mask 表示可选操作掩码(8 位单通道数组),用于指定要更改的输出数组的元素;

dtype 表示输出数组的可选深度。

例:使用随机数生成一幅灰度图像,观察使用 cv2.add()函数对像素值求和的结果。

```
import numpy as np
import cv2
img1 = np.random.randint(0, 256, size=(3, 3), dtype=np.uint8)
img2 = np.random.randint(0, 256, size=(3, 3), dtype=np.uint8)
img1, img2
cv2.add(img1,img2)
```

结果如图 3-5 所示。

```
(array([[ 45,  34, 149],
        [ 66,   0, 241],
        [104, 134, 103]], dtype=uint8),
 array([[ 71, 131, 163],
        [ 88, 184, 104],
        [227, 215,  71]], dtype=uint8))
array([[116, 165, 255],
       [154, 184, 255],
       [255, 255, 174]], dtype=uint8)
```

图 3-5 cv2.add()函数运行结果

2. 减法运算

图像减法运算主要调用 subtract()函数实现,其原型如下所示。

```
dst = subtract(src1, src2[, dst[, mask[, dtype]]])
```

src1 表示第一幅图像的像素矩阵;

src2 表示第二幅图像的像素矩阵;

dst 表示输出的图像,必须和输入图像具有相同的大小和通道数;

mask 表示可选操作掩码(8 位单通道数组),用于指定要更改的输出数组的元素;

dtype 表示输出数组的可选深度。

3. 乘法运算

图像乘法是指将两幅图像中对应像素点的灰度值相乘,生成一幅新的图像。这个新的图像中每个像素点的值都等于原来两幅图像中对应位置上像素点的值相乘所得。

在 OpenCV 中,multiply()函数用于对两个数组进行逐元素相乘。它接收 3 个参数:两个输入数组和一个输出数组。输入数组和输出数组必须具有相同的大小和类型。

函数原型如下。

```
dst = multiply(src1, src2, dst, scale = 1)
```

其中,参数说明如下。

src1:第一个输入数组,可以是矩阵、标量或立方体;

src2:第二个输入数组,可以是矩阵、标量或立方体,要求与 src1 具有相同的大小;

dst:输出数组,用于保存相乘后的结果,必须与 src1 和 src2 具有相同的大小;

scale:可选的缩放因子,默认为 1。

这个函数的实现方式很简单,就是按元素相乘。例如,如果 src1 和 src2 都是矩阵,则将第一行第一列的元素相乘,然后将其存储在输出矩阵的第一行第一列,以此类推。如果 src1 和 src2 是标量,则将其值相乘并存储在输出数组的每个元素中。

例如:

```
import cv2

src1 = cv2.imread('image1.jpg')
src2 = cv2.imread('image2.jpg')

dst = cv2.multiply(src1, src2)

cv2.imshow('src1', src1)
cv2.imshow('src2', src2)
cv2.imshow('dst', dst)

cv2.waitKey()
cv2.destroyAllWindows()
```

4. 除法运算

OpenCV 中的 divide()函数用于对两个数组进行逐元素相除操作,即将两个数组中的每一个元素分别进行相除运算,并将结果存储到输出数组中。

divide()函数的原型如下。

```
dst = cv2.divide(src1, src2, dst, scale=1, dtype=-1)
```

其中,参数说明如下。

src1:需要被除的第一个输入数组;

src2:需要除以的第二个输入数组,要求和 src1 有相同的尺寸和通道数;

dst:输出数组,其尺寸和通道数与输入数组相同;

scale：乘法缩放因子，默认值为 1；

dtype：输出数组的数据类型，如果为负数，则与输入数组的数据类型相同。

5. 逻辑运算

1）按位与运算

二进制中的与运算，其逻辑关系可以类比为一个串联电路，只有两个开关都闭合时，灯才会亮。也就是说，参与运算的两个逻辑值都是真时，结果才为真。与运算是计算机中一种基本的逻辑运算方式，符号表示为"&"，其运算规则为

```
0&0=0
0&1=0
1&0=0
1&1=1
```

图像的与运算是指两幅图像（灰度图像或彩色图像均可）的每个像素值进行二进制"与"操作，实现图像裁剪。

图像与运算主要调用 bitwise_and() 函数实现，其原型如下所示。

```
dst = bitwise_and(src1, src2[, dst[, mask]])
```

src1 表示第一幅图像的像素矩阵；

src2 表示第二幅图像的像素矩阵；

dst 表示输出的图像，必须和输入图像具有相同的大小和通道数；

mask 表示可选操作掩码（8 位单通道数组），用于指定要更改的输出数组的元素。

说明：与运算有下面 3 个特点。

任何数 a 和 0 进行按位与运算，都会得到 0。

任何数 a 和 255 进行按位与运算，都会得到这个数 a 本身。

任何数 a 和自身进行按位与运算，都会得到这个数 a 本身。

根据与运算的上面特点，可以构造掩码图像。

掩码图像上的 255 位置点的像素值就可以来源于原图像；掩码图像上的 0 位置点的像素值就是 0（黑色）。

2）图像或运算

逻辑或运算是指如果一个操作数或多个操作数为 true，则逻辑或运算符返回布尔值 true；只有全部操作数为 false，结果才是 false。图像的或运算是指两幅图像（灰度图像或彩色图像均可）的每个像素值进行二进制"或"操作，实现图像裁剪。其函数原型如下所示。

```
dst = bitwise_or(src1, src2[, dst[, mask]])
```

src1 表示第一幅图像的像素矩阵；

src2 表示第二幅图像的像素矩阵；

dst 表示输出的图像，必须和输入图像具有相同的大小和通道数；

mask 表示可选操作掩码（8 位单通道数组），用于指定要更改的输出数组的元素。

3）图像非运算

图像非运算就是图像的像素反色处理，它将原始图像的黑色像素点转换为白色像素

点,白色像素点则转换为黑色像素点,其函数原型如下。

```
dst = bitwise_not(src1, src2[, dst[, mask]])
```

src1 表示第一幅图像的像素矩阵;

src2 表示第二幅图像的像素矩阵;

dst 表示输出的图像,必须和输入图像具有相同的大小和通道数;

mask 表示可选操作掩码(8 位单通道数组),用于指定要更改的输出数组的元素。

4)图像异或运算

逻辑异或运算是一个数学运算符,数学符号为"$\oplus$",计算机符号为"xor",其运算法则为:如果 a、b 两个值不相同,则异或结果为 1;如果 a、b 两个值相同,异或结果为 0。图像的异或运算是指两幅图像(灰度图像或彩色图像均可)的每个像素值进行二进制"异或"操作,实现图像裁剪。其函数原型如下所示。

```
dst = bitwise_xor(src1, src2[, dst[, mask]])
```

src1 表示第一幅图像的像素矩阵;

src2 表示第二幅图像的像素矩阵;

dst 表示输出的图像,如果未提供,则会自动创建一幅与输入图像大小和类型相同的空白图像;

mask 表示可选操作掩码(8 位单通道数组),可选参数,用于指定掩膜。仅在掩膜范围内的像素才会被操作。如果未提供掩膜,则所有像素都会被操作。

按位异或操作的原理为:对于每个像素的每个通道,将两幅输入图像的对应通道值进行异或运算,然后将结果写入输出图像的对应位置上。例如,如果两个输入图像的某个像素的红色通道分别为 10 和 20,则输出图像的这个像素的红色通道值为 30(10 xor 20 = 30)。

3.2 机器视觉系统

机器视觉是指计算机视觉系统通过摄像头、传感器等硬件设备,采集并处理图像、视频等信息,从中获取目标对象的相关信息,如识别、分析、跟踪、分类等。随着计算机技术、图像处理技术和深度学习技术的发展,机器视觉系统已经有很大的进步和发展。

3.2.1 机器视觉系统简介

机器视觉系统就是用机器代替人眼做测量和判断。机器视觉系统是一种机器学习技术,用于将现实世界中的图像转换为数字化信息。这个过程涉及多种硬件和软件组件,包括图像传感器(如 CMOS 或 CCD)、专门设计的图像处理器,以及算法来分析图像数据。CMOS 是 Complementary Metal Oxide Semiconductor(互补金属氧化物半导体)的缩写,是一种集成电路的设计工艺,通常这种工艺可用来制作计算机或电器的静态随机存取内存、微控制器、微处理器与其他数字逻辑电路系统。除此以外,CMOS 还有比较特别的技术特性,使它可用于光学仪器上,例如互补式金氧半图像传感装置在一些高级数码相机中变得很常见。CCD 则是电荷耦合器件,是一种用电荷量表示信号大小,用耦合方式传输信号的探测元件,具有自扫描、感受波谱范围宽、畸变小、体积小、质量轻、系统噪声低、功耗小、寿命长、可靠性高等一系列优点,并可做成集成度非常高的组合件。CCD 是 20 世纪 70 年代初发展起来的一种新型半导体器件。通过使用图像传感器,视觉系统可以捕捉被摄取目标的光学信号,并将其转换成数字化信号,这些信号随后被传送到一个专用的图像处理系统中进行处理。在这个系统中,图像数据被分析并转化成可供计算机处理的格式,以便进行计算机视觉任务,如图像分类、物体检测、人脸识别等。

在图像处理的过程中,像素分布、亮度和颜色等信息起着非常重要的作用。例如,在图像分类任务中,图像处理系统会对每个像素进行分析,然后将它们分配到不同的类别中。而在物体检测任务中,图像处理系统需要分离出每个物体的轮廓,并将其与已知的物体模板进行比较,以确定它属于哪个物体类别。

图像系统是通过对数字信号进行各种运算来抽取目标的特征,进而根据判别的结果控制现场的设备动作。在工业生产中,图像系统主要用于产品质量检测、缺陷检测、尺寸测量、外观检验等方面。例如,在汽车制造过程中,可以利用图像系统对汽车零部件进行检测,如发动机表面是否存在划痕、裂纹、氧化等质量问题,以及零部件的尺寸是否符合要求,从而保证汽车的整体质量。除了产品质量检测外,图像系统还可用于防止缺陷产品被配送到消费者手中。例如,在食品行业中,可以通过图像系统对食品包装进行检测,如包装是否完整,是否存在异物等问题。如果检测到问题,系统会自动将该产品剔除,并通知相关人员及时处理,从而保证食品的安全性和质量。

3.2.2 机器视觉系统的发展历程

机器视觉系统的发展历程可分为以下几个阶段。

图像处理阶段:20 世纪 70 年代到 80 年代初期,机器视觉系统主要基于图像处理技术,通过对图像的处理,如边缘检测、形态学处理等,实现目标检测和识别等任务。但是,这种方法只能处理一些简单的图像,对于复杂的场景和物体,识别效果较差。

特征提取阶段:20 世纪 80 年代中期到 90 年代,机器视觉系统开始采用特征提取技术。这种方法先通过图像处理技术提取出物体的特征,如边缘、角点、纹理等,然后再用分类器进行分类。这种方法相比于图像处理方法,可以处理更加复杂的图像,并且具有一定的鲁棒性。

统计学习阶段:20 世纪 90 年代到 21 世纪初期,随着统计学习的兴起,机器视觉系统开始采用基于统计学习的方法,如支持向量机、随机森林等进行目标识别和分类。这种方法可以自动地从大量的数据中学习出物体的特征和模式,并且具有很强的分类能力和鲁棒性。

深度学习阶段:21 世纪初期至今,深度学习技术的兴起,使得机器视觉系统的性能大幅提升。通过使用深度神经网络进行图像分类、目标检测和跟踪等,可以大大提高机器视觉系统的准确性和稳定性。同时,深度学习技术也为机器视觉系统的应用提供了更多的可能性,如自动驾驶、智能安防、机器人视觉等领域。

机器视觉系统的发展经历了图像处理、特征提取、统计学习和深度学习等多个阶段,每个阶段都有其独特的特点和局限性。随着技术的不断进步和发展,未来机器视觉系统的应用将会更加广泛和深入。

3.2.3 机器视觉系统的特点

机器视觉系统的自动化程度和柔性非常高,这是因为它可以根据不同的产品类型、尺寸、形状和特征执行相应的检测任务。在传统的生产线中,需要专门的工人进行视觉检测,并且针对不同的产品类型需要不同的工人完成相应的检测任务,这种方式效率低下且容易出错。

机器视觉系统可以通过学习和训练,自动识别和分析图像中的各种特征和缺陷,并采取相应的措施修正或排除不良品。这种方式可以大大提高生产的自动化程度,减少了人工干预的风险和成本,并且可以实现真正意义上的 24 小时连续生产。

另外,机器视觉系统还具有很高的柔性,它可以根据要求随时调整检测任务和参数,可以对不同的产品类型和要求进行适应性调整。这种柔性使得机器视觉可用于多样化的生产制造环境中,无论是自动化生产线,还是定制化生产线,在不同的生产场景中都可以发挥出重要的作用。

在一些危险环境中,例如高温、高压、有毒或有辐射的环境中,人工视觉检测任务往往存在严重的安全隐患,并且对操作员的身体健康造成极大的威胁。这时,机器视觉系统可以发挥出独特的优势,有效地替代人工视觉完成检测任务,保护操作员使其安全。

机器视觉系统可以通过远程控制实现对危险环境中的生产过程和产品进行实时监控和检测,从而不需要操作员亲自进入危险的环境中。这种方式可以避免操作员受到高温、高压、有毒或有辐射等因素的直接影响,保证了他们的身体健康和安全。机器视觉系统具有精准、快速、连续性等特点,能在危险环境中完成高精度的视觉检测任务,避免了由于人为因素导致的误差和漏检。这种方式可以保证产品的质量和可靠性,并且提高了生产效率和生产线的稳定性。机器视觉系统还可以记录和分析生产过程中的所有数据,从而帮助企业对生产环境进行更加精细化的管理和控制,提高了整个生产过程的可控性和安全性。

在一些场合中,人工视觉难以满足精度、速度或连续性的要求。例如,在高速流水线上需要快速地检测产品的缺陷,如果使用人工视觉完成这项任务,则很难满足高速、高精度和连续性的要求。而机器视觉系统则可以有效地解决这些问题,完成高速、高精度的检测任务。对于高速流水线上的生产过程,机器视觉系统具有非常快速的反应速度和处理能力。通过采用高速图像处理算法和优化的硬件设备,机器视觉系统可以实现毫秒级别的响应速度,并且可以在非常短的时间内完成大量的图像数据的处理和分析。机器视觉系统具有非常高的精度和准确性。它可以通过学习和训练的方式识别不同的产品和缺陷类型,从而能准确地判断产品是否存在缺陷。与人工视觉相比,机器视觉系统更加精准、可靠,并且不会出现疲劳或分心等因素导致的误差和漏检。机器视觉系统还可以完成连续性的生产检测任务,从而可以避免产品被漏检或误检的情况。机器视觉系统可以 24 小时不间断地对生产过程进行监控和分析,从而能及时发现问题并采取相应的措施排除缺陷。

3.2.4 机器视觉系统构成

一个典型的工业机器视觉系统包括光源、镜头、相机(包括 CCD 相机和 COMS 相机)、图像处理单元(或图像捕获卡)、图像处理软件、监视器、通信和输入/输出单元等。系统可再分为主端计算机(Host Computer)、影像撷取卡(Frame Grabber)与影像处理器、影像摄影机、CCT 镜头、显微镜头、照明设备、Halogen 光源、LED 光源、高周波荧光灯源、闪光灯源、其他特殊光源、影像显示器、LC 机构及控制系统、PLC、PC-Base 控制器、精密桌台、伺服运动机台。

本章采取的机器视觉系统可分为硬件和软件两部分,其中软件部分采用了 OpenCV,硬件主要是高清摄像头。

本章例子采用 1080P 工业级 AI 宽动态摄像头,125°广角镜头焦距,支持自动聚焦,采用高品质 CMOS 传感器,传输速度快,成像效果好,传输稳定,具有 AI 视觉图像视频捕捉处理功能,支持 USB 免驱即插即用,如图 3-6 所示。

图 3-6 工业摄像头

3.3 机器视觉工具

机器视觉工具能快速高效地处理大量的图像数据,提取有用的信息,并且可以提高处理的准确性和效率。同时,机器视觉工具还可以降低开发成本,加速算法的实现,缩短开发周期。OpenCV 是一个跨平台的开源计算机视觉库,提供了许多图像处理和计算机视觉算法,包括边缘检测、特征提取、目标识别等。它支持 C++、Python 和 Java 等编程语言,并且可以运行在 Windows、Linux、Android 和 iOS 等操作系统上。

3.3.1 OpenCV

OpenCV(Open Source Computer Vision Library)是一个开源计算机视觉库,由 Intel 公司发起并维护。它最初发布于 1999 年,旨在为计算机视觉研究和开发提供一个通用、高效、易用的平台。

自 1999 年开始至今,OpenCV 不断地引入新功能和技术,不断完善和提升自己的性能和功能,目前已经成为计算机视觉领域广泛使用的开源库之一。其中,2000 年发布的第一个公共版本支持 Linux 操作系统,2006 年加入 Google Summer of Code 计划引入了大量新功能,2008 年发布 2.0 版本支持多处理器环境和 GPU 计算,2015 年发布 3.0 版本支持 C++11 和 Python 3,并引入了深度学习模块,2018 年发布 4.0 版本支持 C++ 11/14/17 和 Python 3.5+,引入了 DNN 模块等新特性,为开发者提供更好的开发体验和更多的选择。

OpenCV 是一个免费、开源的计算机视觉库,具有跨平台支持、多语言接口、大量模块、高性能优化和深度学习支持等特点。它可以在 Windows、Linux、macOS、Android 等多种操作系统和硬件平台上使用,并提供了 C++、Python、Java 等不同编程语言的接口,方便开发者进行图像处理和分析任务。OpenCV 包含了众多的计算机视觉和图像处理模块,如图像变换、特征提取、目标检测、跟踪等。同时,OpenCV 针对不同硬件平台进行了高性能优化,支持多线程和 GPU 加速等技术,保证了图像处理的效率和准确性。最新版本的 OpenCV 引入了深度学习模块,支持常见的神经网络框架,如 TensorFlow 和 Caffe,为开发者提供更多的选择。此外,OpenCV 有一个活跃的社区支持,提供各种教程、示例程序和开发资源,帮助开发者快速上手和解决问题。

OpenCV 未来的优势主要有 3 方面。首先,强大的深度学习支持使得 OpenCV 能更好地处理复杂的视觉任务,为计算机视觉领域的发展提供了更广阔的空间。其次,随着计算机硬件和软件技术的不断进步,OpenCV 可以利用更多的计算资源实现更高效的算法,从而让图像处理和分析更加准确、快速和可靠。最后,人工智能、物联网、自动驾驶等领域的快速发展将会给计算机视觉带来更多的应用场景,OpenCV 作为计算机视觉领域的标准库,将会在这些领域中扮演重要角色,为解决各种实际问题提供更加丰富和有效的工具和方法。因此,未来 OpenCV 将继续保持其开放性、灵活性和创新性,不断更新和改进自己,以适应不断变化的计算机视觉领域需求,成为更好的计算机视觉工具。

OpenCV 提供了 C++ 以及 Python 的接口,本书介绍 Python 接口的安装。Python 的安装方式有离线安装和在线安装两种,这里为大家演示在线安装 Python 接口及 OpenCV 的过程。由于 Python 3 支持以 pip 方式自动安装第三方开发包,因此后续用 Python 3.5 演示给出 OpenCV 3 的安装方式。

OpenCV 提供了大量的函数接口,开发者使用 OpenCV 时只引入 OpenCV 的库即可调用其众多的函数。在本章中我们将安装 OpenCV 3.4.5 版本,并介绍 OpenCV 中非常基础的几种函数。首先介绍如何调用 OpenCV 中的 imread() 去读取一幅图像,以及如何调用 imwrite() 函数去保存一幅图像;同时还会介绍如何调用 OpenCV 中的 VideoCapture() 函数以打开摄像头等一系列操作。

除此之外,在对图像进行数字化处理时,还需要配合使用 Numpy 和 Matplotlib 等工具软件。

Numpy 是非常常用的科学计算库,提供了高性能多维数组对象以及相关的工具,它能将数组向量化,提升多维数组的运算速度。Matplotlib 是非常强大的 Python 画图工具,可以画散点图、等高线图、条形图、柱形图、3D 图形、图形动画等。Matplotlib 工具的配置参数非常多,如字体、默认颜色等。

3.3.2　图像数据结构

1. 图像数据结构介绍

OpenCV 结构具有尺寸和通道的概念。OpenCV 中的结构可以包含不同数量的通道和不同大小的尺寸。这是因为 OpenCV 支持处理多种类型的图像,包括灰度图像、彩色图像和多通道图像。

通道是指在图像中存在的不同颜色分量或灰度级别的数量。例如,在 RGB 彩色图像中,每个像素包含 3 个通道:红色、绿色和蓝色。而在灰度图像中,每个像素只有一个通道,代表亮度值。

尺寸是指图像的宽度和高度。OpenCV 中的图像可以具有任何尺寸,例如 100×100 或 1920×1080 等。处理图像时,尺寸非常重要,因为它决定了用于计算的像素数目。

OpenCV 中的结构可以描述具有不同通道数和尺寸的图像,并且可以使开发人员轻松地处理各种类型的图像数据。

多通道多维数组示意图如图 3-7 所示。通道指定元素的尺寸,即最小单元 $1 \times x$ 或者 $x \times 1$ 的数组,维度均为 2,所以 Mat 的维度最小为 2。Mat 是一种通用的矩阵数据类型,可用来表示图像、数组和其他类型的数据。Mat 的维度是指其数组的行数和列数,也称为形状(shape)。形状由大小(size)和通道数(channels)两部分组成。

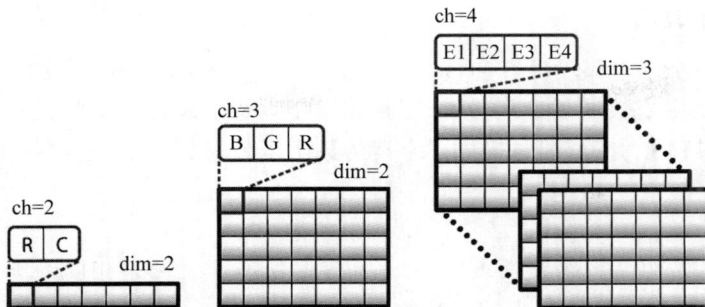

图 3-7 多通道多维数组示意图

2. 图像数据格式

OpenCV-python 图像存储的数据结构为 Numpy 的格式,OpenCV 其底层基于 C++ 的 Mat 结构,在 OpenCV 1.0 中,一般使用 IplImage 的 C 结构体 CvMat 在内存中存储图像,但是需要用户自己进行内存的分配和释放。在 OpenCV 2.0 中,引入了新的 C++ 结构 Mat,具体存储结构如图 3-8 所示。

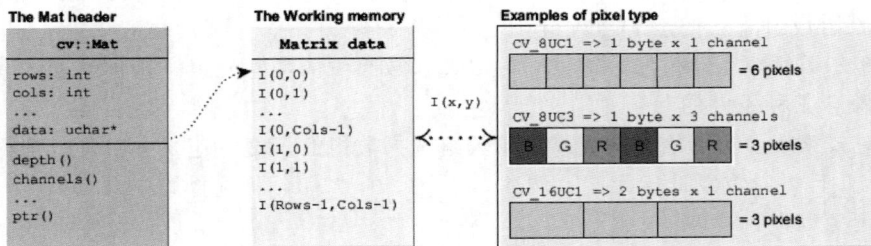

图 3-8 具体存储结构图

在 Mat 中,最小单元也就是通道指定元素的尺寸。对于灰度图像来说,每个像素只有一个值,因此通道数为 1,可以表示成 $1 \times x$ 或者 $x \times 1$ 的数组,维度均为 2。而对于彩色图像来说,每个像素需要表示红、绿、蓝 3 种颜色通道的值,因此通道数为 3,可以表示成 $3 \times x$ 或者 $x \times 3$ 的数组,维度同样为 2。因此,在 Mat 中表示灰度图像至少需要一个 2D 的数组,而表示彩色图像则需要一个 3D 的数组(第三维是颜色通道数)。同时,Mat 的维度大小可以非常大,取决于图像或矩阵的大小,但至少为 2。

当用 Mat 表示图像时,每个通道有时被称为"彩色平面"。这是因为图像的一个通道代表一种颜色(或亮度、饱和度等)。对于彩色图像,经常使用 RGB 表示,但请注意 OpenCV 通道的顺序是"BGR",如图 3-9 所示。

图 3-9 "彩色平面"示意图

3. Numpy 工具

Numpy 是一个用于科学计算和数值分析的 Python 库，它提供了强大的数组操作和数值计算功能，主要用于数据预处理、特征工程和模型训练。Numpy 可用于处理各种数据类型，包括数组、矩阵、张量等，同时提供了丰富的数学函数和算法，可进行各种数值计算和线性代数运算。

- 数组

Numpy 中的数组是一个元素表（通常是数字），所有元素都是相同的类型，由一个正整数元组索引。在 Numpy 中，数组的维数称为数组的秩。一个整数的元组给出了数组在每个维度上的大小，称为数组的形状。Numpy 中的数组类称为 ndarray。Numpy 数组中的元素可以使用方括号访问，也可以使用嵌套 Python 列表初始化。

- 数组索引

Numpy 提供了多种索引方式，具体如下。

(1) 切片：与 Python 的 list 数组类似，Numpy 数组也支持切片运算。因为数组可以是多维的，此时必须指定数组每个维度的切片。

(2) 整数数组索引：利用切片得到的数组始终是原矩阵的子阵列，利用整数数组索引可以基于原始数组建立任意新的数组。

(3) 布尔数组索引：布尔数组索引可以选取数组中的任意元素。这种类型的索引通常用来选择符合某种条件的元素。

(4) 花式索引：使用整数数组或布尔数组选择数组的子集。花式索引可以选择特定顺序的元素，并且可以重复选择元素。例如，arr[[1，0，2，0]]将选择第 1 个、第 0 个、第 2 个和第 0 个元素，即[2，1，3，1]。

- 数据类型

每个 Numpy 数组都是相同类型元素的网格。Numpy 提供了大量数字数据类型，可以使用它们构造数组。创建数组时，Numpy 默认可以推断数据类型，但是构造数组的函数通常还包含一个可选参数来显式指定数据类型。

- 数组数学运算

Numpy 中重载了 Python 的数学运算符，其底层为向量化的运算，运算效率很高。

- Broadcasting

Broadcasting 是 Numpy 中的一种机制，它允许在进行算术运算时处理不同形状的数组。简单来说，Broadcasting 使得 Numpy 能将具有不同形状的数组插入通用操作中，从而使得这些操作可以应用于较大、更复杂的数据集。

当进行算术运算时，Numpy 会比较两个数组的形状，然后按以下规则执行 Broadcasting。

(1) 如果两个数组的形状相同，则可以直接进行算术运算。

(2) 如果两个数组在某个轴上的长度相同或其中一个数组在该轴上长度为 1，则可以进行 Broadcasting。

(3) 如果两个数组在某个轴上的长度都不相同且其中一个数组在该轴上的长度也不为 1，则无法进行 Broadcasting，此时会抛出 ValueError 异常。

4. Matplotlib 画图工具

Matplotlib 是非常强大的 Python 画图工具，可以画散点图、等高线图、条形图、柱形图、3D 图形、图形动画等。Matplotlib 工具的配置参数非常多,如字体、默认颜色等,具体请参考 matplotlib.RcParams 类。

绘制和显示图片常用的函数如表 3-2 所示。

表 3-2　绘制和显示图片常用的函数

函 数 名	功 能	调 用 格 式
figure	创建一个显示窗口	plt.figure(num=1,figsize=(8,8)
imshow	绘制图片	plt.imshow(image)
show	显示窗口	plt.show()
subplot	划分子图	plt.subplot(2,2,1)
title	设置子图标题(与 subplot 结合使用)	plt.title('origin image')
axis	是否显示坐标尺	plt.axis('off')
subplots	创建带有多个子图的窗口	fig,axes=plt.subplots(2,2,figsize=(8,8))
ravel	为每个子图设置变量	ax0,ax1,ax2,ax3=axes.ravel()
set_title	设置子图标题(与 axes 结合使用)	ax0.set_title('first window')
tight_layout	自动调整子图显示布局	plt.tight_layout()

利用 Matplotlib 显示图片,一般需要用到 figure()、imshow()、show()函数。

figure()函数的作用是创建一个显示窗口。通过以下命令可创建多个窗口。

```
#plt.figure()
#不指定 num,则 figure 时 num 会根据当前的窗口编号自增
plt.figure(num=1, figsize=(8,8)
```

imshow()函数:用于将二维数组(即图像)渲染为颜色图像,并显示在特定的坐标轴上。一般用方法如下。

```
#X      输入图像
#cmap    字符或者 matplotlib.colors.Colormap 类,RGB(A)格式的图像无效,默认为 rc 值
#中 image.cmap 对应的值 viridis
#norm    标准化,默认 None,可设为 Normalize
#aspect   横纵比,默认 None,可设为['aotu' / 'equal' / scalar]
#interpolation    插值方法
#alpha     alpha 通道值
#vmin,vmax:默认 None,最大、最小值, vmin、vmax 和规范(norm)一起使用来规范(normlize)亮
#度数据
#origin    指定原点(0,0)是左上角还是左下角,取字符串"upper"或"lower"
#extent    数据坐标中左下角和右上角的位置。如果为"无",则定位图像使得像素中心落在基于
#零的(行,列)索引上
# shape    显示的形状,默认 None,即显示源图像的形状
imshow(X, cmap=None, norm=None, aspect=None, interpolation=None, alpha=None,
vmin=None, vmax=None, origin=None, extent=None, shape=None)
```

show()函数的作用是将所有窗口显示出来，方法如下。

```
plt.show()
```

3.3.3 OpenCV 基本画图函数

OpenCV 基本画图函数是通过对像素进行简单的数学运算实现的。在计算机视觉中，可以将图像看作一个由像素点组成的矩阵或数组。每个像素点都有一个坐标和颜色值。

OpenCV 提供了一些函数，可用来操作这些像素点，从而绘制出各种形状，如 cv.line()，cv.circle()、cv.rectangle()、cv.ellipse()、cv.putText()等。下面选取部分常用的画图函数进行介绍。

- **Drawing Line**

cv.line 函数的作用为画线，就是通过在两个点之间绘制相邻像素的方式绘制直线。具体函数的参数如下所示。

```
#img:       图像
#pt1:       直线的起点
#pt2:       直线的终点
#color:     直线的颜色
#thickness:    线条的宽度
#lineType:     直线的种类
#shift:     Number of fractional bits in the point coordinates
line(img, pt1, pt2, color[, thickness[, lineType[, shift]]]) -> img
```

示例代码：

```
import cv2 as cv
import numpy as np

#创建一幅黑色的图像
img = np.zeros((512, 512, 3), np.uint8)
#在图像上绘制一条蓝色的线段
cv.line(img, (0, 0), (511, 511), (255, 0, 0), 5)

#显示结果
cv.imshow('line', img)
cv.waitKey(0)
cv.destroyAllWindows()
```

- **Drawing Rectangle**

cv.rectangle()函数可以画矩形，具体参数如下所示。

```
#img:       图像
#pt1:       矩阵的顶点
#pt2:       pt1 对角线对应的另一个顶点
#color:     直线的颜色
#thickness:    线条的宽度
#lineType:     直线的种类
#shift:     顶点坐标的小数点位数
```

```
rectangle(img, pt1, pt2, color[, thickness[, lineType[, shift]]]) -> img
```

示例代码：

```
import cv2 as cv
import numpy as np

#创建一幅黑色的图像
img = np.zeros((512, 512, 3), np.uint8)

#在图像上绘制一个绿色的矩形
cv.rectangle(img, (384, 0), (510, 128), (0, 255, 0), 3)

#显示结果
cv.imshow('rectangle', img)
cv.waitKey(0)
cv.destroyAllWindows()
```

- **Drawing Circle**

cv.circle()函数可以画圆。

```
#img:      图像
#center:    圆心位置
#radius:    圆的半径
#color:    直线的颜色
#thickness:    线条的宽度
#lineType:    直线的种类
#shift:    圆心坐标的小数点位数
circle(img, center, radius, color[, thickness[, lineType[, shift]]]) -> img
```

示例代码：

```
import cv2 as cv
import numpy as np

#创建一幅黑色的图像
img = np.zeros((512, 512, 3), np.uint8)

#在图像上绘制一个红色的圆
cv.circle(img, (256, 256), 100, (0, 0, 255), -1)

#显示结果
cv.imshow('circle', img)
cv.waitKey(0)
cv.destroyAllWindows()
```

- **Drawing Ellipse**

cv.ellipse()函数可以画椭圆。

```
#img:      图像
#center:    椭圆圆心位置
#axes:    椭圆的长轴和短轴
```

```
#angle:     椭圆的旋转角度
#startAngle:    起始角度
#endAngle:    终止角度
#color:     线条颜色
#thickness:    线条的宽度
#lineType:    直线的种类
#shift:    圆心坐标和长短轴的小数点位数
ellipse(img, center, axes, angle, startAngle, endAngle, color[, thickness
[, lineType[, shift]]]) -> img
```

- **Drawing Polygon**

cv.polylines 函数可以画多边形,需要将多边形的各个顶点的坐标转化为数组传入该函数中,其参数如下所示。

```
#img:     图像
#pts:     多边形曲线的数组
#isClosed:    多边形是否闭合
#color:    直线的颜色
#thickness:    线条的宽度
#lineType:    直线的种类
#shift:    圆心坐标的小数点位数
polylines(img, pts, isClosed, color[, thickness[, lineType[, shift]]]) -> img
```

- **putText**

cv.putText 函数可以在图像中加入文字,具体参数如下所示。

```
#img:     图像
#text:    文本字符
#org:    图片中字体的左下角
#fontFace:    字体类型
#fontScale:    字体尺寸
#color:    直线的颜色
#thickness:    线条的宽度
#lineType:    直线的种类
#bottomLeftOrigin:    布尔值,如果为 True,则文本从图像左下角开始画;如果为 False,则
#文本从图像左上角开始画
putText(img, text, org, fontFace, fontScale, color [, thickness [, lineType [,
bottomLeftOrigin]]]) -> img
```

3.4 环境部署与软件安装

3.4.1 安装 Python

本课程使用的 Python 版本为 3.5.2。Python 可应用于多平台,包括 Windows、Linux 和 macOS X。Python 最新源码、二进制文档、新闻资讯等可以在 Python 的官网查看。Python 官网为 https://www.python.org/。

可以在以下链接中下载 Python 的文档，可以下载 HTML、PDF 和 PostScript 等格式的文档。Python 文档下载地址为 https://www.python.org/doc/。

官网下载步骤如下。

（1）打开官方下载页面（https://www.python.org/downloads/）。

（2）选择与操作系统对应的下载链接，例如 Windows、macOS 或 Linux。

（3）选择 Python 3 的版本，例如 Python 3.x.x。

（4）单击"Get Python"按钮，选择想下载的文件类型和安装方式。

（5）下载完成后，双击下载的文件安装 Python。

pip 下载步骤如下。

（1）打开终端或命令提示符。

（2）输入命令：pip3 install python-3.x.x，其中 x 是选择的 Python 3 版本号，例如 3.6。

（3）安装完成后，可以使用以下命令检查 Python 3 是否安装成功：

```
python3 --version
```

如果成功安装，将会输出 Python 3 的版本信息。

（4）配置环境变量，使计算机能找到 Python 3 的安装目录。可以使用以下命令配置环境变量：

```
export PYTHONHOME=/path/to/python3
export PATH=$PYTHONHOME/bin:$PATH
```

其中，/path/to/python3 是 Python 3 的安装目录。可以将路径替换为自己的安装目录。

最后，可以在新的终端窗口中运行 Python 3 了。

3.4.2　安装 pip（Python 包管理器）

pip 是 Python 包管理工具，该工具提供了对 Python 包的查找、下载、安装、卸载的功能。如果在 python.org 下载最新版本的安装包，则是已经自带了该工具。pip 官网为 https://pypi.org/project/pip/。

注：Python 2.7.9 ＋或 Python 3.4＋以上版本都自带 pip 工具。

可以通过以下命令判断是否已安装：

```
pip3 --version                                              #Python3.x 版本命令
```

如果还未安装，则可以使用以下方法安装：

```
$ curl https://bootstrap.pypa.io/get-pip.py -o get-pip.py   #下载安装脚本
$ sudo python3 get-pip.py                                   #运行安装脚本
```

3.4.3　安装 Numpy

边缘计算网关和 Linux 虚拟机默认已经安装好了 numpy 软件包。若在新的系统下安装，请在 Linux 终端输入下面命令安装。

```
$ pip3 install numpy==1.16.4
```

3.4.4　安装 OpenCV

使用 git 下载源码包：

```
$ cd /home/zonesion/Downloads
$ git clone -b 3.4.5 https://github.com/opencv/opencv
$ git clone -b 3.4.5 https://github.com/opencv/opencv_contrib
```

安装依赖包：

```
$ sudo apt-get install build-essential                          #编译
$ sudo apt-get install cmake git libgtk2.0-dev pkg-config libavcodec-dev
libavformat-dev libswscale-dev                                  #必须安装
$ sudo apt-get install python3-dev libtbb2 libtbb-dev libjpeg-dev libpng12-dev
libtiff-dev libjasper-dev libdc1394-22-dev                      #可选安装
```

编译：

```
$ cd /home/zonesion/Downloads/opencv
$ mkdir build
$ cd build
$ cmake -D CMAKE_BUILD_TYPE=RELEASE -D CMAKE_INSTALL_PREFIX=/usr/local -D
OPENCV_EXTRA_MODULES_PATH=../../opencv_contrib/modules/ -D BUILD_opencv_
python3=ON -D PYTHON3_INCLUDE_PATH=/usr/include/python3.5m -D PYTHON3_
LIBRARIES=/usr/lib/aarch64-linux-gnu/libpython3.5m.so -D PYTHON3_NUMPY_
INCLUDE_DIRS=/usr/lib/python3/dist-packages/numpy/core/include -D BUILD_
OPENCV_PYTHON3=ON ..
$ make -j6
$ sudo make install
```

3.4.5　OpenCV 环境测试

代码如下：

```
import cv2                                #导入 OpenCV 库函数
import numpy as np                        #导入 numpy 库
img = cv2.imread("test.png")             #使用 imread() 函数读取图像
cv2.imshow("test",img)                   #使用 imshow() 函数显示图像
```

若打开图片 test.png，则表示 OpenCV 安装成功。

3.5　OpenCV 完成数据采集和存取

在实际应用中，有时需要记录某些场景的视觉信息，如车辆行驶路线、工业生产过程等，此时可以利用 OpenCV 提供的视频录制功能，把这些图像整合成一个完整的视频文件，以备后续分析或展示。因此，通过 OpenCV 录制视频是非常有意义的一个操作。接下来详细介绍如何使用 OpenCV 进行视频录制和视频读取操作。

3.5.1　通过 OpenCV 录制视频

需要连接一个摄像头，OpenCV 中可以用 VideoCapture 类读取视频流。

1. VideoCapture 的实例化与释放

OpenCV 读取视频时需要用到 VideoCapture 类。VideoCapture 类的构造函数有 3 个参数：第一个参数是要打开的视频文件名；第二个参数是指示是否使用本地摄像头的标志；第三个参数是指示摄像头 ID（仅在第二个参数为 true 时适用）。例如，要打开名为 video.avi 的视频文件，可以这样写：

```
#filename      可以是视频路径、视频流的 URL、图像序列、视频设备 ID
#apiPreference      指定播放器
<VideoCapture object> = cv.VideoCapture(filename[, apiPreference])
```

此处用的是 USB 摄像头，所以传入的第一个参数是摄像头编号：

```
##VideCapture 里面的序号
#0：默认为笔记本上的摄像头(如果有) / USB 摄像头 Webcam
#1：USB 摄像头 2
#2：USB 摄像头 3,以此类推
#-1:代表最新插入的 USB 设备

#创建一个 VideoCapture 的实例
cap = cv.VideoCapture(0)
```

当创建 VideoCapture 对象时，它会占用系统的一些资源，如打开视频文件、分配缓冲区等。如果不释放 VideoCapture 对象，这些资源将一直占用着系统，可能导致程序运行缓慢，甚至使得程序崩溃。因此，程序结束时最好释放 VideoCapture 对象。另外，释放 VideoCapture 对象也有助于确保下次使用 VideoCapture 对象时，能正常读取视频流。如果不释放 VideoCapture 对象，新的 VideoCapture 对象可能无法访问同一个视频流，从而导致程序出错。所以，在代码最后，需要释放 VideoCapture。

```
#释放 VideoCapture
cap.release()
```

2. VideoCapture 属性简单设置

VideoCapture 一共有 18 个属性可以查看或者修改，其中一部分是读取视频流的，另一部分是读取视频的。

用于读取视频流的属性：

CAP_PROP_POS_MSEC：表示当前帧在视频流中的时间(毫秒)。

CAP_PROP_POS_FRAMES：表示当前帧在视频流中的索引。

CAP_PROP_POS_AVI_RATIO：表示当前帧相对于视频流的位置，范围为 $0\sim1$。

CAP_PROP_FRAME_WIDTH：表示每帧的宽度，单位为像素。

CAP_PROP_FRAME_HEIGHT：表示每帧的高度，单位为像素。

CAP_PROP_FPS：表示视频的帧率。

CAP_PROP_FOURCC：表示视频编解码器的四元组代码。

CAP_PROP_CONVERT_RGB：表示是否将帧转换为 RGB 格式。

用于读取视频文件的属性：

CAP_PROP_POS_FRAMES：表示当前帧在视频文件中的索引。

CAP_PROP_POS_MSEC：表示当前帧在视频文件中的时间(毫秒)。

CAP_PROP_FRAME_COUNT：表示视频文件中总共的帧数。

CAP_PROP_FORMAT：表示视频文件中帧的格式。

CAP_PROP_MODE：表示打开视频文件的模式(如读取、写入等)。

CAP_PROP_BRIGHTNESS：表示亮度。

CAP_PROP_CONTRAST：表示对比度。

CAP_PROP_SATURATION：表示饱和度。

CAP_PROP_HUE：表示色调。

CAP_PROP_GAIN：表示增益。

这些属性可以通过 VideoCapture 类的 get()方法获取当前值,也可以通过 set()方法设置新的值。

这里只用到两个基本的设定,以获取图像分辨率。我们手中的 200 万宽动态摄像头的最高分辨率是 1920×1080,所以设定参数时设成最大值,也就是最清晰的模式。

```
##设置画面的尺寸
#画面宽度设定为 1920
cap.set(cv.CAP_PROP_FRAME_WIDTH, 1920)
#画面高度设定为 1080
cap.set(cv.CAP_PROP_FRAME_HEIGHT, 1080)
```

分辨率的设定会影响帧率,分辨率越大,帧率越低,所以需要在两者之间进行权衡。

3. 读取视频帧

```
##逐帧获取画面
#如果画面读取成功,则 ret=True,frame 是读取到的图片对象(NumPy 的 ndarray 格式)
ret, frame = cap.read()
```

NumPy 的 ndarray 是 N 维数组对象,是 NumPy 中最重要的对象之一。它是一个具有以下特点的多维数组。

(1)元素类型必须相同：所有元素必须是相同的类型,如 float64、int32 等。这也是 ndarray 比 Python 内置的列表(list)更加高效的原因之一。

(2)形状必须指定并保持不变：创建 ndarray 时,需要指定每个维度的大小。例如,可以创建一个形状为(2,3)的二维数组,它有两行三列的元素。创建后,其形状不能再改变。

(3)快速访问和操作：与 Python 中的列表相比,ndarray 提供了更快速的元素访问和操作方法。例如,可以使用切片(slicing)操作获取数组的子集,并对这些元素进行各种操作,如排序、求和等。

根据 ret 可以知道图片有没有被正确读入。如果失败,可以选择跳过(也有可能是图片传输有损),或者直接退出程序。

```
if not ret:
    #如果图片没有读取成功
    print("图像获取失败,请按照说明进行问题排查")
    break
```

4. 完整的视频采集代码 record_video.py

```
import cv2

cap = cv2.VideoCapture(0)
cap.set(cv2.CAP_PROP_FRAME_HEIGHT, 480)
cap.set(cv2.CAP_PROP_FRAME_WIDTH, 640)
fourcc = cv2.VideoWriter_fourcc(* 'XVID') #保存视频的编码
#第三个参数是描述镜头快慢的,20 为正常,小于 20 为慢镜头
out = cv2.VideoWriter('output.avi', fourcc, 20.0, (640, 480))

while cap.isOpened():
    ret, frame = cap.read()
    if ret:
        out.write(frame)
        cv2.imshow("frame", frame)
        print(frame.shape)
        if cv2.waitKey(1) & 0xFF == ord('q'):
            break
    else:
        break

cap.release()
out.release()
cv2.destroyAllWindows()
```

3.5.2　通过 OpenCV 读取视频

在视频处理中,通常需要对视频进行逐帧处理。如果将整个视频文件全部读入内存并逐帧处理,会导致内存占用过大,而且程序运行效率低下。因此,可以采取一定的间隔帧数,只处理其中一些帧,并将这些帧保存成图片,以便后续进一步分析和处理。同时,在视频录制或传输过程中,可能会出现一些噪声、干扰信号或者其他问题,导致某些帧的图像质量较差,甚至存在拖影等问题。这样的帧对于后续的处理和分析都没有太大的意义,反而会影响处理结果的准确性和效率。因此,我们需要手动选择保留哪些帧,并将不必要的帧剔除。

对保存的视频文件进行读取,然后通过取一定的间隔帧数进行图片的保存,手动对保存的图片进行剔除,将拖影很大以及干扰视频的图片剔除,具体操作代码 read_video.py 如下。

```
import cv2
import time
cap = cv2.VideoCapture('output.avi')

c = 0
timeF = 20 #间隔帧数
while cap.isOpened():
    ret, frame = cap.read()
```

```
        cv2.imshow("show", frame)
        if c % timeF == 0:
            filename = 'images/' + str(time.time()).replace('.', '') + '.jpg'
            print("name:", filename)
            cv2.imwrite(filename,frame)
        c += 1
        cv2.waitKey(1)
cv2.destroyAllWindows()
```

3.5.3　图像读取与保存

1. 读入图片

OpenCV 提供了 imread 函数来读取图片,其参数格式如下所示。

```
imread(filename[, flags]) -> retval
```

其中参数 filename 是指要读取的文件名或路径,可以是绝对路径或相对路径。需要注意的是,文件后缀名应该与所读取的图像格式相匹配,否则会导致读取失败或者图像不能正常显示。flags 是一个整数类型的标志位,用于指定读取图像的模式。默认情况下,flags=1 表示以彩色模式读取图像,flags=0 表示以灰度模式读取图像,flags=−1 表示以原始模式读取图像(包含 Alpha 通道)。除此之外,还可以通过各种不同的标志组合指定读取图像的方式,例如 cv2.IMREAD_COLOR 表示以彩色模式读取图像,cv2.IMREAD_GRAYSCALE 表示以灰度模式读取图像,cv2.IMREAD_UNCHANGED 表示以原始模式读取图像(包含 Alpha 通道)。

示例代码:

```
#读取一幅彩色图像
import cv2
img = cv2.imread('parrot.jpg')
cv2.imshow('image', img)
cv2.waitKey(0)

#读取一幅灰度图像
import cv2
img_gray = cv2.imread('parrot.jpg', cv2.IMREAD_GRAYSCALE)
cv2.imshow('image', img_gray)
cv2.waitKey(0)

#读取一幅带 Alpha 通道的图像
import cv2
img_alpha = cv2.imread('parrot.png', cv2.IMREAD_UNCHANGED)
cv2.imshow('image', img_alpha)
cv2.waitKey(0)
```

注意:使用 imread()函数时,要保证指定的文件存在,并且有读取权限,否则会导致读取失败。同时,读取图像时,尽量使用与原图像格式相同的模式,以避免图像数据损失和变形。

该方法支持的文件格式如下所示。

```
- Windows bitmaps - *.bmp, *.dib (always supported)
- JPEG files - *.jpeg, *.jpg, *.jpeg (see the Note section)
- JPEG 2000 files - *.jp2 (see the Note section)
- Portable Network Graphics - *.png (see the Note section)
- WebP - *.webp (see the Note section)
- Portable image format - *.pbm, *.pgm, *.ppm *.pxm, *.pnm (always supported)
- Sun rasters - *.sr, *.ras (always supported)
- TIFF files - *.tiff, *.tif (see the Note section)
- OpenEXR Image files - *.exr (see the Note section)
- Radiance HDR - *.hdr, *.pic (always supported)
- Raster and Vector geospatial data supported by GDAL (see the Note section)
```

先导入 cv2 包，然后读取图片，如下所示。

```
import cv2 as cv
#默认从当前目录下读取 test.png 图片,当前目录即运行 Python 解释器的目录
img = cv.imread("test.png")
```

改变图像的颜色空间参数，可以导入 BGR 彩图。

```
#导入一幅图像,模式为彩色图片
#imread 默认读取的就是 BGR 彩图(注意:不是 RGB),即下面代码和 img = cv.imread("test.
#jpg")的作用一样
#note: 早前 Windows 下不管是摄像头制造者,还是软件开发者,当时流行的都是 BGR 格式的数据
#结构
#后面 RBG 格式才逐渐流行,所以这是 OpenCV 在发展过程中的历史遗留问题
img = cv.imread('test.png, cv.IMREAD_COLOR)
```

如果想导入灰度图片，则可以运行以下命令：

```
img = cv.imread('test.png, cv.IMREAD_GRAYSCALE)
```

imread() 函数返回的是 numpy.ndarray 对象。读取完图片后，可以通过 cvtColor() 函数进行颜色域的转换，该函数的作用是将一幅图像从一个颜色空间转换到另一个颜色空间，但是从 BGR 向其他类型转换时，必须明确指出图像的颜色通道。在 OpenCV 中，其默认的颜色制式排列是 BGR 而非 RGB。所以，对于 24 位颜色图像来说，前 8-bit 是蓝色，中间 8-bit 是绿色，最后 8-bit 是红色。

```
dst = cv.cvtColor(src, code[, dst[, dstCn]])
```

src：输入图像
code：颜色空间转换码
dst：输出图像
dstCn：输出图像的通道数；如果参数为 0，则直接根据输入图像推断输出图像的通道数

2. 显示图片

可以通过 cv2 的 imshow() 函数显示图片。

```
#导入一幅图像,模式为彩色图片
img = cv.imread('test.png, cv.IMREAD_COLOR)
#"frame"窗口名
```

```
#img 是需要显示的图像
cv.imshow("frame", img)
```

3. 打印图像属性

以下代码可以打印出图像的属性信息。

```
#导入一幅图像,模式为彩色图片
img = cv.imread('test.png, cv.IMREAD_COLOR)
print("================打印图像的属性================")
print("图像对象的类型 {}".format(type(img)))
print("图像的尺寸", img.shape)
print("图像高度: {} pixels".format(img.shape[0]))
print("图像宽度: {} pixels".format(img.shape[1]))
print("通道: {}".format(img.shape[2]))
print("图像分辨率: {} * {}".format(img.shape[1], img.shape[0]))
print("数据类型: {}".format(img.dtype))
```

4. 保存图片

OpenCV 提供了 imwrite()函数来保存图片。

```
#cv.imwrite(filename, img, params=None)
#filename:保存文件的名称和路径,可以是绝对路径或相对路径。需要注意的是,文件后缀名应
#该与所保存的图像格式相匹配,否则会导致保存失败或者图像不能正常打开
#img:要保存的图像数据,可以是 NumPy 数组或 Mat 对象。如果是 NumPy 数组,则必须是 8 位无符
#号整型或 32 位浮点型;如果是 Mat 对象,则可以是任意类型的矩阵
#params:一个包含保存选项的字典或 None。其中,键是字符串类型,值可以是数字或字符串类型,
#用于指定保存图像的格式和压缩等级。例如,可以通过 params={'jpeg_quality': 90} 指定
#JPEG 格式的压缩质量为 90。img = cv.imread('test.png, cv.IMREAD_COLOR)

#转换颜色域空间
gray= cv.cvtColor(img, cv.COLOR_BGR2GRAY)
#将 img 图像写入 gray.png 文件中
cv.imwrite('gray.png, gray)
#显示图像
cv.imshow('cat', gray)
#函数返回值为 True 表示保存成功,False 表示保存失败
```

常见示例代码:

```
#保存一幅彩色图像
import cv2
img = cv2.imread('parrot.jpg')
cv2.imwrite('lena_copy.jpg', img)

#保存一幅灰度图像
import cv2
img_gray = cv2.imread('parrot.jpg', cv2.IMREAD_GRAYSCALE)
cv2.imwrite('lena_gray.jpg', img_gray)

#保存一幅压缩后的 JPEG 图像
```

```
import cv2
img = cv2.imread('parrot.jpg')
params = [cv2.IMWRITE_JPEG_QUALITY, 90]
cv2.imwrite('lena_compressed.jpg', img, params)
```

3.6 应用案例：图像数据采集

3.6.1 算法原理

1. 基本描述

用边缘计算网关的摄像头实现图像数据采集，通过 OpenCV 视觉框架进行图像和视频的处理，并将采集的图片使用 Flask Web 框架推流到前端展示。

2. 常用方法

OpenCV 可实现对图像、视频的读取和写入，方法如下。

```
cv2.VideoCapture()                  #创建视频流或视频文件对象
cv2.VideoCapture.release()          #释放视频流或视频文件对象
cv2.VideoCapture.read()             #用于摄像头或视频文件中,捕获帧信息
cv2.imread(filepath, flags)         #读取图像文件
cv2.imwrite(filename, image)        #写入图像文件
cv2.imshow(window_name, image)      #显示图像文件
```

3.6.2 关键代码

使用图像采集算法（algorithm\image_capture\image_capture.py）创建 ImageCapture 类，通过 inference() 函数返回摄像头采集的原始图片。

```
#######################################################################
#######################
#文件:image_capture.py
#说明:返回原始视频流图片
#修改:
#注释:原始视频流没有做任何处理,原图返回。对视频流图像的处理可以放到 inference()函数
#中,然后将处理后的图像和结果返回
#######################################################################
#######################
import numpy as np
import cv2 as cv
import os,sys,time
import json
import base64

class ImageCapture(object):
    def __init__(self):
        pass

    def image_to_base64(self, img):
```

```
            image = cv.imencode('.jpg', img, [cv.IMWRITE_JPEG_QUALITY, 60])[1]
            image_encode = base64.b64encode(image).decode()
            return image_encode

        def base64_to_image(self, b64):
            img = base64.b64decode(b64.encode('utf-8'))
            img = np.asarray(bytearray(img), dtype="uint8")
            img = cv.imdecode(img, cv.IMREAD_COLOR)
            return img

        def inference(self, image, param_data):
            #code:若识别成功,则返回 200
            #msg:相关提示信息
            #origin_image:原始图片
            #result_image:处理之后的图片
            #result_data:结果数据
             return_result= {'code':200, 'msg':None, 'origin_image':None, 'result_
    image':None,'result_data':None}
            return_result["result_image"] = self.image_to_base64(image)
            #默认返回原始图片,返回结果列表为空
            return return_result

#单元测试,注意在处理类中如果有文件引用,进行单元测试时要修改文件路径
if __name__=='__main__':
    #创建视频捕获对象
    cap = cv.VideoCapture(0)
    if cap.isOpened()!=1:
        pass

    #循环获取图片、处理图片、显示图片
    while True:
        ret,img=cap.read()
        if ret==False:
            break
        #创建图像处理对象
        img_object = ImageCapture()
        #调用图像处理对象处理函数对图像进行加工处理
        result = img_object.inference(img,None)
        frame = img_object.base64_to_image(result["result_image"])

        #图像显示
        cv.imshow('frame',frame)
        key = cv.waitKey(1)
        if key == ord('q'):
            break
    cap.release()
    cv.destroyAllWindows()
```

3.6.3　工程运行

1. 硬件部署

（1）准备智能分拣实训平台,给边缘计算网关正确连接 WiFi 天线、摄像头、电源。

（2）按下电源开关上电启动边缘计算网关，将启动 Ubuntu 操作系统。

（3）系统启动后，连接局域网内的 WiFi 网络，记录边缘计算网关的 IP 地址，如 192.168.100.200。

2. 工程部署

（1）运行 MobaXterm 工具，通过 SSH 登录到边缘计算网关(参考附录 B)。

（2）在 SSH 终端创建实验工作目录：

```
$ mkdir -p ~/aicam-exp
```

（3）通过 SSH 将本实验工程代码上传到“～/aicam-exp”目录下（文件的上传参考附录 B）。

（4）在 SSH 终端输入以下命令解压缩实验工程：

```
$ cd ~/aicam-exp
$ unzip image_capture.zip
```

3. 运行案例

（1）在 SSH 终端输入以下命令运行算法进行单元测试，本实验将会打开摄像头并将实时图像进行视窗显示，如图 3-10 所示。

```
$ cd ~/aicam-exp/image_capture
$ python3 algorithm/image_capture/image_capture.py
```

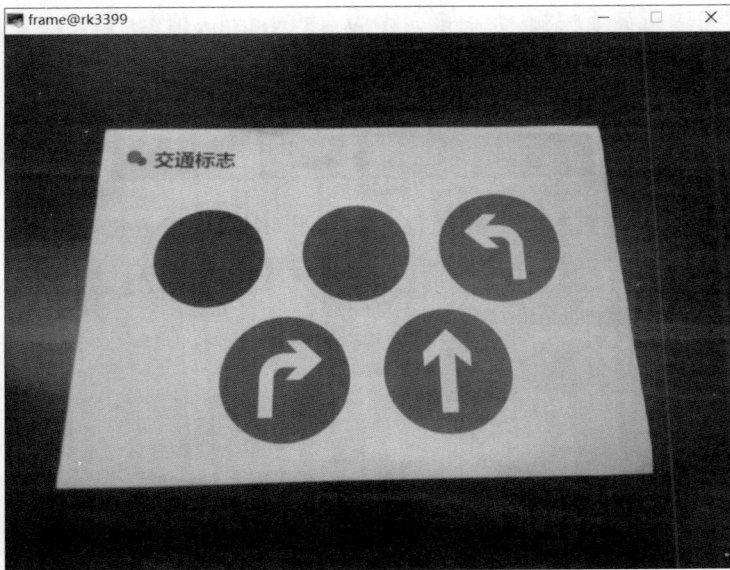

图 3-10　实时图像显示

（2）按下 Q 键退出程序。

3.7　本章小结

　　本章主要介绍了机器视觉基础知识和工具的使用。首先,介绍了图像处理的基本概念,包括图像的表示、颜色空间、滤波等内容。通过这些基础知识的学习,我们能更好地理解机器视觉的原理和实现方法。其次,详细介绍了机器视觉系统的组成和工作原理,并与人类视觉进行了对比和分析。通过这种方式,我们可以更加深入地理解机器视觉技术的应用场景和限制。接着,介绍了机器视觉中常用的开源工具 OpenCV。通过一系列示例代码的演示,我们学习了 OpenCV 的安装和基本使用方法,包括读取和显示图像、图像处理、特征提取等。最后,在认识机器视觉软件的安装和开发环境的基础上,我们学习了简单的OpenCV 程序的设计与运行。通过这些实践操作,我们可以更好地掌握机器视觉的基础知识和编程技巧,为后续的机器视觉应用开发打下坚实的基础。

习题 3

　　1. 什么是图像滤波? 它在机器视觉系统中的作用是什么?

　　2. 什么是图像分割? 它在机器视觉系统中的应用有哪些?

　　3. OpenCV 是什么? 它在机器视觉系统中的作用是什么?

　　4. 请使用 OpenCV 库实现以下功能:

　　(1) 读取一幅彩色图像,将其转化为灰度图;

　　(2) 对灰度图进行高斯模糊,卷积核大小为 5×5,sigma 值为 1.5;

　　(3) 对高斯模糊后的图像进行中值滤波,卷积核大小为 3×3;

　　(4) 显示原始图像、高斯模糊图像和中值滤波后的图像。

　　5. 请使用 OpenCV 库实现以下功能:

　　(1) 读取一幅彩色图像,并将其转化为 HSV 色彩空间;

　　(2) 根据阈值对该图像进行二值化,得到掩膜图像;

　　(3) 通过掩膜图像对原始彩色图像进行分割,得到目标区域;

　　(4) 显示原始图像、掩膜图像和分割后的图像。

本章学习目的与要求

本章主要讲解图像数据相关的基本知识,包括常用图像数据结构和存储格式,基于 OpenCV 的图像文件处理方法,以及图像标注方法的介绍。最后介绍应用案例,包括智能分拣系统的图像数据标注操作和图像标记。

本章主要内容

- 图像数据结构
- 图像文件处理
- 图像标注介绍
- 智能分拣图像数据标注操作应用案例
- 图像标记应用案例

4.1 图像数据结构

图像数据结构是处理图像时需要了解的基础知识之一,因为它涉及如何表示图像数据和如何操作这些数据。在图像数据结构的讨论中,我们经常提到数字化和存储格式这两个概念。数字化指的是将传统的模拟图像转换为数字信号的过程。数字化后,图像就可以被计算机处理、编辑和存储。数字图像的存储格式则是指将数字化后的图像数据以某种特定的方式进行编码和存储的方式。常见的数字图像存储格式包括 JPEG、PNG、BMP 等。

4.1.1 图像的数字化

人眼图像的形成是一个复杂的过程,它涉及眼睛、大脑以及神经系统的多个部分。当光线穿过角膜和晶状体后,会聚焦在视网膜上,视网膜内的感光神经元将光信号转换为电信号,并通过神经元细胞体内的离子流动传递到神经纤维上。这些信号会被视觉皮层的神经元进行处理,最终使我们能看到物体的轮廓、形状和颜色,并且大脑会将两个眼睛产生的单独图像合并成一个立体视觉的图像。

图像数字化是将连续的图像信号转换为离散的数字信号的过程,如图 4-1 所示。该过程包括采样、量化和编码 3 个步骤。

首先,采样是将连续的图像信号在空间和时间上进行采样,即将连续的空间或时间轴上的点取样成离散的点。这些离散的点被称为像素,它们是图像数字化的基本单位。采样速率决定了每秒采集多少像素,也称为图像的分辨率。

接着,量化是将采样得到的连续信号转换为离散的数值。这涉及确定一个幅度级别的有限集合,然后将采样到的像素值限制在此幅度级别集合内。量化过程通常使用均匀或非均匀量化实现。

最后,编码是将量化后的数字信号转换为二进制码以便存储或传输。编码可以使用熵编码或者其他压缩算法实现,以减小存储或传输所需的带宽和容量。

通常,我们感兴趣的数字图像是由"照射"源和形成图像的"场景"元素对光能的反射或吸收而产生的,是真实的三维世界场景在二维平面上的投影。图像形成的过程是一个光学信息数字化的过程,直接观察的图像是连续的,经成像传感器采样后,输出一系列空间离散但电压幅值连续的波形,为了保存一幅数字图像,还需要将连续的电压幅值转换为数字形式的感知数据。我们分别采用空间分辨率和幅度分辨率描述空间坐标和信号幅度的离散化。

空间离散化又称为空间采样,即把图划分成矩形网格,每个网格中心点称为一个像素,其位置由一对笛卡儿坐标 (x,y) 标记,如果一幅图像横坐标 x 的大小为 M,纵坐标 y 的大小为 N,那么这幅图像就包括 $M \times N$ 像素,其空间分辨率为 $M \times N$ 像素。数字图像的分辨率与其成像传感器的单元数有关,也与后期图像存储格式有关。例如,我们使用 1000 万像素的数码相机拍照,这意味着该相机的成像传感器有不少于 1000 万个光学传感单元,而当我们使用 640×480 像素的分辨率保存数据,这表示该图像数据以 640 行和 480 列显示图像。

幅度离散化又称为量化,就是把采样后得到的各个像素点的幅值从模拟量转变成数字量的过程,量化后的幅度值也称为灰度值,灰度值的个数称为灰度级,一般用 8 位的二进制表示,那么图像的灰度级为 $2^8 = 256$,也就是说,每个像素点的取值范围是 0～255,保存这个像素点的信息需要的数据量为 8 比特。经采样量化后,一幅模拟图像就转变成数字图像。假如像素点 (x,y) 的幅值用 $f(x,y)$ 表示,那么一幅分辨率为 $M \times N$ 像素的数字图像可以用矩阵 F 表示。

数字图像分为灰度图像和彩色图像。灰度图像是指图像中的每个像素点只有一种颜色,即黑、白、灰 3 种不同亮度的颜色。在计算机中,灰度值用一字节表示,取值范围为 0～255,其中 0 表示纯黑色,255 表示纯白色。这种表示方法使得灰度图像处理变得简单、高效,并且在很多场景下可以提供足够的信息,如图 4-2 所示。彩色图像则是指图像中每个像素点都包含了红、绿、蓝 3 个颜色分量,在 RGB 颜色空间内,每个颜色分量的取值范围也是 0～255。由于彩色图像需要记录 3 个颜色分量,因此其数据量比灰度图像大得多。但是,相对于灰度图像,彩色图像更加真实自然,能提供更丰富的视觉信息,因此在许多领域广泛使用,如图 4-3 所示。

1. 黑白图像

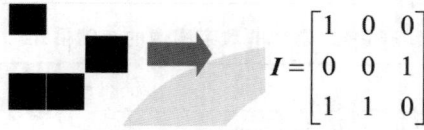

图 4-1　数字黑白图像

2. 灰度图像

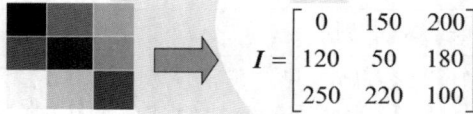

图 4-2　数字灰度图像

3. 彩色图像

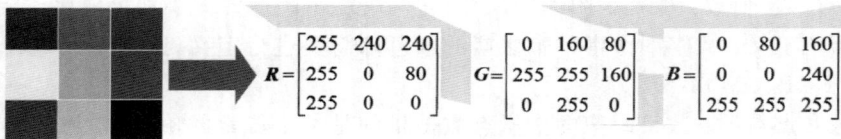

图 4-3　数字彩色图像

假设数字图像的分辨率为 $M \times N$ 像素，量化位数为 b，那么该图像的直接数据量 $C = M \times N \times b$。由此可见，图像的直接数据量与图像的分辨率及量化位数成正比关系，分辨率和量化位数越高，那么需要的存储数据量就越大。同样，图像的质量与图像的分辨率及量化位数成正比关系，分辨率和量化位数越高，图像质量越好，也越清晰。图 4-4 显示了分辨率对图像质量的影响。图像从左至右，分辨率分别为 512×512 像素，128×128 像素，32×32 像素。在 128×128 像素的分辨率下，对象边缘区域，如帽檐、头发等出现轻微的锯齿现象。随着分辨率进一步下降，32×32 像素的分辨率下的图像已经有明显的棋盘效应，人脸较为模糊。

图 4-4　不同分辨率下的图像质量

4.1.2　数字图像的存储格式

一幅图像经成像设备采集量化后，最后都需要以文件的格式保存于计算机磁盘中。而如摄像机、照相机及扫描仪等各种成像设备都根据当时的应用场景及技术能力提出不同的数字图像存储格式，从而产生了数 10 种不同的文件格式。为了促使图像数据在不同的软硬件平台上共享使用，逐渐出现了若干种标准格式，常用的数字图像的存储格式如表 4-1 所示。

表 4-1 常用的数字图像的存储格式

序号	文件格式	说 明
1	BMP	Windows 位图，1 位、8 位和 24 位未压缩图像
2	JPEG/JPG	联合图像专家组制定，包括 8 位、12 位和 16 位基准
3	TIF/TIFF	标记图像文件格式，包括 1 位、8 位、16 位、24 位和 48 位未压缩以及采用 PackBits、LZW 或 Deflate 压缩的图像
4	GIF	图形交换格式，8 位图像
5	PNG	可移植网络图形，包括 1 位、2 位、4 位、8 位和 16 位灰度图像；带有 Alpha 通道的 8 位和 16 位灰度图像；1 位、2 位、4 位和 8 位索引图像；24 位和 48 位真彩色图像；带有 Alpha 通道的 24 位和 48 位真彩色图像

尽管数字图像的存储格式种类繁多，但大体结构类似，基本都包括下面 3 方面信息。

图像的行数、列数：也就是图像的尺寸，它们决定了图像的大小和纵横比。

图像颜色定义：数字图像中每个像素的颜色都需要进行定义，这通常使用各种编码方法实现，如 RGB、CMYK 等。

图像像素点数据：数字图像的像素点数据指的是每个像素的值，通常用数字表示。对于黑白图像，每个像素只有一个值，表示它的亮度或灰度值；而彩色图像中每个像素通常有 3 个或 4 个值，分别表示红、绿、蓝（和透明度，如果需要）的亮度或强度。

下面对几种常见的存储格式进行介绍。

1. BMP 格式

BMP（bitmap file）位图是 Windows 系统采用的图形文件格式，也是 Windows 内部各个与图像绘制处理等相关操作的基础，因此受到 Windows 平台下运行的所有图像处理软件的支持。BMP 是一种未压缩文件格式，其文件由 4 部分构成，如表 4-2 所示。

表 4-2 BMP 文件构成

序号	结构组成	数据结构名称	大小/B
1	文件头	BITMAPFILEHEADER	14
2	信息头	BITMAPINFO	40
3	调色板	RGBQUAD	4N（N 代表总的颜色索引数）
4	图像数据	BYTE	图像实际数据大小

（1）文件头，是 BMP 位图文件头数据结构，它包括了图像类型、文件大小、存放位置等文件基本信息。在 Windows 系统中，以结构体 BITMAPFILEHEADER 定义。

```
typedef struct tagBITMAPFILEHEADER
{
    WORD bfType;
    DWORD bfSize;
```

```
    WORD bfReserved1;
    WORD bfReserved2;
    DWORD bfOffBits;
} BITMAPFILEHEADER;
```

　　其中,WORD 在 Windows 系统中定义为 16 位,即 2 字节;DWORD 定义为 4 字节,BITMAPFILEHEADER 结构体合计 2+4+2+2+4=14(字节)。每个变量的意义如下。

　　bfType:说明了文件的类型,该值必须是字符'BM';

　　bfSize:说明了文件的大小,以字节为单位;

　　bfReserved1:保留,必须设置为 0;

　　bfReserved2:保留,必须设置为 0;

　　bfOffBits:说明从文件头开始到实际的图像数据之间的字节的偏移量。这个参数是非常有用的,因为位图信息头和调色板的长度会根据不同情况而变化,可以用这个偏移值迅速地从文件中读取到位数据。

　　(2)信息头,是保存位图信息的数据结构,包括图像行数、列数、压缩方法等信息(用 BITMAPINFOHEADER 结构定义)以及颜色表(用 RGBQUAD 定义,与调色板定义一致)。BITMAPINFO 结构定义如下。

```
typedef struct tagBITMAPINFO
{
    BITMAPINFOHEADER bmiHeader;
    RGBQUAD bmiColors[1];
} BITMAPINFO;
```

其中,结构体 BITMAPINFOHEADER 定义为

```
typedef struct tagBITMAPINFOHEADER
{
    DWORD biSize;
    LONG biWidth;
    LONG biHeight;
    WORD biPlanes;
    WORD biBitCount;
    DWORD biCompression;
    DWORD biSizeImage;
    LONG biXPelsPerMeter;
    LONG biYPelsPerMeter;
    DWORD biClrUsed;
    DWORD biClrImportant;
} BITMAPINFOHEADER;
```

　　其中,每个变量定义如下。

　　biSize:说明 BITMAPINFOHEADER 结构所需要的字数。

　　biWidth:说明图像的宽度,以像素为单位。

　　biHeight:说明图像的高度,以像素为单位,这个值除用于描述图像的高度外,还能指明该图像是倒向的位图,还是正向的位图。

　　biPlanes:为目标设备说明位面数,其值总被设为 1。

biBitCount：说明比特数/像素，其值为 1、4、8、16、24 或 32。

biCompression：说明图像数据压缩的类型。具体参数意义为：BI_RGB 表示没有压缩。BI_RLE8 表示每个像素 8 比特的 RLE 压缩编码，压缩格式由 2 字节组成；BI_RLE4 表示每个像素 4 比特的 RLE 压缩编码，压缩格式由 2 字节组成；BI_BITFIELDS 表示每个像素的比特由指定的掩码决定。

biSizeImage：说明图像的大小，以字节为单位。当用 BI_RGB 格式时，可设置为 0。

biXPelsPerMeter：说明水平分辨率，用像素/米表示。

biYPelsPerMeter：说明垂直分辨率，用像素/米表示。

biClrUsed：说明位图实际使用的彩色表中的颜色索引数，0 说明使用所有调色板项。

biClrImportant：说明对图像显示有重要影响的颜色索引的数目，0 表示都重要。

（3）调色板，描述由 RGB 三原色相对强度组成的颜色，调色板中的颜色按重要性排序。这部分允许缺失，在某些位图（如 24 位 bmp 图像）是不需要调色板的。调色板中包含的颜色元素与位图所具有的颜色数相同，用 RGBQUAD 数据结构定义。

```
typedef struct tagRGBQUAD
{
    BYTE rgbBlue;
    BYTE rgbGreen;
    BYTE rgbRed;
    BYTE rgbReserved;
} RGBQUAD;
```

其中，每个变量定义如下。

rgbBlue：指定蓝色成分的强度；

rgbGreen：指定绿色成分的强度；

rgbRed：指定红色成分的强度；

rgbReserved：保留值，设置为 0。

BMP 文件可以准确地保留图像的每个像素点的颜色和位置信息，因此适用于需要高质量图像的场景。BMP 文件通常具有较大的文件大小，因为它们未经过压缩，但是它们也不会丢失质量。BMP 适用于需要高精度和高质量的图像处理场景，如印刷品、出版物、专业设计和计算机辅助设计等领域。然而，在传输和存储大型的 BMP 文件时，可能会遇到文件过大的问题，因此该格式并不适合在网络上传输或嵌入网页中。

2. JPEG/JPG 格式

JPEG 格式是国际标准化组织（International Standardization Organization，ISO）和国际电工委员会（International Electrotechnical Commission，IEC）联合组建的联合图像专家组（Joint Photographic Experts Group，JPEG）指定的一种静态图像数据的压缩编码标准。

JPEG 格式可以分为标准 JPEG、渐进式 JPEG 和 JPEG2000 3 种格式。

1）标准 JPEG

该类型的图片文件，在网络上应用较多，只有图片完全被加载和读取完毕后，才能看到图片的全貌；它是一种很灵活的图片压缩方式，用户可以在压缩比和图片品质之间进行权衡。通常，其压缩比在 10∶1 到 40∶1 之间，压缩比越大，品质越差；压缩比越小，品质越好。

2）渐进式 JPEG

标准 JPEG 的一种变体,它可以在下载过程中逐步显示图像,从而提高用户体验。渐进式 JPEG 将图像分成多个扫描层,每个扫描层包含越来越多的图像细节。第一个扫描层包含大致的图像轮廓,随着扫描层数的增加,图像的清晰度和细节逐步增加。

3）JPEG2000

一种新的图像压缩格式,它具有比标准 JPEG 更好的性能和质量,并且支持更广泛的数据类型和颜色空间。与标准 JPEG 不同,JPEG2000 使用基于小波变换的算法对图像进行编码和压缩。它还支持无损压缩和动态分辨率,使得图像可以在任意分辨率下显示。由于其高性能和灵活性,JPEG2000 被广泛应用于医学成像、电影制作和卫星图像等领域。

jpg 和 jpeg 都用来表示 JPEG 图像文件格式的扩展名。这两个扩展名可以互换使用,它们都指向相同的图像文件类型,并且可以被同样的软件应用程序打开和处理。不过,在某些操作系统或软件中,可能会有一些微小的差别。通常,jpg 用在 Windows 操作系统中,而 jpeg 更多地使用在 UNIX 或 Linux 系统中。一些软件可能只接受其中之一,因此当保存 JPEG 格式的图像时,最好根据实际需要选择一个正确的扩展名。

JPEG 既适合灰度图像,也适合彩色图像。由专家组开发的 JPEG 压缩算法有两种:一种是基于离散余弦变换的有损压缩算法;另一种是基于预测的无损压缩算法。前者压缩了图像相邻行和列之间的多余信息,当压缩比为 25∶1 时,压缩掉的颜色信息不会引起人眼视觉上的明显变化,人眼基本无法鉴别出压缩导致的颜色误差,是目前最好的图像压缩技术,得到广泛应用。JPEG 推荐的编码算法也有两种:一种是顺序编码;另一种是渐进编码。

顺序编码是 JPEG 编码标准的主要工作模式。JPEG 编码算法的顺序编码是一种最简单的压缩方式。它首先将 RGB 颜色空间转换为 YC_bC_r 颜色空间,然后将原始图像分成若干 8×8 的小块。接着对每个小块进行离散余弦变换(Discrete Cosine Transform,DCT),将空间域中的像素值转化为频域的 DCT 系数。然后使用固定的量化矩阵对 DCT 系数进行量化,以减少数据量和实现有损压缩。接下来,经过量化的 DCT 系数按照预定的扫描顺序排列成一维数组,以便进行后续的熵编码。利用基于哈夫曼编码的算法对排列好的 DCT 系数进行熵编码,用较短的编码表示出现频率较高的系数,用较长的编码表示出现频率较低的系数。最后,所有小块的编码结果按照顺序连接起来,形成压缩后的文件。顺序编码的优点是编码速度快,解码过程也比较简单,但是它不支持渐进式显示和随机访问,因此并不适合在需要网络传输和随机访问的应用场景中使用。

JPEG 压缩编码标准的基本步骤包括颜色模式转换、离散余弦变换、量化、Z 型扫描、长行程编码、哈夫曼编码。下面逐一简单介绍。

与一般彩色图像使用 RGB 颜色模式不同,JPEG 采用的是 YC_bC_r 颜色模式,两者之间的转换关系如下。

RGB 到 YC_bC_r 的转换关系如下。

$$Y=0.299R+0.587G+0.114B$$
$$C_b=-0.1687R-0.3313G+0.5B+128$$
$$C_r=0.5R-0.4187G-0.0813B+128$$

Y 表示亮度分量,C_b 和 C_r 表示色度分量。对于 8 位图像,Y、C_b、C_r 的取值范围分别为 $0\sim255$、$-128\sim127$ 和 $-128\sim127$。

YC_bC_r 到 RGB 的转换关系如下。

$$R = Y + 1.402(C_r - 128)$$
$$G = Y - 0.34414(C_b - 128) - 0.71414(C_r - 128)$$
$$B = Y + 1.772(C_b - 128)$$

离散余弦变换属于傅里叶变换的一种,是用余弦函数替代虚函数作为傅里叶变换的基函数,从而使得图像的能量集中在 DCT 后低频部分,这种特性为后面的数据压缩和编码提供了很大的便利。在实际操作中,一般先把 YC_bC_r 各分量图像分成 8×8 的子块,如果原始图像的长、宽不是 8 的倍数,则先补齐为 8 的倍数;然后从左至右,从上至下对每个图像块做 DCT,频率域的左上角是最大的变换系数,反映了图像的直流成分,其余的为交流成分,右下角为最高频率成分,频率域系数由低频至高频快速变小,绝大部分的交流成分都是接近于 0 的正负浮点数;舍弃高频分量,保留低频分量用于后面的编码。

JPEG 标准采用线性均匀量化器对 64 个 DCT 频率系数进行量化。基于人眼对低频比对高频敏感,对亮度 Y 比对色差 C_bC_r 敏感,量化时对低频部分(左上角)取较小的量化间隔,而对高频部分(右下角)则取较大的量化间隔。DCT 系数量化后,在高频部分会出现较多的 0,这些数值会在后续的 Z 型扫描过程中被舍弃,从而减少了数据量,同样,量化误差和舍弃数据会造成恢复图像时失真效应。

量化后的 DCT 系数矩阵呈现左上角较大,右下角较多的 0 值的特点,为了增加连续 0 值的个数,JPEG 标准采用 Z 型扫描,由上往下按频率高低把 8×8 的系数矩阵变成 1×64 的系数向量。接下来对系数向量进行行程编码(Run Length Encoding,RLE),将一扫描行中数值相同的相邻元素用两个字段表示,第一个字段是一个计数值,用于指定数值重复的次数;第二个字段是元素具体的值,主要通过压缩除掉数据中的冗余字节或字节中的冗余位,从而达到减少数据所占空间的目的。

JPEG 标准规定了哈夫曼编码和算术编码这两种熵编码方式,在实际实现中,往往仅使用简单的查表方法进行哈夫曼编码,低频、63 个高频系数、亮度和色度分别使用不同的哈夫曼编码表,因此共需 4 张编码表。除了在 JPEG 标准中规定的这 4 张哈夫曼编码表,实际上还可以根据具体需求自定义更多的哈夫曼编码表。当然,在实际应用中,由于算术编码的计算量相对较大,而且往往只能用于无损压缩,因此哈夫曼编码仍然是 JPEG 图像压缩中最常用的熵编码方式之一。使用查表方法进行哈夫曼编码时,为了保证编码效率,通常需要将熵编码表中的码字按照出现概率从大到小进行排序,并采用贪心算法构造哈夫曼树,以确保出现频率高的码字使用尽量短的编码。这样做不仅可以减小编码后的数据大小,还可以提高解码效率。

由于 JPEG 高效的压缩效果和标准化要求,目前其已经广泛应用于图像压缩保存、彩色传真、印刷等,尤其在 Internet 的相关应用上,JPEG 能有效节约宝贵的网络带宽,因此也大量应用于图像预览、HTML 网页和电话会议等场景。

3. TIF/TIFF 格式

TIF/TIFF 是图形图像处理中常用的格式之一,它由于对图像信息的存放灵活多变,可以支持很多色彩系统,而且独立于操作系统,因此得到广泛应用。TIF/TIFF 的全称是标记图像文件格式(Tagged Image File Format,TIFF),扩展名为 tif 或者 tiff。它最初由 Aldus 公司与微软公司一起为 PostScript 打印开发。刚开始时,桌面扫描仪功能比较单一,只能处理二值图像格式,随着扫描仪的功能逐渐强大,TIFF 逐渐支持灰阶图像和彩色图像。如今,TIFF 具有强大的数据描述能力,支持 256 色、48 位、32 位和 24 位等多种颜色深度,也支持 RGB、CMYK 和 YC_bC_r 颜色模式。

TIFF 是一种独立于操作系统和文件系统的图像存储格式,内部结构可以分成 3 部分,分别是文件头信息区(表头)、文件目录(标识信息区)和文件目录项(图像数据区)。其中所有的标签都以升序排列,这些标签信息是用来处理文件中的图像信息的。在每个 TIFF 文件中第一个数据结构称为图像文件头,它是图像文件体系结构的最高层。这个结构在一个 TIFF 文件中是唯一的,有固定的位置。它位于文件的开始部分,包含了正确解释 TIFF 文件的其他部分所需的必要信息。文件目录是 TIFF 文件中第 2 个数据结构,它是一个名为标记(tag)的用于区分一个或多个可变长度数据块的表,标记中包含了有关图像的所有信息。文件目录提供了一系列指针(索引),指向各种有关的数据字段在文件中的开始位置,并给出每个字段的数据类型及长度。图像数据根据文件目录所指向的地址,存储相关的图像信息。

TIFF 可以自主选择压缩或者不压缩模式,可以存放多幅图像,也可以存放多组调色板数据。TIFF 支持多种压缩方式,包括无损压缩和有损压缩。在无损压缩方面,TIFF 格式通常使用 LZW、ZIP、PackBits 等压缩算法。这些算法可以对图像进行压缩,同时保证图像质量不变。其中,LZW 压缩算法是最常用的一种无损压缩算法,它基于字典编码的方式实现压缩。具体来说,LZW 算法会将重复出现的数据序列(如连续的相同像素值)替换成一个代号,从而压缩文件大小。在有损压缩方面,TIFF 格式通常使用基于 DCT 的压缩算法,例如 JPEG 压缩算法。JPEG 压缩算法会将图像分成若干小块,并对每个小块进行 DCT,然后将变换系数进行量化和熵编码,从而实现压缩。由于 DCT 和量化过程都会导致信息丢失,因此 JPEG 压缩算法会对图像质量造成一定程度的损失。JPEG 压缩算法通常适用于需要压缩文件大小、对图像质量要求不高的场景,如网络传输和存储等。

TIFF 可以保存高质量的图像信息,并且支持多种压缩方式。因此,TIFF 格式广泛应用于印刷品、摄影作品、卫星遥感、医学图像、数字档案等领域。

在印刷品和摄影作品方面,TIFF 格式通常用于存储高分辨率的图像。这些图像需要保证高品质的像素细节和色彩还原度,因此需要使用高质量的无损压缩方式。TIFF 格式的 LZW 压缩算法可以实现高效的无损压缩,同时保持图像质量不变,因此成为印刷品和摄影作品的首选格式。

在卫星遥感和医学图像方面,TIFF 格式通常用于存储大尺寸的图像和数据集。由于这些图像和数据集往往具有复杂的元数据信息和图像处理要求,因此它们需要使用一种灵活的格式进行存储和传输。TIFF 格式可以保存大量的元数据信息,并且支持多种颜色模式和压缩方式,可以满足卫星遥感和医学图像等领域的需求。

在数字档案方面,TIFF 格式通常用于长期存储和维护重要文档、照片、艺术品等数据。由于数字档案需要保证可读性和完整性,并且具有高精度的图像质量要求,因此需要使用一种标准的格式进行存储。TIFF 格式作为一种公认的图像文件格式,可以保证数字档案的长期保存和可读性。

4. GIF 格式

GIF(Graphics Interchange Format)格式是在 1987 年由 CompuServe 公司为了填补跨平台图像格式的空白而发展起来的一种公用的图像文件格式标准。GIF 是一种位图,即图片由许多像素组成,每个像素都被指定了一种颜色,这些像素综合起来就构成图片。GIF 采用的是连续色调的 Lempel-Zev-Welch(LZW)无损压缩算法,压缩效率在 50%左右,支持 8 位 256 种颜色。GIF 比较适用于色彩较少的图片,如卡通造型、公司标志等。如果碰到需要用真彩色的场合,那么 GIF 的表现力就有限了。

GIF 格式比较复杂,一般包括文件头、逻辑屏幕描述区、调色板、图像数据区和结束标志区,其中文件头和图像数据区是不可或缺的部分。文件头是一个带有识别 GIF 格式数据流的数据块,用以区分早期版本和新版本。逻辑屏幕描述区定义了与图像数据相关的图像平面尺寸、彩色深度,并指明后面的调色板数据区属于全局调色板,还是局部调色板。若使用的是全局调色板,则生成一个 24bit 的 RGB 全局调色板,其中一个基色占一字节。调色板数据区分为通用调色板和局部调色板。其中通用调色板适用于文件中的所有图像,局部调色板只适用于某个图像。GIF 通常自带一个调色板,里面存放需要用到的各种颜色。在 Web 运用中,图像的文件量的大小将会明显影响下载的速度,因此我们可以根据 GIF 带调色板的特性优化调色板,减少图像使用的颜色数(有些图像用不到的颜色可以舍去),而不影响图片的质量。图像数据区的内容有两类:一类是纯粹的图像数据;另一类是用于特殊目的的数据块(包含专用应用程序代码和不可打印的注释信息)。在 GIF89a 格式的图像文件中,如果一个文件中包含多个图像,图像数据区将依次重复数据块序列。结束标志区的作用主要是标记整个数据流结束。

GIF 格式使用 LZW 压缩算法对图像数据进行压缩。LZW 压缩算法是一种无损压缩算法,可以将图像数据压缩成更小的文件大小,而且不会影响图像质量。LZW 压缩算法由于具有高效性和普适性,因此广泛应用于 GIF 格式中。在 LZW 算法中,每个扫描行分别进行压缩,压缩步骤如下。

首先,将 0~255 的所有可能颜色作为初始编码表项,这些颜色被映射到一个 8 位的颜色空间。然后,依次读入当前扫描行的颜色值形成源串。这个源串包含了当前扫描行上的所有颜色信息。接下来,从源串中取出第一个字符作为前缀,再向后取出一个字符,将它们组合成一个子串。如果该子串已经存在于编码表中,则输出与其对应的编码,并将该子串和后面一个字符组成新的子串;否则,将该子串对应的编码插入编码表中,并输出当前子串的前缀编码,即前一个字符的编码。如果编码表已满,则需要重置编码表以继续执行压缩操作。具体而言,重置编码表时,将 0~255 的所有可能颜色作为初始编码表项,并清除之前已经使用过的编码表项,以便继续使用。最终,通过不断地将扫描行上的颜色信息转换成编码,LZW 算法可以实现高效的压缩,从而大大减小图像的大小。需要注意的是,解压缩时,需要使用相同的编码表进行反向操作。

5. PNG 格式

PNG 即便携式网络图形(Portable Network Graphics),是一种采用无损压缩算法的位图格式,扩展名为 png。1995 年早期,Unisys 公司创建了用于表现单张图像的 PNG 和用于表现动画的 MNG 图形文件格式。其设计目的是试图替代 GIF 和 TIFF 文件格式,同时增加一些 GIF 文件格式所不具备的特性。1999 年 8 月,Unisys 公司终止了对自由软件和非商用软件开发者的 GIF 专利免费许可,使 PNG 格式获得更多的关注。PNG 格式支持索引、灰度、RGB 3 种颜色方案以及 Alpha 通道等特性,使用从 LZ77 派生的无损数据压缩算法,一般应用于 Java 程序、网页或 S60 程序中,原因是它压缩比高,生成文件体积小。PNG 格式有 8 位、24 位、32 位 3 种形式,其中 8 位 PNG 支持两种不同的透明形式(索引透明和 Alpha 透明),24 位 PNG 不支持透明,32 位 PNG 在 24 位基础上增加了 8 位透明通道,因此可展现 256 级透明程度。

PNG 图像格式的文件包含一个 8 字节的 PNG 文件署名和 3 个以上的后续数据块。所有 PNG 图片文件内容开头都有 8 字节的文件署名,用于识别 PNG 格式。PNG 定义了两种类型的数据块,一种称为关键数据块(critical chunk),这是必需的数据块;另一种称为辅助数据块(ancillary chunks),这是可选的数据块。每个数据块都包含长度、数据块类型、数据块数据、循环冗余检测 4 部分。关键数据块定义了 4 个标准数据块:文件头数据块 IHDR、调色板数据块 PLTE、图像数据块 IDAT、图像结束数据块 IEND。每个 PNG 文件都必须包含它们,PNG 读写软件也都必须支持这些数据块。

1) 关键数据块

(1) 文件头数据块 IHDR(header chunk):它包含 PNG 文件中存储的图像数据的基本信息,并要作为第一个数据块出现在 PNG 数据流中,而且一个 PNG 数据流中只能有一个文件头数据块。

文件头数据块有 13 字节,其组成结构如表 4-3 所示。

表 4-3 文件头数据块组成

域 的 名 称	字节数	说 明
Width	4	图像宽度,以像素为单位
Height	4	图像高度,以像素为单位
Bit depth	1	图像深度。索引彩色图像:1,2,4 或 8;灰度图像:1,2,4,8 或 16;真彩色图像:8 或 16
ColorType	1	颜色类型。0:灰度图像,1,2,4,8 或 16;2:真彩色图像,8 或 16;3:索引彩色图像,1,2,4 或 8;4:带 Alpha 通道数据的灰度图像,8 或 16;6:带 Alpha 通道数据的真彩色图像,8 或 16
Compression method	1	压缩方法(LZ77 派生算法)
Filter method	1	滤波器方法
Interlace method	1	隔行扫描方法。0:非隔行扫描;1:Adam7(由 Adam M. Costello 开发的 7 遍隔行扫描方法)

(2) 调色板数据块 PLTE(palette chunk):它包含有与索引彩色图像(indexed-color image)相关的彩色变换数据,仅与索引彩色图像有关,而且要放在图像数据块(image data chunk)之前。真彩色的 PNG 数据流也可以有调色板数据块,目的是便于非真彩色显示程序,用它量化图像数据,从而显示该图像。调色板的属性如表 4-4 所示。

表 4-4 调色板的属性

颜　色	字　节　数	意　义
Red	1	0＝黑色,255＝红
Green	1	0＝黑色,255＝绿色
Blue	1	0＝黑色,255＝蓝色

　　调色板信息包含 1～256 个调色板条目,每个条目由 3 字节组成,分别表示红、绿、蓝 3 个通道的颜色值。因此,一个调色板最多可以定义 256 种不同的颜色。调色板数据块最大字节数为 768,这意味着如果有 256 个调色板条目,则每个条目只能占用 3 字节。

　　对于索引图像而言,调色板信息是必要的。在索引图像中,每个像素点的颜色都由该像素点在调色板中的索引定义。调色板中的颜色索引从 0 开始编号,并且不能超过规定的颜色数,否则将导致生成的 PNG 图像不合法。

　　需要注意的是,制作 PNG 图像时,调色板的颜色数不应超过该图像色深规定的颜色数。例如,如果图像采用 8 位色深,则最多只能使用 256 种不同的颜色,因此调色板的颜色数也不能超过 256,否则会导致 PNG 图像不合法。因此,在 PNG 图像制作时要仔细设置调色板信息,以确保图像的正确性和完整性。

　　(3) 图像数据块 IDAT(image data chunk):它存储实际的数据,在数据流中可包含多个连续顺序的图像数据块。IDAT 存放着图像真正的数据信息,因此,如果能了解 IDAT 的结构,就可以很方便地生成 PNG 图像。

　　(4) 图像结束数据块 IEND(image trailer chunk):它用来标记 PNG 文件或者数据流已经结束,并且必须放在文件的尾部。IDAT 块由两部分组成:数据和 CRC 校验码。其中,数据部分存储经过压缩的图像数据,而 CRC 校验码用于检测数据是否被修改或者损坏。具体来说,IDAT 中的数据部分采用的是 zlib 库的压缩格式,它由以下几部分组成。

　　压缩标记(Compression method):指定数据的压缩方式,目前只支持 0 号压缩方法。

　　比特标记(Bits flag):指定数据的压缩级别,取值范围为 1～9,数值越大,表示压缩程度越高。

　　压缩数据(Deflate-compressed data blocks):这是压缩后的图像数据,其中每一块数据都有自己的头部和尾部,以保证在解压时能正确还原。

　　结束标记(End of compression):用于告知解压器已经到达数据流的末尾。

　　除上述部分外,IDAT 块还包含一个 CRC 校验码,用于检测数据是否被修改或者损坏。这个校验码是由前面 3 部分(即压缩标记、比特标记和压缩数据)计算得出的,读取 IDAT 块时需要进行校验。

　　如果仔细观察 PNG 文件,会发现文件结尾的 12 个字符看起来应该是这样的:

```
00 00 00 00 49 45 4E 44 AE 42 60 82
```

不难明白,由于数据块结构的定义,IEND 数据块的长度总是 0(00 00 00 00),数据标识总是 IEND(49 45 4E 44),因此,CRC 码也总是 AE 42 60 82。

　　最后,除表示数据块开始的 IHDR 必须放在最前面,表示 PNG 文件结束的 IEND 数据块放在最后面外,其他数据块的存放顺序没有限制。

2）辅助数据块

背景颜色数据块（bKGD）：用于存储图像的背景颜色信息。这个数据块包括一个颜色值，表示图像的背景颜色。

基色和白色度数据块（cHRM）：用于存储图像的基色和白色度信息。这个数据块包括 3 个基色的坐标和白点的坐标，用于确定输出设备的颜色空间。

图像 γ 数据块（gAMA）：用于存储图像的伽马值。伽马值指的是从原始亮度到显示亮度的转换曲线，它影响图像的亮度分布。

图像直方图数据块（hIST）：用于存储图像的直方图数据。这个数据块包含一个 256 个元素的数组，每个元素表示对应灰度级别的像素数目。

物理像素尺寸数据块（pHYs）：用于存储物理像素的尺寸信息。这个数据块包括水平和垂直方向的像素密度以及单位。

样本有效位数据块（sBIT）：用于存储样本分量的有效位数。这个数据块包括每个样本分量的有效位数，用于指示图像编码时使用的精度。

文本信息数据块（tEXt）：用于存储文本信息。这个数据块包括一个关键字和一个文本字符串，用于存储注释或其他描述性信息。

图像最后修改时间数据块（tIME）：用于存储图像的最后修改时间。这个数据块包括年、月、日、时、分和秒等时间信息。

图像透明数据块（tRNS）：用于存储图像的透明度信息。这个数据块包括一个颜色值或一个灰度级别，表示完全透明的像素。

压缩文本数据块（zTXt）：用于存储压缩的文本信息。这个数据块与 tEXt 数据块类似，但是它使用了压缩算法来减小存储空间。

PNG 具有许多特点。首先，PNG 文件支持 256 种颜色的彩色图像，采用调色板技术实现，这使得它在存储彩色图像时具有优异的性能。其次，PNG 文件格式支持流式读/写性，这意味着它适用于网络传输和流媒体应用。最后，PNG 文件具有逐步逼近显示功能，可以让图像在传输过程中逐步显示，先显示低分辨率图像，然后逐步提高分辨率，从而提供更好的用户体验。

PNG 文件还具有透明性能，可用来创建具有特殊效果的图像。它还支持辅助信息，可以在图像文件中存储文本注释信息，这为用户提供了更多的灵活性。PNG 文件还是独立于计算机软硬件环境的，可以在任何操作系统和硬件平台上使用。此外，PNG 文件采用无损压缩，这意味着在压缩过程中不会丢失任何图像数据。最后，PNG 文件格式还支持在一个文件中存储多幅图像，这可以节省存储空间，方便图像管理。

4.2 图像文件处理

图像的文件处理包括图像显示、图像读取和图像保存 3 个基本操作，本节基于 OpenCV 和 Matplotlib 两个库对上述 3 种图像操作进行详细演示，使读者能正确存取和显示数字图像。

OpenCV 是计算机视觉和图像处理领域的专用库，支持多种平台和多种编程语言，功能强大，性能优越。而 OpenCV-Python 是 OpenCV 的 Python 语言接口；Matplotlib 是

Python 语言的另一种图形图像处理库,也具备简单的图像处理功能。

4.2.1 图像显示

图像显示是将图像数据转换为可视化图像的过程。在计算机中,图像显示通常通过显示器实现。要显示一幅图像,需要使用一个图像处理库或工具包读取图像文件,并将其转换为特定格式的像素数组或位图。然后,这个像素数组会被传递给显示设备,例如屏幕或打印机,在屏幕上呈现出对应的图像。

OpenCV 提供了 imshow()函数在窗口显示图像,并会自适应调整窗口大小,以适配图像尺寸,其函数原型为

```
cv2.imshow(window_name, img)
```

其中,第一个参数 window_name 是窗口名称,数据格式为字符串。通过该参数,可以指定要创建的窗口的名称。如果需要创建多个图像窗口,可以使用不同的窗口名称。第二个参数 img 是图像数据变量的名称。该参数用于指定要在窗口中显示的图像数据。一般情况下,这个参数需要传递一个 numpy 数组类型的图像数据,可以是灰度图像、彩色图像或其他类型的图像。如果需要创建多个图像窗口,可以使用不同的窗口名称。

Matplotlib 提供了 matplotlib.pyplot.imshow()函数来显示图像,其函数原型为

```
matplotlib.pyplot.imshow(img)
```

该函数包括一个参数 img,代表图像数据变量。需要注意的是,OpenCV 和 Matplotlib 定义的颜色通道并不一致,OpenCV 为 BGR(蓝绿红),而 Matplotlib 则为 RGB(红绿蓝),使用时要进行颜色通道转换才能正确显示图像。下面分别用 OpenCV 和 Matplotlib 实现图像显示。

OpenCV 代码如下。

```
#!/bin/usr/python3
#-*- coding: utf-8 -*-
"""
#使用 OpenCV 显示图像
"""

#导入模块
import cv2
#使用 OpenCV 读取图像,详细内容参见 4.2.2 节
image = cv2.imread('parrot.jpg')
#使用 OpenCV 显示图像
cv2.namedWindow('Image')          #创建窗口
cv2.imshow('Image', image)        #显示图像
cv2.waitKey(0)
cv2.destroyAllWindows()
```

运行效果如图 4-5 所示。

Matplotlib 代码如下。

```
#!/bin/usr/python3
```

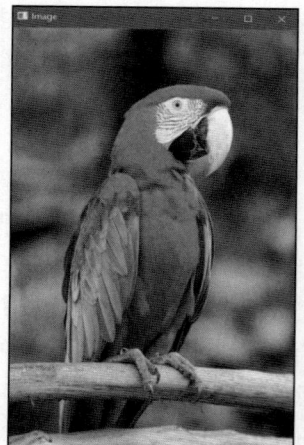

图 4-5　运行效果图 1

```
#-*-coding: utf-8-*-
"""
#使用 Matplotlib 显示图像
"""

#导入模块
import cv2
import matplotlib.pyplot as plt
#使用 OpenCV 读取图像,详细内容参见 4.2.2节
image = cv2.imread('parrot.jpg')
#将颜色通道从 BGR 转换为 RGB
image = cv2.cvtColor(image, cv2.COLOR_BGR2RGB)
#使用 Matplotlib 显示图像
plt.imshow(image)                          #显示图像
plt.show()
cv2.waitKey(0)
cv2.destroyAllWindows()
```

运行效果如图 4-6 所示。

如果去掉颜色通道转换的语句 image ＝ cv2.cvtColor(image，cv2.COLOR_BGR2RGB)，其运行效果如图 4-7 所示。

图 4-6　运行效果图 2

图 4-7　去掉颜色通道转换的语句运行效果图

上述结果有两个需要注意的地方。

（1）使用 OpenCV 和 Matplotlib 显示图像是不一样的，Matplotlib 的图带有坐标轴；如果想单纯显示一幅图像，那么 OpenCV 可能更合适；如果需要在图像中添加坐标轴或其他绘图元素，那么可以使用 Matplotlib。

（2）使用 Matplotlib 显示图像，务必先进行颜色通道转换。如果读取的图像是灰度图像（即只有一个颜色通道），则不需要进行任何转换，可以直接使用 imshow()函数显示。而对于彩色图像，通常采用 RGB(红绿蓝)或 BGR(蓝绿红)颜色通道顺序进行存储，具体取决于图像读取库的设置。在 OpenCV 中，通常使用 BGR 顺序，而在 Matplotlib 中，通常使用

RGB 顺序。因此,使用 Matplotlib 显示彩色图像时,通常会使用 cv2.cvtColor()函数将 BGR 颜色通道顺序转换为 RGB 颜色通道顺序,然后再使用 imshow()函数显示。

4.2.2　图像读取

图像读取指的是从存储设备中获取图像数据并将其加载到内存中的过程。要读取一幅图像,需要使用一个图像处理库或工具包,该工具包提供了读取不同文件格式的函数或 API。读取完成后,图像数据将以像素数组或位图的形式存储在内存中,可以进行后续处理或显示。

OpenCV 提供了 imread()函数从文件中读取图像数据,其函数原型为

```
cv2.imread(filename, flags)
```

其中,第一个参数 filename 是图像文件地址,指的是存储文件的工作目录或者图像的完整路径。如果图像路径错误,则不会引发错误,打印图像时显示 None;第二个参数 flags 是标志位,指定图像读取方式。cv2.IMREAD_COLOR 是默认值,可以用 1 代替,表示加载彩色图像,并且忽略图像的透明度;cv2.IMREAD_GRAYSCALE 表示以灰度模式加载图像,可以用 0 代替;cv2.IMREAD_UNCHANGED 表示函数的返回值是图像数据矩阵,(M,N)表示灰度图;(M,N,3)表示 RGB 彩色图。

另外,OpenCV 提供 cv2.cvtColor()函数对颜色维度进行转换,函数原型为

```
cv2.cvtColor(img, color_change)
```

其中,img 表示要转换的图像数据对象,可以是单通道或多通道。
color_change 表示要进行的颜色空间转换类型,可以是以下常用转换类型之一。
cv2.COLOR_BGR2GRAY:将 BGR 彩色图像转换为灰度图像。
cv2.COLOR_BGR2RGB:将 BGR 彩色图像转换为 RGB 彩色图像。
Matplotlib 提供 matplotlib.pyplot.imread()函数读取图像数据,函数原型是

```
matplotlib.pyplot.imread(fname, format=None)
```

其中,fname 表示要读取的图像文件路径,可以是相对路径或绝对路径。支持多种常见的图像格式,包括 PNG、JPEG、BMP、GIF 等。format 表示要读取的图像文件格式,可以是字符串类型或 None。如果 format 为 None,则根据文件扩展名自动确定图像格式。如果 format 为字符串类型,则按照指定的格式解码图像数据。format 的默认值为 None。

OpenCV 代码如下。

```
#!/bin/usr/python3
#- * - coding: utf-8 - * -
"""
#使用 OpenCV 读取图像
"""
#导入模块
import cv2
#读取单通道灰度图
image_gray = cv2.imread('parrot.jpg', flags = cv2.IMREAD_GRAYSCALE)
cv2.namedWindow('Image 1')                            #创建窗口
```

```
cv2.imshow('Image 1', image_gray)              #显示图像
cv2.waitKey(0)
cv2.destroyAllWindows()
#读取三通道彩色图
image_bgr = cv2.imread('parrot.jpg', flags = cv2. IMREAD_COLOR)
cv2.namedWindow('Image 2')                     #创建窗口
cv2.imshow('Image 2', image_bgr)               #显示图像
cv2.waitKey(0)
cv2.destroyAllWindows()
#将彩色图转换为灰度图
image_gray_2 = cv2.cvtColor(image_bgr, format = cv2.COLOR_BGR2GRAY)
cv2.namedWindow('Image 3')                     #创建窗口
cv2.imshow('Image 3', image_gray_2)            #显示图像
cv2.waitKey(0)
cv2.destroyAllWindows()
```

程序运行效果如图 4-8 所示。

图 4-8　运行效果图 3

Matplotlib 代码如下。

```
#!/bin/usr/python3
#- * - coding: utf-8 - * -
"""
#使用 Matplotlib 读取图像
"""
#导入模块
from matplotlib import pyplot as plt

#读取图像
image_rgb = plt.imread('parrot.jpg')
print(image_rgb.shape)
print(image_rgb.size)
print(image_rgb.dtype)

plt.imshow(image_rgb)
plt.show()
```

程序运行效果如图 4-9 所示。

```
(512, 512, 3)
786432
float32
```

4.2.3　图像保存

图像保存是将内存中的图像数据以某种格式保存到磁盘或其他存储介质中的过程。要保存一幅图像,需要使用一个图像处理库或工具包提供的保存函数或API,该函数将接收到的将要保存的图像数据和保存格式作为参数。然后,图像数据将被编码并以指定格式写入磁盘。在保存过程中,可以选择不同的压缩比例和颜色模式等设置,以达到最佳的存储效果。

图 4-9　Matplotlib 代码运行效果图

OpenCV 提供了 cv2.imwrite()函数来保存图像,函数原型为

```
cv2.imwrite(dir, img)
```

该函数用于将 ndarray(numpy 数组)类型数据保存成图像文件,默认情况下,保存的结果为 8 位单通道图像和 BGR 图像。其中,dir 表示图像存储的路径位置,可以是相对路径或绝对路径,需要注意的是,保存路径必须已经存在。img 表示需要保存的图像数据对象,可以是单通道或多通道,最常见的是 BGR 格式图像。

OpenCV 代码如下。

```
#!/bin/usr/python3
#-*- coding: utf-8 -*-
"""
#使用 OpenCV 保存图像
"""
#导入模块
import cv2
import numpy as np
from matplotlib import pyplot as plt

#创建 uint8 类型的图像数据
image_array = np.array([
            [[255, 255, 255], [128, 128, 128], [0, 0, 0]],
            [[255, 0, 0], [0, 255, 0], [0, 0, 255]],
            [[255, 255, 0], [255, 0, 255], [0, 255, 255]]
            ], dtype = np.uint8)

#保存图像数据
cv2.imwrite('image_array.jpg', image_array)

#读取保存的 uint8 类型图像
image = cv2.imread('image_array.jpg')
plt.imshow(image)
```

```
plt.show()
```

程序运行结果如图 4-10 所示。

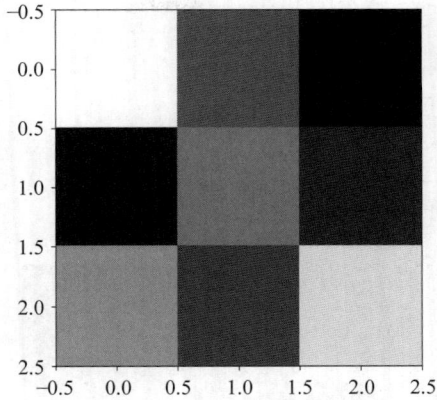

图 4-10   运行效果图 4

Matplotlib 提供了 matplotlib.pyplot.imsave( )函数来保存图像,函数原型为

```
matplotlib.pyplot.imsave (dir, img, **kwargs)
```

其中,dir 表示要保存的图像文件路径,可以是相对路径或绝对路径。

img 表示要保存的图像数据对象,可以是单通道或多通道,数据是 ndarray(numpy 数组)类型,包含了图像各个像素点的颜色值信息。

**kwargs 表示其他可选参数。常用的参数有以下几个。

- format:指明图像格式,支持绝大多数的图像格式,包括 png、pdf、svg 等。

-dpi:指明图像分辨率,用于调整图像的清晰度。默认情况下,Matplotlib 会根据设备的分辨率自动调整图像的大小和分辨率。

-cmap:指明颜色映射。当保存的图像为灰度图像时,可以使用此参数指定灰度级别与颜色之间的映射关系。

Matplotlib 代码如下。

```
#!/bin/usr/python3
#-*- coding: utf-8 -*-
"""
#使用 OpenCV 保存图像
"""
#导入模块
import cv2
import numpy as np
from matplotlib import pyplot as plt

#创建 uint8 类型的图像数据
image_array = np.array([
            [[255, 255, 255], [128, 128, 128], [0, 0, 0]],
            [[255, 0, 0], [0, 255, 0], [0, 0, 255]],
            [[255, 255, 0], [255, 0, 255], [0, 255, 255]]
            ], dtype = np.float64)
```

```
image_array = image_array/255
```

```
#保存图像数据
cv2.imsave('image_array.jpg', image_array)
```

```
#读取保存的 uint8 类型图像
image = cv2.imread('image_array.jpg')
plt.imshow(image)
plt.show()
```

程序运行结果如图 4-11 所示。

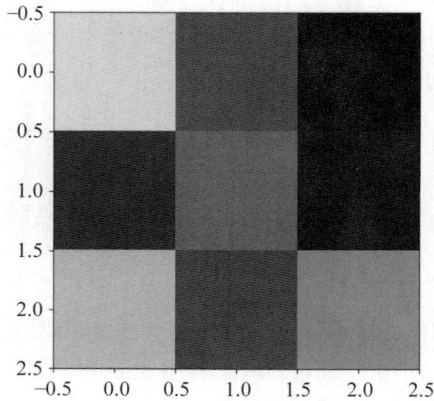

图 4-11　Matplotlib 代码运行效果图

对比 OpenCV 和 Matplotlib 两种方法保存的图像,从颜色方面看是有区别的,这是因为 OpenCV 保存的图像,再次读出时会存在失真现象。

4.2.4　视频处理

视频处理是指对一个或多个视频进行各种操作和修改的过程。这些操作可以包括剪辑、裁剪、合并、添加特效、改变颜色、调整音频等,以满足不同需求和要求。视频处理在电影制作、电视广告、社交媒体、在线教育等领域广泛应用。随着互联网带宽的增加和技术的发展,视频处理变得越来越普遍和重要。

OpenCV 提供了 cv2. VideoCapture()函数来获取摄像头序号,函数原型为

```
cv2.VideoCapture (int device)
```

该函数从文件或者摄像设备中读取视频,参数 device 指定要打开的摄像头设备。如果传入的参数为 1,则表示调用计算机外置摄像头,如 usb 连接的摄像头等。VideoCapture 对象也可以传入视频文件地址。OpenCV 还提供了 read()函数以持续获取摄像头数据,函数原型为

```
ret, frame = VideoCapture.read()
```

该函数的第一个参数一般为 ret,它是一个布尔值,表示是否获取到图像数据,如果获取成功,则返回 True;若获取失败,则返回 False,这一句后可以判断 ret 是否为 True,如果为 True,则向下执行;如果为 False,则执行相应的操作,这样可以使得我们的应用程序更

加健壮。它还有一个功能就是验证获取到的视频是否到达结尾部分。第二个参数表示获取到的一帧的图像数据。OpenCV 提供的 VideoCapture.set() 函数和 VideoCapture.get() 函数可实现对摄像头对象的属性设置和访问,函数原型分别为

```
VideoCapture.set(propId, value)
VideoCapture.get(propId)
```

其中,propId 是一个 0~18 的数字,每个数字代表了视频的属性,具体如表 4-5 所示。

表 4-5 数字代表的视频属性

propId	名　　称	说　　明
0	CV.CAP_PROP_POS_MSEC	当前视频文件的时间位置(返回毫秒)或视频捕获时间戳
1	CV.CAP_PROP_POS_FRAMES	从 0 开始的解码/捕获时间帧
2	CV.CAP_PROP_POS_AVI_RATIO	返回视频文件的相关位置:0,视频开始;1,视频结束
3	CV.CAP_PROP_FRAME_WIDTH	视频流中的帧宽
4	CV.CAP_PROP_FRAME_HEIGHT	视频流中的帧高
5	CV.CAP_PROP_FPS	帧频
6	CV.CAP_PROP_FOURCC	返回解码方式中的四字符
7	CV.CAP_PROP_FRAME_COUNT	视频文件的总帧数
8	CV.CAP_PROP_FORMAT	由 retrieve() 函数返回的矩阵对象的格式
9	CV.CAP_PROP_MODE	用于预测当前捕获模式的后端专用值
10	CV.CAP_PROP_BRIGHTNESS	图像的亮度(仅用于摄像头)
11	CV.CAP_PROP_CONTRAST	图像的对比度(仅用于摄像头)
12	CV.CAP_PROP_SATURATION	图像的饱和度(仅用于摄像头)
13	CV.CAP_PROP_HUE	图像的色调(仅用于摄像头)
14	CV.CAP_PROP_GAIN	图像增益(仅用于摄像头)
15	CV.CAP_PROP_EXPOSURE	曝光度(仅用于摄像头)
16	CV.CAP_PROP_CONVERT_RGB	用于预测图像是否应被转换为 RGB 的布尔位
17	CV.CAP_PROP_WHITE_BALANCE	白平衡
18	CV.CAP_PROP_RECTIFICATION	立体相机的纠正位

调用摄像头进行视频录制,录制过程中对数据进行不同方位的摆放,尽量使得数据样本多样化,以下为参考录制代码。

```
#!/bin/usr/python3
#-*- coding: utf-8 -*-
"""
#使用 OpenCV 保存图像
"""
#导入模块
```

```
import cv2

cap = cv2.VideoCapture(1)                        #摄像头序号
cap.set(cv2.CAP_PROP_FRAME_HEIGHT, 480)
cap.set(cv2.CAP_PROP_FRAME_WIDTH, 640)
fourcc = cv2.VideoWriter_fourcc(* 'XVID')      #保存视频的编码
#第三个参数表示镜头快慢,20 为正常,小于 20 为慢镜头
out = cv2.VideoWriter('output.avi', fourcc, 20.0, (640, 480))

while cap.isOpened():
    ret, frame = cap.read()
    if ret:
        out.write(frame)
        cv2.imshow("frame", frame)
        print(frame.shape)
        if cv2.waitKey(1) & 0xFF == ord('q'):
            break
    else:
        break
cap.release()
out.release()
cv2.destroyAllWindows()
```

读取视频首先需要进行读取,然后通过取一定的间隔帧数进行图片的保存,手动对保存的图片进行剔除,将拖影很大以及干扰视频的图片剔除。以下为读取视频的代码。

```
import cv2
import time
cap = cv2.VideoCapture('output.avi')

c = 0
timeF = 20 #间隔帧数
while cap.isOpened():
    ret, frame = cap.read()
    cv2.imshow("show", frame)
    if c % timeF == 0:
        filename = 'images/' + str(time.time()).replace('.', '') + '.jpg'
        print("name:", filename)
        cv2.imwrite(filename,frame)
    c += 1
    cv2.waitKey(1)
cv2.destroyAllWindows()
```

VideoWriter 是 OpenCV 中用于保存视频的类。它提供了一个接口,允许将一系列帧写入一个输出视频文件中。

VideoWriter 类的构造函数如下。

```
cv2.VideoWriter(filename, fourcc, fps, frameSize[, isColor])
```

其中,各参数的含义如下。

filename:要保存的视频文件名。

fourcc:编解码器四字符代码,表示压缩方式。例如,mp4v、XVID 等都是常见的编解

码器,可以通过 cv2.VideoWriter_fourcc()函数获取。注意:不同平台支持的编解码器可能
不同,因此需要根据具体情况选择。

　　fps:输出视频的帧率。

　　frameSize:输出视频的分辨率,格式为(width,height)。

　　isColor:指定输出视频是否为彩色图像,默认值为 True。

　　VideoWriter 类还提供了以下几种方法。

　　write(frame):将一帧图像写入输出视频中。

　　isOpened():检查输出文件是否已打开。

　　release():释放所有资源并关闭输出文件。

　　下面是一个使用 VideoWriter 类保存视频的示例代码。

```
import cv2

#打开视频文件
cap = cv2.VideoCapture('input_video.mp4')

#获取视频的宽度和高度
width = int(cap.get(cv2.CAP_PROP_FRAME_WIDTH))
height = int(cap.get(cv2.CAP_PROP_FRAME_HEIGHT))

#创建 VideoWriter 对象,用于保存输出视频
fourcc = cv2.VideoWriter_fourcc(* 'mp4v')
out = cv2.VideoWriter('output_video.mp4', fourcc, 20.0, (width,height))

#循环遍历每一帧并将其写入输出视频
while(cap.isOpened()):
    ret, frame = cap.read()
    if ret==True:
        out.write(frame)
    else:
        break

#释放资源
cap.release()
out.release()
cv2.destroyAllWindows()
```

　　注意:首先通过调用 cv2.VideoCapture()函数打开输入视频文件,并获取其宽度和高
度。然后,使用 cv2.VideoWriter()函数创建一个 VideoWriter 对象,并指定要保存的视频
文件名、编解码器、帧率和输出视频的分辨率。接下来,循环遍历输入视频的每一帧,并将
其写入输出视频文件中。最后,调用 cap.release()和 out.release()函数释放资源,包括输入
视频和输出视频文件,并调用 cv2.destroyAllWindows()函数关闭所有窗口。

4.3　图像标注介绍

　　在机器学习的应用中,数据标注是至关重要的一个环节。它可以帮助机器学习模型更
好地理解和识别数据,并提高模型的准确性和效率。而数据预处理则是对原始数据进行优

化和处理的前置工作,以使其适应机器学习模型的需求。图像数据标注则是机器学习中最常见的一种数据标注方式,通过对图像进行标注,可以帮助机器学习模型更好地理解和识别图像中的内容。

4.3.1 数据标注简介

在数据科学领域,当前最热门的赛道非人工智能(Artificial Intelligence,AI)莫属。自诞生至今的半个世纪,无论是技术创新还是应用场景的拓展,人工智能均取得了令人瞩目的进展。人工智能已成为引领新一轮技术革命的重要驱动力,在人脸识别、无人驾驶、智慧安防等领域改变着人们的工作和生活方式,进一步推动人类生产力和社会形态的深入变革。人工智能技术的基础是数据,无论是算法验证、模型训练还是部署落地,数据都是其中影响性能的决定性条件,因此数据标注服务成为决定算法训练质量的重要因素。数据标注是指数据标注员借助某种软件工具,对数据集进行加工,产生用于人工智能模型训练的数据集合的行为。目前,学术界一般认为数据标注起源于 2007 年启动的 ImageNet 项目,项目负责人斯坦福大学华人教授李飞飞提出了数据标注的定义,即对未处理的初级数据,如视频、图像、语言、文本等进行加工处理,转换为机器可识别信息的过程。

人工智能行业的发展需要海量高质量的标注数据支撑,例如,应用 ChatGPT 背后,就倾注了大量外包肯尼亚标注员的辛勤劳动,他们的工作流程包括数据标注、打标签、分类、调整和处理等,是构建 AI 模型的数据准备和预处理工作中不可或缺的一环。国内人工智能的起步晚于国外,但处于快速发展阶段。目前国内约有近千家专业数据标注公司共 20 多万名数据标注员。从行业分布上看,主要包括金融、教育、医疗及无人驾驶等行业;从从业要求看,较为简单的标注任务中,初高中学历即可胜任,如标注车头方向、轮廓等汽车拉框标注;而在专业性较强的任务中,如 B 超、CT 的标注,则普遍要求专业医师完成。从市场端看,根据艾瑞咨询发布的《中国 AI 基础数据服务行业发展报告》的显示,AI 产业依然以监督学习为主流算法,对数据标注服务的需求量巨大,数据标注行业发展前景向好。数据表明,2019 年中国 AI 基础数据服务行业的市场规模达到 30.9 亿元人民币,并预计 2025 年年化增长率达 21.8%,市场规模将突破 100 亿元人民币。对数据标注需求量最大的城市分别为北京、成都、杭州、上海和深圳。从供应商端看,目前主要分为 3 类:平台数据供应商、中小数据供应商和需求方自建团队。提供的数据集也包括开源的和付费使用两种方式。数据标注服务本质上是劳动密集型行业,国内企业规模大小不一,入门门槛较低,利润空间狭小,市场竞争十分激烈。由于行业内部没有统一的标注规格,导致标注质量参差不齐,这样就催生了对专业的数据标注工程师这一职业的需求。

4.3.2 数据预处理

在有监督的机器学习场景中,对数据的数量和质量都有要求,数据量越大,涉及面越广,数据质量越高,那训练出来的算法拟合得更好,鲁棒性也更强。数据预处理在机器学习中是非常重要的一环。它可以消除数据中的噪声和缺失值,提高数据质量,减少模型对噪声的敏感度,从而提高模型的精确度和鲁棒性。另外,数据预处理还可以提高特征的可比性和可解释性,使得特征之间的比较更加明确和有意义,以更好地理解数据集中的信息。此外,通过对数据进行标准化或归一化等操作,可以增加模型的稳定性和泛化能力,并避免出现过拟合的情况。最后,数据预处理还可以提高训练效率和降低计算成本,通过降维等技术压缩数据集的规模和复杂度,从而减少模型训练所需的时间和计算资源,并提高算法的效率。

1. 数据来源

随着人工智能在各个行业的不断渗透,其应用场景也随之增多,行业规模呈现指数增长态势,在 2020 年数据总量接近 40ZB,增长速度保持在每年 40% 左右。数据集(DataSet)是指经过规范化整理、工程化标注的具有统一格式的数据集合。数据标注人类利用自身知识把需要计算机识别和分辨的数据打上标签,使得大量原始的杂乱的数据转化为规范化的,计算机能理解的,标识了关键特征的数据集。

总体而言,数据集的产生有三大来源:一是大量人群在互联网上活动所产生的数据。在互联网时代,每个人都是数据的接收者,同时也是数据的生产者,人们通过浏览网页、发微博、上传视频等行为,提供了大量的数据。互联网产生的数据具有相对开放的特点,人们可以通过技术手段获取其中部分数据;二是大量传感器产生的海量数据。物联网技术的快速发展落地,使得全球约有 10 万亿个传感器终端,这些传感器昼夜不停地产生来自环境的各种数据。这些数据会被物联网系统获得,称为系统拥有者的数字资产,属于相对封闭的数据,人们不容易从公开渠道获取;三是来自科学研究和行业内部的数据。例如,医院出于诊断需要,从患者身上获取的数据,如医学影像数据、基因测序和生理参数测量等数据;又如高能物理研究实验室进行大型强子对撞实验产生的实验数据等,这些数据通常有条件地开放,如被限制用于科学研究等。

数据集的获取也有几个主要渠道:开源数据集、商业数据集和网络数据集。

一是开源数据集。在计算机视觉、自然语言处理和语音识别三大领域,都有大量的开源数据集提供给人们免费使用。在机器视觉领域有 MNIST、CIFAR-10 和 ImageNet 等几种著名数据集。MNIST 数据集来自美国国家标准与技术研究所,National Institute of Standards and Technology (NIST),由 60 000 个训练样本组成训练集和 10 000 个测试样本组成测试集。训练集(training set)由来自 250 个不同人手写的数字构成,其中 50% 是高中学生,50% 来自人口普查局(the Census Bureau)的工作人员。测试集(test set)也是同样比例的手写数字数据。CIFAR-10 数据集由 10 个类的 60 000 个 32×32 彩色图像组成,每个类有 6000 个图像。有 50 000 个训练图像和 10 000 个测试图像。数据集分为五个训练批次和一个测试批次,每个批次有 10 000 个图像。测试批次包含来自每个类别的恰好 1000 个随机选择的图像。训练批次以随机顺序包含剩余图像,但一些训练批次可能包含来自一个类别的图像比另一个更多。总体来说,五个训练集之和包含来自每个类的 5000 张图像。ImageNet 数据集是为了促进计算机图像识别技术的发展而设立的一个大型图像数据集。其图片数量最多,分辨率最高,含有的类别更多,有上千个图像类别。每年 ImageNet 的项目组织都会举办一场 ImageNet 大规模视觉识别竞赛,从而会诞生许多图像识别模型。在自然语言处理领域主要有 WikiText、SQuAD 等。WikiText 英语词库数据(The WikiText Long Term Dependency Language Modeling Dataset)是一个包含 1 亿个词汇的英文词库数据,这些词汇是从 Wikipedia 的优质文章和标杆文章中提取得到的,包括 WikiText-2 和 WikiText-103 两个版本,相比于著名的 Penn Treebank (PTB) 词库中的词汇数量,前者是其 2 倍,后者是其 110 倍。每个词汇还同时保留产生该词汇的原始文章,这尤其适合当需要长时依赖(long term dependency)自然语言建模的场景。SQuAD 是斯坦福大学于 2016 年推出的数据集,一个阅读理解数据集,给定一篇文章,准备相应问题,需要算法给出问题的答案。此数据集所有文章选自维基百科,数据集的量为当今其他数据集(如 WikiQA)的几十倍之多。一共有 107 785 个问题,以及配套的 536 篇文章。在语音识别领域,主要有 LibriSpeech 和 VoxForge。LibriSpeech 数据集是一个大型的英语语音识别数据集,包含了来自 LibriVox 项目的有声读物的约 1000 小时的语音数据。该数据集已经被正确分割和对齐,适用于训练声学模型和语言模型。LibriSpeech 数据集广泛用于语音识别、语言建模等任务中。该数据集由 460 个读者朗读的书籍组成,这些书籍覆盖了各种主题和风格。每个读者都朗读了两本书籍,其中一本是训练集,另一本是测试集。每个书籍都被分割成几段,每段持续约 10s,并且包含相应的标签,如说话人 ID、章节编号、段落编号等。此外,该数据集还提供了音频文件的采样率为 16kHz 和 32kHz 的两个版本。除提供原始的音频数据外,该数据集还提供了由 Kaldi ASR 工具包训练的基线声学模型和语言模型。这些模型可以作为起点使用,进行进一步的微调和优化。LibriSpeech 数据集是一个广泛使用的高质量数据集,适用于声学模型和语言模型的训练和评估,尤其在语音识别领域。VoxForge 是一个开源的语音数据集,包含了带有口音的英语清晰语音。这个数据集的目标是为语音识别和语音合成等任务提供高质量的训练数据,并且可以提高系统的鲁棒性,尤其对不同口音和语调的识别能力。该数据集包含了来自不同国家和地区的人们的语音样本。这些样本涵盖各种不同的口音和方言,包括美式英语、英式英语、澳大利亚英语、印度英语等。每个样本都经过人工验证和校准,以确保其准确性和一致性。除提供原始的音频数据外,VoxForge 还提供了基础的文本转写和发音字典。此外,它还提供了 Kaldi ASR 工具包的配置文件和基线模型,可以用作基准测试和起点进行进一步的优化和微调。VoxForge 是一个非常有用的语音数据集,特别适合需要强大的不同口音和语调识别能力的系统。使用这个数据集可以提高系统的鲁棒性,使其能在不同的语音环境中实现更好的性能。

二是商业数据集,主要来自各种商业机构收集的数据,其特点是具有较高的专业性,如医疗影像数据、大型购物网站客户的商业行为数据等。商业数据库经过规范化系统化的标注工程,制作过程成本较高,因此通常需要付费获取,而且价格不菲。数据平台是以数据交易为主营业务的平台,如数据堂、国云数据市场、贵阳大数据交易所等数据平台。在各个数据交易平台上购买各行各业各种类型的数据,根据数据信息、获取难易程度的不同,价格也会有所不同。通过支付一定费用给第三方的数据收集平台进行数据收集,也是一种高效的方式。比如,阿里众包是基于阿里巴巴平台的大数据众筹平台,能提供从数据收集、数据清洗到数据标注的全链条服务。得益于阿里巴巴平台的海量用户基数,阿里众包能快速收集人的声音、照片、文本及视频数据,价格约 3 元一条,适合大公司和小团队的数据收集。国内类似平台还有百度众包和京东微工等。如果一个人或组织更注重最终结果而不太关注数据采集过程,则可以选择委托数据采集机构完成数据采集工作。如 Basic Finder 是一家数据采集机构,主要提供金融、医疗、家居和安防行业的数据标注工作。其团队由经验丰富的数据采集与处理专家组成,具有高效、准确、安全的数据采集与处理能力。

三是网络数据集。得益于手机等移动终端的性能升级和无线网速度的提高,人们在网络上留下大量数据。爬虫技术是在网络中收集大数据的常用方法。爬虫工具的使用也是机器学习项目中必不可少的技能。Image-Downloader 是一款图像下载工具,可通过爬取谷歌、百度等搜索引擎上的图片获取大量图片数据。它使用 Python 编写,具有易用性和可定制性。Image-Downloader 的使用非常简单,只需设置要爬取的关键词、数量和保存路径,即可开始爬取图片。它还提供了一些高级选项,如指定要下载的图片大小、颜色、类型等。对于小型项目,Image-Downloader 是一个很好的初始数据积累工具,可以轻松地获取大量图片数据,用于机器学习、计算机视觉等方面的应用。Annie 是一款以 Go 语言编程的视频下载工具,支持抖音、腾讯等网站视频和图像的下载。它是一个命令行工具,在终端使用,可以通过简单的命令进行视频下载。使用 Annie 下载视频非常简单,只在命令行中输入要下载的视频链接,即可开始下载。它还支持多线程下载、断点续传和视频格式转换等功能。作为一款开源工具,Annie 具有可定制性和灵活性,用户可以根据自己的需求进行二次开发和修改。Image-Downloader 和 Annie 都是非常实用的网络数据采集工具,可以帮助用户快速获取所需的数据。但需要注意的是,使用这些工具时,要遵守相关法律法规和伦理标准,尊重他人的知识产权和隐私权。

2. 数据采集

数据主要来源于大量人群在互联网上活动所产生的数据,大量传感器产生的海量数据,以及科学研究和行业内部的数据。采集数据的格式取决于人工智能的应用场景。采集格式包括图像、语音、文本、视频等。如果需要构建图像识别系统,则需要收集数千张图片,其中包括用于系统训练检测的图片。数据采集是指从特定的数据源中获取、整理和处理数据的过程。一般来说,数据采集流程包括以下几个步骤。

(1)明确数据来源:在进行数据采集前,需要明确数据的来源。数据可能来自各种不同的渠道,如传感器、网站、社交媒体等。通过明确数据来源,可以更好地规划后续的数据采集工作。

(2)确定数据范围与数量:明确数据来源后,需要根据特性行业与应用定位,确定需要采集的数据范围与数量。这个过程需要考虑到数据的关键性、可靠性以及使用场景等因素。

(3)选择合适的数据采集方法:根据数据来源和需要采集的数据类型,选择合适的数据采集方法。常用的数据采集方法包括爬虫技术、传感器数据采集、调查问卷、实验研究等。选择数据采集方法时,需要考虑数据的时效性、准确性、完整性等因素。

(4)开展数据采集工作:根据确定的数据采集方法和范围,开展具体的数据采集工作。这个过程需要注意数据采集的时间、频率、格式等细节问题,并严格按照预先设定的采集计划进行操作,确保所采集到的数据质量良好。

(5)数据整理和处理:完成数据采集工作后,需要对采集的数据进行整理、清洗、去重等操作,并进行格式转换和标准化处理,以便于后续的数据分析和应用。

在车辆数据采集中,常见的方式是通过交通监控视频进行图像截取。具体操作流程包括以下几个步骤。首先,确定需要采集的区域和范围,可以根据需求选择不同的路段或场景。其次,安装相应的交通监控设备,如摄像头、光线传感器等,并进行布置和调整,以确保能捕捉到高质量的车辆图像信息。然后,对交通监控设备获取车辆的图像信息进行图像截取,包括车型、颜色、车标和车牌等车辆信息,以及位置、拍摄时间等环境信息。进行图像截取时,需要注意图像尺寸、文件格式和图像数量的规范化调整,以便于后续的数据处理和分析。最后,对采集到的车辆图像信息进行整理和处理,包括图像预处理、特征提取、分类和识别等工作,以获得车辆类型、颜色、品牌、车牌号码等信息,为交通管理和公共安全提供有价值的参考。在车辆数据采集中,明确以上这些步骤非常重要,以确保采集到具有代表性的车辆图像数据,并为后续的数据分析和应用提供有力支持。

在人脸数据采集中,应根据应用场景,明确数据的采集规范。这些规范包括以下几方面。首先,需要确定被采集人群的性别分布,以便采集到充分代表不同性别人群的数据。其次,确定需要采集的表情类型,如自然、微笑、愤怒等,以获得具有代表性的人脸数据。然后,需要确定需要采集的人种类型,如白人、黑人等,以获得具有代表性的人脸数据。同时,也要确定需要采集的拍摄角度,如正面、侧面、仰视、俯视等,以获取不同角度下的人脸数据。最后,确定需要采集的姿态类型,如平视、低头、抬头等,以获得具有代表性的人脸数据。明确以上规范后,可以采用相应的技术设备进行数据采集,例如使用摄像头、红外线传感器、3D扫描仪等设备进行采集。对于采集到的人脸数据,需要进行图像预处理和质量评估,并对其进行标注和分类。在人脸数据采集中,合理地明确上述规范是非常关键的,这些规范包括性别、表情、人种、拍摄角度、姿态等属性。通过规范化的数据采集方式和质量评估,可以获得具有代表性的人脸数据,为后续的数据分析和应用提供有力支持。

在语音数据采集中,为了获得高质量的语音数据,语音数据采集应先明确以下几方面。首先,需要确定语音数据采集的对象,涉及多种口音和方言时需要考虑不同地区、年龄、性别等因素。其次,需要选择相对安静的环境,避免嘈杂环境对语音录制造成干扰。接着,需要确定语音数据采集的内容,选择具有代表性的语句或单词,并且对这些数据进行标注和统计分析。此外,需要确定每位被试需要录制多长时间的语音数据,以满足不同的任务和应用场景需求。最后,需要确定语音数据采集的语种,采取不同的采集标准和方法。确定以上几方面后,可以采用语音录制的方式完成数据采集。具体操作过程包括准备录音设备,进行语音录制并注意控制环境噪声和其他干扰因素,对录制的语音数据进行标注和整理,并将其保存到数据库或存储介质中,以便后续进行数据处理和分析。

在文本数据采集中,应根据需求对分布领域、应用场景、记录格式和存储方式等进行界定,并由此筛选出关键词。首先,需要明确分布领域和应用场景,以确定需要采集的文本数据。不同领域和场景下所使用的语言和词汇会存在很大差异,因此需要针对具体情况进行选择。例如,若是针对医疗健康领域,就需要收集相关的医学术语和医疗类新闻、论文等文本资料。其次,需要考虑记录格式和存储方式,以便于后续进行数据处理和分析。比如,可以采集 HTML、XML 或 JSON 等格式的数据,并将其存储到数据库或文件中。最后,需要通过爬虫技术抓取网页,尽量包括多语种语料库、社交网络语料库、知识数据库等。爬虫技术可以通过自动化的方式获取互联网上的文本数据,精度和效率较高。但是,进行数据抓取时,需要遵守相关法律法规和伦理规范,避免侵犯他人隐私和知识产权。在文本数据采集中,需要进行需求分析和选择关键词,以确定需要采集的文本数据。通过爬虫技术获取网络上的文本数据,并对其进行存储和格式化处理,可以为后续的数据分析和应用提供有力支持。

3. 数据清洗

采集到数据后,需要对这些海量数据进行有效的管理,通常会把数据导入一个大型分布式数据库或者存储集群中,这需要针对原始数据中的缺失信息、冗余信息和非标信息进行相应的预处理工作,这个过程就是数据清洗。

在现实世界中,数据大体上都是不完整不一致的,我们把这些原始数据称为"脏"数据,这些数据存在各种不规范的缺陷,比如拼写错误的命名习惯、不合法的数值、不统一的表示方式,等等。对"脏"数据直接进行数据挖掘,往往结果差强人意。为了提高数据质量,需要对"脏"数据进行清洗。数据清洗有几个基本概念。数据清洗是指通过删减异常数据、纠正错误数据、清除重复数据,使得数据格式标准化;数据集成是指将多个不同来源的数据结合起来并统一存储管理,组成数据仓库的过程;数据变换是指通过采用平滑聚集、数据概化、规范化等方式将数据转换成适合数据挖掘的形式;数据规约是指基于对挖掘任务和数据理解基础上,尽可能保持数据有用特征的前提下,最大限度精简数据量,压缩数据规模。

根据业务需求的不同及数据的特点,数据清洗主要有几种处理方式,包括缺失值处理、噪声过滤和冗余合并。数据收集过程难免有缺失的情况,如表格的值一般不会强制不为空类型。在缺失属性的对象相对于整个数据集较小,占比很低的情况下,可以采用忽略元组的方法,这种方法在分类任务中缺少类别标号属性时也经常采用。但在缺失率比较高的情况,采用忽略元组会严重影响结果的准确性。对缺失值处理还可以采用填充补齐的方式,从而使信息表完备化,数据补齐实行方法包括人工填写、特殊值填写、平均值填写、不处理以及推断填写。例如,根据数据前后相似性填充,也可以利用回归模型对缺失值进行预测或者利用贝叶斯模型推理等。噪声是指测量过程中的随机误差,造成噪声的原因多种多样,例如数据输入有误、收集工具精度不足、技术限制等。消除噪声的方法也有基于模型的和基于数据的两大类,前者一般使用回归的方法,即通过函数拟合得到"最佳"曲线,并进一步对数据进行预测,从而达到光滑数据的目的;后者一般基于统计学理论,具体包括分箱和离群点检测两个过程。分箱是通过考察相邻数据,把属性值划分出相对集中的子区间,即所谓的"箱子",而在"箱子"外的数据点就是离群点了。对于冗余数据,也就是重复数据,如果检测到重复输入的检测记录,则把相等的记录合并。

在具体的数据清洗过程中,一般依次遵循明确错误类型、识别错误实例、纠正发现错误和干净数据回流这4个步骤展开。

(1)明确错误类型:这个步骤是数据清洗的第一步。在这个阶段,需要确定数据中可能存在的各种错误类型,如缺失值、异常值、重复值等。通过对数据进行初步探索和分析,可以帮助发现这些错误类型。

(2)识别错误实例:明确错误类型后,需要检查数据并标识其中的错误实例。这个过程可以使用自动化工具(如编写脚本或应用规则)识别可能存在的错误,也可以手动检查数据,使用人眼判断是否有异常值或不可接受的数据。

(3)纠正发现错误:当发现哪些数据存在问题后,需要对它们进行纠正。这个过程可能包括删除不必要的记录、填充缺失的数据、调整格式或标准化数据以及进行数据转换等操作。删除不必要的记录可以提高数据的可靠性和质量,例如去掉无效或重复的记录。填充缺失的数据则可以解决缺失值问题,通过插补、均值或中位数填充等方法进行填充。调整格式或标准化数据可以解决数据格式不一致或不符合标准的问题,例如对数据进行统一的日期格式化。数据转换则是将原始数据进行转换,以便于后续处理和分析,例如将字符串转换为数字。进行这些操作时,需要根据实际情况进行适当的调整,并保持数据的一致性和正确性。

(4)干净数据回流:当数据被清理并且不再包含任何错误时,就可以将其返回到业务系统或存储库中,以便进一步分析和使用。干净数据的回流可以保证数据的质量和可靠性,确保数据可用于后续的分析和应用。

4. 数据变换

数据变换在数据预处理中的作用是非常重要的。通过对数据进行规范化、离散化、连续化、归一化等操作,可以使数据更适合进行置信区间分析或者可视化,得到符合人眼感知的图像,直观地展现数据之间的关系和趋势。同时,也可以降低数据的维度或复杂度,在保证数据完整性的前提下,去除某些无用的信息,压缩数据量,从而方便使用简单的回归模型进行建模。例如,在统计学中,经常会利用正态分布进行假设检验以及计算置信区间。而许多实际问题中的数据不满足正态分布,这时可以通过对数据进行规范化或者归一化,将其转化为符合正态分布的数据,以便更好地进行假设检验和置信区间分析。此外,对于线性回归等模型,如果原始数据集中存在非线性特征,则可以通过对数据进行变换,获取一些更容易解释的线性特征,从而提高模型的准确性和解释力。

1)规范化

将数据按照某种比例缩放,使得不同量级的数据具有可比性。常用的规范化方法有最小-最大规范化和 z-score 规范化。最小-最大规范化将数据缩放到[0,1]。不同特征的数据可能具有不同的量级,这会导致某些特征对模型的贡献被低估或高估。通过规范化,我们可以将数据缩放到相同的范围,以便更准确地比较它们对模型的影响。公式为

$$x' = \frac{x - \min}{\max - \min}$$

x 为原始数据,min 和 max 分别为数据的最小值和最大值,x' 为规范化后的数据。

z-score 标准化利用正态分布的特点,计算一个给定分数距离平均数有多少个标准差。它的转换公式如下。

$$x' = \frac{x - \mu}{\sigma}$$

其中,x 为原始值,μ 为均值,σ 为标准差,x' 为变换后的值。

经过 z-score 标准化后,高于平均数的分数会得到一个正的标准分,而低于平均数的分数会得到一个负的标准分数。

2)离散化

离散化是将连续型数据转化为离散型数据。常用的离散化方法有等距离散化和等频散化。等距离散化将数据划分为若干区间,使得每个区间的数据差值相等;等频散化则将数据按照频率分为若干组,使得每组数据的数量相等。某些算法只能处理离散型数据,例如决策树和关联规则挖掘。离散化可以将连续型数据转化为离散型数据,以便更好地应用这些算法。

3)连续化

连续化是将离散型数据转化为连续型数据。常用的连续化方法有区间中心化和虚拟

变量法。区间中心化将离散数据映射到数轴上的分界点处,虚拟变量法则将每个可能取值转化为一个新变量,并赋予其二元取值 0 或 1。某些算法只能处理连续型数据,例如神经网络和回归分析。连续化可以将离散型数据转化为连续型数据,以便更好地应用这些算法。

4）归一化

将不同特征的数据按照某种比例缩放,以便更好地适应算法模型的需求。常用的归一化方法有最小-最大规范化和 z-score 规范化,具体操作同规范化。某些算法对数据的大小和分布非常敏感,例如 K 近邻算法和支持向量机。通过归一化,可以将数据转化为相同的尺度,并且使得数据在整个范围内均匀分布,以便更好地应用这些算法。

5. 数据降维

数据降维的目的是通过减少数据的维度来优化模型、提高模型性能和减小计算开销。数据降维可以通过各种方法实现,其中最常用的方法包括特征选择和特征提取。

特征选择是指从所有可用的特征中选择出最有用的一些特征,这些特征可以帮助我们更好地理解和预测数据。在特征选择中,通常采用的方法有过滤方法、包装方法和嵌入方法。过滤方法使用一些统计检验评估每个特征与目标变量的相关性。例如,卡方检验可用于分类问题,皮尔逊相关系数可用于回归问题。在过滤方法中,先对每个特征进行评估,然后根据其得分选出最相关的特征。包装方法结合了机器学习模型和特征选择过程。它通过不断地训练模型并选择最相关的特征实现特征选择。例如,递归特征消除(RFE)算法就是一种包装方法,它使用一个基于模型的评估器不断减少特征数量,直到达到所需的数量。嵌入方法是将特征选择作为模型训练的一部分完成。它使用具有内置特征选择功能的机器学习算法,例如 LASSO 和 Ridge 回归。这些算法通过向损失函数中添加正则化项来惩罚不相关的特征权重,从而实现特征选择。

另一种常见的数据降维方法是特征提取,这是通过创建新的特征来减少数据的维度。特征提取的方法有很多种,如主成分分析(Principal Component Analysis,PCA)、独立成分分析(Independent Component Analysis,ICA)和线性判别分析(Linear Discriminant Analysis,LDA)。PCA 是一种无监督学习方法,它通过线性变换将原始特征进行降维,使得新的特征具有最大的方差。在降维后的特征空间中,每个主成分都是相互独立的,可以消除原始数据中的冗余信息,从而更好地反映数据的本质特征。ICA 也是一种无监督学习方法,它寻找一组相互独立的特征,这些特征并不一定具有最大的方差,而是最大化它们之间的互信息。ICA 可用于信号处理、图像处理等领域,例如从混合信号中恢复出原始信号。LDA 是一种有监督学习方法,它将原始特征映射到一个新的低维空间中,以最大化不同类别之间的距离,同时最小化同类别之间的距离。在 LDA 中,新特征被构造为线性组合,可用于分类和降维等任务。在特征提取中,我们会将原始的输入数据投影到一个新的低维空间中,以保留最重要的特征并去除冗余信息,这样可以大大减少输入数据的维度,并提高模型的准确性和效率。

4.3.3　图像数据标注

数据标注是对采集到的原始数据(如图像、文本、语音和视频等)进行归类、整理、编辑、标记和批注的过程,其目标是给标注数据增加标签,生成满足机器学习模型训练要求的数据格式。其基本概念包括标签(Label)、标注任务(Annotation Task)、数据标注员(Data Labeler)和标注工具(Annotation Tool)。标签指的是表示数据的特征、类别和属性等;标注任务是指按照数据标注规范对数据集进行标注的过程;数据标注员是指负责完成对数据标注任务的人员;标注工具是指标注任务中所需的工具和软件,可分为手动标注工具、自动标注工具和半自动标注工具。

图像数据标注是在图像识别、目标检测、人脸识别等领域中非常重要的任务。通常,图像数据标注遵循以下完整流程。

(1)图像获取。这一步骤是进行图像标注的基础,图像获取的方式取决于项目的需求,一般可以采用网络爬取、摄像头采集等方式。对于需要采用特殊设备或者技术进行图像获取的情况,需要在此环节完成。

(2)图像预处理。图像预处理是为了使得标注过程更加准确、高效。这一步骤的主要工作是对图像进行数据清洗,包括缺失值处理、噪声过滤、冗余合并。通过对图像进行预处理,可以使得后续的标注工作更加顺利、高效。

(3)图像预识别。这一步骤本质上是计算机辅助识别,通过特定程序,使用计算机对结果进行预标记。标注员只核对标注结果即可,能大大提高标注效率。

(4)图像标注。在这一步骤中,需要遵循指定的标注规范,利用专业的标注工具软件完成图像标注,并通过质检验收流程。具体的标注任务包括目标识别、分类、轮廓标注、关键点绘制等,需根据具体情况进行选择。

(5)结果输出。在这一步骤中,按照特定格式,把标注结果保存在文件中,一般为JSON、XML 等,少数为 TXT 和 COCO 格式。标注结果要保证准确性、完整性和一致性,以满足后续数据处理和分析的需要。

常见的图像数据标注类型包括关键点标注、标注框标注、区域标注和属性标注。根据项目需求对数据集采用不同的标注方式。

关键点标注,是指将需要标注的元素按照需求在目标图像的关键位置上进行点位标识。关键点标注常用于人脸识别、人体骨骼识别、手势确认和步态识别等方面,其中人脸识别技术最成熟,应用场景也最广泛深入。从社保卡登录、门禁授权和闸机安检等,甚至是刷脸支付,应用场景得到跨越式发展。人脸识别的关键点标注内容包括脸部轮廓以及眉毛、眼睛、鼻子和嘴巴等五官特征。通过对不同区域的关键点标注,跨越判断图像的人物形态、特征等。在实际操作中,标注员会对人脸范围内的关键点进行微调,使得每个点都在准确的位置上。根据项目需求的不同,对关键点标注的精细程度要求也不同,因此需要标注的关键点数量也不同。常见的关键点标注包括嘴部 9 点标注、手势 21 点标注、人体 22 点标注和人脸 68 点标注。比如嘴部 9 点标注,指引明确了标注规范。要求 1、2 点严格在嘴角上。3、4、5、6、7 严格在下嘴唇外边缘的边界上,在某些唇色不明显或者嘴唇外边缘交界线不明显,可以把点往上画一点。在张大嘴的情况下 1、2 和 8、9 靠得很近,甚至是重合的,这就要求 8、9 不能超过 1、2 点。在嘴唇被遮挡的情况下,通过想象预估补画出相应的点,不用添加是否遮挡标志。关键点标注的难点在于,关键点数量较多导致犯错的概率较高,因此关键点标注对标注人员素质要求非常高。

标注框标注常用于自动驾驶的应用场景,是一种对自动驾驶下的人、车、物等进行标注的简单处理方式,例如在街景图像中的汽车、人物和路灯;商场图像中的顾客、导购员、柜台和展柜等。另外,在人脸识别系统中,也需要通过标注框将人脸的位置确定下来再进行下一步识别,在 OCR 应用中,需要通过标注框把文本中需要转换的内容区域确定下来。根据任务需求的不同,标注框包括了矩形、四边形、自由矩形、三维框和不规则框等形状。矩形框是最常见的标注形状之一。它由四条直线组成,并且每个角度都是 90°。矩形框通常用于标记包括人脸、车辆等在内的常见对象;四边形框比矩形框更加灵活,边缘可以是曲线或者折线,而不仅仅是直线。这种形状更适合标记不规则的物体,如建筑物、树木等;自由矩形框是指没有明确定义角度和长度比例的矩形框。使用者可以自由地绘制边框来捕获所需的区域,使得标注更加准确、灵活;三维框通常用于对立体物体进行标注,例如汽车、飞机等。相比于二维框,三维框需要更多的参数来描述目标物体的长、宽、高以及位置信息;不规则框指的是无法用简单的几何形状描述的标注框。它可以是任意形状,例如液体、云、火焰等。这种形状需要更多的手工绘制和标注技巧。

例如,在行人标注的案例中,标注规范要求标注的人物必须具有正面、左侧面、右侧面、背面及其他这 5 种属性。正面指行人朝向标注框的方向为正面。正面标注通常用于表示行人直接面向相机拍摄的情况;左侧面指行人朝向标注框左侧的方向。左侧面标注通常用于表示行人身体向左转的情况;右侧面指行人朝向标注框右侧的方向。右侧面标注通常用于表示行人身体向右转的情况;背面指行人朝向标注框的反方向。背面标注通常用于表示行人背对相机拍摄的情况;其他指除上述 4 种情况以外的标注方式,例如行人斜着站立、行人跑步、行人骑车等特殊情况。通过这些全方位的标注方式,可以更准确地描述行人的姿态和动作,提高行人识别算法的准确性和鲁棒性。

标注数据中可能存在遮挡和截断这两种场景干扰,因此规范对它们进行了分类。

(1) 遮挡:指的是目标物体被其他物体遮挡,导致标注框无法完全覆盖目标。根据遮挡程度,可以将遮挡分为以下 4 种情况。

完全未遮挡(0):目标物体完全没有被其他物体遮挡。

部分遮挡(0～35%):目标物体部分被其他物体遮挡,但关键部位仍然可见。

大部分遮挡(35%～50%):目标物体大部分被其他物体遮挡,但仍有一些关键特征可见。

其他(>50%):目标物体被遮挡得非常严重,只能看到很少的特征或者压根看不到。

(2) 截断:指的是目标物体在图像边缘被截断,导致标注框无法完全覆盖目标。根据截断程度,可以将截断分为以下 5 种情况。

完全未截断(0):目标物体没有被截断,完整地呈现在图像中。

轻微截断(0～15%):目标物体的边缘被图像边缘轻微截断,但不影响对目标的识别。

部分截断(15%～30%):目标物体的边缘被图像边缘部分遮挡,但关键部位仍然可见。

大部分截断(30%～50%):目标物体的边缘被图像边缘大部分遮挡,但仍有一些关键特征可见。

其他(>50%):目标物体的边缘被图像边缘完全遮挡,无法看到任何特征。

标注框标注的难点在于受标注框的形状限制导致的标注准确率不够。某些目标物体的形状非常复杂,例如树木、云朵等,进行标注时需要手动绘制不规则的标注框。这种情况下,标注者需要有一定的经验和技巧,否则很难确定标注框的边缘。当目标物体被其他物体遮挡或者在图像边缘被截断时,标注框的形状将受到限制,可能无法完全覆盖目标物体。这种情况下,标注者需要根据实际情况调整标注框的大小和位置,使其尽可能地覆盖目标。当目标物体在不同视角下呈现出不同的形状时,标注者需要根据具体情况调整标注框的形状和大小,以保证标注的准确性。例如,在车辆标注时,由于不同视角下车身的形状不同,标注者需要根据实际情况调整标注框的大小和比例。由于标注框的形状可能影响目标物体的覆盖率和准确性,因此标注者需要在标注过程中保持高度的精度和一致性。这需要标注者具备较好的标注技巧和经验,并且进行标注质量的监控和评估。

区域标注是指根据项目需要把图像分成各具特色的局部区域并提取感兴趣目标的标注方式。区域标注本质上是通过标注员对目标进行特征提取和参数测量,实现把人类对图像的理解融合进机器模型的学习过程中,使得更高层次的图像分析和理解成为可能。因此,图像的区域标注是图像分析的关键步骤。图像区域标注主要包括线标注、曲线标注和多边形标注,其中线标注属于开区域标注,而曲线标注和多边形标注则属于闭区域标注。区域标注存在自动分割和手动标注两种手段,前者对多目标或背景复杂图像难以奏效,后者则容易产生不准确的标注结果,而且耗时且不可重复。因此,在实际操作中,往往采用交互式智能图像分割技术,即先通过图像分割标注的预识别算法完成对图像的智能分割,再进行人工修边和筛选,从而达到减少人工出错、提高标注效率的目标。区域标注经常采用多边形标注的方式,其难点主要是时间成本高,以及智能化标注工具欠缺。

属性标注是指对图像级别的标注,也就是把目标图像作为一个整体,标注单个或者多个标签,而不会过度关心图像的细节。属性标注的应用场景十分广泛,只要是一个具体事务且有相应的性质和关系,都可以作为属性标注的对象,属性标注是一种辅助机器模型认识世界的方式。在标注过程中,关键是要牢记规范文档中定义的每个属性所对应的类别和具体事物,并确保所标注事物属性的准确性。一般有 3 种切实可行的记忆方法:第一种是按大类记忆,粗略记忆各大类的物品属性,同时精确记忆个别属性不易判断的物品;第二种是按场景记忆,比如根据图片场景关联物品属性来记忆;第三种是按序记忆,即查找物品时,按一定的顺序搜寻图像中的物品,并对出现的物品进行对应属性的标注。属性标注的主要难点在于,图像中会出现较为杂乱的场景导致物品漏标的情况,以及规范文档中出现的不符合常理的物品属性。

进行图像标注时,需要注意的细节非常多。以下是常见的错误和注意事项的详细描述。

(1)标注不准确或缺失:标注图片时,标注者可能会忽略一些关键细节,遗漏必要的标注信息,或者标注位置不准确。这种情况下,可能导致模型训练出现问题,影响后续应用场景的效果。为了避免这种情况发生,标注者应对标注对象进行仔细观察,并使用正确的标注工具。

(2)标注不一致:不同的标注者可能会对同一幅图片进行不一致的标注。例如,标注人脸时,有些人可能将头发或耳朵也标注出来,而这些部位并不属于人脸。这会导致不同标注结果之间存在差异,影响模型的训练效果。为了保证标注结果的一致性,可以提供详细的标注规范和培训,确保每个标注者都按照相同的标准进行标注。

(3)标注过多或过少:标注者可能会将太多或太少的信息添加到图像中。例如,标注商品图片时,有些人可能会将所有的标签都加入进去,而不是只标注最重要的信息。另外,标注时也要注意是否漏掉了重要的信息,例如关键字、物体分类等。

(4)标注不清晰:有些标注者可能会使用不清晰的线条或字体进行标注,使得标注信息难以读取。这种情况下,可能导致标注结果出现偏差或误解。为了避免这种情况发生,标注者应使用明亮和清晰的颜色,并尽量避免使用模糊的图片。

(5)标注过程中的误操作:在标注过程中,标注者可能会意外删除或移动标注信息,或者在标注过程中造成误操作。这可能导致标注结果出现错误或丢失。为了避免这种情况发生,可以使用具有撤销功能的标注工具,并定期保存标注信息。

(6)标注时间过长:标注大量图片需要花费很多时间和精力。为了提高效率,可以采用一些自动化工具,例如使用机器学习模型进行部分标注或使用半监督学习方法。同时,可以考虑将标注任务分配给多个标注者进行处理,从而减轻单个人员的任务负担。

在图像标注过程中,评估标注数据的质量至关重要,因为它直接影响最终模型的性能。

1)人工检查

人工检查是一种常用的方法,可以通过让专业的团队或者个人对标注数据进行检查,发现标注错误和缺失等问题。进行人工检查时,需要注意一些问题:首先,需要选择具有相关领域知识和经验的人员;其次,需要确保检查流程规范化,包括检查流程、记录方式等;最后,需要制定相应的纠错措施。

2)统计分析

统计分析是通过对标注数据进行统计分析,如物体数量、大小分布等,发现数据集的特点和规律,以判断数据集是否满足应用需求。例如,在物品识别的任务中,可以统计每个类别的样本数量和分布情况,从而判断数据集是否充分覆盖各个类别。

3)交叉验证

交叉验证是将标注数据分为训练集、验证集和测试集,通过训练集对模型进行训练,使用验证集对模型进行调优,最后使用测试集对模型进行测试,以评估标注数据的质量。交叉验证可以有效避免过拟合问题,提高模型的泛化能力。

4)参考标准

参考标准是根据已有的参考标准或者领域专家的经验,比较标注数据的准确性和完整性,以判断数据集是否满足应用需求。例如,在医学图像识别的任务中,可以通过比较标注结果和医学专家的诊断结果评估数据集的质量。

4.3.4 数据标注管理

标注数据是训练机器学习模型的重要保证,越精细的标注数据对模型的训练越有效。每种类型的数据标注都应该受完整严格的规范约束,高质量的数据标注工作应该从人员和工程两方面入手,通过规范的管理制度管理标注人员和工程的质量,获取高精度的数据标注。

1. 人员管理

数据标注员需要具备良好的职业素养,主要要求如下。

(1)具有持续的学习力。学习力是指学习动力、毅力和能力的综合统称。目前,数据标注领域没有统一固定的数据标注规范,也没有统一的数据标注软件,甚至有的数据标注项目还需要用到专业知识。因此,数据标注员要深入了解项目背景,拓展专业知识,不断学习新规则,提高标注软件的操作技能。

(2)具有细致的工作态度。人工智能的模型训练对数据有精细的要求,很多情况下,图像标注误差要控制在 1 像素内。如果标注员不细心,即使速度很快,但标注质量往往不高,甚至导致因不合格而返工。这要求标注员具有细致的工作态度,在标注过程中发现错误,不断总结改进,才能完善标注规则,提升标注质量。

(3)具有耐心的意志品质。耐心即耐力,属于意志品质的一种,与主动性、自制力、心理承受能力有一定的关系。很多数据标注内容是极其凌乱的,标注规则也是复杂的。在图像数据中,需要标注一幅图像中的多个物品,就会有很多重叠的地方,如果标注员没有耐心,很难完成这类复杂的任务。数据标注是一项枯燥、重复的工作,要求数据标注员具备耐心的意志品质。

(4)具有较强的专注力。专注力也就是意志力,指一个人专心于某一事情或活动时的心理状态。数据标注员每天需要面对大量数据,全神贯注地进行数据标注,这要求数据标注员具备较强的专注力,才能完成高质量的标注任务。

(5)具备良好的沟通能力。沟通是指人与人之间思想的交流、传递、反馈及调整的过程,沟通的目的是达到观点一致。在有些数据标注项目中,规则并不是一开始就十分明确的,这需要相关方面表达诉求、充分沟通达到一致。因此,具备良好的沟通能力能有效推动项目进行。

(6)具备团队协作精神。团队协作是指参与的团队围绕项目进行体现的自愿合作和协同努力的精神。团队协作能增强内部成员之间的信任,在工作中合理分工协助、互相促进。在数据标注过程中,往往需要多个项目角色协同参与,数据标注员负责标注,质检员负责质检,项目经理负责验收,三方不断沟通,解决项目中出现的问题,因此团队协作是数据标注工作中必不可少的基本素养。

2. 项目管理

在实际的数据标注任务中,企业往往以项目的形式对标准任务进行组织、管理和实施。本节将围绕数据标注项目的实施流程、数据标注团队的组织架构、参与角色和分工等进一步介绍。

首先,数据产品生产企业要归纳出一个实际的数据标注项目的需求说明。在《项目管理知识体系指南》中,对项目给出的定义是:项目是为了创造独特的产品、服务或成果而进行的临时性工作。由此可见,项目具有临时性、唯一性、渐进性,能创造产品,同时也消耗资源。因此,项目需求书需要明确定义数据标注任务的名称、类型、项目周期、应用背景和场景、标注需求和规范,以及验收标注等所涉及的所有关键信息,另外也可以加注一些补充说明内容。

项目实施流程大体包括启动阶段、试做阶段、量产阶段、验收阶段、交付阶段和售后阶段。项目启动阶段属于项目的前期,主要工作根据项目需求书汇总所有问题并一一确认;组件项目实施团队、协调内外部资源;指定项目的具体实施计划;配置项目环境和资源,包括软件、硬件及人力;组织相关人员培训。项目试做阶段的目标是确认项目流程方案,一般是小批量完成数据批注的生成-验收-交付流程,以便从中整理完善流程方案,找出问题,避免消耗过多的资源和时间,降低成本。试做阶段完成后,就可以进入量产阶段,也就是正式展开项目实施。在这个阶段,企业会按照制订好的项目实施计划,有步骤地开展数据生成和验收工作。这是整个项目的主体阶段,参与人员包括项目经理、数据标注员、外包或总包团队、验收人员等。验收阶段是指交付前针对最后一批数据的验收,一般分为迭代交付和增量交付两种方式。验收过程会在量产阶段不间断地进行,最终所有数据结束后也会有一次验收。此阶段参与人员包括项目经理和验收人员。交付阶段是指等待客户验收和确认,如果发现不及格,则需要返回量产阶段,完善数据生产;如果出现严重的需求变更或理解偏差,甚至要求返回至试做阶段。只有客户验收确认合格后,项目才算结束。最后是售后阶段,项目交付确认后,项目团队会结合客户的反馈和评价,针对实施过程进行经验总结,并根据合同维护客户。

一个数据标注项目的质量是否达标,是需要做质量鉴定的,这也是交付阶段客户验收的重要环节。检验方法有很多,常见的有全样检验和抽样检验两种。全样检验是采用逐条检查的方式,即对整个标注项目中涉及的任务逐条检查并确认,该方法覆盖范围广、准确率高,但需要充足的时间和人员配备,一般适合场景复杂、量级不大的数据任务。抽样检查是最常见的检查方式,一般分为简单抽样、系统抽样和分层抽样。在实际项目中,质检会按照类别的不同而检测不同的质检点。例如,图像数据标注项目,可以按照标注框类、关键点类、区域标注类、视频数据类和筛选类对项目进行分类,然后完成相应的质检点确认。例如,在标注框类中,质检任务包括目标框是否贴合、目标类别是否正确、目标属性是否正确、是否存在漏标或多标、物品关联性是否一致等。

4.4 应用案例:智能分拣图像数据标注操作

智能分拣图像数据标注操作是一种基于计算机视觉技术的应用,可以对大量的图像数据进行快速有效的处理。为了实现这个目标,需要使用图像数据标记工具对图像进行标注,并利用标注后的数据训练智能算法。接下来介绍图像数据标记工具的基本原理和常见类型,并结合一个实际的应用案例,说明如何利用它们处理海量的图像数据。

4.4.1 图像数据标注工具介绍

数据标注任务需要借助专业的数据标注工具来完成,一个好用的数据标注工具可以帮助团队节约成本,提高数据标注效率。下面介绍几款常用的图像数据标注工具。

1. LabelImg

LabelImg 是一款非常优秀且使用率极高的图像标注工具。它基于 Python 语言开发,可以在 Windows、Linux 和 macOS 系统上运行。LabelImg 具有操作简单、快速、生成标注文件以 XML 格式保存、读取方便、格式标准等优点。此外,LabelImg 还支持 VOC2012 格式与 TFRecord 自动生成,并且处理大型数据集时效率较高。然而,LabelImg 也存在一些不足之处。首先,它只支持 2D 框标注,无法应用于其他类型的标注任务,如目标追踪、语义分割等。其次,在多人协作场景下,由于 LabelImg 缺乏协作功能,可能会出现数据冲突问题。此外,虽然 LabelImg 提供了一些自定义选项,但是对于高级用户来说,可能需要进一步的自定义功能。

2. VOTT

VOTT 是一款由微软发布的基于 JavaScript 开发的图像目标检测标注工具。它使用 React＋Redux 进行开发，并支持 Windows 和 Linux 系统运行。VOTT 的主要功能是在图像中标注目标框，并将其导出为各种通用格式，如 YOLO、PASCAL VOC 和 COCO 等。此外，VOTT 还提供了丰富的可视化工具，包括标注历史记录、属性编辑器、分层标记等。同时，用户可以自定义快捷键和标注选项，以满足不同的需求。优点方面，VOTT 安装方便，上手快捷，简单易用，对于初学者来说是一个非常好的选择。此外，该工具还支持多语言界面，满足不同用户的需要。缺点方面，VOTT 并不支持多人协作，也无法导入已有的标注结果，这使得协作和数据迁移变得困难。同时，VOTT 目前只支持 2D 目标检测任务，无法应用于 3D 目标检测领域。

3. Labelme

Labelme 是一款基于 Python 语言和 PyQt 框架开发的图像标注软件。它支持多边形分割、语义分割、2D 框、线标注、点标注等多种标注方式，与其他标注工具相比，Labelme 的灵活性更高。对于目标检测任务，用户可以使用圆形框、多边形框、矩形框等不同类型的框进行标注；对于图像分割任务，则可以使用多边形分割或者语义分割的方式进行标注。此外，用户还可以通过在标注界面上单击鼠标添加点或绘制线条，以实现更加精细的标注。与 LabelImg 相比，Labelme 具有更强的灵活性和适用性，也能满足更多不同类型的标注需求。同时，Labelme 的使用也相对较为简单，很容易上手。Labelme 是一款功能强大且易于使用的图像标注软件，适用于目标检测、图像分割和其他多样化的任务。无论是初学者还是专业人士，都可以选择 Labelme 作为标注工具来提高工作效率和标注质量。

4. VIA-VGG Image Annotator

VIA-VGG Image Annotator 是一款开源的图像标注工具，可以离线使用，并且支持多种标注类型，包括矩形、圆、椭圆、多边形、点和线等。该工具的源代码也是开源的，用户可以根据自己的需要进行二次开发，比如增加鼠标十字线等功能。VIA-VGG Image Annotator 的界面简洁明了，易于使用。标注图片时，用户可以通过选择不同的工具进行不同类型的标注，同时还可以设置标注属性，如颜色、标签等。此外，工具栏上还有放大和缩小的按钮，方便用户观察细节。VIA-VGG Image Annotator 的优点在于它的灵活性和可扩展性。由于其源代码是开源的，用户可以根据自己的需求进行二次开发，添加新的功能或调整现有的功能。此外，VIA-VGG Image Annotator 还支持导入和导出多种文件格式，如 CSV、JSON、PASCAL VOC 等。VIA-VGG Image Annotator 是一款优秀的图像标注工具，界面简洁明了，功能灵活丰富，可以满足不同用户的需求。对于需要进行二次开发或者扩展功能的用户来说，这款工具也提供了很好的基础。

4.4.2　应用案例：使用 LabelImg 完成智能分拣图像数据标注

1. 下载 LabelImg

```
$git clone https://github.com/tzutalin/labelImg.git
```

2. 安装依赖环境

```
$sudo apt-get install qt4-dev-tools qt4-doc qt4-designer qt4-qtconfig
$sudo pip2 install lxml
$make qt4py2
```

3. 运行 LabelImg

1）进入 LabelImg 目录运行，结果如图 4-12 所示。

```
$python3 labelImg.py
```

图 4-12　LabelImg 界面

- 单击 Open，加载单张图片，如图 4-13 所示。图片加载完成，如图 4-14 所示。

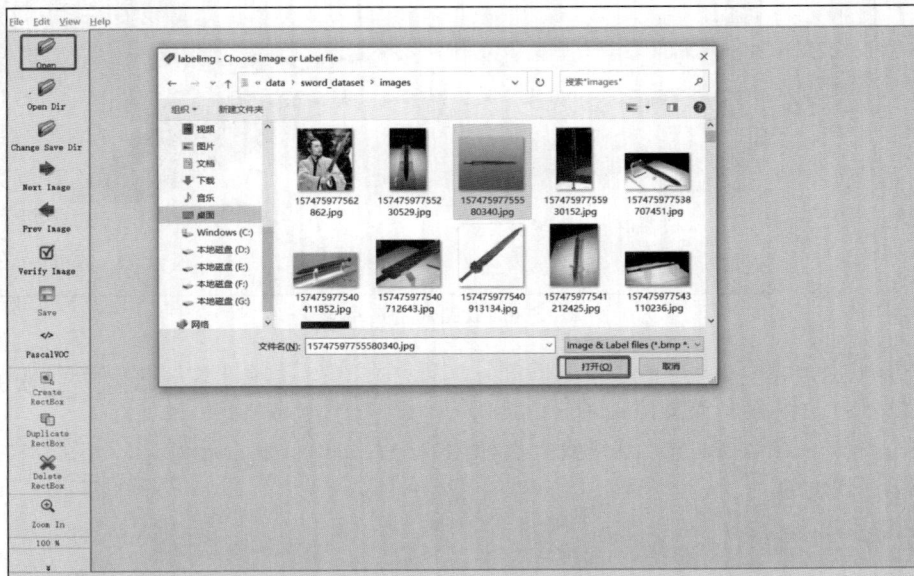

图 4-13　加载单张图片

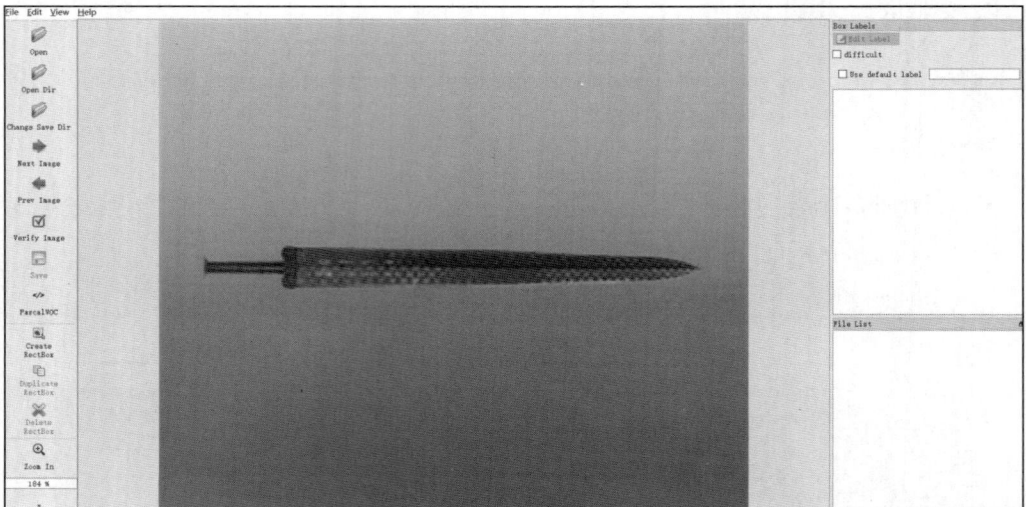

图 4-14　图片加载完成

- 单击 Open Dir，加载图片所在目录，如图 4-15 所示。

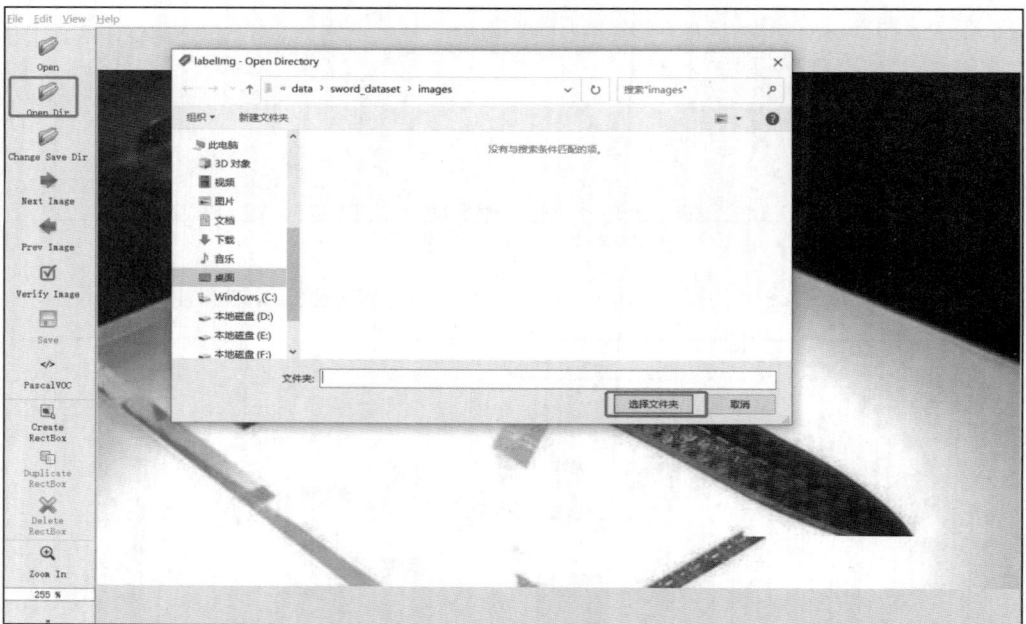

图 4-15　加载图片所在目录

- 单击 Change Save Dir，将生成的配置文件保存在该选择目录，如图 4-16 所示。
- 设置自动保存配置文件

单击 View→Auto Saving 就是将每次标注的配置文件信息自动保存，如图 4-17 所示。

2）标注快捷键

W：创建矩形窗；

Ctrl＋S：保存；

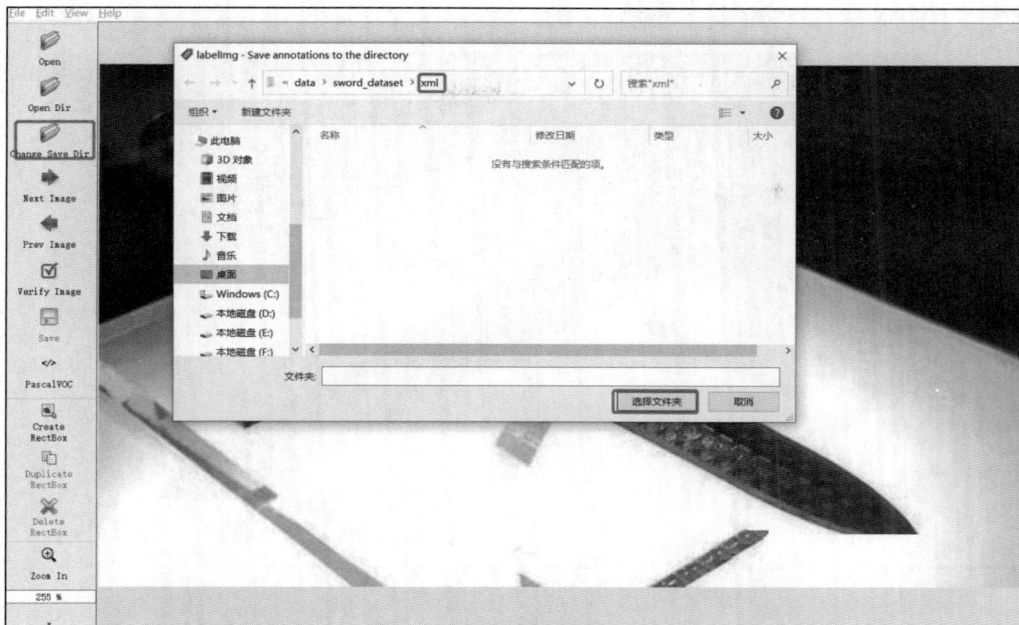

图 4-16　保存生成的配置文件

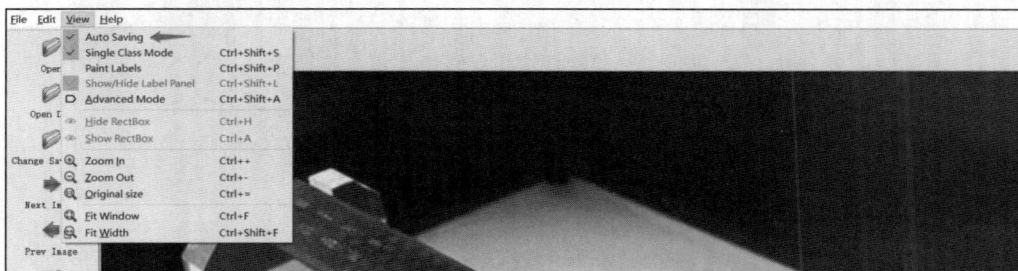

图 4-17　设置自动保存配置文件

A：上一张；

D：下一张。

3）标注图片

- 画框，按 W 键，如图 4-18 所示。
- 设置 label。

直接输入 label 名称，后面第二次再画框时就会有记录可直接选择，如图 4-19 所示。

设置默认 label，将比较多的 label 直接设置为默认，这样就可以省去添加 label 标签的时间，如图 4-20 所示。

4.4.3　应用案例：图片数据预处理

将数据集的图片进行边缘检测，通过将拍摄的图片进行二值化处理、开闭运算从而将大的边缘检测出来，然后将其切分为 9 等份，从而将数据分割下来，进行人工分类。

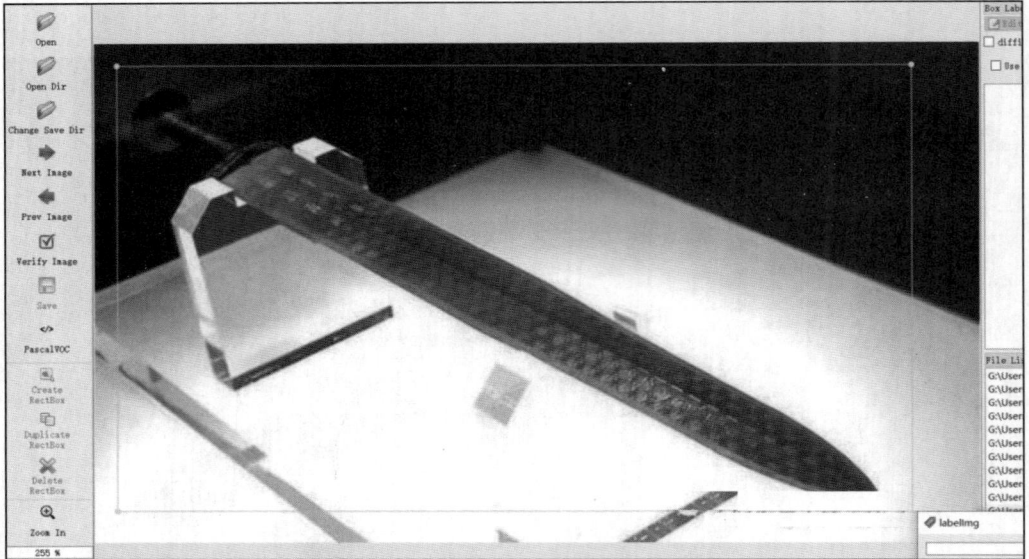

图 4-18　进行标注

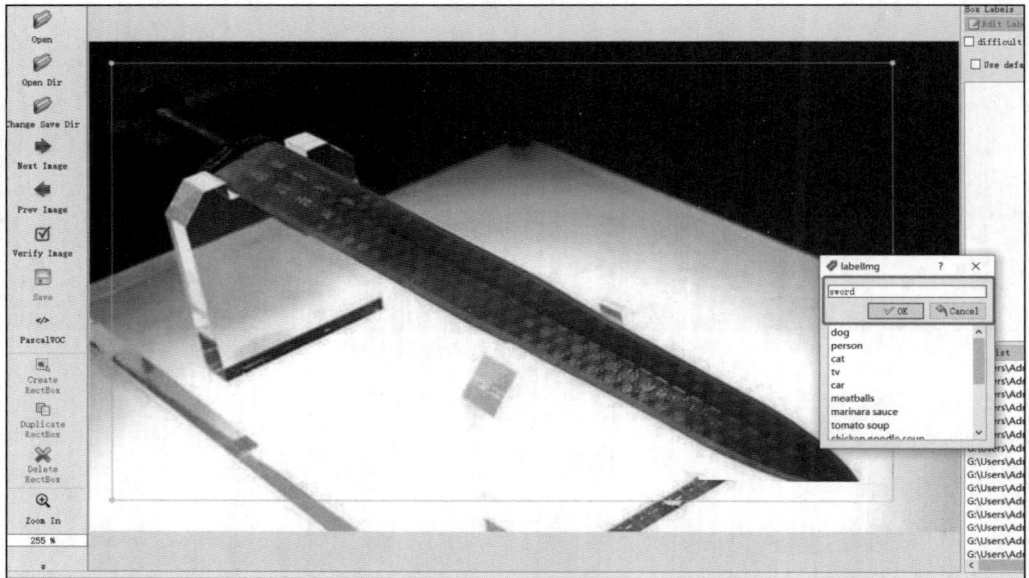

图 4-19　设置 label 名称

1. 边缘检测

对图片进行二值化处理,之后进行开运算闭运算,寻找轮廓,对轮廓面积进行排序,根据显示可知,取最大面积的轮廓即可,然后就可以将最大的边框检测出来。

2. 切分目标

将边框检测出的图片进行切分,选择一张原始图片输入,会输出一张大边框检测图片,以及小目标分割的图片,如图 4-21～图 4-24 所示。

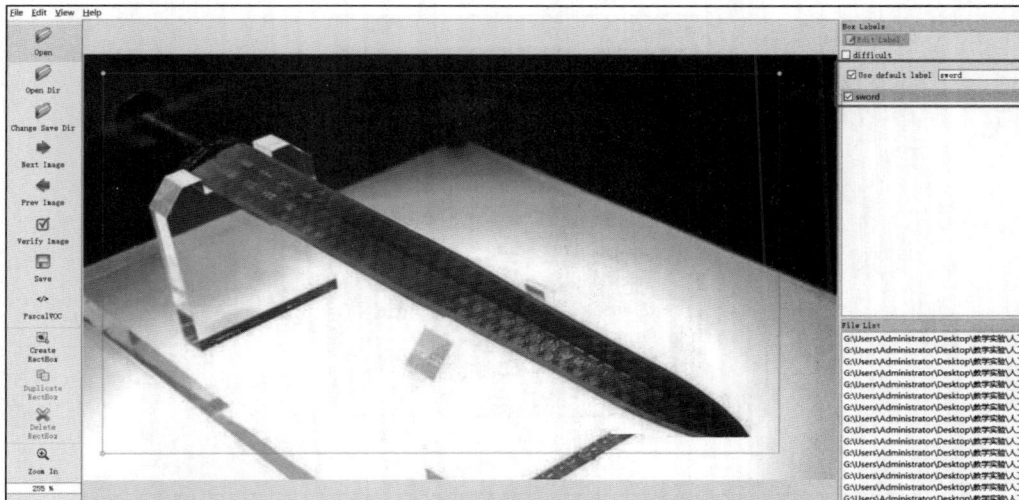

图 4-20 设置默认 label

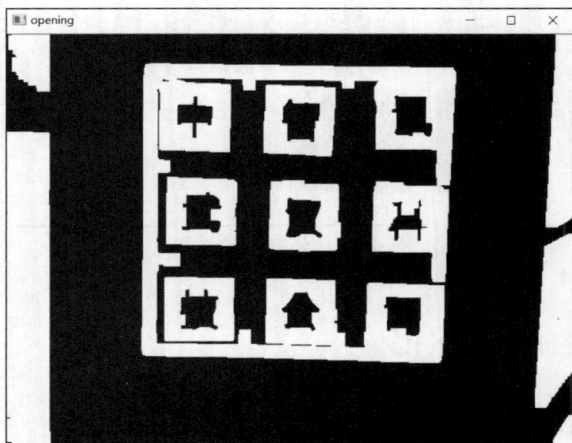

图 4-21 开运算后的显示结果

图 4-22 闭运算后的显示结果

图 4-23　边框检测后的结果

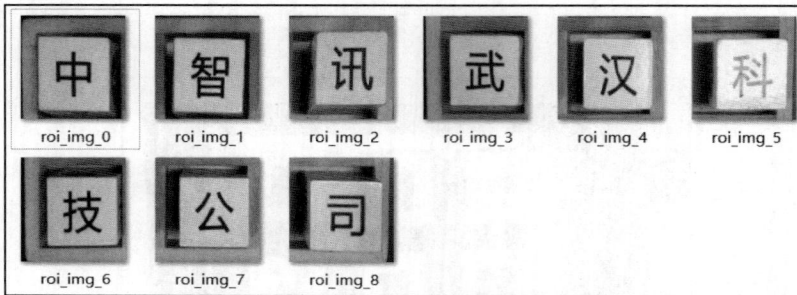

图 4-24　分割后的结果

4.5　应用案例：图像标记

4.5.1　算法原理

1. 基本描述

图像标记是物体检测、目标分类的基础,当推理算法检测识别到目标物体在图片上的坐标,就需要使用 OpenCV 图像标记的相关接口画出图片中物体的识别框和分类标签。

2. 常用方法

OpenCV 可以实现在画布上画矩形、圆、多边形、文字等图像标记内容。

```
#cv2.line 函数用来画直线
#第一个参数是画布矩阵
#第二、三、四、五个参数分别是线条起止位置坐标、线条颜色、线条宽度
cv2.line(img, pt1, pt2, color, thickness)

#cv2.rectangle 函数用来画矩形
#第一个参数是画布矩阵
#第二、三个参数分别是矩形的左上角位置坐标、右下角位置坐标
#第四、五个参数分别是线条颜色、线条宽度
cv2.rectangle(img, pt1, pt2, color, thickness)
```

```
#cv2.circle 函数用来画圆形
#第一个参数是画布矩阵
#第二、三、四、五个参数分别是圆心坐标、圆半径、线条颜色、线条宽度
cv2.circle(img, center, radius, color, thickness)

#cv2.ellipse 函数用来画椭圆
#第一个参数是画布矩阵
#第二个参数是椭圆中心点坐标,第三个参数是椭圆长半径和短半径
#第四个参数是椭圆逆时针旋转角度
#第五、六个参数分别是椭圆逆时针起止画图角度
#第七、八个参数分别是线条颜色、线条宽度
#第四、五、六个参数若加上符号,则表示反方向,即顺时针方向
cv2.ellipse(img, center, axes, angle, startAngle, endAngle, color, thickness)

#cv2.polylines 函数用来画多边形
#第一个参数是画布矩阵
#第二个参数是多边形上点的数组
#第三个参数是多边形是否闭合标志,True/False
#第四、五个参数分别是线条颜色、线条宽度
cv2.polylines(img, pts, isClosed, color, thickness)

#cv2.putText 函数用来显示文字
#第一个参数是画布矩阵
#第二个参数是文本内容
#第三个参数是文本起始位置坐标
#第四、五、六、七个参数分别是字体类型、字体大小、字体颜色、字体粗细
cv2.putText(img, text, org, fontFace, fontScale, color, thickness)
```

4.5.2 关键代码

1. 绘制直线和矩形

通过 OpenCV 方法在画布上绘制直线和矩形框,算法文件如下(algorithm\image_lines_and_rectangles\image_lines_and_rectangles.py)。

```
import cv2 as cv
import numpy as np
import base64
import json

class ImageLinesAndRectangles(object):
    def __init__(self):
        pass

    def image_to_base64(self, img):
        image = cv.imencode('.jpg', img, [cv.IMWRITE_JPEG_QUALITY, 60])[1]
        image_encode = base64.b64encode(image).decode() #python3 byte 转 str
        return image_encode

    def base64_to_image(self, b64):
```

```
            img = base64.b64decode(b64.encode('utf-8'))
            img = np.asarray(bytearray(img), dtype="uint8")
            img = cv.imdecode(img, cv.IMREAD_COLOR)
            return img


    def inference(self, image, param_data):
        #code:若识别成功,则返回200
        #msg:相关提示信息
        #origin_image:原始图片
        #result_image:处理后的图片
        #result_data:结果数据
        return_result = {'code': 200, 'msg': None, 'origin_image': None, 'result_
image': None, 'result_data': None}


        #cv.line 函数用来画直线
        #第一个参数是画布矩阵
        #第二、三个参数分别是线条起止位置坐标
        #第四、五个参数分别是线条颜色、线条宽度
        cv.line(image, (255, 512), (255, 0), (255, 0, 255), 9)


        #cv.rectangle 函数用来画矩形
        #第一个参数是画布矩阵
        #第二、三个参数分别是矩形的左上角位置坐标、右下角位置坐标
        #第四、五个参数分别是线条颜色、线条宽度
        cv.rectangle(image, (150, 150), (350, 350), (255, 255, 0), 2)
        return_result["result_image"] = self.image_to_base64(image)
        return return_result


#单元测试,本节其他几个实验的单元测试部分与该段代码相同,因而省略
if __name__=='__main__':
    #创建视频捕获对象
    cap=cv.VideoCapture(0)
    if cap.isOpened()!=1:
        pass


    #循环获取图片、处理图片、显示图片
    while True:
        ret,img=cap.read()
        if ret==False:
            break
        #创建图像处理对象
        img_object= ImageLinesAndRectangles()
        #调用图像处理对象处理函数对图像加工处理
        result=img_object.inference(img,None)
        frame = img_object.base64_to_image(result["result_image"])


        #图像显示
        cv.imshow('frame',frame)
        key=cv.waitKey(1)
        if key==ord('q'):
            break
```

```
    cap.release()
    cv.destroyAllWindows()
```

2. 绘制圆和椭圆

通过 OpenCV 方法在画布上绘制圆和椭圆,算法文件如下(algorithm\image_circle_and_ellipse \image_circle_and_ellipse.py)。

```
import cv2 as cv
import numpy as np
import base64
import json

class ImageCircleAndEllipse(object):
    def __init__(self):
        pass

    def image_to_base64(self, img):
        if isinstance(img, str):
        image = cv.imencode('.jpg', img, [cv.IMWRITE_JPEG_QUALITY, 60])[1]
        image_encode = base64.b64encode(image).decode() #Python3 byte 转 str
        return image_encode

    def base64_to_image(self, b64):
        img = base64.b64decode(b64.encode('utf-8'))
        img = np.asarray(bytearray(img), dtype="uint8")
        img = cv.imdecode(img, cv.IMREAD_COLOR)
        return img

    def inference(self, image, param_data):
        #code:若识别成功,则返回 200
        #msg:相关提示信息
        #origin_image:原始图片
        #result_image:处理后的图片
        #result_data:结果数据
        return_result = {'code': 200, 'msg': None, 'origin_image': None, 'result_
image': None, 'result_data': None}

        #cv.circle 函数用来画圆形
        #第一个参数是画布矩阵
        #第二、三个参数分别是圆心坐标、圆半径
        #第四、五个参数分别是线条颜色、线条宽度
        cv.circle(image, (255, 255), 50, (255, 0, 255), 9)
        cv.circle(image, (250, 245), 9, (255, 0, 0), 36)

        #cv.ellipse 函数用来画椭圆
        #第一个参数是画布矩阵
        #第二个参数是椭圆中心点坐标,第三个参数是椭圆长半径和短半径
        #第四个参数是椭圆逆时针旋转角度
        #第五、六个参数分别是椭圆逆时针起止画图角度
        #第七、八个参数分别是线条颜色、线条宽度
```

```
#第四、五、六个参数若加上符号,则表示反方向,即顺时针方向
cv.ellipse(image, (255, 255), (170, 70), 20, 0, 270, (255, 255, 0), 2)
return_result["result_image"] = self.image_to_base64(image)
return return_result
```

3. 绘制多边形

通过 OpenCV 方法在画布上绘制多边形,算法文件如下(algorithm\image_polygon\ image_polygon.py)。

```python
import cv2 as cv
import numpy as np
import base64
import json


class ImagePolygon(object):
    def __init__(self):
        pass

    def image_to_base64(self, img):
        image = cv.imencode('.jpg', img, [cv.IMWRITE_JPEG_QUALITY, 60])[1]
        image_encode = base64.b64encode(image).decode() #python3 byte 转 str
        return image_encode

    def base64_to_image(self, b64):
        img = base64.b64decode(b64.encode('utf-8'))
        img = np.asarray(bytearray(img), dtype="uint8")
        img = cv.imdecode(img, cv.IMREAD_COLOR)
        return img

    def inference(self, image, param_data):
        #code:若识别成功,则返回 200
        #msg:相关提示信息
        #origin_image:原始图片
        #result_image:处理后的图片
        #result_data:结果数据
        return_result = {'code': 200, 'msg': None, 'origin_image': None, 'result_image': None, 'result_data': None}

        pts = np.array([[50, 190], [380, 420], [255, 50], [120, 420], [450, 190]])
        #cv.polylines 函数用来画多边形
        #第一个参数是画布矩阵
        #第二个参数是多边形上点的数组
        #第三个参数为多边形是否闭合标志,True/False
        #第四、五个参数分别是线条颜色、线条宽度
        cv.polylines(image, [pts], True, (255, 255, 0), 15)
        return_result["result_image"] = self.image_to_base64(image)
        return return_result
```

4. 显示文字

通过 OpenCV 方法在画布上绘制文字,算法文件如下(algorithm\image_display_text\

image_display _text.py）。

```
import cv2 as cv
import numpy as np
import base64
import json

class ImageDisplayText(object):
    def __init__(self):
        pass

    def image_to_base64(self, img):
        image = cv.imencode('.jpg', img, [cv.IMWRITE_JPEG_QUALITY, 60])[1]
        image_encode = base64.b64encode(image).decode() #Python3 byte 转 str
        return image_encode

    def base64_to_image(self, b64):
        img = base64.b64decode(b64.encode('utf-8'))
        img = np.asarray(bytearray(img), dtype="uint8")
        img = cv.imdecode(img, cv.IMREAD_COLOR)
        return img

    def inference(self, image, param_data):
        #code:若识别成功,则返回 200
        #msg:相关提示信息
        #origin_image:原始图片
        #result_image:处理后的图片
        #result_data:结果数据
        return_result = {'code': 200, 'msg': None, 'origin_image': None, 'result_
image': None, 'result_data': None}

        font = cv.FONT_HERSHEY_SIMPLEX
        #cv.putText 函数用来显示文字
        #第一个参数是画布矩阵
        #第二个参数是文本内容
        #第三个参数是文本起始位置坐标
        #第四、五、六、七个参数分别是字体类型、字体大小、字体颜色、字体粗细
        cv.putText(image, 'Learning computer vision based on AI camera', (10, 20),
font, 0.8, (255, 255, 0), 2)
        return_result["result_image"] = self.image_to_base64(image)
        return return_result
```

4.5.3 工程运行

1. 硬件部署

（1）准备智能分拣实训平台,给边缘计算网关正确连接 WiFi 天线、摄像头、电源。

（2）按下电源开关上电启动边缘计算网关,将启动 Ubuntu 操作系统。

（3）系统启动后,连接局域网内的 WiFi 网络,记录边缘计算网关的 IP 地址,如 192.168.100.200。

2. 工程部署

(1) 运行 MobaXterm 工具,通过 SSH 登录到边缘计算网关(参考附录 B)。

(2) 在 SSH 终端创建实验工作目录:

```
$mkdir -p ~/aicam-exp
```

(3) 通过 SSH 将本实验工程代码上传到~/aicam-exp 目录下(文件的上传参考附录 B)。

(4) 在 SSH 终端输入以下命令,解压缩实验工程:

```
$cd ~/aicam-exp
$unzip image_marking.zip
```

3. 工程运行

```
$cd ~/aicam-exp/image_marking
$python3 algorithm/image_lines_and_rectangles/image_lines_and_rectangles.py
$python3 algorithm/image_circle_and_ellipse/image_circle_and_ellipse.py
$python3 algorithm/image_polygon/image_polygon.py
$python3 algorithm/image_display_text/image_display_text.py
```

运行结果如图 4-25~图 4-28 所示。

图 4-25　绘制直线和矩形

图 4-26　绘制圆和椭圆

图 4-27　绘制多边形

图 4-28　绘制文字

4.6　本章小结

　　本章主要介绍了与图像数据相关的基础知识,包括常用的图像数据结构和存储格式,以及基于 OpenCV 的图像文件处理方法和图像标注方法。在图像数据结构方面,介绍了常见的灰度图像、彩色图像、黑白图像等不同类型的图像数据结构。在存储格式方面,介绍了常见的 JPEG、PNG、BMP 等图像文件格式,并讲解了它们的特点和适用场景。接着介绍了基于 OpenCV 的图像文件处理方法,包括读取图像文件、显示图像、保存图像等操作,以及使用 OpenCV 对视频进行基本的处理操作。最后,本章还介绍了图像标注方法,包括数据预处理、图像数据标注、数据标注管理等。通过本章的学习,读者可以掌握图像数据相关的基础知识和技能,了解基于 OpenCV 的图像文件处理方法和图像标注方法,为实际应用场景中的智能分拣系统等项目提供帮助。

习题 4

　　1. 为什么进行图像标注时需要对数据进行预处理? 有哪些常见的数据预处理方式?

　　2. 图像标注中常见的标注类型有哪些? 它们各适用于哪些场景?

　　3. 进行图像标注时,有哪些常见的错误和注意事项?

　　4. 在图像标注过程中,如何评估标注数据的质量?

　　5. 编写一个 Python 程序,读取一张图片,将其转化为灰度图像并显示出来。要求使用 OpenCV 库实现。

　　6. 编写一个 Python 程序,使用 OpenCV 库对一组图片进行批量处理,将它们裁剪为指定大小,并保存为新的文件。要求使用命令行参数传递输入路径、输出路径和裁剪尺寸。

第

5 章

图像特征提取

本章学习目的与要求

本章学习基本的图像特征提取方法,了解并掌握图像变换、图像边缘检测、图像分割等常用的图像处理方法,了解数学形态学的基本原理。最后通过案例实现图像变换、形态学变换和图像特征提取。

本章主要内容

- 图像变换
- 图像边缘检测
- 图像分割
- 数学形态学
- 图像变换应用案例
- 形态学变换应用案例
- 图像特征提取应用案例

5.1 图像变换

图像变换是指对一幅图像进行不同的几何、颜色或灰度变换,以达到某种特定的目的。在图像处理中,图像变换是非常重要的技术之一。讨论图像变换时,经常提到仿射变换和透视变换这两个概念。图像仿射变换是一种可以保持图像形状的变换,其包括平移、旋转、缩放等操作。这些操作可以通过矩阵运算实现。在实际应用中,图像仿射变换广泛应用于图像的校正和匹配等领域。而图像透视变换则是指将三维场景映射到二维图像平面上的变换,它可以模拟出近似真实的三维效果。透视变换包括了仿射变换的所有操作,同时还包括了投影变换等更复杂的操作。在实际应用中,图像透视变换广泛应用于计算机视觉、虚拟现实等领域。

因此,讨论图像变换时,需要详细探讨仿射变换和透视变换的概念及其应用场景,以便更好地理解如何对图像进行变换操作。

5.1.1 图像仿射变换

仿射变换，又称仿射映射，是指在几何中，一个向量空间进行一次线性变换并接上一个平移，变换为另一个向量空间。我们可以简单地把仿射变换理解为"线性变换"+"平移"。

仿射变换是一种二维坐标到二维坐标的线性变换，它保持了二维图形的"平直性"（直线经过变换后依然是直线）和"平行性"（二维图形之间的相对位置关系保持不变，平行线依然是平行线，且直线上点的位置顺序不变）。任意仿射变换都能表示为乘以一个矩阵（线性变换），再加上一个向量（平移）的形式，用公式表示如下。

$$\begin{bmatrix} x' \\ y' \\ 1 \end{bmatrix} = \begin{bmatrix} m_{11} & m_{12} & m_{13} \\ m_{21} & m_{22} & m_{23} \\ 0 & 0 & 1 \end{bmatrix} \begin{bmatrix} x \\ y \\ 1 \end{bmatrix}$$

$$x' = m_{11} \times x + m_{12} \times y + m_{13}$$

$$y' = m_{21} \times x + m_{22} \times y + m_{23}$$

以上公式将点 (x, y) 映射到 (x', y')，在 OpenCV 中通过指定一个 2×3 的矩阵实现此功能（公式中的矩阵，是线性变换和平移的组合，$m_{11}, m_{12}, m_{21}, m_{22}$ 为线性变换参数，m_{13}, m_{23} 为平移参数，其最后一行固定为 0,0,1，因此，将 3×3 的矩阵简化为 2×3 的矩阵）。

仿射变换在图像上应用十分广泛，常用的仿射变换有图像平移、图像旋转、图像缩放、图像翻转等。

OpenCV 中提供了 warpAffine 实现 2D 仿射变换，它可以对图像进行平移、旋转、缩放等操作，实现对图像的仿射变换。warpAffine 函数的原型如下。

```
dst = warpAffine(src, M, dsize[, dst[, flags[, borderMode[, borderValue]]]])
```

其参数如下所示。

```
#src:     输入图像
#M:       2×3 的变换矩阵
#dst:     目标图像
#dsize:   指定图像输出尺寸
#flags:   插值算法标识符,有默认值 INTER_LINEAR,还有 INTER_NEAREST(最近邻插值),
#cv.INTER_AREA(区域插值),cv.INTER_CUBIC(三次样条插值),cv.INTER_LANCZOS4
#(Lanczos 插值)
#borderMode:   边界像素模式,有默认值 BORDER_CONSTANT
#borderValue:  边界取值,有默认值 Scalar() 即 0
warpAffine(src, M, dsize[, dst[, flags[, borderMode[, borderValue]]]]) -> dst
```

具体实现步骤如下。

（1）定义仿射变换矩阵 **M**。可以通过 cv::getRotationMatrix2D()函数获得旋转矩阵，cv::getAffineTransform()函数用于获得仿射变换矩阵。

（2）调用 warpAffine()函数进行仿射变换。调用函数时，需要指定输入图像和输出图像，仿射变换矩阵，以及插值方式、边界处理方式和边界填充值等参数。

- 图像旋转

图像旋转是一种常见的图像处理技术，它可以改变图像的方向和角度。在旋转过程中,图像像素沿着一个指定的轴或中心点进行旋转,从而呈现出新的方向和角度。旋转可以以任意角度进行,其中 90°、180° 和 270° 是最常用的选项。在计算机视觉领域,图像旋转有多种应用。例如,在数字照片中,拍摄角度不佳可能导致图像畸变。通过对图像进行旋转,可以纠正这些畸变并使图像更加自然。此外,图像旋转也可用于创建动画,例如旋转的标志或 3D 模型的旋转。除此之外,图像旋转还可用于增强计算机视觉系统的性能。例如,在人脸识别系统中,如果人物面部朝向与基准相差很大,则旋转图像可能会使系统更容易识别。

在旋转图像前,需要选择一个旋转角度和旋转中心点。旋转角度通常以度为单位表示,并可以是任何值,包括正值、负值和小数值。旋转中心点可以是图像的中心点、某个关键点或用户指定的点。

当图像被旋转时,原始图像上的像素不再与目标图像上的像素对齐。因此,需要重新采样目标图像上的像素值,并将其设置为源图像上最接近的像素值或插值计算的像素值。这个过程可以通过插值算法实现。最近邻插值算法是最简单的插值算法之一,它通过查找距离目标像素最近的源像素计算目标像素的值。虽然该算法速度非常快,但会导致图像锯齿状的边缘和失真。双线性插值算法是一种更平滑的插值算法,它考虑了目标像素周围 4 个最近的源像素,并使用这些像素的加权平均值计算目标像素的值。这个算法比最近邻插值更加平滑,并且在旋转角度不太大的情况下产生良好的结果。处理高分辨率图像时,双线性插值算法的速度已经足够快。双三次插值算法在计算新位置上的像素值时使用 16 个相邻像素。这个算法比双线性插值更加平滑,并且在旋转角度很大的情况下也会产生比较好的结果。但是,由于计算量较大,因此速度可能比较慢。Lanczos 插值算法通过使用 Lanczos() 函数作为权重函数来计算新位置上的像素值。这个算法比双三次插值更加平滑,并且在旋转角度很大的情况下也会产生比较好的结果。然而,它可能比其他插值算法需要更长的计算时间。

在实际应用中,选择哪种插值算法取决于应用的具体需求,例如图像尺寸和计算速度等因素。除了重新采样像素值外,还可以使用仿射变换或透视变换实现图像旋转。

• 图像缩放

图像缩放是一种将原始图像按比例进行尺寸调整的操作,通常用于改变图像的大小或者适应不同大小的显示设备或场景。在图像处理中,缩放操作可以通过调整像素的数量和位置实现,从而使得图像在保持几何结构完整性的同时,调整其像素分辨率和视觉表现。

进行图像缩放操作时,需要将原始图像中的每个像素点重新映射到新的位置上,并通过插值计算获得新位置上的像素值。这个过程可以分为两个阶段:插值和重采样。在插值阶段中,系统会根据缩放比例和目标图像的大小等信息,重新计算每个像素的新位置,并对新位置上的像素进行插值计算,以获得更平滑、更真实的图像效果。插值计算的目的是填补新位置和原始位置之间的空白区域,从而使得缩放后的图像质量更加逼真。常用的插值算法包括最邻近插值、双线性插值、双三次插值等,选择不同的插值算法可以获得不同的缩放效果。在重采样阶段,系统会根据插值后的像素计算结果,重新组织像素矩阵结构,从而生成新的缩放后的图像。通常,像素的重采样分为两种方式:上采样和下采样。上采样是指将原始图像中的像素进行插值计算,得到更多的像素数据,在此基础上形成新的高分辨率图像。而下采样则是指将原始图像中的像素进行压缩,从而得到更少的像素数据,在此基础上形成新的低分辨率图像。

在实际操作中,常用的图像缩放插值算法包括最邻近插值、双线性插值和双三次插值等。最邻近插值是一种速度较快但效果较差的插值算法。它通过找到与目标位置最近的一个像素点,将该点的像素值赋值给新位置上的像素,从而实现像素值计算。最邻近插值算法的优点是速度快,适用于对实时性要求比较高的图像处理场景。但是,由于它只采用了最近邻点的像素值,所以无法获得更精细的缩放效果,在某些情况下会出现锯齿状或者失真现象。双线性插值是一种速度适中且效果较好的插值算法。它通过对目标位置周围的 4 个像素点进行加权平均来计算新位置上的像素值。具体地,它首先在水平和竖直方向上分别进行线性插值,然后再将两个方向上的插值结果进行加权平均。由于双线性插值算法采用了周围多个像素点的像素值,因此能获得比最邻近插值更为平滑的缩放效果,能避免锯齿状和失真现象。双三次插值是一种速度较慢但效果最优的插值算法。它通过对目标位置周围的 16 个像素点进行双线性插值,并利用多项式拟合获得更加平滑的图像效果。具体地,它首先在水平和竖直方向上分别进行二次插值,然后再将两个方向上的插值结果进行加权平均,并利用多项式函数对结果进行拟合,从而获得更加平滑的缩放效果。由于双三次插值算法采用了更多的像素点进行插值和拟合计算,因此能获得最优的视觉效果,但同时也需要付出较高的计算代价。

5.1.2　图像透射变换

透视变换(Perspective Transformation)是一种将图像从一个透视投影空间映射到另一个透视投影空间的技术。在计算机视觉和图形学中,透视变换常用于校正或重构具有透视畸变的图像或场景。它可以使图像或场景看起来更自然、更精确,并能提高图像处理和模式识别的准确率。透视变换是计算机视觉和图形学领域中常用的技术之一,具有广泛的应用价值。

透视变换是将图片投影到一个新的视平面,也称作投影映射。它是二维(x,y)到三维(X,Y,Z),再到另一个二维(x',y')空间的映射。

相对于仿射变换,它提供了更大的灵活性,将一个四边形区域映射到另一四边形区域(不一定是平行四边形)。它不只是线性变换,也是通过矩阵乘法实现的,使用的是一个3×3的矩阵,矩阵的前两行与仿射矩阵相同($m_{11},m_{12},m_{13},m_{21},m_{22},m_{23}$),也实现了线性变换和平移,第三行用于实现透视变换。

$$\begin{bmatrix} X \\ Y \\ Z \end{bmatrix} = \begin{bmatrix} m_{11} & m_{12} & m_{13} \\ m_{21} & m_{22} & m_{23} \\ m_{31} & m_{32} & m_{33} \end{bmatrix} \begin{bmatrix} x \\ y \\ 1 \end{bmatrix}$$

$$X = m_{11}\times x + m_{12}\times y + m_{13}$$
$$Y = m_{21}\times x + m_{22}\times y + m_{23}$$
$$Z = m_{31}\times x + m_{32}\times y + m_{33}$$
$$x' = \frac{X}{Z} = \frac{m_{11}\times x + m_{12}\times y + m_{13}}{m_{31}\times x + m_{32}\times y + m_{33}}$$
$$y' = \frac{Y}{Z} = \frac{m_{21}\times x + m_{22}\times y + m_{23}}{m_{31}\times x + m_{32}\times y + m_{33}}$$

以上公式设变换前的点是 z 值为 1 的点,它在三维空间的值是 $x,y,1$,在二维平面上的投影是 x,y,通过矩阵变换成三维空间中的点 X,Y,Z,再通过除以三维空间中 Z 轴的值,转换成二维平面中的点 x',y'。从以上公式可知,仿射变换是透视变换的一种特殊情况。它把二维空间转到三维空间,变换后,再转回映射之前的二维空间(而不是另一个二维空间)。透视变换在图像上应用十分广泛,比如将二维矩阵图像变换成三维的空间显示效果,全景拼接。

透视变换的特点如下。

1)消除透视畸变

透视畸变是由于相机拍摄时角度问题导致图像出现的扭曲变形,例如拍摄建筑物时,远端会显得比近端小,这是因为相机的垂直方向与建筑物的法线角度不同,导致图像产生了透视畸变。透视变换可以消除这种畸变,使图像更加真实。

2)三维重构

透视变换可以通过对图像进行透视映射,将二维图像转换为三维场景,从而实现三维重构。例如,在机器人视觉领域中,可以使用透视变换将相机捕获的图像转换为三维点云,以便进行更准确的定位和检测。

3)场景校正

透视变换可以校正倾斜的场景,例如在图像处理中将书本或报纸上的文字校正为水平。此外,对于某些特定场景,例如安防监控等,需要对图像进行立体校正,以便获得更准确和完整的信息。

4)可视化效果

透视变换还可用于可视化效果,例如通过将图像映射到不同的三维形状上,实现特殊的视觉效果,如弯曲、扭曲、拉伸等。

cv.getPerspectiveTransform 是 OpenCV 中的一个函数,用于计算透视变换矩阵。该函数需要至少 4 个输入点和对应的 4 个输出点作为参数,返回一个 3×3 的转换矩阵,其中包含将输入点映射到输出点所需的所有信息。

透视变换的目标是将输入图像中的任意四边形区域(也可以是更多边形)映射为输出图像上的矩形区域。这样做的好处是可以消除或校正图像中的透视畸变,使其看起来更自然和准确。进行透视变换时,必须先明确原始图像和目标图像上的 4 个点,以便确定从原始图像到目标图像的映射关系。cv.getPerspectiveTransform()就是用于计算这种映射关系的函数,它能根据输入和输出点的坐标,计算出一个转换矩阵,以实现透视变换的目的。

计算转换矩阵的过程相当于解决一个线性方程组,并且具有唯一解。通过这个转换矩阵,可以使用 cv.warpPerspective()函数将原始图像进行透视变换,得到校正后的图像。在实际应用中,透视变换和计算转换矩阵通常用于图像处理、机器人视觉、摄影和计算机游戏等领域。在图像处理中,例如拍摄建筑物或文档时,透视变换和计算转换矩阵可以消除透视畸变,使其更加真实和准确;在机器人视觉中,透视变换和计算转换矩阵可以将二维图像转换为三维场景,从而实现三维重构;在摄影和计算机游戏中,透视变换和计算转换矩阵可以创建各种有趣的视觉效果。因此,计算转换矩阵是透视变换中至关重要的一步,通过它可以非常方便地进行透视变换操作。

OpenCV 中提供了函数 cv.getPerspectiveTransform()来计算转换矩阵,其函数原型为

```
getPerspectiveTransform(src, dst)
```

参数如下所示。

src：源图像中待测矩形的四点坐标。

dst：目标图像中矩形的四点坐标。

OpenCV 中提供了函数对图像进行透视变换，函数原型为

```
warpPerspective(src, M, dsize[, dst[, flags[, borderMode[, borderValue]]]])
```

其参数如下所示。

src：输入图像。

M：变换矩阵。

dsize：目标图像尺寸。

flags：插值方式，interpolation 方法 INTER_LINEAR 或 INTER_NEAREST。

borderMode：边界补偿方式，BORDER_CONSTANT 或 BORDER_REPLICATE。

borderValue：边界补偿大小，常值，默认为 0。

5.1.3　图像重映射变换

图像重映射变换（Image Remapping）是将一幅图像从一个坐标系映射到另一个坐标系的过程。在计算机视觉中，它通常用于纠正图像畸变，校准摄像头，实现鱼眼矫正、图像缩放等任务。图像重映射变换可以看作一种像素级别的操作，其基本思想是将源图像中的每个像素位置，按照指定的映射关系，对应到目标图像中的新位置，并从源图像中取出该位置的像素值，复制到目标图像的对应位置中。这个过程可以通过插值算法实现，以保证目标图像中像素的连续性和平滑性。图像重映射变换的核心是建立源图像与目标图像之间的映射关系，这通常可以通过计算某些变换参数实现，例如旋转角度、平移向量、缩放因子、透视变换矩阵等。此外，还可以通过使用标定板等专用工具对摄像头进行标定，获取相机内参和畸变参数，从而实现对图像进行畸变矫正。OpenCV 中的 remap() 函数是一种基于映射表进行图像重定向的方法。它可用于对图像进行几何变换，如旋转、缩放、平移等，并且还可实现其他的变换操作。remap() 函数的主要作用是将源图像的每个像素位置映射到目标图像的另一个位置上。

remap() 函数需要提供两幅图像——源图像和目标图像，以及一个由源图像和目标图像的关系定义的映射表。这个映射表可以通过某些算法或自定义的规则生成。

remap() 函数的语法如下。

```
remap(
    InputArray src,                       //输入图像
    OutputArray dst,                      //输出图像
    InputArray map1,                      //第一维映射表
    InputArray map2,                      //第二维映射表
    int interpolation = INTER_LINEAR,     //插值方法
    int borderMode = BORDER_CONSTANT,     //处理边界的方式
    const Scalar& borderValue = Scalar()
                                          //边界值(如果 borderMode=BORDER_CONSTANT)
)
```

其中,src 参数为输入的源图像,dst 参数为输出的目标图像,map1 和 map2 分别为源图像和目标图像之间的映射表,interpolation 参数用于指定插值方法,borderMode 参数用于指定处理边界的方式,borderValue 参数用于指定边界的填充值。

使用 remap()函数时,需要先生成一个映射表。常见的映射表生成方式包括:

① 通过调用 cv::initUndistortRectifyMap()函数生成校正映射表;

② 通过调用 cv::getRotationMatrix2D()函数生成旋转矩阵,并使用该矩阵生成映射表;

③ 通过自定义规则生成映射表;

④ 映射表生成后,将其传递给 remap()函数进行图像重定向操作。

1. 复制

要实现图像复制,可以将原始图像作为输入,并使用单位矩阵作为转换矩阵。这将导致输出图像与输入图像完全相同。

2. 绕 x 轴翻转

为了实现图像绕 x 轴翻转,需要先定义一个变换矩阵,然后传递给 remap()函数。

以下是具体步骤。

(1)定义变换矩阵 $\boldsymbol{M}$,用于将图像沿 x 轴翻转,可以使用如下代码:

```
M = np.array([[-1, 0, img.shape[1]], [0, 1, 0]], dtype=np.float32)
```

其中,img.shape[1]表示图像的宽度。

(2)使用 cv2.initUndistortRectifyMap()函数计算重映射矩阵 map1 和 map2,如下所示。

```
map1, map2 = cv2.initUndistortRectifyMap(K, D, R, P, (w, h), cv2.CV_32FC1)
```

其中,$\boldsymbol{K}$、$\boldsymbol{D}$、$\boldsymbol{R}$、$\boldsymbol{P}$ 分别为相机内部参数、畸变系数、旋转矩阵和投影矩阵,(w,h)表示输出图像的大小。

(3)将 map1 和 map2 作为参数传递给 remap()函数,完成图像重映射:

```
dst = cv2.remap(src, map1, map2, interpolation=cv2.INTER_LINEAR)
```

其中,src 表示输入图像,dst 表示输出图像,interpolation 表示插值方法,这里使用线性插值。

通过以上步骤,可以实现将图像绕 x 轴翻转的效果。

5.1.4　Hough(霍夫)变换

霍夫变换是一种图像处理技术,最初由保罗·霍夫(Paul Hough)在 1962 年提出。它的作用是在图像中检测出特定形状的对象,如直线、圆、曲线等,并且可以通过检测到的这些对象进行后续的图像分析和处理。

霍夫变换的基本思路是将图像中的每个像素点转换为参数空间上的一个曲线或者点。比如,对于直线检测来说,每个像素点被转换为在参数空间上表示一条直线的某个点。然后,在参数空间上搜索特定形状的模式,也就是在参数空间上寻找曲线或者点的交叉点,从而实现对象的检测。

直线霍夫变换的原理包括以下几个知识点。

1. 直线方程

在介绍直线霍夫变换之前,先了解一下直线的数学表示方法。平面上的直线可以用一般式、斜截式和截距式等形式表示,其中最常见的是斜截式:

$$y = kx + b$$

式中,k 表示直线的斜率,b 表示直线在 y 轴上的截距。

2. 霍夫空间

直线霍夫变换将平面上的直线表示为霍夫空间中的点,从而使直线的检测问题转换为在霍夫空间中寻找点的问题。霍夫空间是一个二维坐标系,在该坐标系中,每个点代表一条直线。具体地,如果直线的斜率为 k,截距为 b,则其在霍夫空间中的坐标为 (k, b)。

3. 直线到霍夫空间的映射

将平面上的直线表示为霍夫空间中的点,需要进行一个映射过程。假设直线在平面坐标系中的表达式为 $y = kx + b$,则可以通过对 k 和 b 进行变换,得到它们在霍夫空间中的坐标 (k, b)。

具体地,可以以截距 b 为横坐标轴,以斜率 k 为纵坐标轴,构建一个二维数组,通常称为累加器,用于记录每个 (k, b) 坐标出现的次数。

从而,对于平面空间中的一条直线来说,其在霍夫空间中的映射可以简述为:平面上的一条直线对应霍夫空间中的一个点,这个点代表了所有可能与该直线共线的直线。

4. 霍夫空间中的直线检测

在霍夫空间中,由于平面上的同一条直线可以映射成霍夫空间中的多个点,因此需要采取一定的策略确定哪些点对应的是同一条直线。

假设霍夫空间中的一条直线对应一组参数 (k_0, b_0),那么哪些点对应的是同一条直线呢?

从平面空间的角度看,一条直线可以通过两个参数确定,因此,如果这些点在霍夫空间中位于同一个 (k_0, b_0) 处,则它们对应的就是同一条直线。

因此,在霍夫空间中进行直线检测的方法是:遍历累加器中的每个元素,找出其中出现次数最多的一组参数 (k_0, b_0),然后以此为基准,在平面空间中检测出所有与之共线的直线。

直线霍夫变换的实现:

1)将图像转换为二值图像

首先,将原始图像转换为二值图像,这是因为直线霍夫变换是基于边缘检测的,只有二值图像才能进行准确的边缘检测。

常用的二值化方法有全局阈值法、自适应阈值法等,可以根据实际情况选择合适的方法。

2)边缘检测

接着,对二值图像进行边缘检测,以便将图像中的直线提取出来。常用的边缘检测算法有 Sobel 算子、Canny 算子等。

3）构建霍夫空间累加器

在构建霍夫空间累加器之前，需要确定一些参数，如霍夫空间的大小和步长、斜率和截距的范围等。

然后，遍历所有的边缘点，在霍夫空间中为每个边缘点投票，即将经过该点的所有直线在霍夫空间中对应的位置上加 1，这样就可以得到一个累加器数组，其中每个元素对应一个空间位置，记录了在该位置上通过多少个边缘点。

4）检测直线

在霍夫空间中，找到累加器数组中的最大值，即出现次数最多的位置。然后根据该位置确定所有可能的直线，以及它们在平面空间中的位置和角度。

具体地，可以通过以下方式将霍夫空间中的点转换为平面空间中的直线：

$$y = -\sin(\theta)\cos(\theta)x + \sin(\theta)\rho$$

式中，θ 为直线与 x 轴的夹角，ρ 为直线到原点的距离。

这样就可以在图像上标记出检测出的直线了。

圆形霍夫变换（Circular Hough Transform）是一种基于霍夫变换（Hough Transform）的圆形检测方法，用于从图像中检测出圆形。

圆形霍夫变换的原理是将圆形在图像空间中表示为其心点坐标和半径大小。然后，在霍夫空间中，将每个圆形的参数组合都表示为一个点，即通过心点坐标和半径大小 3 个参数表示一个圆形，并且在霍夫空间中以这个参数组合为中心建立一个以半径为轴的圆形区域，然后扫描图像上所有可能的圆形，将其转换为霍夫空间上相应的点集。

实现过程如下。

预处理：将原始图像进行边缘检测，获得边缘点集。常见的边缘检测算法有 Canny 边缘检测、Sobel 算子等。

在霍夫空间创建累加器数组 A，并初始化为 0。数组 A 的大小和分辨率需要根据实际情况进行选择。通常，可以对圆心位置和半径值离散化，然后选择一个合适的步长表示，这样可以减少霍夫空间的存储空间和计算量。

对于每个边缘点 (x,y)，计算其对应的在霍夫空间中可能的圆心坐标 (a,b) 和半径 r 的值。具体来说，对于给定的圆心坐标 (a,b)，可以使用勾股定理计算出该圆心到该边缘点的距离，进而计算出对应的半径 r 值，其中 $r = \mathrm{sqrt}((x-a)^2 + (y-b)^2)$。

遍历图像上所有可能的圆心坐标和半径 r 的组合，在霍夫空间中相应的位置加 1。具体来说，对于给定的圆心坐标 (a,b) 和半径 r，可以通过以下公式计算其在霍夫空间中的位置：

$$A(a,b,r) += 1$$

在累加器数组 A 中找到所有值大于设定阈值的点，这些点表示的参数组合即检测出的圆形的参数，包括圆心坐标和半径大小。可以根据这些参数在原始图像上绘制相应的圆形。

可选：引入非极大值抑制算法，以避免检测出重复的圆形。该算法通常是在霍夫空间中实现的，具体来说，就是对于每个检测到的圆形，在相邻的圆形区域内将投票次数最高的圆形保留，其他圆形则被丢弃。

霍夫变换是一种图像处理算法,用于检测图像中的特定形状,如直线、圆等。该算法基于参数空间投票的思想,通过将每个点在参数空间中投票来识别目标形状。

对于直线的检测,霍夫变换将直线表示为极坐标系中的两个参数,即距离和角度。对于给定图像中的每个点,在参数空间中与其相应的曲线上增加一个投票。最终,投票最多的曲线即待检测直线。

对于圆的检测,霍夫变换将圆表示为 3 个参数,即圆心坐标和半径。对于给定图像中的每个点,在参数空间中与其相应的圆上增加一个投票。最终,投票最多的圆即待检测圆。

虽然霍夫变换具有很好的通用性,但也存在一些缺点。对于大尺寸图像,计算量可能非常大,因为需要搜索一个大的参数空间。而且,对于一些复杂的目标,如弧形、椭圆等,需要更复杂的参数空间才能描述,这样会增加计算的复杂度。同时,当输入图像存在噪声时,霍夫变换的结果可能会受到影响,因为噪声点也会在参数空间中投票。

尽管如此,霍夫变换仍然是一种非常有用的图像处理算法,在计算机视觉领域中应用广泛。它可用于物体识别和跟踪等方面,以提高图像处理的准确性和效率。此外,该算法还可用于特征提取和匹配等任务。

5.2 图像边缘检测

边缘就是图像中包含的对象的边界对应的位置。物体的边缘是以图像局部特性的不连续性的形式出现的,例如,灰度值的突变,颜色的突变,纹理结构的突变等。本质上,边缘意味着一个区域的终结和另外一个区域的开始。图像边缘信息在图像分析和人的视觉中十分重要,是图像识别中提取图像特征的一个重要属性。

边缘检测在图像处理和对象识别领域中都是一个重要的问题。由于边缘的灰度不连续性,因此可以使用求导数的方法检测。最早的边缘检测方法都是基于像素的数值导数的运算。目前已经有非常多的边缘检测算法,现有的边缘检测方法主要分为基于梯度的方法和基于机器学习的方法两类。基于梯度的方法通常使用一些特定的滤波器(如 Sobel、Prewitt、Canny 等)检测不同方向上的梯度变化,并根据一些预设的阈值将梯度强度高于某一阈值的像素划分为边缘像素。这类方法简单易实现,但对噪声敏感,而且在边缘连接处可能产生断裂或者多余的边缘。

相比之下,基于机器学习的方法可以通过深度学习网络自动学习边缘特征并进行边缘检测。这类方法相对于传统方法的优点在于具有更好的鲁棒性和准确性,缺点是需要大量的训练数据和运算资源。

5.2.1 Prewitt 边缘检测

Prewitt 算子是一种经典的图像边缘检测算法,它利用特定区域内像素灰度值的差分实现边缘检测。该算法采用一个 3×3 的模板对图像进行卷积运算,以检测像素之间的变化。计算时,将模板中的元素与图像的像素值进行乘法运算,并将结果相加,从而得到中心像素的梯度值。

由于 Prewitt 算子采用了比 Robert 算子更大的模板,在水平和垂直方向上都能更好地检测边缘,因此,Prewitt 算子适用于识别噪声较多、灰度渐变的图像。在这种情况下,

Prewitt 算子能提供更加明显的边缘检测结果,同时对图像中的噪点也有一定的抑制作用。

1. Prewitt 算子原理

Prewitt 算子是一种经典的图像边缘检测算法,它利用特定区域内像素灰度值的差分实现边缘检测。该算法采用一个 3×3 的模板对图像进行卷积运算,以检测像素之间的变化。计算时,将模板中的元素与图像的像素值进行乘法运算,并将结果相加,从而得到中心像素的梯度值。

Prewitt 算子对噪声有抑制作用,抑制噪声的原理是通过像素平均,但是像素平均相当于对图像的低通滤波,所以 Prewitt 算子对边缘的定位不如 Roberts 算子。

假设图像模板大小为 3×3,像素从左到右从上到下分别记为 $\{z_1,z_2,\cdots,z_9\}$,那么梯度的计算公式为

$$g_x=\frac{\partial f}{\partial x}=(z_7+z_8+z_9)-(z_1+z_2+z_3)$$

$$g_y=\frac{\partial f}{\partial y}=(z_3+z_6+z_9)-(z_1+z_4+z_7)$$

因为平均能减少或消除噪声,Prewitt 梯度算子法就是先求平均,再求差分来求梯度。水平和垂直梯度模板分别如下。

检测水平边沿的横向模板:

$$\boldsymbol{G}_x=\begin{bmatrix}-1&0&1\\-1&0&1\\-1&0&1\end{bmatrix}$$

检测垂直边沿的纵向模板:

$$\boldsymbol{G}_y=\begin{bmatrix}1&1&1\\0&0&0\\-1&-1&-1\end{bmatrix}$$

在图像的每个像素位置上,分别将水平和垂直模板与其所在位置的像素点周围的 8 个邻居像素点进行卷积运算,并计算出其梯度大小和方向。然后根据梯度大小和方向判断像素是否属于边缘,并进行非极大值抑制和双阈值处理来过滤噪声和弱边缘点。

具体来说,非极大值抑制是指对梯度方向进行四舍五入,并将该像素的梯度与其相邻两个像素的梯度进行比较,如果不是局部极大值,则被认为不是真实的边缘,并将其设置为0。而双阈值处理则是指将所有强边缘点和与之相连通的弱边缘点都保留下来,而将其他的点删掉。

如下的矩阵起始值:

$$\begin{bmatrix}z_1&z_2&z_3\\z_4&z_5&z_6\\z_7&z_8&z_9\end{bmatrix}$$

就是以下两个式子:

$$|(z_7+z_8+z_9)-(z_1+z_2+z_3)|$$
$$|(z_1+z_4+z_7)-(z_3+z_6+z_9)|$$

该算子与 Sobel 算子类似,只是权值有所变化,但两者实现起来功能还是有差距的,据

122

经验得知,Sobel 比 Prewitt 更能准确检测图像边缘。

2. Prewitt 算子实现

在 Python 中,Prewitt 算子的实现过程与 Roberts 算子比较相似。通过 Numpy 定义模板,再调用 OpenCV 的 filter2D() 函数对图像进行卷积运算,最终通过 convertScaleAbs() 和 addWeighted() 函数实现边缘提取。

filter2D() 函数会根据指定的卷积核和锚点位置对输入图像进行卷积计算,并将结果写入输出图像中。在卷积计算中,卷积核矩阵中的每个元素都会与输入图像中对应位置的像素值相乘,然后再将所有结果相加,得到输出图像中对应位置的像素值。由于卷积操作是一种线性滤波,因此它可用于平滑、锐化以及边缘检测等图像处理任务。filter2D() 函数原型为

```
dst = cv2.filter2D(src, ddepth, kernel[, dst[, anchor[, delta[, borderType]]]])
```

参数说明:

src:输入图像。

ddepth:输出图像的深度,通常设置为 −1,表示与输入图像保持一致。

kernel:一个二维的浮点型卷积核矩阵。

dst:输出图像,默认值为 None。

anchor:卷积核的锚点位置,默认值为(−1,−1),表示以卷积核的中心为锚点。

delta:可选的增量,默认值为 0。

borderType:边界模式,可选值为 cv2. BORDER _ CONSTANT、cv2. BORDER _ REPLICATE、cv2.BORDER_REFLECT 等。

5.2.2 Sobel 边缘检测

Sobel 算子是一种经典的边缘检测算法,主要用于图像处理领域中的边缘提取。Sobel 算子结合了高斯平滑和微分求导的思想,通过对图像进行卷积运算计算图像中每个像素点的梯度值,并根据梯度值的大小判断该像素点是否为边缘。

与 Prewitt 算子相比,Sobel 算子增加了权重的概念,认为不同距离的像素点对当前像素的影响是不同的。具体来说,Sobel 算子使用了一个 3×3 的卷积核,在水平和垂直方向上分别计算出梯度的近似值,并将两个方向的梯度值合并得到最终的梯度值。由于 Sobel 算子考虑了像素点之间的距离因素,因此它能更准确地定位边缘。另外,由于 Sobel 算子具有灰度渐变不连续且噪声较多的优点,因此它通常应用于灰度图像的处理,并且在许多实际场景中都有广泛的应用,如图像增强、文本定位、医学图像分析等领域。

Sobel 算子包含两组 3×3 的矩阵,分别为横向及纵向模板,将之与图像作平面卷积,即可分别得出横向及纵向的亮度差分近似值。

假设图像模板大小为 3×3,像素从左到右从上到下分别记为 $\{z_1, z_2, \cdots, z_9\}$,那么梯度的计算公式为

$$g_x = \frac{\partial f}{\partial x} = (z_7 + 2z_8 + z_9) - (z_1 + 2z_2 + z_3)$$

$$g_y = \frac{\partial f}{\partial y} = (z_3 + 2z_6 + z_9) - (z_1 + 2z_4 + z_7)$$

实际使用中,常用如下两个模板检测图像边缘。

检测水平边沿横向模板:

$$G_x = \begin{bmatrix} -1 & 0 & +1 \\ -2 & 0 & +2 \\ -1 & 0 & +1 \end{bmatrix}$$

检测垂直边沿纵向模板:

$$G_y = \begin{bmatrix} -1 & -2 & -1 \\ 0 & 0 & 0 \\ +1 & +2 & +1 \end{bmatrix}$$

$$\begin{aligned} G_x &= (-1) \times f(x-1,y-1) + 0 \times f(x,y-1) + 1 \times f(x+1,y-1) + (-2) \\ &\quad \times f(x-1,y) + 0 \times f(x,y) + 2 \times f(x+1,y) + (-1) \times f(x-1,y+1) + 0 \\ &\quad \times f(x,y+1) + 1 \times f(x+1,y+1) \\ &= [f(x+1,y-1) + 2 \times f(x+1,y) + f(x+1,y+1)] \\ &\quad - [f(x-1,y-1) + 2 \times f(x-1,y) + f(x-1,y+1)] \\ G_y &= 1 \times f(x-1,y-1) + 2 \times f(x,y-1) + 1 \times f(x+1,y-1) + 0 \\ &\quad \times f(x-1,y) + 0 \times f(x,y) + 0 \times f(x+1,y) + (-1) \times f(x-1,y+1) + (-2) \\ &\quad \times f(x,y+1) + (-1) \times f(x+1,y+1) \\ &= [f(x+1,y-1) + 2f(x-1,y) + f(x+1,y+1)] \\ &\quad - [f(x-1,y-1) + 2 \times f(x,y+1) + f(x+1,y+1)] \end{aligned}$$

Sobel 算子根据像素点上下,左右邻点灰度加权差,在边缘处达到极值这一现象检测边缘,对噪声具有平滑作用,提供较为精确的边缘方向信息。由于 Sobel 算子结合了高斯平滑和微分求导(分化),因此结果会具有更多的抗噪性,当对精度要求不是很高时,Sobel 算子是一种较为常用的边缘检测方法。

图像的每个像素的横向及纵向梯度近似值可用以下公式结合,以计算梯度的大小。

$$G = \sqrt[2]{G_x^2 + G_y^2}$$

然后可用以下公式计算梯度方向。

$$\theta = \arctan\left(\frac{G_y}{G_x}\right)$$

5.2.3 Scharr 边缘检测

Scharr 算子与 Sobel 算子的不同点是在平滑部分,这里所用的平滑算子是 $1/16 \times [3, 10, 3]$,相比于 $1/4 \times [1,2,1]$,中心元素占的权重更重,这可能是相对于图像这种随机性较强的信号,领域相关性不大,所以邻域平滑应该使用相对较小的标准差的高斯函数,也就是更瘦高的模板。

由于 Sobel 算子在计算相对较小的核时,其近似计算导数的精度比较低,比如一个 3×3 的 Sobel 算子,当梯度角度接近水平或垂直方向时,其不精确性就越发明显。Scharr 算子同 Sobel 算子的速度一样快,但是准确率更高,尤其是计算较小核的情景,所以利用 3×3 滤波器实现图像边缘提取更推荐使用 Scharr 算子。

Scharr 算子又称为 Scharr 滤波器,也是计算 x 或 y 方向上的图像差分,在 OpenCV 中主要配合 Sobel 算子的运算而存在，下面对比一下 Sobel 算子和 Scharr 算子的核函数，如图 5-1 所示。

Sobel 算子	$\begin{bmatrix} -1 & 0 & +1 \\ -2 & 0 & +2 \\ -1 & 0 & +1 \end{bmatrix}$	$\begin{bmatrix} -1 & -2 & -1 \\ 0 & 0 & 0 \\ +1 & +2 & +1 \end{bmatrix}$
Scharr 算子	$\begin{bmatrix} -3 & 0 & +3 \\ -10 & 0 & +10 \\ -3 & 0 & +3 \end{bmatrix}$	$\begin{bmatrix} -3 & -10 & -3 \\ 0 & 0 & 0 \\ +3 & +10 & +3 \end{bmatrix}$

图 5-1 Sobel 算子与 Scharr 算子核函数对比图

Scharr 算子和 Sobel 算子类似，这里简单介绍一下其函数用法。在 OpenCV-Python 中，使用 Scharr 算子的函数原型如下。

```
dst = cv2.Scharr(
        InputArray src,
        OutputArray dst,
        int ddepth,
        int dx,
        int dy,
        double scale = 1,
        double delta = 0,
        int borderType = BORDER_DEFAULT
    );
```

参数解释：

前 5 个是必需的参数。

dst：表示输出的边缘图，其大小和通道数与输入图像相同；

src：表示需要处理的图像；

ddepth：表示图像的深度，−1 表示采用的是与原图像相同的深度，目标图像的深度必须大于或等于原图像的深度；

dx 和 dy：表示的是求导的阶数，dx 表示 x 方向上的差分阶数，取值为 1 或者 0，dy 表示 y 方向上的差分阶数，取值为 1 或 0，0 表示这个方向上没有求导，一般为 0、1。

其后是可选的参数。

scale：是缩放导数的比例常数，默认情况下没有伸缩系数；

delta：是一个可选的增量，将会加到最终的 dst 中，同样，默认情况下没有额外的值加到 dst 中；

borderType：是判断图像边界的模式。这个参数默认值为 cv2.BORDER_DEFAULT。

注意：进行 Scharr 算子处理后，也需要调用 convertScaleAbs() 函数计算绝对值，并将图像转换为 8 位图像进行显示。原因是 Sobel 算子求导的话，白到黑是正数，黑到白是负数，所有负数都会被截断为 0，所以要取绝对值。

5.2.4 Canny 边缘检测

Canny 是一种经典的边缘检测算法，旨在检测图像中的边缘和轮廓线。它由 John F.

Canny 于 1986 年提出,并被广泛应用于计算机视觉、图像处理、模式识别等领域。

由 John F. Canny 于 1986 年开发的 Canny 边缘检测算法是从不同视觉对象中提取有用的结构信息并大大减少要处理的数据量的一种技术,目前已广泛应用于各种计算机视觉系统。Canny 发现,在不同视觉系统上对边缘检测的要求较为类似,因此可以实现一种具有广泛应用意义的边缘检测技术。边缘检测的一般标准包括:

- 以低的错误率检测边缘,即意味着需要尽可能准确地捕获图像中尽可能多的边缘。
- 检测到的边缘应精确定位在真实边缘的中心。
- 图像中给定的边缘应只被标记一次,并且在可能的情况下,图像的噪声不应产生假的边缘。

为了满足这些要求,Canny 使用了变分法。Canny 检测器中的最优函数使用 4 个指数项的和描述,它可以由高斯函数的一阶导数近似。在目前常用的边缘检测方法中,Canny 边缘检测算法是具有严格定义的,可以提供良好可靠检测的方法之一。它由于具有满足边缘检测的 3 个标准和实现过程简单的优势,已成为边缘检测较流行的算法之一。

Canny 算法的主要思想是利用图像中灰度值的变化检测边缘。该算法先对原始图像进行高斯滤波以平滑噪声,然后计算图像梯度的幅值和方向。接着,通过非极大值抑制(NMS)算法将梯度幅值进行极大化处理,保留具有最大梯度幅值的像素点。最后,采用双阈值算法(Hysteresis Thresholding)进行边缘二值化,将灰度值高于高阈值或低于低阈值的像素点标记为边缘或非边缘,同时根据像素点与边缘的连接情况确定是否保留某些非极大值点。

Canny 算法的优点在于能检测到连续且清晰的边缘,并且对图像噪声和模糊有较好的鲁棒性。但它也存在一些缺陷,例如,对于边缘比较粗糙或弱的区域容易出现误检测,同时算法的计算复杂度较高。为了解决这些问题,人们对 Canny 算法进行了改进和优化。例如,可以采用多尺度方法应对不同尺度下的边缘检测,在实际应用中需要根据具体情况选择合适的算法进行处理。

Canny 边缘检测算法的主要步骤如下。

(1)去噪:使用高斯滤波器对原始图像进行平滑处理,以消除噪声的干扰。

(2)计算梯度:利用 Sobel 算子或其他梯度算子计算图像中每个像素的梯度大小和方向,从而得到梯度图像。

(3)非极大值抑制:对梯度图像进行非极大值抑制处理,去除非边缘上的局部极值点。

(4)双阈值检测:根据设定的高低阈值,将梯度图像中的像素分成强边缘、弱边缘和非边缘 3 类。强边缘为可以确定为真实边缘的像素,弱边缘为有可能是真实边缘的像素,非边缘为不是边缘的像素。

(5)边缘连接:使用连通性分析方法将弱边缘与强边缘进行连接,形成完整的边缘。

Canny 边缘检测技术中包含了多个核心概念,这里对几点比较重要的知识点分别进行介绍。

1. 高斯平滑滤波

高斯平滑滤波是一种常见的图像处理技术,它可用于降低图像噪声、模糊化图像并减小图像中高频分量对人眼的刺激。该算法基于高斯函数,通过对图像进行卷积实现平滑的效果。

由于 Canny 算法主要涉及的数学原理是基于导数的梯度计算,所以边缘检测结果对图像噪声非常敏感,因此需要去除噪声。这一步很简单,类似于 LoG 算子(Laplacian of Gaussian)做高斯模糊一样。因为噪声也集中于高频信号,很容易被识别为伪边缘。应用高斯模糊去除噪声,降低伪边缘的识别。但是,由于图像边缘信息也是高频信号,高斯模糊的半径选择很重要,过大的半径很容易使得一些弱边缘检测不到。

高斯滤波器的公式如下。

$$H_{ij}=\frac{1}{2\pi\sigma^2}\exp\left(-\frac{(i-(k+1))^2+(j-(k+1))^2}{2\sigma^2}\right);1\leqslant i,j\leqslant(2k+1)$$

H_{ij} 表示卷积核的第 i 行 j 列的值,k 则表示该离散核的半径,滤波器大小为 $(2k+1)\times(2k+1)$。同时,$\frac{1}{2\pi\sigma^2}$ 为归一化系数,确保了高斯滤波器对图像进行平滑处理时不会改变图像的总体亮度。$\exp\left(-\frac{(i-(k+1))^2+(j-(k+1))^2}{2\sigma^2}\right)$ 为高斯函数,确定了滤波器中每个元素所扮演的作用,由于 exp 函数的分母为 $2\sigma^2$,所以该函数的值随着距离中心点越远而逐渐减小,从而实现了在较远距离处的权重衰减,使得滤波器更加平滑。

使用该公式进行图像处理时,需要确定合适的 σ 值,以获得最佳的平滑效果。通常情况下,选择合适的 σ 取决于图像的特征和应用场景。较大的 σ 值会导致更平滑的图像,但可能导致边缘特征丢失;而较小的 σ 值可以保留更多的细节和边缘信息,但也可能保留噪声干扰。因此,选择 σ 值时需要根据具体情况进行调整,以获得最佳的滤波效果。

2. 计算图像梯度幅度和方向

可以通过利用边缘检测算子计算图像的幅值和方向。边缘对应像素强度的变化,要检测它,最简单的方法是应用滤波器。图像的边缘可以指向不同方向,因此经典 Canny 算法用 4 个梯度算子分别计算水平、垂直和对角线方向的梯度,但是通常都不需要用 4 个梯度算子分别计算 4 个方向,而只需要使用常用的边缘差分算子(如 Roberts、Prewitt、Sobel)计算水平和垂直方向的差分 $\boldsymbol{G}_x$ 和 $\boldsymbol{G}_y$。这里采用 Sobel 边缘检测算子,如图 5-2 所示。

$$\boldsymbol{S}_x=\begin{bmatrix}-1&0&1\\-2&0&2\\-1&0&1\end{bmatrix}\quad \boldsymbol{S}_y=\begin{bmatrix}1&2&1\\0&0&0\\-1&-2&-1\end{bmatrix}$$

图 5-2 Sobel 边缘检测算子

其中 $\boldsymbol{S}_x$ 表示 x 方向的 Sobel 算子,用于检测 y 方向的边缘;$\boldsymbol{S}_y$ 表示 y 方向的 Sobel 算子,用于检测 x 方向的边缘(边缘方向和梯度方向垂直)。

若图像中一个 3×3 的窗口为 A,则对应像素点在 x 和 y 方向的梯度值分别为

$$\boldsymbol{G}_x=\boldsymbol{S}_x\times A$$
$$\boldsymbol{G}_y=\boldsymbol{S}_y\times A$$

这样就可以计算梯度模和方向了:

$$G=\sqrt{\boldsymbol{G}_x^2+\boldsymbol{G}_y^2}$$
$$\theta(x,y)=\arctan\left(\frac{\boldsymbol{G}_y}{\boldsymbol{G}_x}\right)$$

最后,通过对梯度幅度进行非极大值抑制和双阈值处理,可以得到二值化的边缘图像。这个过程可用来消除噪声并保留重要的边缘信息,在实际应用中有广泛的应用。

3. 非极大值抑制

非极大值抑制(Non-Maximum Suppression,NMS)是一种广泛应用于图像处理和计算机视觉领域的边缘细化方法。其主要目的是通过对梯度方向上的像素值进行比较来剔除不必要的边缘信息,从而得到更准确的边缘线条。

非极大值抑制是一种边缘细化方法。通常得出的梯度边缘不止一个像素宽,而是多个像素宽。从上面图片的结果可以看到检测到的边缘比较粗,而理想情况下边缘只有一个精确的点宽度。非极大值抑制能帮助保留局部最大梯度而抑制所有其他梯度值。这意味着只保留了梯度变化中最锐利的位置。算法如下。

(1) 比较当前点的梯度强度和正负梯度方向点的梯度强度。

(2) 若当前点的梯度强度和同方向的其他点的梯度强度比较最大,则保留其值,否则抑制,即设为0。比如,当前点的方向指向正上方90°方向,它就需要和垂直方向,即它的正上方和正下方的像素比较。

通过这种方式,非极大值抑制可以有效地抑制不必要的边缘信息,保留最有用的边缘线条。同时,非极大值抑制还能去除由于噪声或者其他因素引起的边缘断裂现象,实现边缘的连续性。

如图 5-3 所示,左上角的红色框表示正在处理的梯度强度矩阵的像素。对应的边缘方向由橙色箭头表示,其角度为 θ 弧度($+/-180°$)。

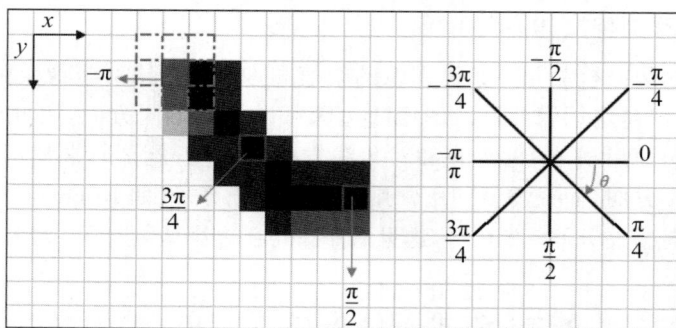

图 5-3 非极大值抑制算法示意图

边缘方向为橙色虚线(从左到右水平)。该算法的目的是检查同一方向上的像素是否比正在处理的像素强或弱。在上面的例子中,正在处理的像素(i,j),并且相同方向上的像素用蓝色高亮显示($i,j-1$)和($i,j+1$)。如果这两个像素中的一个比正在处理的像素更强,那么只保留更强的那个。像素($i,j-1$)似乎更强,因为它是白色的(值 255)。因此,将当前像素(i,j)的强度值设置为 0。如果边缘方向没有更强值的像素,则保留当前像素的值,如图 5-4 所示。

接下来看另一个例子,如图 5-5 所示。

在这种情况下,方向是橙色点对角线。因此,这个方向上像素强度值最大的像素是($i-1,j+1$)。

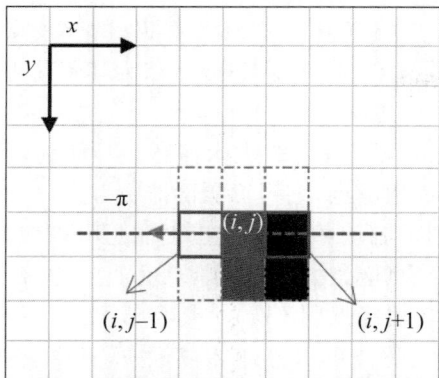

图 5-4 检查同一方向上的像素是否比
正在处理的像素强或弱

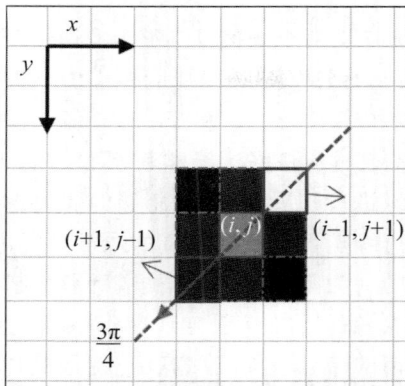

图 5-5 检查对角线方向上的像素是否
比正在处理的像素强或弱

非极大值抑制算法仅是边缘细化的一种方法,还需要与其他技术结合使用才能获得更好的效果。例如,在 Canny 算法中,非极大值抑制通常会与双阈值检测和滞后阈值处理等技术相结合,以实现更精准和稳定的边缘检测。

4. 双阈值检测

一般的边缘检测算法用一个阈值滤除噪声或颜色变化引起的小的梯度值,而保留大的梯度值。Canny 算法应用双阈值,即一个高阈值和一个低阈值区分边缘像素。如果边缘像素点梯度值大于高阈值,则被认为是强边缘点;如果边缘像素点梯度值小于高阈值,且大于低阈值,则标记为弱边缘点;如果边缘像素点梯度值小于低阈值,则被抑制,如图 5-6 所示。

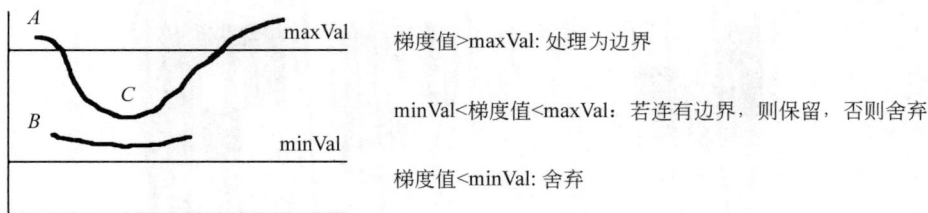

梯度值>maxVal: 处理为边界

minVal<梯度值<maxVal: 若连有边界,则保留,否则舍弃

梯度值<minVal: 舍弃

图 5-6 双阈值检测算法示意图

双阈值检测技术可以将较弱的边缘和噪声排除,只保留强边缘。同时,双阈值检测技术能帮助我们更好地理解图像中的边缘特征,并且可以快速地进行图像处理和分析。因此,应用双阈值检测技术是提高 Canny 算法准确性和效率的一种有效手段。

5. 滞后边缘检测

滞后边缘检测(Hysteresis Edge Detection)是一种基于阈值的边缘检测技术,也是 Canny 算法中常用的一种策略。其主要思想是采用双阈值的方法进一步提高边缘检测的准确性和稳定性。

滞后边缘检测的原理如下。

(1) 通过梯度算子计算出图像中所有的边缘响应值,并将其分成弱边缘和强边缘两类。

(2) 定义两个阈值 T_1 和 T_2,其中 $T_1 < T_2$。对于梯度响应值大于 T_2 的像素点,我们将其标记为强边缘;对于梯度响应值小于 T_1 的像素点,我们将其排除,认为其不是边缘;对于梯度响应值介于 T_1 和 T_2 的像素点,则称其为弱边缘。

(3) 通过连接强边缘和其相邻的弱边缘,以此确定最终的边缘信息。具体地,我们沿着强边缘进行扩展,同时将相邻的弱边缘也标记为边缘点,直到不能再扩展为止。

强边缘点可以认为是真的边缘。弱边缘点则可能是真的边缘,也可能是噪声或颜色变化引起的。为得到精确的结果,后者引起的弱边缘点应该去掉。通常认为真实边缘引起的弱边缘点和强边缘点是连通的,而由噪声引起的弱边缘点则不会。

所谓的滞后边界跟踪算法,就是检查一个弱边缘点的 8 连通邻域像素,只要有强边缘点存在,那么这个弱边缘点就被认为是真实边缘保留下来。

首先,利用滞后边缘检测算法进行边缘检测,并提取出强边缘和弱边缘。然后,以顺时针或逆时针方向遍历每个强边缘点,并沿着其相邻的弱边缘点进行扩展,直到所有与强边缘点相连的弱边缘点都被标记为边界点为止。最后,通过连接所有的边界点,就可以得到目标物体的轮廓线。

滞后边界跟踪算法是一种基于滞后边缘检测的图像分割技术,可以准确地分割出复杂场景下的目标物体,并且具有较高的自动化程度。该算法的原理主要包括通过顺时针或逆时针方向遍历强边缘点,并沿着其相邻的弱边缘点进行扩展,最终连接所有的边界点以得到目标物体的轮廓线等步骤。因此,滞后边界跟踪算法在计算机视觉、图像处理和机器人感知等领域广泛应用,有重要的意义和价值。

如图 5-7 所示,左边红框的像素周围没有强边缘点,均是弱边缘点,则直接将该点置为 0;右边左下角有一个为强连通点,则保留该点。

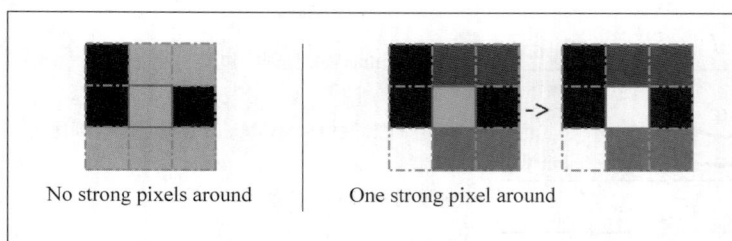

No strong pixels around   One strong pixel around

图 5-7　滞后边缘检测算法示意图

6. Canny 算子实现

在 OpenCV 中,Canny() 函数原型如下所示。

```
edges = Canny(image, threshold1, threshold2[, edges[, apertureSize[, L2gradient]]])
```

具体参数说明如下。

image:表示输入图像(必须是单通道图像)必须是灰度图像,因此,如果需要,应先将其转换为灰度。输入图像应该是一个单通道 8 位图像。

edges:表示输出的边缘图,其大小和类型与输入图像相同。

threshold1:表示第一个滞后性阈值,它指定 Canny 算法的低阈值。所有较弱的边缘都会被过滤掉，只有具有更强梯度的边缘才会被保留。

threshold2：表示第二个滞后性阈值，它指定 Canny 算法的低阈值。所有较弱的边缘都会被过滤掉，只有具有更强梯度的边缘才会被保留。

apertureSize：表示应用 Sobel 算子的孔径大小，其默认值为 3，也可以设置为其他奇数值。

L2gradient：表示一个计算图像梯度幅值的标识，默认值为 false。

true：表示使用更精确的 L2 范数进行计算（即两个方向的倒数的平方和再开方）。

false：表示使用 L1 范数（直接将两个方向导数的绝对值相加）。

Canny 算子的边缘提取实现代码如下。

```python
#Canny 边缘提取
import cv2 as cv
import numpy as np


def edge_demo(image):
    blurred = cv.GaussianBlur(image, (3, 3), 0)
    gray = cv.cvtColor(blurred, cv.COLOR_RGB2GRAY)
    #xgrad = cv.Sobel(gray, cv.CV_16SC1, 1, 0)          #x 方向梯度
    #ygrad = cv.Sobel(gray, cv.CV_16SC1, 0, 1)          #y 方向梯度
    #edge_output = cv.Canny(xgrad, ygrad, 50, 150)
    edge_output = cv.Canny(gray, 50, 150)
    cv.imshow("Canny Edge", edge_output)
    dst = cv.bitwise_and(image, image, mask=edge_output)
    cv.imshow("Color Edge", dst)


# src = cv.imread('logo1.jpg')
##设置为 WINDOW_NORMAL 可以任意缩放
##cv.namedWindow('input_image', cv.WINDOW_NORMAL)
#cv.imshow('input_image', src)
#edge_demo(src)
#cv.waitKey(0)
#cv.destroyAllWindows()

img = cv.imread('durant.jpg', cv.IMREAD_GRAYSCALE)

v1 = cv.Canny(img, 80, 150)
v2 = cv.Canny(img, 50, 100)

res = np.hstack((v1, img, v2))
cv.imshow('img', res)
cv.waitKey(0)
cv.destroyAllWindows()
```

Canny 算子的边缘提取效果图如图 5-8 所示。

采用高斯滤波去噪和阈值化处理后，再进行边缘检测的过程，对比了 4 种常见的边缘提取算法。

图 5-8　Canny 算子的边缘提取效果图

```python
#- * - coding: utf-8 - * -
import cv2
import numpy as np
import matplotlib.pyplot as plt

#读取图像
img = cv2.imread('durant.jpg')
lenna_img = cv2.cvtColor(img, cv2.COLOR_BGR2RGB)

#灰度化处理图像
grayImage = cv2.cvtColor(img, cv2.COLOR_BGR2GRAY)

#高斯滤波
gaussianBlur = cv2.GaussianBlur(grayImage, (3, 3), 0)

#阈值处理
ret, binary = cv2.threshold(gaussianBlur, 127, 255, cv2.THRESH_BINARY)

#Roberts 算子
kernelx = np.array([[-1, 0], [0, 1]], dtype=int)
kernely = np.array([[0, -1], [1, 0]], dtype=int)
x = cv2.filter2D(binary, cv2.CV_16S, kernelx)
y = cv2.filter2D(binary, cv2.CV_16S, kernely)
absX = cv2.convertScaleAbs(x)
absY = cv2.convertScaleAbs(y)
Roberts = cv2.addWeighted(absX, 0.5, absY, 0.5, 0)

#Prewitt 算子
kernelx = np.array([[1, 1, 1], [0, 0, 0], [-1, -1, -1]], dtype=int)
kernely = np.array([[-1, 0, 1], [-1, 0, 1], [-1, 0, 1]], dtype=int)
x = cv2.filter2D(binary, cv2.CV_16S, kernelx)
y = cv2.filter2D(binary, cv2.CV_16S, kernely)
absX = cv2.convertScaleAbs(x)
absY = cv2.convertScaleAbs(y)
Prewitt = cv2.addWeighted(absX, 0.5, absY, 0.5, 0)
```

```
#Sobel算子
x = cv2.Sobel(binary, cv2.CV_16S, 1, 0)
y = cv2.Sobel(binary, cv2.CV_16S, 0, 1)
absX = cv2.convertScaleAbs(x)
absY = cv2.convertScaleAbs(y)
Sobel = cv2.addWeighted(absX, 0.5, absY, 0.5, 0)

#拉普拉斯算法
dst = cv2.Laplacian(binary, cv2.CV_16S, ksize=3)
Laplacian = cv2.convertScaleAbs(dst)

#效果图
titles = ['Source Image', 'Binary Image', 'Roberts Image',
          'Prewitt Image', 'Sobel Image', 'Laplacian Image']
images = [lenna_img, binary, Roberts, Prewitt, Sobel, Laplacian]
for i in np.arange(6):
    plt.subplot(2, 3, i + 1), plt.imshow(images[i], 'gray')
    plt.title(titles[i])
    plt.xticks([]), plt.yticks([])
plt.show()
```

运行结果如图 5-9 所示。

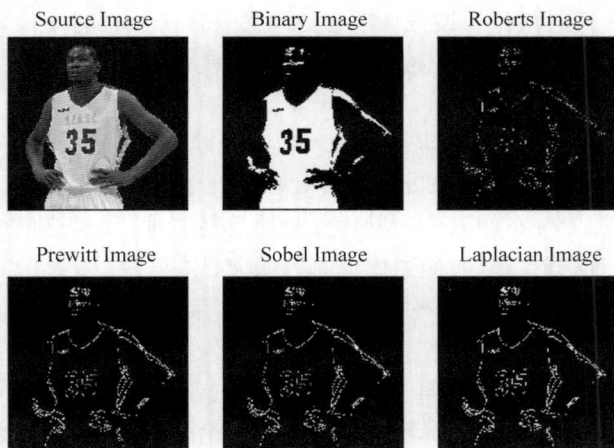

图 5-9 运行结果

5.3 图像分割

图像分割是将数字图像分成多个子区域的过程,其中每个子区域代表图像中具有相似属性的像素集合。这种技术在计算机视觉和图像处理中十分常见,并且可用于许多不同的应用程序,如自动驾驶、医学影像分析和计算机图形学。

在图像分割中,通常使用各种算法确定图像中不同区域的边界和特征。这些算法可以基于不同的标准进行分类,例如像素颜色、纹理、边缘、形状等。一些常见的图像分割算法包括阈值分割、区域增长、基于边缘的分割、级联分割和深度学习分割方法。

近年来,深度学习方法已经成为图像分割领域的主流方法,尤其是卷积神经网络 (Convolutional Neural Networks,CNN)的出现,大大提高了图像分割的效果。现在的深度学习分割方法已经达到非常高的精确度,并且被广泛应用于医学影像分析、无人驾驶和计算机视觉等领域。

5.3.1 图像二值化

图像二值化(Thresholding)是图像分割的一种最简单的方法。它将图像中的像素分成两个类别:前景和背景。通过设置一个阈值(Threshold),像素的灰度值大于或等于该阈值的被分为前景,其余则被分为背景。这种方法非常简单且易于实现,因此在许多应用程序中都被广泛使用。图像二值化可以把灰度图像转换成二值图像,即把大于某个临界灰度值的像素灰度设为灰度极大值,把小于这个值的像素灰度值设为灰度极小值,从而实现图像二值化。

图像二值化的算法分为固定阈值和自适应阈值。常用的图像二值化方法有:双峰法、P 参数法、迭代法和 OUT 法。下面简单介绍不同阈值算法的不同的二值化方法原理、适用场景和特点。

固定阈值算法

(1) 双峰法:该方法首先计算图像的直方图,并找到其中的两个峰值,将两个峰值之间的灰度值作为阈值进行二值化。该方法适合处理具有双峰分布的图像,适用于具有双峰分布的图像,例如前景和背景之间对比度较大的图像。其优点是简单易实现,计算速度快,而且鲁棒性较好;缺点是对非双峰分布的图像分割效果差。

(2) P 参数法:该方法通过计算图像的均值和标准差得到一个参数 P,将 P 加上一个偏移量 T 作为阈值进行二值化。该方法适合处理具有单峰分布的图像,适用于具有单峰分布的图像,例如灰度均匀分布的图像。其优点是简单易实现,计算速度快,而且阈值和图像的内容无关;缺点是对非单峰分布的图像分割效果差。

(3) 迭代法:该方法首先假设一个初始阈值,然后将图像分成两部分,计算各自的均值,将两部分均值的平均值作为新的阈值,重复以上步骤,直到满足停止条件。该方法适合处理具有多峰分布的图像,适用于具有多峰分布的图像,例如一幅图像中包含多个目标。其优点是能自适应地确定阈值,对多峰分布的图像分割效果较好;缺点是计算时间较长,迭代次数不易控制。

(4) OUT 法:该方法将所有像素按照灰度值从小到大排序,然后将它们分为两部分,一部分是前 n 个像素,另一部分是剩下的像素。计算这两部分的平均值和方差,根据公式计算出一个权重值,将它作为阈值进行二值化,适用于复杂的颜色变化和纹理变化的图像,如皮肤、草地等。其优点是具有很强的稳健性,阈值不受噪声影响,分割效果较好;缺点是计算量大,需要进行排序操作,算法速度较慢。

自适应阈值算法

(1) 局部均值法:该方法将图像划分成若干个小区域,对每个小区域计算均值,将均值作为该小区域内所有像素的阈值进行二值化,适用于具有空间相关性的图像,如包含噪声或灰度变化较大的图像。其优点是能自适应地确定阈值,对于局部灰度变化的图像分割效果较好;缺点是无法处理较大的目标或背景均匀的图像。

（2）局部方差法：该方法与局部均值法类似，只是将均值改为方差，适用于具有较强纹理的图像，如石头、树木等。其优点是能自适应地确定阈值，对于具有纹理特征的图像分割效果较好；缺点是容易受到噪声的干扰，不能处理背景像素较多的图像。

（3）OTSU 法：该方法通过计算图像的类间方差得到一个全局阈值。将图像分为两部分，使得类间方差最大，将这个阈值作为二值化的阈值，适用于具有明显的前景和背景之间的对比度的图像，如文本、二维码等。其优点是能自适应地确定全局阈值，对于前景和背景对比度较大的图像分割效果较好；缺点是无法处理复杂的场景，对于前景和背景之间的分布重叠较大的图像分割效果较差。

图像的二值化，就是将图像上的像素点的灰度值设置为 0 或 255，也就是使整个图像呈现出明显的只有黑和白的视觉效果。

一幅图像包括目标物体、背景还有噪声，要想从多值的数字图像中直接提取出目标物体，常用的方法是设定一个阈值，用 T 将图像的数据分成两部分：大于 T 的像素群和小于 T 的像素群。这是研究灰度变换的最特殊的方法，称为图像的二值化（Binarization）。

- 全局化阈值

全局化阈值是最简单的一种二值化的方法，其实相当于空间域上的高通滤波器，选取一个全局阈值，然后就把整幅图像分成非黑即白的二值图像了。Python-OpenCV 提供了全局化阈值参数，如表 5-1 所示。

```
#src:      指原图像,应该是灰度图
#thresh:      用来对像素值进行分类的阈值
#maxval:      指当像素值高于(有时是小于)阈值时应该被赋予的新的像素值
#type:      指不同的阈值方法
#该函数有两个返回值,第一个是 retval(得到的阈值值(在后面的方法中会用到)),第二个是阈值
#化后的图像
threshold(src, thresh, maxval, type[, dst]) -> retval, dst
```

表 5-1   全局化阈值参数

标 志 参 数	简 记	作 用
THRESH_BINARY	0	灰度值大于阈值的为最大值,其他值为 0
THRESH_BINARY_INV	1	灰度值大于阈值的为 0,其他值为最大值
THRESH_TURNC	2	灰度值大于阈值的为阈值,其他值不变
THRESH_TOZERO	3	灰度值大于阈值的不变,其他值为 0
THRESH_TOZERO_INV	4	灰度值大于阈值的为 0,其他值不变
THRESH_OTSU	8	大津法自动寻求全局阈值
THRESH_TRIANGLE	16	三角形法自动寻求全局阈值

注：THRESH_OTSU 和 THRESH_TRIANGLE 是获取阈值的方法，并不是阈值比较方法的标志，这两个标志可以与前面 5 种标志一起使用，例如 THRESH_BINARY │ THRESH_OTSU。这两个标志分别利用大津法（OTSU）和三角形法（TRIANGLE）结合图像灰度值分布特性获取二值化的阈值，并将阈值以函数返回值的形式给出。因此，如果该函数最后一个参数设置了这两个标志中的任何一个，那么该函数第三个参数 thresh 将由

系统自动给出,但是,在调用函数时仍然不能默认,只是程序不会使用这个数值。另外,这两个标志目前只支持输入 CV_8UC1 类型的图像。

threshold()函数得到两个返回值:第一个是 retval,即阈值的具体数值;第二个是阈值化后的图像。下面编写一个全局化阈值的测试代码,看一下实验结果。

```python
import numpy
import cv2
import matplotlib.pyplot as plt

#以灰度格式读取图片,mountain.png 为测试图像名。可以通过更改图片名来更改图像。但是代
#码中的图片名须与存储文件中的图片名保持一致
img = cv2.imread("mountain.png", cv2.IMREAD_GRAYSCALE)
#获取全局化阈值处理后的图片
ret, thresh = cv2.threshold(img, 127, 255, cv2.THRESH_BINARY)

plt.figure(0)

#新建画布
plt.subplot(121)
#显示原始图片
plt.imshow(img, cmap="gray")
plt.title('ORIGIN')
#plt.xticks([])
#plt.yticks([])

#新建画布
plt.subplot(122)
plt.imshow(thresh, cmap="gray")
plt.title('SIMPLE')

plt.show()
```

可以看到这里把阈值设置成了 127,当图像中的灰度值大于 127 的重置像素值 255,代码运行结果如图 5-10 所示。

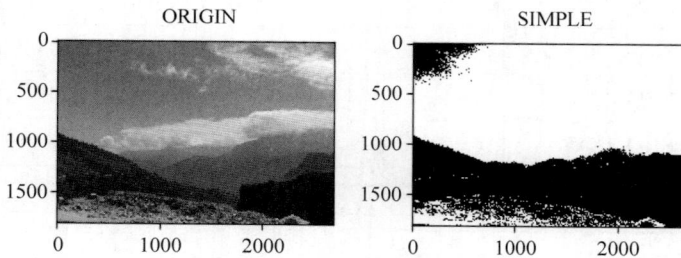

图 5-10　全局化阈值运行结果

- 自适应阈值

全局化阈值,只需要规定一个阈值,整个图像和这个阈值比较。而自适应阈值可以看成一种局部性的阈值,通过规定一个区域大小,比较这个点与区域大小里像素点的平均值(或者其他特征)的大小关系,确定这个像素点属于黑或者白(如果是二值情况)。这种方法

理论上得到的效果更好,相当于动态自适应地调整属于自己像素点的阈值,而不是整幅图像都用一个阈值。Python-OpenCV 提供的阈值函数原型为

```
dst = adaptiveThreshold(src, maxValue, adaptiveMethod, thresholdType,
blockSize, C[, dst])
#src:指原图像,应该是 8 位单通道图像
#maxValue:指当像素值高于(有时是小于)阈值时应该被赋予的新的像素值
#adaptiveMethod:指 CV_ADAPTIVE_THRESH_MEAN_C 或 CV_ADAPTIVE_THRESH_GAUSSIAN_C
#thresholdType:指取阈值类型,必须是 CV_THRESH_BINARY 或 CV_THRESH_BINARY_INV
#blockSize:指用来计算阈值的像素邻域大小:3,5,7,…
#C:指与方法有关的参数。阈值等于均值或者加权值减去这个常数(为 0 相当于阈值,就是求得
#邻域内均值或者加权值)
```

下面同样设计一个基础的代码来看看实验效果,代码如下所示。

```
import numpy
import cv2
import matplotlib.pyplot as plt

#读取图片
img = cv2.imread("parrot.jpg", cv2.IMREAD_GRAYSCALE)

#获取全局化阈值图像
ret, threshold1 = cv2.threshold(img,127,255,cv2.THRESH_BINARY)
#算术平均法的自适应二值化
threshold2 = cv2.adaptiveThreshold(img, 255, cv2.ADAPTIVE_THRESH_MEAN_C, cv2.
THRESH_BINARY, 11, 2)
#高斯加权均值法自适应二值化
threshold3 = cv2.adaptiveThreshold(img, 255, cv2.ADAPTIVE_THRESH_GAUSSIAN_C,
cv2.THRESH_BINARY, 11, 2)

images = [img, threshold1, threshold2, threshold3]

plt.figure()
for i in range(4):
    plt.subplot(2, 2, i+1)
    plt.imshow(images[i], "gray")

plt.show()
```

运行结果如图 5-11 所示,可以看到上述窗口大小为 7,窗口越小,得到的图像越细。想象一下,如果把窗口设置得足够大(不能超过图像大小),那么得到的结果就可能和第二幅图像相同了。

• Otsu's 二值化

使用全局阈值时,只能通过不停地尝试来确定一个效果比较好的阈值。如果是一幅双峰图像(简单说双峰图像是指图像直方图中存在两个峰)呢?我们岂不是应该在两个峰之间的峰谷选一个值作为阈值?这就是 Otsu's 二值化要做的事情。简单来说,就是对一幅双峰图像自动根据其直方图计算出一个阈值(对于非双峰图像,用这种方法得到的结果可能不理想)。

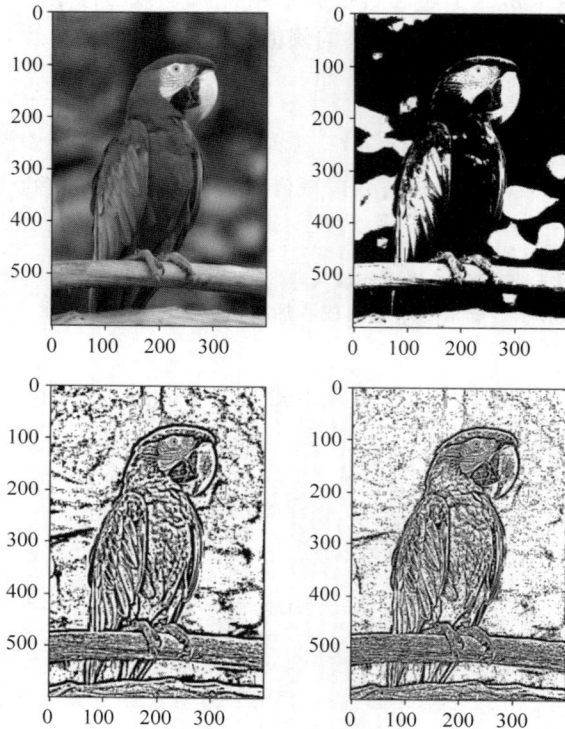

图 5-11　自适应阈值运行结果

cv2.threshold()函数有两个返回值,前面一直用第二个返回值,也就是阈值处理后的图像,那么第一个返回值(得到的图像的阈值)将会在这里用到。

前面对阈值的处理,我们选择的阈值都是 127,实际情况下,怎么选择这个 127 呢?

有的图像可能阈值不是 127 得到的效果更好。那么,这里需要算法自己寻找一个阈值,而 Otsu's 二值化就可以自己找到一个认为最好的阈值,并且 Otsu's 二值化非常适合于图像灰度直方图具有双峰的情况,它会在双峰之间找到一个值作为阈值。

那么,经过 Otsu's 二值化得到的阈值就是函数 cv2.threshold()的第一个参数了。因为 Otsu's 方法会产生一个阈值,那么函数 cv2.threshold()的第二个参数(设置阈值)就是 0 了,并且在 cv2.threshold 的方法参数中还得加上语句 cv2.THRESH_OTSU。那么,什么是双峰图像(只能是灰度图像才有),就是从图像的灰度统计图中可以明显看出只有两个波峰,如图 5-12 所示的灰度直方图就可以是双峰图。

对这个图进行 Otsu's 阈值处理就非常好,通过函数 cv2.threshold()会自动找到一个介于两波峰的阈值。实例如下,结果如图 5-13 所示。

```
#!/bin/usr/python3
#-*- coding: UTF-8 -*-
import cv2
import matplotlib.pyplot as plt

#读取灰度图片
img = cv2.imread("snow.jpg", cv2.IMREAD_GRAYSCALE)
```

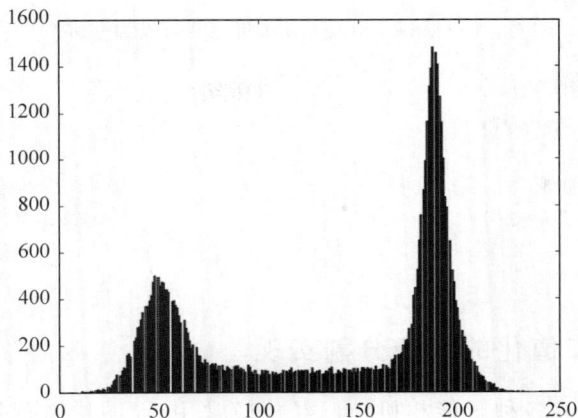
图 5-12 灰度直方图

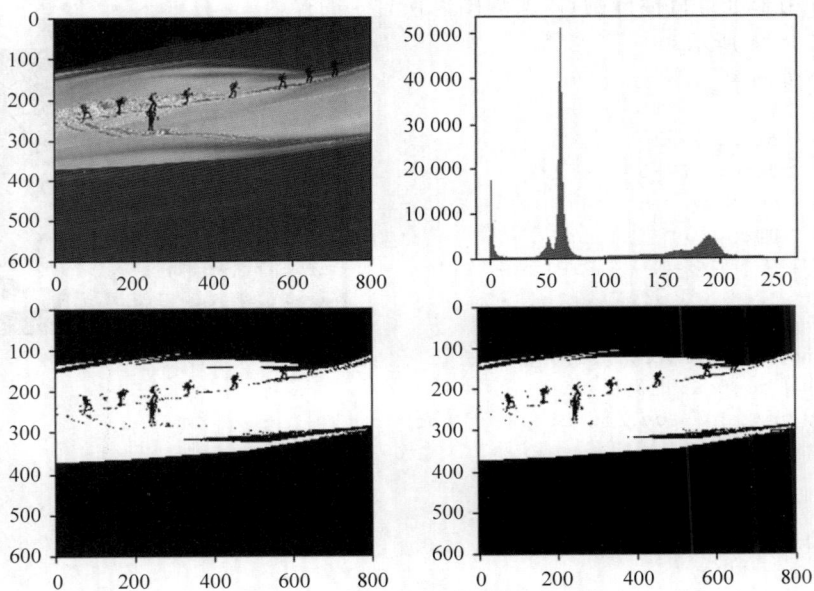
图 5-13 Otsu's 阈值处理实例结果

```
#全局化阈值
ret1, th1 = cv2.threshold(img, 127, 255, cv2.THRESH_BINARY)
print(cv2.THRESH_BINARY)
print(ret1)

#Otsu 滤波
ret2, th2 = cv2.threshold(img, 0, 255, cv2.THRESH_BINARY + cv2.THRESH_OTSU)
print(ret2)

plt.figure()

plt.subplot(221)
plt.imshow(img,"gray")
```

```
plt.subplot(222)
plt.hist(img.ravel(), 256)   #.ravel 方法将矩阵转换为一维

plt.subplot(223)
plt.imshow(th1,"gray")

plt.subplot(224)
plt.imshow(th2,"gray")

plt.show()
```

5.3.2 基于二值化的图像分割实现

图像换背景目前在各种智能相机中已经比较常用,而图像换背景需要检测出目标区域,这基本采用目标分割的算法。二值化算法尽管简单,但是对于简单场景,单纯的二值化算法同样可用来进行目标分割,以实现图像换背景的操作。

原图如 5-14 所示。

示例代码如下。

```
#!/bin/usr/python3
#-*- coding: UTF-8 -*-
import cv2 as cv
import numpy as np
from matplotlib import pyplot as plt


def contours_area(cnt):
    #计算 contour 的面积
    (x, y, w, h) = cv.boundingRect(cnt)
    return w * h
```

图 5-14　原图

```
#帮助信息
helpInfo = '''
提示-按键前需要选中当前画面显示的窗口

按键 Q: 退出程序
'''
print(helpInfo)

#载入原图
img = cv.imread('cat.png')
#图像二值化
img_bin = cv.inRange(img, lowerb=(9, 16, 84), upperb=(255, 251, 255))

#数学形态学预处理
kernel = np.ones((5, 5), np.uint8)
img_bin = cv.erode(img_bin, kernel, iterations=1)
img_bin = cv.dilate(img_bin, kernel, iterations=2)
```

```
#过滤掉小的 contours
#获取边缘信息
_, contours, hierarchy = cv.findContours(image=img_bin, mode=cv.RETR_EXTERNAL,
method=cv.CHAIN_APPROX_SIMPLE)
#获取面积最大的 contour
max_cnt = max(contours, key=lambda cnt: contours_area(cnt))
#创建空白画布
mask = np.zeros_like(img_bin)
#获取面积最大的 contour
mask = cv.drawContours(mask, [max_cnt], 0, 255, -1)
#使用罩层对原来的图像进行抠图
sub_img = cv.bitwise_or(img, img, mask=mask)
#给大白猫换背景
background = np.zeros_like(img)
background[:, :, :] = (150, 198, 12)
#获取新的背景
new_background = cv.bitwise_or(background, background, mask=cv.bitwise_not
(mask))
new_img = cv.add(new_background, sub_img)

#用 5 * 5 的 kernel 进行高斯模糊
new_img_blur = cv.GaussianBlur(new_img, (9, 9), 5)
plt.imshow(new_img_blur[:, :, ::-1])
plt.savefig('cat_crop.png')
plt.show()
```

创建 Python 文件 binary_segmentation.py，使用 SSH 方式登录边缘计算网关的 Linux 终端，执行以下命令运行程序。

```
$Python3 binary_segmentation.py
提示-按键前需要选中当前画面显示的窗口
```

按键 Q: 退出程序

程序运行结果如图 5-15 所示，按 Q 键退出。

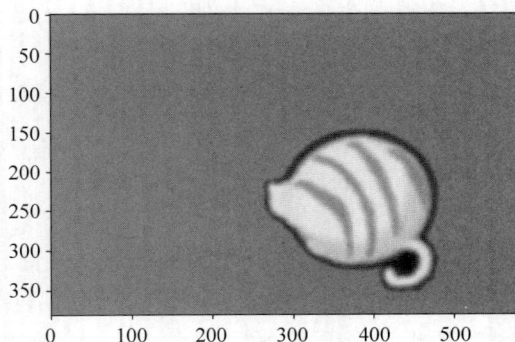

图 5-15　程序运行结果

5.3.3 区域生长

区域生长算法是一种基于图像分割的方法,旨在将图像划分成一些具有相似特征的区域。该算法通过迭代的方式进行计算,根据当前区域的特征度量合并或拆分区域,直到满足停止准则为止。具体而言,区域生长算法的实现过程如下。

(1)初始化:将图像划分成若干小区域,每个小区域包含一个像素点。

(2)特征度量:对每个小区域计算其特征度量。这里使用的特征度量通常包括像素点的灰度值、颜色、纹理等信息。

(3)区域合并:根据相似性度量将邻近的小区域合并,形成新的更大的区域。相似性度量可以通过比较两个区域之间的特征度量来计算。

(4)停止准则:判断是否达到停止条件。停止条件可以是分割结果满足预设的精度要求,或者是已经达到了固定的迭代次数,或者是已经不能再合并或分离区域了。

(5)输出结果:最终输出分割好的图像。分割结果通常由一组不同的区域组成,每个区域具有相似的特征属性。

下面通过一个例子详细解释。

图 5-16 示意的是区域增长的过程,图中的方格表示图像的像素点,方格中的数值表示像素点的灰度值。(a)表示开始选取的生长点,在生长过程中,每个生长点都将本身上、下、左、右 4 个像素点和初试选取的生长点比较灰度值,如果灰度值的差的绝对值在设定的阈值内,则认为这些点属于相同区域并将其合并,否则将灰度差大于设定阈值的点删除,重复检查区域内的像素点,直到没有像素点可以合并位置。不妨设图 5-16 的阈值为 2,(b)中 4 个点和初始点的灰度差都不大于 2,所以合并;(c)中只有部分满足条件,所以只合并满足条件的像素点,并且(c)区域周围邻域中没有点再满足条件,因此生长结束。

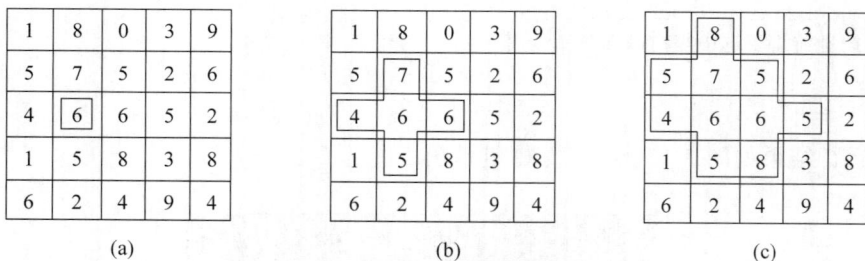

1	8	0	3	9
5	7	5	2	6
4	6	6	5	2
1	5	8	3	8
6	2	4	9	4

(a)

1	8	0	3	9
5	7	5	2	6
4	6	6	5	2
1	5	8	3	8
6	2	4	9	4

(b)

1	8	0	3	9
5	7	5	2	6
4	6	6	5	2
1	5	8	3	8
6	2	4	9	4

(c)

图 5-16　区域增长法示意图

通过上述示例,区域增长法是一种基于像素的图像分割方法,其一般步骤如下。

(1)初始化:对图像自上而下、自左而右进行扫描,找到第一个还没有访问过的像素,设该像素为 (x_0, y_0)。

(2)区域生长:以 (x_0, y_0) 为中心,考虑 (x_0, y_0) 的 8 邻域像素 (x, y),如果其邻域满足生长准则,则将 (x, y) 与 (x_0, y_0) 合并(在同一区域内),同时将 (x, y) 压入堆栈。

(3)堆栈处理:从堆栈中取出一个像素,将其当作 (x_0, y_0) 返回到步骤(2)。重复这个过程,直到堆栈为空。

(4)遍历完整幅图像:当堆栈为空时,返回到步骤(1)。直到遍历完整幅图像,算法结束。

1. 读入彩色图像

```
img_name = "test.jpg"
img = cv2.imread(img_name)
```

读取图片运行结果如图 5-17 所示。

2. 灰度化

```
gray_img = cv2.cvtColor(img,cv2.COLOR_BGR2GRAY)
```

灰度化运行结果如图 5-18 所示。

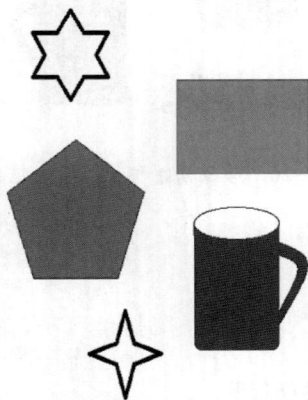

图 5-17　读取图片运行结果　　　　图 5-18　灰度化运行结果

3. 二值化

```
def get_binary_img(img):
    #gray img to bin image
    bin_img = np.zeros(shape=(img.shape), dtype=np.uint8)
    h = img.shape[0]
    w = img.shape[1]
    for i in range(h):
        for j in range(w):
            bin_img[i][j] = 255 if img[i][j] > 127 else 0
    return bin_img
#调用
bin_img = get_binary_img(gray_img)
```

二值化运行结果如图 5-19 所示。

4. 选取初始种子点

这里选择 3 个种子点作为初始点,种子点的坐标如图 5-20 中紫色十字所示。

```
out_img = np.zeros(shape=(bin_img.shape), dtype=np.uint8)
#选择初始 3 个种子点
seeds = [(176,255),(229,405),(347,165)]
for seed in seeds:
```

```
x = seed[0]
y = seed[1]
out_img[y][x] = 255
```

图 5-19　二值化运行结果

图 5-20　选取初始种子点运行结果

5. 区域增长结果

```
#8 邻域
directs = [(-1,-1), (0,-1), (1,-1), (1,0), (1,1), (0,1),(-1,1),(-1,0)]
visited = np.zeros(shape=(bin_img.shape), dtype=np.uint8)
while len(seeds):
    seed = seeds.pop(0)#将元素从列表中弹出,默认最后一个
    x = seed[0]
    y = seed[1]
    #visit point (x,y)
    visited[y][x] = 1
    for direct in directs:
        cur_x = x + direct[0]
        cur_y = y + direct[1]
        #非法
        if cur_x < 0 or cur_y< 0 or cur_x >= w or cur_y >=h :
            continue
        #没有访问过且属于同一目标
        if (not visited[cur_y][cur_x]) and (bin_img[cur_y][cur_x]==bin_img[y][x]) :
            out_img[cur_y][cur_x] = 255
            visited[cur_y][cur_x] = 1
            seeds.append((cur_x,cur_y))
```

区域增长结果如图 5-21 所示。

6. 获取目标

以上面得到的二值图作为 mask,去彩色图中取对应的部分即可,代码如下。

```
bake_img = img.copy()
h = bake_img.shape[0]
w = bake_img.shape[1]
```

```
for i in range(h):
    for j in range(w):
        if out_img[i][j] != 255:
            bake_img[i][j][0] = 0
            bake_img[i][j][1] = 0
            bake_img[i][j][2] = 0
```

获取目标结果如图 5-22 所示。

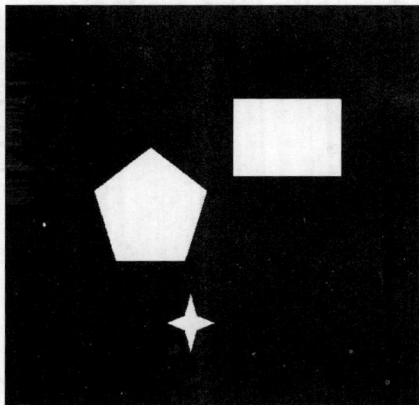

图 5-21 区域增长结果

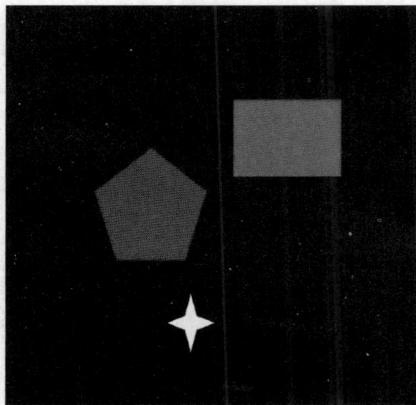

图 5-22 获取目标结果

7. 完整代码

通过区域增长法提取前景目标。

```
#-*-coding:utf-8-*-
import cv2
import numpy as np

def get_binary_img(img):
    #gray img to bin image
    bin_img = np.zeros(shape=(img.shape), dtype=np.uint8)
    h = img.shape[0]
    w = img.shape[1]
    for i in range(h):
        for j in range(w):
            bin_img[i][j] = 255 if img[i][j] > 80 else 0
    return bin_img
img_name = "test.jpg"
img = cv2.imread(img_name)
h = img.shape[0]
w = img.shape[1]
gray_img = cv2.cvtColor(img,cv2.COLOR_BGR2GRAY)

#调用
bin_img = get_binary_img(gray_img)
out_img = np.zeros(shape=(bin_img.shape), dtype=np.uint8)
#选择初始 3 个种子点
```

```
seeds = [(176,255),(229,205),(307,165)]
for seed in seeds:
    x = seed[0]
    y = seed[1]
    out_img[y][x] = 255
#8 邻域
directs = [(-1,-1), (0,-1), (1,-1), (1,0), (1,1), (0,1),(-1,1),(-1,0)]
visited = np.zeros(shape=(bin_img.shape), dtype=np.uint8)
while len(seeds):
    seed = seeds.pop(0)
    x = seed[0]
    y = seed[1]
    #visit point (x,y)
    visited[y][x] = 1
    for direct in directs:
        cur_x = x + direct[0]
        cur_y = y + direct[1]
        #非法
        if cur_x < 0 or cur_y< 0 or cur_x >= w or cur_y >=h :
            continue
        #没有访问过且属于同一目标
        if (not visited[cur_y][cur_x]) and (bin_img[cur_y][cur_x]==bin_img[y][x]) :
            out_img[cur_y][cur_x] = 255
            visited[cur_y][cur_x] = 1
            seeds.append((cur_x,cur_y))
bake_img = img.copy()
h = bake_img.shape[0]
w = bake_img.shape[1]
for i in range(h):
    for j in range(w):
        if out_img[i][j] != 255:
            bake_img[i][j][0] = 0
            bake_img[i][j][1] = 0
            bake_img[i][j][2] = 0

cv2.imshow('image',img)
cv2.imshow('rowgrow',bake_img)
cv2.waitKey(0)
cv2.destroyAllWindows()
```

通过设置阈值控制生长条件。

```
#-*- coding:utf-8 -*-
import cv2
import numpy as np

def get_binary_img(img):
    #gray img to bin image
    bin_img = np.zeros(shape=(img.shape), dtype=np.uint8)
    h = img.shape[0]
    w = img.shape[1]
```

```
            for i in range(h):
                for j in range(w):
                    bin_img[i][j] = 255 if img[i][j] > 150 else 0
        return bin_img
img_name = "test.jpg"
img = cv2.imread(img_name)
h = img.shape[0]
w = img.shape[1]
gray_img = cv2.cvtColor(img,cv2.COLOR_BGR2GRAY)
print(gray_img )

#调用
#bin_img = get_binary_img(gray_img)
out_img = np.zeros(shape=(gray_img.shape), dtype=np.uint8)
#选择初始 3 个种子点
seeds = [(276,155)]
for seed in seeds:
    x = seed[0]
    y = seed[1]
    out_img[y][x] = 255
#8 邻域
directs = [(-1,-1), (0,-1), (1,-1), (1,0), (1,1), (0,1),(-1,1),(-1,0)]
visited = np.zeros(shape=(gray_img.shape), dtype=np.uint8)
while len(seeds):
    seed = seeds.pop(0)
    x = seed[0]
    y = seed[1]
    #visit point (x,y)
    visited[y][x] = 1
    for direct in directs:
        cur_x = x + direct[0]
        cur_y = y + direct[1]
        #非法
        if cur_x < 0 or cur_y < 0 or cur_x >= w or cur_y >= h :
            continue
        #没有访问过且属于同一目标
        if (not visited[cur_y][cur_x]) and (abs(int(gray_img[cur_y][cur_x])-int
(gray_img[y][x])) < 5.0) :
            out_img[cur_y][cur_x] = 255
            visited[cur_y][cur_x] = 1
            seeds.append((cur_x,cur_y))
bake_img = img.copy()
h = bake_img.shape[0]
w = bake_img.shape[1]
for i in range(h):
    for j in range(w):
        if out_img[i][j] != 255:
            bake_img[i][j][0] = 0
            bake_img[i][j][1] = 0
            bake_img[i][j][2] = 0
```

```
cv2.imshow('rowgrow',bake_img)
cv2.waitKey(0)
cv2.destroyAllWindows()
```

5.3.4 分水岭算法

分水岭算法的原理是基于图像中灰度值较低的区域通常表示为物体外形或边缘,而灰度值较高的区域则表示背景。因此,将灰度图像视为地形图是很自然的,其中组成物体的边缘和轮廓类似于山峰,而背景部分类似于平原。在这种情况下,将从每个山峰开始向下流动的水量累加,直到水流聚集在所有山峰的汇合点上,最终形成分割线。这些分割线将图像划分为具有不同颜色或灰度级别的区域,每个区域都具有单独的属性。分水岭分割方法最初是由 Vincent 和 Soille 于 1991 年提出的。当时,他们开发了一种利用形态学滤波器的算法来完成该任务,并且该方法已经成为现代分水岭分割技术的基础。随着时间的推移,该技术已经得到广泛应用,在许多领域如医学影像、计算机视觉和图像处理等方面都有广泛的应用。

Vincent 提出的分水岭算法主要包括排序和淹没两个步骤。

1. 排序过程

在该步骤中,首先确定图像中的局部极小值(也称为标记)。这些极小值位于所谓的"盆地"中,它们是在给定窗口大小内的最小灰度级别,并且没有比它更低的灰度级别的像素。这些局部极小值通常对应物体的中心或背景中的孔洞等特征。

接下来,将所有像素按照其灰度级别进行排序,从最小到最大。对于每个像素,查找其相邻像素中具有较低灰度级别的像素,并将其归入同一盆地。如果一个像素周围的像素都属于同一盆地,则该像素被视为与该盆地相同,否则该像素被视为具有自己的盆地。此时可以得到一幅标记图像,其中每个像素都被赋予了一个唯一的标记。

2. 淹没过程

在这一步骤中,将从最小灰度级别开始,依次增加灰度级别,直到达到最大灰度级别。对于每个灰度级别,将所有具有该灰度级别的像素涂上标记,并计算其邻域中已被标记的像素数量。如果该像素周围的所有像素都已被标记,则该像素不需要标记,并且继续向下一个像素进行处理。否则,该像素被视为具有"未定"状态,并且等待下一轮处理。

然后,继续对所有处于"未定"状态的像素进行处理,重复以上步骤,直到所有像素都被标记为具有唯一的分水岭标记。此时可以得到一张分割图像,其中每个像素都被赋予了一个与其相应的标记值。这些标记值对应各自的物体或背景区域。

使用分水岭算法实现图像分割的步骤一般如下。

(1)对图像进行预处理,包括去噪、平滑等操作,以便更好地提取图像边缘。在分水岭算法中,为了更好地处理图像的边缘,需要对图像进行一些预处理。这些预处理包括去噪和平滑等操作。去噪可以使用一些常见的方法,如中值滤波、均值滤波等;平滑可以使用高斯滤波等。

(2)根据图像的灰度值构建距离变换图像,即对每个像素点计算其到最近边缘的距离,并将距离值映射到灰度值上。距离变换是指对于每个像素点,计算出它到图像中最近边缘的距离,并将这个距离作为该像素点的灰度值,这样就可以得到一个灰度图像,其中每个像素点的灰度值表示该点到最近边缘的距离。

(3) 找出距离变换图像中的所有局部最小值,这些点被认为是分水岭的起点。在距离变换图像中找出所有的局部最小值,这些点被认为是分水岭的起点。这些局部最小值可以通过比较每个像素点的灰度值和它周围像素点的灰度值得到。

(4) 将这些局部最小值作为分水岭初始标记,在每个山谷处向外扩张分水岭标记,直到两个标记相遇或者达到图像边缘。将上一步中找到的局部最小值作为分水岭的起点,并将它们作为初始化标记。接着,从每个山谷处开始,向外扩张分水岭标记,直到两个标记相遇或者达到图像边缘。在扩张过程中,如果遇到已经标记过的像素点,则将其标记为该山谷所属的区域,这样就可以逐渐形成若干个区域。

(5) 在扩张过程中,分水岭会切断连通区域,形成若干个分割区域,这些区域就是图像分割的结果。当所有的山谷都被处理完毕后,图像的区域就被分割成若干个不相交的子区域。这些子区域就是图像分割的结果。通过合适的方法,可以对这些子区域进一步进行处理,以达到更好的分割效果。

分水岭算法具有多方面的优点,使得其在图像分割领域得到广泛应用。首先,分水岭算法能实现比较高的分割精度。这是因为分水岭算法不仅考虑了图像的全局信息,还考虑了图像局部极小值,从而能有效地处理物体的边缘和轮廓,达到更好的分割效果。分水岭算法适用范围广,可用于各种复杂场景下的图像分割。与其他基于模型或经验规则的算法相比,分水岭算法不依赖任何先验知识,只需根据图像本身的特征进行处理。因此,在医学影像、计算机视觉等领域都有广泛的应用前景。分水岭算法鲁棒性强。在实际应用中,图像通常会受到各种噪声和干扰的影响,而分水岭算法具有一定的抗噪声能力,能处理多变的图像情况,从而提高算法的稳定性和实用性。

这种算法也存在一些问题,如易受噪声影响、分割结果不稳定等。首先,在实际应用中,图像往往会受到各种噪声的干扰,从而导致分割结果出现误差。其次,分水岭算法对参数的选择较为敏感,不同的参数设置可能导致截然不同的分割结果,使得算法的稳定性受到挑战。

解决这些问题的方法一般包括两方面:一是结合其他图像处理方法进行优化;二是调整分水岭算法的参数。关于第一方面,可以采用去噪技术,如小波变换、中值滤波等方法,以减小噪声对分割结果的影响。此外,还可以通过边缘检测、形态学处理等方法提高算法的精度和稳定性。关于第二方面,可以采用交叉验证等方法,通过多次实验寻找最优的参数组合,从而提高算法的稳定性。同时,也可以利用机器学习算法自动寻找最优参数。

代码如下。

```
import cv2
import numpy as np
img=cv2.imread('p.bmp')
cv2.imshow('bafore',img)
#转为灰度图
gray=cv2.cvtColor(img,cv2.COLOR_BGR2GRAY)
#转为三通道图像
rgb=cv2.cvtColor(img,cv2.COLOR_BGR2RGB)
```

```
#使用开运算对原始图像去躁
ret,tresh=cv2.threshold(gray,0,255,cv2.THRESH_BINARY_INV+cv2.THRESH_OTSU)
k=np.ones((3,3),np.uint8)
OPEN=cv2.morphologyEx(tresh,cv2.MORPH_OPEN,k,iterations=2)
#获取确定背景(膨胀)
sbg=cv2.dilate(OPEN,k,iterations=3)
#获取确定前景(使用距离变换函数)
dis=cv2.distanceTransform(OPEN,cv2.DIST_L2,5)
ret,sfg=cv2.threshold(dis,0.7*dis.max(),255,0)
#计算未知区域
sfg=np.uint8(sfg)
unknown=cv2.subtract(sbg,sfg)
#对图像进行标注并修正
ret,markers=cv2.connectedComponents(sfg)
markers=markers+1
markers[unknown==255]=0
#使用分水岭函数进行分割
markers=cv2.watershed(img,markers)
img[markers==-1]=[0,255,0]
cv2.imshow('after',img)
```

结果如图 5-23 所示。

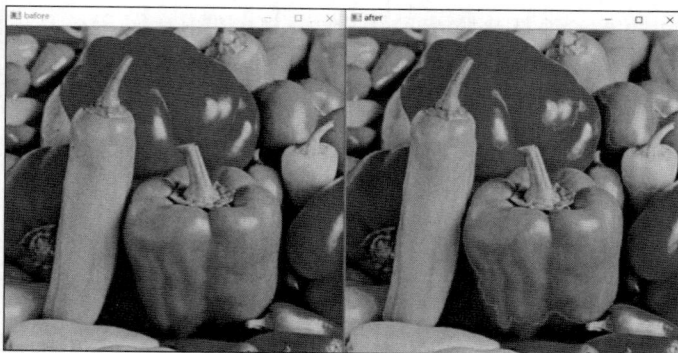

图 5-23　代码运行结果

5.3.5　GrabCut 交互式分割

GrabCut 算法的主要思路是通过对图像进行迭代式分割,不断更新模型来准确地将前景和背景分离。在这个过程中,用户需要提供一些标记数据(如前景、背景、未知区域等),以指导算法的分割过程。CrabCut 算法的具体步骤如下。

(1) 用户需要手动选择一个矩形框选区域,该区域应该包含待分割的前景物体。这可以通过在图像上单击并拖动来完成。这个初始的矩形区域将作为分割算法的输入,并用于标记前景和背景像素。

(2) 选择了一个矩形区域,这个区域内的像素被标记为前景像素,而其他区域的像素则被标记为背景像素。这个初始标记是为了建立初始模型所需的先验知识。

(3) 使用高斯混合模型(GMM)对图像进行建模。GMM 是一种参数化概率密度函数,它可以对图像像素进行建模,并将其分为多个成分。对于 GrabCut 算法,每个像素都被表示为一个由颜色和位置组成的向量,并且每个向量都被视为 GMM 中的一个观察值。需要使用 EM 算法估计 GMM 的参数,以获得前景和背景的颜色分布。

(4) 根据标记数据,将无标记区域的像素分成两组:可能属于前景和可能属于背景。然后,利用 GMM 对这些无标记像素进行分类,并重新估计模型参数。

(5) 已经用 GMM 对无标记像素进行了一次分类,并重新估计了 GMM 的参数。在此步骤中,使用类似的方法重新对未标记的像素进行分类,并进一步更新 GMM 的参数。

(6) 由于在步骤(4)和(5)中,我们对未标记的像素进行了多次分类,并重新估计了 GMM 的参数。在此步骤中,我们需要重复执行这些步骤,直到分类结果收敛或达到预定迭代次数。通常,我们会设置一个最大迭代次数,并在每次迭代后检查分类结果是否已经收敛。如果分类结果已经收敛,则算法会停止运行,否则继续执行下一轮迭代。

(7) 完成所有迭代后,将得到一个分割结果,即每个像素被标记为前景或背景。可以根据这些标记,将图像分割成前景和背景两部分。通过使用基于阈值的方法或者图像分割算法来完成这个任务。

GrabCut 算法利用 GMM 对图像进行建模,并使用 EM 算法对 GMM 的参数进行估计。算法不断迭代,重新分类未标记像素并更新 GMM 的参数,直到分类结果收敛或达到预定迭代次数。最终输出的是前景和背景像素的标记,用于图像分割。

GrabCut 算法在很多计算机视觉应用中得到广泛应用,例如图像编辑、视频分析等领域。同时,该算法也可以结合其他技术进行改进,例如利用深度学习提高分割的准确性和效率。

GrabCut 是一种基于图割的交互式图像分割算法,具有以下优点。

高准确性:能捕捉到复杂场景中的细节和纹理信息,实现高质量的图像分割效果。

交互性强:可以通过手动标注前景和背景区域、使用目标模板等方式引导算法进行分割,提高了算法的交互性和可控性。

可扩展性:基于图割算法原理使得该算法可以很容易地与其他算法结合起来应用于不同的应用场景,并且可以与深度学习技术相结合进一步提高准确性和效率。

简单易用:具有较简单的计算流程和易于实现的特点,相对于诸如 Level Set、Markov Random Field 等复杂的图像分割算法更易上手。

可解释性强:分割结果可以表示为前景和背景区域的二元掩码,非常直观易懂,便于后续处理和分析。

代码如下。

```
import cv2
import numpy as np
img=cv2.imread('parrot.jpg')
cv2.imshow('before',img)
rgb=cv2.cvtColor(img,cv2.COLOR_BGR2RGB)
bgd=np.zeros((1,65),np.float64)
fgd=np.zeros((1,65),np.float64)
#先将掩模的值全部构造为 0
mask=np.zeros(img.shape[:2],np.uint8)
mask[30:512,50:400]=3                        #头像可能区域
mask[50:300,150:200]=1                        #头像的确定区域
cv2.grabCut(img,mask,None,bgd,fgd,5,cv2.GC_INIT_WITH_MASK)
```

```
mask=np.where((mask==2)|(mask==0),0,1).astype('uint8')
ogc=img*mask[:,:,np.newaxis]
ogc=cv2.cvtColor(ogc,cv2.COLOR_BGR2RGB)
cv2.imshow('after',ogc)
```

CrabCut 算法运行结果如图 5-24 所示。

图 5-24　CrabCut 算法运行结果

5.4　数学形态学

　　数学形态学(Mathematical Morphology)是一门建立在格伦和拓扑学基础之上的图像分析学科,是数学形态学图像处理的基本理论。

　　数学形态学变换由图像和另一个小点集 B 之间的关系定义,小点集 B 称为结构元素(structuring Elements),其中 B 中含有一个局部原点的定义,对于一种形态学变换,结构元素 B 起着决定性作用,B 的内容主要包括一些点的坐标和局部原点坐标 O。将形态学变换(X)作用于图像 X 就是用结构元素 B 系统地扫描整幅图像。当 B 处于 X 的某一位置时,B 的局部原点 O 为 X 当前像素,其计算结果保存到输出图像中。

　　数学形态学变换基本的运算包括二值腐蚀和膨胀、二值开闭运算、骨架抽取、极限腐蚀、击中击不中变换、形态学梯度、Top-hat 变换、颗粒分析、流域变换、灰度腐蚀和膨胀、灰度开闭运算、灰值形态学梯度等。其中最基本的形态学操作是腐蚀和膨胀。膨胀与腐蚀能实现多种多样的功能,主要如下。

　　1) 图像预处理(去噪声,简化形状)

　　腐蚀和膨胀用于去除图像中的噪声,简化图形的形状。在数字图像处理中,图像由离散的像素点组成,可能会有噪声或不需要的细节干扰,通过使用腐蚀和膨胀技术,可以减少这些噪声或不必要的小细节,从而改善图像质量。

　　2) 增强物体结构(抽取骨骼,细化,粗化,凸包,物体标记)

　　腐蚀和膨胀用于增强物体的结构,包括抽取骨骼、细化、粗化、凸包和物体标记等功能。例如,对于人脸识别中的人脸图像,可以使用腐蚀和膨胀提取人脸的特征点,如眼睛、鼻子、嘴巴等,以便进行更加准确的人脸匹配。

3）从背景中分隔物体

腐蚀和膨胀用于从背景中分隔出物体。通过将图像中的物体部分膨胀,可以使其与背景分离得更加明显。同时,通过将图像中的背景部分腐蚀,可以使背景更加平滑,以便进行后续的分割处理。

4）物体量化描述(面积,周长,投影,Euler-Poincare 特征)

腐蚀和膨胀用于物体量化描述,如面积、周长、投影、Euler-Poincare 特征等。通过对图像中的物体进行腐蚀和膨胀操作,可以得到物体的不同形态,从而进一步计算出各种物体形状特征参数,为后续的分析提供数据支持。

5.4.1 腐蚀

粗略地说,腐蚀(Erosion)是一种数字图像处理操作,其作用是使图像目标区域的范围变小,实质上就是缩小了目标物体的边界。腐蚀操作可以被看成一种局部最小值滤波,它通过对图像中每个像素周围的邻域进行比较,将相邻的像素点中值较小的像素替换为当前像素值,从而实现目标区域的收缩。在图像处理中,腐蚀操作通常与膨胀(Dilation)操作联合使用,这两种操作都属于形态学操作,常被用来改善二值图像的特征或者分割出感兴趣的目标区域。具体地,腐蚀操作可以用一个模板(也称为结构元素)描述,该模板定义了需要进行腐蚀的像素点周围的邻域大小和形状。以一个 3×3 的正方形模板为例,对于图像中的每个非零像素点,如果其周围的 3×3 邻域内所有像素点都是非零的,则该像素点不变;否则,该像素点的值将被设置为零。通过这样的操作,目标区域的边界会逐渐收缩,小的、无意义的目标物也会被消除。腐蚀操作通常用于去除图像中噪声、分割出感兴趣区域等应用场景。但是需要注意的是,过度的腐蚀可能导致目标物体变形或者消失。

在形态学运算中,结构元素(也称核或模板)的选取非常关键,它决定了形态学运算的效果和应用范围。结构元素可以看成一个小的二值图像,通常为一个正方形、圆形、十字形等基本形状,它与原始图像的每个像素点进行比较,以实现目标区域的处理。具体来说,当结构元素与一个像素点重合时,运算算法将结构元素内所有与待处理像素点重合的部分作为掩蔽子区域,然后根据具体算法对该区域进行运算。在形态学运算中,结构元素的大小、形状和位置都会影响运算结果。在腐蚀运算中,结构元素的大小和形状会影响到目标区域的收缩程度和速度;而在膨胀运算中,结构元素的大小和形状则会影响到目标区域的扩张程度和速度。

腐蚀数学表达式的形式如下。

对于二值图像,给定结构元素的位置满足以下条件:

$$\varepsilon(X) = \{x \mid \boldsymbol{B}_x \subseteq X\}$$

其中,$\boldsymbol{B}_x$ 表示结构元素 B 经过 X 变换后的矩阵,X 为原图像。

5.4.2 膨胀

膨胀是一种数字图像处理操作,其作用是使图像目标区域的范围变大,实质上就是将周围的背景点合并到目标物中,从而使得目标边界向外部扩张。膨胀操作可以理解为局部最大值滤波,它通过对图像中每个像素周围的邻域进行比较,将相邻像素点中值较大的像素替换为当前像素值,从而实现目标区域的扩张。膨胀操作可以用一个模板(也称为结构元素)描述,该模板定义了需要进行膨胀的像素点周围的邻域大小和形状。以一个 3×3 的正方形模板为例,对于图像中的每个非零像素点,如果其周围的 3×3 邻域内有至少一个像素点是非零的,则该像素点不变;否则,该像素点的值将被设置为非零值。通过这样的操作,目标区域的边界会逐渐扩张,与目标物接触的背景点也会被合并到目标物中。

膨胀操作可用于填充图像中的空洞、连接断裂的部分、分割出感兴趣的目标区域,以及降噪等多种应用场景。填充图像中的空洞时,膨胀操作可以使得目标区域变得更加完整;连接断裂的部分时,膨胀操作可以将多个碎片连接成一个完整的目标物体。分割出感兴趣的目标区域时,膨胀操作可以扩大目标物体的边界,从而更准确地分割出目标区域;降噪时,膨胀操作可以去除图像中不需要的细节或者小块。通过使用不同大小和形状的模板,可以对膨胀操作进行优化和调整,以达到更好的效果。

膨胀数学表达式的形式如下。

对于二值图像,给定结构元素的位置满足以下条件:

$$\delta(X) = \{x \mid \boldsymbol{B}_x \bigcap X \neq \varnothing\}$$

其中,$\boldsymbol{B}_x$ 表示结构元素 B 经过 X 变换后的矩阵,X 为原图像。

5.4.3 开运算

开运算,是先进行腐蚀,再进行膨胀的运算,它可用来去除噪声。开运算在 OpenCV 中由专门的函数 cv.morphologyEx()实现,其函数原型和具体参数如下所示。

```
morphologyEx (src, op, kernel [, dst [, anchor [, iterations [, borderType [,
borderValue]]]]]) -> dst
#src: 原图片
#dst: 与原图片同样形状的输出图片
#op: 运算类型
#kernel: 结构元素
#anchor: 表示结构元素以哪个位置的元素遍历原图片,默认为(-1, -1),表示以中心元素遍历
#iterations: 膨胀的次数
#borderType: 边界类型,具体参考 BorderTypes 类
#borderValue: 边界值
```

5.4.4 闭运算

与开运算对应,闭运算是先膨胀,再腐蚀。这个过程可以填充前景物体中的小洞,或者去除前景物体上的小黑点。这个操作可以使前景物体更加连通,并且保持原始物体的大小不变。在 OpenCV 中,实现闭运算与开运算基本一致,需要调用 cv.morphologyEx()函数,并将第二个参数设置为 cv.MORPH_CLOSE。第一个参数是输入图像,第三个参数是结构元素,结构元素可以通过 cv.getStructuringElement()函数创建。

5.4.5 形态学梯度

形态学梯度是图像处理中的一种基本操作,它可用来计算图像中物体边缘的位置信息。该操作主要基于形态学变换技术,通过对图像进行腐蚀和膨胀等操作,提取出不同大小、不同形状的结构元素,并将它们与原始图像进行匹配,得到图像中物体周围的局部差异信息。

形态学梯度操作通常使用二值图像作为输入,并输出一个具有相同尺寸和类型的图

像。在该操作中,先使用膨胀操作扩张图像中的物体结构,然后再使用腐蚀操作收缩这些结构,最终得到的就是物体的轮廓线。OpenCV 的 cv.morphologyEx()函数同样可以计算图像梯度,我们也可以将膨胀后的图像与腐蚀后的图像按位进行异或运算,得到梯度图像。

5.4.6 形态学检测边缘

形态学检测边缘是一种基于数学形态学的图像处理技术,用于检测和增强数字图像中物体的边缘。该技术可以帮助我们在数字图像中定位物体、分割图像、识别特征并提取图像内容。

形态学检测边缘是一种常用的图像处理方法,可以帮助从图像中提取物体轮廓,进行分析和处理。该过程通常包括以下步骤。

首先,对输入的二值化图像进行腐蚀和膨胀操作。这些形态学操作可以使物体边界更加明显,同时消除不必要的噪声,从而得到更清晰的图像。

其次,对处理后的图像进行梯度计算。通过利用梯度运算,可以得到图像的边缘信息,从而确定物体的轮廓位置和形状。

得到边缘信息后,需要根据应用需求确定一个适当的阈值,将处理后的图像转换为二值图像。这样可以使得边缘线更加明显,便于进一步处理和分析。

最后,通过一系列形态学操作对边缘线进行细化,以得到更加精细的轮廓信息。这些形态学操作包括细化、膨胀、闭合等,可以使得边缘线更加平滑和连续,同时去除一些不必要的噪声和断点。经过这些步骤处理后,就可以得到准确的物体轮廓信息,并对其进行进一步分析和处理。形态学检测边缘与传统的边缘检测算法相比,具有良好的抗噪声能力、可以处理不规则形状和复杂边缘,以及算法简单易实现等优点。

首先,形态学操作可以去除图像中的噪声,从而使形态学检测边缘对噪声的容忍度更高。这是因为,形态学操作可以根据像素周围的邻域信息判断是否将该像素标记为边缘像素,从而避免了噪声干扰的影响。

其次,形态学检测边缘可以处理不规则形状和复杂边缘。传统的边缘检测算法通常只能处理简单的几何形状,如直线、圆等。但是,实际应用中,很多边缘都是不规则或者复杂的形状,这时传统的边缘检测算法就无法胜任。而形态学检测边缘能通过结构元素的选择和组合,针对不同形状的边缘进行检测,从而实现更精确的边缘检测。

最后,形态学检测边缘的算法非常简单易实现,因为它只需要进行简单的形态学操作,如膨胀、腐蚀、开运算和闭运算等。这些操作不仅易于理解,而且可以通过现有的图像处理工具轻松实现,因此,对于开发人员而言,形态学检测边缘是一种非常方便和有效的选择。

5.5 应用案例

5.5.1 应用案例 1:图像变换

1. 算法原理

1)基本描述

图像变换是很多数据预处理的关键步骤,主要包括图像的旋转、镜像、缩放、透视等相关操作。在某些应用中数据集比较少的情况下，运用图像变换等数据增强手段就可以实现数据集数据的扩充，如随机镜像、随机垂直镜像、90°旋转等操作。

2）常用方法

- 图像旋转

在 OpenCV 中，图像旋转主要调用函数 getRotationMatrix2D()和 warpAffine()实现，绕图像的中心旋转，具体如下。

```
#对图片进行旋转
#构造旋转矩阵,参数分别为旋转中心、旋转度数、缩放比例
M = cv.getRotationMatrix2D((cols/2, rows/2), 45, 1)
#图像旋转,参数分别为原始图像、旋转矩阵、原始图像的宽和高
rotation_image = cv.warpAffine(image, M, (cols, rows))
```

- 图像镜像

在 OpenCV 中，图像翻转主要调用函数 flip() 实现，具体如下。

```
#src:原始图像
#flipCode:翻转方向(flipCode=0,水平镜像,flipCode>0,垂直镜像,flipCode<0,同时翻转)
dst = cv2.flip(src, flipCode)
```

- 图像缩放

在 OpenCV 中，图像缩放主要调用 resize() 函数实现，具体如下。

```
#scr:原始图像
#dsize:输出图像的尺寸(元组方式)
#fx:沿水平轴缩放的比例因子
#fy:沿垂直轴缩放的比例因子
#interpolation:插值方法
cv.resize(src, dsize, fx, fy, interpolation)
```

详细参数如下。

src：输入，原图像，即待改变大小的图像。

dsize：输出图像的大小。如果这个参数不为 0，就代表将原图像缩放到这个 Size(width,height)指定的大小；如果这个参数为 0，那么原图像缩放之后的大小就要通过式 dsize = Size(round(fx * src.cols)，round(fy * src.rows))计算。

fx：width 方向的缩放比例，如果它是 0，那么它就会按照(double)dsize.width/src.cols 计算。

fy：height 方向的缩放比例，如果它是 0，那么它就会按照(double)dsize.height/src.rows 计算。

interpolation：这是指定插值的方式，图像缩放后，像素肯定要重新计算，就靠这个参数指定重新计算像素的方式，具体有以下几种方式。

INTER_NEAREST -最邻近插值。

INTER_LINEAR -双线性插值，如果最后一个参数不指定，默认使用这种方法。

INTER_AREA -使用像素区域关系重采样。

INTER_CUBIC - 4×4 像素邻域内的双立方插值。

INTER_LANCZOS4 - 8×8 像素邻域内的 Lanczos 插值。

off
156

- 透视变换：

图像透视变换的本质是将图像投影到一个新的视平面。在 OpenCV 中，通过函数 cv2.getPerspectiveTransform(pos1，pos2)构造矩阵 M，其中 pos1 和 pos2 分别表示变换前后的 4 个点对应的位置。得到 M 后再通过函数 cv2.warpPerspective(src，M，(cols，rows))进行透视变换，具体如下。

```
#pos1 表示透视变换前的 4 个点对应位置
#pos2 表示透视变换后的 4 个点对应位置
M = cv2.getPerspectiveTransform(pos1, pos2)
#src 表示原始图像
#M 表示透视变换矩阵
#(rows,cols)表示变换后的图像大小,rows 表示行数,cols 表示列数
cv2.warpPerspective(src,M,(cols,rows))
```

2. 关键代码

1）图片旋转

通过 OpenCV 方法实现图片旋转，算法文件如下（algorithm\image_rotation\image_rotation.py）。

```
#######################################################################
#########################
#文件:image_rotation.py
#作者:Zonesion Fenglei 20220418
#说明:对图像进行旋转处理,并将处理结果返回
#修改:
#注释:
#######################################################################
#########################
import cv2 as cv
import numpy as np
import base64
import json

class ImageRotation(object):
    def __init__(self):
        pass

    def image_to_base64(self, img):
        image = cv.imencode('.jpg', img, [cv.IMWRITE_JPEG_QUALITY, 60])[1]
        image_encode = base64.b64encode(image).decode() #Python3 byte 转 str
        return image_encode

    def base64_to_image(self, b64):
        img = base64.b64decode(b64.encode('utf-8'))
        img = np.asarray(bytearray(img), dtype="uint8")
        img = cv.imdecode(img, cv.IMREAD_COLOR)
        return img

    def inference(self, image, param_data):
```

```
        #code:若识别成功,则返回 200
        #msg:相关提示信息
        #origin_image:原始图片
        #result_image:处理之后的图片
        #result_data:结果数据
        return_result = {'code': 200, 'msg': None, 'origin_image': None, 'result_
image': None, 'result_data': None}

        #获取图像的垂直尺寸、水平尺寸、通道数(image.shape[0],image.shape[1],image.
shape[2])
        image_shape = image.shape
        #对图片进行旋转
        #构造旋转矩阵,参数分别为旋转中心、旋转度数、缩放比例
        M = cv.getRotationMatrix2D((image_shape[0] / 2, image_shape[1] / 2), 45, 1)
        #图像旋转,参数分别为原始图像、旋转矩阵、原始图像的宽和高
        rotation_image = cv.warpAffine(image, M, (image_shape[0], image_shape[1]))

        return_result["result_image"] = self.image_to_base64(rotation_image)
        #返回图像处理结果和数据列表(如果没有数据,就返回空列表)
        return return_result
```

2) 图片镜像

通过 OpenCV 方法实现图片镜像,算法文件如下(algorithm\image_mirroring\image_mirroring.py)。

```
###############################################################################
##########################
#文件:image_mirroring.py
#作者:Zonesion Fenglei 20220412
#说明:将图像进行镜像翻转,并将结果返回
#修改:
#注释:
###############################################################################
##########################
import cv2 as cv
import numpy as np
import base64
import json

class ImageMirroring(object):
    def __init__(self):
        pass

    def image_to_base64(self, img):
        image = cv.imencode('.jpg', img, [cv.IMWRITE_JPEG_QUALITY, 60])[1]
        image_encode = base64.b64encode(image).decode() #Python3 byte 转 str
        return image_encode

    def inference(self, image, param_data):
        #code:若识别成功,则返回 200
        #msg:相关提示信息
```

```
#origin_image:原始图片
#result_image:处理之后的图片
#result_data:结果数据
return_result = {'code': 200, 'msg': None, 'origin_image': None, 'result_
image': None, 'result_data': None}

#对图像进行镜像旋转
mirroring_image = cv.flip(image, 1)

return_result["result_image"] = self.image_to_base64(mirroring_image)
#返回图像处理结果和数据列表(如果没有数据,就返回空列表)
return return_result
```

3）图片缩放

通过 OpenCV 方法实现图片缩放，算法文件如下（algorithm\image_resize\image_resize.py）。

```
##############################################################################
########################
#文件:image_resize.py
#作者:Zonesion Fenglei 20220418
#说明:改变图像的尺寸打下,将结果返回
#修改:
#注释:
##############################################################################
########################
import cv2 as cv
import numpy as np
import base64
import json

class ImageResize(object):
    def __init__(self):
        pass

    def image_to_base64(self, img):
        image = cv.imencode('.jpg', img, [cv.IMWRITE_JPEG_QUALITY, 60])[1]
        image_encode = base64.b64encode(image).decode() #Python3 byte 转 str
        return image_encode

    def base64_to_image(self, b64):
        img = base64.b64decode(b64.encode('utf-8'))
        img = np.asarray(bytearray(img), dtype="uint8")
        img = cv.imdecode(img, cv.IMREAD_COLOR)
        return img

    def inference(self, image, param_data):
        #code:若识别成功,则返回 200
        #msg:相关提示信息
        #origin_image:原始图片
        #result_image:处理之后的图片
```

```
        #result_data:结果数据
        return_result = {'code': 200, 'msg': None, 'origin_image': None, 'result_
image': None, 'result_data': None}

        #scr:原始图像
        #dsize:输出图像的尺寸(元组方式)
        #fx:沿水平轴缩放的比例因子
        #fy:沿垂直轴缩放的比例因子
        #interpolation:插值方法
        resize_image = cv.resize(image, None, fx=0.5, fy=0.5, interpolation=cv.
INTER_AREA)

        return_result["result_image"] = self.image_to_base64(resize_image)
        #返回图像处理结果和数据列表(如果没有数据,就返回空列表)
        return return_result
```

4)透视变换

通过 OpenCV 方法实现透视变换,算法文件如下(algorithm\image_perspective_transform
\image_ perspective_transform.py)。

```
####################################################################
#########################
#文件:image_perspective_transform.py
#作者:Zonesion Fenglei 20220415
#说明:将图像进行透视处理,并将处理结果返回
#修改:
#注释:
####################################################################
#######################
import cv2 as cv
import numpy as np
import base64
import json


class ImagePerspectiveTransform(object):
    def __init__(self):
        pass

    def image_to_base64(self, img):
        image = cv.imencode('.jpg', img, [cv.IMWRITE_JPEG_QUALITY, 60])[1]
        image_encode = base64.b64encode(image).decode() #Python3 byte 转 str
        return image_encode

    def base64_to_image(self, b64):
        img = base64.b64decode(b64.encode('utf-8'))
        img = np.asarray(bytearray(img), dtype="uint8")
        img = cv.imdecode(img, cv.IMREAD_COLOR)
        return img

    def inference(self, image, param_data):
        #code:若识别成功,则返回 200
```

```
#msg:相关提示信息
#origin_image:原始图片
#result_image:处理之后的图片
#result_data:结果数据
return_result = {'code': 200, 'msg': None, 'origin_image': None, 'result_
image': None, 'result_data': None}

h, w = image.shape[:2]
#获取原图的 4 个角点
pts1 = np.float32([[0, 0], [0, h - 1], [w - 1, h - 1], [w - 1, 0]])
#变换后的 4 个顶点坐标
pts2 = np.float32([[0, 0], [200, h - 36], [w - 36, h - 36], [w - 1, 0]])
#先确定透视变换的系数
M = cv.getPerspectiveTransform(pts1, pts2)
#对原图进行变换
dst = cv.warpPerspective(image, M, (500, 526))

return_result["result_image"] = self.image_to_base64(dst)
#返回图像处理结果和数据列表(如果没有数据,就返回空列表)
return return_result
```

3. 工程运行

1) 硬件部署

(1) 准备人工智能边缘应用平台,给边缘计算网关正确连接 WiFi 天线、摄像头、电源。

(2) 按下电源开关上电启动边缘计算网关,将启动 Ubuntu 操作系统。

(3) 系统启动后,连接局域网内的 WiFi 网络,记录边缘计算网关的 IP 地址,如 192.168.100.200。

2) 工程部署

(1) 运行 MobaXterm 工具,通过 SSH 登录到边缘计算网关(参考附录 B)。

(2) 在 SSH 终端创建以下实验工作目录。

$mkdir -p ~/aicam-exp

(3) 通过 SSH 将本实验工程代码上传到～/aicam-exp 目录下(文件的上传参考附录 B)。

(4) 在 SSH 终端输入以下命令解压缩实验工程:

$cd ~/aicam-exp
$unzip image_transformation.zip

3) 运行案例

(1) 在 SSH 终端输入以下命令运行实验工程:

$cd ~/aicam-exp/image_transformation
$chmod 755 start_camera.sh
$./start_camera.sh
开始运行脚本
```
* Serving Flask app "start_camera" (lazy loading)
* Environment: production
  WARNING: Do not use the development server in a production environment.
```

```
    Use a production WSGI server instead.
*   Debug mode: off
*   Running on http://0.0.0.0:4001/ (Press CTRL+C to quit)
```

（2）在电脑端或者边缘计算网关端打开 Chrome 浏览器，输入实验页面地址并访问 http://192.168.100.200：4001/static/image_transformation/index.html，即可查看实验内容。

4）实验现象

• 图像旋转

（1）单击应用左侧的菜单，选择"图像旋转"，应用将会返回旋转后的实时视频图像，如图 5-25 所示。

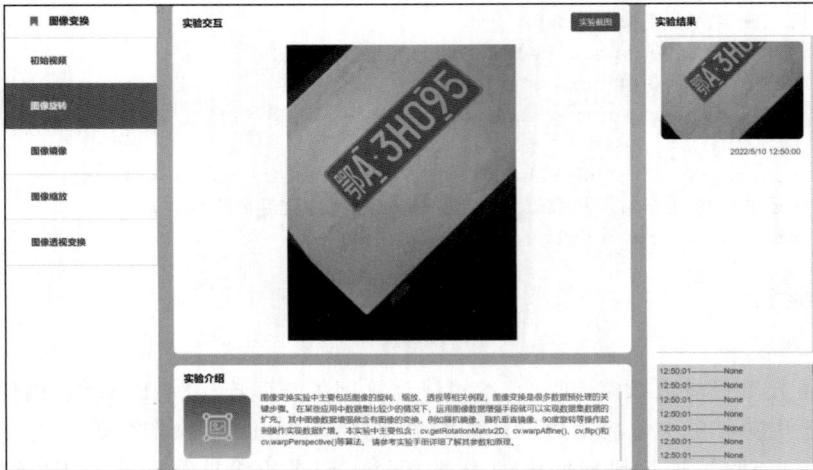

图 5-25　旋转后的实时视频图像

（2）修改算法文件（algorithm\image_rotation\image_rotation.py）的旋转参数，实现不同的旋转效果。

• 图像镜像

（1）单击应用左侧的菜单，选择"图像镜像"，应用将会返回镜像后的实时视频图像，如图 5-26 所示。

图 5-26　镜像后的实时视频图像

（2）修改算法文件（algorithm\image_mirroring\image_mirroring.py）的镜像参数，实现不同的镜像效果。

• 图像缩放

（1）单击应用左侧的菜单，选择"图像缩放"，应用将会返回缩放后的实时视频图像，如图 5-27 所示。

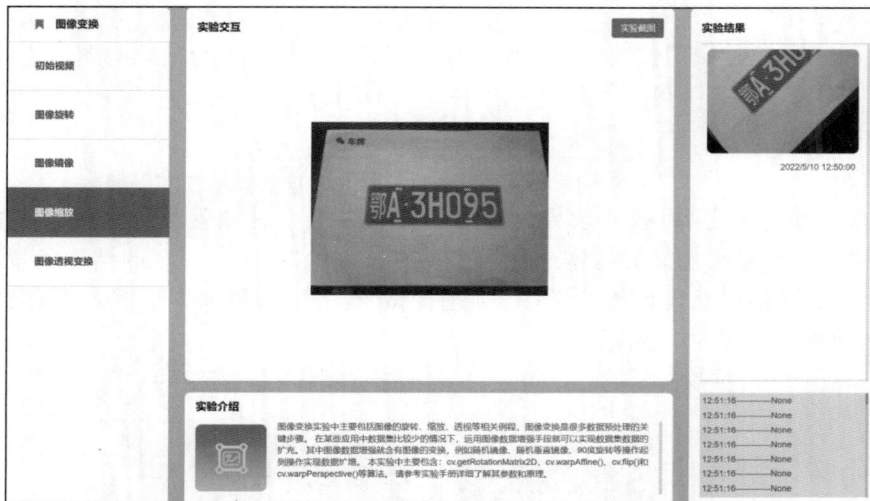

图 5-27　缩放后的实时视频图像

（2）修改算法文件（algorithm\image_resize\image_resize.py）的缩放参数，实现不同的缩放效果。

• 图像透视变换

（1）单击应用左侧的菜单，选择"图像透视变换"，应用将会返回透视后的实时视频图像，如图 5-28 所示。

图 5-28　透视后的实时视频图像

（2）修改算法文件（image_perspective_transform.py）的透视参数，实现不同的透视效果。

5.5.2 应用案例2：形态学变换

1. 算法原理

1）基本描述

数学形态学（也称图像代数），在图像处理中用来表示以形态为基础对图像进行分析的数学工具。形态学转换一般有4种：腐蚀、膨胀、闭运算、开运算。

2）专业术语

• 腐蚀

腐蚀是一种消除边界点，使边界向内部收缩的过程。腐蚀就是把目标区域范围"变小"，可用来消除小且无意义的物体。腐蚀算法的过程示例：用3×3的结构元素，扫描图像的每个像素，用结构元素与其覆盖的二值图像做"与"操作，若都为1，则结果图像的该像素为1，否则为0，如图5-29所示。

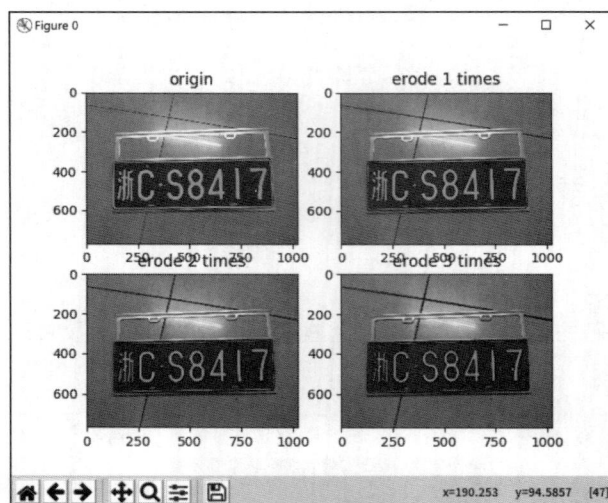

图 5-29 腐蚀

• 膨胀

膨胀和腐蚀是一对相反的操作，是将与物体接触的所有背景点合并到该物体中，使边界向外部扩张的过程。膨胀会使目标区域范围"变大"，将与目标区域接触的背景点合并到该目标物中，使目标边界向外部扩张，作用就是填补目标区域中某些空洞以及消除包含在目标区域中的小颗粒噪声，如图5-30所示。

• 闭运算

先膨胀后腐蚀的过程称为闭运算，用来填充物体内细小空洞、连接邻近物体、平滑其边界的同时并不明显改变其面积，如图5-31所示。

• 开运算

先腐蚀后膨胀的过程称为开运算，用来消除小物体、在纤细点处分离物体、平滑较大物体的边界的同时并不明显改变其面积，如图5-32所示。

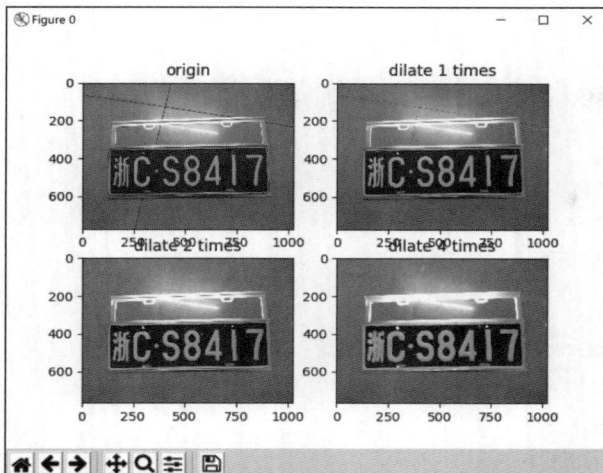

图 5-30　膨胀

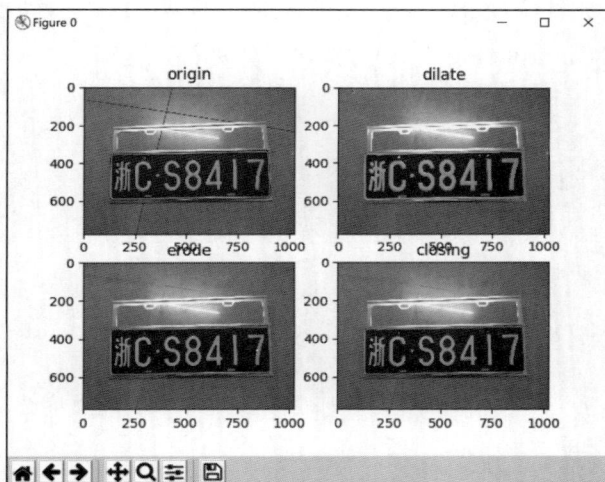

图 5-31　闭运算

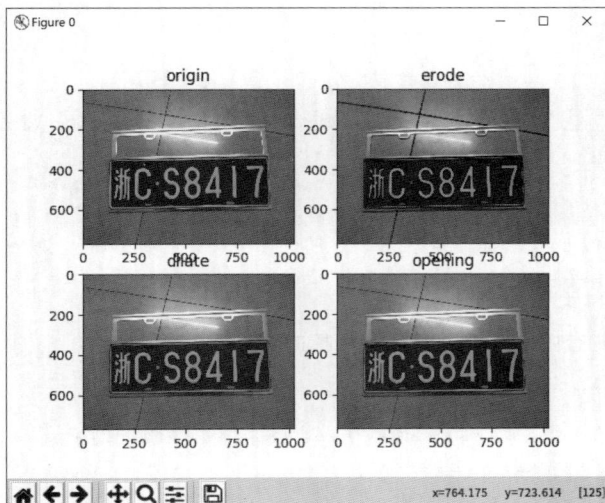

图 5-32　开运算

3) 常用方法

- 腐蚀

OpenCV 下,通过 erode()函数对图片进行腐蚀。

```
#src 表示原图像
#kernel 表示卷积核
#iterations 表示迭代次数
cv2.erode(src,kernel,iternations)
```

- 膨胀

OpenCV 下,通过 dilate()方法对图像进行膨胀。

```
#src 表示原图像
#kernel 表示卷积核
#iterations 表示迭代次数
cv2.dilate(src,kernel,iternations)
```

- 开运算

OpenCV 下,通过 morphologyEx()方法对图像进行开运算。

```
#src 表示原图像
#kernel 表示卷积核
#cv2. MOPRH_OPEN
#iterations 表示迭代次数
cv2.morphologyEx (src, cv2. MOPRH_OPEN, kernel, iterations)
```

- 闭运算

OpenCV 下,通过 morphologyEx()方法对图像进行闭运算。

```
#src 表示原图像
#kernel 表示卷积核
#cv2. MOPRH_CLOSE
#iterations 表示迭代次数
cv2.morphologyEx (src, cv2. MOPRH_CLOSE, kernel, iterations)
```

2. 关键代码

1) 腐蚀

通过 OpenCV 方法实现图片腐蚀,算法文件如下(algorithm\image_eroch\image_eroch.py)。

```
############################################################
######################
   #文件:image_eroch.py
   #作者:Zonesion Fenglei 20220415
   #说明:对图像进行腐蚀处理,并将处理结果返回
   #修改:
   #注释:
############################################################
######################
   import cv2 as cv
```

```python
import numpy as np
import base64
import json
import matplotlib.pyplot as plt

class ImageEroch(object):
    def __init__(self):
        pass

    def image_to_base64(self, img):
        image = cv.imencode('.jpg', img, [cv.IMWRITE_JPEG_QUALITY, 60])[1]
        image_encode = base64.b64encode(image).decode()
        return image_encode

    def base64_to_image(self, b64):
        img = base64.b64decode(b64.encode('utf-8'))
        img = np.asarray(bytearray(img), dtype="uint8")
        img = cv.imdecode(img, cv.IMREAD_COLOR)
        return img

    def inference(self, image, param_data):
        #code:若识别成功,则返回 200
        #msg:相关提示信息
        #origin_image:原始图片
        #result_image:处理之后的图片
        #result_data:结果数据
        return_result = {'code': 200, 'msg': None, 'origin_image': None,
'result_image': None, 'result_data': None}

        #二值化
        gray = cv.cvtColor(image, cv.COLOR_BGR2GRAY)
        res, thresh = cv.threshold(gray, 0, 255, cv.THRESH_OTSU)

        #腐蚀
        #src 是需要腐蚀的原始图像
        #kernel 代表腐蚀操作时采用的结构类型
        #anchor 代表 element 结构中锚点的位置,默认为(-1,-1),在核的中心位置
        #iterations 是腐蚀操作的迭代的次数,默认为 1
        #borderType 代表边界样式
        kernel = np.ones((3, 3), np.uint8)
        erode = cv.erode(thresh, kernel, iterations=1)

        return_result["result_image"] = self.image_to_base64(erode)
        #返回图像处理结果和数据列表(如果没有数据,就返回空列表)
        return return_result
```

2)膨胀

通过 OpenCV 方法实现图片膨胀,算法文件如下(algorithm\image_dilate\image_dilate.py)。

```
################################################################
```

```
#########################
#文件:image_dilate.py
#作者:Zonesion Fenglei 20220415
#说明:对图像进行膨胀处理,并将处理结果返回
#修改:
#注释:
################################################################
#########################
import cv2 as cv
import numpy as np
import base64
import json
import matplotlib.pyplot as plt
class ImageDilate(object):
    def __init__(self):
        pass

    def image_to_base64(self, img):
        image = cv.imencode('.jpg', img, [cv.IMWRITE_JPEG_QUALITY, 60])[1]
        image_encode = base64.b64encode(image).decode()
        return image_encode

    def base64_to_image(self, b64):
        img = base64.b64decode(b64.encode('utf-8'))
        img = np.asarray(bytearray(img), dtype="uint8")
        img = cv.imdecode(img, cv.IMREAD_COLOR)
        return img

    def inference(self, image, param_data):
        #code:若识别成功,则返回 200
        #msg:相关提示信息
        #origin_image:原始图片
        #result_image:处理之后的图片
        #result_data:结果数据
        return_result = {'code': 200, 'msg': None, 'origin_image': None, 'result_
image': None, 'result_data': None}

        #二值化
        gray = cv.cvtColor(image, cv.COLOR_BGR2GRAY)
        res, thresh = cv.threshold(gray, 0, 255, cv.THRESH_OTSU)

        #膨胀
        #img - 目标图片
        #kernel - 进行操作的内核,默认为 3×3 的矩阵
        #iterations - 腐蚀次数,默认为 1
        kernel = np.ones((3, 3), np.uint8)
        dilata = cv.dilate(thresh, kernel, iterations=1)

        return_result["result_image"] = self.image_to_base64(dilata)
        #返回图像处理结果和数据列表(如果没有数据,就返回空列表)
        return return_result
```

3）开运算

通过 OpenCV 方法实现图片开运算，算法文件如下（algorithm\image_opening\image_opening.py）。

```
###########################################################################
#########################
#文件: image_opening.py
#作者: Zonesion Fenglei 20220415
#说明: 对图像进行开运算处理,并将处理后的结果返回
#修改:
#注释:
###########################################################################
#########################
import cv2 as cv
import numpy as np
import base64
import json
import matplotlib.pyplot as plt


class ImageOpening(object):
    def __init__(self):
        pass

    def image_to_base64(self, img):
        image = cv.imencode('.jpg', img, [cv.IMWRITE_JPEG_QUALITY, 60])[1]
        image_encode = base64.b64encode(image).decode()
        return image_encode

    def base64_to_image(self, b64):
        img = base64.b64decode(b64.encode('utf-8'))
        img = np.asarray(bytearray(img), dtype="uint8")
        img = cv.imdecode(img, cv.IMREAD_COLOR)
        return img

    def inference(self, image, param_data):
        #code:若识别成功,则返回 200
        #msg:相关提示信息
        #origin_image:原始图片
        #result_image:处理之后的图片
        #result_data:结果数据
        return_result = {'code': 200, 'msg': None, 'origin_image': None, 'result_image': None, 'result_data': None}

        #二值化
        gray = cv.cvtColor(image, cv.COLOR_BGR2GRAY)
        res, thresh = cv.threshold(gray, 0, 255, cv.THRESH_OTSU)

        #开运算
        #src:输入图像,输入图像的通道数是任意的
        #op:形态操作的类型,如 cv.MORPH_ERODE(腐蚀),cv.MORPH_DILATE(膨胀),
```

```
#cv.MORPH_OPEN(开运算),cv.MORPH_CLOSE(闭运算)
#kernel:输入一个数组作为核,能被 getStructuringElement 创建
#iterations:整型 int,腐蚀与膨胀被应用的次数,默认为 None
kernel = np.ones((3, 3), np.uint8)
opening = cv.morphologyEx(thresh, cv.MORPH_OPEN, kernel, iterations=1)

return_result["result_image"] = self.image_to_base64(opening)
#返回图像处理结果和数据列表(如果没有数据,就返回空列表)
return return_result
```

4）闭运算

通过 OpenCV 方法实现图片闭运算,算法文件如下(algorithm\image_closing\image_closing.py)。

```
###############################################################
#######################
#文件:image_closing.py
#作者:Zonesion Fenglei 20220415
#说明:对图像进行闭运算
#修改:
#注释:
###############################################################
######################
import cv2 as cv
import numpy as np
import base64
import json
import matplotlib.pyplot as plt

class ImageClosing(object):
    def __init__(self):
        pass

    def image_to_base64(self, img):
        image = cv.imencode('.jpg', img, [cv.IMWRITE_JPEG_QUALITY, 60])[1]
        image_encode = base64.b64encode(image).decode()
        return image_encode

    def base64_to_image(self, b64):
        img = base64.b64decode(b64.encode('utf-8'))
        img = np.asarray(bytearray(img), dtype="uint8")
        img = cv.imdecode(img, cv.IMREAD_COLOR)
        return img

    def inference(self, image, param_data):
        #code:若识别成功,则返回 200
        #msg:相关提示信息
        #origin_image:原始图片
        #result_image:处理之后的图片
        #result_data:结果数据
        return_result = {'code': 200, 'msg': None, 'origin_image': None, 'result_
```

```
image': None, 'result_data': None}

        #二值化
        gray = cv.cvtColor(image, cv.COLOR_BGR2GRAY)
        res, thresh = cv.threshold(gray, 0, 255, cv.THRESH_OTSU)

        #闭运算
        #src:输入图像,输入图像的通道数是任意的
        #op:形态操作的类型,如 cv.MORPH_ERODE(腐蚀),cv.MORPH_DILATE(膨胀),
        #cv.MORPH_OPEN(开运算),cv.MORPH_CLOSE(闭运算)
        #kernel:输入一个数组作为核,能被 getStructuringElement 创建
        #iterations:整型 int,腐蚀与膨胀被应用的次数,默认为 None
        kernel = np.ones((3, 3), np.uint8)
        closing = cv.morphologyEx(thresh, cv.MORPH_CLOSE, kernel, iterations=1)

        return_result["result_image"] = self.image_to_base64(closing)
        #返回图像处理结果和数据列表(如果没有数据,就返回空列表)
        return return_result
```

3. 工程运行

1)硬件部署

(1)准备人工智能边缘应用平台,给边缘计算网关正确连接 WiFi 天线、摄像头、电源。

(2)按下电源开关上电启动边缘计算网关,将启动 Ubuntu 操作系统。

(3)系统启动后,连接局域网内的 WiFi 网络,记录边缘计算网关的 IP 地址,如 192.168.100.200。

2)工程部署

(1)运行 MobaXterm 工具,通过 SSH 登录到边缘计算网关(参考附录 B)。

(2)在 SSH 终端创建实验工作目录:

$mkdir -p ~/aicam-exp

(3)通过 SSH 将本实验工程代码上传到~/aicam-exp 目录下(文件的上传参考附录 B)。

(4)在 SSH 终端输入以下命令解压缩实验工程:

$cd ~/aicam-exp
$unzip image_mathematical.zip

3)运行案例

(1)在 SSH 终端输入以下命令运行实验工程:

$cd ~/aicam-exp/image_mathematical
$chmod 755 start_camera.sh
$./start_camera.sh
开始运行脚本
```
* Serving Flask app "start_camera" (lazy loading)
* Environment: production
  WARNING: Do not use the development server in a production environment.
  Use a production WSGI server instead.
* Debug mode: off
```

```
* Running on http://0.0.0.0:4001/ (Press CTRL+C to quit)
```

（2）在计算机端或者边缘计算网关端打开 Chrome 浏览器，输入实验页面地址并访问 http://192.168.100.200：4001/static/image_mathematical/index.html，即可查看实验内容，如图 5-33 所示。

图 5-33　实验内容

• 腐蚀

（1）将实验提供的样图放置在摄像头视窗内，单击应用左侧的菜单，选择"腐蚀"，应用将会返回腐蚀的实时视频图像，我们可以看到通过"腐蚀"后，目标边界向内部收缩，如图 5-34 所示。

图 5-34　腐蚀

（2）修改算法文件（algorithm\image_eroch\image_eroch.py）的 kernel 卷积核和 iterations 迭代次数来查看实验效果。

- 膨胀

（1）将实验提供的样图放置在摄像头视窗内，单击应用左侧的菜单，选择"膨胀"，应用将会返回膨胀的实时视频图像，如图 5-35 所示。

图 5-35　膨胀

（2）修改算法文件（algorithm\image_dilate\image_dilate.py）的 kernel 卷积核和 iterations 迭代次数来查看实验效果。

- 开运算

（1）将实验提供的样图放置在摄像头视窗内，单击应用左侧的菜单，选择"开运算"，应用将返回开运算的实时视频图像，如图 5-36 所示。

图 5-36　开运算

（2）修改算法文件（algorithm\image_opening\image_opening.py）的 kernel 卷积核和 iterations 迭代次数来查看实验效果。

• 闭运算

（1）将实验提供的样图放置在摄像头视窗内，单击应用左侧的菜单，选择"闭运算"，应用将返回闭运算的实时视频图像，如图 5-37 所示。

图 5-37　闭运算

（2）修改算法文件（algorithm\image_closing\image_closing.py）的 kernel 卷积核和 iterations 迭代次数来查看实验效果。

5.5.3　应用案例 3：图像特征提取

1. 算法原理

1）基本描述

图像轮廓是图像中非常重要的一个特征信息，通过对图像轮廓的操作，我们能获取目标图像的大小、位置、方向等信息。寻找轮廓的操作一般用于二值化图，所以通常会使用阈值分割或 Canny 边缘检测先得到二值图。二值图像的轮廓提取的原理非常简单，就是掏空内部点：如果原图中有一点为黑，且它的 8 个相邻点皆为黑色，则将该点删除。轮廓提取的方法有很多，这里介绍一种最基本、最简单、最容易实现的算法。算法原理如下。

（1）进行轮廓提取时，使用一个一维数组记录处理的像素点周围 8 个邻域的信息。

（2）若 8 个邻域的像素点的灰度值和中心点的灰度值相同，则认为该点在物体内部，可以删除。

（3）否则，认为该点在图像的边缘，需要保留。

（4）依次处理图像中的每个像素，最后留下来的就是图像的轮廓。

2）专业术语

• 外接矩形

外接矩形说的一般是某个轮廓的最小外接矩形，就是最小的能包含那个轮廓的矩形，如图 5-38 所示。

• 最小外接矩形

最小外接矩形是指以二维坐标表示的若干二维形状（如点、直线、多边形）的最大范围，

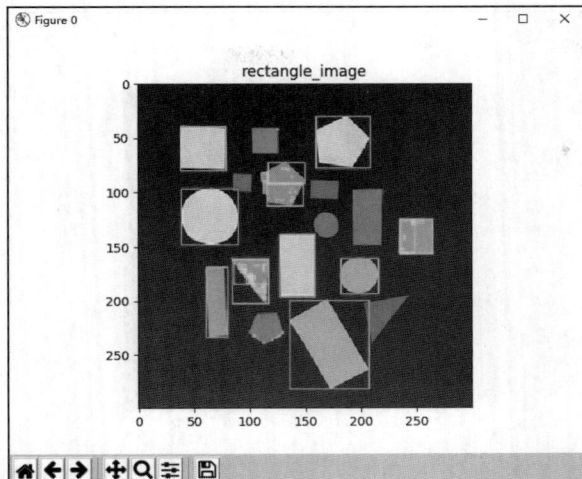

图 5-38　外接矩形

即以给定的二维形状各顶点中的最大横坐标、最小横坐标、最大纵坐标、最小纵坐标定下边界的矩形。这样的一个矩形包含给定的二维形状，且边与坐标轴平行。最小外接矩形是最小外接框的二维形式，如图 5-39 所示。

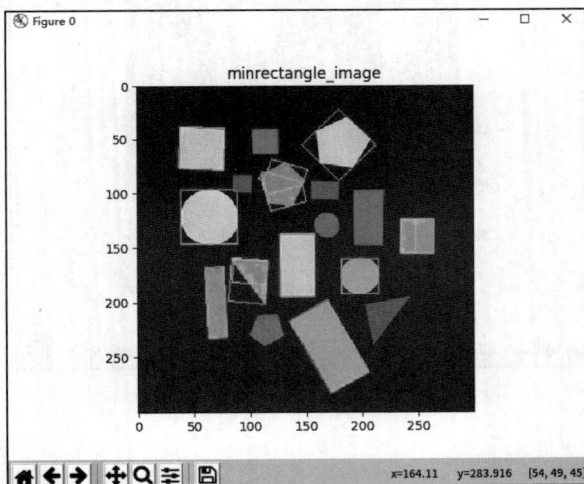

图 5-39　最小外接矩形

- 最小外接圆

最小外接圆，就是能包含平面中给定点集中的所有点，且半径最小的那个圆，如图 5-40 所示。

- 凸包

凸包(Convex Hull)是一个计算几何(图形学)中的概念，它严格的数学定义为：在一个向量空间 V 中，对于给定的集合 X，所有包含 X 的凸集的交集 S 被称为 X 的凸包。在图像处理过程中，我们常常需要寻找图像中包围某个物体的凸包。凸包与多边形逼近很像，只不过它是包围物体最外层的一个凸集，这个凸集是所有能包围这个物体的凸集的交集，如图 5-41 所示。

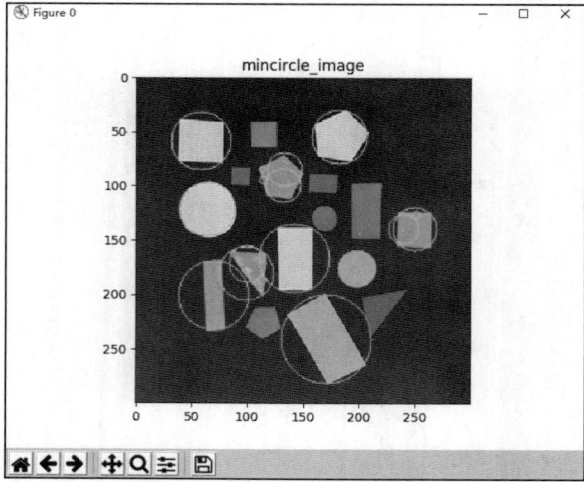

图 5-40　最小外接圆

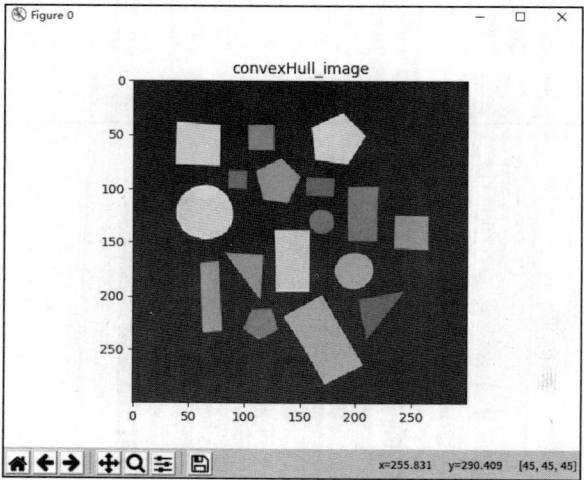

图 5-41　凸包

3）常用方法

• 轮廓提取

在 OpenCV 中，可以通过 findContours()函数提取图像的轮廓信息。

```
#img 表示输入的图片
#mode 表示轮廓检索模式，下面 6 个检索模式，通常都使用 RETR_TREE 找出所有的轮廓
#      - RETR_EXTERNAL：只检索最外面的轮廓
#      - RETR_LIST：检索所有轮廓，并将其保存到一条链表中
#      - RETR_CCOMP：检索所有轮廓，并将它们组织为两层，其中顶层是各部分的外部边界，第二
#                   层是空洞的边界
#      - RETR_TREE：检索所有轮廓，并重构嵌套轮廓的整个层次
#method 表示轮廓逼近方法
#      - CHAIN_APPROX_NONE：以 Freeman 链码的方式输出轮廓，
#                   所有其他方法输出多边形(顶点的序列)
#      - CHAIN_APPROX_SIMPLE：压缩水平的、垂直的和斜的部分，也就是，
```

```
#                          函数只保留它们的终点部分
cv2.findContours(img, mode, method)
```

在 OpenCV 中,通过 drawContours()函数画出图片中的轮廓值,也可以画出轮廓的近似值。

```
#image - 目标图像
#contours - 所有的输入轮廓,每个轮廓为点矢量(a point vector)/点向量形式,
#与 findcontours #的返回值 #contours 的列表 list 形式一致
#contourIdx - 指定轮廓列表的索引 ID(将被绘制),若为负数,则所有轮廓将会被绘制
#color - 绘制轮廓的颜色
#thickness - 绘制轮廓线条的宽度,若为负值或 CV.FILLED,则将填充轮廓内部区域
#lineType - Line connectivity,(有的翻译线型,有的翻译线的连通性)
#hierarchy - 层次结构信息,与函数 findcontours()的 hierarchy 有关
#maxLevel - 绘制轮廓的最高级别。若为 0,则绘制指定轮廓;若为 1,则绘制该轮廓和所有嵌套
#轮廓(nested #contours);若为 2,则绘制该轮廓、嵌套轮廓(nested contours)/子轮廓和嵌
#套-嵌#套轮廓(all the nested-#to-nested contours)/孙轮廓,等等。该参数只有在层级
#结构时才用到
#offset - 按照偏移量移动所有轮廓(点坐标)
#返回值:
#经过函数处理后的图像 image
cv2.drawContours(image, contours, contourIdx, color[, thickness[, lineType[,
hierarchy[, maxLevel[, offset]]]]]) -> image
```

- 凸包

在 OpenCV 中,通过 convexHull 方法获取图片的凸包。

```
#points: array,输入一组二维点集,存储为 vector(C++)或 Mat
#hull: 输出凸包,输出一个整型向量的索引或者点集向量
#在第一种情况下,包中的元素是原始数组中的凸包点基于 0 的索引值(因为凸包的点集是原始数
#组的子集)
#在第二种情况下,包中的元素是凸包点集本身
#clockwise:方向的标记。假设坐标系的 X 轴向右,Y 轴向上
#True:输出的凸包是顺时针的
#false:输出的凸包是逆时针的
#returnPoints:操作标记,true 表示函数返回凸包的点集,false 表示函数返回凸包点集的索引
convexHull(points,hull = array,clockwise = false,returnPoints = true)
```

- 外接矩形

在 OpenCV 中,通过 boudingrect()函数获取图像外接矩形,用 rectangle 方法绘制外接矩形。

```
#x、y、w、h 分别表示外切矩形的 x 轴和 y 轴的坐标,以及矩形的宽度和高度
#cnt 表示输入的配置文件值
#x, y, w, h = cv2.boudingrect(cnt)
#参数说明:
#img 表示收到的图像
#(x,y)表示左上角的位置
#(x+w,y-h)表示加上右下角的位置
#(0,255,0)表示颜色
cv2.rectangle(img, (x, y), (x+w, y+h), (0, 255, 0),2)
```

- 最小外接矩形

在 OpenCV 中，通过 cv.minAreaRect 方法获取最小外接矩形的顶点坐标以及长和宽。

```
#cnt 是点集数组或向量(里面存放的是点的坐标)
cv2.minAreaRect(cnt)
```

- 最小外接圆

在 OpenCV 中，通过 minEnclosingCircle()函数获取圆心和半径。

```
#(x,y)表示外接圆的中心
#radius 表示外接圆的半径
#cnt 表示输入的配置文件
(x, y), radius = cv2.minEnclosingCircle(cnt)          #获得外接圆的位置信息
```

2. 关键代码

1) 获取图片轮廓

通过 OpenCV 方法实现图片轮廓获取，算法文件如下(algorithm\image_contour_experiment\ image_contour_experiment.py)。

```
##############################################################################
########################
#文件:image_contour_experiment.py
#作者:Zonesion Fenglei 20220415
#说明:返回视频流中物体的轮廓
#修改:
#注释:图像轮廓提取首先将原始视频流转为灰度图,然后对其进行二值化处理,利用 CV2 中的
#findContours 查找图像轮廓,最后在视频流上处理
##############################################################################
########################
import cv2 as cv
import numpy as np
import base64
import json
import matplotlib.pyplot as plt

class ImageContourExperiment(object):
    def __init__(self):
        pass

    def image_to_base64(self, img):
        image = cv.imencode('.jpg', img, [cv.IMWRITE_JPEG_QUALITY, 60])[1]
        image_encode = base64.b64encode(image).decode()
        return image_encode

    def base64_to_image(self, b64):
        img = base64.b64decode(b64.encode('utf-8'))
        img = np.asarray(bytearray(img), dtype="uint8")
        img = cv.imdecode(img, cv.IMREAD_COLOR)
        return img
```

```python
def inference(self, image, param_data):
    #code:若识别成功,则返回 200
    #msg:相关提示信息
    #origin_image:原始图片
    #result_image:处理之后的图片
    #result_data:结果数据
    return_result = {'code': 200, 'msg': None, 'origin_image': None, 'result_
image': None, 'result_data': None}

    image_np_gray = cv.cvtColor(image, cv.COLOR_BGR2GRAY)   #转为灰度图
    ret, image_np_thresh = cv.threshold(image_np_gray, 127, 255, cv.THRESH_
BINARY)   #进行二值化
    _, contours, hierarchy = cv.findContours(image_np_thresh, cv.RETR_TREE,
cv.CHAIN_APPROX_SIMPLE)   #查找轮廓
    cv.drawContours(image, contours, -1, (0, 255, 0), 1)   #绘制轮廓

    return_result["result_image"] = self.image_to_base64(image)
    #返回处理后的图像和结果数据列表(如果没有结果数据,就返回空列表)
    return return_result
```

2)绘制外接矩形

通过 OpenCV 方法实现,算法文件如下(algorithm\image_contour_search_rectangle\
image_contour_ search_rectangle.py)。

```python
############################################################
########################
#文件:image_contour_search_rectangle.py
#作者:Zonesion Fenglei 20220415
#说明:在轮廓提取实验的基础上进一步处理,将图像中的物体用外界矩形进行标注
#修改:
#注释:本算法的核心是绘制外界矩形的过程,利用 cv.boundingRect 获取矩形左上角坐标以及长
#和宽,最后用 cv.rectangle 实现矩形框绘制
############################################################
########################
import cv2 as cv
import numpy as np
import base64
import matplotlib.pyplot as plt

class ImageContourSearchRectangle(object):
    def __init__(self):
        pass

    def image_to_base64(self, img):
        image = cv.imencode('.jpg', img, [cv.IMWRITE_JPEG_QUALITY, 60])[1]
        image_encode = base64.b64encode(image).decode()
        return image_encode

    def base64_to_image(self, b64):
        img = base64.b64decode(b64.encode('utf-8'))
        img = np.asarray(bytearray(img), dtype="uint8")
```

```
        img = cv.imdecode(img, cv.IMREAD_COLOR)
        return img

    def inference(self, image, param_data):
        #code:若识别成功,则返回 200
        #msg:相关提示信息
        #origin_image:原始图片
        #result_image:处理之后的图片
        #result_data:结果数据
        return_result = {'code':200, 'msg':None, 'origin_image':None, 'result_
image':None, 'result_data':None}

        image_np_gray = cv.cvtColor(image, cv.COLOR_BGR2GRAY)    #转为灰度图
        ret, image_np_thresh = cv.threshold(image_np_gray, 127, 255, cv.THRESH_
BINARY)    #进行二值化
        _, contours, hierarchy = cv.findContours(image_np_thresh, cv.RETR_TREE,
cv.CHAIN_APPROX_SIMPLE)    #查找轮廓

        #绘制外接矩形
        for cnt in contours:
            x, y, w, h = cv.boundingRect(cnt)
            cv.rectangle(image, (x, y), (x + w, y + h), (0, 255, 0), 1)
        return_result["result_image"] = self.image_to_base64(image)

        #返回处理后的图像和结果数据列表(如果没有结果数据,就返回空列表)
        return return_result
```

3) 最小外接矩形

通过 OpenCV 方法实现提取图片最小外接矩形,算法文件如下(algorithm\image_contour_ search_minrectangle\image_contour_search_minrectangle.py)。

```
###############################################################################
#########################
#文件:image_contour_search_minrectangle.py
#作者:Zonesion Fenglei 20220415
#说明:在轮廓提取实验的基础上进一步处理,将图像中的物体用最小的外界矩形进行标注
#修改:
#注释:本算法的核心是绘制最小外界矩形的过程,利用 cv.minAreaRect 获取左上角坐标以及长
#和宽,np.int0 为取整操作,最后用 cv.drawContours 实现矩形框绘制
###############################################################################
#########################
import cv2 as cv
import numpy as np
import base64
import json
import matplotlib.pyplot as plt

class ImageContourSearchMinrectangle(object):
    def __init__(self):
        pass
```

```
    def image_to_base64(self, img):
        image = cv.imencode('.jpg', img, [cv.IMWRITE_JPEG_QUALITY, 60])[1]
        image_encode = base64.b64encode(image).decode()
        return image_encode

    def base64_to_image(self, b64):
        img = base64.b64decode(b64.encode('utf-8'))
        img = np.asarray(bytearray(img), dtype="uint8")
        img = cv.imdecode(img, cv.IMREAD_COLOR)
        return img

    def inference(self, image, param_data):
        #code:若识别成功,则返回200
        #msg:相关提示信息
        #origin_image:原始图片
        #result_image:处理之后的图片
        #result_data:结果数据
        return_result = {'code': 200, 'msg': None, 'origin_image': None, 'result_
image': None, 'result_data': None}

        image_np_gray = cv.cvtColor(image, cv.COLOR_BGR2GRAY)    #转为灰度图
        ret, image_np_thresh = cv.threshold(image_np_gray, 127, 255, cv.THRESH_
BINARY)    #进行二值化
        _, contours, hierarchy = cv.findContours(image_np_thresh, cv.RETR_TREE,
cv.CHAIN_APPROX_SIMPLE)    #查找轮廓

        #绘制最小外接矩形
        for cnt in contours:
            rect = cv.minAreaRect(cnt)
            box = np.int0(cv.boxPoints(rect))
            cv.drawContours(image, [box], -1, (0, 255, 0), 1)
        return_result["result_image"] = self.image_to_base64(image)

        #返回处理后的图像和结果数据列表(如果没有结果数据,就返回空列表)
        return return_result
```

4）最小外接圆

通过 OpenCV 方法实现获取图片最小外接圆,算法文件如下(algorithm\image_contour_search_mincircle\image_contour_search_mincircle.py)。

```
############################################################################
########################
#文件:image_contour_search_mincircle.py
#作者:Zonesion Fenglei 20220415
#说明:在轮廓提取实验的基础上进一步处理,将图像中的物体用最小的外界圆进行标注
#修改:
#注释:本算法的核心是绘制最小外界圆的过程,利用 cv.minEnclosingCircle 获取圆心和半径,
np.int0 为取整操作,最后用 cv.circle 实现画圆
############################################################################
########################
import cv2 as cv
```

```
import numpy as np
import base64
import json
import matplotlib.pyplot as plt

class ImageContourSearchMincircle(object):
    def __init__(self):
        pass

    def image_to_base64(self, img):
        image = cv.imencode('.jpg', img, [cv.IMWRITE_JPEG_QUALITY, 60])[1]
        image_encode = base64.b64encode(image).decode()
        return image_encode

    def base64_to_image(self, b64):
        img = base64.b64decode(b64.encode('utf-8'))
        img = np.asarray(bytearray(img), dtype="uint8")
        img = cv.imdecode(img, cv.IMREAD_COLOR)
        return img

    def inference(self, image, param_data):
        #code:若识别成功,则返回200
        #msg:相关提示信息
        #origin_image:原始图片
        #result_image:处理之后的图片
        #result_data:结果数据
        return_result = {'code': 200, 'msg': None, 'origin_image': None, 'result_
image': None, 'result_data': None}

        image_np_gray = cv.cvtColor(image, cv.COLOR_BGR2GRAY)   #转为灰度图
        ret, image_np_thresh = cv.threshold(image_np_gray, 127, 255, cv.THRESH_
BINARY)   #进行二值化
        _, contours, hierarchy = cv.findContours(image_np_thresh, cv.RETR_TREE,
cv.CHAIN_APPROX_SIMPLE)   #查找轮廓

        #绘制最小外接圆
        for cnt in contours:
            (x, y), radius = cv.minEnclosingCircle(cnt)
            (x, y, radius) = np.int0((x, y, radius))   #圆心和半径取整
            cv.circle(image, (x, y), radius, (0, 255, 0), 1)
        return_result["result_image"] = self.image_to_base64(image)

        #返回处理后的图像和结果数据列表(如果没有结果数据,就返回空列表)
        return return_result
```

5) 凸包

通过 OpenCV 方法实现提取图片凸包,算法文件如下(algorithm\image_convex_hull_detection\ image_convex_hull_detection.py)。

```
######################################################################
#######################
#文件:image_convex_hull_detection.py
#作者:Zonesion Fenglei 20220415
#说明:凸包——在一个多变形边缘或者内部任意两个点的连线都包含在多边形边界或者内部。
```

```
#包含点集合 S 中所有点的最小凸多边形称为凸包
#修改:
#注释:在图像轮廓提取的基础上,利用 cv.convexHull 寻找图像中的凸包,然后利用
#cv.polylines 对凸包进行绘制,最后将处理后的图片结果返回
###########################################################################
#######################
import cv2 as cv
import numpy as np
import base64
import json
import matplotlib.pyplot as plt

class ImageConvexHullDetection(object):
    def __init__(self):
        pass

    def image_to_base64(self, img):
        image = cv.imencode('.jpg', img, [cv.IMWRITE_JPEG_QUALITY, 60])[1]
        image_encode = base64.b64encode(image).decode()
        return image_encode

    def base64_to_image(self, b64):
        img = base64.b64decode(b64.encode('utf-8'))
        img = np.asarray(bytearray(img), dtype="uint8")
        img = cv.imdecode(img, cv.IMREAD_COLOR)
        return img

    def inference(self, image, param_data):
        #code:若识别成功,则返回 200
        #msg:相关提示信息
        #origin_image:原始图片
        #result_image:处理之后的图片
        #result_data:结果数据
        return_result = {'code': 200, 'msg': None, 'origin_image': None, 'result_
image': None, 'result_data': None}

        convex_image = image.copy()
        image_np_gray = cv.cvtColor(image, cv.COLOR_BGR2GRAY)   #转为灰度图
        ret, image_np_thresh = cv.threshold(image_np_gray, 127, 255, cv.THRESH_
BINARY)   #进行二值化
        _, contours, hierarchy = cv.findContours(image_np_thresh, cv.RETR_TREE,
cv.CHAIN_APPROX_SIMPLE)   #查找轮廓
        cnt = contours[0]


        #绘制外接矩形
        for cnt in contours:
            #寻找凸包
            hull = cv.convexHull(cnt)
            #绘制凸包
            cv.polylines(image, [hull], True, (0, 255, 0), 1)
        return_result["result_image"] = self.image_to_base64(image)

        #返回处理后的图像和结果数据列表(如果没有结果数据,就返回空列表)
```

```
        return return_result
```

3. 工程运行

1）硬件部署

（1）准备人工智能边缘应用平台，给边缘计算网关正确连接 WiFi 天线、摄像头、电源。

（2）按下电源开关上电启动边缘计算网关，将启动 Ubuntu 操作系统。

（3）系统启动后，连接局域网内的 WiFi 网络，记录边缘计算网关的 IP 地址，如 192.168.100.200。

2）工程部署

（1）运行 MobaXterm 工具，通过 SSH 登录到边缘计算网关（参考附录 B）。

（2）在 SSH 终端创建实验工作目录：

$mkdir -p ~/aicam-exp

（3）通过 SSH 将本实验工程代码上传到～/aicam-exp 目录下（文件的上传参考附录 B）。

（4）在 SSH 终端输入以下命令解压缩实验工程：

$cd ~/aicam-exp
$unzip image_contour.zip

3）运行案例

（1）在 SSH 终端输入以下命令运行实验工程：

$cd ~/aicam-exp/image_contour
$chmod 755 start_camera.sh
$./start_camera.sh
开始运行脚本
```
* Serving Flask app "start_camera" (lazy loading)
* Environment: production
  WARNING: Do not use the development server in a production environment.
  Use a production WSGI server instead.
* Debug mode: off
* Running on http://0.0.0.0:4001/ (Press CTRL+C to quit)
```

（2）在电脑端或者边缘计算网关端打开 Chrome 浏览器，输入实验页面地址并访问 http://192.168.100.200：4001/static/image_contour/index.html，即可查看实验内容。

• 图像轮廓

将实验提供的样图放置在摄像头视窗内，单击应用左侧的菜单，选择"图像轮廓"，应用将会返回图像轮廓的实时图片对象，如图 5-42 所示。

• 外接矩形

将实验提供的样图放置在摄像头视窗内，单击应用左侧的菜单，选择"外接矩形"，应用将会返回外接矩形的实时视频图像，如图 5-43 所示。

• 最小外接矩形

将实验提供的样图放置在摄像头视窗内，单击应用左侧的菜单，选择"最小外接矩形"，应用将会返回最小外接矩形的实时视频图像，如图 5-44 所示。

图 5-42　图像轮廓

图 5-43　外接矩形

图 5-44　最小外接矩形

- 最小外接圆

将实验提供的样图放置在摄像头视窗内,单击应用左侧的菜单,选择"最小外接圆",应用将会返回最小外接圆的实时视频图像,如图 5-45 所示。

图 5-45　最小外接圆

- 凸包

将实验提供的样图放置在摄像头视窗内,单击应用左侧的菜单,选择"凸包",应用将会返回凸包的实时视频图像,如图 5-46 所示。

图 5-46　凸包

5.6　本章小结

本章主要介绍了图像处理中常用的基本方法,包括图像变换、边缘检测、分割以及数学形态学等。其中,图像变换是指通过对图像进行平移、旋转、缩放等操作来改变图像的位置和大小,以便更好地进行后续处理;边缘检测则是指寻找图像中的边缘信息,常用的算法包括 Sobel 算子、Prewitt 算子和 Canny 算法等；分割则是将图像分成若干子区域，以便更好地进行目标识别和分析。常用的算法包括阈值分割、区域生长和基于边缘的分割等；数学形态学则是应用数学形态学中的概念和技术进行图像分析和处理的一种方法。在本章最后，通过案例实现了图像变换、形态学变换和图像提取等。

习题 5

1. 图像变换可以在什么情况下使用？请举例说明。

2. 图像边缘检测常用的算法有哪些？它们的优缺点分别是什么？

3. 什么是图像分割？常用的图像分割方法有哪些？

4. 数学形态学中的开运算和闭运算有何作用？请给出一个应用案例。

5. 在目标区域分割中，为什么需要提取轮廓特征？如何提取轮廓特征？

6. 使用 Python 实现 Sobel 算子进行图像边缘检测。要求输入一张彩色图片，输出经过 Sobel 算子处理后的灰度图像。

7. 使用 Python 实现基于二值化的图像分割算法，并将其应用于一张彩色图片。要求输出经过分割后的两个子图像。

8. 使用 Python 实现一个目标区域分割程序。要求读入一张彩色图片，对其中指定的目标区域进行分割，并输出分割后的结果。

第 6 章　光学字符识别

本章学习目的与要求

本章学习光学字符识别技术，了解并掌握图像直方图、Sobel 边缘算子、图像模板匹配等光学字符识别技术，最后通过案例实现基于模式匹配的光学字符识别。

本章主要内容

- 光学字符识别概述
- 图像直方图
- Sobel 边缘算子
- 图像模板匹配
- 基于模式匹配的光学字符识别应用案例

6.1　光学字符识别概述

光学字符识别（Optical Character Recognition，OCR）是指电子设备（如扫描仪或数码相机）检查纸上打印的字符，通过检测暗、亮的模式确定其形状，然后用字符识别方法将形状翻译成计算机文字的过程，即针对印刷体字符，采用光学的方式将纸质文档中的文字转换成黑白点阵的图像文件，并通过识别软件将图像中的文字转换成文本格式，供文字处理软件进一步编辑加工的技术。

6.1.1　光学字符识别分类

光学字符识别按字体来源可分为手写体识别和印刷体识别。印刷体大多都是规则的字体，这些字体都是计算机生成的再通过打印技术印刷到纸上。在印刷体的识别上有其独特的干扰：在印刷过程中字体很有可能变得断裂或者墨水黏连，使得光学字符识别异常困难。但这些可通过一些图像处理的技术尽可能还原，进而提高识别率。不同的人写出的手写体风格不同，因此手写体识别要比印刷体识别困难得多。

如果按识别的内容分类，也就是按照识别的语言分类，那么要识别的内容将是人类的所有语言（汉语、英语、德语、法语等）。如果仅按照中国人的需求，那识别的内容就包括汉字、英文字母、阿拉伯数字、常用标点符号。根据要识别内容的不同，识别的难度也各不相同。简单而言，识别数字最简单，毕竟要识别的字符只有 0～9，而英文字母识别要识别的字符有 26 个（如果算上大小写那就是 52 个），而中文识别，要识别的字符高达数千个（二级汉字一共 6763 个）！因为汉字的字形各不相同，结构非常复杂（如带偏旁的汉字），将这些字符都比较准确地识别出来，是一件相当具有挑战性的事情。但是，并不是所有应用都需要识别如此庞大的汉字集，比如车牌识别，我们的识别目标仅是数十个中国各省和直辖市的简称，难度就大大减小了。当然，在一些文档自动识别的应用中是需要识别整个汉字集的，所以要保证整体的识别还是很困难的。

6.1.2　OCR 的发展

开源 OCR 引擎 Tesseract 是谷歌维护的一个 OCR 引擎，它已经有相当悠久的历史了。Tesseract 现在的版本已经支持识别很多种语言了，当然也包括汉字的识别。目前，Tesseract 在汉字识别的精度上还是相对较差，需要不断改善和优化。但在识别英文或者数字的应用上，使用 Tesseract 可以得到不错的结果。通常，为了进一步提高识别率，也需要进行后期的微调或者优化。

暴力的字符模板匹配法看起来很蠢，但是在一些应用上却非常奏效。比如，在对电表数字进行识别时，考虑到电表上的字体较少（可能只有阿拉伯数字），而且字体很统一，清晰度也很高，所以识别难度不高。针对这种简单的识别场景，我们首先考虑的识别策略是最简单和暴力的模板匹配法。首先定义出数字模板（0～9），然后用该模板滑动匹配电表上的字符，这种策略虽然简单但是相当有效。我们不需要左思右想去建模，训练模型，只在识别前做好模板库就可以。

模板匹配法只限于一些很简单的场景，对于稍微复杂的场景，就不太实用了，此时可以采取 OCR 的一般方法（即特征设计、特征提取、分类）得出计算机视觉通用的技巧。在深度学习大放异彩之前，OCR 的方法基本都是这种方法，其效果并不算特别好。这里简单说一下常见的方法。第一步是特征设计和特征提取。特征设计是一件很烦人的事情。假设我们现在识别的目标是字符，首先要为字符设计它独有的特征，为后面的特征分类做好准备。字符有结构特征，即字符的端点、交叉点、圈的个数、横线/竖线条数，等等。比如"品"字，它的特征就是它有 3 个圈，6 条横线，6 条竖线。除了结构特征，字符还有大量人工专门设计的其他特征。最后再将这些特征送入分类器（SVM）做分类，得出识别结果。这种方式最大的缺点就是，人们需要花费大量时间做特征向量的设计。通过人工设计的特征（如HOG）训练字符识别模型，此类单一的特征在字体变化、模糊或背景干扰时泛化能力迅速下降，而且过度依赖字符切分的结果，在字符扭曲、黏连、噪声干扰的情况下，切分的错误传播尤其突出。针对传统 OCR 解决方案的不足，目前学界业界纷纷拥抱基于深度学习的 OCR。

近年来，深度学习的出现让 OCR 技术焕发第二春。现在 OCR 基本都用卷积神经网络做，而且识别率惊人得好，人们不再需要花大量时间设计字符特征了。在 OCR 系统中，人工神经网络主要充当特征提取器和分类器的功能，输入是字符图像，输出是识别结果。当然,用深度学习做 OCR 并不是在每个方面都很优秀,因为人工神经网络的训练需要大量的训练数据,那么如果我们没有办法得到大量训练数据时,这种方法很可能就不奏效了。其次,神经网络的训练需要花费大量时间,并且需要用到的硬件资源一般都比较多,这几个都是需要考虑的问题。

在一些简单环境下,OCR 的准确度已经比较高了(如电子文档),但是在一些复杂环境下的字符识别,当今还没有人敢说自己能做得很好。现在大家很少会把目光放在如何提高电子文档的文字识别准确率,因为他们已把目光放在更有挑战性的领域。OCR 传统方法应对复杂图文场景的文字识别显得力不从心,越来越多的人把精力都放在研究如何把文字从复杂场景读出,并且读得准确上,用学界术语来说,就是场景文本识别(文字检测＋文字识别)。

6.1.3　光学字符识别应用场景

1. 金融领域

在金融领域中,银行、证券等机构经常需要处理客户的身份证明文件,如身份证、驾驶证、护照等。这些文件包含大量的文字信息,而 OCR 技术可以帮助金融机构快速地读取并处理这些信息,从而提高效率和准确性。

通过 OCR 技术,金融机构可以将纸质身份证明文件转换为可编辑的电子文档,并将其存储在数据库中。这样,金融机构的工作人员就可以利用计算机快速进行信息搜索、分类和分析,从而节省大量的时间和精力。此外,通过自动化的数据整理和归档,也能降低出错率,提升数据的准确性和安全性。例如,在开户流程中,银行需要处理客户的身份证明文件,以便确认客户的身份和个人信息。通过 OCR 技术,银行可以将客户身份证复印件上的文字信息自动读取到计算机中,并与客户的其他信息进行核对。这样,银行可以更加快速和准确地完成开户流程,同时还能保障客户的隐私安全。OCR 技术还可以帮助金融机构进行风险控制和反欺诈。例如,通过自动化地读取客户的身份证明文件,金融机构可以快速发现虚假信息或者盗用他人身份的情况,并及时采取相应的措施。

OCR 技术在金融领域中有广泛的应用前景,它可以帮助金融机构处理大量的纸质身份证明文件,并将其转换为数字化格式,从而提高效率和准确性,有助于金融机构更好地开展业务。在银行、证券等金融机构中,往往需要大量处理客户的身份证明文件,如身份证、驾驶证、护照等。这些文件通常都包含文字信息,而 OCR 技术可以帮助金融机构快速读取并处理这些信息,从而提高效率和准确性。

2. 物流领域

在物流领域中,运输单据的管理和处理是非常重要的工作。这些单据包括发票、快递单、装箱单等,都包含大量的文字信息。利用 OCR 技术,可以高效地从这些单据中提取所需的信息,并且能对货物进行追踪和管理。

通过 OCR 技术,物流企业可以将纸质运输单据转换为可编辑的电子文档,并将其存储在数据库中。然后,利用计算机程序,可以自动化地读取这些文档中的信息,并进行分类和归档。这样,物流企业可以更加方便地管理货物的运输过程,提高了工作效率和准确性。例如,在快递行业中,快递员需要收集大量的快递单,并将其交给中心仓库进行分拣和数据库记录。通过 OCR 技术,快递员可以将这些快递单据转换为数字化格式,并将其导入中心仓库的数据库中。仓库工作人员可以利用计算机程序自动化地读取这些单据中的信息,并将快递包裹进行分类和归档。这样,物流企业可以更加快速和准确地完成货物的运输和配送流程,同时还能提高客户的满意度。OCR 技术还可以帮助物流企业进行货物追踪和管理。通过读取相关的单据信息,物流企业可以追踪货物在运输过程中的位置、状态等信息,并及时解决可能出现的问题。这样一来,物流企业可以更加有效地控制物流成本,提高物流效率,同时还能提高客户的服务质量。

OCR 技术在物流领域中有广泛的应用前景,它可以帮助物流企业处理大量的纸质运输单据,并将其转换为数字化格式,从而提高效率和准确性,有助于物流企业更好地开展业务。

3. 科研领域

OCR 技术在科研领域的应用非常广泛,特别是在数字化图书馆、实验报告等方面。通过 OCR 技术,可以将大量的纸质文献转换为电子文献,从而方便存储、检索和共享。

在数字化图书馆方面,许多传统的图书馆正在将它们的藏书进行数字化处理,并将其存储在数据库中以供检索。通过 OCR 技术,可以将这些纸质文献转换为可编辑的电子文档,使得图书馆的工作人员能更加高效地进行数据录入、分类和搜索。

在实验报告方面,OCR 技术可以帮助科学家快速将实验结果记录下来,并将其转换为电子格式。这样,科学家就可以更加方便地与其他人分享他们的发现,并且能更容易地对实验数据进行分析和比较。

除此之外,在科研领域还有许多其他的应用场景,例如对古籍、手写文本等的处理。通过 OCR 技术,可以将这些文本材料转换为可编辑的电子文档,使得研究人员能更方便地进行相关研究和分析。

4. 医疗领域

在医疗领域中,医院需要处理大量的患者信息,包括病历、处方、检查报告等文档。这些文档通常以纸质形式存在,并且数量庞大,给医院的信息管理带来很大的挑战。而 OCR 技术可以帮助医院快速读取并处理这些文档,从而提高工作效率。

具体来说,通过 OCR 技术,医院可以将纸质文档转换为电子文档,使得这些文档能被计算机识别和处理。这样一来,医院的工作人员就可以利用计算机快速进行信息搜索、分类和分析,从而提高工作效率和准确性。例如,医院可以使用 OCR 技术将病历、处方等文档转换为电子格式,并将其存储在数据库中。这样一来,医生和护士就可以通过计算机进行文档搜索和浏览,并能更加方便地更新和管理患者信息。此外,OCR 技术还可以帮助医院对大量的医学文献进行自动化处理和分析。医院可以使用 OCR 技术将这些文献转换为电子格式,并将其导入计算机程序中进行分析和处理。这样一来,医生和研究人员就可以更加方便地获取和比较相关的医学文献,以便于他们更好地理解和应用先进的医学知识。

5. 商业领域

在商业领域,OCR 技术可用于自动化处理大量的文档,例如发票、合同等。此外,OCR 技术还可以进行数据采集、分析和归档等工作,提高企业的工作效率和准确性。

具体来说,通过 OCR 技术,商业企业可以将纸质文档转换为可编辑的电子文档,使得这些文档能被计算机自动化处理。这样一来,企业的工作人员就可以利用计算机进行信息搜索、分类和分析,从而提高工作效率。例如,在发票处理方面,企业需要处理大量发票,包括进货、销售、运输等方面的发票。通过 OCR 技术,企业可以将这些发票转换为数字化格式,并将其存储在数据库中。这样一来,企业的工作人员就可以利用计算机进行自动化的发票识别和分类,从而节省了大量的时间和精力。OCR 技术还可以帮助企业进行数据采集和分析。企业可以使用 OCR 技术将大量的文档转换为数字化格式,并将其导入计算机程序中进行分析和处理。这样一来,企业就可以更加方便地获取和比较相关数据,以便于他们更好地理解和应用市场信息。

OCR 技术在商业领域有广泛的应用前景,它可以帮助企业处理大量的纸质文档,并将其转换为数字化格式,从而提高工作效率和准确性,有助于企业更好地进行管理、决策和竞争。

6.1.4　光学字符识别的优缺点

OCR 技术的优点在于它可以将图像中的文本信息自动转换为可编辑文本,从而提高处理效率和准确性。此外,OCR 技术还可以避免人工输入文本时出现的错误,并且可以实现大规模文档的数字化处理,方便存储、检索和共享。

OCR 技术的主要优点如下。

提高处理效率和准确性:OCR 技术可以自动识别并转换图像中的文本信息,从而避免了手工输入文本所需的时间和劳动力。此外,由于 OCR 技术使用先进的算法和模型进行文本识别,因此它能提供更高的准确性和稳定性。

避免人工输入文本时出现的错误:在手工输入文本过程中,容易出现拼写错误、格式不规范等问题,这些问题可能影响后续的数据处理和分析。而使用 OCR 技术可以避免这些问题发生,从而提高了数据的准确性和可靠性。

实现大规模文档的数字化处理:许多组织和机构需要处理大量的纸质文件,这些文件中包含着海量的文本信息。使用 OCR 技术可以将这些文件快速、精确地转换为可编辑文本,方便存储、检索和共享。

增强信息安全:将纸质文档数字化后,可以使用加密等方式增强信息的安全性,避免机密信息泄露。

OCR 技术的局限性和缺陷如下。

图像质量要求较高:OCR 技术的精度受到图像质量的影响,如果图像清晰度不够或者字体不规范,会导致识别率降低。因此,使用 OCR 技术时,应尽可能使用高质量的图像,并采取预处理措施以提高图像质量。

难以识别非标准化文字内容:OCR 技术在识别标准化文字方面表现出色,但难以识别手写文字、特殊符号等非标准化文字内容。这是由于 OCR 算法本身依赖于先验知识和模型,无法处理未经训练的字符或样式。因此,当需要识别非标准化文字内容时,可能需要使用其他技术辅助 OCR 技术运用。

处理速度较慢:由于 OCR 技术需要进行大量的计算来识别文本信息,因此在处理大规模文档时,可能需要消耗较多的计算资源,从而导致处理速度较慢。可通过硬件升级或优化算法加快处理速度。

OCR 技术具有诸多优点,可以帮助用户提高工作效率和数据准确性,方便大规模文档的数字化处理,同时也能增强信息的安全性。OCR 技术尽管在自动化文本处理方面有显著优势,但仍需根据具体应用场景和需求进行选择和优化。

6.1.5　光学字符识别算法

1. 基于模板匹配的 OCR 算法

基于模板匹配的 OCR 算法是一种传统的 OCR 方法,其基本原理是将输入的图像与一个预设的模板进行比较,并找到最匹配的模板。具体地,该算法首先将输入图像分成多个小区域,然后对每个区域进行模板匹配。在模板匹配过程中,系统会计算每个模板和输入图像之间的相似度,使用某种匹配规则确定最佳匹配。

这种方法的优点是简单易懂,且在处理结构化文档(如表格)时效果较好。但是,该方法由于需要预设模板,因此不适用于处理大规模、多样化的文档。当文档数量增加或文档变体多样时,需要预设更多的模板才能准确识别文本,导致 OCR 系统的维护和更新成本大大增加。

另外,基于模板匹配的 OCR 算法还存在其他一些问题。例如,当输入图像与预设模板之间的颜色、大小或旋转角度等发生变化时,算法的准确性会受到影响。此外,该算法通常需要人工干预以调整匹配参数,使得算法对复杂文档的识别效果不佳。

2. 基于特征提取的 OCR 算法

基于特征提取的 OCR 算法是一种常见的 OCR 方法,它可以从输入的图像中提取出特定的特征,如角度、曲线等,然后根据这些特征识别字符。相对于基于模板匹配的 OCR 算法,该方法更加灵活,且适用于处理不同颜色、大小和字体的文本。

该方法通常分两个步骤:特征提取和分类器。在特征提取步骤中,算法使用一组滤波器或算子检测某些特定的形状或结构。例如,可以使用 Sobel 算子检测边缘,或使用 Hough 变换检测直线或圆形。这些特征提取工具可以根据输入图像的特点进行选择和组合,以提高识别准确性。

在分类器步骤中,算法使用已经训练好的分类器将字符分类到正确的类别中。常用的分类器包括支持向量机(SVM)、K 近邻(KNN)和人工神经网络(ANN)等。分类器的训练需要大量的样本数据,并且需要优化参数以提高分类器的准确性。

基于特征提取的 OCR 算法还有其他一些优点。例如,它可以自动适应不同字体和大小的字符,而无须手动调整模板。此外,该算法还可以使用其他图像处理技术预处理输入图像,如去噪、二值化和分割等,以进一步提高识别准确性。

3. 基于传统机器学习的 OCR 算法

基于传统机器学习的 OCR 算法利用各种分类算法,例如支持向量机(Support Vector Machine,SVM)、决策树(Decision Tree)、K 近邻等,对输入图像进行分类。SVM 算法是一种二分类模型,通过找到一个超平面将不同类别的样本点分开。在 OCR 算法中,可以将每个字符看作一个样本点,并使用 SVM 算法将其识别为相应的字符。决策树算法是一种基于特征选择的分类算法,通过不断地选择最优特征对样本进行划分,直到所有样本都被正确分类或者无法再进行划分为止。在 OCR 算法中,可以使用决策树算法对字符进行分类。KNN 算法是一种基于样本距离的分类算法,通过计算待分类样本与已知样本之间的距离确定其类别。在 OCR 算法中,可以使用 KNN 算法对输入字符进行分类。该方法需要大量的特征工程,但可适用于各种不同场景和文档类型,并且可以快速训练模型。

4. 基于深度学习的 OCR 算法

基于深度学习的 OCR 算法是近年来发展较快的一种 OCR 方法。它利用卷积神经网络(Convolutional Neural Network,CNN)、循环神经网络(Recurrent Neural Network,RNN)等深度学习模型对输入图像进行识别。CNN 是一种能有效识别图像内容的深度学习模型。在 OCR 中,CNN 可用于特征提取和分类。具体来说,CNN 将输入的图像通过多层卷积和池化操作提取出不同层次的特征,然后将这些特征传入全连接层进行分类。同时,CNN 还可以使用反向传播算法进行训练,优化网络参数以逐步提高模型的准确性。RNN 是一种能处理序列数据的深度学习模型。在 OCR 中,RNN 可用于识别文本序列。具体来说,RNN 通过将输入的图像转换成文本序列,并利用长短时记忆(LSTM)或门控循环单元(GRU)等结构进行序列建模,逐个字符地预测输出结果。同时,RNN 也可以使用反向传播算法进行训练,优化网络参数,以提高模型的准确性。深度学习的 OCR 方法不需要手动提取特征,而是通过模型自动学习特征,并且具有很高的准确性和泛化能力。

6.2 图像直方图

图像直方图(Image Histogram)是用以表示数字图像中亮度分布的直方图,标绘了图像中每个亮度值的像素数。可以借助观察该直方图了解需要如何调整亮度分布。这种直方图中,横坐标的左侧为纯黑、较暗的区域,而右侧为较亮、纯白的区域。因此,一张较暗图片的图像直方图中的数据多集中于左侧和中间部分;而整体明亮、只有少量阴影的图像则相反。计算机视觉领域常借助图像直方图实现图像的二值化。

6.2.1 绘制灰度直方图

灰度直方图是一种用于分析数字图像中像素值分布的工具,通常用于计算图像的亮度(灰度)范围,并确定哪些像素值在整个图像中占据了多大比例。这种分析非常有用,因为它可以帮助我们理解图像的全局特征和局部特征。

灰度直方图是一种用于展示数字图像中像素值分布情况的条形图,它将每个像素值的出现次数或频率表示为一个条形,其中每个条形代表一个可能的像素值。水平轴表示所有可能的像素值,从 0 到 255(对于 8 位灰度图像),垂直轴则表示该像素值下的像素数量或者占图像总像素数的百分比。当图像中存在大量像素值较暗的区域时,灰度直方图呈现出左侧的高峰,表示这些暗像素值在图像中出现的频率很高。相反,当存在大量像素值较亮的区域时,灰度直方图呈现出右侧的高峰。灰度直方图可以帮助我们理解图像的亮度分布和对比度,并且在一些领域如计算机视觉、图像处理和计算机图形学中被广泛应用。例如,在图像增强和图像分割中利用灰度直方图可以自动确定最佳阈值,从而更有效地处理图像。

通过分析灰度直方图,可以得出以下结论。

图像的亮度范围：灰度直方图可以告诉我们图像中所有可能的灰度级别以及它们各自所占的像素数量或像素百分比。这使得我们能确定图像的亮度范围，从而更好地理解图像的整体亮度。

图像的对比度：灰度直方图可以告诉我们图像中最暗和最亮的像素有多暗/亮。如果灰度值范围很小，则意味着图像的对比度较低；反之，如果灰度值分布广泛，则意味着图像的对比度较高。

图像的质量：灰度直方图可以告诉我们一些关于图像质量的信息，例如曝光不正确、白平衡不正确或者拍摄设备存在问题等。

由于绘制灰度直方图是一项基本任务，因此在 Python 中存在多种方法可用于构图。本文主要介绍了两种方法：Matplotlib 方法和 OpenCV 方法。其中，Matplotlib 是一个广泛使用的 Python 绘图库，通过调用其函数可以轻松地在 Python 中绘制灰度直方图。而 OpenCV 是一个专门用于计算机视觉的开源库，提供了快速构建灰度直方图的 API。这两种方法均可用于绘制灰度直方图，并且都具有各自的优缺点。根据具体应用场景和需求，选择不同的方法可以更好地完成图像处理任务。

1. Matplotlib 方法构图

Matplotlib 是一个 Python 的可视化库，可用于绘制各种类型的图表，包括灰度直方图。使用 Matplotlib 绘制灰度直方图的步骤如下。

（1）读取一幅灰度图像。

（2）统计图像中每个像素值的数量，并将其记录在一个数组中（如 histogram）。

（3）将这些像素值按照其出现的频率绘制到一个坐标系上，x 轴表示像素值，y 轴表示出现的次数或概率密度。

可以使用 Matplotlib 库实现绘图。Matplotlib 库中提供的 matplotlib.pyplot.hist() 函数可计算直方图，其函数参数如下所示。

```
#x:输入数据,为一维数组
#bins:直方图 bin 的个数
#range:直方图取值范围的大小
#normed:是否归一化
#weights:表示输入 x 的权重,默认为 None,表示所有 x 权重一样
#cumulative:是否计算累加直方图,默认为 False
#bottom:柱状条的最小值
#histtype:绘制的直方图的种类
#align:柱状条的对齐方式
#orientation:直方图的方向,水平或者垂直两个方向
#rwidth:柱状条的宽度
#log:是否进行对数变换
#color:柱状条的颜色
#label:直方图的标签
#stacked:布尔值,当为多个输入时,是否将其叠加起来
n,bins,patches = hist (x, bins = 10, range = None, normed = False, weights = None,
                cumulative=False,bottom=None,histtype='bar',align='mid',
                orientation='vertical',rwidth=None,log=False,color=None,
                label=None, stacked=False, hold=None,data=None, **kwargs) ->
                n, bins, patches
```

该函数返回 3 个值：n 表示每个箱中的元素数量；bins 表示箱的边界；patches 表示绘制的所有对象。

示例代码如下。

```
#!/bin/usr/python3
#-*- coding: UTF-8 -*-
import matplotlib.pyplot as plt
import cv2 as cv

#帮助信息
helpInfo = '''
提示-按键前需要选中当前画面显示的窗口

按键 Q: 退出程序
'''
print(helpInfo)

#以灰度格式读取图片
gray = cv.imread('mountain.png', cv.IMREAD_GRAYSCALE)

#画出原图
plt.figure(0)
plt.subplot(121)
plt.imshow(gray, cmap='gray')
plt.title('mountain')

#画出直方图
plt.subplot(122)
#绘制直方图，默认柱状条为蓝色
plt.hist(gray.ravel(), bins=256, range=[0, 256])
#plt.hist(gray.ravel(), bins=256, range=[0, 256], fc='k', ec='k') #柱状条为黑色
plt.title('gray histogram')

plt.show()
```

创建 Python 文件 plt_grayhist.py，使用 SSH 方式登录边缘计算网关的 Linux 终端，执行命令，运行程序查看结果：

$python3 plt_grayhist.py
提示-按键前需要选中当前画面显示的窗口

按键 Q: 退出程序

程序运行结果如图 6-1 所示。

按 Q 键退出。

2. OpenCV 方法构图

除了 Matplotlib，OpenCV 也提供了一些绘制直方图的函数，可用于快速构图。使用 OpenCV 库绘制灰度直方图的步骤如下。

（1）读取一幅灰度图像。

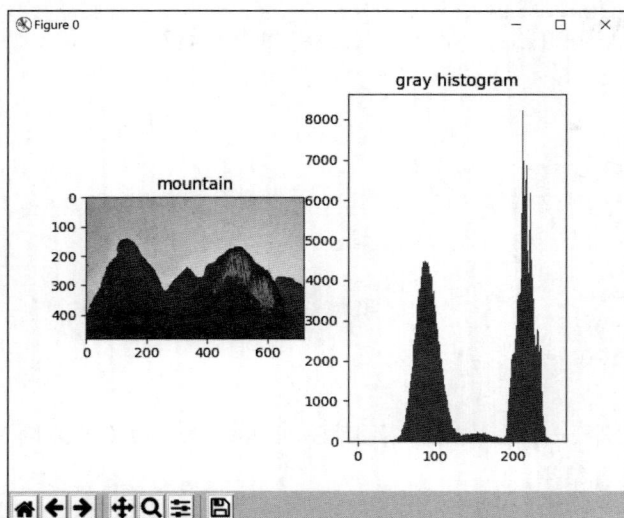

图 6-1　代码运行结果

（2）使用 cv2.calcHist()函数计算图像的直方图。

（3）将直方图归一化到[0,255]范围（可选）。

（4）使用 cv2.normalize()函数归一化直方图。

（5）绘制归一化后的直方图，可以使用 cv2.line()函数进行绘制。

OpenCV 中也提供了 cv.CalcHist 计算直方图，其参数具体如下所示。

```
#images:      输入图像
#channels:      通道号的索引。灰度图像的值为 0,要获取 RGB 图像 blue、green、red 三通道的
#值,索引值分别取 0,1,2
#mask:      遮掩图片
#histSize:      BIN 数目
#ranges:      直方图范围
cv.calcHist(images, channels, mask, histSize, ranges[, hist[, accumulate]]) -> hist
```

示例代码如下。

```
#!/bin/usr/python3
#-*- coding: UTF-8 -*-
import cv2 as cv
from matplotlib import pyplot as plt

#帮助信息
helpInfo = '''
提示-按键前需要选中当前画面显示的窗口

按键 Q: 退出程序
'''
print(helpInfo)

#读取灰度图片
img = cv.imread('mountain.png', 0)
```

```
#计算像素值在范围 0~255 的频率
hist = cv.calcHist([img],[0],None,[256],[0,256])

plt.figure(0)
plt.subplot(121)
plt.imshow(img, cmap='gray')
plt.title('origin gray')

#画出直方图
plt.subplot(122)
plt.plot(hist)
plt.title('histogram')
plt.show()
```

创建 Python 文件 cv_grayhist.py,使用 SSH 方式登录边缘计算网关的 Linux 终端,执行命令,运行程序查看结果。

$python3 cv_grayhist.py
提示-按键前需要选中当前画面显示的窗口

按键 Q: 退出程序

程序运行结果如图 6-2 所示。
按 Q 键退出。

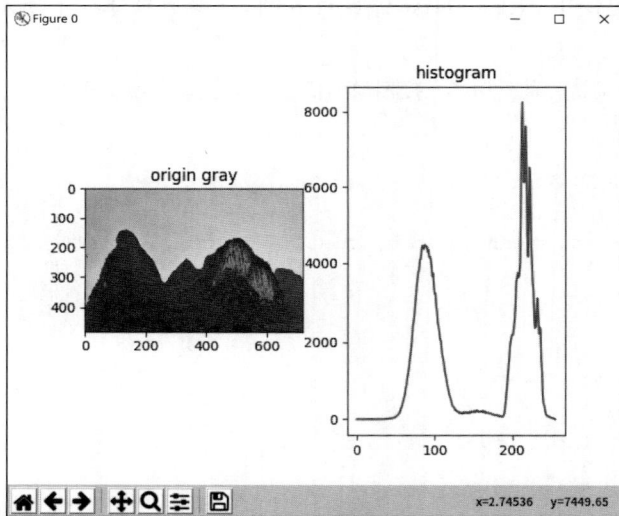

图 6-2　绘制灰度直方图

6.2.2　绘制彩色直方图

彩色直方图是一种展示数字彩色图像中像素值分布情况的工具,它基于将每个像素的颜色分解为红、绿和蓝 3 个颜色通道,并计算每个通道中各个可能像素值出现次数的频率。彩色直方图可以通过将 3 个颜色通道的直方图分别画在同一坐标系中呈现。通常使用不同的颜色表示每个通道的直方图,如红色表示红色通道,绿色表示绿色通道,蓝色表示蓝色通道。

彩色直方图的水平轴表示所有可能的像素值,范围通常 0～255(对于 8 位彩色图像)。垂直轴则表示该像素值下的像素数量或者占图像总像素数的百分比。因此,该曲线的面积就代表了该颜色通道内像素的总数目或占整个图像的百分比。

与灰度直方图类似,彩色直方图也可用来描述图像的亮度范围和对比度,并且在计算机视觉、图像处理和计算机图形学等领域都得到广泛应用。通过分析彩色直方图,可以得出以下结论。

图像的色彩分布:彩色直方图可以帮助我们理解数字彩色图像中各种颜色的分布情况,从而更好地掌握图像的整体色彩特征。

色彩平衡调整:彩色直方图可以检测图像中颜色通道之间的偏差,从而帮助我们进行色彩平衡调整,使图像呈现更加自然和真实的色彩。

图像质量评估:彩色直方图可以告诉我们一些关于图像质量的信息,例如饱和度过高或者过低、色调偏差等问题。

通过分析彩色直方图,我们可以得出很多信息。例如,如果某个颜色通道的直方图在某个像素值处有一个高峰,那么这意味着该颜色在图像中出现的频率很高。而如果 3 个颜色通道的直方图都在某个像素值处有高峰,则说明该像素值在整个图像中出现的频率很高。此外,彩色直方图还可用于图像增强、白平衡校正等领域。

绘制彩色直方图的方法与绘制灰度直方图的方法类似,但是由于颜色空间的不同,需要对每个通道分别进行处理。Matplotlib 库和 OpenCV 库中都提供了相应的函数来计算和绘制彩色直方图。

1. Matplotlib 方法构图

在 Matplotlib 库中,可以使用 matplotlib.pyplot.hist() 函数的多通道版本计算彩色直方图,具体步骤如下。

(1) 读取一幅彩色图像。

(2) 将其转换为 HSV 或 RGB 颜色空间。

(3) 对每个通道分别计算直方图。

(4) 组合 3 个通道的直方图,绘制彩色直方图。

典型用法如下。

```
#画出直方图
#绘制 b 通道直方图,设置颜色为蓝色,设置标签为 blue,设置柱状图类型为 step
plt.hist(blue.ravel(), bins=256, range=[0, 256], histtype='step', color=['blue'],
label='blue')
#绘制 g 通道直方图,设置颜色为绿色,设置标签为 green,设置柱状图类型为 step
plt.hist(green.ravel(), bins=256, range=[0, 256], histtype='step', color=
['green'], label='green')
#绘制 r 通道直方图,设置颜色为红色,设置标签为 red,设置柱状图类型为 step
plt.hist(red.ravel(), bins=256, range=[0, 256], histtype='step', color=['red'],
label='red')
plt.show()
```

示例代码如下。

```
#!/bin/usr/python3
#-*-coding: UTF-8-*-
import cv2 as cv
import matplotlib.pyplot as plt

#帮助信息
helpInfo = '''
提示-按键前需要选中当前画面显示的窗口

按键 Q: 退出程序
'''
print(helpInfo)

#读取彩色图像
img = cv.imread('mountain.png', cv.IMREAD_COLOR)

blue, green, red = cv.split(img)

#画出原图
plt.figure(0)
plt.subplot(211)
#将 BGR 图转化为 RGB,彩色图无须指定 cmap 参数
plt.imshow(img[:,:,::-1])
plt.title('mountain')

#画出直方图
plt.subplot(212)

#绘制 b 通道直方图,设置颜色为蓝色,设置标签为 blue,设置柱状图类型为 step
plt.hist(blue.ravel(), bins=256, range=[0, 256], histtype='step', color=['blue'],
label='blue')

#绘制 g 通道直方图,设置颜色为绿色,设置标签为 green,设置柱状图类型为 step
plt.hist(green.ravel(), bins=256, range=[0, 256], histtype='step', color=
['green'], label='green')

#绘制 r 通道直方图,设置颜色为红色,设置标签为 red,设置柱状图类型为 step
plt.hist(red.ravel(), bins=256, range=[0, 256], histtype='step', color=['red'],
label='red')

#在左上角添加图例
plt.legend(loc='upper left')
plt.title('bgr histogram')

plt.show()
```

创建 Python 文件 plt_rgbhist.py,使用 SSH 方式登录边缘计算网关的 Linux 终端,执行命令,运行程序查看结果。

$python3 plt_rgbhist.py
提示-按键前需要选中当前画面显示的窗口

按键 Q：退出程序

程序运行结果如图 6-3 所示，按 Q 键退出。

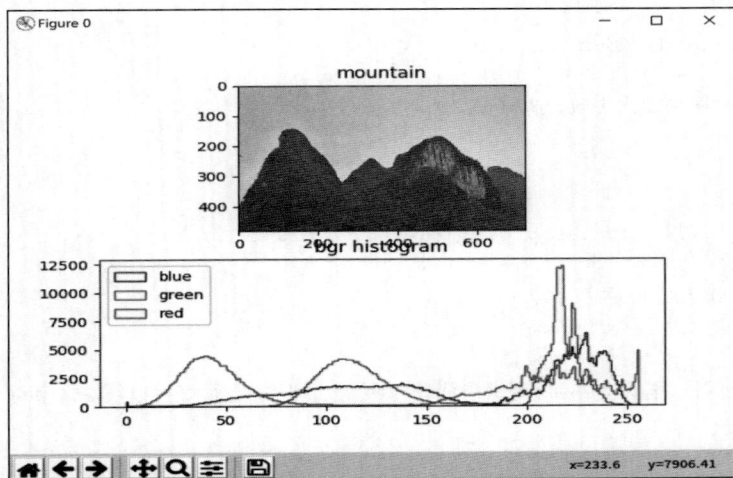

图 6-3　Matplotlib 绘制彩色直方图

2. OpenCV 方法构图

使用 OpenCV 方法绘制彩色直方图，须指定颜色通道，典型用法如下。

```
#Matplotlib 预设的颜色字符
bgrColor = ('blue', 'green', 'red')
for cidx, color in enumerate(bgrColor):
    #cidx channel 序号
    #color r / g / b
    cHist = cv.calcHist([img], [cidx], None, [bin_num], [0, 256])
    #绘制折线图
    ax1.plot(cHist, color=color, label=bgrColor[cidx])
#显示画面
plt.show()
```

示例代码如下。

```
#!/bin/usr/python3
#- * - coding: UTF-8 - * -
'''
    绘制 BGR 彩图的统计直方图
'''
from matplotlib import pyplot as plt
import numpy as np
import cv2 as cv

#帮助信息
helpInfo = '''
```

提示–按键前需要选中当前画面显示的窗口

按键 Q: 退出程序
'''
print(helpInfo)

```
#读入图片
img = cv.imread('mountain.png')
if img is None:
    print("图片读入失败，请检查图片路径及文件名")
    exit()

#创建画布
fig, (ax1, ax2) = plt.subplots(nrows=2, ncols=1)

#Matplotlib 预设的颜色字符
bgrColor = ('blue', 'green', 'red')

#统计窗口间隔，若设置小了,则锯齿状较为明显,最小为 1,最好可以被 256 整除
bin_win  = 4
#设定统计窗口 bins 的总数
bin_num = int(256/bin_win)
#控制画布的窗口 x 坐标的稀疏程度,若最密集,就设定 xticks_win=1
xticks_win = 2

for cidx, color in enumerate(bgrColor):
    #cidx channel 序号
    #color r / g / b
    cHist = cv.calcHist([img], [cidx], None, [bin_num], [0, 256])
    #绘制折线图
    ax1.plot(cHist, color=color, label=bgrColor[cidx])


#设定画布的范围
ax1.set_xlim([0, bin_num])
#设定 x 轴方向标注的位置
ax1.set_xticks(np.arange(0, bin_num, xticks_win))
#设定 x 轴方向标注的内容
ax1.set_xticklabels(list(range(0, 256, bin_win * xticks_win)), rotation=45)
#添加图例,不指定位置时图例位置是自适应的
ax1.legend()

#显示原图
ax2.imshow(img[:,:,::-1])

#显示画面
plt.show()
```

创建 Python 文件 cv_rgbhist.py,使用 SSH 方式登录边缘计算网关的 Linux 终端,执行命令,运行程序查看结果:

```
$python3 cv_rgbhist.py
```
提示–按键前需要选中当前画面显示的窗口

按键 Q：退出程序

输出彩色直方图如图 6-4 所示。

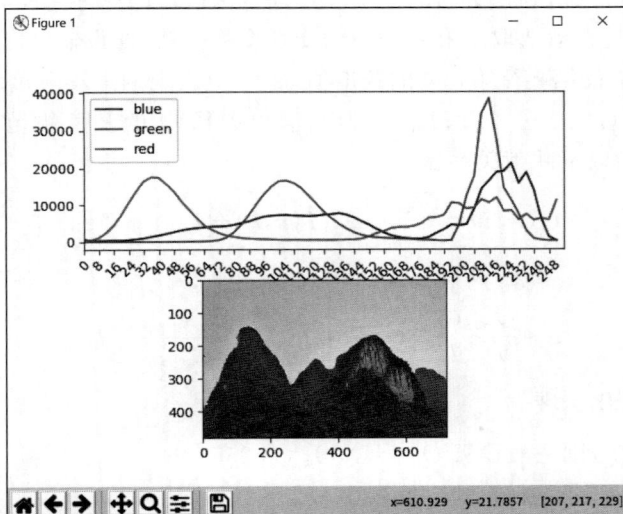

图 6-4　OpenCV 绘制彩色直方图

6.2.3　直方图正规化

直方图正规化是一种常见的图像处理技术，用于增强图像的对比度和亮度。它通过调整图像中每个像素的灰度值，使得图像的灰度分布更加均匀，从而提高图像的对比度和视觉效果。这种方法适用于各种类型的图像，如自然图像、医学图像、卫星图像等，具有广泛的应用价值。通过直方图正规化，图像的亮度和饱和度可以被有效地增强，使图像看起来更加清晰、鲜明、生动。因此，直方图正规化在图像处理领域是一种常用的技术，可以帮助人们获得更好的图像效果，并为后续的图像分析、识别等任务提供更可靠的基础。

1. 直方图正规化概述

直方图正规化通过重新分配图像中像素的灰度值，使得像素值的范围更广泛地覆盖整个灰度级别，并且更加均匀地分布在整个范围内，具体的操作步骤如下。

（1）计算原始图像的直方图，即统计每个像素值出现的频率分布情况。通常，直方图可用以灰度级别为横坐标、以像素数为纵坐标的柱状图表示。

（2）将直方图进行归一化，使其所有值都在 0～1。这意味着直方图中每个像素值的出现次数除以图像总像素数，得到的结果就是该像素值出现的概率。这样做可以简化后续计算，并且确保不同大小的图像都能进行正规化处理。

（3）计算累积分布函数（CDF），它表示每个像素值在整个图像中出现的概率。CDF 可以通过对归一化直方图进行累加得到。

（4）将 CDF 映射到一个新的灰度级别，从而重新分配像素值。这通常涉及对 CDF 进行

203

线性或非线性变换。最常用的变换是线性变换,该变换将 CDF 缩放到新的灰度级别范围。

(5)最后,将重新分配的像素值应用于原始图像,形成经过直方图正规化处理的新图像。可以选择通过插值等方法实现这种映射。

2. 正规化原理

将图像的像素值映射到一个新的范围 $[0,255]$,从而使图像的亮度和对比度增强。

直方图正规化是自动选取 a 和 b 的值的线性变换方法,假设输入图像为 I,高为 H、宽为 W,$I(r,c)$ 代表 I 的第 r 行第 c 列的灰度值,将 I 中出现的最小灰度级记为 I_{min},最大灰度级记为 I_{max},即 $I(r,c) \in [I_{min}, I_{max}]$,为使输出图像 O 的灰度级范围为 $[O_{min}, O_{max}]$,$I(r,c)$ 和 $O(r,c)$ 做以下映射关系:

$$O(r,c) = \frac{O_{max} O_{min}}{I_{max} I_{min}}(I(r,c) - I_{min}) + O_{max}$$

其中,

$$a = \frac{O_{max} O_{min}}{I_{max} I_{min}}, \quad b = O_{min} - \frac{O_{max} O_{min}}{I_{max} I_{min}} \times I_{min}$$

3. 直方图正规化实现

若输入是 8 位图,则一般设置 $O_{min} = 0, O_{max} = 255$;

若输入的是归一化的图像,则一般设置 $O_{min} = 0, O_{max} = 1$。

```python
#!/usr/bin/env python
#-*-encoding: utf-8-*-
#author:LiYanwei
#version:0.1

import numpy as np
import cv2
import matplotlib.pyplot as plt


def histNormalized(InputImage,O_min = 0,O_max = 255):
    I_min = np.min(InputImage)
    I_max = np.max(InputImage)
    rows,cols = InputImage.shape
    #输出图像
    OutputImage = np.zeros(InputImage.shape,np.float32)
    #输出图像的映射
    cofficient = float(O_max - O_min)/float(I_max - I_min)
    for r in range(rows):
        for c in range(cols):
            OutputImage[r][c] = cofficient * ( InputImage[r][c] - I_min) + O_min
    return OutputImage


if __name__ =="__main__":
    image = cv2.imread('img3.jpg', cv2.IMREAD_GRAYSCALE)
    #显示原图
```

```
cv2.imshow("image", image)
#直方图正规化
histNormResult = histNormalized(image)
#数据类型转换,灰度级显示
histNormResult = np.round(histNormResult)
histNormResult = histNormResult.astype(np.uint8)
#显示直方图正规化的图片
cv2.imshow("histNormlized", histNormResult)
cv2.imwrite("histNormResult.jpg", histNormResult)
```

6.2.4 直方图均衡化

直方图均衡化是一种用于增强数字图像对比度的常见技术,可以增强图像中的细节和边缘,并使其更易于视觉上解释。它通过调整图像中每个像素的灰度值,在保持图像信息不变的前提下使其灰度级分布更加平坦,从而达到图像增强的目的。该方法具有许多优点,如简单、快速、高效、可逆性强、通用性强等。因此,在图像处理领域,直方图均衡化是一种广泛应用的技术,可以帮助人们获得更好的图像质量,并为后续的图像分析、识别等任务提供更可靠的基础。

1. 直方图均衡化概述

直方图均衡化可以将图像的灰度级值分布从原来的任意形式转换为一种特定形式,通常是均匀分布的形式。

直方图均衡化的过程如下。

(1)统计图像中每个像素灰度级出现的次数,并生成其灰度级统计直方图。

(2)计算出每个灰度级所占的比例(即概率密度函数)。

(3)将概率密度函数进行累加,得到一个新的函数,表示每个灰度级在整个图像中出现的概率。

(4)将上述函数进行归一化,以将其映射到 0~255(即灰度级范围)。此时,我们得到一个 CDF,它表示了每个灰度级在整个图像中所占的比例。

(5)对于每个像素,将其灰度级替换为 CDF 对应位置的灰度值,即将其映射到新的灰度级。

2. 直方图均衡化原理

图 6-5 就是直方图均衡化,即将随机分布的图像直方图修改成均匀分布的直方图。基本思想是:对原始图像的像素灰度做某种映射变换,使变换后图像灰度的概率密度呈均匀分布,这意味着图像灰度的动态范围增加了,提高了图像的对比度。

直方图均衡化如图 6-5 所示。

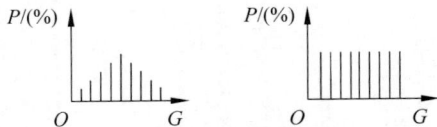

图 6-5 直方图均衡化

通过这种技术可以清晰地在直方图上看到图像亮度的分布情况，并可按照需要对图像亮度进行调整。另外，这种方法是可逆的，如果已知均衡化函数，就可以恢复原始直方图。

设变量 r 代表图像中像素的灰度级。对灰度级进行归一化处理，则 $0 \leqslant r \leqslant 1$，其中 $r = 0$ 表示黑，$r = 1$ 表示白。对于一幅给定的图像来说，每个像素值在 $[0,1]$ 的灰度级是随机的，用概率密度函数 $p_\gamma(r)$ 表示图像灰度级的分布。

为了有利于数字图像处理，引入离散形式。在离散形式下，用 r^k 代表离散灰度级，用 $p_\gamma(r^k)$ 代表 $p_\gamma(r)$，并且下式成立：

$$p_\gamma(r^k) = \frac{n^k}{n}$$

其中，$0 \leqslant r^k \leqslant 1, k = 0, 1, 2, \cdots, n-1, n^k$ 为图像中出现 r^k 这种灰度的像素数，n 是图像中的像素总数，而 $\frac{n^k}{n}$ 就是概率论中的频数。图像进行直方图均衡化的函数表达式为

$$S_i = T(r^i) = \sum_{i=0}^{k-1} \frac{n^i}{n}$$

式中，k 为灰度级数。相应的反变换为

$$r^i = T^{-1}(S_i)$$

3. 直方图均衡化实现

函数 hist_equalize() 的基本思路是：首先计算输入图像的灰度直方图，并根据该直方图得到一个 CDF。然后，将 CDF 映射到目标灰度级范围，生成一幅新的输出图像。最终处理结果是输入图像中像素灰度值分布更为均匀，从而提高了图像的对比度。

在具体实现上，hist_equalize() 函数需要经过以下步骤。

(1) 计算输入图像的灰度直方图；

(2) 根据直方图计算图像的 CDF；

(3) 将 CDF 映射到目标灰度级范围；

(4) 根据映射关系重新构建输出图像。

```python
import cv2
import numpy as np

#设置常量
HDIM = 256
SRC = 0
DST = 1
#加载图像
img = cv2.imread("input.jpg", 1)

#计算直方图
hist = cv2.calcHist([img], [0, 1, 2], None, [HDIM, HDIM, HDIM], [0, 256, 0, 256, 0, 256])

#构建每个颜色通道的 CDF 的直方图
cdf = hist.cumsum()
```

```
#归一化 CDF 值,以获得均衡化的直方图
normalized_cdf = (cdf - cdf.min()) * 255 / (cdf.max() - cdf.min())

#将均衡化的直方图应用于输入图像
equalized_img=np.interp(img.ravel(),np.arange(0,256),
normalized_cdf.astype('uint8')).reshape(img.shape)

#显示输入和输出图像
cv2.imshow("Input Image", img)
cv2.imshow("Equalized Image", equalized_img)

#保存输出图像
cv2.imwrite("output.jpg", equalized_img)

#等待用户按键
cv2.waitKey(0)

#释放资源
cv2.destroyAllWindows()
```

直方图均衡化实现效果图如图 6-6 所示。

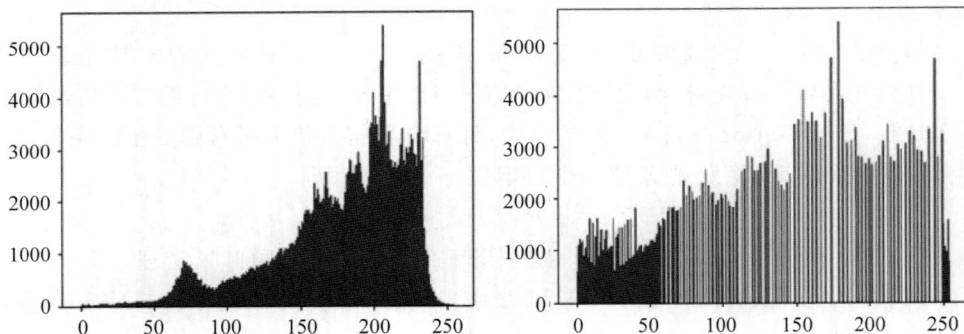

图 6-6 直方图均衡化实现效果图

6.2.5 利用直方图进行图像分割

利用图像直方图进行图像分割的主要思想是寻找图像中具有相似像素值的区域,并将它们划分为不同的对象或背景。这可以通过对图像直方图进行聚类实现。聚类算法会对直方图中的特征向量(即每个像素值在直方图中的数量或占比)进行分组,使得在同一类别中的特征向量之间具有较高的相似性,而不同类别之间的相似性较低。

常见的聚类算法包括 k-means 聚类、最大期望算法等。

k-means 聚类是一种常见的无监督学习方法,它将数据集分为 k 个不同的簇,使得同一簇内的数据点相似度较高,而不同簇之间的数据点相似度较低。k-means 聚类算法的基本思想是:首先随机选择 k 个中心点作为初始的聚类中心,然后计算每个数据点到这 k 个中心点的距离,将其归入距离最近的簇中。接着重新计算每个簇的中心点,并重复以上过程,直至满足收敛条件。

k-means 聚类算法的具体流程如下。

（1）首先从数据集中随机选取 k 个数据点作为初始聚类中心。

（2）对于每个数据点,计算其到这 k 个聚类中心的距离,并将其分配给距离最近的聚类中心对应的簇中。这里常用的距离度量是欧几里得距离或曼哈顿距离。

（3）针对每个簇,重新计算其聚类中心(即该簇内所有数据点的平均值)。

（4）重复步骤(2)和(3),直到当前的聚类中心不再发生变化或达到预设的最大迭代次数。当聚类中心不再改变时,说明已经收敛,可以停止迭代。

（5）最后得到的结果是 k 个聚类中心和 k 个簇,其中每个数据点被分配到其中一个簇中,使得同一簇内数据点的相似度较高,而不同簇之间的数据点相似度较低。

k-means 聚类算法的优点在于简单易懂、运行速度快,适用于大规模数据集,缺点在于需要预先指定聚类个数 k,且结果受初始聚类中心的选择影响较大,容易陷入局部最优解。

最大期望算法(Expectation-Maximization Algorithm,EM 算法)是一种迭代算法,用于在存在隐变量的概率模型中求解参数的最大似然估计。它常用在数据挖掘、机器学习、人工智能等领域,例如聚类分析、降维、因式分解等。

EM 算法的基本思路是:假设有一组待估计的参数 θ,通过使用这些参数,我们可以对观测数据进行建模,从而得到一个关于观测数据的概率密度函数。但是,如果该模型存在隐变量,那么我们无法直接利用观测数据的信息计算参数 θ 的最大似然估计值。此时需要利用 EM 算法进行求解。

EM 算法通常包含两个重复步骤:E 步和 M 步。下面是 EM 算法的详细描述。

（1）初始化参数。首先,初始化参数 θ 的值。可以采用任何一种合理的方式初始化参数。

（2）E 步(Expectation Step)。在 E 步中,计算出当前参数下所有隐变量的条件概率分布,即给定观测数据 X,隐变量 Z 取某个特定值 z_i 的概率,即

$$Q_i(z_i) = P(Z=z_i | X, \theta^{(t)})$$

其中,t 表示 EM 算法当前的迭代次数。这个概率分布可以使用贝叶斯定理计算。

（3）M 步(Maximization Step)。在 M 步中,根据 E 步计算出的条件概率分布重新估计参数 θ 的值,即

$$\theta^{(t+1)} = \arg\max(\theta) \sum_Q Q_i(z_i) \log \frac{P(X, z_i | \theta)}{Q_i(z_i)}$$

其中,$P(X, z_i | \theta)$ 是基于当前参数 θ 下,观测数据 X 和隐变量 Z 取某特定值 z_i 的联合分布,而 $Q_i(z_i)$ 则是在 E 步中计算出的条件概率分布。

（4）迭代。重复执行 E 步和 M 步,直到收敛为止。通常可以根据参数的更新幅度或者对数似然函数的收敛情况判断是否已经收敛。

EM 算法能有效地估计带有隐变量的模型的参数,并且具有优良的收敛性质。但是,需要注意的是,在 EM 算法中,初值的选择非常重要,不同的初始值可能导致不同的结果。此外,EM 算法还存在一些局限性,例如对于高维数据,计算量可能非常大。

6.3 Sobel 边缘算子

Sobel 边缘算子是一种常用的图像处理算法,用于检测图像中的边缘。它基于微分运算的原理,通过计算图像亮度值的梯度确定边缘的位置和方向。它通过计算图像中像素点

的梯度值检测图像中的边缘。Sobel算子可分为水平方向和垂直方向的两个卷积核,分别用于检测图像在水平和垂直方向上的边缘。

6.3.1 Sobel 边缘算子简介

Sobel算子是像素图像边缘检测中最重要的算子之一,在机器学习、数字媒体、计算机视觉等信息科技领域起着举足轻重的作用。在技术上,它是一个离散的一阶差分算子,用来计算图像亮度函数的一阶梯度之近似值。在图像的任何一点使用此算子,将会产生该点对应的梯度矢量或法矢量。

Sobel算子通常用于灰度图像的处理,原理如下。

首先在处理前需要将彩色图像转换为灰度图像。Sobel算子使用两个 3×3 的卷积核对图像进行处理,卷积核包括水平方向和竖直方向两部分,每部分都是一个 3×3 的矩阵。

水平方向卷积核:

−1	0	1
−2	0	2
−1	0	1

垂直方向卷积核:

−1	−2	−1
0	0	0
1	2	1

对于每个像素点,将卷积核与其周围的像素进行卷积运算。通过将卷积核与像素的灰度值进行加权求和,可以计算出该像素点的梯度值。

当卷积核应用于图像时,会根据水平和垂直方向上的梯度计算公式,计算每个像素周围像素的梯度幅值。梯度幅值表示边缘的强度。根据这些梯度值,可以确定每个像素是否位于边缘上,并且找到边缘的方向和强度。

$$梯度幅值 = \mathrm{sqrt}(水平方向梯度值^2 + 垂直方向梯度值^2)$$

为了提取出明显的边缘,可以对梯度幅值进行阈值处理。通常会设定一个低阈值和一个高阈值。梯度幅值高于高阈值的像素被认为是强边缘,梯度幅值低于低阈值的像素被认为是弱边缘,梯度幅值在两个阈值之间的像素被认为是中等强度的边缘。在非最大抑制中,会对图像进行遍历,去除非边缘像素,使边缘更细化和连续化。具体方法是:在边缘方向上,比较当前像素点与其两侧像素点的梯度幅值,保留梯度幅值最大的像素,其余像素被抑制为非边缘像素,这样可以使得边缘更加细化和准确。

根据前面的阈值处理,得到强边缘、弱边缘和非边缘像素。为了准确提取出边缘,需要对弱边缘进行进一步的处理,一般采用连接分析(检查弱边缘周围的像素,如果存在强边缘像素,则将其连接到强边缘中)和边缘跟踪(从强边缘像素开始,跟踪连接的弱边缘像素,将其转换为强边缘)的方法处理弱边缘。最终,通过Sobel边缘算子的处理,可以得到图像中的边缘信息,提供了边缘的位置和强度。这种算法能在图像中提取出水平和垂直方向上的边缘,对于边缘检测和图像分析非常有用。

需要注意的是,Sobel 算子是一种简单而快速的边缘检测方法,但在一些情况下,可能会存在边缘断裂或模糊的问题。因此,在实际应用中,可以使用更复杂的边缘检测算法进一步提高准确性和稳定性。

6.3.2　Sobel 边缘算子常见应用场景

1. 图像分割

在图像分割中,Sobel 边缘检测可以帮助识别物体边缘,通过对图像进行 Sobel 运算,可以得到边缘的位置和强度,并将图像分成多个不同的区域,为后续的图像分析和处理提供基础。这对于计算机视觉和机器人技术等领域非常重要。

2. 物体检测

Sobel 算子还可用于物体检测,例如,在医学图像处理中,边缘信息对于病变的检测和分割至关重要。Sobel 边缘算子可以帮助提取出医学图像中的器官边界和异常区域,进而帮助检测肿瘤或其他异常组织,为医生的诊断和治疗提供支持。使用 Sobel 算子可以快速而准确地在不同区域之间找到边缘差异,从而实现物体检测和识别。

3. 显微镜图像处理

Sobel 算子在显微镜图像处理中也有广泛的应用。显微镜图像通常包含丰富的细节和结构,边缘信息对于显微镜图像的分析和处理非常重要。在显微镜图像处理中,Sobel 算子可以帮助检测细胞边缘或其他微小结构的轮廓,揭示细胞、组织或其他结构的轮廓和边界。这对于生物医学研究和药品开发非常重要。此外,在血管显微镜图像中,Sobel 算子可以帮助检测血管的边缘和轮廓,实现血管的定位和分析。这对于血管网络的重建、血管密度的计算以及相关的血管疾病研究具有重要意义。

4. 视频处理

在视频处理中,Sobel 算子可被用于检测视频中物体的运动轨迹,以及进行对象跟踪和目标识别。通过对视频序列的每一帧进行边缘检测,可以实现视频中的物体跟踪、运动检测等应用。此外,Sobel 算子也可用来增强视频图像的清晰度和锐度。

5. 机器人视觉

在机器人视觉导航和自动驾驶等应用中,边缘信息对于环境感知和路径规划非常关键。通过 Sobel 算子可以提取出道路、障碍物等的边缘,帮助机器人检测和识别障碍物,并规划安全路径,为机器人的导航和决策提供依据。它还可用于机器人视觉导航和目标跟踪。

6.3.3　Sobel 边缘算子的数学原理和应用

Sobel 算子包含两组 3×3 的矩阵,分别是横向及纵向,将之与图像作平面卷积,即可得出横向及纵向的亮度查分近似值。

如果以 A 代表原始图像,G_x 及 G_y 分别代表经横向及纵向边缘检测的图像,其公式如下。

$$G_x = \begin{vmatrix} -1 & 0 & 1 \\ -2 & 0 & 2 \\ -1 & 0 & 1 \end{vmatrix} * A \qquad G_y = \begin{vmatrix} -1 & 2 & -1 \\ 0 & 0 & 0 \\ 1 & 2 & 1 \end{vmatrix} * A$$

Sobel 边缘算子的数学公式可以表示为 $\sqrt{G_x^2 + G_y^2}$。

图像的每个像素的横向及纵向梯度近似值可用以下公式结合,计算梯度的大小用以下公式计算梯度方向。

$$\beta = \arctan \frac{G_x}{G_y}$$

在以上例子中,如果角度等于零,即代表图像该处拥有纵向边缘,左方较右方暗。

Sobel 算子有两个缺点:首先,Sobel 算子并没有严格区分图像的主题与背景;它不能对图像进行有效的分割,从而无法准确提取出对图像感兴趣的区域。这是因为 Sobel 算子仅是计算了图像每个像素点的梯度值,并没有考虑像素点的颜色或灰度级别等信息。如果图像的主题和背景颜色或灰度级别相似,那么 Sobel 算子可能会将它们都视为边缘,从而导致提取结果不准确。

其次,Sobel 算子并没有基于图像灰度进行处理。它不能对不同灰度级别的像素点进行有针对性的处理,从而导致提取的图像轮廓不够连续、平滑,甚至可能存在噪声。这是因为 Sobel 算子仅是通过卷积运算计算每个像素点的梯度值,并没有考虑像素点之间的灰度变化情况,所以提取的图像轮廓有时并不令人满意。

Sobel 算子依然是一种过滤器,只是其是带方向的。在 OpenCV-Python 中,使用 Sobel 的算子的函数原型如下。

```
dst = cv2.Sobel(src, ddepth, dx, dy[, dst[, ksize[, scale[, delta[, borderType]]]]])
```

参数解释:

前 5 个是必需的参数。

dst 表示输出的边缘图,其大小和通道数与输入图像相同。

src 表示需要处理的图像。

ddepth 表示图像的深度,-1 表示采用的是与原图像相同的深度。目标图像的深度必须大于或等于原图像的深度。

dx 和 dy 表示的是求导的阶数,dx 表示 x 方向上的差分阶数,取值为 1 或者 0,dy 表示 y 方向上的差分阶数,取值为 1 或 0,0 表示这个方向上没有求导,一般为 0、1。

其后是可选的参数。

ksize 是 Sobel 算子的大小,其值必须是正数和奇数,通常为 1、3、5、7。

scale 是缩放导数的比例常数,默认情况下没有伸缩系数。

delta 是一个可选的增量,将会加到最终的 dst 中。同样,默认情况下没有额外的值加到 dst 中。

borderType 是判断图像边界的模式。这个参数的默认值为 cv2.BORDER_DEFAULT。

注意:在进行 Sobel 算子处理之后,还需要调用 convertScaleAbs() 函数计算绝对值,并将图像转换为 8 位图像进行显示,原因是 Sobel 算子求导的话,白到黑是正数,但是黑到白就是负数了,所有的负数都会被截断为 0,所以要取绝对值。

convertScaleAbs()函数原型如下。

dst = convertScaleAbs(src[, dst[, alpha[, beta]]])

src：输入图像，必须为单通道或三通道的 8 位或 16 位有符号或无符号整数类型。

dst：输出图像，与输入图像具有相同的大小和数据类型。如果未指定，则创建一个新的输出图像。

alpha：线性变换的比例因子，即缩放因子。如果未指定，则默认值为 1。

beta：线性变换的偏置量，即平移因子。如果未指定，则默认值为 0。

convertScaleAbs()的具体操作过程：首先，将输入图像的每个像素值乘以比例因子 alpha；然后，将得到的结果加上平移因子 beta；最后，将结果转换为 8 位无符号整数型，并将其存储在输出图像中。

注意：由于最后的结果被强制转换为 8 位无符号整数型，因此，如果输入图像的像素值超出 8 位整数型的取值范围（0～255），则可能出现截断现象。也就是说，超出取值范围的像素值将被强制截断为 255。另外，如果 alpha 为 0，则输出图像中的所有像素值均为 0；如果 beta 为 0，则输出图像中的所有像素值均减去 128。

实现 Sobel 算子效果图如图 6-7 所示。

原图　　　　　　　　　　Sobel水平算子　　　　　　　　　Sobel垂直算子

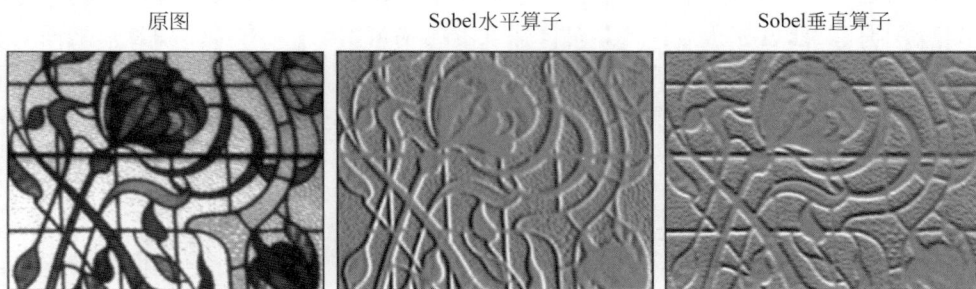

图 6-7　实现 Sobel 算子效果图

膨胀会使目标区域范围"变大"，将与目标区域接触的背景点合并到该目标物中，使目标边界向外部扩张。作用就是可用来填补目标区域中某些空洞，以及消除包含在目标区域中的小颗粒噪声。

膨胀数学表达式的形式如下。

对于二值图像，给定结构元素的位置满足以下条件：

$$\delta(X) = \{x \,|\, \boldsymbol{B}_x \bigcap X \neq \varnothing\}$$

其中 $\boldsymbol{B}_x$ 表示 X 经过 B 变换后的矩阵，X 为原图像，B 为结构元素。

假设 X 为如下所示 11×11 的矩阵。

```
0 0 0 0 0 0 0 0 0 0 0
0 1 1 1 1 0 0 1 1 1 0
0 1 1 1 1 0 0 1 1 1 0
0 1 1 1 1 1 1 1 1 1 0
0 1 1 1 1 1 1 1 1 1 0
0 1 1 0 0 0 1 1 1 1 0
0 1 1 0 0 0 1 1 1 1 0
0 1 1 0 0 0 1 1 1 1 0
```

```
01111111000
01111111000
00000000000
```

核 B 为如下所示 3×3 的矩阵。

```
111
111
111
```

由于核对应的像素中有两个不是 0,所以新的中心像素的值为 1。腐蚀和膨胀类似于逻辑判断中的"与""和""或"运算。腐蚀是将模板与原始图像进行"与"运算,只有原始图像对应像素全为 1,新的中心像素才为 1。膨胀是将模板与原始图像进行"或"运算,只要原始图像对应的像素中有一个为 1,那么新的中心像素值即为 1。

腐蚀运算示意图如图 6-8 所示。

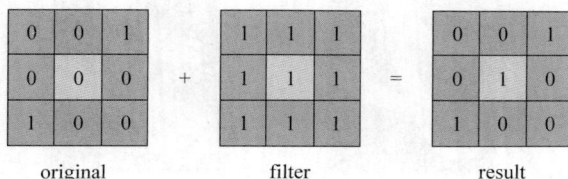

图 6-8 腐蚀运算示意图

对于 A 中的每个像素,叠加 B 的中心。每个叠加 B 的像素都包含在 A 的扩张中。经结构元素 B 膨胀的结果如下所示。

```
11111111111
11111111111
11111111111
11111111111
11111111111
11111111111
11110111111
11111111111
11111111111
11111111100
11111111100
```

OpenCV 中也提供了对应的函数来实现膨胀运算,其参数具体如下。

```
dilate(src, kernel[, dst[, anchor[, iterations[, borderType[, borderValue]]]]])
-> dst
#src:    原图片
#dst:    与原图片同样形状的输出图片
#kernel:    结构元素
#anchor:   表示结构元素以哪个位置的元素遍历原图片,默认为(-1, -1),表示以中心元素遍历
#iterations:    膨胀的次数
#borderType:    边界类型,具体参考 BorderTypes 类
#borderValue:    边界值
```

以下代码以 3×3 的 kernel 腐蚀字母 i,分别显示了腐蚀 1 次、2 次、3 次的结果。

膨胀效果图如图 6-9 所示。

可以看见图像膨胀 3 次后的结果，字符有些特征已经开始模糊。

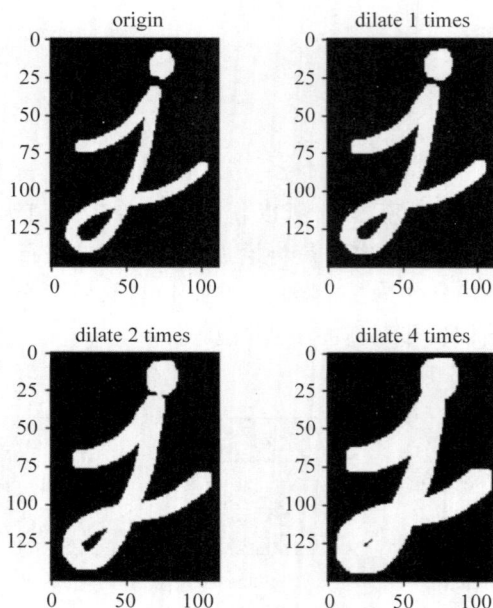

图 6-9　膨胀效果图

6.4　图像模板匹配

图像模板匹配是一种计算机视觉技术，用于在图像中查找特定的目标或模式。

6.4.1　图像模板匹配简介

图像模板匹配技术通常涉及两个图像：要搜索的源图像和要在其中搜索的模板图像。模板图像与源图像进行比较，以识别匹配的区域。

在模板匹配过程中，首先将模板图像与源图像的每个像素位置进行比较。然后，根据匹配程度确定是否存在匹配项。一般来说，匹配程度可以通过计算两个图像之间的相似度确定。在模板匹配中，相似度度量用来衡量图像中某一目标区域与模板图像的相似程度。通常，我们会通过比较两个图像之间的像素值或者特征点计算它们之间的相似度。

计算相似度的方法有很多种，以下是几种常用的方法。

1. 均方差（Mean Squared Error，MSE）

MSE 是最简单的相似度度量方法之一，它计算两幅图像每个像素之间的平均误差。具体来说，假设 I 和 T 分别表示待匹配图像和模板图像，那么 MSE 的计算公式如下。

$$\text{MSE} = \frac{1}{n} \sum_{i=1}^{n} (I_i - T_i)^2$$

其中 n 表示像素总数。

2. 互相关（Cross Correlation，CC）

互相关是另一种常用的相似度度量方法，它可以测量两幅图像之间的相似性并得出匹配结果。互相关的计算公式如下。

$$CC(x,y) = \sum_{i=1}^{m} \sum_{j=1}^{n} I(i,j)T(x+i,y+j)$$

其中(x,y)表示模板图像的左上角坐标，m和n分别表示模板图像的宽和高。

3. 归一化互相关（Normalized Cross Correlation，NCC）

NCC在CC基础上进行了归一化处理，可以得到更加稳定的匹配结果。NCC的计算公式如下。

$$NCC(x,y) = \frac{\sum_{i=1}^{m} \sum_{j=1}^{n} (I(i,j) - \overline{I})(T(x+i,y+j) - \overline{T})}{\sqrt{\sum_{i=1}^{m} \sum_{j=1}^{n} (I(i,j) - \overline{I})^2 \sum_{i=1}^{m} \sum_{j=1}^{n} (T(x+i,y+j) - \overline{T})^2}}$$

其中I和T是待匹配图像和模板图像的平均值。

一旦找到匹配项，就可以在源图像中标记出这些区域，从而实现目标检测、物体跟踪等应用。图像模板匹配在电子商务、医学影像分析、安防监控等领域都有广泛应用。

模板匹配是一项在一幅图像中寻找与另一幅模板图像最匹配（相似）部分的技术。在OpenCV2和OpenCV3中，模板匹配由MatchTemplate()函数完成。

matchTemplate()函数是OpenCV库中用于图像模板匹配的函数，它可以在源图像中查找与给定模板最相似的区域，并返回匹配结果。

matchTemplate()函数的基本语法如下。

```
cv2.matchTemplate(image, templ, method[, result]) -> result
```

♯image：源图像。

♯templ：要搜索的模板图像。

♯method：指定比较两个图像的方法。

♯result：可选参数，指定存储匹配结果的输出图像。如果没有指定，则默认输出到内存中。

第3个参数method可以设置不同的匹配方式。

1）TM_SQDIFF：平方差匹配

这类方法利用平方差进行匹配，最好匹配为0。匹配越差，匹配值越大。

$$R(x,y) = \sum_{x',y'} (T(x',y') - I(x+x',y+y'))^2$$

2）TM_SQDIFF_NORMED：归一化平方差匹配

$$R(x,y) = \frac{\sum_{x',y'} (T(x',y') - I(x+x',y+y'))^2}{\sqrt{\sum_{x',y'} T(x',y')^2 \cdot \sum_{x',y'} I(x+x',y+y')^2}}$$

3）TM_CCORR：相关匹配

这类方法采用模板和图像间的乘法操作，所以较大的数表示匹配程度较高，0标识最坏的匹配效果。

$$R(x,y) = \sum_{x',y'} (T(x',y') - I(x+x',y+y'))$$

4) TM_CCORR_NORMED：归一化相关匹配

$$R(x,y) = \frac{\sum_{x',y'} (T(x',y') \cdot I(x+x',y+y'))}{\sqrt{\sum_{x',y'} T(x',y')^2 \cdot \sum_{x',y'} I(x+x',y+y')^2}}$$

5) TM_CCOEFF：相关系数匹配

这类方法将模板对其均值的相对值与图像对其均值的相关值进行匹配,1 表示完美匹配,−1 表示匹配很差,0 表示没有任何相关性(随机序列)。

$$R(x,y) = \sum_{x',y'} (T(x',y') \cdot I(x+x',y+y'))$$

其中,

$$T'(x',y') = T(x',y') - 1/(\omega \cdot h) \cdot \sum_{x'',y''} T(x'',y'')$$

$$I'(x+x',y+y') = I(x+x',y+y') - 1/(\omega \cdot h) \cdot \sum_{x'',y''} T(x+x'',y+y'')$$

6) TM_CCOEFF_NORMED：归一化相关系数匹配

$$R(x,y) = \frac{\sum_{x',y'} (T'(x',y') \cdot I'(x+x',y+y'))}{\sqrt{\sum_{x',y'} T'(x',y')^2 \cdot \sum_{x',y'} I'(x+x',y+y')^2}}$$

matchTemplate()函数的返回值是一个矩阵,表示源图像与模板图像每个位置的相似度得分。这个矩阵的大小是$(W-w+1, H-h+1)$,其中 W 和 H 是源图像的宽度和高度,w 和 h 是模板图像的宽度和高度。

使用 matchTemplate()函数时,需要注意模板图像的大小应该小于源图像的大小,使用不同的 method 参数会得到不同的匹配结果,需要选择合适的方法。相似度得分越高,表示匹配程度越好。

模板匹配不是基于直方图的,而是通过在输入图像上滑动图像块,对实际的图像块和输入图像进行匹配的一种匹配方法。

6.4.2 常见的匹配算法

图像模板匹配算法是一种用于在给定图像中查找与查询图像最相似的子图像的算法。该算法通常应用于计算机视觉和图像处理领域,可用于对象识别、目标跟踪、面部识别等应用。常见的图像模板匹配算法包括以下几种。

(1) 基于像素点差别的模板匹配:该算法是一种用于在图像中查找目标对象的算法。该算法通过比较查询图像和目标图像的每个像素点之间的差异确定它们之间的相似性。具体而言,算法会将查询图像的每个像素点与目标图像的对应像素点进行比较。比较可以采用各种距离度量方法,其中最常用的是欧几里得距离和曼哈顿距离。欧几里得距离是两点之间的直线距离,曼哈顿距离是两点之间沿着坐标轴的距离之和。这些距离度量方法将像素点之间的差异量化为一个数字。然后,算法对所有像素点之间的差异计算总和,并将其用于比较不同的目标图像。较低的总和表示更好的匹配。如果算法发现了一个与查询图像非常相似的目标图像,则可以认为该目标图像可能包含查询对象。

(2) 基于特征点的模板匹配:该算法首先从目标图像和查询图像中提取出一些具有代表性的特征点,然后根据这些特征点之间的匹配关系确定相似度。常见的特征点提取算法包括 SIFT、SURF、ORB 等。该算法能有效地处理图像旋转、缩放、平移等变换,但对遮挡、变形等情况较为敏感。

(3) 基于神经网络的模板匹配:该算法通过训练一个神经网络学习查询图像和目标图像之间的映射关系,然后利用神经网络预测两幅图像之间的相似度。该算法能自适应地提取特征,对于复杂的图像匹配问题具有良好的效果,但需要大量的训练数据和计算资源。

下面介绍几种特征点提取算法。

1. SIFT 特征检测

SIFT(Scale-Invariant Feature Transform)是一种用于计算局部图像特征的算法,它可以在不同尺度和旋转下对物体进行识别。SIFT 特征检测算法由 David Lowe 在 1999 年首次提出,广泛应用于计算机视觉领域。SIFT 算法主要分为 4 个步骤:尺度空间极值检测、关键点定位、方向确定和描述子生成。

1) 尺度空间极值检测

首先,SIFT 算法使用高斯差分金字塔(Difference of Gaussian,DoG)模拟图像在不同尺度下的特征。在这个过程中,将原始图像重复缩小,生成一组图像金字塔,每层图像都是前一层图像的约束平滑版本。然后,在每个尺度上,在图像的不同位置使用高斯核生成一组高斯模糊图像,利用相邻两张高斯模糊图像的差异作为该尺度空间下的特征图像,通常称之为高斯差分图像。这样就可以检测到在不同尺度下的图像局部极值点,这些点可能是潜在的关键点。

2) 关键点定位

在尺度空间极值点检测完成之后,需要对检测到的极值点进行筛选和定位。这个过程中,通过对尺度空间图像做二次插值,再利用 Taylor 展开式计算其精确位置,并剔除低对比度和边缘响应的点。

3) 方向确定

SIFT 算法通过寻找关键点周围梯度方向的峰值确定每个关键点的主方向。为了保证旋转不变性,SIFT 算法在 8 个方向上生成描述子。

4) 描述子生成

最后,SIFT 算法使用关键点周围的图像信息生成每个关键点的描述子。具体而言,对于每个关键点,将其附近的图像划分成若干个小区域,在每个小区域内计算其梯度幅值和方向的直方图,最终将所有小区域的直方图组合起来表示该关键点的描述子。

SIFT 特征点是一种在计算机视觉中广泛应用的特征点,其独特之处在于具有尺度不变性、方向不变性、可靠性和多量性等多个优点。通过使用高斯差分金字塔检测图像中的关键点,SIFT 特征点能在不同的尺度空间中被检测出来,使得其具有尺度不变性。并且,根据局部梯度方向可以确定其主方向,从而实现方向不变性。此外,SIFT 特征点具有稳定可靠的检测和匹配效果,能处理多样化、复杂化的场景,并且具有唯一性,能用于特征点匹配和目标跟踪等任务。SIFT 特征点由于数量较多,可以覆盖整个图像,因此提高了对物体的描述能力,使得其在计算机视觉中得到广泛应用。

2. SURF 特征检测

SURF(Speeded Up Robust Features)是一种用于图像特征提取和匹配的算法。它可以在不同尺度下检测图像中的关键点,并提取出这些关键点的特征描述子。SURF 算法的主要优点是速度快、鲁棒性强,适用于实时计算机视觉应用。

SURF 特征检测的原理如下。

1) 尺度空间构建

首先,在输入图像中使用高斯差分金字塔对图像进行尺度空间构建。对每个尺度,通过将高斯核卷积到上一层图像生成一个新的图像,然后使用高斯差分(相邻尺度之间的差异)获得尺度空间中的图像。

2) 关键点检测

在尺度空间中,SURF 算法使用 Hessian 矩阵的行列式检测关键点。该矩阵可以表示图像中的局部特征结构的曲率。SURF 算法通过比较 Hessian 矩阵行列式的值确定是否存在关键点。如果一个像素的行列式值比它周围的像素都大或都小,那么这个像素就被认为是一个关键点。

3) 方向确定

确定关键点的方向是为了使 SURF 特征描述子具有旋转不变性。SURF 算法使用 Haar 小波响应计算关键点周围区域的梯度方向直方图,然后选择梯度方向直方图中最大的那个方向作为关键点的方向。

4) 特征描述

对于每个关键点,SURF 算法使用一个 64 维的特征向量描述它的局部特征。该向量包括关键点周围区域的 Haar 小波响应、方向直方图以及尺度信息。该特征向量可以通过将 Haar 小波响应进行积分图像处理来加速计算。

SIFT 特征点是一种用于图像处理和计算机视觉中的重要技术,它具有许多特性。SIFT 特征点是在不同尺度空间中检测出的局部极值点,这意味着它们可以对不同比例的图像进行检测,并且对于图像中的平移、旋转等变换,也具有一定的不变性。SIFT 特征点利用高斯差分函数检测图像中的边缘和角点,这使得其能捕获到更多的细节信息。SIFT 特征点通过对局部图像区域进行方向分配来实现旋转不变性和描述符生成。这意味着,即使图像发生了旋转,我们仍然能识别出相同的特征点并计算出它们的描述符。SIFT 特征点的描述符使用局部梯度直方图制作,该直方图将每个关键点周围的梯度分成若干个方向的 bin,使得其能有效地表示局部图像的纹理和形状信息。SIFT 特征点具有多尺度、平移、旋转不变性、可区分性和良好的描述符等优点,在计算机视觉中得到广泛应用。

3. ORB 特征检测

ORB(Oriented FAST and Rotated BRIEF)特征检测是一种基于 FAST 特征点检测和 BRIEF 描述符的算法,它结合了旋转不变性和方向选择能力,可以在对图像进行旋转、缩放、亮度变化等操作后仍能定位到同一物体上的相同特征点。

ORB 特征的检测过程包括以下几个步骤。

（1）对输入图像进行高斯模糊处理，得到一系列尺度空间下的图像金字塔。

（2）在每个尺度空间上使用 FAST 算法检测关键点。FAST 算法是一种快速检测角点的算法，它比较中心像素和周围像素的灰度差异来判断是否为角点。

（3）对每个关键点计算其方向。ORB 算法会以关键点为中心，以一个固定大小的窗口内的像素点为样本，通过构建梯度直方图计算主方向。

（4）以计算出的关键点方向为参考，将每个关键点邻域内像素的坐标旋转到与关键点方向一致，从而保证 ORB 算法能具有旋转不变性。

（5）对旋转后的邻域内像素点进行 BRIEF 描述符的计算。BRIEF 描述符是一种二进制描述符，它通过比较相邻像素的灰度值大小生成一个二进制编码，用于描述关键点的特征。

（6）对每个关键点生成的 BRIEF 描述符进行加权处理，使其具有更好的鲁棒性和区分度。

（7）最终得到每个关键点的 ORB 特征向量，该向量包括关键点的位置、尺度、方向和描述符等信息，可用于后续的图像匹配和物体跟踪等任务。

ORB 特征点是计算机视觉中常用的一种图像特征点。ORB 特征点是旋转不变的。这意味着，无论图像如何旋转，ORB 特征点的描述符都不会改变。这是通过在计算 ORB 描述符时使用旋转不变的 BRIEF 算法实现的。ORB 特征点也是尺度不变的。这意味着，无论图像在何种尺度下，ORB 特征点的描述符都不会改变。这是通过使用尺度空间金字塔检测 ORB 特征点实现的。ORB 特征点还具有鲁棒性。即使图像中存在噪声或者遮挡，ORB 特征点仍然能被正确地检测出来，并且保持其稳定性和可重复性。ORB 特征点的计算速度也很快。这是因为 ORB 特征点的计算过程中使用了快速的卷积操作和高效的二进制描述符，这使得 ORB 特征点在实际应用中具有良好的实时性能。

6.4.3　模板匹配应用

模板匹配的工作方式与直方图的反向投影基本一样，大致过程是这样的：通过在输入图像上滑动图像块对实际的图像块和输入图像进行匹配。

进行模板匹配时，通常需要定义如下 4 个重要参数。

（1）模板图像：是指需要在待匹配图像中寻找的参考图像。可以将模板图像看作一个特定形状和大小的区域，我们希望在待匹配图像中找到与这个区域最相似的部分。模板图像通常需要经过预处理，以便更好地进行匹配。例如，可以对模板图像进行平滑处理、边缘检测、二值化等操作，以提高匹配的准确性。此外，需要注意的是，由于模板图像的大小会直接影响匹配结果，因此需要根据实际需求选择适当的模板大小和形状。

（2）待匹配图像：是指需要在其中进行模板匹配的原始图像。这个图像可以是整个场景的图像，也可以是一个局部区域的图像。如果待匹配图像是整个场景的图像，那么需要在场景中寻找与模板图像最相似的部分，以实现物体检测、目标跟踪等应用。如果待匹配图像是一个局部区域的图像，则需要在该局部区域中寻找与模板图像最相似的部分，以实现图像增强、图像分割等应用。进行模板匹配时，需要注意待匹配图像的质量和特征。为了提高匹配的准确性，可以对待匹配图像进行预处理，例如去除噪声、平滑、调整亮度和对比度等操作。此外,选择待匹配图像时,要根据实际需求选择合适的图像,以获得更好的匹配效果。

(3) 匹配度量方法:是模板匹配的核心,用于计算模板图像和待匹配图像的相似度。常见的匹配度量方法包括均方误差(Mean Square Error)、互相关(Cross Correlation)等。

均方误差:是一种简单、直观的匹配度量方法,它通过计算模板图像和待匹配图像像素值之间的欧几里得距离衡量它们之间的相似度。具体地,均方误差可以表示为

$$MSE = 1/(M \times N) \times \Sigma[\Sigma(T(x,y) - I(i+x,j+y))^2]$$

其中,M、N 分别表示模板图像和待匹配图像的大小,$T(x,y)$ 表示模板图像中位置 (x,y) 处的像素值,$I(i+x,j+y)$ 表示待匹配图像中以 (i,j) 为起始点、与模板图像大小相同的区域内的像素值。均方误差越小,说明两幅图像越相似。

互相关:是一种基于灰度信息的匹配度量方法,它通过计算模板图像和待匹配图像像素值之间的卷积衡量它们之间的相似度。具体地,互相关可以表示为

$$CC = 1/(M \times N) \times \Sigma[\Sigma(T(x,y) \times I(i+x,j+y))]$$

其中,M、N 分别表示模板图像和待匹配图像的大小,$T(x,y)$ 表示模板图像中位置 (x,y) 处的像素值,$I(i+x,j+y)$ 表示待匹配图像中以 (i,j) 为起始点、与模板图像大小相同的区域内的像素值。互相关越大,说明两幅图像越相似。

(4) 匹配结果阈值:用于确定何时认为已经找到了与模板最相似的子图像的一个重要参数。进行模板匹配时,通过计算匹配度量值衡量模板图像和待匹配图像之间的相似度,如果匹配度量值大于设定的阈值,则认为已经找到了匹配成功的子图像。阈值的设定一般根据实际应用需求和具体场景确定。如果将阈值设置得太高,则会出现漏检(false negative)的情况,即无法检测到与模板相似但度量值低于阈值的区域;如果将阈值设置得太低,则会出现误检(false positive)的情况,即将与模板不相似但度量值高于阈值的区域误判为匹配成功的子图像。因此,选择阈值时需要考虑多方面因素,包括模板图像和待匹配图像的特征、噪声水平、匹配度量方法等。通常,可以使用交叉验证或者试错法调整阈值,以获得更好的匹配效果。

通过调整以上 4 个参数,可以有效地实现模板匹配,并找到待匹配图像中与模板最相似的子图像。

模板匹配的工作方式如下。

(1) 定义一个用于匹配的模板图像,通常是一个小尺寸的图像。

(2) 将模板图像在输入图像上滑动,并计算每个位置的相似度得分。这里可以采用两种常见的计算方法:NCC(Normalized Cross Correlation)和 SSD(Sum of Squared Differences)。

NCC 方法:是一种基于互相关的计算方法,它可以测量两个信号之间的相似度。NCC 的公式如下。

$$NCC(x,y) = \frac{\sum_{i,j}(T(i,j) - \mu_T)(I(x+i,y+j) - \mu_I)}{\sqrt{\sum_{i,j}(T(i,j) - \mu_T)^2}\sqrt{\sum_{i,j}(I(x+i,x+j - \mu_I))^2}}$$

其中,T 为模板图像,I 为输入图像,(x,y) 表示当前的位置,μ_T 和 μ_I 分别表示 T 和 I 的均值,公式中的分母是对两个信号进行归一化处理,使其具有相同的标准差,从而消除其强度

之间的影响。

NCC 的取值范围在[-1,1],当两个信号完全匹配时,得分为 1,当它们之间没有任何匹配时,得分为-1。

SSD:是一种基于欧几里得距离的计算方法,它可以测量两个信号之间的差异程度。SSD 的公式如下。

$$SSD(x,y) = \sum_{i,j} (T(i,j) - I(x+i,y+j))^2$$

其中,T 为模板图像,I 为输入图像,(x,y) 表示当前的位置。该公式计算了模板图像和输入图像在每个像素上的差异,然后将这些差异平方并求和。因为 SSD 不进行归一化处理,所以其值会受强度的影响。

与 NCC 不同,SSD 的取值范围在[0,∞),当两个信号完全匹配时,得分为 0;当它们存在较大差异时,得分会很高。

(3)找到得分最高的位置,即最匹配的位置。

假设有一幅 100×100 的输入图像,有一幅 10×10 的模板图像,查找的过程是这样的:

① 从输入图像的左上角(0,0)开始,切割一块(0,0)至(10,10)的临时图像;
② 用临时图像和模板图像进行对比,对比结果记为 c;
③ 对比结果 c,就是结果图像(0,0)处的像素值;
④ 切割输入图像从(0,1)至(10,11)的临时图像,对比,并记录到结果图像;
⑤ 重复①～④步,直到输入图像的右下角。

6.5 应用案例:基于模式匹配的光学字符识别

1. Sobel 边缘算子

OpenCV 中有 cv.Sobel()函数,可进行图像边缘的提取。该函数可以通过输入图像和目标图像的数据类型、x 和 y 方向上的导数的阶数、卷积核大小等参数实现图像的边缘检测。

cv.Sobel()函数可接收以下参数。

src:输入图像,单通道 8 位或浮点型图像。

dst:输出图像,与输入图像大小和深度一致。

ddepth:目标图像的深度。可选值为-1、CV_8U、CV_16U、CV_16S、CV_32F 和 CV_64F,默认为-1。如果 ddepth 为-1,则目标图像深度与 src 图像深度相同。

dx:x 方向上的导数的阶数,默认为 1。

dy:y 方向上的导数的阶数,默认为 0。

ksize:卷积核大小,默认值为 3,表示 3×3 的卷积核,可选值为 1、3、5、7,必须是奇数。

scale:缩放因子,默认值为 1,表示不进行缩放。

delta:偏移量,默认值为 0。

borderType:边界模式,默认值为 cv.BORDER_DEFAULT,表示使用默认的边界模式。

\#调整图像的尺寸,并进行图像灰度化

```
image = self.resize(image,width=300)
gray = cv2.cvtColor(image,cv2.COLOR_BGR2GRAY)
cv_show('gray',gray)

#礼帽操作,使用(9,3)大小的卷积核
tophat = cv2.morphologyEx(gray,cv2.MORPH_TOPHAT,rectKernel)
cv_show('tophat',tophat)

#计算横向梯度 Sobel 边缘检测
gradX = cv2.Sobel(tophat,ddepth=cv2.CV_32F,dx=1,dy=0,ksize=-1)
#ksize=-1,表示采取默认值(3,3)
gradX = np.absolute(gradX)                                  #取绝对值
(minVal,maxVal) = (np.min(gradX),np.max(gradX))            #取最大值和最小值
gradX = (255 * ((gradX - minVal)/(maxVal - minVal)))       #归一化处理
gradX = gradX.astype('uint8')#把图像从 CV_32F 转化为 uint8
cv_show('gradX',gradX)
```

针对银行卡,运行结果如图 6-10 所示。

图 6-10　运行结果

2. 提取可能的数字区域位置

在上面的图像基础上,再作闭运算,然后二值化,再作闭运算。

```
#闭运算
gradX = cv2.morphologyEx(gradX,cv2.MORPH_CLOSE,rectKernel)
cv_show('gradX',gradX)

#二值处理
thresh = cv2.threshold(gradX,0,255,cv2.THRESH_BINARY|cv2.THRESH_OTSU)[1]
#cv2.cv2.THRESH_OTSU 为自动判断合适值代替 0
cv_show('thresh',thresh)

#闭运算,目的是把区域中的黑色填充成白色
thresh = cv2.morphologyEx(thresh,cv2.MORPH_CLOSE,sqKernel)
cv_show('thresh-close',thresh)
```

运行结果如图 6-11 所示。

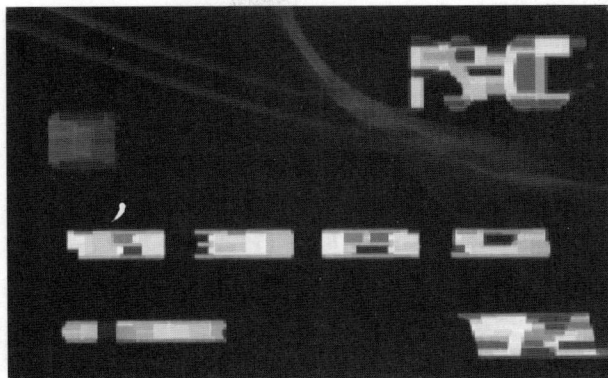

图 6-11   运行结果

3. 剔除不符合条件的轮廓

可以看到,银行卡的轮廓区域外界矩形的大小以及长宽比在一定范围,所以可以根据外接矩形的长宽比进行筛选。

寻找轮廓,可以采用 OpenCV 的 cv.findContours()函数,但是不同版本的 OpenCV 中 cv.findContours()函数返回的参数并不一致,所以这里采用 imutils.grab_contours()函数,以考虑兼容性问题。

```python
#轮廓检测
threshCnts,hierarcy = cv2.findContours(thresh.copy(),cv2.RETR_EXTERNAL,cv2.
CHAIN_APPROX_SIMPLE)[-2:]
#cv2.RETR_EXTERNAL 是只检测外轮廓
#cv2.CHAIN_APPROX_SIMPLE 是保留坐标点

#画出轮廓
cur_img = image.copy()
cv2.drawContours(cur_img,threshCnts,-1,(0,0,255),3)
cv_show('cur_img',cur_img)

#过滤轮廓
locs = []
for(i,c) in enumerate(threshCnts):
    (x,y,w,h) = cv2.boundingRect(c)
    ar = w/float(h)
    if ar>2.5 and ar<4.0:
        if(w>40 and w<55) and(h>10 and h<20):
            locs.append((x,y,w,h))
```

运行结果如图 6-12 所示。

4. 提取并分割模板数字图片

基于模板识别数字的方法十分依赖银行卡的数字类型,我们生成了两种模板数字图片,如下所示,这里采用第一种。

模板数字图片如图 6-13 所示。

图 6-12　运行结果

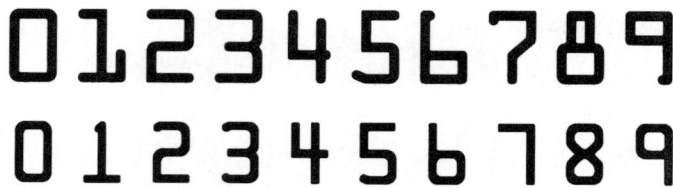

图 6-13　模板数字图片

分割模板图片的方法即先检测图片的轮廓,再检测图片的外接矩形,然后提取外界矩形区域的数字作为后续匹配的模板,具体过程如下所示。

灰度化→二值化→寻找轮廓→截取轮廓区域→保存图片模板

关键代码:

```
#读入模板图像
img = cv2.imread(self.args['template'])
cv_show('img',img)

#灰度处理
ref = cv2.cvtColor(img,cv2.COLOR_BGR2GRAY)
cv_show('ref',ref)

#二值处理
ref = cv2. threshold(ref,10,255,cv2.THRESH_BINARY_INV)[1]
#[1]代表取元组的第一位展示(本来应该是 ref,TRESHOLD_BINARY_INV 双参)
cv_show('ref',ref)

#轮廓检测,cv2.RETR_EXTERNAL 是只检测外轮廓,cv2.CHAIN_APPROX_SIMPLE 是保留坐标点
refCnts,hierarcy = cv2.findContours(ref.copy(),cv2.RETR_EXTERNAL,cv2.CHAIN_
APPROX_SIMPLE)[-2:]

#画出轮廓
cv2.drawContours(img,refCnts,-1,(0,0,255),3)
cv_show('img',img)
#print(np.array(refCnts).shape)
```

```
#轮廓排序
refCnts = self.sort_contours(refCnts,method='left-to=right')[0]

#定义一个空字典
digits = {}

#遍历轮廓
for (i,c) in enumerate(refCnts):
    (x,y,w,h) = cv2.boundingRect(c)
    roi = ref[y:y+h,x:x+w]
    roi = cv2.resize(roi,(57,88))
    digits[i] = roi
    cv_show('roi',roi)
```

分割模板图片效果图如图 6-14 所示。

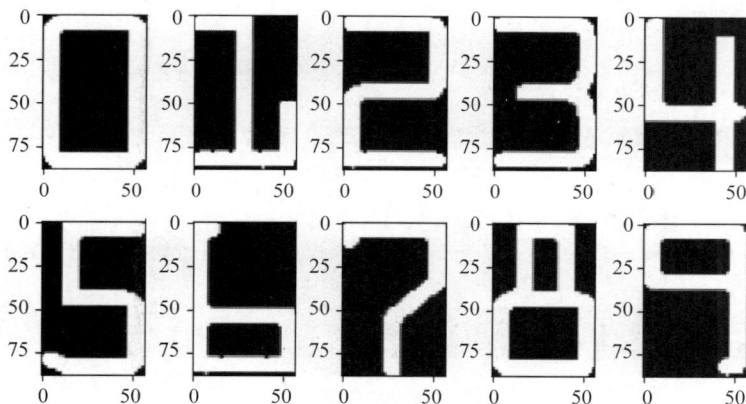

图 6-14　分割模板图片效果图

5. 数字识别

得到银行卡的数字区域后,可以与上面分割数字模板图片一样,分割银行卡数字,然后分别进行对比。可以采用 OpenCV 提供的 cv.matchTemplate 方法进行对比,以识别图片数字。

代码如下。

```
import numpy as np
import cv2
import argparse
import imutils
from imutils import contours

#设置参数
ap = argparse.ArgumentParser()
ap.add_argument('-i','--image',default='./card.jpg',help = 'path to input
image')
ap.add_argument('-t','--template',default='./template.jpg',help = 'path to
template OCR-A image')
args = vars(ap.parse_args())
```

```
#自定义创建窗口函数,按下任意键继续
def cv_show(name,img):
    cv2.imshow(name,img)
    cv2.waitKey(0)
    cv2.destroyAllWindows()

class CardRecognition():
    def __init__(self, args):
        self.args = args
        #处理模板图像
        self.digits = self.template()

    #轮廓排序函数
    def sort_contours(self, cnts, method="left-to-right"):
        reverse = False
        i = 0
        if method == "right-to-left" or method == "bottom-to-top":
            reverse = True
        if method == "top-to-bottom" or method == "bottom-to-top":
            i = 1
        boundingBoxes = [cv2.boundingRect(c) for c in cnts]
        #用一个最小的矩形,把找到的形状包起来 x,y,h,w
        (cnts, boundingBoxes) = zip(* sorted(zip(cnts, boundingBoxes), key=
lambda b: b[1][i], reverse=reverse))

        return cnts, boundingBoxes

    #图像尺寸调整函数
    def resize(self, image, width=None, height=None, inter=cv2.INTER_AREA):
        dim = None
        (h, w) = image.shape[:2]
        if width is None and height is None:
            return image
        if width is None:
            r = height / float(h)
            dim = (int(w * r), height)
        else:
            r = width / float(w)
            dim = (width, int(h * r))
        resized = cv2.resize(image, dim, interpolation=inter)
        return resized

    def template(self):
        #===================================
        #处理模板图像
        #===================================

        #读入模板图像
        img = cv2.imread(self.args['template'])
        cv_show('img',img)
```

```
        #灰度处理
        ref = cv2.cvtColor(img,cv2.COLOR_BGR2GRAY)
        cv_show('ref',ref)

        #二值处理
        ref = cv2. threshold(ref,10,255,cv2.THRESH_BINARY_INV)[1]
        # [1]代表取元组的第一位展示(本来应该是 ref,TRESHOLD_BINARY_INV 双参)
        cv_show('ref',ref)

        #轮廓检测,cv2.RETR_EXTERNAL 是只检测外轮廓,cv2.CHAIN_APPROX_SIMPLE 是保留
        #坐标点
        refCnts,hierarcy = cv2.findContours(ref.copy(),cv2.RETR_EXTERNAL,cv2.
CHAIN_APPROX_SIMPLE)[-2:]

        #画出轮廓
        cv2.drawContours(img,refCnts,-1,(0,0,255),3)
        cv_show('img',img)
        #print(np.array(refCnts).shape)

        #轮廓排序
        refCnts = self.sort_contours(refCnts,method='left-to=right')[0]

        #定义一个空字典
        digits = {}

        #遍历轮廓
        for (i,c) in enumerate(refCnts):
            (x,y,w,h) = cv2.boundingRect(c)
            roi = ref[y:y+h,x:x+w]
            roi = cv2.resize(roi,(57,88))
            digits[i] = roi
            cv_show('roi',roi)

        return digits

    def inference(self):
        #===================================
        #处理银行卡图像
        #===================================

        #初始化卷积核
        rectKernel = cv2.getStructuringElement(cv2.MORPH_RECT,(9,3))
        sqKernel = cv2.getStructuringElement(cv2.MORPH_RECT,(5,5))

        #读取图像
        image = cv2.imread(self.args['image'])
        cv_show('image',image)

        #调整图像的尺寸,并进行图像灰度化
        image = self.resize(image,width=300)
```

```python
gray = cv2.cvtColor(image,cv2.COLOR_BGR2GRAY)
cv_show('gray',gray)

#礼帽操作,使用(9,3)大小的卷积核
tophat = cv2.morphologyEx(gray,cv2.MORPH_TOPHAT,rectKernel)
cv_show('tophat',tophat)

#计算横向梯度 Sobel 边缘检测
gradX = cv2.Sobel(tophat,ddepth=cv2.CV_32F,dx=1,dy=0,ksize=-1)
#ksize=-1 表示采取默认值(3,3)
gradX = np.absolute(gradX)#取绝对值
(minVal,maxVal) = (np.min(gradX),np.max(gradX)) #取最大值和最小值
gradX = (255 * ((gradX - minVal)/(maxVal - minVal)))#归一化处理
gradX = gradX.astype('uint8')#把图像从 CV_32F 转化为 uint8
cv_show('gradX',gradX)

#闭运算
gradX = cv2.morphologyEx(gradX,cv2.MORPH_CLOSE,rectKernel)
cv_show('gradX',gradX)

#二值处理
thresh = cv2.threshold(gradX,0,255,cv2.THRESH_BINARY|cv2.THRESH_OTSU)[1]
#cv2.cv2.THRESH_OTSU 为自动判断合适值代替 0
cv_show('thresh',thresh)

#闭运算,目的是把区域中的黑色填充成白色
thresh = cv2.morphologyEx(thresh,cv2.MORPH_CLOSE,sqKernel)
cv_show('thresh-close',thresh)
#计算轮廓
#轮廓检测
threshCnts,hierarcy = cv2.findContours(thresh.copy(),cv2.RETR_EXTERNAL,
cv2.CHAIN_APPROX_SIMPLE)[-2:]
#cv2.RETR_EXTERNAL 是只检测外轮廓
#cv2.CHAIN_APPROX_SIMPLE 是保留坐标点

#画出轮廓
cur_img = image.copy()
cv2.drawContours(cur_img,threshCnts,-1,(0,0,255),3)
cv_show('cur_img',cur_img)

#过滤轮廓
locs = []
for(i,c) in enumerate(threshCnts):
    (x,y,w,h) = cv2.boundingRect(c)
    ar = w/float(h)
    if ar>2.5 and ar<4.0:
        if(w>40 and w<55) and(h>10 and h<20):
            locs.append((x,y,w,h))

#print(locs)
```

```python
#轮廓排序
locs = sorted (locs,key = lambda x:x[0])

#对轮廓中的内容进行轮廓检测
output = []
for (i,(gX,gY,gW,gH)) in enumerate(locs):
    groupOutput = []

    group = gray[gY-5:gY+gH+5,gX-5:gX+gW+5]
    cv_show ('group',group)
    #二值处理
     group = cv2.threshold(group,0,255,cv2.THRESH_BINARY|cv2.THRESH_OTSU)[1]
    cv_show('group',group)
    #检测轮廓并且排序
    digitCnts,hierarchy = cv2.findContours(group.copy(),cv2.RETR_EXTERNAL,cv2.CHAIN_APPROX_SIMPLE)[-2:]
    digitCnts = imutils.contours.sort_contours(digitCnts,method = 'left-to-right')[0]
            #提取轮廓矩形获得 ROI
    for c in digitCnts:
        (x,y,w,h) = cv2.boundingRect(c)
        roi = group[y:y+h,x:x+w]
        roi = cv2.resize(roi,(57,99))
        cv_show('roi',roi)
        #对 ROI 进行模板匹配
        scores = []
        for (digit,digitROI) in self.digits.items():
            result = cv2.matchTemplate(roi,digitROI,cv2.TM_CCOEFF)
            (_,score,_,_) = cv2.minMaxLoc(result)
            scores.append(score)
        print(scores)
        groupOutput.append(str(np.argmax(scores)))

    cv2.rectangle(image,(gX-5,gY-5),(gX+gW+5,gY+gH+5),(0,0,255),1)
    cv2.putText(image,''.join(groupOutput),(gX,gY-15),cv2.FONT_HERSHEY_SIMPLEX,0.65,(0,0,255),2)
    cv_show('image',image)
    output.extend(groupOutput)

print(output)
cv_show('image',image)
cv2.imwrite("result.jpg",image)


if __name__ == "__main__":
    model = CardRecognition(args)
    model.inference()
```

创建 Python 文件 card_recognition.py,使用 SSH 方式登录边缘计算网关的 Linux 终端,执行命令运行程序。

数字识别效果图如图 6-15 所示。

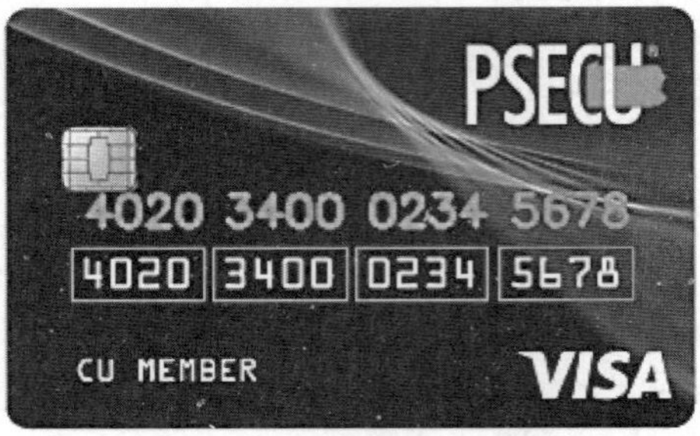

图 6-15　数字识别效果图

6.6　本章小结

本章主要介绍了光学字符识别技术,包括图像直方图、Sobel 边缘算子、图像模板匹配等技术。首先,讲解了光学字符技术;其次,我们了解了图像直方图的概念和作用,以及如何利用图像直方图进行图像增强和分割等操作;接着,介绍了 Sobel 边缘算子的原理和应用场景,以及如何使用它检测图片中的边缘和轮廓;最后,讲解了图像模板匹配的方法和实现步骤,以及如何通过模式匹配实现基于模板的光学字符识别。本章内容涵盖多个关键的光学字符识别技术,并通过案例演示了如何将这些技术结合起来,完成一个基于模板匹配的光学字符识别系统。

习题 6

1. OCR 技术有哪些应用场景? 请列举并简要说明。

2. 直方图均衡化在 OCR 中有什么作用?

3. 什么是 Sobel 算子? 它在 OCR 中有什么作用?

4. 在模板匹配中,什么是相似度度量? 如何计算?

5. 使用 Python 实现直方图均衡化函数 hist_equalize(image),输入为一个灰度图像,输出为直方图均衡化后的图像。

6. 使用 Python 实现 Sobel 算子函数 sobel(image),输入为一个灰度图像,输出为 Sobel 算子处理后的图像。

7. 使用 Python 实现基于模板匹配的光学字符识别程序,输入为一个包含待识别字符的灰度图像和一个包含所有模板字符的字体库,输出为识别结果

""''''I'''''''''''''''I''',' ','','''''"'''''' _ '''''' _ ...'''''''''。

本章学习目的与要求

本章学习图像分类识别技术,了解并掌握卷积神经网络、深度学习框架、迁移学习等图像识别技术,最后通过案例实现手写字识别和基于迁移学习的图像分类识别。

本章主要内容

- 深度学习概述
- 卷积神经网络
- 深度学习框架介绍
- 迁移学习介绍
- 手写字识别应用案例
- 基于深度学习的 54 类的图像分类应用案例

7.1 深度学习概述

机器学习起源于早期的模式识别技术,模式识别针对具体的应用任务,其核心思想是寻找反映模式形态的特征向量,为每个特征赋予一定的权重,并通过某种公式计算分数,由分数区分不同的模态。随着计算机技术的发展,人们设计一个算法让计算机自己从大量样本中学习规律,然后让这些规律识别新的样本。这种通过数据来学习的方法被称为机器学习。

深度学习(Deep Learning)是机器学习的一个技术分支,它按一定的算法从有限的数据样本中学习得到从输入到输出的数据流中各个组件的权重,并应用到新的数据上。近年来,在引入误差反向传播改进学习能力后,深度学习发展十分迅速,在计算机视觉、自然语言处理、音频分析及生物信息学等多个人工智能领域取得很大成就。

深度学习是机器学习中一种基于对数据进行表征学习的算法。观测值(如一幅图像)可以使用多种方式表示,如每个像素强度值的向量,或者更抽象地表示成一系列边、特定形状的区域等。而使用某些特定的表示方法更容易从实例中学习任务(例如,人脸识别或面部表情识别)。深度学习的好处是用非监督式或半监督式的特征学习和分层特征提取高效算法以替代手工获取特征。表征学习的目标是寻求更好的表示方法并创建更好的模型来从大规模未标记数据中学习这些表示方法。表示方法来自神经科学,并松散地创建在类似神经系统中的信息处理和对通信模式的理解上,如神经编码,试图定义拉动神经元的反应之间的关系,以及大脑中的神经元的电活动之间的关系。

人工神经网络(Artificial Neural Network,ANN)简称神经网络,是通过模拟神经元的生理机制而设计的一种数学模型。神经网络一定程度上模拟了大脑,一方面通过学习获取知识,另一方面通过神经元内部连接强度存储知识。其发展可以追溯到 20 世纪 50 年代初,当时科学家开始研究人脑神经元的工作方式,并尝试建立人工神经元模型来模拟人脑的计算过程。

最早的人工神经网络模型是感知机(Perceptron),由 Frank Rosenblatt 于 1957 年提出。虽然感知机只能解决线性可分问题,但它开创了人工神经网络的先河,激发了人们对神经网络研究的兴趣。随后,人工神经网络得到长足的发展,出现了多种结构和算法,如自组织映射(Self-Organizing Map)、反向传播算法(Back Propagation Algorithm)等。然而,在 20 世纪 80 年代,人工神经网络的研究进入低谷期,主要原因是:首先,当时计算机的处理能力不够强大,无法支持神经网络的训练和应用;其次,人工智能领域的其他技术迅速发展,如专家系统、遗传算法等,这些方法一定程度上替代了人工神经网络的应用。直到 20 世纪 90 年代中期,人工神经网络才重新受到重视。一方面,计算机性能显著提升,并出现了 GPU 这样的高性能硬件加速器,为神经网络的训练和推理提供了强有力的支持;另一方面,随着大数据时代的到来,人工神经网络得到更多的训练数据,从而可以实现更准确、更广泛的应用。今天,人工神经网络已经成为深度学习的核心算法之一,广泛应用于图像识别、语音识别、自然语言处理等领域。

人工神经网络的知识点较多,主要分为神经元、激活函数、神经网络、损失函数和反向传播算法及优化策略五大方面,下面分别做简略介绍。

7.1.1　神经元

人工神经元(Artificial Neuron)简称神经元,是神经网络中最基本的结构,也可以说是神经网络的基本单元,它的设计灵感完全来源于生物学上神经元的信息传播机制。一个神经元通常具有多个接收信息的树突和一条发送信息的轴突,神经元有两种状态:兴奋和抑制。一般情况下,大多数神经元处于抑制状态,但是一旦某个神经元受到刺激,导致它的电位超过一个阈值,那么这个神经元就会被激活,处于兴奋状态,进而产生电脉冲信号。这个电脉冲通过轴突尾部的神经末梢传递给其他神经元的树突,实现了信息的传递。

图 7-1 为生物学上的神经元结构示意图。

神经元和神经网络是紧密相关的概念,它们在神经科学和人工神经网络领域发挥着重要的作用。神经元是生物神经系统中的基本单位,负责接收、处理和传递神经信号。它由细胞体、树突、轴突和突触等组成。神经元之间通过突触连接起来,形成复杂的神经网络。神经网络是一种模拟生物神经系统的计算模型,也被称为人工神经网络或人工神经元网络。它由大量的人工神经元(模拟生物神经元)相互连接而成,通过信号的传递和处理实现

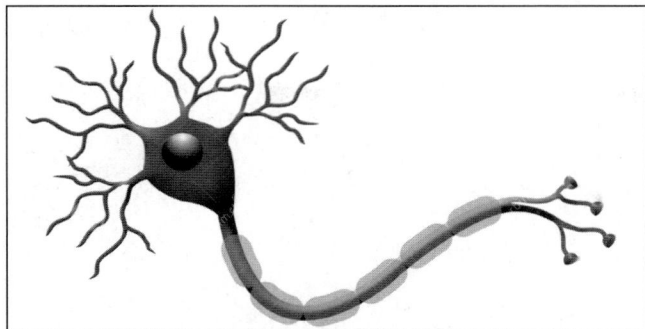

图 7-1　生物学上的神经元结构示意图

特定的计算任务。

在神经网络中,每个人工神经元接收来自其他神经元的输入信号,并通过激活函数对输入信号进行处理,然后将输出信号传递给其他神经元。这种连接和传递信号的方式使得神经网络能学习和模拟复杂的非线性关系。

神经网络通过训练过程调整神经元之间的连接权重,以便实现特定的任务,例如模式识别、分类、回归等。训练过程通常使用反向传播算法或其他优化算法最小化预测输出与真实输出之间的误差。

总结来说,神经元是生物神经系统中的基本单位,而神经网络是一种模拟生物神经系统的计算模型。神经网络通过连接和处理神经元之间的信号实现各种计算任务,并且可以通过训练调整连接权重以提高性能。人工神经网络是人工智能领域中的重要工具,可应用于各种问题的解决和模式的学习。

1943 年,心理学家 McCulloch 和数学家 Pitts 将图 7-1 的神经元结构用一种简单的数学模型进行了表示,构成一种人工神经元模型,也就是我们现在经常用到的“M-P 神经元模型”,人工神经元模型如图 7-2 所示。

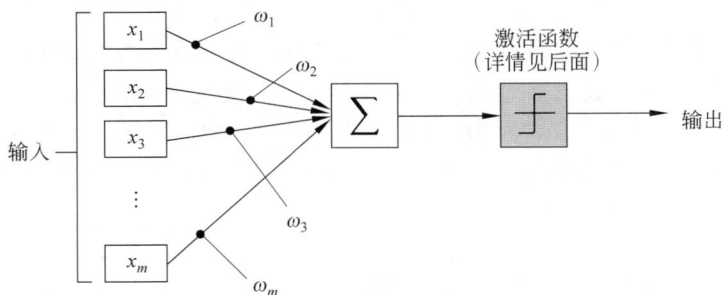

图 7-2　人工神经元模型

M-P 神经元模型结构包括以下几部分。

(1)有 m 个接收外部信息的输入节点 $x_1, x_2, \cdots, x_m$,也可以用向量 $\boldsymbol{x} = [x_1, x_2, \cdots, x_m]$ 表示。这是神经元感受外部环境变化的信息,如年龄、像素值、声音等。

(2)有 m 个连接权重值 $\omega_1, \omega_2, \cdots, \omega_m$,也可以用向量 $\boldsymbol{\omega} = [\omega_1, \omega_2, \cdots, \omega_m]$ 表示。这是神经网络将要学习的东西,不同的权重值代表了不同外部信息对结果的影响力。另外还定义了偏置值 b。

（3）定义中间值 $z=\sum_{i=1}^{m}\omega_i x_i+b$，表示一个神经元获得的输入信息的加权和。

（4）激活函数 $f(\cdot)$ 是神经元的输出节点，用来对中间值做变换得到神经元的输出值，可以表示为 $y=f\left(\sum_{i=1}^{m}\omega_i x_i+b\right)$。在 M-P 模型中用阶跃函数表示，当 y 大于阈值 0 时输出为 1，意味着神经元处于兴奋状态；相反，当 y 小于阈值 0 时输出为 0，表示神经元处于抑制状态。

$$y(x)=\begin{cases}0,& x<0\\1,& x\geqslant0\end{cases}$$

阶跃函数如图 7-3 所示。

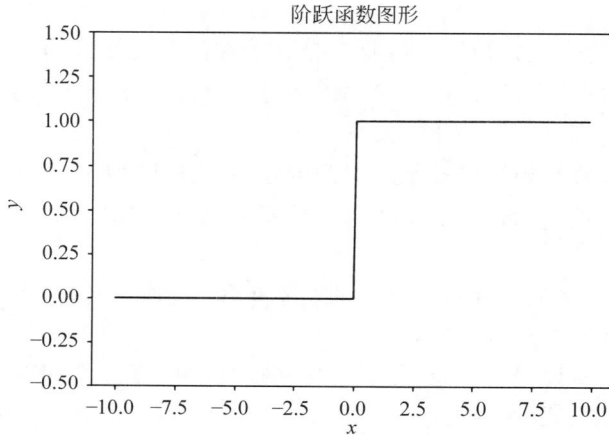

图 7-3　阶跃函数

阶跃函数是一种在数学和工程应用中非常常见的函数，它在输入达到某个临界值时会从一个取值突然跳变为另一个取值。具体来说，当输入小于或等于零时，输出为 0；当输入大于零时，输出为 1。虽然阶跃函数简单易懂，但其不光滑、不连续、不可导的特性，使得它难以在深度学习模型中使用反向传播算法进行训练。这是因为反向传播算法需要对每个变量求偏导数，而阶跃函数在临界点处没有定义导数，因此无法进行求导。为了在神经网络中使用类似阶跃函数这样的函数，研究人员提出一些近似函数，例如 Sigmoid 函数、ReLU 函数等。这些函数在相应的区间内都比较平滑，可以很好地使用反向传播算法进行求导，因此广泛应用于神经网络中。

7.1.2　激活函数

激活函数是一种非线性函数，用于为神经网络中的每个神经元引入非线性变换。在神经网络中，每个神经元都接收来自其他神经元传递过来的信号，并将这些信号加权求和后再通过激活函数进行变换，输出到下一层神经元。如果没有激活函数，神经网络就只能完成线性变换，无法学习和表示非线性关系，因此激活函数在神经网络中扮演着非常重要的角色。常见的激活函数包括 Sigmoid、ReLU(Rectified Linear Unit)、Tanh 等。

1. Sigmoid 函数

Sigmoid 函数是一类有着优美 S 形曲线的函数,在神经网络中有广泛的应用,特别在早期的神经网络中更加常见,常用的 Sigmoid 函数有 Logistic 函数和 Tanh 函数两种。它具有良好的导数性质,也比较容易理解和计算。使用 Sigmoid 函数能将神经元的输出限制在 0 和 1 之间,并且输出值可以看作概率分布的形式,适用于二分类问题。例如,在 Logistic 回归模型中,就可以使用 Sigmoid 函数对输入信号进行变换并输出预测概率,分别定义为 $\sigma(x)$ 和 $\tanh(x)$:

$$\sigma(x) = \frac{1}{1 + e^{-x}}$$

$$\tanh(x) = \frac{e^x - e^{-x}}{e^x + e^{-x}}$$

Sigmoid 函数图形如图 7-4 所示。

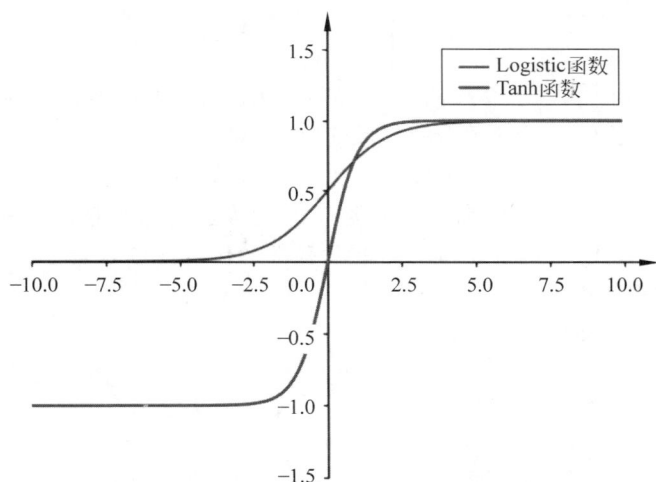

图 7-4　Sigmoid 函数图形

Logistic 函数与阶跃函数形态相近,当输入值在 0 附近时,接近线性函数;输入值越小,输出值越接近 0。输入值越大,输出值越收敛于 1。和阶跃函数相比,Logistic 函数在实数域内连续可导,更适合深度学习算法。Tanh 函数可以看成放大并平移后的 Logistic 函数,其主要特点是零中心化,相当于在 Logistic 函数输出上发生了偏移,使得函数的对称中心由 (0,0.5) 位置平移到 (0,0) 位置。Tanh 函数与 Logistic 函数的关系也可以表示为

$$\tanh(x) = 2\sigma(x) - 1$$

Sigmoid 函数的主要优点如下。

(1)平滑性:Sigmoid 函数在整个定义域内都连续可导,并且具有平滑的输出。这使其在反向传播时更容易优化。

(2)输出范围:Sigmoid 函数的输出范围是 [0,1],可以将其解释为概率或置信度。这使得它在二分类任务中非常有用,例如判定一张图片是否包含特定物体。

(3)可微性:Sigmoid 函数在任何点处都是可导的,因此使用基于梯度的优化算法进行训练时,可以轻松计算其导数。

Sigmoid 函数的缺点如下。

（1）容易出现梯度消失问题：当输入的值很大或很小时，Sigmoid 函数的导数会趋于 0，从而导致梯度消失的问题，这使得在使用反向传播进行训练时，Sigmoid 函数不适合用于深层神经网络。

（2）输出不以 0 为中心：Sigmoid 函数的输出不以 0 为中心，这可能导致神经网络的收敛速度变慢。因此，使用 Sigmoid 函数作为激活函数时，需要将数据进行标准化处理。

（3）计算代价高：计算 Sigmoid 函数需要进行指数运算，这在计算机中是比较昂贵的操作，尤其在大规模神经网络中。因此，使用 Sigmoid 函数会增加算法的计算代价。

2. ReLU 函数

目前，在深度神经网络中，另一种经常使用的激活函数是 ReLU（Rectified Linear Unit），它是一种常用的非线性激活函数，通常用于深度神经网络中。ReLU 函数将负数输入映射为 0，将正数输入保留并返回原值。它定义为

$$\text{ReLU}(x)=\begin{cases}0, & x<0 \\ x, & x\geqslant 0\end{cases}=\max(0,x)$$

不同于 Sigmoid 函数两边收敛的特点，ReLU 函数仅为左边收敛，而右边是线性变化的，一定程度上加速了神经网络下降的收敛速度，也缓解了梯度消失的问题。但 ReLU 函数存在"死亡"问题，即在训练中某次参数更新不当，会导致神经元参数的梯度永远都为 0，该神经元在以后所有训练数据上都不能被激活。为了避免这种情况，在实际训练中，往往使用 Leaky ReLU、ELU、Softplus 等几个变种函数替代 ReLU 函数。

ReLU 函数图形如图 7-5 所示。

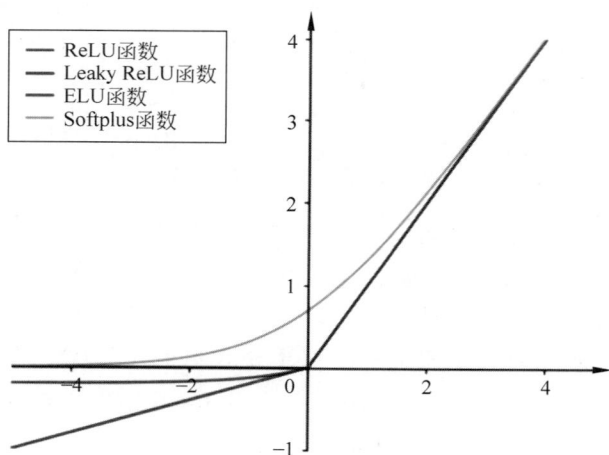

图 7-5 ReLU 函数图形

ReLU 函数的主要优点如下。

（1）收敛速度快：由于 ReLU 函数在 $x>0$ 时具有恒定的导数 1，因此它比 Sigmoid 和 Tanh 等激活函数更容易进行反向传播，并且可以加快网络的收敛速度。

（2）计算代价低：计算 ReLU 函数只需要比较输入是否大于 0，而不需要进行指数运算等复杂的操作，因此计算代价相对较小。

（3）非线性：ReLU 函数是一种非线性函数，使得神经网络具有了更强的拟合能力，可以处理更加复杂的问题。

（4）稀疏性：当输入为负数时，ReLU 函数的输出为 0，这意味着 ReLU 可以产生稀疏性，即使得一些神经元完全不参与计算，从而减少了网络的参数量和计算量。

ReLU 函数的缺点如下。

（1）死亡神经元问题：当输入为负数时，ReLU 函数的导数为 0，因此在训练过程中可能会出现一些神经元完全不工作的情况，通常称为"死亡神经元"。这会影响网络的性能和泛化能力。

（2）输出不以 0 为中心：与 Sigmoid 函数一样，ReLU 函数的输出也不以 0 为中心，这可能导致神经网络的收敛速度变慢。因此，使用 ReLU 函数作为激活函数时，需要将数据进行标准化处理。

7.1.3 神经网络

人脑是一个十分庞大的神经系统，由数量巨大的神经细胞相互连接，协调工作来完成复杂的功能，我们把这种通过一定的物理连接方式实现信息传递的神经元集合称为神经网络。人工神经元是对生物学上神经细胞功能抽象后的数学模型，它一定程度上模拟了神经细胞的运作，而由人工神经元组成的网络结构就是人工神经网络。到目前为止，常用的神经网络有前馈网络、记忆网络和图网络三大类。

前馈网络是把各个神经元按接收信息的顺序分成若干层次，每一层的神经元接收来自前一层神经元的信息，并把激活函数的值输出给下一层的神经元。网络中信息按照神经元层次逐层向后传递，这种传输方向是一致向前的，网络中没有反馈信息，因此称为前馈网络。前馈网络主要包括全连接前馈网络和卷积神经网络。

与前馈网络不同，记忆网络中的神经元不仅能接收前一层神经元的信息，还能接收自己的历史信息，从而实现对信息的记忆功能。从信息传递方向看，记忆网络可以单向向前传递，也可以反向传递，因此记忆网络又被称为反馈网络。记忆网络包括循环卷积网络、玻尔兹曼机等。

前馈网络和记忆网络均是一种向量序列的网络结构，它们不能很好地处理图结构的数据集合。图结构中没有明确的层级关系，各个神经节点之间的连接可以是有向的，也可以是无向的，每个神经元都能接收来自其他节点的信息，也能把信息传递给相邻的节点。图网络就是一种定义在这种图结构上的神经网络。图网络主要包括图卷积网络、图注意力网络等。

前馈网络如图 7-6 所示，反馈网络如图 7-7 所示，图网络如图 7-8 所示。

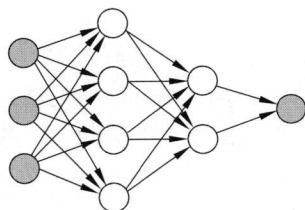

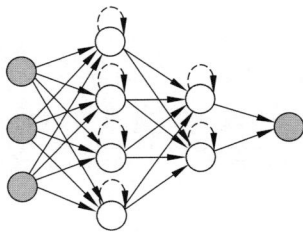

图 7-6 前馈网络　　　　图 7-7 反馈网络　　　　图 7-8 图网络

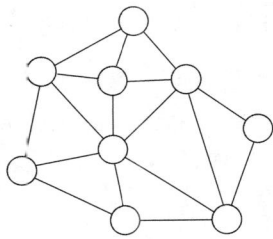

前馈神经网络是最早被设计出的人工神经网络,曾经也被称为多层感知机,图 7-9 所示是一个典型的前馈神经网络示意图,图中显示网络分为 4 层,包括一个输入层、两个隐藏层和一个输出层。输入层定义为向量 $\boldsymbol{x}=[x_1,x_2,\cdots,x_m]$,两个隐藏层神经元输出分别为 $\boldsymbol{z}^1=[z_1^1,z_2^1,\cdots,z_{k_1}^1]$ 和 $\boldsymbol{z}^2=[z_1^2,z_2^2,\cdots,z_{k_2}^2]$,输出层为 $\boldsymbol{y}=[y_1,y_2,\cdots,y_n]$。每个隐藏层的神经元可以接收来自上一层的输入,激活后把信息输出给下一层,其关系描述为

$$\boldsymbol{z}^l = f\Big(\sum_{i=1}^{k}\omega_i^l z_i^{l-1}+b^l\Big) = f(\boldsymbol{W}^l\boldsymbol{z}^{l-1}+\boldsymbol{b}^l)$$

其中 $\boldsymbol{W}^l$ 和 $\boldsymbol{b}^l$ 分别代表第 l 层的连接权重和偏置向量。每一层神经元输出都可以看成一个线性变换(即仿射变换 $\boldsymbol{W}^l\boldsymbol{a}^{l-1}+\boldsymbol{b}^l$)后接上一个非线性变换(即激活函数 $f(\cdot)$)。

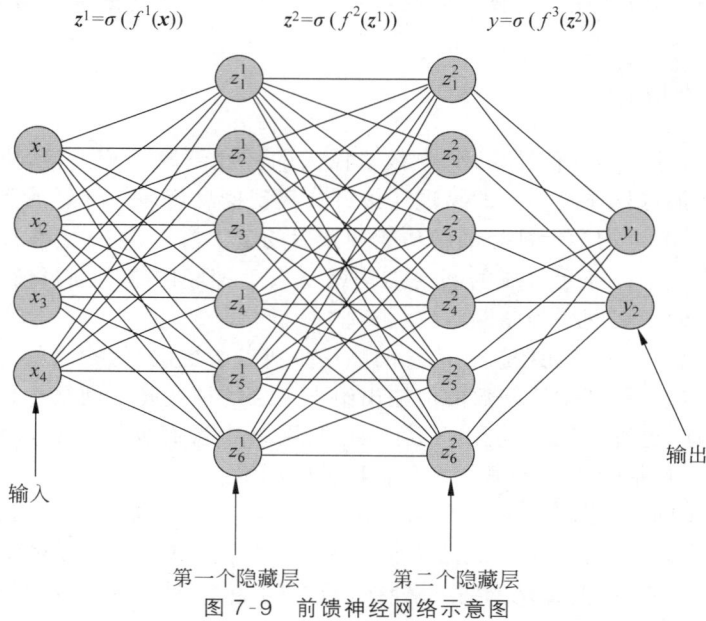

图 7-9　前馈神经网络示意图

7.1.4　损失函数和反向传播算法

为了评估模型的预测值 $\hat{\boldsymbol{y}}$ 和样本真实值 $\boldsymbol{y}$ 之间的异同,以及进一步训练网络参数,我们定义了损失函数 $\mathcal{L}(\boldsymbol{y},\hat{\boldsymbol{y}})$。损失函数越小,通常模型的对训练数据的拟合效果越好,模型的鲁棒性就越好。科学家根据不同的应用场景提出多种损失函数,总体上分为基于距离度量和基于概率分布度量两大类。

1. 基于距离度量的损失函数

距离指的是数据在欧几里得空间、汉明空间等特征空间上的差距。基于距离的度量通常把预测值和真实值通过某种变换映射到特征空间上,然后采用合适的方法评估两者间的距离,这种评估方法就是基于距离度量的损失函数,常用的有均方误差损失函数、L1 损失函数等。

均方误差损失函数(Mean Square Error,MSE)被定义为 $\mathcal{L}(\boldsymbol{y},\hat{\boldsymbol{y}})=\dfrac{1}{N}\sum\limits_{i=1}^{N}(y_i-\hat{y}_i)^2$。

均方误差损失函数是一种应用面非常广的损失函数。它定义在数据的欧几里得空间上,也被称为L2损失函数。MSE的值越小,表示模型描述样本的精度越高。MSE明确的物理意义,具有计算成本低等优点。MSE在回归问题中表现突出,但其在图像和语音处理方面表现一般。

L1损失函数又称为曼哈顿距离,其测量了预测值和样本真实值之间的平均绝对误差,定义式是 $\mathcal{L}(\boldsymbol{y}, \hat{\boldsymbol{y}}) = \dfrac{1}{N} \sum\limits_{i=1}^{N} |y_i - \hat{y}_i|$。与均方误差损失函数一样,L1损失函数也具有明确的物理意义,而且对离群点有很好的鲁棒性。但其缺点也很明显,即在残差为零处不可导,且更新的梯度相同,这不利于模型参数的收敛。

除了上述两种常用的损失函数外,还有能有效防止目标检测中梯度爆炸的 Smooth L1 损失函数,以及 MSE 梯度随误差减小的 Huber 损失函数。

2. 基于概率分布度量的损失函数

基于概率分布度量的损失函数以计算预测值的分布与真实值分布之间的距离评估两者相似度,适合用于预测类别出现概率或者分布概率的问题中。常用的损失函数有 KL 散度函数、交叉熵损失函数等。

由于涉及熵的概念,在此我们先补充信息论的相关知识。首先是信息量的概念。事件都会承载一定的信息量,信息量不同,它的价值就不同。我们都希望通过已获得的信息提高评估的准确度。事件发生的概率不同,它们承载的信息量也不同,如果是大概率事件,那么信息量就比较少,比如"明天太阳会出来"这个事件,它是肯定的,发生的概率是100%,每个人都知道,这种事情就没有什么信息量了,我们认为它的信息量为0。又如"明天会下雨"这个事件就不是那么确定了,我们认为它的信息量比较大。在信息论里,我们从事件发生的概率方面定义信息量,随机变量 X 在取值范围 χ 的概率分布函数为 $p(x) = \Pr(X = x), x \in \chi$,那么事件 $X = x_0$ 的信息量为 $I(x_0) = -\log(p(x_0))$。根据上述定义,事件发生的概率 $p(x_0)$ 越大,则 $I(x_0)$ 越小,即信息量越少。信息量是针对某一个事件 $X = x_0$ 而言的,那么,对于所有事件,是否可以定义一个概念来表示平均信息量呢? 答案是肯定的,这个概念就是熵。熵的定义为 $H(X) = -\sum\limits_{i=1}^{N} p(x_i)\log(p(x_i))$,表示事件信息量的期望值。

KL 散度函数又称为相对熵,是一种非对称的相似度评估方法,其定义式为 $\mathcal{L}(\boldsymbol{y}, \hat{\boldsymbol{y}}) = \sum\limits_{i=1}^{N} y_i \log\left(\dfrac{y_i}{\hat{y}_i}\right)$,真实值 $\boldsymbol{y}$ 与预测值 $\hat{\boldsymbol{y}}$ 的分布相似度越高,它们的 KL 散度越小;反之,两者的分布差别越大,它们的 KL 散度越大。为了消除 KL 散度非对称的问题,作为 KL 散度的演化函数 JS 散度函数被提出,本文对此不做深入论述。

交叉熵损失函数的定义式为 $\mathcal{L}(\boldsymbol{y}, \hat{\boldsymbol{y}}) = \sum\limits_{i=1}^{N} y_i \log(\hat{y}_i)$。交叉熵越小,预测值与真实值概率之间相似度越高。交叉熵常用在卷积神经网络的分类问题中,它可以有效地克服梯度消散的问题,非常适合用在二分类样本不均衡的机器学习问题上。在神经网络中,交叉熵一般和 Sigmoid、ReLU 等激活函数一起使用。

机器学习本质上是人工神经网络不断调整参数,以达到最优拟合状态的过程。具体来讲，就是把样本(x,y)输入神经网络模型中，结合网络参数W、b计算得到网络的预测值$\hat{y}$，然后根据损失函数$\mathcal{L}(y,\hat{y})$的结果对参数进行调整，使得网络模型逐渐收敛于最优解。为了使得模型尽快收敛，一般采用随机梯度下降的方式确定参数调整的方向，而反向传播算法（BackPropagation，BP）是计算网络参数梯度最重要的方法。

反向传播算法的推导会用到偏导数计算的链式法则，也会涉及向量对矩阵的微分计算，较为烦琐，这里对算法的数学部分不做深入推导，会尽量给出一个简洁的公式。

根据链式法则，第l层的误差项为

$$\delta^l = \frac{\partial \mathcal{L}(y,\hat{y})}{\partial z^l}$$
$$= f'_l(z^l) \odot ((W^{l+1})^T \delta^{l+1})$$

其中$f'_l(\cdot)$表示激活函数的微分，$\odot$表示向量的点积运算，即对应位置的元素相乘，δ^{l+1}为第$l+1$层的误差项。上述公式揭示了反向传播算法的核心思想，即第l层的误差项δ^l由第$l+1$层的误差δ^{l+1}计算得到。

神经网络参数的调整是利用随机梯度下降法实现的，即损失函数$\mathcal{L}(y,\hat{y})$对每一层权重W^l和偏置b^l的梯度。

$$\frac{\partial \mathcal{L}(y,\hat{y})}{\partial W^l} = \frac{\partial \mathcal{L}(y,\hat{y})}{\partial z^l} \frac{\partial z^l}{\partial W^l} = \delta^l (z^{l-1})^T$$

$$\frac{\partial \mathcal{L}(y,\hat{y})}{\partial b^l} = \frac{\partial \mathcal{L}(y,\hat{y})}{\partial z^l} \frac{\partial z^l}{\partial b^l} = \delta^l$$

根据上述BP算法，可以分前馈计算和反向传播两部分计算网络参数的梯度，并反复迭代以达到收敛。具体步骤如下。

（1）随机初始化网络参数权重W^l和偏置b^l。

（2）利用公式$z^l = f(W^l z^{l-1} + b^l)$前馈计算神经网络中每一层的输出值$z^l$。

（3）利用公式$\delta^l = f'_l(z^l) \odot ((W^{l+1})^T \delta^{l+1})$反向传播计算每一层的误差项$\delta^l$。

（4）利用公式$\frac{\partial \mathcal{L}(y,\hat{y})}{\partial W^l} = \delta^l (z^{l-1})^T$和$\frac{\partial \mathcal{L}(y,\hat{y})}{\partial b^l} = \delta^l$计算每一层网络参数权重$W^l$和偏置$b^l$的梯度。

（5）利用公式$W^l = W^l - \alpha \frac{\partial \mathcal{L}(y,\hat{y})}{\partial W^l}$和$b^l = b^l - \alpha \frac{\partial \mathcal{L}(y,\hat{y})}{\partial b^l}$更新网络参数，其中$\alpha$是学习率，为神经网络的超参数。

（6）迭代计算步骤（1）～（5），直到满足收敛条件。

7.1.5 优化策略

学习率α决定了网络参数的收敛速度和收敛方向。在实际应用过程中，有些"病态"的数据会负面影响梯度下降法的效果，比如"悬崖"和"峡谷"现象。"悬崖"现象指的是在具有较大梯度的超平面，需要经过很多次迭代才能将参数拉回悬崖脚下。"悬崖"现象的本质是由于网络参数在更新过程中，调整的幅度过大所致；"峡谷"现象是指该位置的反梯度方向不指向局部最小点，这样会导致迭代过程中梯度在谷底往返震荡，降低收敛速度，甚至收敛失败。"峡谷"现象的本质是网络参数调整方向相反所致。针对上述不足，产生了一些梯度下降的改进算法,主要包括学习率调度、冲量法、AdaGrad、RMSProp 和 Adam 几种算法。

1. 学习率调度

学习率调度抛弃了固定的学习率,在迭代过程中对学习率进行动态调整。学习率动态调整策略是指在训练神经网络时,根据训练过程中的损失函数变化情况,动态地调整学习率的大小,以提高模型的收敛速度和性能。

一种比较好的学习率动态调整策略是先让学习率取得较大数值,在最开始能让模型以较快的速度收敛。具体来说,可以将初始学习率设为较大的数值,如 0.1 或 0.01 等,这样可以使得模型的权重参数在最初的训练阶段快速调整到较优状态,从而达到较高的训练精度。

然后,经过一段时间迭代后,将学习率调小,以便让模型能穿过损失函数的"隘口",抵达更小的解。具体来说,可以使用学习率衰减的方法,将学习率逐渐降低,例如每隔固定的迭代次数,将学习率除以一个较小的常数,如 0.1 或 0.5 等,这样可以避免学习率过大导致模型在训练后期出现震荡或不收敛的情况,同时也可以保证模型在训练后期能得到更好的性能。这种学习率动态调整策略可以使模型在训练过程中快速收敛,同时又能避免过拟合或不收敛等问题,提高模型的收敛速度和性能。该策略也被称为学习率调度,广泛应用于深度学习领域。

2. 冲量法

冲量法是一种优化神经网络训练的方法,它利用了梯度是加速度场这个特点,使用加速度率替代学习率,以此加快模型的训练速度和提高训练稳定性。

在标准的随机梯度下降(SGD)算法中,每次迭代时都会根据当前的梯度方向和学习率更新网络参数。而在冲量法中,除了考虑当前的梯度方向和学习率外,还会考虑历史梯度方向对当前梯度的影响,即使用一个历史动量(momentum)变量表示历史梯度方向的影响。

具体来说,假设当前迭代的参数为 θ,当前的梯度为 g,历史动量为 v,则可以通过以下公式更新 θ 和 v。

$$v = \beta v + (1-\beta)g$$
$$\theta = \theta - \alpha v$$

其中,β 是一个介于 0 到 1 的权重参数,通常取值为 0.9 或 0.99 等;α 是学习率,表示每个迭代步骤中应该改变的程度。上述第一个公式是历史动量的更新公式,用于计算当前梯度 g 和历史梯度方向 v 的加权平均值;第二个公式是参数的更新公式,用于根据当前梯度方向和历史动量的方向更新网络参数。

使用冲量法的好处:加快收敛速度、提高训练稳定性、避免局部最优解、增强数据泛化能力等。它能平滑参数更新过程中的方向变化,防止模型在训练过程中出现剧烈波动,并减少对训练数据的过度拟合,提高模型的泛化能力,从而在深度学习领域得到广泛应用。

3. AdaGrad 算法

AdaGrad 算法是一种基于梯度下降的优化算法,与传统的梯度下降算法的不同之处在于其对不同参数使用不同的学习率进行更新。具体来说,AdaGrad 算法针对每个参数的梯度进行自适应调整,使得历史梯度的平方根能影响当前的学习率大小,从而达到更好的训练效果。

AdaGrad 算法的核心思想在于,对于不同参数的更新过程,如果某些参数的梯度值比较大,那么它们在更新时需要选择一个较小的步长,以免"振荡"或者"发散"。相反,如果某些参数的梯度值比较小,那么它们在更新时可以选择较大的步长,以便更快地收敛到最优解。具体来说,在每次迭代的过程中,AdaGrad 算法会计算出历史梯度的平方和,将其作为分母,将当前梯度除以该平方和得到一个自适应的学习率。这样做能保证在训练初期时使用较大的学习率,随着训练的进行,会逐渐减小学习率,以便更好地收敛。

AdaGrad 算法的实现过程如下。

(1) 初始化:设置初始参数 θ 和初始学习率 α,以及历史梯度平方的累积序列 s(初始值为 0),即 $s=0$。

(2) 对每个样本计算梯度 g,并将其加入历史梯度平方的累积序列中:$s=s+g^2$。

(3) 计算当前迭代步骤的学习率:$\alpha'=\alpha/\mathrm{sqrt}(s+\varepsilon)$,其中 ε 是一个很小的数,用于避免被除数为 0 的情况。

(4) 根据当前迭代步骤的学习率和梯度更新参数:$\theta=\theta-\alpha'g$。

(5) 重复步骤(2)~步骤(4),直到达到预定的迭代次数或者满足终止条件。

AdaGrad 算法能为每个参数分配不同的学习率,使得训练更加自适应和高效,从而提高模型的收敛速度。由于 AdaGrad 算法可以自适应地调整学习率,因此不需要在训练过程中手动调节学习率,减少了人为干预的需求。AdaGrad 算法会累积历史梯度平方,因此对于较稀疏的数据,它可以避免出现大梯度值的情况,从而避免对其他权重参数的影响。

4. RMSProp 算法

RMSProp(Root Mean Square Propagation)算法是一种自适应学习率的优化方法,其目的是解决 Adagrad 算法中学习率急剧下降的问题。RMSProp 算法也是由 Geoff Hinton 提出的,和 Adadelta 算法一样,都是通过考虑历史梯度信息对学习率进行自适应调整来实现更加高效的训练。

RMSProp 算法的核心思想在于,它使用了指数加权平均来估计梯度的二阶动量,以便更好地控制学习率的大小。具体来说,每次迭代时,RMSProp 算法会计算梯度平方的指数加权平均值,并将其除以一个对梯度平方的指数加权平均的值开方。这个过程可以看作对梯度历史进行加权平均,从而获取不同的权重,对学习率进行修正。

RMSProp 算法的实现过程如下。

(1) 初始化:设置初始参数 θ 和初始学习率 α,以及历史梯度平方的指数加权平均序列 v(初始值为 0),即 $v=0$。

(2) 对每个样本计算梯度 g,并将其平方后加入历史梯度平方的指数加权平均序列中:$v=\rho v+(1-\rho)g^2$,其中 ρ 是一个衰减因子,用于控制历史梯度值的影响力大小。

(3) 计算当前迭代步骤的学习率:$\alpha'=\alpha/\mathrm{sqrt}(v+\varepsilon)$,其中 ε 是一个很小的数,用于避免被除数为 0 的情况。

(4) 根据当前迭代步骤的学习率和梯度更新参数:$\theta=\theta-\alpha'g$。

(5) 重复步骤(2)~(4),直到达到预定的迭代次数或者满足终止条件。

RMSProp 算法的好处：RMSProp 算法能自适应地调整每个参数的学习率，使得训练更加自适应和高效，从而提高模型的收敛速度。由于 RMSProp 算法考虑了历史梯度值的影响，因此可以减少梯度的震荡，并且能帮助模型跳出局部最优解。与 AdaGrad 算法一样，RMSProp 算法也可以处理稀疏数据，因为它只考虑历史梯度平方的指数加权平均，而不是绝对值的和。

5. Adam 算法

Adam(Adaptive Moment Estimation)算法是一种自适应的、基于梯度的优化算法。它将冲量法和 RMSProp 算法的思想结合在一起，同时还引入了偏置修正的概念，可以有效地解决神经网络训练中的梯度稀疏性和学习率衰减等问题。

具体来说，Adam 算法计算每个参数的自适应学习率，同时利用动量的方法平滑梯度更新方向，使得模型更易于收敛。Adam 算法的主要思想是对每个参数维护一个梯度的指数加权平均值和梯度平方的指数加权平均值，然后使用这些平均值更新参数。

具体实现过程如下。

(1) 初始化参数：设初始步长为 0，平均梯度值 $m=0$，平均平方梯度值 $v=0$。

(2) 在每次迭代中，计算当前 batch 的梯度 g，并更新步长。

(3) 计算相应的一阶矩估计(即梯度的指数加权平均值)和二阶矩估计(即梯度平方的指数加权平均值)，分别表示为 m 和 v。

(4) 对 m 和 v 进行偏差修正，以解决初始阶段的偏差问题。

(5) 根据计算出的平均梯度 m 和平均平方梯度 v 更新参数。

Adam 算法有以下好处：Adam 算法使用自适应学习率，因此可以在不同参数的情况下采用不同的学习率，这使得模型更易于收敛，同时也减少了手动调整学习率的工作量。由于动量方法的引入，Adam 算法可以在处理稀疏梯度时仍然保持较好的性能。Adam 算法对数据规模和特征维度的变化具有鲁棒性，适用于处理大规模数据和高维度特征的机器学习问题。Adam 算法不同于其他基于梯度的优化算法，它具有良好的鲁棒性和泛化性，可以避免过度拟合等问题。

7.2 卷积神经网络

与神经元的概念一样，卷积神经网络的设计灵感也来自生物学。在生物学中，视觉和听觉神经元并不接受所有刺激信号，而只接受所支配的局部区域的信息。比如，视觉神经元的感受野是指视网膜上特定区域，只有这个区域内的刺激信号才能激活对应的神经元。卷积神经网络(Convolutional Neural Network，CNN)是一种前馈神经网络，它的人工神经元可以响应一部分覆盖范围内的周围单元，因此卷积神经网络是以局部的卷积运算替代前馈神经网络的全连接计算。目前，卷积神经网络主要应用在二维数据如图像和视频处理的相关任务上，尤其在图像分割、图像分类、人脸识别、物品识别等方面都有出色的表现。

以下是 CNN 的几个关键概念。

卷积层(Convolutional Layer)：CNN 的核心组成部分，它通过应用一系列的卷积核(也称为滤波器)提取输入图像的特征。每个卷积核在输入图像上滑动，通过卷积运算获取局部区域的特征,并生成对应的特征图。

池化层(Pooling Layer):用于对卷积层生成的特征图进行下采样。常见的池化操作包括最大池化(Max Pooling)和平均池化(Average Pooling),它们可以减小特征图的尺寸并保留主要特征。

激活函数(Activation Function):在卷积层和全连接层之间,通常会添加激活函数来引入非线性变换。常用的激活函数包括 ReLU(Rectified Linear Unit)、Sigmoid 和 Tanh等,它们可以增强网络的表达能力和非线性拟合能力。

全连接层(Fully Connected Layer):在卷积层和输出层之间,将前一层的特征映射连接到输出层的神经元上。全连接层通常用于对提取到的特征进行分类或回归任务。

权重共享(Weight Sharing):CNN 中的卷积层使用相同的卷积核对整个输入图像进行滑动,这就是权重共享的概念。通过权重共享,CNN 能在不同位置上提取相同的特征,从而减少参数数量和计算量,提高模型的泛化能力。

CNN 的架构可以根据任务的要求进行灵活设计和调整,例如添加多个卷积层、池化层或全连接层,以及采用不同的激活函数和优化方法。这使得 CNN 成为深度学习中最重要和最常用的模型之一。CNN 在图像处理任务中的优势主要有以下几方面。

局部感知和参数共享:CNN 通过卷积操作实现了局部感知,每个卷积核只关注输入的局部区域,从而能捕捉图像的局部特征。而参数共享的特性使得卷积核可以在整个图像上共享权重,大大减少了需要学习的参数数量,提高了模型的效率。

位置不变性:由于卷积操作是通过滑动卷积核提取特征,因此 CNN 具有一定的平移不变性。这意味着,无论目标在图像中的位置如何变化,CNN 仍然能识别和提取相应的特征。

多层次的特征提取:通过堆叠多个卷积层和池化层,CNN 能逐层提取更加抽象和高级的特征。低层的卷积层可以提取简单的边缘和纹理特征,而高层的卷积层可以提取更加复杂的形状和语义特征,从而实现更准确的图像分析和理解。

自动学习特征表示:传统的图像处理任务需要手动设计特征提取器,而 CNN 可以通过反向传播算法自动学习特征表示。通过大规模的训练数据和深层网络的优化,CNN 能自动发现并学习到最有效的特征表示,从而提高了模型的性能和泛化能力。

除了图像处理,CNN 还在其他领域展现了广泛的应用。例如,自然语言处理中的文本分类和序列标注任务,声音处理中的语音识别和情感分析等。由于 CNN 的优秀性能和良好的泛化能力,它已成为深度学习领域中的重要工具,并在各种领域中取得了令人瞩目的成果。

7.2.1 卷积运算

卷积运算(Convolution)是分析数学中的一种常用运算。在信号处理领域,人们往往采用一维卷积;在图像处理领域,则采用的是二维卷积。

一维卷积是指在一个一维信号上滑动一个固定大小的窗口,对窗口内的数据与一个预定义的卷积核进行卷积运算,从而得到输出信号的过程。这个过程可以看作一个滤波器在信号上的移动。在信号处理领域,一维卷积常用于平滑和滤波。对于时间序列数据,使用一维卷积可以去除噪声,并保留关键的信号特征。例如,在股票市场分析中,利用一维卷积可以平滑股价曲线并识别出趋势线,以便做出更准确的预测。此外,一维卷积还可用于信号压缩、时域滤波等应用。在图像处理中,一维卷积也有广泛的应用,尤其是在边缘检测和特征提取方面。边缘检测可以通过将一维卷积应用于一幅灰度图像来实现。通常,采用 Sobel 或 Laplacian 算子作为卷积核,可以快速检测出图像中的边缘信息。在特征提取方面,一维卷积可用于识别信号中的局部特征,如音频文件中的语音信息等。一维卷积是信号处理和图像处理中非常重要的工具,能提取出关键的信息并去除噪声。它广泛应用于多个领域,包括自然语言处理、计算机视觉、语音识别、机器学习等。

二维卷积是在图像处理领域一种常用的技术。它可以对图像进行平滑、锐化、边缘检测等处理,以提取图像的特征。这种技术的核心思想是将一个固定大小的卷积核应用于图像的每个像素点上,并将卷积核与该像素点周围的像素点做内积运算,从而得到卷积后的输出值。在二维卷积中,卷积核通常是一个小矩阵,如 3×3 或 5×5。这个矩阵中的值代表了相应的权重参数,用于计算输出像素的值。通过选择不同的卷积核,可以实现图像的各种变换和过滤操作,包括平滑、锐化、边缘检测等。这些操作可以通过调整卷积核的权重参数实现,从而满足不同的需求。在图像平滑方面,二维卷积可以通过使用高斯卷积核达到目的。高斯卷积核可以模糊图像,从而去除噪声,并使图像更加柔和。另外,在锐化方面,可以使用拉普拉斯卷积核突出图像的边缘和细节,从而使图像更加清晰。在边缘检测方面,可以使用 Sobel、Prewitt 或 Canny 等卷积核检测图像中的边缘信息。这些卷积核可以识别出图像中的亮度变化并生成二值图像。

离散时序信号的一维卷积定义为

$$y(n) = w(n) * x(n)$$
$$= \sum_{k=0}^{n} w(n-k)x(k)$$

上式表示输出序列 $y(n)$ 是输入序列 $x(n)$ 与卷积核 $w(n)$ 的卷积运算,如果写成向量的形式,则为 $y = w * x$。卷积运算是对输入序列 x 按照权重向量 w 进行加权平均,因此 w 又称为滤波器(Filter)。卷积运算实际上是对通过滤波器实现对信号序列的特征提取。

二维卷积定义为

$$y(i,j) = w(i,j) * x(i,j)$$
$$= \sum_{u=0}^{i} \sum_{v=0}^{j} w(i-u, j-v) * x(u,v)$$

二维卷积经常用于图像处理,输入图像、输出图像和卷积核(滤波器)都是二维结构,如果写成矩阵的形式,则为 $Y = W * X$。在图像处理中,滤波器是一种常用的操作,通过它可以对图像进行去噪、锐化、边缘检测等。滤波器可以看作一个卷积核,将其与图像进行卷积运算,得到一个新的图像,这个过程就称为滤波。特征映射是指在深度学习中将输入数据映射到高维特征空间的过程。在卷积神经网络(CNN)中,通过卷积层提取图像的局部特征,并通过池化层降低特征的维度和空间大小,最终通过全连接层完成分类或回归等任务。比如,高斯滤波器能对图像进行平滑滤波,Sobel 滤波器可用来提取边缘特征。

7.2.2　卷积神经网络的基本组件

卷积神经网络由一个或多个卷积层和顶端的全连通层(对应经典的神经网络)组成,同时也包括关联权重和池化层。这一结构使得卷积神经网络能利用输入数据的二维结构。与其他深度学习结构相比,卷积神经网络在图像和语音识别方面能给出更好的结果。这一模型也可以使用反向传播算法进行训练。相比其他深度、前馈神经网络,卷积神经网络需要考量的参数更少,使之成为一种颇具吸引力的深度学习结构。卷积神经网络在图像分类任务中表现优异的主要原因是它们能自动提取图像中的特征,而不需要手工设计特征。这种自动化的特征提取使得 CNN 能更好地捕获图像中的局部和全局信息,并在不同尺度上进行分层处理,从而实现更准确的图像分类。CNN 通常由多个卷积层、池化层和全连接层组成。卷积层通过对输入图像进行卷积操作,提取出图像中的不同特征,如边缘、纹理、形状等。池化层则用于降低特征图的维度,使得模型更加稳健、可靠。全连接层将卷积层和池化层输出的特征向量作为输入,用于最终的分类决策。CNN 的另一个优点是共享权值。卷积核在卷积层中被重复使用,每个卷积核都会检测图像中的某种模式或特征,这意味着 CNN 可以用相对较少的参数学习复杂的特征,从而避免了过拟合并提高了泛化能力。此外,CNN 还支持端到端的训练,即从原始图像到最终分类结果的全过程可以自动化完成,这使得模型的训练和使用变得更加简单、高效。

1. 卷积层

卷积神经网络中每层卷积层由若干卷积单元组成,每个卷积单元的参数都是通过反向传播算法最优化得到的。卷积运算的目的是提取输入的不同特征,第一层卷积层可能只能提取一些低级的特征,如边缘、线条和角等层级,更多层的网络能从低级特征中迭代提取更复杂的特征。

卷积层是卷积神经网络的核心部分,它假定输入的是具有一定宽度、高度和深度的三维形状。对于第一个卷积层,它通常是一幅图像,比较常见的是深度为 1(灰度图像)或者为 3(带有 RGB 通道的彩色图像)。前一层生成的一组特征映射输入到后一层,然后转换为二维结构。所以,本质上说,卷积层所做的是一个具有核的图像卷积。

卷积层的主要功能如下。

(1)特征提取:卷积层能通过卷积核和滑动窗口的运算方式,提取出输入数据中的局部特征,如边缘、角点、纹理等。

(2)参数共享:在卷积层中,同一卷积核会被应用到输入数据的不同位置上,这样可以减少需要训练的参数数量,降低过拟合的风险。

(3)降低数据维度:卷积层的输出是一个二维数组,它比原始数据的维度要低,因此可以降低后续层的计算复杂度,同时也可以减少需要处理的数据量。

(4)增强特征表达能力:卷积层不仅可以提取出输入数据的局部特征,还可以将这些特征组合起来,形成更高级别的特征表示。

(5)能够通过特征提取、参数共享、降低数据维度和增强特征表达能力等方式,有效地帮助神经网络模型对输入数据进行分析和处理,并为后续的训练和优化提供了有益的信息。

假定有一个尺寸为 6×6 的图像,每个像素点里都存储着图像的信息,我们再定义一个卷积核,这就相当于权重,用来从图像中提取一定特征。卷积核与数字矩阵对应位相乘后再相加,最终得到卷积层的输出结果。

下面是一个简单卷积计算的例子。

一般来说，filter 的 f 是奇数。

将左边 6×6 的矩阵通过一个卷积计算转换成 4×4 的矩阵。

（1）在 4×4 的矩阵中的第一格，将粉色部分与蓝色部分矩阵中对应位置的数相乘后再相加得到 -5 这一结果，如图 7-10 所示。

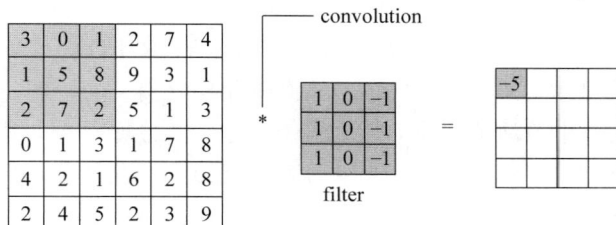

图 7-10 卷积计算示意图 1

$$3\times1+0+1\times(-1)+1\times1+0+8\times(-1)+2\times1+0+2\times(-1)=-5$$

（2）将粉色大小的矩阵向右移一位得到紫色矩阵，再将紫色矩阵与蓝色矩阵对应位置的数相乘，之后相加得到下一格子的值（-4），如图 7-11 所示。

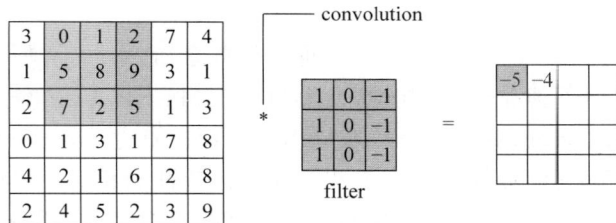

图 7-11 卷积计算示意图 2

（3）照此规律不断移动粉色块与蓝色块进行计算，将得到整个 4×4 的矩阵值，如图 7-12 所示。

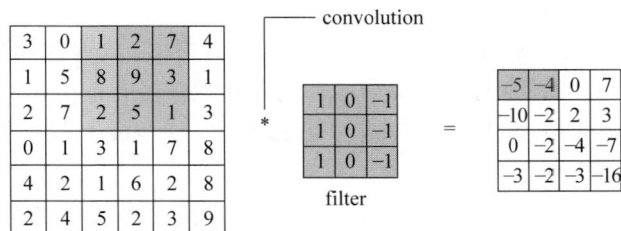

图 7-12 卷积计算示意图 3

设矩阵大小为 $n\times n$，filter 大小为 $f\times f$，Padding 为 0，最终得到矩阵为 $(n-f+1)\times(n-f+1)$［这是卷积步长为 1 的情况］。

设卷积步长为 s，filter 为 f，Padding 为 p，则最终矩阵为 $(n+2p-f)/s+1\times(n+2p-f)/s+1$。

2. 激活层

激活层是对上一层神经元施加激活函数，可以使用 Sigmoid 函数、ReLU 函数等。

激活层的主要功能包括以下几个。

引入非线性特性：神经网络中的线性变换只能处理线性问题，因此需要通过激活函数的非线性映射引入非线性特性，从而增强模型的表达能力。

限制输出范围：有些激活函数（如 Sigmoid、Tanh）可以将输出值限制在 0～1 或 −1～1，这样可以避免输出值过大或过小的问题，同时也可以保证输出值的可解释性和可比性。

防止梯度消失或爆炸：在深度神经网络中，梯度在反向传播的过程中容易出现梯度消失或梯度爆炸的问题，而一些激活函数（如 ReLU、Leaky ReLU）可以有效地缓解这个问题。例如，ReLU 可以保留正数部分的梯度，从而避免梯度消失的问题。

激活层在神经网络中扮演着非常重要的角色，它可以通过引入非线性映射、限制输出范围、防止梯度消失或爆炸等方式提高模型的表达能力和泛化能力，并且为后续的训练和优化打下良好的基础。

如果使用 ReLU 函数，激活层又称为线性整流层（Rectified Linear Units layer，ReLU layer）。它可以增强判定函数和整个神经网络的非线性特性，而本身并不会改变卷积层。相比其他函数，ReLU 函数更受青睐，这是因为它可以将神经网络的训练速度提升数倍，却不会对模型的泛化准确度造成显著影响。

3. 池化层

池化（Pooling）是卷积神经网络中另一个重要的概念，它实际上是一种形式的降采样。有多种不同形式的非线性池化函数，其中"最大池化"（Max pooling）最常见。它将输入的图像划分为若干个矩形区域，对每个子区域输出最大值。直觉上，这种机制能有效的原因在于，发现一个特征后，它的精确位置远不及它和其他特征的相对位置的关系重要。池化层会不断地减小数据的空间，因此参数的数量和计算量也会下降，这一定程度上也控制了过拟合。通常，CNN 的卷积层之间都会周期性地插入池化层。

池化层的主要功能如下。

下采样：池化层通过对输入数据进行下采样的方式，将其缩小到原来的一半或更小，从而减少了需要处理的数据量。

特征选择：池化层可以通过选择最大值、平均值等方式，从输入数据中选取最显著的特征信息，并将其保留下来，这有助于提高模型的鲁棒性和泛化能力。

不变性：池化层对输入数据进行下采样的过程中，不会改变特征图中特征的位置关系，因此具有一定的不变性。

减少参数：池化层不需要学习任何参数，因此可以减少模型的参数数量，降低过拟合的风险。

池化层能通过下采样、特征选择、不变性和减少参数等方式，有效降低数据维度，提高模型的鲁棒性和泛化能力，并为后续的训练和优化提供有益的信息。

池化层通常分别作用于每个输入的特征并减小其大小。当前最常用形式的池化层是每隔 2 个元素从图像划分出 2×2 的区块，然后对每个区块中的 4 个数取最大值，这将会减少 75% 的数据量。

由于池化层过快地减少了数据的大小，当前文献中的趋势是使用较小的池化滤镜，甚至不再使用池化层。

4. 损失函数层

损失函数层用于决定训练过程如何"惩罚"网络的预测结果和真实结果之间的差异,它通常是网络的最后一层。各种不同的损失函数适用于不同类型的任务。例如,Softmax 交叉熵损失函数常常用于在 K 个类别中选出一个,而 Sigmoid 交叉熵损失函数常常用于多个独立的二分类问题。欧几里得损失函数常常用于结果取值范围为任意实数的问题。L1损失函数也称为平均绝对误差(MAE)损失函数,用于回归问题中。与平方误差相比,平均绝对误差对异常值更加鲁棒。Kullback-Leibler(KL)散度损失函数用于将两个概率分布进行比较,常用于生成对抗网络(GANs)中的生成器和判别器训练过程中。Focal 损失函数用于解决分类问题中的类别不平衡问题,通过调整损失函数的权重来关注困难样本,从而达到更好的训练效果。Contrastive 损失函数用于学习相似度度量,在图像检索、人脸识别等任务中广泛使用。

当选择不同的损失函数时,通常需要考虑以下因素。

任务类型:不同的任务类型需要使用不同的损失函数。例如,分类问题通常使用交叉熵损失函数,而回归问题可能使用均方误差或平均绝对误差损失函数。

目标变量:目标变量的特性也会影响损失函数的选择。例如,如果目标变量是二元的,则使用 Sigmoid 交叉熵损失函数或 Hinge 损失函数可能更合适。

输出层的激活函数:损失函数的选择还依赖于输出层的激活函数。例如,在多分类问题中,Softmax 激活函数通常与交叉熵损失函数配合使用。

数据分布:损失函数的选择也要考虑数据的分布。例如,当数据存在较大的类别不平衡时,可以使用加权损失函数解决这个问题。

鲁棒性:我们希望选择的损失函数对异常值具有鲁棒性。例如,Huber 损失函数对离群点相对不那么敏感,因此在一些回归问题中广泛使用。

7.2.3 卷积神经网络示例

CNN 经典模型包括 LeNet-5、AlexNet、VGGNet、GoogLeNet 和 ResNet 等,它们在卷积神经网络的发展历程中起到重要作用。这些模型通过不同的网络结构、卷积核尺寸、池化方式、激活函数和正则化技术等手段优化模型效果,并在图像分类、目标检测、语义分割等任务中取得了优异的表现。

1. LeNet-5

LeNet-5 是最早的卷积神经网络之一,由 Yann LeCun 等于 1998 年提出,用于手写数字识别任务。它是一个较为简单的卷积神经网络,但是通过引入卷积层和池化层等设计思路,提高了模型对图像特征的提取能力,成为后来卷积神经网络模型的重要基础。

LeNet-5 的网络结构包括输入层、卷积层、池化层、全连接层和输出层。

输入层:将大小为 32×32 的灰度图像作为输入数据。

卷积层:第一层卷积核大小为 5×5,有 6 个卷积核在输入数据上进行卷积运算,输出为 $28 \times 28 \times 6$ 的特征图。第二层卷积核大小为 5×5,有 16 个卷积核在第一层特征图上进行卷积运算,输出为 $10 \times 10 \times 16$ 的特征图。

池化层:第一层为 2×2 最大池化,步长为 2,输出为 $14 \times 14 \times 6$ 的特征图;第二层为

$2×2$ 最大池化,步长为 2,输出为 $5×5×16$ 的特征图。

全连接层:将第二层池化层输出的特征图展开成一维向量,经过 120 个神经元的全连接层、84 个神经元的全连接层,最后得到一个包含 10 个神经元的输出层。

输出层:使用 softmax 函数将 10 个神经元的输出值转换为概率分布,以进行手写数字识别。

LeNet-5 通过卷积运算和池化操作提取输入数据中的特征信息,有效减少了计算量和参数数量,同时也降低了模型过拟合的风险。它是卷积神经网络的重要里程碑,对后来模型的发展产生了深远的影响。

2. AlexNet

AlexNet 是由 Alex Krizhevsky、Ilya Sutskever 和 Geoffrey Hinton 于 2012 年开发的深度神经网络架构。它以惊人的优势赢得 2012 年的 ImageNet 大规模视觉识别竞赛(ILSVRC),这标志着深度学习时代的开始,如图 7-13 所示。

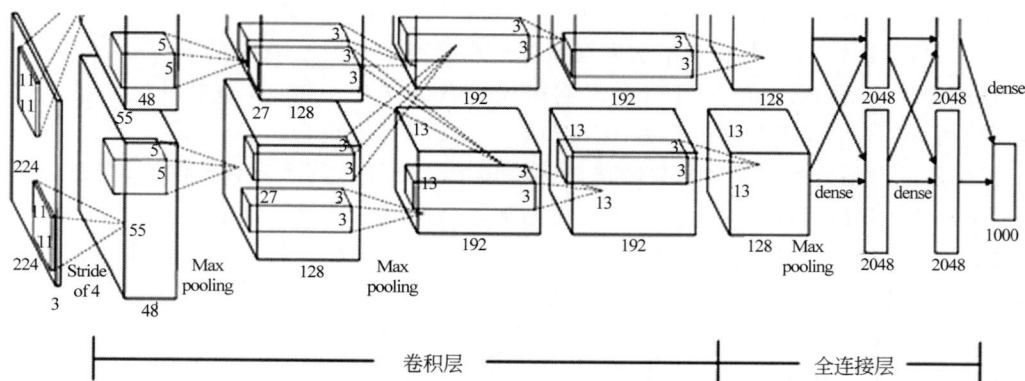

图 7-13　AlexNet 网络结构示意图

AlexNet 网络结构共有 8 层,前面 5 层是卷积层,后面 3 层是全连接层,最后一个全连接层的输出传递给一个 1000 路的 softmax 层,对应 1000 个类标签的分布。

AlexNet 是在 LeNet 的基础上加深了网络的结构,学习更丰富、更高维的图像特征。AlexNet 的特点如下。

(1)更深的网络结构。

(2)使用层叠的卷积层,即卷积层+卷积层+池化层,提取图像的特征。

(3)使用 Dropout 抑制过拟合。

(4)使用数据增强抑制过拟合。

(5)使用 ReLU 替换之前的 Sigmoid 作为激活函数。

(6)多 GPU 训练。

由于 AlexNet 采用了两个 GPU 进行训练,因此,该网络结构图由上、下两部分组成,一个 GPU 运行图上方的层,另一个 GPU 运行图下方的层,两个 GPU 只在特定的层通信。例如,第二、四、五层卷积层的核只和同一个 GPU 上的前一层的核特征图相连,第三层卷积层和第二层所有的核特征图相连接,全连接层中的神经元和前一层中的所有神经元相连接。

输入层：输入图像大小为 $227 \times 227 \times 3$（227 为图像尺寸，3 为 RGB 3 个通道）。

第一层是卷积层：使用 96 个大小为 $11 \times 11 \times 3$ 的卷积核，步长为 4，得到的特征图大小为 $55 \times 55 \times 96$。该层采用 ReLU 激活函数进行非线性变换，并使用局部响应归一化（Local Response Normalization，LRN）对输出结果进行规范化处理，以增强模型的泛化能力。

第二层是池化层：使用大小为 3×3 的池化窗口，步长为 2，得到特征图的大小为 $27 \times 27 \times 96$。

第三层是卷积层：使用 256 个大小为 $5 \times 5 \times 48$ 的卷积核，步长为 1，得到特征图的大小为 $27 \times 27 \times 256$。该层同样采用 ReLU 激活函数和 LRN 归一化。

第四层是池化层：使用大小为 3×3 的池化窗口，步长为 2，得到特征图的大小为 $13 \times 13 \times 384$。

第五层是卷积层：使用 384 个大小为 $3 \times 3 \times 192$ 的卷积核，步长为 1，得到特征图的大小为 $13 \times 13 \times 384$。同样采用 ReLU 激活函数。

第六层是卷积层：使用 384 个大小为 $3 \times 3 \times 192$ 的卷积核，步长为 1，得到特征图的大小为 $13 \times 13 \times 384$。同样采用 ReLU 激活函数。

第七层是卷积层：使用 256 个大小为 $3 \times 3 \times 256$ 的卷积核，步长为 1，得到特征图的大小为 $13 \times 13 \times 256$。同样采用 ReLU 激活函数。

第八层是池化层：使用大小为 3×3 的池化窗口，步长为 2，得到特征图的大小为 $6 \times 6 \times 256$。

将第八层的输出结果拉成一个一维向量，并通过两个全连接层进行分类，其中第一个全连接层包含 4096 个神经元，第二个全连接层包含 1000 个神经元（代表 1000 个类别），最后使用 softmax 函数对输出结果进行归一化处理。

ReLU（Rectified Linear Unit）是一种常用的人工神经网络激活函数，它的输出值为输入值和零之间的最大值。ReLU 激活函数可以用数学公式表示为 $f(x) = \max(0, x)$，其中 x 表示输入，$f(x)$ 表示输出。当输入 x 大于零时，$f(x)$ 等于 x；当输入 x 小于或等于零时，$f(x)$ 等于 0。

下面以一个例子说明 ReLU 函数的原理。假设有一个神经元的输入为 $x = 2.5$，那么该神经元的输出为 $f(2.5) = \max(0, 2.5) = 2.5$。如果输入为 $x = -1.5$，则输出为 $f(-1.5) = \max(0, -1.5) = 0$。

ReLU 函数的原理也可以用图像表示。如图 7-14 所示，横轴代表输入值 x，纵轴代表输出值 $f(x)$。当 x 大于零时，$f(x)$ 等于 x；当 x 小于或等于零时，$f(x)$ 等于 0。因此，ReLU 函数在 x 轴左侧形成了一个"激活区域"，在 x 轴右侧形成了一个"线性区域"。

Sigmoid 与 ReLU 函数图如图 7-14 所示。

ReLU 激活函数具有以下优点。

（1）简单有效。ReLU 激活函数只是一个简单的阈值函数，计算速度快，易于实现。

（2）非线性。和其他常用的激活函数不同，如 Sigmoid 和 Tanh 函数，ReLU 是非线性的。这意味着它能更好地处理复杂的非线性模型。

（3）防止梯度消失。在深度神经网络中，使用 Sigmoid 或 Tanh 这样的激活函数可能导致梯度消失的问题。而 ReLU 激活函数则可以有效地避免这个问题。

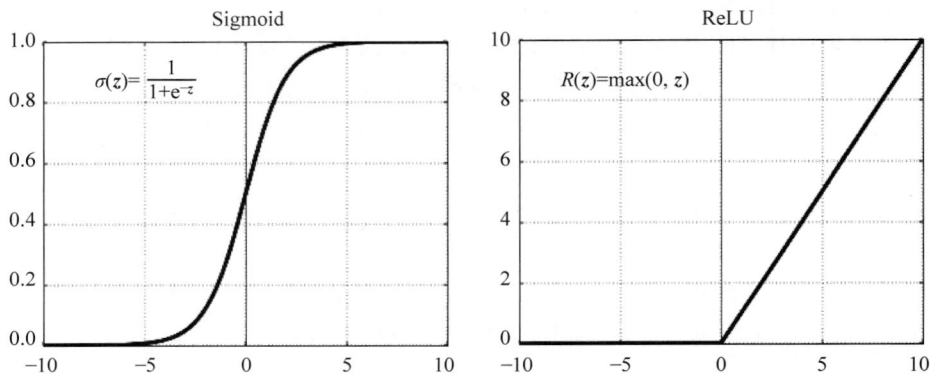

图 7-14　Sigmoid 与 ReLU 函数图

（4）稀疏性。当输入为负数时，ReLU 函数的输出为零，这就使得神经元变为"死亡神经元"，即永远不会被激活。这种稀疏性可以帮助减少过拟合现象。

需要注意的是，ReLU 激活函数也存在一些缺点。例如，如果输入为负数，则梯度为零，这可能导致某些神经元永远无法更新。此外，ReLU 函数对于极端情况下的输入（如特别小或特别大的数值）可能不太稳定。

3. VGGNet

VGGNet 是一种卷积神经网络，它由 Simonyan 和 Zisserman 在 2014 年提出。它的全称为 Visual Geometry Group Network，旨在解决图像分类任务。VGGNet 网络结构示意图如图 7-15 所示。

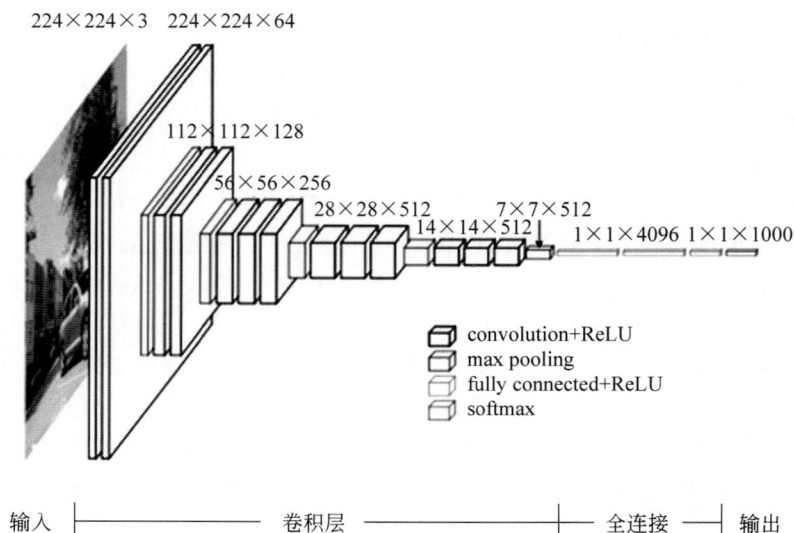

图 7-15　VGGNet 网络结构示意图

VGGNet 采用了一系列具有相同深度的卷积层和池化层来提取图像特征。其中，卷积层使用了 3×3 大小的卷积核，而池化层则使用了 2×2 的最大池化。这种设计方式的优点是可以增加网络的深度，使得网络可以更好地捕捉图像中的细节信息，从而得到更准确的分类结果。

在 VGGNet 的架构中,一共有 16 或 19 层卷积层和池化层,后面接着几层是全连接层。其中,16 层模型被称为 VGG16,19 层模型被称为 VGG19。这些模型都可以通过预训练获取在 ImageNet 数据集上的权重,因此可直接用于其他图像分类任务。

VGG 模型由多个卷积层和全连接层构成,其中每个卷积层都采用 3×3 的卷积核,并使用 same padding 保持特征图的大小不变。每个卷积层后面都紧跟一个 max-pooling 层,用于在减少特征图大小的同时保留重要的特征信息。

具体来说,VGG 模型中的 5 个卷积层分别是:

64 个 3×3 的卷积核,输入通道为 3,输出通道为 64,激活函数为 ReLU。

64 个 3×3 的卷积核,输入通道为 64,输出通道为 64,激活函数为 ReLU。

128 个 3×3 的卷积核,输入通道为 64,输出通道为 128,激活函数为 ReLU。

128 个 3×3 的卷积核,输入通道为 128,输出通道为 128,激活函数为 ReLU。

256 个 3×3 的卷积核,输入通道为 128,输出通道为 256,激活函数为 ReLU。

在每个卷积层之后,都会添加一个 2×2 的 max-pooling 层,用于将特征图的尺寸减小一半。

最后,VGG 模型使用 3 个全连接层进行分类,每个全连接层的输出节点数为 4096,激活函数为 ReLU。最后添加一个 softmax 输出层,将特征向量映射到类别分数上并输出预测结果。

4. GoogLeNet

GoogLeNet 是由 Google 团队提出的一种深度卷积神经网络模型,它在 2014 年的 ImageNet 图像分类挑战赛中夺得了冠军。GoogLeNet 相比于以往的卷积神经网络模型,最显著的特点是引入了 Inception 模块,Inception 网络结构就是构造一种“基础神经元”结构来搭建的一个稀疏性、高计算性能的网络结构,其网络结构更加紧凑而且参数数量更少。

一个 Inception 模块可以看作在水平方向上并行地执行多个卷积层和 max-pooling 操作,然后将这些分支的输出沿着通道维度连接起来。为了减少计算量和参数数量,其中一些分支可以使用 1×1 的卷积核完成降维操作,即通过将输入图像的通道数降低来减小特征图的尺寸和数量,从而使网络更加紧凑。

例如,一个典型的 Inception 模块可能包含以下分支。

1×1 卷积层分支:使用 1×1 的卷积核进行卷积操作,以减少特征图的通道数,从而降低计算复杂度。

3×3 卷积层分支:使用 3×3 的卷积核进行卷积操作,以提取更长程的特征信息。

5×5 卷积层分支:使用 5×5 的卷积核进行卷积操作,以捕获更广泛的特征信息。

max-pooling 分支:使用 max-pooling 操作对输入进行降采样,从而减小特征图的大小。

以上这些分支的输出都会被沿着通道维度连接起来,最后形成一个高维度的特征向量。通过并行地执行多个卷积层和 max-pooling 操作,并将它们的输出结果合并起来,Inception 模块能提取出更加多样化和高维度的特征表示,从而帮助网络更好地区分不同的图像类别。同时,为了防止过拟合,GoogLeNet 还使用了 Dropout 技术对全连接层进行正则化处理。

最后，GoogLeNet 模型采用全局平均池化层将最后一个 Inception 模块的特征图转换为特征向量，并通过多个全连接层进行分类。与此同时，GoogLeNet 还使用了辅助分类器来提高模型的训练效果，这些辅助分类器分别在第三个和第四个 Inception 模块之后添加，可以强制网络中间层学习到更加有判别力的特征表示。最终，GoogLeNet 在 ImageNet 数据集上取得了非常优秀的表现，证明了它的有效性。

5. ResNet

ResNet 于 2015 年被提出，在 ImageNet 比赛 Classification 任务上获得第一名，因为它"简单与实用"并存，之后很多方法都是建立在 ResNet50 或者 ResNet101 基础上完成的，目标检测、图像分割、图像识别等领域都纷纷使用 ResNet，Alpha Zero 也使用了 ResNet，可见 ResNet 确实很强大，也很实用。

ResNet 提出残差单元(Residual Unit,RU)的结构，具体来说就是使用了跳跃连接，将若干层的输入和它们的输出相加作为最终的输出。

RU 是 ResNet 中的基本模块，它包括两个卷积层和一个跨层连接。跨层连接允许信息在不同层之间直接流动，使得网络可以更好地捕捉和利用浅层特征并自适应调整深层特征。这种跨层连接可以采用不同的方式实现，如恒等映射或者使用学习参数的 1×1 卷积操作等。

具体来说，每个 RU 包含两个 3×3 卷积层，每个卷积层后面都跟有批量归一化和非线性激活函数 ReLU。在其中一个卷积层之后添加了跨层连接，将输入直接加到输出上。如果输入和输出的维度不匹配，则需要使用学习参数的 1×1 卷积层进行调整。这种残差连接的引入，使得每层只学习剩余部分即可，大大减轻了训练难度。此外，在网络深度增加的同时，精度还可进一步提高。

当不断地向深层网络中添加新的层时，可能会出现退化问题，即性能反而下降。为了解决这个问题，可以将新增加的层设计为恒等映射(Identity Mapping)，这样就可以让网络保持最佳状态，避免退化问题的发生。

在 ResNet 中，使用残差连接的思想，将每一层的输入与输出相加形成一个跨越多个层的直接路径，从而保证梯度传播更加顺畅，提高模型的准确性，并且可以解决深层网络中常见的梯度消失问题。其核心思想是通过求解网络的残差映射函数 $F(x)=H(x)-x$ 实现，如果残差映射 $F(x)$ 为 0，则要求解的映射 $H(x)$ 等于上一层输出的特征映射 x，这样可以保持当前输出的最佳状态。

虽然理想情况下残差映射 $F(x)$ 应该为 0，但实际中可能存在误差，所以需要采用小小的权重更新逐步学习新的特征，从而更好地解决问题。

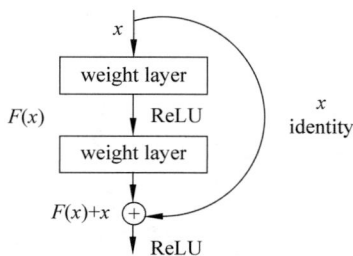

采用 ResNet 的残差连接可以解决深层网络中的退化和梯度消失问题，并且即使添加新的层没有学到有效的特征，也不会对整个网络的性能造成太大的影响。在深层网络中使用 ResNet 可以更好地学习新的特征，从而提高模型的准确性。

ResNet 网络结构示意图如图 7-16 所示。

ResNet 网络是在 VGG19 网络的基础上加入了残差

图 7-16　ResNet 网络结构示意图

单元,并使用短路机制进行残差学习。与普通网络相比,ResNet 直接使用 stride＝2 的卷积做下采样,并用全局平均池化层替换全连接层。此外,ResNet 的一个设计原则是当特征图大小降低一半时,特位图的数量增加一倍,以保持网络层的复杂度。ResNet 还可以构建更深的网络,随着深度增加,进行的是三层间的残差学习。需要注意的是,在这种情况下,隐含层的特位图数量较小,只有输出特征图数量的 1/4。虚线表示特征图数量发生了改变。

ResNet50 和 ResNet101 的整体结构如图 7-17 所示。

ResNet 使用两种残差单元。图 7-18(a)对应的是浅层网络,而图 7-18(b)对应的是深层网络。对于短路连接,当输入和输出维度一致时,可以直接将输入加到输出上。但是,当维度不一致时(对应的是维度增加一倍),就不能直接相加。

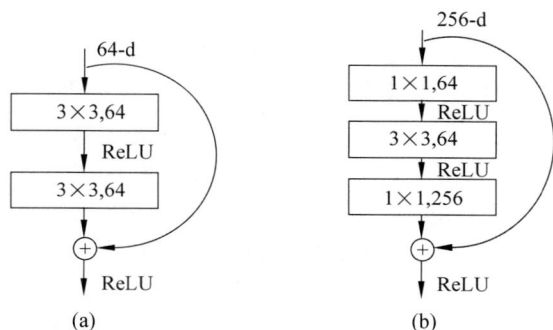

图 7-18　ResNet 两种残差单元

第一种,采用 zero-padding 增加维度,此时一般先做一个下采样,可以采用 stride＝2 的 pooling,这样不会增加参数。

第二种,采用新的映射(projection shortcut),一般采用 1×1 的卷积,这样会增加参数,也会增加计算量。短路连接除了直接使用恒等映射,当然都可以采用 projection shortcut。

卷积神经网络是一种广泛应用于图像处理和计算机视觉任务中的深度学习算法。相对于其他传统机器学习算法,卷积神经网络在图像识别、目标检测等方面具有以下优点。

(1)特征提取能力强:CNN 可以从原始图像中自动地学习到特征,并将这些特征组合成更高层次的抽象特征,这使得模型对图像的识别能力更加准确、鲁棒。

(2)参数共享:在卷积神经网络中,参数共享可以明显

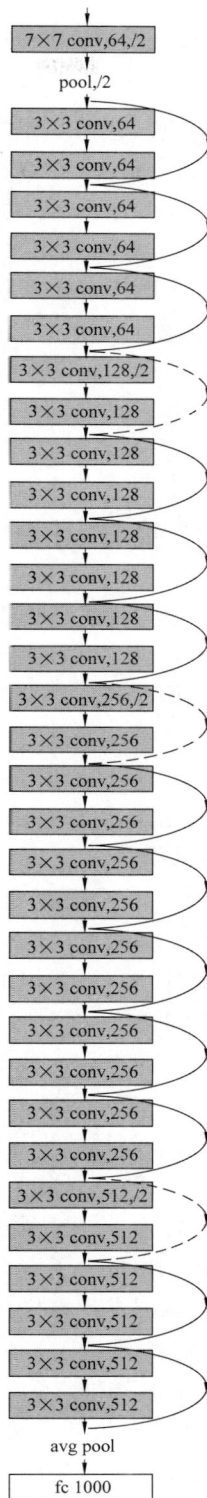

图 7-17　ResNet50 和 ResNet101 的整体结构

地减少参数数量,从而避免过拟合现象发生。此外,它还可以使模型更容易训练,因为每个卷积核只需要学习一个小的权重集合,而不是全局的权重集合。

(3)局部连接性:CNN 使用局部连接性建立特征之间的联系,这与人类视觉系统的工作方式相似。它可以有效地捕捉图像中各个区域的特征,同时也可以降低计算量和内存消耗。然而,卷积神经网络也存在如下一些缺点。

(1)数据需求高:卷积神经网络需要大量的数据进行训练,尤其在进行高层次抽象特征学习时,需要更多的数据来支撑模型。

(2)计算资源消耗大:卷积神经网络的计算复杂度较高,因此需要使用 GPU 等高性能计算设备进行训练和推理。这也使得 CNN 在一些低端设备上无法运行。

(3)模型可解释性差:由于卷积神经网络中的每个卷积核都包含多个权重,因此很难解释每个卷积核究竟对应图像中的哪些特定特征。这使得 CNN 的决策过程不够透明,影响了它的可解释性。

7.3   深度学习框架介绍

深度学习模型最早于 20 世纪 90 年代提出,如包含多个隐藏层的多层感知器(MLP)模型。然而,由于在理论和应用方面难以成功训练有效模型,研究者转向浅层模型,如 SVM、Boosting 等,导致 MLP 遇到瓶颈。随着大数据时代的到来,需要自动从海量数据中学习有效特征来表示数据,这就需要包含多层非线性变换的深度模型对数据内部存在的复杂函数关系进行建模。2006 年,Hinton 和 Salakhutdinov 发表了有关深度学习的论文,引起深度学习研究热潮,Bengio、Lecun、Ng 等领导的团队成为深度学习研究重镇。此后,ICML 和 NIPS 等机器学习主流国际会议开始大量接收有关深度学习的文章。

2010 年,美国国防部高级研究计划局(DARPA)首次资助深度学习研究项目,2013 年成功举办第一届专门研讨深度学习的国际学习表征会议(ICRL)。深度学习得到越来越多的研究和应用。语音识别是深度学习模型第一个取得巨大成功的应用,在过去的 20 多年里,GMM-HMM 模型在语音识别领域处于垄断地位。从 2009 年开始,微软亚洲研究院的邓力、俞栋与 Hinton 教授一起研究基于深度学习的语音识别模型。

2011 年,微软和 Google 的研究人员利用深度学习将语音识别中的错误率降低 20%～30%,成为该领域数十年最重要的突破。目前,基于深度学习的语音识别系统已经成为商用系统的主流,并且整个系统还在不断提升中,深度学习模型已经替换 HMM 成为新的声学模型。深度学习模型的兴起不仅带来语音识别领域的革命,而且在图像处理、自然语言处理等领域也取得了重大突破,成为人工智能技术的核心部分。

深度学习在计算机视觉领域得到广泛应用并正在快速发展。通过深度学习,图像分类、物体检测、跟踪、分割、特征点定位、人脸识别和验证等问题都可以被有效解决。2012年,Hinton 教授带领学生利用深度学习模型,在 ImageNet 竞赛上将错误率从 26%降低到 15%,这个成绩证明了深度学习在图像识别方面的潜力,并引起广泛关注。由此,《麻省理工学院技术评论》(*MIT Technology Review*)将深度学习排在 2013 年十大最具突破性的技术之首。

与计算机视觉领域相比,自然语言处理领域尚未完全掌握深度学习的潜力。虽然深度学习在该领域也得到广泛应用,但基于统计的模型仍然是主流。尽管如此,深度学习在该领域也有巨大的潜力和前景。

深度学习作为一种新兴技术,其在很多领域都取得了重要的进展,并且具有广泛应用的前景。尤其是在计算机视觉领域,深度学习已经成为解决图像处理和识别等问题的重要工具,将改变人们对图像识别和处理的认识和方式。未来,随着深度学习技术的不断发展和完善,我们有理由相信它将会在更多的领域带来革命性的变化和突破性的进展。

近年来,机器学习的理论和算法的研究获得了巨大的突破,奠定了学科爆炸式发展的基础,应用的宽度和深度都取得瞩目的成就,与之相随的是,众多深度学习相关的开源框架也得到蓬勃发展,除我们熟知的 PyTorch、TensorFlow 和 Keras 外,还有 Caffe、Paddldpaddle、MXNet、Theano、CNTK 等。

7.3.1 PyTorch

PyTorch 的前身是 Torch,是纽约大学基于 Lua 语言开发的机器学习框架,早期流行在学术界。后来,随着 Python 生态的完善,Facebook 推出了 PyTorch 框架,意为 Python＋Torch,即基于 Python 语言的 Torch 框架。PyTorch 重构了 Tensor 以上的所有代码,后来又并入了 Caffe2,逐渐发展成业界非常流行的深度学习框架。

PyTorch 是一个全面融合 Python 的深度学习框架,它一开始就使用了动态图机制,从计算图定义到代码执行是一气呵成的,没有类似编译的过程,这点与 Python 风格非常一致。PyTorch 的另一个特点是简单易用,最新版本已经将 Tensor 和 Variable 的概念合并,缩短了数据读取流程,大大简化了编程的复杂性。

PyTorch 以其功能强大、易于使用和灵活性高而备受关注。PyTorch 采用动态图机制,允许在不同阶段修改计算图,这对于研究人员和实验室非常有利。此外,PyTorch 支持 CUDA 技术,可以利用 GPU 加速处理大规模的深度学习任务,从而缩短了模型训练和推理的时间。

PyTorch 提供了丰富的预训练模型和工具库,并为用户提供了相关的 API,包括计算机视觉、自然语言处理、语音识别等领域。这些 API 提供了各种深度学习算法的实现和优化,方便用户快速构建应用。PyTorch 还提供了以张量(tensor)为基础的高效数学运算接口,可以很方便地进行矩阵计算和神经网络的创建。此外,PyTorch 还提供了可视化工具,帮助用户更好地理解模型的训练过程和结果。

PyTorch 社区活跃度高,在 GitHub 上有超过 25000 个星标,用户可以轻松获得帮助和支持。此外,PyTorch 还有一个庞大的生态系统,包括研究论文、教程和博客等,这使得用户可以更加容易地学习和使用 PyTorch。总的来说,PyTorch 是一个功能强大、易于使用、灵活性高的深度学习框架,它为用户提供了丰富的工具和支持,是深度学习应用的理想选择之一。

PyTorch 的工具包有很多,以下是一些常见的工具包。

Torchvision:旨在简化计算机视觉任务中的数据预处理、模型训练和推理过程。它提供了许多有用的工具,包括数据集、数据加载器、Transformers、模型等功能。使用 Torchvision,可以快速方便地加载和处理图像数据。首先,可以定义数据集,该数据集包含您要使用的图像数据。Torchvision 支持多种常见的数据集加载,包括 ImageNet、CIFAR

等,并且还支持自定义数据集的加载方式。还可以根据需要对数据进行分割、过滤和排序等操作。Torchvision 提供了数据加载器,可以将数据集转换成 Tensor 类型,并自动进行 batching、padding 等操作。这使得数据加载非常高效,同时也方便了模型训练过程。Torchvision 还提供了一些常用的 Transformers,如 Resize、Crop、Normalize 等,可以帮助用户对输入数据进行预处理。这些 Transformers 可以根据需要组合使用,从而实现更加复杂的数据预处理操作。Torchvision 还提供了许多流行的计算机视觉模型,包括 AlexNet、ResNet、VGG 等。这些模型可用于各种计算机视觉任务,如图像分类、目标检测、图像生成等。Torchvision 是一款强大的计算机视觉工具库,可以帮助用户快速准确地加载和处理图像数据,同时还提供了一些有用的工具和预训练模型,可以大大简化模型训练过程。

Torchtext:一个基于 PyTorch 的开源扩展库,旨在简化自然语言处理(NLP)任务中的数据预处理。它提供了许多有用的工具,包括数据集、数据加载器和词向量等功能。使用 Torchtext,可以快速方便地加载和处理文本数据;可以定义数据集,该数据集包含所要使用的文本数据。Torchtext 支持多种格式的数据集加载,包括 CSV、TSV 等。还可以根据需要对数据进行分割、过滤和排序等操作。然后,Torchtext 提供了数据加载器,可以将数据集转换成 Tensor 类型,并自动进行 batching、padding 等操作。这使得数据加载非常高效,同时也方便了模型训练过程。Torchtext 还提供了预训练的词向量,并支持多种流行的词向量格式,如 GloVe、FastText 等。这些词向量可用于初始化模型的嵌入层,从而提高模型的性能。

Ignite:一个轻量级的高性能训练和评估框架,旨在简化模型训练过程。它提供了许多实用的工具,包括数据加载、训练循环、指标计算、模型保存等功能。使用 Ignite,可以快速方便地构建和训练深度学习模型。首先,可以定义数据集,该数据集包含您要使用的数据。Ignite 支持多种常见的数据集加载,包括 PyTorch 内置的数据集加载器,也可以根据需要自定义数据集的加载方式。然后,Ignite 提供了一系列训练循环,包括 Epoch-based、Iteration-based、Data-flow-based 等。这些训练循环可以根据用户需求进行选择,并且还可以自定义训练循环,从而实现更加灵活的训练流程。除此之外,Ignite 还提供了许多常用的指标计算方法,如 Accuracy、Precision、Recall 等。这些指标可以帮助用户对模型的性能进行评估,并且在训练过程中进行监控。最后,Ignite 还提供了方便的模型保存和加载功能,可以将训练好的模型保存到本地,并在需要时重新加载模型进行推理。Ignite 是一个非常实用的训练和评估框架,可以帮助用户快速构建和训练深度学习模型,并提供了一系列实用的工具来简化模型训练过程。

Catalyst:一个基于 PyTorch 的生产就绪框架,用于训练大规模深度学习模型。它提供了许多实用的工具和算法,可以方便地构建、训练和评估深度学习模型。Catalyst 提供了一系列高效的训练循环,包括 Epoch-based、Iteration-based、Data-flow-based 等。这些训练循环可以根据用户需求进行选择,并且还可以自定义训练循环,从而实现更加灵活的训练流程。此外,Catalyst 还提供了一些常见的优化器和学习率调度器,如 Adam、SGD、CosineAnnealingLR 等,以帮助用户更好地训练模型。在数据处理方面,Catalyst 提供了丰富的数据加载方式,包括内置的数据集加载器和自定义的数据集加载器。同时,Catalyst 还支持多种数据增强技术,如翻转、剪裁、旋转等,以帮助用户增加数据样本量,提高模型的泛化能力。Catalyst 还提供了一系列实用的工具和算法,如模型可视化、模型预测、模型解释等。其中,模型可视化可以帮助用户直观地了解模型的结构和参数;模型预测可以帮助用户对新数据进行推理,从而评估模型的性能;模型解释可以帮助用户了解模型的决策过程,从而提高模型的可解释性。Catalyst 还支持分布式训练,可以在多台机器上并行地训练模型,从而加速训练过程。这使得 Catalyst 可以方便地应用于大规模深度学习模型的训练和优化。Catalyst 是一个功能强大、易于使用的生产就绪框架,可以帮助用户快速构建、训练和评估深度学习模型,并提供了丰富的工具和算法来简化深度学习模型的开发过程。

PyTorch Lightning:一个轻量级的高级训练框架,旨在使深度学习模型开发变得更加简单、快速和可扩展。它支持自动化训练、分布式训练、TensorBoard 集成等功能。PyTorch Lightning 提供了一种简单易用的抽象层,可以将模型定义、训练循环和数据处理分离开。这样做可以使代码更加清晰易懂,并且可以提高代码的可重用性。用户定义好网络结构和数据即可,无须编写烦琐的训练代码。PyTorch Lightning 支持自动化训练,有自动调整学习率、保存最佳模型等功能。此外,它还支持自动 GPU,可以根据硬件条件自动选择是否使用 GPU 训练模型,从而加速模型训练过程。PyTorch Lightning 还支持多种分布式训练方式,如 Data Parallel、Distributed Data Parallel 等,可以在多台机器上并行地训练模型,从而大大缩短训练时间。同时,它还提供了内置的检查点保存和恢复功能,可以在训练中途出现故障时恢复训练进度,减少训练时间的浪费。PyTorch Lightning 还支持 TensorBoard 集成,可以方便地可视化模型训练过程中的指标和图像。这可以帮助用户更好地了解模型的训练过程,并对模型进行优化。PyTorch Lightning 是一个功能强大、易于使用的训练框架,可以大大简化深度学习模型的开发过程,并提供了自动化训练、分布式训练、TensorBoard 集成等实用功能,方便用户快速构建高性能的深度学习模型。

AdaBelief:一个优化器扩展库,提供了一种新的自适应优化方法,旨在加速训练并提高模型性能。它基于 Adam 优化器,对其进行了改进和扩展,具有更快的收敛速度、更好的泛化性能和更稳定的性能表现。具体来说,AdaBelief 主要包括以下几方面的特点:①AdaBelief 引入了梯度动量的自适应调整机制,可以根据梯度的变化情况动态地更新动量系数。这种机制可以使优化器更加灵活,在不同的场景下自适应地调整参数,从而提高模型的性能。②AdaBelief 使用一种基于梯度信息的自适应学习率调整策略,可以根据梯度的大小和方向动态地调整学习率。这种策略可以使优化器更加智能化,在不同的场景下自适应地调整学习率,从而提高模型的性能。③AdaBelief 通过一和数值稳定性机制解决 Adam 优化器中存在的数值不稳定问题,可以保证模型在训练过程中不会出现数值异常的情况。这种机制可以使优化器更加可靠,在训练过程中保持稳定的性能表现。④AdaBelief 是一个性能强大、易于使用的优化器扩展库,可以提供更快的收敛速度、更好的泛化性能和更稳定的性能表现。它是深度学习模型优化领域的一次重要创新,对加速模型训练和提高模型性能具有重要意义。

7.3.2 TensorFlow

TensorFlow 是 Google 公司研制并发布的一款开源的深度学习框架,支持 Python 和 C++ 编程,并提供 Python、C++ 和 Java 这 3 种主流编程语言的调用接口。TensorFlow 意为 Tensor+Flow,Tensor 即张量,Flow 即流,TensorFlow 表示基于数据流图的计算方法。

TensorFlow 的最大特点是基于计算图的编程,先完成图的定义,然后再进行计算。TensorFlow 创造了图、命名空间、会话、PlaceHolder 等诸多抽象概念,客观上增加了学习难度。

在 TensorFlow 1.x 中,开发者需要先定义整个计算图形结构,然后运行该图来执行操作。这种静态计算图方法使得 TensorFlow 1.x 在大规模分布式系统中表现出色,因为它允许对计算图进行优化、划分和并行化处理。但是,在小型模型上可能显得笨重,并且 API 也相对较为复杂和烦琐。

TensorFlow 2.x 有一些重要的变化,其中最显著的是 Eager Execution(即时执行)模式。Eager Execution 允许开发者在 Python 交互式环境中按顺序执行操作,而不需要像 TensorFlow 1.x 那样先定义整个计算图。这提高了开发效率,并简化了代码结构,特别是在快速迭代原型时,Eager Execution 可以大大减少编写代码和调试的时间。

另外,TensorFlow 2.x 还将 Keras API 集成到其核心组件中,成为默认的高级 API。Keras API 提供了更加人性化的语法、更容易使用的工具和更多的内置功能,如模型层和损失函数,这些功能使得 TensorFlow 2.x 更加易用。同时,TensorFlow 2.x 也可以无缝地与其他 Python 库(如 NumPy、Pandas 和 Matplotlib)进行集成,这使得开发者可以使用熟悉的工具预处理和可视化数据。

TensorFlow 2.x 比 TensorFlow 1.x 更加易用、快速和灵活,因此建议开发者从 TensorFlow 2.x 开始学习深度学习。

TensorFlow 最重要的结构就是张量。张量是 TensorFlow 中用于存储和传递数据的基本单位,可以被看作一组数字,具有多个维度。张量在数学上也被称为多维数组或矩阵。在 TensorFlow 中,每个张量都有唯一的类型和形状,形状表示张量的每个维度的大小。例如,一个标量可以认为是一个零维张量,它的形状为空。一个向量可以认为是一个一维张量,它的形状为(n),其中 n 表示向量的长度。一个矩阵可以认为是一个二维张量,它的形状为(m,n),其中 m 和 n 分别表示矩阵的行数和列数。更高维度的张量也是可能的,例如一个三维张量可以表示为(l,m,n)。在 TensorFlow 中,可以使用张量表示输入数据、模型参数、模型输出等。张量可以通过多种方式创建,包括直接赋值、从 numpy 数组中创建、从其他张量中复制等。在 TensorFlow 中,张量是不可变的,这意味着不能修改张量的值,而是需要创建一个新的张量来保存修改后的值。张量在 TensorFlow 中的应用非常广泛,它们可以作为模型的输入和输出,也可用来表示模型的参数和中间计算结果。通过操作张量,可以实现各种机器学习算法,如神经网络、卷积神经网络等。

在 TensorFlow 中,图(Graph)是另一个重要的概念。图是由节点和边组成的数据结构,其中节点表示计算操作,边表示节点之间的数据流。每个节点可以执行一种特定的数学运算,如加法、乘法、卷积等。TensorFlow 模型的核心就是由一系列计算图组成的计算图谱(Computational Graph),计算图谱定义了将输入数据转换为输出的计算过程。举一个例子,假设要实现一个简单的线性回归模型,那么它的计算图谱包括两个节点:一个节点表示对输入数据进行矩阵乘法运算;另一个节点表示对结果进行加法运算并用于预测目标。在 TensorFlow 2.x 中,图通常是隐式创建的,无须进行显式定义。这是因为在 TensorFlow 2.x 中,大多数的操作都是"即时执行"的,也就是说,计算会立即执行,不需要先定义一个图,再进行计算。而在早期版本的 TensorFlow 中,则需要显式地定义计算图谱,并使用会话(Session)执行计算。尽管在 TensorFlow 2.x 中,我们无须显式地定义计算图谱,但仍然可以使用 tf.Graph()创建自己的图,并将其与默认图分离。这样做通常是为了更好地组织代码和管理资源。

在 TensorFlow 中,会话是执行计算图的环境。会话封装了 TensorFlow 运行时的状态和控制流程,并提供了与图进行交互的接口,使得我们可以对图进行运算、获取计算结果等操作。在 TensorFlow 1.x 中,开发者需要先使用 tf.Graph()函数定义一个图,然后通过创建 tf.Session()对象执行计算。在 TensorFlow 2.x 中,由于默认启用即时执行(Eager Execution)模式,会话被废弃了,开发者可以直接在 Python 交互式环境中执行操作,或使用 tf.function()将 Python 函数编译为 TensorFlow 图形计算图。这意味着,我们可以立即看到操作的结果,不需要先构建计算图,也不需要显式地创建会话。使用 tf.function()将 Python 函数转换为 TensorFlow 图形计算图,有助于提高计算的效率。当调用一个被 @tf.function 修饰的函数时,TensorFlow 会自动将该函数的计算图缓存起来,并在之后的调用中重复使用。这样做可以避免重复构建计算图所带来的开销,并且 TensorFlow 可以更好地优化代码。虽然在 TensorFlow 2.x 中会话已经不再需要,但是它仍然是理解 TensorFlow 计算模型的重要概念。同时,tf.function()的引入也使得我们可以更加灵活地进行计算图的构建和执行。

TensorFlow 支持分布式计算并拥有丰富的工具库和预训练模型,可应用于计算机视觉、自然语言处理、语音识别等多个领域。TensorFlow 提供了统一的 API,使得用户可以轻松地将深度学习模型从一个平台迁移到另一个平台,并方便进行部署和分享。

TensorFlow 的分布式计算能力是其最大的优点之一。通过使用 TensorFlow 的分布式计算功能,用户可以将一个大型模型的训练任务拆分成多个小任务,然后在多台机器上同时运行这些小任务。这样做可以大大缩短模型训练的时间。TensorFlow 的分布式计算功能基于集群架构,集群中的每个节点都可以负责计算一部分数据。集群中的节点可以是相同的硬件配置,也可以是不同的硬件配置。用户可以根据自己的需求选择不同的硬件配置,从而实现性能和成本的平衡。在 TensorFlow 中,分布式计算任务的执行由两个主要组件完成:worker 和 ps(parameter server)。worker 是用于执行计算任务的节点,而 ps 节点负责存储和更新模型参数。在 TensorFlow 中,用户可以指定不同数量的 worker 和 ps 节点,以满足自己的需求。

当用户提交一个分布式计算任务时,TensorFlow 会将数据分割成若干个小批次,然后将这些小批次分配给 worker 节点进行计算。每个 worker 节点只处理属于自己的数据批次,并将计算结果发送给 ps 节点。ps 节点对所有的计算结果进行汇总,并更新模型参数。然后,ps 节点将更新后的模型参数广播回各个 worker 节点,这样所有的 worker 节点都使用最新的模型参数进行计算。

通过使用 TensorFlow 的分布式计算功能,用户可以大大提高模型训练的效率。例如,在一个拥有多台 GPU 的集群中,用户可以将训练数据分成多份,分配给不同的 GPU 同时进行计算,从而实现更快的模型训练速度。

作为一个开放源代码项目,TensorFlow 在庞大的社区支持下持续发展壮大。截至目前,在 GitHub 上有超过 150 000 个星标,用户可以轻松获得广泛的教育资源、书籍和论文等帮助和支持。TensorFlow 还拥有一个活跃的社区,用户可以通过各种社交媒体渠道与其他开发者交流经验和技巧。

TensorFlow 的主要特点还包括可移植性和灵活性。由于统一的 API,TensorFlow 可以很方便地将深度学习模型从一个平台迁移到另一个平台,并且支持多种编程语言和硬件设备。因此,TensorFlow 成为研究人员和开发者首选的深度学习框架之一。

TensorFlow 是一款功能强大、易于使用、可移植性高的深度学习框架,它拥有丰富的工具库和预训练模型,并且得到庞大社区的支持和发展。无论在学术界还是在工业界,TensorFlow 都是一个非常受欢迎的深度学习框架。

TensorFlow 提供了一系列工具包,用于构建、训练和部署机器学习模型。以下是 TensorFlow 工具包的主要组件。

TensorFlow Core:TensorFlow 框架的核心组件,它是一个用于构建和训练机器学习模型的完整框架。TensorFlow Core 提供了一系列 API 和工具,可以处理数据、构建模型、训练模型以及部署模型。在 TensorFlow Core 中,数据处理功能包括数据输入、数据预处理、数据增强等功能,这些功能使得用户可以方便地将原始数据转化为可供模型训练使用的数据格式,并进行必要的数据预处理和增强操作。TensorFlow Core 还提供了一系列用于构建模型的 API,包括各种类型的神经网络层、优化器、损失函数等,用户可以根据自己的需求选择适合的 API 组合来构建自己的模型。模型构建完成后,TensorFlow Core 提供了一系列用于训练模型的 API,包括梯度下降优化算法、批量训练等功能,用户可以使用这些 API 对模型进行训练并优化。TensorFlow Core 还提供了一系列用于部署模型的 API,用户可以通过这些 API 将训练好的模型部署到不同的设备上,如服务器、移动设备等。

TensorFlow Estimator:一个高级 API,旨在简化构建和训练机器学习模型的过程。该 API 提供了一组预定义的模型架构和训练方法,可用于许多不同类型的机器学习问题。使用 TensorFlow Estimator,开发人员可以更轻松地管理训练和评估过程,并通过自动执行训练任务来减少编写重复代码的工作量。Estimator 还提供了许多有用的功能,如分布式训练、自动批处理和检查点保存,这些功能都能帮助开发人员更好地管理他们的机器学习项目。TensorFlow Estimator 为机器学习模型的生命周期管理提供了一些实用的工具,包括模型导出和导入、部署和服务化。这些功能使得开发人员可以更加轻松地将他们的模型应用到实际业务场景中,从而取得更好的效果。TensorFlow Estimator 是一个非常有用的 API,适用于广泛的机器学习应用场景,它简化了模型构建和训练的流程,提供了众多实用的功能,使得机器学习项目的开发和管理更加高效。

TensorFlow Lite:一个专门用于在移动设备和嵌入式系统上运行轻量级机器学习模型的库。它是 Google TensorFlow 框架的一部分,旨在为开发人员提供一个高效、可移植且易于使用的工具,以便将机器学习应用程序部署到移动设备和嵌入式系统中。TensorFlow Lite 通过使用量化技术、裁剪模型大小以及优化计算图来减小模型的体积和复杂度,从而使其可以在较低功耗和存储容量的设备上运行。此外,它还支持多种硬件加速器,包括 CPU、GPU 和特定领域的加速器,以进一步提高性能和功率效率。TensorFlow Lite 库提供了一组 API,其中包括用于加载预训练的模型、对输入数据进行预处理和后处理、执行推理和解释结果的函数等。使用这些 API 时,开发人员可以利用 TensorFlow 丰富的生态系统,从而更轻松地构建和训练自定义模型。TensorFlow Lite 是一个非常有用的库,适用于需要在移动设备和嵌入式系统上运行机器学习模型的各种应用场景。它提供了高效的计算和内存管理、多种硬件加速器支持，以及易于使用的 API，使得开发人员可以更容易地将机器学习模型部署到移动设备和嵌入式系统中。

TensorFlow Serving：一个用于部署机器学习模型的高性能服务器。它支持从 TensorFlow 模型到生产环境的无缝转换，为开发人员提供了一种简单而灵活的方式，将他们训练好的模型部署到各种应用程序中。TensorFlow Serving 具有高度可扩展性和容错性，能处理大规模的并发请求，并保持低延迟和高吞吐量。它还支持多种协议和数据格式，如 REST API、gRPC、TensorFlow Serving API 和 SavedModel 格式，使得开发人员可以在不同的编程语言和平台之间轻松地交互。TensorFlow Serving 还提供了对版本控制、A/B 测试和动态路由等功能的支持，使得开发人员可以更好地管理模型的生命周期，并对不同版本的模型进行比较和评估。TensorFlow Serving 是一个非常有用的工具，适用于需要以高效方式部署机器学习模型的各种应用场景。它提供了高度可扩展性、容错性和灵活性，并支持多种协议和数据格式，使得开发人员可以轻松地将他们的模型部署到各种生产环境中。

TensorFlow Model Analysis：一个用于评估机器学习模型性能的工具包，它提供了一系列函数和 API，使得开发人员可以对训练好的模型进行详细的分析和评估，并得出有意义的结论。TensorFlow Model Analysis 的核心功能之一是模型解释，它提供了多种方法来解释机器学习模型的预测结果。例如，开发人员可以使用 SHAP 值等技术计算每个特征对模型预测的贡献度，从而识别哪些特征最重要，以及它们如何影响模型的输出结果。TensorFlow Model Analysis 还提供了错误分析、数据分布和校准等功能。错误分析功能允许开发人员对模型产生错误的样本进行深入分析，以识别模型可能存在的缺陷。数据分布功能则允许开发人员检查输入数据的分布情况，以确保模型不受不良数据的影响。校准功能则可帮助开发人员判断模型是否能正确预测概率。TensorFlow Model Analysis 是一个非常有用的工具包，适用于需要评估和优化机器学习模型性能的各种应用场景。它提供了丰富的模型解释、错误分析和校准等功能，使得开发人员可以更好地理解模型的工作原理，并进行有效的调整和优化。

TensorFlow Data Validation：一个用于数据预处理和验证的工具包，它可以帮助用户处理大型数据集，使得机器学习模型能更好地利用这些数据进行训练和评估。TensorFlow Data Validation 提供了多种函数和 API，可用于执行各种数据预处理和验证操作。例如，它可以自动检测和修复数据中的缺失值、重复行和异常值等问题，并对数据进行归一化和标准化处理，从而提高训练和评估的准确性和稳定性。TensorFlow Data Validation 还提供了丰富的数据分析和可视化功能，允许开发人员对数据集进行深入分析和探索。它可以生成有关数据分布、相关性、离群值等方面的统计信息，并通过可视化图表和图形展示这些信息，从而帮助开发人员更好地理解数据集中存在的模式和趋势。TensorFlow Data Validation 是一个非常有用的工具包，适用于需要处理大型数据集并进行数据预处理和验证的各种应用场景。它提供了丰富的功能和工具，可以自动检测和修复数据中的问题，同时还提供了强大的数据分析和可视化功能，使得开发人员可以更好地理解数据集，并为机器学习模型提供更准确、稳定的数据。

TensorFlow Transform：一个用于对数据进行转换和预处理的工具包，它可以在训练和服务期间使用。它允许开发人员对输入数据进行各种处理操作，从而生成适合机器学习模型训练的特征。TensorFlow Transform 提供了一组函数和 API,可用于执行各种数据转换和预处理操作,如归一化、分桶、特征交叉等。这些功能可以自动化地执行,从而减少开发人员的工作量,并提高数据的质量和可靠性。TensorFlow Transform 还具有高度可扩展性和灵活性,支持多种数据格式和源,如 CSV 文件、文本文件、MySQL 数据库等。它还提供了许多有用的特性,如缓存、协同处理和流水线处理等,以优化数据转换和预处理的速度和效率。TensorFlow Transform 是一个非常有用的工具包,适用于需要对数据进行转换和预处理并生成适合机器学习模型训练的特征的各种应用场景。它提供了丰富的功能和工具,可自动化执行数据转换和预处理操作,并具有高度可扩展性和灵活性,使得开发人员可以更轻松地创建高质量的机器学习模型。

TensorFlow Probability:一个用于概率编程和贝叶斯推断的工具包,它帮助用户更好地理解和控制机器学习模型的不确定性。与传统的确定性机器学习模型不同,概率编程的机器学习模型能处理多个可能的结果,并为每个结果提供一个概率值。TensorFlow Probability 提供了一组函数和 API,可用于创建和训练各种概率编程模型。它支持多种概率分布和随机变量类型,如正态分布、泊松分布、贝塔分布等,并提供了多种贝叶斯推断算法,如马尔可夫链蒙特卡罗(MCMC)和变分推断。TensorFlow Probability 还提供了丰富的概率编程工具和库,如 Edward2 和 Probabilistic Layers 等,使得开发人员可以更轻松地创建和训练概率编程模型,并从中获取有意义的结果。TensorFlow Probability 是一个非常有用的工具包,适用于需要处理机器学习模型不确定性的各种应用场景。它提供了丰富的概率编程和贝叶斯推断功能,可用于创建和训练高度可解释的机器学习模型,并提供了丰富的工具和库,使得开发人员可以更轻松地进行概率编程和贝叶斯推断。

7.3.3 Keras

Keras 是一个使用 Python 编写的简单易用的深度学习框架,它将 TensorFlow、Theano 及 CNTK 作为后端,是一种构建于第三方框架之上的高层神经网络接口。Keras 设计了一套统一的应用接口函数,对不同框架进行了多层封装,屏蔽了框架之间的差异,因此它对用户十分友好,能极大地减少用户的工作量。但是,Keras 的缺点也十分明显,过度封装导致 Keras 失去灵活性,难以获取底层数据,而且运行效率低下。

Keras 是一个基于 Python 的简单易用的深度学习框架,它提供了简洁且易于理解的 API,使得用户可以更轻松地构建各种深度学习模型,并具有良好的可读性和可扩展性。Keras 支持多种常见的网络架构,包括卷积神经网络、循环神经网络、自编码器等,并且可以进行简单的组合和修改,方便用户快速构建自己的模型。同时,Keras 还支持多后端,用户可以根据自己的需求选择最适合自己的后端,包括 TensorFlow、Theano 和 CNTK 等。此外,Keras 拥有庞大的社区支持,在 GitHub 上有超过 50000 个星标,并且官方提供了大量的教程和文档,使得用户可以轻松入门和使用。虽然 Keras 的灵活性不如其他深度学习框架,但由于具有易用性和简洁性,它被广泛应用于各种深度学习任务中。

Keras 支持序列化模型和函数式模型,它们具有以下公共属性和方法。

属性:

input -模型输入张量的形状和类型,这是一个元组(tuple)。在序列化模型中,只有一个输入,因此它是一个元素为 1 的元组;而在函数式模型中,可以有多个输入。

output -模型输出张量的形状和类型,这是一个元组(tuple)。在序列化模型中,只有一个输出,因此它是一个元素为 1 的元组;而在函数式模型中,可以有多个输出。

layers -模型中包含的所有层的列表。

方法:

compile(optimizer, loss=None, metrics=None) -将模型配置为进行训练。接收优化器、损失函数和评估指标作为参数。

fit(x=None, y=None, batch_size=None, epochs=1, verbose=1, callbacks=None, validation_split=0.0, validation_data=None, shuffle=True, class_weight=None, sample_weight=None, initial_epoch=0, steps_per_epoch=None, validation_steps=None, validation_batch_size=None, **kwargs) -在给定的数据上对模型进行训练。接收输入数据、目标数据、批次大小、训练次数等参数。

evaluate(x=None, y=None, batch_size=None, verbose=1, sample_weight=None, steps=None, callbacks=None, max_queue_size=10, workers=1, use_multiprocessing=False) -在给定的数据上评估模型。接收输入数据、目标数据、批次大小等参数。

predict(x, batch_size=None, verbose=0, steps=None, callbacks=None, max_queue_size=10, workers=1, use_multiprocessing=False) -对给定的输入进行预测。接收输入数据和批次大小等参数。

save(filepath, overwrite=True, include_optimizer=True, save_format=None, signatures=None, options=None) -将模型保存到磁盘中,以便后续使用。

f. load_weights(filepath, by_name=False, skip_mismatch=False, options=None) -从指定的文件(filepath)中加载模型权重。可以选择按名称加载权重,并且可以在遇到形状不匹配时跳过错误。

这些属性和方法是序列化模型和函数式模型的共同之处,它们都可以通过调用相应的属性或方法进行训练、评估和预测。

7.3.4 3 个框架对比

1. PyTorch 和 TensorFlow

PyTorch 和 TensorFlow 是两种广泛使用的深度学习框架,它们各自具有一系列优缺点。在科研领域,PyTorch 更为流行,因为它易于使用、灵活性强、调试方便。相比之下,TensorFlow 在行业领域更受欢迎,因为它提供了完善的文档框架、大量训练有素的模型和教程,以及更好的可视化。

在部署训练好的模型方面,TensorFlow 服务框架更为便捷。它允许用户将训练好的模型快速部署到生产环境中,而 PyTorch 需要使用后端服务器,如 Django 或 Flask 等,来实现部署。

在数据并行方面,PyTorch 利用 Python 对异步的支持获得最佳性能,而 TensorFlow 需要手动编码并优化每个操作以允许分布式训练。这意味着,PyTorch 更适合处理大规模数据集,而 TensorFlow 更适合在分布式环境下运行。

2. PyTorch 和 Keras

PyTorch 和 Keras 都是广泛使用的深度学习框架,但它们各自具有一系列优缺点。在数学家和经验丰富的研究人员中,PyTorch 更受欢迎,因为它具有更高的灵活性和更容易调试的特点。相比之下,Keras 更适合需要快速构建、训练和评估模型的开发人员。

Keras 提供了更多的部署选项和更简单的模型导出,使其在小数据集、快速原型和多后端支持方面成为最佳选择。由于其相对简单易用,Keras 也是最流行的框架之一。

在性能方面,PyTorch 比 Keras 快,并且具有更好的调试功能。但是,Keras 在部署方面更便捷,提供了更多的选项。

3. TensorFlow 和 Keras

TensorFlow 是一个开源的端到端平台,旨在支持多种机器学习任务。它是用于多个机器学习任务的库,提供了出色的功能和高性能。TensorFlow 由谷歌大脑开发,目前广泛用于谷歌的研究和生产需求。研究人员通常选择 TensorFlow 完成大型数据集和物体检测等任务。

Keras 是一个高级神经网络库,运行在 TensorFlow 之上,提供了高级 API 用于轻松构建和训练模型。Keras 对用户更友好,因为它是内置 Python 的。

TensorFlow 和 Keras 都是非常流行的深度学习框架,它们各自具有一系列优点。TensorFlow 是一个功能强大的平台,适用于完成大型数据集和物体检测等任务。而 Keras 则是一个对用户更加友好的库,提供了高级 API 用于快速构建和训练模型。无论选择哪种框架,都有很多支持和资源可用于帮助开发人员实现其目标。

总之,选择哪种框架取决于具体应用场景和需求。开发人员应该权衡各自的优缺点,并结合实际情况进行选择。两个框架都有高知名度和丰富的学习资源,因此开发人员可以轻松找到相关的支持和帮助。

3 种深度学习框架对比如图 7-19 所示。

	Keras	PyTorch	TensorFlow
API 层级	高	低	高和低都有
架构	简洁易懂	复杂	不易使用
使用数据集	小	大数据集, 高性能	大数据集, 高性能
调试	小网络, 通常不需要调试	出色的调试性能	难以调试
速度	慢, 低性能	快, 高性能	快, 高性能
实现语言	Python	Lua	C++, CUDA, Python
部署	容易部署, 兼容TensorFlow	不易部署	配套工具齐全, 易于部署

图 7-19　3 种深度学习框架对比

随着人工智能技术的不断发展,越来越多的深度学习框架涌现出来,使得用户选择合适的框架时需要考虑多个因素。首先,一个好的深度学习框架应该具有易用性。这意味着,框架应该提供易于上手的 API,使得研究人员和开发者可以快速搭建模型,进行训练和测试。此外,框架的文档和示例也应该清晰明了,便于用户快速掌握使用方法。例如,TensorFlow 和 PyTorch 等框架都提供了丰富的文档和示例,使得用户可以轻松地开始使用。其次,深度学习框架应该具有灵活性。这意味着框架应该支持常见的神经网络类型,如卷积神经网络、循环神经网络,以及各种优化方法、多种数据输入格式等。此外,框架还应该提供足够的灵活性,以满足各种不同任务的需求。例如,Keras 框架提供了高层次的API,使得用户可以轻松、快速地搭建神经网络模型。而 TensorFlow 和 PyTorch 等框架则提供了更为底层的 API,使得用户可以更加灵活地进行模型设计和调试。再次,应考虑深度学习框架的性能。在训练大规模的深度神经网络时,性能是一个关键指标。因此,深度学习框架应该对计算图进行优化,并支持 GPU 加速等。例如,TensorFlow 和 PyTorch 等框架都可以利用 GPU 进行加速,从而显著提高训练速度。此外,一些框架还提供了分布式训练的支持,使得用户可以在多台服务器上同时进行训练,进一步提高训练效率。最后,社区支持也是选择深度学习框架时需要考虑的因素之一。一个好的深度学习框架应该拥有一个活跃的社区,以便用户可以获取支持、解决问题、分享经验、参与开源贡献等。例如,TensorFlow 和 PyTorch 等框架都拥有庞大的用户社区,用户可以在这些社区中获取到大量的技术支持和使用经验。

7.3.5 图像识别基本流程

图像识别算法是计算机视觉中非常重要且基础的分支,类似于人类对图像内容的识别,其主要任务是通过对图像中像素分布及颜色、纹理等特征的统计,将图像内容所属类别进行分类。在深度学习中,图像识别模型在完成本职任务的同时还充当计算机视觉其他任务的特征提取网络(Backbone)。

进行图像识别任务的基本流程通常包括以下步骤。

(1)数据的采集和准备:首先需要收集和准备数据集,收集包含不同类别的图像数据集,确保数据集能涵盖待识别的各个类别。然后对收集到的图像数据进行标记和注释,即为每个图像指定正确的类别标签。这个过程可以手动完成,也可以借助标注工具或人工智能平台进行辅助。这些数据集包含了我们要训练模型的图像样本和相应的标签。数据集在深度学习中非常重要,因为数据的质量和多样性对模型的性能会产生影响。

(2)数据预处理:一旦有了数据集,就需要对其进行预处理。预处理旨在增强训练数据多样性,提升检测网络的检测能力,以便更好地适应模型的特定需求。图像增强可以减少图像中图像的噪声,改变原来图像的亮度、色彩分布、对比度等参数。图像增强提高了图像的清晰度、图像的质量,使图像中物体的轮廓更加清晰,细节更加明显。图像增强不考虑图像降质的原因,增强后的图像更令人赏心悦目,为后期的图像分析和图像理解奠定了基础。数据增强手段通常包括图像尺寸的调整、灰度化、亮度和对比度的调整、翻转、缩放、均值归一化、色调变化等。

(3)模型选择:选择适合的机器学习算法或深度学习模型,并使用准备好的数据集进行训练。对于图像识别任务,卷积神经网络(CNN)是最常用的模型,因为它在处理图像方面表现出色。在训练过程中,通过反向传播算法不断调整模型的权重和参数,使其能准确地分类图像。

(4)模型训练:将准备好的图像数据集划分为训练集和验证集。训练集用于模型的训练,验证集用于评估模型在训练过程中的性能。使用数据集对所选模型进行训练,这是迭代过程,目的是找到最优权重和偏差,以最小化损失函数。选择合适的损失函数,用于衡量模型在训练过程中的误差。损失函数是图像识别任务中的关键步骤,它直接影响模型的训练和性能。选择适合的损失函数需要考虑任务的性质和模型的输出。下面介绍几种常用的损失函数和适用场景。

交叉熵损失函数(Cross-Entropy Loss):用于衡量模型输出的概率分布与真实标签之间的差异。它可以有效地推动模型输出正确的类别概率较高,错误的类别概率较低。

它一般用于多类别图像分类任务,其中每幅图像只属于一个类别,例如 ImageNet 图像分类任务。

对数损失函数(Log Loss):用于衡量模型输出类别的概率与真实标签之间的差异。它可以鼓励模型输出正确的类别概率接近 1,错误的类别概率接近 0。它一般用于二分类图像分类任务,其中每幅图像只属于两个类别之一,例如猫和狗的图像分类任务。

平均绝对误差(Mean Absolute Error,MAE)损失函数:用于衡量模型输出与真实标签之间的绝对差异。它对异常值不敏感,并且可以直接衡量预测值与真实值之间的平均差异,用于回归问题,其中目标是预测连续值的属性,而不是离散的类别。例如,预测图像中物体的坐标或尺寸。

除上述常用的损失函数外,还可以根据任务的特点和需求定义自定义的损失函数。例如,在目标检测任务中,可以使用 IoU(Intersection over Union)作为损失函数,衡量模型预测框与真实框之间的重叠程度。选择损失函数时,还应该考虑模型的激活函数和输出层的设置。例如,如果模型使用 Softmax 激活函数作为最后一层的输出,那么交叉熵损失函数通常是一个合适的选择。最佳的损失函数选择通常是通过实验和验证确定的。根据任务的性质和数据集的特点,选择合适的损失函数可以提高模型的训练稳定性和性能。

(5)模型评估:通过计算模型在测试数据集上的精确度和损失评估其性能。如果模型表现不佳,则需要重新调整参数并再次训练。使用一部分未在训练中使用过的数据,对训练好的模型进行评估。常见的评估指标包括准确率、精确率、召回率和 F1 得分等。评估结果可以帮助判断模型的性能,并进行进一步的优化。如果模型的性能不够理想,可以进行模型调优来改进结果。常见的调优方法包括调整模型的超参数、增加训练数据、数据增强等。当模型训练和评估完成后,可以将其应用于新的图像数据,进行预测和分类。模型可以根据输入的图像给出相应的类别标签或概率。

(6)模型部署:当模型训练完成后,可以将其部署到生产环境中。这通常涉及将训练好的模型保存为文件,并使用它对新的图像进行分类。

7.4 迁移学习介绍

迁移学习是在一项任务的学习过程中,将已经学到的知识或经验应用于另一个相关的任务中的技术。它通过利用从先前任务中学习到的知识提高对新任务的性能和效果,从而减少了针对每个新任务进行单独训练所需要的时间和资源。

7.4.1 迁移学习简介

深度学习自面世以来,在图像处理等领域取得了巨大成功,但同样我们也留意到在数据采集、样本标注以及训练算力等方面,需要付出巨大的人工成本。那么,能否利用已标记的数据向未标记的数据迁移,从而降低机器学习需要的样本数及人工标注成本? 迁移学习的基本思想是利用已解决问题的模型尝试解决不同但相关的其他问题。迁移学习是深度学习领域的一个分支,同时也是目前最热门的方向之一。

迁移学习有两个重要概念:已有的知识(包括数据、模型等)称为源域;要学习的知识称为目标域。

在机器学习领域,源域指训练模型时使用的原始数据集和模型。这些数据集和模型通常在过去的某个时间段或者从其他地方收集而来,因此它们被视为源域。在构建一个新模型的过程中,通常需要从源域中获取数据和模型,并将其迁移到目标域中,以解决当前任务。目标域指想解决的新任务或新问题。为了解决这些新问题,需要构建一个新的模型,并从已有的源域中获取数据和模型,将其应用于目标域。在迁移学习中,通常使用源域的知识帮助训练目标域的模型,在不同的域之间迁移知识,以提高目标域的性能。因此,了解源域和目标域之间的差异非常重要。

源域和目标域之间的差异主要包括 4 方面。第一方面是特征分布差异,即源域和目标域中的特征分布可能不同,尽管它们表示相同的实体或对象。例如,在计算机视觉领域,不同的图像采集设备可能导致图像在色彩、亮度、对比度等方面存在差异。第二方面是标签空间差异,即源域和目标域中的类别标签可能不同,尽管它们代表相似的概念。例如,在自然语言处理领域,不同的文本分类标准可能导致标签空间的差异。第三方面是数据数量差异,即源域和目标域中的数据量可能不同,导致模型的训练和泛化能力不同。例如,在医疗图像诊断领域,由于医学图像数据的获取成本较高,源域数据可能只有少量样本,而目标域数据则可能有大量的样本。第四方面是任务复杂度差异,即源域和目标域中的任务复杂度可能不同,导致模型需要从源域中学到更多的知识,才能解决目标域中的任务。例如,在自然语言处理领域,情感分析或机器翻译等更复杂的任务需要比文本分类更多的知识。了解这些差异对于设计有效的迁移学习方法非常重要,以缩小源域和目标域之间的差异,并提高目标域性能。

迁移学习的任务是从问题的相似性切入,建立源域至目标域的映射关系,将源域学习过的模型应用在目标域上。

迁移学习的任务具体可以分为以下几类。

1. 基于特征的迁移学习

通常使用预训练好的模型作为源模型来提取特征。这些源模型通常在大规模数据集上进行过训练,并且已经学习到一些通用的特征,如边缘、纹理和形状等。

以图像分类任务为例,假设需要对一组新的图像进行分类,但是由于训练数据量较小或者样本不平衡,因此难以直接使用深度神经网络进行训练。此时,可以使用在大规模图像数据集上预先训练好的卷积神经网络(如 VGG、ResNet 等)作为特征提取器,将待分类的图像输入这个网络中,然后利用网络最后一层的输出作为特征,再将这些特征输入一个简单的分类器(如逻辑回归或支持向量机)中进行分类。

具体地,可以先将源模型的所有层复制到新的模型中,但是只保留前面的卷积层和池化层,去掉后面的全连接层。这样,就可以通过源模型提取出图像的高级特征。然后,可以针对目标任务设计一个分类器,例如,可以添加一个全连接层将这些特征映射到目标类别的空间。最后,可以通过反向传播算法对整个网络进行微调,以适应新的任务。

在基于特征的迁移学习中,可以利用源任务中学习到的通用特征学习新任务,并且能大大减少需要训练的参数数量和训练时间。同时,源模型由于已经在大规模数据集上进行过训练,因此具有较好的泛化能力和鲁棒性,能有效地避免过拟合等问题。

2. 基于模型的迁移学习

基于模型的迁移学习指利用源任务中已经训练好的模型或者参数,直接应用到目标任务中,从而提高目标任务的性能。这种方法通常使用预训练好的模型初始化新的模型,并使其更快地收敛到最优解。

以自然语言处理任务为例,假设需要对一组新的文本进行分类,但是由于训练数据集较小或者样本不平衡,因此难以直接训练一个深度神经网络。此时,可以使用在大规模语料库上预先训练好的语言模型(如 BERT、GPT 等)作为初始化模型,并将其应用到目标任务中。可以先将源模型的所有层复制到新的模型中,并且根据目标任务对源模型进行微调。例如,在情感分类任务中,可以将源模型的前几个层冻结,只微调最后的分类层,从而将源模型适应到新的目标任务中。

另外,在基于模型的迁移学习中,还可以使用知识蒸馏技术将一个复杂的模型转换为一个简单的模型,从而适应新的任务。例如,可以使用一个复杂的深度神经网络训练一个优秀的模型,然后使用知识蒸馏技术将其转换为一个简单的模型,以适应新的任务。这种方法已经在很多自然语言处理和计算机视觉任务中被证明是非常有效的。

基于模型的迁移学习可以通过利用源任务中训练好的模型或者参数,提升目标任务的性能,同时能大大减少需要训练的参数数量和训练时间。此外,由于源模型已经在大规模数据集上进行过训练,因此其具有较好的泛化能力和鲁棒性,能有效地避免过拟合等问题。

3. 基于关系的迁移学习

基于关系的迁移学习指利用源任务和目标任务之间的关系,进行有针对性的知识迁移。这种方法通常使用源任务中已经学习到的知识,帮助新的任务进行学习或分类。

以电影推荐系统为例,假设需要向一组新的用户推荐电影,但是由于数据集较小或者样本不平衡,因此难以直接训练一个深度神经网络。此时,可以使用源任务中已经学习到的相关信息,帮助新的任务进行学习。可以利用用户在一个电影类别上的评分信息,预测他们在其他类别上的评分信息。例如,如果一个用户在喜剧类电影上给出了高得分,那么我们可以将这个信息应用到其他类别的电影上,认为这个用户也会对其他类型的电影产生相似的反应,从而提高推荐效果。

另外,在基于关系的迁移学习中,还可以使用领域自适应技术进行知识迁移。例如,在图像分类任务中,如果源任务和目标任务具有相似的特征空间,但是分布不同,我们可以在源任务和目标任务之间建立映射,将源任务的特征映射到目标任务的特征空间中,从而提高分类效果。

基于关系的迁移学习可以通过利用源任务和目标任务之间的关系,进行有针对性的知识迁移,从而提高目标任务的性能。此外,这种方法能大大减少需要训练的参数数量和训练时间,并且能有效地避免过拟合等问题。

4. 无监督迁移学习

无监督迁移学习指当源任务和目标任务之间没有标记数据时,使用无监督方法进行迁移学习。这种方法通常使用无监督的特征提取方法进行特征转换,以适应新的目标领域。

以图像分类任务为例,假设需要对一组新的图像进行分类,但是由于缺乏标记数据,难以直接使用深度神经网络进行训练。此时,可以使用无监督的领域自适应方法进行特征转换,从而将源任务中学习到的知识应用到目标任务中。

具体地,领域自适应方法通过在源域和目标域之间建立映射关系,将源域中的特征映射到目标域中,从而提高分类效果。这种方法通常使用一些无监督的特征提取方法,如稀疏编码、自编码器、对抗生成网络等,进行特征转换。例如,在图像分类任务中,可以首先使用一个预训练好的卷积神经网络,将源域图像转换成特征向量。然后,可以使用一个无监督的特征提取算法,如自编码器,将这些特征向量转换到目标域中。最后,可以使用目标域的分类器进行分类任务。

无监督迁移学习可以通过使用无监督的特征提取方法进行特征转换,从而适应新的目标领域,并提高分类效果。由于不需要标记数据,因此这种方法非常适合在数据集较少或者样本不平衡的情况下进行迁移学习。

7.4.2 传统机器学习与迁移学习

在传统的机器学习中,通常假设训练数据和测试数据来自同一个分布,并且任务之间是相互独立的。也就是说,我们会为每个任务单独训练一个模型,这个模型只负责处理这个特定的任务。

而在迁移学习中,我们假设训练数据和测试数据可能来自不同的分布或者任务,但这些数据之间存在一些共同的特征,可以用来帮助完成目标任务。因此,在迁移学习中,通常会预先训练一个通用的模型,然后将这个模型迁移到目标任务上,再通过微调(fine-tuning)等方式对其进一步优化,以适应目标任务的需求。迁移学习的关键概念包括源领域和目标领域,源领域是已经学习到的相关任务,而目标领域是希望进行预测或分类的新任务。迁移学习可以通过各种方法实现知识迁移,如参数初始化、特征提取、模型微调等。通过迁移学习,可以利用源领域的知识和经验加速目标任务的学习过程,提高模型的泛化性能和效果。

传统机器学习和迁移学习之间的主要区别在于知识的迁移和利用方式。传统机器学习从头开始学习每个任务;而迁移学习将在相关任务上学习到的知识迁移到目标任务上,减少了训练数据需求,提高了学习效率和泛化性能。此外,传统的机器学习通常需要大量的标记数据来进行训练,而在迁移学习中,由于迁移源可以提供一部分有用的知识,因此通常需要较少的标记数据来达到相同的准确度。因此,迁移学习具有更强的可扩展性和适应性,可以在各种实际场景中发挥作用。

7.4.3 迁移学习用法

迁移学习是一种在自己的预测模型问题上使用的常用方法。在这个过程中,常用的两种方法包括自主训练源模型和使用预训练模型。

自主训练源模型的方法包括选择源任务、开发源模型、重用模型和调整模型。在这个过程中,需要选择一个具有丰富数据的相关的预测建模问题,使得原任务和目标任务之间存在一定的关系。然后,需要为第一个任务开发一个精巧的模型,并重用适用于源任务的模型作为目标任务的学习起点。最后,模型可以在目标数据集中的输入-输出对上进行微调,以适应目标任务。

使用预训练模型的方法是从可用模型中选择一个预训练的源模型,作为第二个任务的模型的学习起点。这个过程中,需要选择一个与目标任务相关的预测建模问题,并选择一个合适的预训练模型。然后,可以重用预训练模型,并在目标数据集中的输入-输出对上进行微调,以适应目标任务。

在迁移学习中,第二种类型的方法比较常用。例如,在图片分类任务中,可以使用Google已经训练好的Inception_v3模型,将其迁移到自己的图片分类任务中。只需要添加一些有关绿萝和吊兰的图片(不要太少,最好各40张以上),就可以很快地训练出自己的模型,并获得高准确率。这种方法可以帮助降低重复率,提高效率。

迁移学习(Transfer Learning)是指通过将一个领域或任务中已经学到的知识迁移到另一个领域或任务中,加速学习和提高性能的机器学习技术。其优点主要包括以下几方面。

(1)提高模型训练效率:在迁移学习中,可以将预训练好的模型作为初始模型,然后针对新的任务进行微调,这样可以大大减少训练时间,提高训练效率。

(2)改善模型泛化能力:由于预训练模型已经学习到大量通用特征,因此可以帮助模型更好地理解数据,提高模型的泛化能力,避免出现过拟合现象。

(3)处理小样本问题:在一些场景下,数据集较小,很难训练出高性能模型。但是,使用迁移学习,我们可以利用已有的模型和数据进行训练,从而使得模型性能得到提升。

除上述优点外,迁移学习也存在一些缺点,主要包括以下几方面。

(1)迁移学习需要足够的相关数据:虽然迁移学习可以通过利用已有的知识提高模型性能,但是这并不意味着我们不需要新的数据。如果数据集过小或者与目标任务无关,则迁移学习可能导致负面效果。

(2)需要特定的领域知识:进行迁移学习前,需要对领域和问题具有一定理解,以便选择适当的预训练模型和微调策略,否则可能出现性能下降的情况。

(3)不能完全避免偏差:预训练模型中存在的偏差可能会传递到新的任务中,从而影响模型表现。因此,使用迁移学习时,需要对预训练模型进行选择和微调,以最大限度地减少偏差对模型性能的影响。

7.4.4　迁移学习的分类

从迁移方法看,迁移学习包括4种基本类型:基于样本的迁移学习、基于特征的迁移学习、基于模型的迁移学习和基于关系的迁移学习。

基于样本的迁移学习利用源域和目标域样本之间的相似性,根据样本权重生成规则,对样本赋予一定的权重实现数据重用,完成迁移学习。

基于特征的迁移学习利用了源域和目标域特征之间的相似性,通过对特征向量的空间变换,把源域和目标域的数据特征变换到同一特征空间,达到缩小源域与目标域的差异,然后利用传统的机器学习方法进行分类识别。

基于模型的迁移学习假设源域中的数据与目标域中的数据可以共享部分模型参数,基于这个前提寻找它们之间的共享参数,以实现迁移学习。

基于关系的迁移学习则是利用源域中的逻辑网络关系进行。

具体描述如下(按照迁移学习基本方法)。

1. 基于样本的迁移学习方法

首先,在源域和目标域中选择一些相似的样本;其次,利用这些样本对模型进行训练。

实现这个方法时,需要考虑如何度量实例之间的相似度,以及如何选择相似的样本。这个过程通常依赖一些相似度度量方法,如欧几里得距离、余弦相似度等。同时,也可以借助一些领域自适应的方法,如核函数、子空间对齐等,更好地进行样本选择和模型训练。基于样本的迁移如图 7-20 所示。

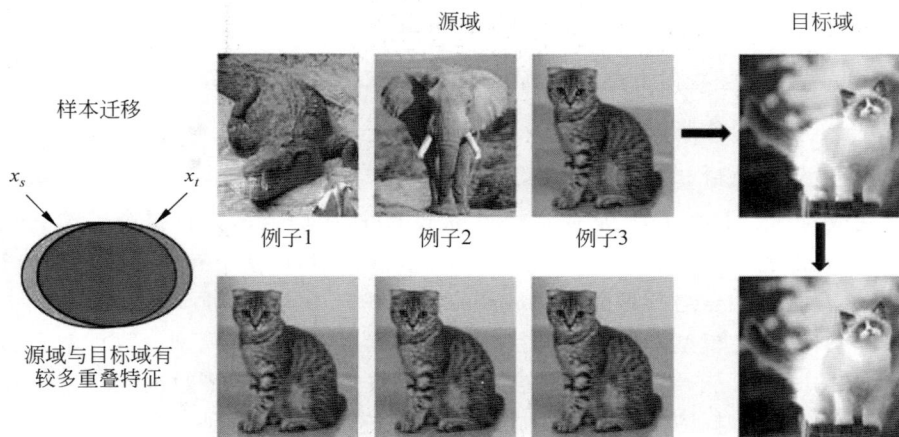

图 7-20 基于样本的迁移

不过,基于样本的迁移学习方法也存在一些缺点,如样本选择的质量很大程度上取决于特征表示的质量,而源域和目标域的数据分布可能有所不同,导致特征表示的差异,进而影响样本选择和模型的泛化能力。

2. 基于特征的迁移学习方法

首先,在源域中训练一个特征提取器,然后使用该特征提取器将源域数据转换为特征空间。接着,再使用这个特征提取器将目标域数据转化为特征空间,最后应用传统机器学习算法在特征空间中进行分类或回归等任务,如图 7-21 所示。

不同于基于样本的方法,基于特征的迁移学习方法更加灵活,可适应各种不同类型的任务。同时,由于特征提取器本身可以被视为一种模型,因此它也可以利用预训练模型的知识提高模型的泛化能力。其优点是对大多数方法适用,效果较好,缺点是难于求解,容易发生过适配。例如,特征空间的表示可能无法准确地捕捉源域和目标域之间的差异,导致过度适配或欠拟合等问题。此外,在特征空间中进行分类或回归等任务可能会变得更加困难和耗时。

需要注意的是,基于特征的迁移学习方法和基于样本的迁移学习方法的不同是基于特征的迁移学习需要进行特征变换,使得源域和目标域数据得到同一特征空间,而基于样本

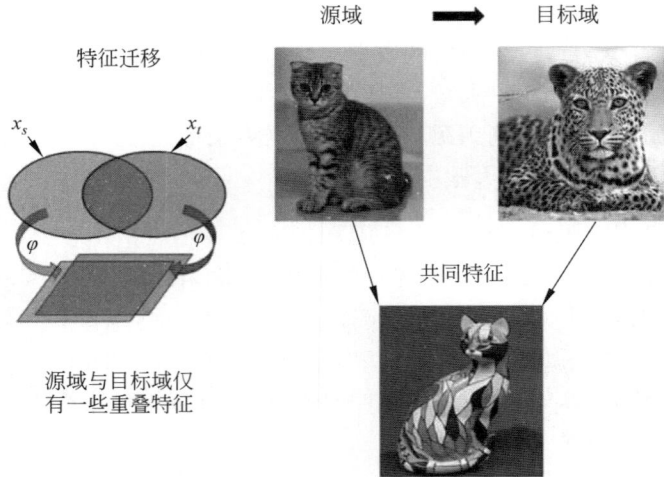

图 7-21 基于特征的迁移

的迁移学习只是从实际数据中进行选择,得到与目标域相似的部分数据,然后直接学习。

3. 基于模型的迁移学习方法

通常,源域和目标域共享一些或全部模型参数。这种方法的优点是可以利用源域中的信息帮助完成目标域上的任务,从而加快目标域上的训练过程,并且提高了预测性能。此外,该方法还可以利用前人在某一领域上积累的经验知识,以便更有效地解决新的问题。

另外,该方法的缺点之一是由于源域和目标域的分布可能不同,因此可能需要进行一些特殊的调整,才能使模型参数收敛到目标域。缺点之二是共享模型参数可能会影响模型的泛化能力,因为它可能导致模型过拟合源域数据并失去对目标域数据的泛化能力。

例如,利用上千万幅图像训练一个图像识别系统,当我们遇到一个新的图像领域问题时,就不用再找几千万幅图像训练了,只需把原来训练好的模型迁移到新的领域,在新的领域往往只需几万幅图像就够了,同样可以得到很高的精度,如图 7-22 所示。

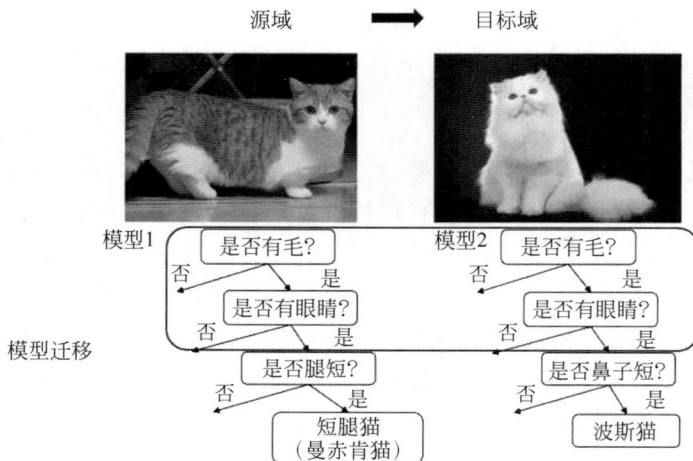

图 7-22 基于模型的迁移

4. 基于关系的迁移学习方法

基于关系的迁移学习方法通常涉及两个相似或相关的领域之间的知识转移，其中源域和目标域之间可能存在某些共享的逻辑网络结构或关系模式。这些关系模式可以被映射到目标域中，并用来帮助解决目标域上的任务，如图 7-23 所示。

其中一种常见的基于关系的迁移学习方法是图神经网络（Graph Neural Networks）。该方法可以捕获源域和目标域之间的关系，并利用这些关系构建一个共享的逻辑网络结构，进而使用这个结构进行知识迁移，以便更好地解决目标域上的问题。

相对于基于模型的迁移学习方法，基于关系的方法可以更好地捕捉不同领域之间的相似性和差异性，从而更有效地实现迁移学习。然而，这种方法也需要根据具体的场景和数据集选择合适的方法和技术，以确保知识迁移成功。

关系迁移

源域 目标域

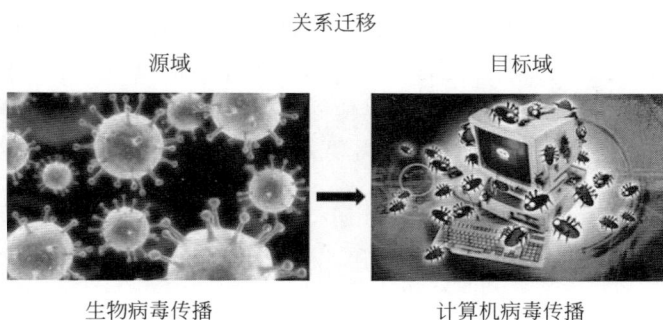

生物病毒传播 计算机病毒传播

图 7-23 基于关系的迁移

另外，如果按特征空间，可分为同构迁移学习（Homogeneous TL）和异构迁移学习（Heterogeneous TL）。

同构迁移学习是指源域和目标域具有相同的特征空间，但在这两个域中可能存在一些差异，如数据分布不同等。在同构迁移学习中，我们通常使用一些简单的方法，如领域自适应、实例加权等来解决这些差异，从而提高模型的泛化能力。

异构迁移学习则是指源域和目标域具有不同的特征空间。在异构迁移学习中，我们需要将源域和目标域进行对齐，使得它们之间的特征可以相互转换。这个过程通常需要使用一些复杂的方法（如深度神经网络等）实现。

图 7-24 可以作为迁移学习分类的一个梳理。

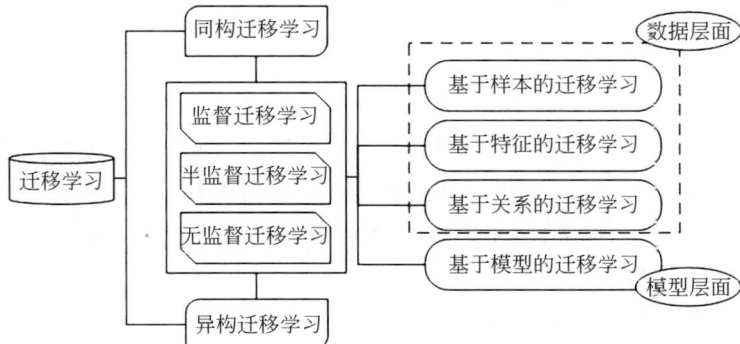

图 7-24 迁移学习的分类

选择迁移学习的方法需要考虑多个因素,主要包括以下几方面。

(1)目标任务与源任务之间的相似度:如果目标任务和源任务有很高的相似度,在特征空间中它们的分布可能会很接近,此时可以考虑使用浅层模型进行特征提取,然后在特征空间中训练新的分类器;如果两个任务差异较大,则需要采用更深入的迁移学习方法,如对源域数据进行特定处理,或者使用更加复杂的神经网络模型。

(2)源域数据量与质量:源域数据越多,且质量越高,迁移学习越更容易实现。因为足够大的数据集可以帮助我们从源域中提取更好的特征,从而获得更好的泛化性能。

(3)特征空间的可共享性:如果源域和目标域的特征空间可共享,那么可以采用基于特征变换的迁移学习方法。例如,可以将源数据通过某种方式映射到目标特征空间,之后再训练分类器。

(4)目标任务的样本数量:如果目标任务的样本数量较少,可以考虑使用基于元学习的迁移学习方法。这些方法通常依赖源域数据的信息来帮助目标任务更好地泛化。

(5)模型结构和复杂度:选择迁移学习方法还需要考虑模型的结构和复杂度。如果源任务和目标任务都是简单的分类问题,可以使用浅层的神经网络进行特征提取和分类。如果源任务或目标任务是多模态数据,或者需要处理序列数据或图像等高维数据,则需要更加复杂的模型结构。

7.5 应用案例

7.5.1 应用案例 1:手写字识别应用

1. 算法原理

1)TensorFlow 简介

TensorFlow 是一个采用数据流图(Data Flow Graphs)进行数值计算的开源软件库。它用节点(Nodes)表示抽象的数学计算,用边(Edges)表示节点间的数据流,用张量(Tensor)表示数据。TensorFlow 灵活的架构在多种平台上展开计算,例如台式计算机中的一个或多个 CPU(或 GPU)、服务器、移动设备等。TensorFlow 最初由 Google Brain 小组(隶属于 Google 机器智能研究机构)的研究员和工程师开发,用于机器学习和深度神经网络方面的研究,包括语言识别、计算机视觉、自然语言理解、机器人、信息检索等。TensorFlow 系统架构的通用性和灵活性,使其广泛用于其他科学领域的数值计算。

2)TensorFlow 架构

TensorFlow 作为工业级的分布式深度学习平台,底层支持 CPU、GPU、TPU 等多种计算设备集群,在设备层上提供了面向设备的核函数算子和线性代数加速器,在此基础上是 TensorFlow 的运行时核心,提供计算图的优化和执行、分布式计算的调度和通信,最上面是面向应用的语言 API,支持常见的编程语言,包括 C/C++、Python、Java、Go 等。

TensorFlow 的架构如图 7-25 所示。TensorFlow 使用计算流图进行深度学习的模型训练,一般计算流图包括输入层、计算层、激活函数、损失函数、梯度计算、优化算法等部分。图 7-26 是一个简单的逻辑回归模型的计算流程图。

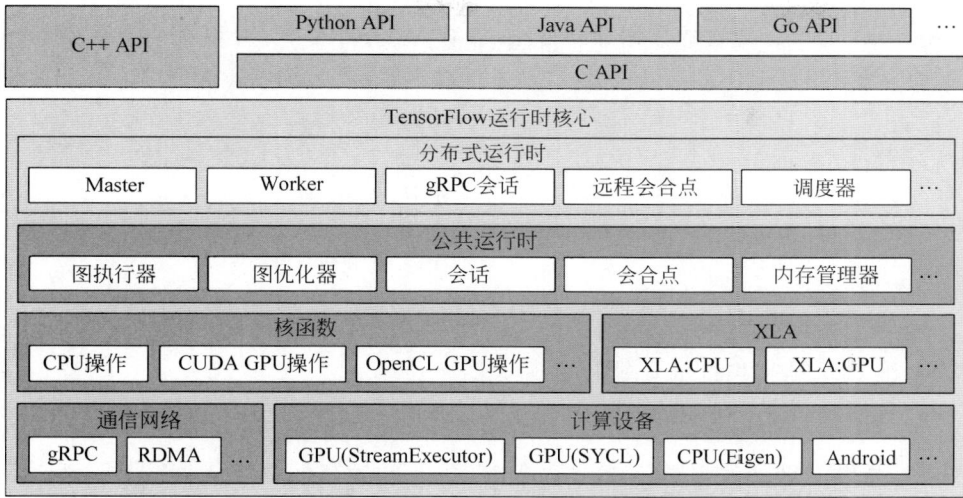

图 7-25 TensorFlow 的架构

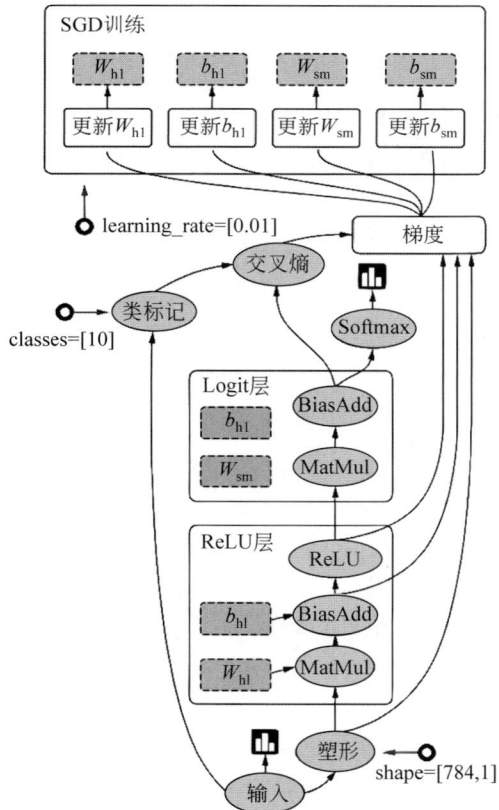

图 7-26 逻辑回归模型的计算流程图

2. 关键代码

1) 数据加载

使用 TensorFlow 内置的数据加载方法，加载 MNIST 数据，可以提前下载 MNIST 数据集，并将其复制到 MNIST_data。也可以运行以下代码直接下载。

```
#coding:utf-8

import tensorflow as tf
from tensorflow.examples.tutorials.mnist import input_data

#加载数据
mnist = input_data.read_data_sets('./MNIST_data',one_hot=True)
```

MNIST_data 数据集目录如图 7-27 所示。

名称	修改日期	类型	大小
t10k-images-idx3-ubyte.gz	2018/8/3 9:22	GZ 文件	1,611 KB
t10k-labels-idx1-ubyte.gz	2018/8/3 9:22	GZ 文件	5 KB
train-images-idx3-ubyte.gz	2018/8/3 9:22	GZ 文件	9,681 KB
train-labels-idx1-ubyte.gz	2018/8/3 9:22	GZ 文件	29 KB

图 7-27　MNIST_data 数据集目录

2) 构建多层神经网络

MNIST 手写字识别的多层卷积神经网络包括 2 个卷积层、2 个全连接层，每个卷积层包括若干卷积核和 ReLU 非线性激活函数，以及 MaxPooling 池化层，最后使用 Adam 优化器进行梯度优化。多层神经网络结构如图 7-28 所示。

图 7-28　多层神经网络结构

构建多层神经网络的代码如下。

```
#创建多层卷积神经网络方法:
#创建权重参数
def weight_variable(shape):
    initial = tf.truncated_normal(shape, stddev=0.1)
    #使用一个截断的正态分布初始化权重参数
    return tf.Variable(initial)

#创建偏置参数
def bias_variable(shape):
    initial = tf.constant(0.1, shape = shape)
    return tf.Variable(initial)

#创建卷积层
def conv2d(x,W):
```

```
    return tf.nn.conv2d(x, W, strides=[1,1,1,1], padding='SAME')
```

#创建池化层
```
def max_pool_2x2(x):
    return tf.nn.max_pool(x, ksize=[1,2,2,1], strides=[1,2,2,1], padding='SAME')
```

#定义两个 placeholder: placeholder 为计算图节点,计算过程中会随着优化不断变化
#x 为 28 * 28 图像转向量数据,None 表示图像批量个数不限制
```
x = tf.placeholder(tf.float32, [None,784])
```
#y 为 10 类别标签向量数据,None 表示标签批量个数不限制
```
y = tf.placeholder(tf.float32, [None,10])
```

#改变 x 的格式转为 4D 的向量[batch, in_height, in_width, in_channels]
```
x_image = tf.reshape(x, [-1,28,28,1])
```

#1)卷积层 1:初始化第一个卷积层的权值和偏置
```
W_conv1 = weight_variable([5,5,1,32]) #5 * 5 的采样窗口 32 个卷积核从一个平面抽取特
                                      #征,输出为 32 个卷积核
b_conv1 = bias_variable([32])                        #每个卷积核一个偏置值
```
#把 x_image 和权值向量进行卷积,再加上偏置值,然后应用于 ReLU 激活函数
```
h_conv1 = tf.nn.relu(conv2d(x_image,W_conv1) + b_conv1)
```
#最大化池化层
```
h_pool1 = max_pool_2x2(h_conv1)
```

#2)卷积层 2:初始化第二个卷积层的权值和偏置
```
W_conv2 = weight_variable([5,5,32,64]) #5 * 5 的采样窗口 64 个卷积核从 32 个平面抽取
                                       #特征   由于前一层操作得到 32 个特征图
b_conv2 = bias_variable([64])                        #每个卷积核一个偏置值
```
#把 h_pool1 和权值向量进行卷积 再加上偏置值 然后应用于 ReLU 激活函数
```
h_conv2 = tf.nn.relu(conv2d(h_pool1, W_conv2) + b_conv2)
```
#最大化池化层
```
h_pool2 = max_pool_2x2(h_conv2)                      #进行 max-pooling
```

#28 * 28 的图片第一次卷积后还是 28 * 28 第一次池化后变为 14 * 14
#第二次卷积后 变为 14 * 14 第二次池化后变为 7 * 7
#通过上面操作后得到 64 张 7 * 7 的平面

#3)全连接层 1:初始化第一个全连接层的权值
```
W_fc1 = weight_variable([7 * 7 * 64,1024])
```
#上一层有 7 * 7 * 64 个神经元,全连接层有 1024 个神经元
```
b_fc1 = bias_variable([1024])                        #1024 个节点
```
#把第二个池化层的输出扁平化为一维向量,以便与全连接层进行衔接
```
h_pool2_flat = tf.reshape(h_pool2, [-1,7 * 7 * 64])
```
#求第一个全连接层的输出
```
h_fc1 = tf.nn.relu(tf.matmul(h_pool2_flat,W_fc1)+b_fc1)
```

#keep_prob 用来表示神经元的 dropout 概率
```
keep_prob = tf.placeholder(tf.float32)
h_fc1_drop = tf.nn.dropout(h_fc1, keep_prob)
```

#4)全连接层 2:初始化第二个全连接层

```
W_fc2 = weight_variable([1024,10])
b_fc2 = bias_variable([10])

#计算输出
prediction = tf.nn.softmax(tf.matmul(h_fc1_drop, W_fc2) + b_fc2)

#交叉熵代价函数
cross_entropy = tf.reduce_mean(tf.nn.softmax_cross_entropy_with_logits(labels=y,
logits=prediction))

#使用 AdamOptimizer 进行优化
train_step = tf.train.AdamOptimizer(1e-4).minimize(cross_entropy)

#预测结果存放在一个布尔列表中
correct_prediction = tf.equal(tf.argmax(prediction, 1), tf.argmax(y, 1))
#argmax 返回一维张量中最大值所在的 index 位置
#求平均准确率
accuracy = tf.reduce_mean(tf.cast(correct_prediction, tf.float32))
```

3）模型训练

使用 Session 会话进行模型训练，会按照 Epoch 的数量进行循环，每次循环会遍历一遍所有训练数据，训练数据会被分成多批次，会话调用优化器对神经网络的权重参数进行优化，并根据标签数据计算准确度。模型训练代码如下。

```
saver = tf.train.Saver()
#模型训练
with tf.Session() as sess:
    #模型参数初始化
    sess.run(tf.global_variables_initializer())
    #模型训练循环：每个 Epoch 循环会训练所有数据
    for epoch in range(EPOCH):
        for batch in range(n_batch):
            batch_xs, batch_ys = mnist.train.next_batch(batch_size)
            #会话对优化器 train_step 进行优化
            sess.run(train_step, feed_dict={x:batch_xs,y:batch_ys,keep_prob:0.7})
        acc = sess.run(accuracy, feed_dict={x:mnist.test.images, y:mnist.test.
labels, keep_prob:1.0})
        print ("Epoch "+ str(epoch) + ", Testing Accuracy= " + str(acc))

    #保存模型：保存训练出的权重参数
    saver.save(sess, save_path='./model', global_step=1)
```

训练完成后，系统会输出模型文件。

3. 工程运行

1）实验部署

（1）在 Linux 终端创建实验工作目录：

```
$cd ~
$mkdir -p dl-exp
```

（2）将本实验工程代码上传到 dl-exp 目录下。

（3）在 Linux 终端输入以下命令解压缩实验工程：

```
$cd dl-exp
$unzip mnist-tf.zip
```

2）运行案例

在 Linux 终端输入以下命令进行模型训练，可以看到经过 10 轮训练，模型精度逐步提升。

```
$cd dl-exp/mnist-svm
$conda activate py36_tf114_torch15_cpu_cv345
$python3 mnist-tf.py
Epoch 0, Testing Accuracy= 0.8613
Epoch 1, Testing Accuracy= 0.8784
Epoch 2, Testing Accuracy= 0.9766
Epoch 3, Testing Accuracy= 0.9779
Epoch 4, Testing Accuracy= 0.9843
Epoch 5, Testing Accuracy= 0.9849
Epoch 6, Testing Accuracy= 0.9871
Epoch 7, Testing Accuracy= 0.9885
Epoch 8, Testing Accuracy= 0.9885
Epoch 9, Testing Accuracy= 0.9892
Epoch 10, Testing Accuracy= 0.99
Epoch 11, Testing Accuracy= 0.9892
Epoch 12, Testing Accuracy= 0.9905
Epoch 13, Testing Accuracy= 0.9909
Epoch 14, Testing Accuracy= 0.9911
Epoch 15, Testing Accuracy= 0.9901
Epoch 16, Testing Accuracy= 0.9908
Epoch 17, Testing Accuracy= 0.9909
Epoch 18, Testing Accuracy= 0.9894
Epoch 19, Testing Accuracy= 0.9924
系统会输出模型,模型文件:
总用量 38480
drwxrwxr-x  3 zonesion zonesion      4096 10月 14 16:09 ./
drwxrwxrwx 11 baiml    baiml         4096 10月 14 16:05 ../
-rw-rw-r--  1 zonesion zonesion        71 10月 14 16:09 checkpoint
drwxrwxr-x  2 zonesion zonesion      4096 2月   21   2022 MNIST_data/
-rw-rw-r--  1 zonesion zonesion      4578 2月   21   2022 mnist-tf.py
-rw-rw-r--  1 zonesion zonesion  39295616 10月 14 16:09 model-1.data-00000-of
-00001
-rw-rw-r--  1 zonesion zonesion       914 10月 14 16:09 model-1.index
-rw-rw-r--  1 zonesion zonesion     76316 10月 14 16:09 model-1.meta
```

7.5.2　应用案例 2：基于深度学习的 54 类的图像分类

1. 算法原理

MobileNet v1 是 Google 于 2017 年发布的网络架构，旨在充分利用移动设备和嵌入式应用的有限资源，有效地最大化模型的准确性，以满足有限资源下的各种应用案例。

MobileNet v1 也可以像其他流行模型（如 VGG、ResNet）一样用于分类、检测、嵌入和分割等任务提取图像卷积特征。

MobileNet v1 的核心是把卷积拆分为 Depthwise＋Pointwise 两部分，如图 7-29 所示。

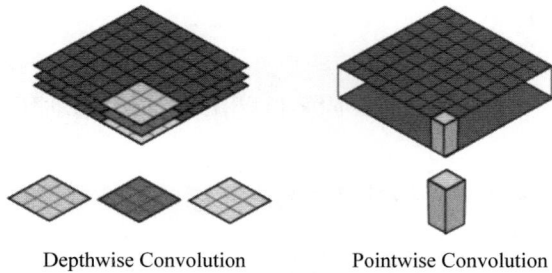

Depthwise Convolution   Pointwise Convolution

图 7-29   Depthwise Convolution 与 Pointwise Convolution 示意图

为了解释 MobileNet，假设有 $N \times H \times W \times C$ 的输入，同时有 k 个 3×3 的卷积。如果设置 Pad＝1 且 Stride＝1，那么普通卷积输出为 $N \times H \times W \times k$，如图 7-30 所示。

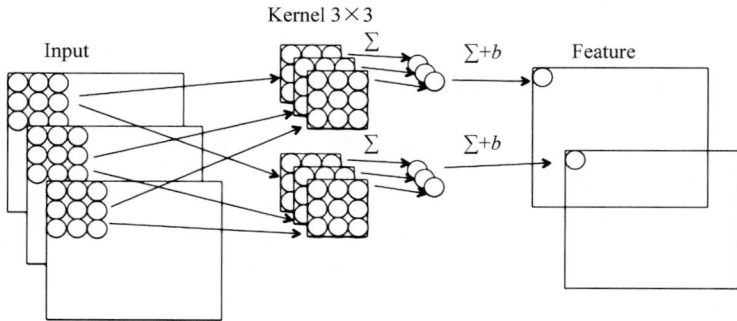

图 7-30   普通 3×3 卷积，$k = 2$

Depthwise 是指将 $N \times H \times W \times C$ 的输入分为 Group＝C 组，然后每一组做 3×3 卷积，如图 7-31 所示。这样相当于收集了每个 Channel 的空间特征，即 Depthwise 特征。

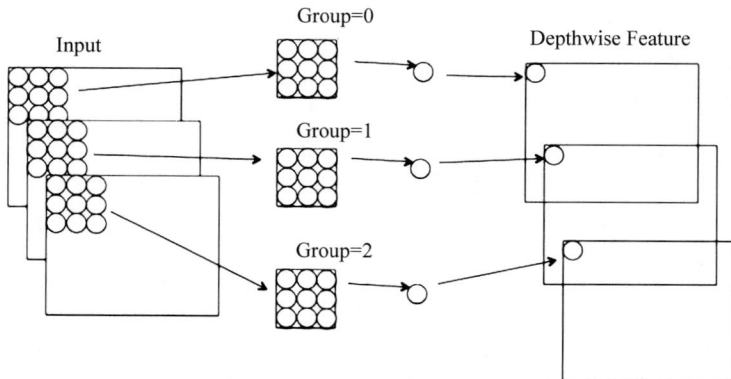

图 7-31   Depthwise 卷积，$g = k = 3$

Pointwise 是指对 $N \times H \times W \times C$ 的输入做 k 个普通的 1×1 卷积，如图 7-32 所示。这样相当于收集了每个点的特征，即 Pointwise 特征。Depthwise＋Pointwise 最终输出也是 $N \times H \times W \times k$。

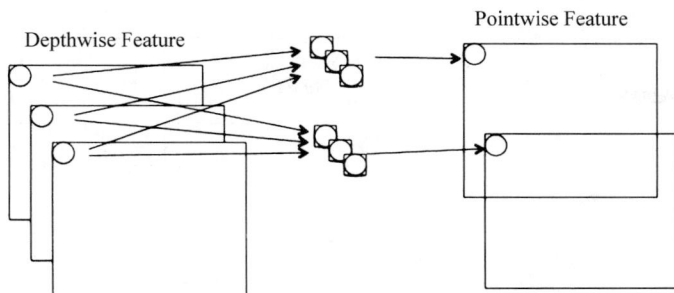

图 7-32 Pointwise 卷积，$k = 2$

这样就把一个普通卷积拆分成 Depthwise＋Pointwise 两部分。其实，MobileNet v1 就做了如下转换，如图 7-33 所示。

（1）普通卷积：3×3 Conv＋BN＋ReLU。

（2）MobileNet 卷积：3×3 Depthwise Conv＋BN＋ReLU 和 1×1 Pointwise Conv＋BN＋ReLU。

普通卷积与 MobileNet 卷积如图 7-33 所示。

这样做有什么好处？不同卷积的乘法次数对比如下。

（1）普通卷积计算量为 $H \times W \times C \times k \times 3 \times 3$。

（2）Depthwise 计算量为 $H \times W \times C \times 3 \times 3$。

（3）Pointwise 计算量为 $H \times W \times C \times k$。

通过 Depthwise＋Pointwise 的拆分，相当于将普通卷积的计算量压缩为

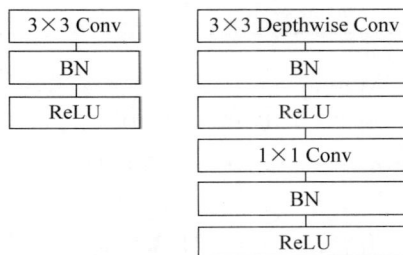

图 7-33 普通卷积与 MobileNet 卷积

$$\frac{\text{Depthwise} + \text{Pointwise}}{\text{Conv}} = \frac{H \times W \times C \times 3 \times 3 + H \times W \times C \times k}{H \times W \times C \times k \times 3 \times 3} = \frac{1}{k} + \frac{1}{3 \times 3}$$

MobileNet v1 基本网络结构见表 7-1。

表 7-1 MobileNet v1 基本网络结构

Type/Stride	Filter Shape	Input Size
Conv/s2	$3 \times 3 \times 3 \times 32$	$224 \times 224 \times 3$
Conv dw/s1	$3 \times 3 \times 32$ dw	$112 \times 112 \times 32$
Conv/s1	$1 \times 1 \times 32 \times 64$	$112 \times 112 \times 32$
Conv dw/s2	$3 \times 3 \times 64$ dw	$112 \times 112 \times 64$
Conv/s1	$1 \times 1 \times 64 \times 128$	$56 \times 56 \times 64$
Conv dw/s1	$3 \times 3 \times 128$ dw	$56 \times 56 \times 128$
Conv/s1	$1 \times 1 \times 128 \times 128$	$56 \times 56 \times 128$
Conv dw/s2	$3 \times 3 \times 128$ dw	$56 \times 56 \times 128$
Conv/s1	$1 \times 1 \times 128 \times 256$	$28 \times 28 \times 128$
Conv dw/s1	$3 \times 3 \times 256$ dw	$28 \times 28 \times 256$
Conv/s1	$1 \times 1 \times 256 \times 256$	$28 \times 28 \times 256$

Type/Stride	Filter Shape	Input Size
Conv dw/s2	$3\times3\times256$ dw	$28\times28\times256$
Conv/s1	$1\times1\times256\times512$	$14\times14\times256$
$5\times$Conv dw/s1 $5\times$Conv/s1	$3\times3\times512$ dw $1\times1\times512\times512$	$14\times14\times512$ $14\times14\times512$
Conv dw/s2	$3\times3\times512$ dw	$14\times14\times512$
Conv/s1	$1\times1\times512\times1024$	$7\times7\times512$
Conv dw/s2	$3\times3\times1024$ dw	$7\times7\times1024$
Conv/s1	$1\times1\times1024\times1024$	$7\times7\times1024$
Avg Pool/s1	Pool 7×7	$7\times7\times1024$
FC/s1	1024×1000	$1\times1\times1024$
Softmax/s1	Classifier	$1\times1\times1000$

MobileNet v1 已经非常小了,但是还可以将图 7-30 结构中的所有卷积层 Kernel 数量统一乘以缩小因子 α(其中 $\alpha\in(0,1]$,典型值为 $1,0.75,0.5$ 和 0.25)以压缩网络。这样 Depthwise+Pointwise 总计算量可以进一步降低为

$$H\times W\times\alpha C\times3\times3+H\times W\times\alpha C\times\alpha k$$

当然,压缩网络计算量肯定是有代价的。图 7-34 展示了 α 不同时 MobileNet v1 在 ImageNet 上的性能。可以看到,即使 $\alpha=0.5$ 时 MobileNet v1 在 ImageNet 上依然有 63.7% 的准确度。

α 不同时,MobileNet v1 在 ImageNet 上的性能对比如图 7-34 所示。

Width Multiplier	ImageNet Accuracy	Million Mult-Adds	Million Parameters
1.0 MobileNet-224	70.6%	569	4.2
0.75 MobileNet-224	68.4%	325	2.6
0.5 MobileNet-224	63.7%	149	1.3
0.25 MobileNet-224	50.6%	41	0.5

图 7-34　α 不同时 MobileNet v1 在 ImageNet 上的性能对比

图 7-35 展示了 MobileNet v1 $\alpha=1.0$、GoogleNet 和 VGG 16 在输入分辨率为 224×224 像素情况下,准确度差距非常小,但是计算量和参数量都小很多。

MobileNet v1 $\alpha=1.0$ 与 GoogleNet 和 VGG 16 性能对比如图 7-35 所示。

Model	ImageNet Accuracy	Million Mult-Adds	Million Parameters
1.0 MobileNet v1	70.6%	569	4.2
GoogleNet	69.8%	1550	6.8
VGG 16	71.5%	15300	138

图 7-35　MobileNet v1 $\alpha=1.0$ 与 GoogleNet 和 VGG 16 性能对比

MobileNet v2 是 Google 继 MobileNet v1 之后提出的下一代轻量化网络,主要解决了

MobileNet v1 在训练过程中非常容易特征退化的问题,MobileNet v2 相比 MobileNet v1 效果有一定提升。

1)主要改进点

(1)引入残差结构,先升维再降维,增强梯度的传播,显著减少推理期间所需的内存占用(Inverted Residuals)。

(2)去掉 Narrow Layer(low dimension or depth)后的 ReLU,保留特征多样性,增强网络的表达能力(Linear Bottlenecks)。

(3)网络为全卷积的,使得模型可以适应不同尺寸的图像;使用 ReLU6(最高输出为 6)激活函数,使得模型在低精度计算下具有更强的鲁棒性。

(4)MobileNet v2 building block 如图 7-36 所示,若需要下采样,可在 DWise 时采用步长为 2 的卷积;小网络使用小的扩张系数(expansion factor),大网络使用大一点的扩张系数(expansion factor),推荐 5~10,论文中 $t=6$。

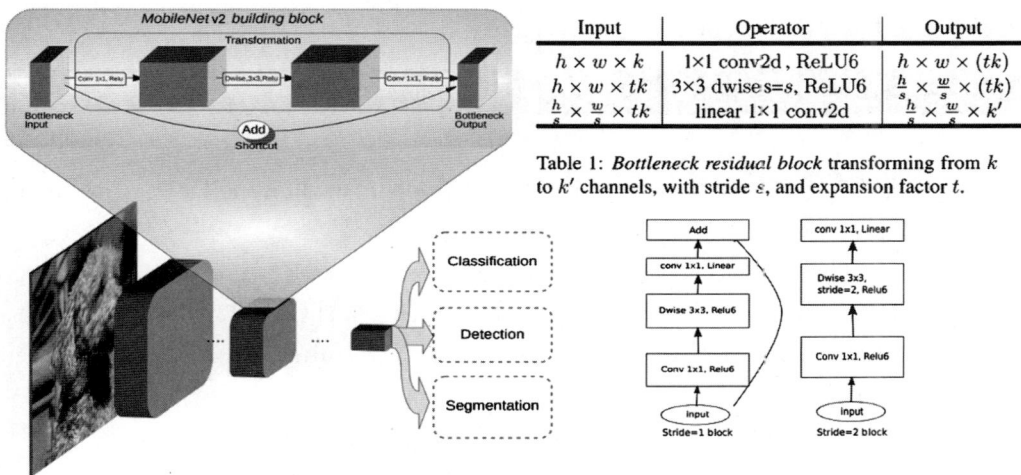

Input	Operator	Output
$h \times w \times k$	1×1 conv2d, ReLU6	$h \times w \times (tk)$
$h \times w \times tk$	3×3 dwise$s=s$, ReLU6	$\frac{h}{s} \times \frac{w}{s} \times (tk)$
$\frac{h}{s} \times \frac{w}{s} \times tk$	linear 1×1 conv2d	$\frac{h}{s} \times \frac{w}{s} \times k'$

Table 1: *Bottleneck residual block* transforming from k to k' channels, with stride s, and expansion factor t.

图 7-36　MobileNet v2 building block

2)MobileNet v2 与 MobileNet v1 的区别如图 7-37 所示。

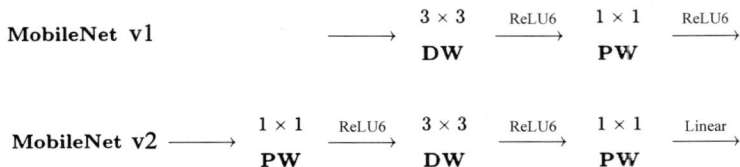

图 7-37　MobileNet v2 与 MobileNet v1 的区别

相同点:都采用 Depth-wise(DW)卷积搭配 Point-wise(PW)卷积的方式来提特征,这两个操作合起来也被称为 Depth-wise Separable Convolution,之前在 Xception 中被广泛使用,这么做的好处是理论上可以成倍减少卷积层的时间复杂度和空间复杂度。由计算公式(见图 7-38)可知,因为卷积核的尺寸 K 通常远小于输出通道数 C_{out},因此标准卷积的计算复杂度近似为 DW+PW 组合卷积的 K^2 倍。

不同点:MobileNet v2 在 DW 卷积前新加了一个 PW 卷积,这么做的原因是 DW 卷积

$$\text{Complexity} = \frac{\textbf{Depth-wise Separable CONV}}{\textbf{Standard CONV}} = \frac{1}{K^2} + \frac{1}{C_{\text{out}}} \sim \frac{1}{K^2}$$

图 7-38　计算公式

由于本身的计算特性决定它自己没有改变通道数的能力,上一层给它多少通道,它就只能输出多少通道。所以,若上一层给的通道数很少,DW 就只能很委屈地在低维空间提特征,因此效果不够好,现在 MobileNet v2 为了改善这个问题,在每个 DW 之前都配备了一个 PW,专门用来升维,定义升维系数为 $t6$,这样,不管输入通道数 C_{im} 是多少,经过第一个 PW 升维后,DW 都是在更高维(tC_{im})工作。

2. 关键代码

1) 数据介绍

训练数据为分拣机器人视觉目标区域九宫格的切分小图片,数据集在代码集/基于深度学习的 54 类的图像分类\pick_robot_pic 目录下,下面共有 54 个分类目录,每个子目录下有若干张图片,如图 7-39 所示。

图 7-39　训练数据

以 a_开头的后面接的动物图标,9 个类别,包括 elephant、lion、rabbit、flatfish、mouse、snail、fox、orchild、tiger。

以 c_开头的后面接的大写字母,9 个类别,包括 A、B、C、D、E、F、G、H、I。

以 h_开头的后面接的中文,9 个类别,包括武、汉、中、智、讯、科、技、公、司。

以 l_开头的后面接的车标,9 个类别,包括 bmw、faw、fukude、citroen、ferrari、honda、dazhong、ford、mini。

以 n_开头的后面接的数字,9 个类别,包括 1、2、3、4、5、6、7、8、9。

以 t_开头的后面接的交通标志,9 个类别,包括 1、2、3、4、5、6、7、8、9。

2) 模型训练

通过调用 MobileNet v2 预训练模型进行迁移学习训练,预训练模型已经下载好了,在代码集\基于深度学习的 54 类的图像分类\ 目录下为 mobilenet_v2_weights_tf_dim_ordering_tf_kernels_1.0_96_no_top.h5 文件。

(1) 加载预训练模型。

```
base_model = MobileNetV2(input_shape=input_shape, include_top=False,
weights='./mobilenet_v2_weights_tf_dim_ordering_tf_kernels_1.0_96_no_top.h5',
classes=54)
```

(2) 数据处理。

```
datagen = ImageDataGenerator(horizontal_flip=True,
                    width_shift_range=0.125,
                    height_shift_range=C.125,
                    fill_mode='constant',
                    cval=0.,
                    rescale=1. / 255,
```

```
                    validation_split=0.1)

train_gen = datagen.flow_from_directory(data_dir,
                                target_size=(96, 96),
                                color_mode='rgb',
                                batch_size=batch_size,
                                shuffle=True,
                                class_mode='categorical',
                                subset='training')
valid_gen = datagen.flow_from_directory(data_dir,
                                target_size=(96, 96),
                                color_mode='rgb',
                                batch_size=batch_size,
                                class_mode='categorical',
                                subset='validation')
```

3）模型推理

首先对预测图片进行处理，然后加载模型进行预测。

（1）数据处理。

```
def image_to_array(image_path):
    img = cv2.imread(image_path)
    img = img * 1.0 / 255
    #img = img[:, :, ::-1]
    img = cv2.resize(img, (96, 96)).astype(np.float32)
    img = np.reshape(img, [1, 96, 96, 3])
    return img
```

（2）加载模型推理。

```
def inference(image_path, model_path, labels):
    image = image_to_array(image_path)

    #num_classes = len(labels)
    #model = load_model(model_path, num_classes)
    model = load_model(model_path)
    predict = model.predict(image)
    class_id = np.argmax(predict)
    print("真实标签为:", image_path.split('/')[-1].split('.')[0])
    print("类别:", labels[class_id])
```

3. 工程运行

本实验在 GPU 服务器上进行，默认环境配置已安装完成，不需要再安装，连接参考：附录 B 中的通过 SSH 连接或者通过 VNC 连接。

使用 MobaXterm 工具通过 SSH 或 VNC 登录服务器后，打开命令行窗口，进入代码集、基于深度学习的 54 类的图像分类实验目录，进行以下操作。

1）激活环境

```
$conda activate py36_tf25_torch110_cuda113_cv345
```

2）训练模型

```
$python3 mobilenet_train.py
```

设置当损失函数不变化时提前终止训练，在 save_models 目录下生成 mobilenet_v2_retrain.h5 模型文件，如图 7-40 所示。

```
391/391 [==============================] - 39s 101ms/step - loss: 0.0279 - acc: 0.9926 - val_loss: 0.0430 - val_acc: 0.9853
Epoch 6/20
391/391 [==============================] - 40s 103ms/step - loss: 0.0207 - acc: 0.9944 - val_loss: 0.0343 - val_acc: 0.9891
Epoch 7/20
391/391 [==============================] - 41s 104ms/step - loss: 0.0183 - acc: 0.9954 - val_loss: 0.0368 - val_acc: 0.9894
Epoch 8/20
391/391 [==============================] - 40s 103ms/step - loss: 0.0146 - acc: 0.9962 - val_loss: 0.0346 - val_acc: 0.9886
Epoch 9/20
391/391 [==============================] - 41s 105ms/step - loss: 0.0149 - acc: 0.9961 - val_loss: 0.0340 - val_acc: 0.9894
Epoch 10/20
391/391 [==============================] - 42s 106ms/step - loss: 0.0115 - acc: 0.9965 - val_loss: 0.0348 - val_acc: 0.9894
Epoch 11/20
391/391 [==============================] - 40s 102ms/step - loss: 0.0110 - acc: 0.9970 - val_loss: 0.0239 - val_acc: 0.9938
Epoch 12/20
391/391 [==============================] - 41s 106ms/step - loss: 0.0131 - acc: 0.9961 - val_loss: 0.0244 - val_acc: 0.9946
Epoch 13/20
391/391 [==============================] - 41s 104ms/step - loss: 0.0092 - acc: 0.9975 - val_loss: 0.0290 - val_acc: 0.9918
Epoch 14/20
391/391 [==============================] - 41s 104ms/step - loss: 0.0115 - acc: 0.9968 - val_loss: 0.0307 - val_acc: 0.9921
Epoch 15/20
391/391 [==============================] - 42s 107ms/step - loss: 0.0088 - acc: 0.9974 - val_loss: 0.0280 - val_acc: 0.9934
Epoch 16/20
391/391 [==============================] - 40s 102ms/step - loss: 0.0110 - acc: 0.9970 - val_loss: 0.0261 - val_acc: 0.9936
```

图 7-40　模型文件 1

3）推理预测

```
$python3 mobilenet_inference.py
```

预测字母"A"如图 7-41 所示。

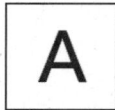

图 7-41　预测字母"A"

模型文件 2 如图 7-42 所示。

```
Layer (type)                 Output Shape              Param #
mobilenetv2_1.00_96 (Model)  (None, 3, 3, 1280)        2257984
flatten_1 (Flatten)          (None, 11520)             0
dense_1 (Dense)              (None, 54)                622134
Total params: 2,880,118
Trainable params: 2,846,006
Non-trainable params: 34,112
真实标签为：A
类别：A
```

图 7-42　模型文件 2

预测动物"lion"如图 7-43 所示。

图 7-43　预测动物"lion"

模型文件 3 如图 7-44 所示。

Layer (type)	Output Shape	Param #
mobilenetv2_1.00_96 (Model)	(None, 3, 3, 1280)	2257984
flatten_1 (Flatten)	(None, 11520)	0
dense_1 (Dense)	(None, 54)	622134

Total params: 2,880,118
Trainable params: 2,846,006
Non-trainable params: 34,112

真实标签为: lion
类别: lion

图 7-44　模型文件 3

预测车标"Bmw"如图 7-45 所示。

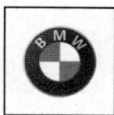

图 7-45　预测车标 "Bmw"

模型文件 4 如图 7-46 所示。

Layer (type)	Output Shape	Param #
mobilenetv2_1.00_96 (Model)	(None, 3, 3, 1280)	2257984
flatten_1 (Flatten)	(None, 11520)	0
dense_1 (Dense)	(None, 54)	622134

Total params: 2,880,118
Trainable params: 2,846,006
Non-trainable params: 34,112

真实标签为: Bmw
类别: Bmw

图 7-46　模型文件 4

预测中文字"公"如图 7-47 所示。

图 7-47　预测中文字 "公"

模型文件 5 如图 7-48 所示。

Layer (type)	Output Shape	Param #
mobilenetv2_1.00_96 (Model)	(None, 3, 3, 1280)	2257984
flatten_1 (Flatten)	(None, 11520)	0
dense_1 (Dense)	(None, 54)	622134

Total params: 2,880,118
Trainable params: 2,846,006
Non-trainable params: 34,112

真实标签为: gong
类别: gong

图 7-48　模型文件 5

预测数字"1"如图 7-49 所示。

图 7-49　预测数字"1"

模型文件 6 如图 7-50 所示。

图 7-50　模型文件 6

预测交通标志"STOP"如图 7-51 所示。

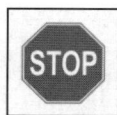

图 7-51　预测交通标志"STOP"

模型文件 7 如图 7-52 所示。

图 7-52　模型文件 7

7.6　本章小结

本章主要介绍了图像分类识别技术,通过卷积神经网络、深度学习框架和迁移学习等方法实现图像识别。在本章的学习中,我们可以了解到图像分类识别技术背后的核心算法原理和应用场景,掌握使用深度学习框架进行图像识别任务的基本流程,以及如何通过迁移学习将已有的模型进行优化和转移,实现更准确的图像分类识别。除此之外,本章还通过案例的方式演示了手写字识别和如何使用迁移学习技术构建图像分类识别模型。通过案例,我们了解了如何选择适合的深度学习框架和预训练模型,以及如何调整模型参数来优化模型性能。

习题 7

1. 为什么卷积神经网络在图像分类任务中表现优异？
2. 迁移学习的优缺点是什么？
3. 如何选择合适的深度学习框架？
4. 在实际应用中，如何选择迁移学习的方法？

第 8 章 目标检测与识别

本章学习目的与要求

本章学习目标检测识别技术,了解并掌握目标检测识别原理、传统目标检测算法、目标检测框架等目标检测识别技术,最后通过案例实现基于 YOLO 的汉字分拣目标检测。

本章主要内容

- 目标检测识别概述
- 传统目标检测算法介绍
- 深度学习目标检测框架
- 基于 YOLO 的汉字分拣目标检测应用案例

8.1 概述

目标检测是计算机视觉和数字图像处理的一个热门方向,广泛应用于机器人导航、智能视频监控、工业检测、航空航天等诸多领域,通过计算机视觉减少对人力资本的消耗,具有重要的现实意义。因此,目标检测也就成为近年来理论和应用的研究热点,它是图像处理和计算机视觉学科的重要分支,也是智能监控系统的核心部分,同时目标检测也是泛身份识别领域的一个基础性的算法,对后续的人脸识别、步态识别、人群计数、实例分割等任务起着至关重要的作用。

目标检测的任务是找出图像中所有感兴趣的目标(物体),确定它们的类别和位置,是计算机视觉领域的核心问题之一。由于各类物体有不同的外观、形状、姿态,再加上光照、遮挡等因素的干扰,目标检测在计算机视觉中也是一项具有挑战性的任务。

机器视觉中关于目标检测有四大类任务。

(1) 分类(Classification):这是目标检测任务中最基本的类型。它只需要判断一张图片或者视频中是否存在某个特定的物体,而不需要对物体进行定位。例如,给定一张猫咪的图片,分类任务就是要判断这张图片是否包含猫咪。

(2)定位(Location):定位任务需要找出图像中物体的位置,通常用框表示物体的位置。给定一张猫咪的图像,定位任务就是找到图像中猫咪的位置,并用一个框将其框起来。

(3)检测(Detection):检测任务需要既能定位物体位置,又能识别物体的类别。这意味着在一幅图像或视频中可能会有多个目标,每个目标都需要被标记,并分配相应的类别标签。举例来说,给定一张动物园的照片,检测任务会找到所有动物并将它们分为不同的类别(如狮子、老虎、长颈鹿等),用框框出它们的位置。

(4)分割(Segmentation):分割任务需要对每个像素进行标注,以鉴别其属于哪个目标或场景。实例级别分割是指将每个对象分开,即对每个对象中的像素进行标记。场景级别分割是将整个场景划分成几个区域,并为每个区域确定一个标签,表示该区域属于哪个场景。例如,在一幅街景图像中,实例级别分割会为每个车辆和行人标记出其轮廓,而场景级别分割则会将整幅图像分为道路、建筑物、天空等不同的区域。

目标检测四大类任务结果如图 8-1 所示。

图 8-1　目标检测四大类任务结果

我们要解决的目标检测任务是一个分类问题和回归问题的叠加,分类是区分目标属于哪个类别,回归用来定位目标所在的位置。

目前,常用的目标检测方法分为传统目标检测方法以及基于深度学习的算法两大类。

传统目标检测方法一般分 3 个阶段。

(1)选取感兴趣的区域:在图像中,可能存在很多区域,但其中只有一部分包含目标的感兴趣区域。因此,首先需要通过一些方式选择出可能包含目标的区域,称为候选区域。这一步可以使用一些启发式方法,如滑动窗口和图像分割等。

(2)对感兴趣区域的图像进行特征提取:对于每个候选区域,需要从图像中提取出一些特征信息,以便后续分类器能对其进行分类。这些特征通常包括颜色、形状、纹理等方面的信息,可以使用手工设计的特征提取方法或者深度学习中的卷积神经网络(CNN)等方法实现。

(3)基于特征完成目标检测分类:最后,根据提取到的特征信息,需要将候选区域分类为包含目标或不包含目标。这一步通常使用分类器完成,如支持向量机(SVM)、决策树等传统机器学习方法,或深度学习中的 CNN 等方法。

以上 3 个阶段构成传统目标检测方法的基本流程。这种方法对候选区域进行筛选,可以大大减少图像中需要处理的区域数量,提高目标检测效率。但是,由于需要先选取感兴趣的区域后再提取特征和分类,因此传统目标检测方法可能存在一定的局限性,无法处理复杂场景、多目标、变形等问题。随着深度学习技术的发展,基于深度学习的目标检测算法也逐渐成为主流。

机器学习算法也可分成两类模式:Two Stage 模式和 One Stage 模式。其中 Two Stage 模式包括两个步骤:①选取感兴趣的区域;②通过卷积神经网络进行目标检测分类。常见的算法有 R-CNN、SPP-Net、R-FCN 等。One Stage 模式则不需要选取感兴趣的区域,直接在整个图像中提取特征向量完成分类和定位,常见的算法有 OverFeat、YOLO v1、YOLO v2、YOLO v3、YOLO v5、SSD、RetinaNet 等。

Two Stage 模式的优点在于能生成更准确的候选框,从而提高目标检测的精度。因为该模式首先对图像进行一次区域建议,将可能包含目标物体的区域筛选出来,再对这些区域进行分类和位置回归,所以可以较好地避免背景干扰,提高了检测的准确率。此外,Two Stage 模式还具有较好的可解释性,可以通过可视化方式直观地展示检测结果。

One Stage 模式的优点在于速度更快且效果不错,能实现实时目标检测。由于该模式直接对整幅图像进行分类和位置回归,省去了区域建议的过程,因此有更快的处理速度。同时,在数据集较大的情况下,One Stage 模式也能取得不错的检测效果,特别是在小目标检测方面表现较好。

然而,Two Stage 模式相比于 One Stage 模式需要更多的计算资源和时间,因为其需要进行两个阶段的计算:区域建议和对象检测。而 One Stage 模式虽然速度快,但是其对小目标的检测能力相对较弱,可能存在漏检或误检的问题。

目标检测需要评价指标是一项重要的计算机视觉任务,涉及准确地识别图像或视频中出现的物体,并进行定位和分类。只有通过合理的评价指标,才能客观地衡量模型的性能优劣,了解其在不同场景下的表现,进而指导模型的训练和优化。同时,不同的评价指标对应不同的模型需求和任务背景,可以根据实际需求选择合适的评价指标来评估模型性能并进行比较。因此,目标检测需要评价指标以提高模型的效果和可靠性,并更好地服务于实际应用。

1. IoU

IoU(Intersection over Union)是目标检测中常用的一种评价指标,它衡量了预测框和真实框之间的重叠程度。通常情况下,如果 IoU 大于某个阈值,则认为该预测框正确地检测到了目标。

计算两个框的 IoU,需要先计算它们的交集面积和并集面积。假设第一个矩形的坐标为 (x_1, y_1, x_2, y_2),第二个矩形的坐标为 (x_3, y_3, x_4, y_4),则它们的交集面积可以表示为 inter_area = max(0, min(x2,x4)−max(x1,x3)) * max(0, min(y2,y4)−max(y1,y3)),其中 max(0, inter_area) 保证了当两个矩形不重叠时,交集面积为 0。而并集面积则可以表示为 union_area=(x2−x1)*(y2−y1)+(x4−x3)*(y4−y3)−inter_area。

最后,将交集面积除以并集面积即可得到 IoU:iou = inter_area / union_area。

通常情况下,当 IoU 大于某个阈值时,就可以认为预测框正确检测到了目标。例如,当 IoU 大于 0.5 时,可以认为预测框与真实框的重叠程度足够大,可以被视为正确检测到了目标。这个阈值可以根据具体任务和需求进行调整,以达到最佳的性能和准确率。

IoU 是一种简单但有效的评价指标,它可以帮助我们衡量预测框和真实框之间的重叠程度,并通过设定阈值判断是否正确检测到了目标。在目标检测中,IoU 是一个非常重要的指标,通常与其他指标一起使用来评估模型的性能。

2. mAP

mAP(mean Average Precision)是一种广泛使用的目标检测性能指标。在目标检测任务中,我们需要确定是否存在目标,并对目标进行分类和定位。与其他指标(如准确率或召回率)相比,mAP 更加全面和综合,可以评估模型在多个类别上的准确性。

计算 mAP 时,首先需要针对每个类别计算 AP(Average Precision)。AP 是通过将每个类别下的检测结果按照置信度从高到低排序,并根据一定的阈值计算出精确率和召回率得到的曲线下的面积。对于每个类别,AP 越高,表示模型在该类别上的检测效果越好。

然后,对所有类别的 AP 进行平均得到 mAP。mAP 越高,表示模型检测效果越好,同时也意味着模型对不同类别的目标检测能力更加均衡。当存在多个类别时,如果一个模型在某个类别上的检测效果很差,那么 mAP 的值就会相应地降低。这使得 mAP 成为评估多类别目标检测模型性能的重要指标之一。

需要注意的是,计算 AP 和 mAP 时,需要选择适当的阈值来确定正负样本,不同的阈值可能会对模型性能评估产生影响。因此,使用这些指标时需要谨慎选择阈值。

mAP 是最常用的指标之一,因为它能全面评估模型在多个类别上的性能,并且具备很好的可解释性,可以帮助我们理解模型的优劣。

mAP 是一种全面且常用的目标检测模型性能指标,它可以帮助我们评估模型在多个类别上的准确性,并确定模型优化方向。

3. 精确率-召回率曲线

精确率-召回率曲线(Precision-Recall Curve)是目标检测中常用的评价指标之一。在实际应用场景中,不同的任务可能对精确率和召回率有不同的要求。例如,对于安全监控系统,需要尽可能检测出所有异常情况,即高召回率;而对于医学影像诊断,需要尽可能减少误判,即高精确率。

召回率是指正确检测到的正样本数占所有正样本数的比例,其计算方法为:召回率=真正例/(真正例+假反例)。其中,真正例表示被正确检测为正样本的数量,假反例表示本来是正样本但被错误检测为负样本的数量。因此,召回率越高,意味着被正确检测的正样本数越多,未能被检测到的正样本数越少。

精确率是指真正例占预测为正例的样本总数的比例,其计算方法为:精确率=真正例/(真正例+假正例)。其中,真正例表示被正确检测为正样本的数量,假正例表示本来是负样本但被错误检测为正样本的数量。因此,精确率越高,意味着被预测为正样本的样本中真正是正样本的比例越高,被错误预测为正样本的数量越少。

通过绘制精确率-召回率曲线,可以更全面地评估模型在不同阈值下的性能,并根据具体任务需求选择最佳的模型。通常情况下,随着分类器阈值的降低,召回率会增加,而精确率会下降。

4. ROC

ROC(Receiver Operating Characteristic)曲线是一种常见的用于评估二分类模型性能的指标,尤其在机器视觉领域中被广泛应用。在许多实际应用场景中,需要将样本区分为两个类别,并使用一个阈值判断样本是否属于正类别。不同的阈值会产生不同的真正例率和假正例率,因此需要使用 ROC 曲线评估模型的整体性能。

ROC 曲线的横轴是假正例率(FPR),纵轴是真正例率(TPR)。其中,真正例率表示正确识别为正类别的样本占所有正样本的比例,计算方法为:TPR=真正例/(真正例+假反例);而假正例率表示被错误识别为正类别的负样本占所有负样本的比例,计算方法为:FPR=假正例/(假正例+真反例)。其中,真反例表示本来是负样本但被正确识别为负样本的数量,假正例表示本来是负样本但被错误识别为正样本的数量。

随着阈值的降低,负样本中被错误识别为正类别的数量逐渐增加,导致假正例率逐渐增加,而真正例率则逐渐增大。ROC 曲线从原点(0,0)开始,随着阈值的降低逐渐向右上方移动,最终结束于点(1,1)。

通常情况下,ROC 曲线越接近左上角,则表示分类器的性能越好。可以使用 ROC 曲线下面积(AUC)衡量分类器的性能。AUC 的取值范围在 0.5~1,其中 0.5 表示随机猜测,1 表示完美分类器。因此,AUC 越接近 1,说明分类器的性能越好。

在样本不平衡的情况下,仅使用精确率或者召回率无法全面评估模型的性能。因此,在机器视觉领域中,可以结合使用 ROC 曲线和 AUC 指标,更全面地评估二分类模型的性能。此外,针对不同的任务需求和数据分布,选择合适的评价指标也是非常重要的。

8.2 传统目标检测算法介绍

传统的目标检测算法分为 3 个阶段:首先在给定的图像上选择一些候选的区域,该阶段主要通过一些对象提案技术(如 Selective Search 或 EdgeBoxes 等)在图像中生成一系列候选目标区域。这些候选区域可能包含了一些真实的目标,也可能包含了一些非目标区域。然后对这些区域进行特征提取的操作,对于每个候选的目标区域,使用卷积神经网络从该区域中提取出相应的特征向量。这些特征向量通常是由预训练好的 CNN 模型生成的。最后使用预先训练好的分类器进行分类。使用一个预先训练好的分类器对每个候选的目标区域进行分类。分类器可以是支持向量机(SVM)或者 Softmax 分类器,它们根据候选区域的特征向量判断该区域是否属于特定类别的物体。如果属于,则将其输出为检测结果。

8.2.1 区域选择

感兴趣区域的选取通常采用滑动窗口的方式,如图 8-2 所示,红色为选取的滑动窗口,依照一定的次序在图片上滑动,每滑动一次都获取一个感兴趣窗口。通常,窗口从左到右,从上到下地在整张图片上以一定的步长进行滑动扫描。

滑动窗口示意图如图 8-2 所示。

窗口滑动本质上是一个穷举遍历的过程,由于事先不知道要检测的目标大小,所以要

设置不同大小比例的窗口去滑动,而且要选取合
适的步长,这样做就会非常耗时。另外,图片中
的物体有大有小,尺寸不同,所以用一个固定的
窗口进行滑动时,若物体较小,则该窗口可能框
住很多背景,若物体较大,则该窗口只框住物体
的局部,进而对该框内的物体提取特征并进行分
类时可能会产生误分类,或者出现多个正确识别
的结果。因此,在设计窗口时,必须设计各种尺
寸的窗口,这样就会产生大量的计算,导致运行
速度慢。总体来说,窗口滑动有几个缺点:①穷

图 8-2　滑动窗口示意图

举遍历导致计算量比较大、运行速度慢;②窗口大小无法确定,导致识别率低、准确率不
高;③如果窗口包括多个目标,可能会产生多个正确识别的结果。

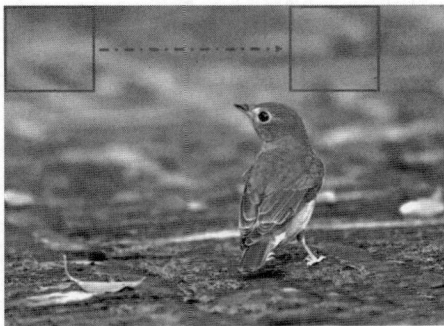

　　Selective Search 是一种基于图像分割的对象提案技术,其主要思想是将图像分割成多
个区域,并通过合并相邻的区域形成候选目标区域。具体地,Selective Search 主要分为两
个阶段:区域生成和区域合并。在区域生成阶段,Selective Search 首先基于颜色空间、纹
理、大小和形状等特征将图像分割成多个子区域。它使用 Felzenszwalb 和 Huttenlocher
算法对图像进行超像素分割,以便形成粗略的区域划分。接着,Selective Search 在每个超
像素上计算其与相邻超像素的相似度,并将相似度保存在一个邻接矩阵中。然后,
Selective Search 使用一个基于贪心策略的算法优化邻接矩阵,以便形成一组初始的候选目
标区域。在区域合并阶段,Selective Search 通过逐步合并相似的邻居区域形成高质量的候
选目标区域。具体来说,它首先计算每对相邻区域之间的相似度,并将相似度保存在一个
相似度矩阵中。然后,它使用一个基于贪心策略的算法不断合并相似度最高的邻居区域,
直到满足停止准则为止。在合并过程中,Selective Search 会根据区域间的相似度和重叠度
等因素调整合并顺序,以便形成高质量的候选目标区域。由于 Selective Search 基于低级
特征(如颜色和纹理)进行分割和合并,因此可以处理各种复杂场景下的目标,包括具有不
同形状、大小和方向的目标。

　　而 EdgeBoxes 则是一种基于边缘检测的对象提案技术,其主要思想是通过检测图像中
的边缘来识别物体。具体来说,EdgeBoxes 主要分为两个阶段:候选区域生成和区域评
估。在候选区域生成阶段,EdgeBoxes 首先将原始图像转换为灰度图像,并使用多尺度
Canny 边缘检测算法检测图像中的边缘。然后,它通过对边缘进行非极大值抑制来抑制冗
余的边缘响应。接着,EdgeBoxes 将边缘响应映射到一组锚定边界框上,并根据边缘的连
通性和相对位置形成候选目标区域。这些候选目标区域既考虑了物体的形状和大小,也考
虑了它们在图像中的位置和布局。在区域评估阶段,EdgeBoxes 通过评估每个候选区域的
边缘响应值和外观一致性选择高质量的目标区域。具体来说,它为每个候选区域计算一个
边缘响应得分,该得分反映了区域内边缘的数量和质量。然后,EdgeBoxes 将边缘响应得
分与区域的外观一致性进行组合,并使用非极大值抑制选择高质量的目标区域。最终,它
将评估后的候选区域输出作为目标检测算法的输入。由于 EdgeBoxes 基于边缘检测,因此
可以处理各种具有明显轮廓和纹理的目标。

　　候选区域的图像应该有一定的相似性,在图像的颜色、纹理、位置和面积等方面存在可

以合并可能。选择性搜索算法可以基于上述特点得到一系列候选区域,并根据一定准则进行区域合并。其基本思路如下:先对图像进行预分割,计算相邻区域间的相似度,从中找出相似度最高的两个区域合二为一;然后不断重复上面的过程,指导所有区域都合并成同一个区域。

8.2.2　特征提取

人类对目标的检测分类,很大程度上是基于目标的特性进行的。特征的关键是在扩大不同类别之间方差的同时,尽量减小类内的方差,这样既体现不同类别之间的变化趋势,也体现同一类别之间的不同。在机器视觉领域,人们最初提取的特征是几何特征,后来随着技术的发展,逐步提出 Haar、LBP 和 HOG 等特征向量。

1. 几何特征

几何特征主要包括几何形状、空间关系及对应图像的角点、边缘、轮廓特征等,可以通过边缘算子进行提取。结合几何特征,可建立能参数化描述和表征各类局部构件聚类特征的几何与辐射特征集。下面对直线特征识别、多边形特征识别、椭圆特征识别等几种常见几何特征做简单介绍。

直线是图像目标的基本特征之一,其检测算法主要包括标准霍夫变换(SHT)、Burns方法和 LSD 方法等。在计算机视觉领域,由于霍夫变换对随机噪声和特征部分遮挡等方面具有较高鲁棒性,其被广泛应用于直线特征的识别检测。霍夫直线变换的基本思想是:图像中任何点都可能是直线上的点,通过一个变换域运算将图像从空间域变换到参数空间,并以参数空间中网格点计数值的多少描述图像中的直线。空间域坐标系下的任意点在参数空间坐标系下会产生一条曲线,这条曲线上的每一点都代表通过直线坐标系下此点的一条直线。为了解决空间域坐标系中直线与参数空间坐标系下点的对应关系,进行以下设定:首先,将参数空间坐标系平面根据要求的精度分割成 $N \times M$ 个等间隔网格,并建立一个与每个网格对应的计数序列,其初始各元素均为零;然后,对空间域坐标系下的每一点求其在空间参数坐标系的曲线,曲线经过的网格其对应的计数序列元素值加一;最后,统计 $N \times M$ 个计数序列的值,超过一定阈值的网格即被认为是原图像坐标系下的直线。

OpenCV 提供了标准霍夫变换函数 cv.HoughLines(),该函数的原型为

```
Lines = cv.HoughLines(image,
                      rho,
                      theta,
                      threshold[,lines[,srn[,stn[,min_theta[, max_theta]]]]])
```

参数意义如下。

(1) image:原图像。

(2) rho:以像素为单位的距离分辨率。

(3) theta:以弧度为单位的角度分辨率。

(4) threshold:累加器的阈值。

(5) lines:霍夫变换检测到的直线极坐标描述的系数。

(6) srn:该参数表示距离分辨率的倒数(在多尺度霍夫变换有用),默认为 0。

（7）stn：该参数表示角度分辨率的倒数（在多尺度霍夫变换有用），默认为 0。

（8）min_theta：检测直线的最小角度，默认为 0。

（9）max_theta：检测直线的最大角度，默认为 CV_PI。

例 1：使用 cv. HoughLines()函数检测图像中的直线。

```python
import cv2 as cv
import numpy as np

image = cv.imread('line.jpg')
image_edge = cv.Canny(image, 150, 150, 3)
lines = cv.HoughLines(image_edge, 1, np.pi/180, 200)

for i in range(0, len(lines)):
    rho, theta = lines[i][0][0], lines[i][0][1]
    a = np.cos(theta)
    b = np.sin(theta)
    x0 = a * rho
    y0 = b * rho
    x1 = int(x0 + 1000 * (-b))
    y1 = int(y0 + 1000 * a)
    x2 = int(x0 - 1000 * (-b))
    y2 = int(y0 - 1000 * a)
    cv.line(image, (x1, y1), (x2, y2), (255, 255, 255), 2)
cv.imshow('0', image)
cv.waitKey(0)
cv.destroyAllWindows()
```

实验结果如图 8-3 所示，其中图 8-3(a)为原始图像，图 8-3(b)为检测到直线后的图像。

(a) 原始图像   (b) 检测到直线后的图像

图 8-3　实验结果

例 1 的代码中使用函数 cv.Canny()对原始图像进行边缘提取，这是因为在计算机图像处理领域，两个不同特征区域的差异会表现在其分界线上，这个特征区域的分界线一般称为边界。当采用 Canny 算子对图像进行边缘检测后，图像边界的提取变得十分容易完成，其关键是如何对边界进行描述，从而得出边界自身所代表的特征信息。对多边形边界特征是通过其各边界端点的图像二维坐标进行描述，通过对各相邻特征点连线即可恢复完整的多边形边界信息。由于空间环境条件恶劣，图像采集得到的多边形边界特征可能会因受到部分遮挡等原因而使得边界特征不完整，从而造成边界特征描述上的困难。为了解决以上边界信息部分残缺导致的识别困难问题,对图像序列处理中的多边形识别问题提出一种结合直线检测算法的多边形逼近算法,以多边形轮廓信息作为输入,以多边形各端点的位置信息作为输出。其中多边形轮廓是以轮廓的概括特征为判别函数,从 Canny 算子获得的边界信息中提取得到的。该算法能有效解决多边形特征部分残缺的问题,且提升了多边形逼近算法的计算速度。

圆形是一种常用的识别特征,其在图像中的成像一般为椭圆形状。可采用最小二乘椭圆拟合的方法对椭圆进行拟合,在得到椭圆二次曲线表达式后,计算出椭圆的 5 个参数信息。椭圆的边界信息主要有椭圆长轴、短轴、长轴与 X 轴正方向的倾斜。若拟合曲线非椭圆,则说明图像中轮廓不是椭圆,须调整追踪新位置重新测量;若拟合曲线为椭圆,则将椭圆方程 F 改写为椭圆标准方程,可得椭圆边界参数。

OpenCV 提供了利用标准霍夫变换检测图像中是否存在圆形的函数 cv.HoughCircles(),该函数的原型为

```
circles = cv.HoughCircles(image,method,dp,minDist [, circles [, param1 [, param2
[,minRadius [, maxRadius]]]]])
```

参数意义如下。

(1) image:输入图像。

(2) method:检测圆形的方法标志。

(3) dp:离散化累加器分辨率与图像分辨率的反比。

(4) minDist:检测结果中两个圆心之间的最短距离。

(5) circles:检测加过的输出量,分别用圆心的横、纵坐标和圆的半径描述每个圆形。

(6) param1:传递给 Canny 边缘检测器的两个阈值中的较大值,默认值为 100。

(7) param2:检测圆形的累加器阈值,默认值为 100。

(8) minRadius:检测圆的最小半径,默认值为 0。

(9) maxRadius:检测圆的最大半径,默认值为 0。

例 2:使用 cv. HoughCircles()函数检测图像中的圆形。

```
import cv2 as cv
import numpy as np
image = cv.imread('circle.jpg')
image_grad = cv.cvtColor(image, cv.COLOR_BGR2GRAY)

dp = 1
min_dist = 20
param1 = 50
param2 = 30
min_radius = 59
max_radius = 75

circles = cv.HoughCircles(image_grad, cv.HOUGH_GRADIENT, dp, min_dist,
                          param1 = param1, param2 = param2,
                          minRadius = min_radius, maxRadius = max_radius)
circles = np.uint16(np.around(circles))
```

```
for i in circles[0, :]:
    cv.circle(image, (i[0], i[1]), i[2], (255,0,0), 2)
    cv.circle(image, (i[0], i[1]), 2, (0,255,0), 3)

cv.imshow('0',image)
cv.waitKey(0)
cv.destroyAllWindows()
```

实验结果如图 8-4 所示,其中图 8-4(a)为原始图像,图 8-4(b)为检测到圆形后的图像。

(a) 原始图像   (b) 检测到圆形后的图像

图 8-4 实验结果

2. Haar 特征

在人脸检测中,脸部的一些特征可以由颜色的深浅简单描述,如嘴唇比周边皮肤的颜色要深,鼻梁比两边的肤色要浅,这种图像灰度的局部变化可以使用 Haar 特征描述。Haar 特征最早由 Papageorgiou 提出,在此基础上 Viola 和 Joness 发展了多种形式的Haar-like 特征。Haar-like 模板如图 8-5 所示,总体上分为 3 类:边缘特征、线性特征和中心对角线特征。

1. Edge features

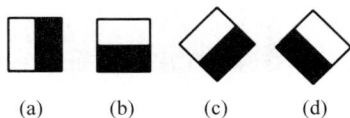

2. Line features

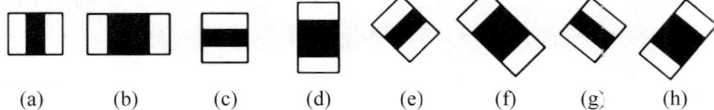

3. Center-surround features

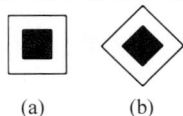

图 8-5 Haar-like 模板

边缘特征:这类特征主要用来检测图像中的边缘。边缘特征由两个相邻的矩形组成,其中一个矩形灰度值为负,另一个矩形灰度值为正,这样可以通过比较两个矩形中像素的平均强度来检测边缘。

线性特征：这类特征用于检测水平或垂直的线条。线性特征由 3 个相邻的矩形组成，其中中间的矩形有正值，两侧的矩形都有负值。通过比较正值矩形和两个负值矩形之间的像素平均强度差异来检测线条。

中心对角线特征：这类特征用于检测图像中的对角线。中心对角线特征由 4 个矩形组成，其中两个矩形位于对角线上，灰度值为正，另外两个矩形位于对角线两侧，灰度值为负。通过比较对角线上的正值矩形和旁边的负值矩形之间的像素平均强度来检测对角线。

模板中白色和黑色区域的对应像素值分别被赋予"1"和"−1"的权重，然后累加求和。Haar-like 的特征模板有很多种，大小可变，可用于图像中的任何地方，因此，Haar-like 特征的提取受模板类别、大小和位置 3 个因素的影响，这样导致在一个固定大小的图像区域，可以提取出大量的 Haar-like 特征。如果每次提取特征时都遍历计算图像窗口，会造成大量的重复计算，大大降低算法的运行效率。为了快速计算特征值，一般采用一种叫积分图的动态规划方法。

积分图把图像起始像素点到每个像素点之间所形成的矩形区域的所有像素值的和作为一个元素 $R(x_k, y_k)$ 保存起来。

$$R(x_k, y_k) = \sum_{x=0}^{x_k} \sum_{y=0}^{y_k} I(x, y)$$

其中 $I(x, y)$ 表示图像在坐标 (x, y) 的像素值。那么，任意一个矩形区域的积分图 $B(x_{k1}, y_{k1}, x_{k2}, y_{k2})$ 可以通过读取几次 $R(x_k, y_k)$ 的值计算出来。

$$B(x_{k1}, y_{k1}, x_{k2}, y_{k2}) = \sum_{x=x_{k1}}^{x_{k2}} \sum_{y=y_{k1}}^{y_{k2}} I(x, y)$$
$$= B(x_{k2}, y_{k2}) - B(x_{k1}, y_{k2}) - B(x_{k2}, y_{k1}) + B(x_{k1}, y_{k1})$$

构建积分图的算法步骤如下。

(1) 初始化行方向累加和，以及积分图的值。

(2) 逐行扫描图像，递归计算每行的像素累加和，以及积分图的值。

(3) 遍历图像，当到达图像右下角像素时，积分图构造完成。

OpenCV 提供了提取人脸 Haar 特征来训练分类器的应用。下面简单介绍一下训练的具体步骤，大体分 3 个阶段。

(1) 准备训练数据。这个过程有点烦琐，首先把负样本按下面的结构存放在 neg 文件夹下，文件中的所有图片，生成统一大小（40×40）并保存到文件中：

```
/img
    img1.jpg
    img2.jpg
bg.txt
```

其中文件 bg.txt 里描述负样本的存储路径，格式为

```
img/img1.jpg
img/img2.jpg
```

然后把正样本按下面的结构存储在 pos 文件夹下，文件中的所有图片，生成统一大小（40×40）并保存到文件中：

```
/img
    img1.jpg
    img2.jpg
info.dat
```

其中文件 info.dat 里描述正样本的存储路径,格式为

```
img/img1.jpg  n  x y w h
```

在 img1.jpg 的路径结构中,n 表示图片中目标的个数,x 和 y 表示目标区域的左上角坐标,w 和 h 分别为目标区域的长和宽。例如:

```
img/img1.jpg  1  140 100 45 45
img/img2.jpg  2  100 200 50 50   50 30 25 25
```

(2) 利用 OpenCV 自带的应用工具 opencv_createsamples 对正样本生成相应的训练数据集,调用格式及部分参数如下。

```
opencv_createsamples -vec face.vec \      #输出的包含正样本的数据集 vec 文件
                     -img\                 #正样本图像
                     -w\                   #正样本图像的宽度
                     -h\                   #正样本图像的高度
                     -maxxangle\           #数据增强:允许的最大的 x 方向的偏转角
                     -maxyangle\           #数据增强:允许的最大的 y 方向的偏转角
```

(3) 利用应用工具 opencv_traincascade 训练分类器,最后以 xml 文件保存,调用格式及部分参数如下。

```
opencv_traincascade      -data\            #模型 xml 文件保存的目录
                         -vec\             #正样本数据集文件
                         -bg\              #负样本数据集文件
                         -numPos\          #用于训练的正样本图像数量
                         -numNeg\          #用于训练的负样本图像数量
                         -numStages\       #stage 数越多,训练效果越好,但是耗时也越长
                         -numThreads\      #训练需要用到的线程
                         -featureType\     #特征类型,支持 Haar、Harr-like 和 LBP 特征
                         -w\               #训练图像的宽度
                         -h\               #训练图像的高度
```

OpenCV 提供了级联分类器 CascadeClassifier,结合默认提供或者自行训练的人脸特征数据集,即可检测人脸并画出来。人脸检测中使用到两个主要函数 detectMultiScale() 和 CascadeClassifier(),其调用格式及意义如下。

```
detectMultiScale (image [, scaleFactor [, minNeighbors [, flags [, minSize [,
maxSize]]]]])
```

参数意义如下。

(1) image:输入图像。

(2) scaleFactor:搜索前后两次窗口大小比例系数,默认为 1∶1,即每次搜索窗口扩大 10%。

(3) minNeighbors:构成检测目标的相邻矩形的最小个数。如果组成检测目标的小矩

形的个数和小于 minneighbors—1,都会被排除;如果 minneighbors 为 0,则函数不做任何操作就返回所有被检候选矩形框。

(4) flags:若设置为 CV_HAAR_DO_CANNY_PRUNING()函数,将会使用 Canny 边缘检测排除边缘过多或过少的区域,默认写 0 即可。

(5) minSize:检测的最小尺寸。

(6) maxSize:检测的最大尺寸。

级联分类器函数 CascadeClassifier()可以导入一个训练好的分类器文件,其调用格式为

```
CascadeClassifier(path)
```

参数意义如下。

path:分类器文件的路径。

使用 OpenCV 实现人脸识别,包括如下几个步骤。

1) 导入分类器文件

```
faceCascade = cv2.CascadeClassifier("haarcascade_frontalface_default.xml")
```

2) 读入图像

```
img = cv2.imread(' cascade.jpg ')
```

3) 转为灰度图

```
imgGray = cv2.cvtColor(img, cv2.COLOR_BGR2GRAY)
```

4) 调用 detectMultiScale()函数进行检测

```
face = faceCascade.detectMultiScale(imgGray)
```

5) 绘制矩形框标记人脸

```
for (x, y, w, h) in face:
    cv2.rectangle(img, (x, y), (x+w, y+h), (255, 0, 0), 2)
```

6) 输出图像

```
cv2.imshow("Result", img)
```

识别结果如图 8-6 所示。

图 8-6　识别结果

3. SIFT 与 SURF 的特征

SIFT 特征描述子是一种基于尺度空间的特征描述向量,对图像旋转、缩放和仿射变换的不变性,具有较快的运算速度,在图像配准领域有广泛的应用。SIFT 特征描述子的提取过程包括 4 个步骤。

(1) 尺度空间极值检测:通过使用高斯差分函数计算并搜索所有尺度上的图像位置,找到在尺度空间和二维图像空间均为极值的特征点,初步确定特征点的位置和所在的尺度。该步骤用于识别对尺度和方向不变的潜在兴趣点。首先,采用不同尺度的二维高斯核函数 $G(x,y,\sigma)$ 对原图像 $I(x,y)$ 进行滤波,生成多尺度空间。这个过程可以由卷积运算表征,如下式所示。

$$\mathcal{L}(x,y,k\sigma)=I(x,y)\oplus G(x,y,k\sigma)$$

其中二维高斯核函数 $G(x,y,\sigma)=\dfrac{1}{2\pi\sigma^2}e^{-\frac{(x^2+y^2)}{2\sigma^2}}$,$\sigma$ 是尺度因子。不同的尺度因子滤波后得到多组图像,从而形成一个金字塔形的图像序列,这就是高斯金字塔尺度空间。为了提取稳定的极值点,SIFT 不直接在高斯金字塔尺度空间检测,而是在由两个相邻的高斯尺度空间相减得到的差分高斯尺度空间(差分高斯金字塔,DOG)里检测,这个过程称为 DOG 算子。

(2) 关键点定位:在 DOG 算子会产生边缘效应,影响 SIFT 特征描述符的稳定性。可以通过去除低对比度极值点及边缘响应点的方法实现对极值点的精确定位。具体方法是对差分高斯尺度空间函数在极值点附近进行二次泰勒展开,得到拟合函数。然后对拟合函数求导并令一阶导数为零,得到精确的极值点。如果偏移量在任何一个维度上大于 0.5,则认为插值中心已经偏移到它的邻近点上,所以需要改变当前关键点的位置,同时在新的位置重复采用插值直到收敛为止。如果超出预先设定的迭代次数或者超出图像的边界,则删除这个点。

(3) 方向匹配:有了关键点后,下一步是实现 SIFT 特征点描述子的选择不变性,方法是基于局部图像的梯度方向,通过加权的方式确定每个关键点的主方向,然后将邻域内所有像素点的梯度方向减去主方向值,作为它们新的梯度方向值。后续所有对图像数据的操作都是相对于关键点的方向、尺度和位置进行变换,从而这些变换提供了不变形。

(4) 关键点描述:对每个 SIFT 关键点的描述,应该具有高度的独特性,同时不随光照、视角等各种变化而变化,这种以 SIFT 特征点为中心的局部图像特征多维向量就是 SIFT 特征描述子。首先将坐标轴旋转到关键点的主方向,确保旋转不变性;然后根据关键点的尺度选取高斯图像,并计算以关键点为中心的局部区域内所有像素点的梯度,接着采用这些梯度估计生成直方图,拼接成一组向量,这就是 SIFT 特征描述子。

SIFT 算法具有明显的优点,其一是 SIFT 特征具有旋转、放缩不变性,也对光亮、视角变化保持稳定;其二是 SIFT 描述子特征数量多,运算速度快;第三是可扩展性强,易于与其他特征向量结合使用。

SIFT 特征检测算法较为复杂,本文由于篇幅限制,只能对基本原理进行简单介绍。为了方便利用 SIFT 算法检测特征,OpenCV 提供了直接检测 SIFT 特征的类库和相关函数。SIFT 类继承了 Feature2D 类,可以通过该类的 detect() 函数和 compute() 函数计算关键点与描述子,同时,SIFT 类也提供了 cv.xfeature2d.SIFT_create() 函数用于创建 SIFT 对象,该函数的调用格式和参数定义如下。

```
retval = cv.xfeature2d.SIFT_create( [, nfeatures
                                    [, nOctaveLayers
                                    [, contrastThreshold
                                    [, edgeThreshold
                                    [, sigma ] ] ] ] )
```

（1）nfeatures：计算 SIFT 特征点的数量，默认值为 0。

（2）nOctaveLayers：高斯金字塔中每组的层数，默认值为 3。

（3）contrastThreshold：过滤较差特征点的阈值，默认值为 0.04。

（4）edgeThreshold：过滤边缘效应的阈值，默认值为 10。

（5）sigma：高斯金字塔第 0 层图像高斯滤波的系数，默认值为 1.6。

SIFT 有较高的准确性和稳定性，但计算速度较慢，适合图像的离线处理，但难以在实时性要求高的系统中运行。为了提高 SIFT 算法的计算速度，一种称为 SURF 的特征检测算法被提出。SURF 算法在两个方面对 SIFT 进行调整，以改善其性能。①构建尺度空间的方法不同。与 SIFT 通过高斯差分构建高斯差分空间不同，SURF 直接用方框滤波器逼近高斯差分空间，这种近似的做法可以借助积分图轻松完成。②金字塔的尺寸不同。在 SIFT 特征中，下一组图像尺寸是上一组的一半，而同组图像尺寸相同，所用到高斯模糊系数逐渐增大；SURF 特征点的不同组图像尺寸相同，不同组使用的滤波器尺寸逐渐增大，而同一组不同层之间使用的滤波器尺寸相同，但模糊系数增大。

OpenCV 提供了直接检测图像 SURF 特征的类库和相关函数，该函数的调用格式和参数定义如下。

```
Retval = cv.xfeature2d.SURF_create( [, hessianThreshold
                                    [, nOctaves
                                    [, nOctaveLayers
                                    [, extended
                                    [, upright ] ] ] ] )
```

（1）hessianThreshold：检测 SURF 关键点的阈值，默认值为 100。

（2）nOctaves：高斯金字塔中的组数，默认值为 4。

（3）nOctaveLayers：高斯金字塔中每组的层数，默认值为 3。

（4）extended：是否使用扩展描述子的标记位，默认值为 False，即使用 64 维描述子。

（5）upright：是否计算关键点方向的标记位，默认值为 False，表示计算关键点方向。

```
import cv2 as cv
import sys
image = cv.imread('parrot.jpg')
surf = cv.xfeatures2d.SURF_create(500, 4, 3, True, False)
kps = surf.detect(image, None)
des = surf.compute(image, kps)
image = cv.drawKeypoints(image, kps, image, ())
cv.imshow('surf demo', image)
cv.waitKey(0)
cv.destroyAllWindows()
```

测试结果如图 8-7 所示。

4. HOG 特征

与基于尺度空间的 SIFT 描述子不同，HOG 特征描述子关注物体的形状和结构，特别是边缘的梯度和方向。HOG 特征最早由法国科学家 Dalal 和 Triggs 提出，是一种对图像局部重叠区域的密集型描述符。HOG 特征与 SVM 分类器结合后，在行人检测领域有广泛的应用。HOG 特征的主要思想是利用边缘的梯度和方向的统计信息描述图像局部目标的形状特征。HOG 特征描述子的提取主要有以下 4 个步骤。

图 8-7 测试结果图

（1）图像尺寸压缩。图像表层纹理强度受光照影响较大，压缩图像能有效降低局部图像的阴影和光照变化。在此需要对图像进行预处理，一般可以把图像压缩成 64×128 的尺寸，以便于后续将图片分为 8×8 和 16×16 的小块来提取特征。

（2）计算图像梯度。梯度能反映目标在 x 和 y 方向所发生的微小变化，计算图像梯度能捕捉目标的轮廓，提取纹理信息以及进一步弱化光照的影响。假设 $I(x,y)$ 是图像在坐标 (x,y) 处的像素值，那么在水平方向和垂直方向的梯度被定义为该点像素附近的像素值之差，即

$$G_x(x,y) = I(x+1,y) - I(x-1,y)$$
$$G_y(x,y) = I(x,y+1) - I(x,y-1)$$

那么，梯度值和梯度方向表示为

$$|G(x,y)| = \sqrt{G_x(x,y)^2 + G_y(x,y)^2}$$
$$\varphi(x,y) = \arctan^{-1}(G_y(x,y)/G_x(x,y))$$

为了提高运算速度，通常使用 $[-1,0,1]$ 梯度算子对原图像进行卷积运算得到 $G_x(x,y)$；使用 $[1,0,-1]^T$ 梯度算子对原图像进行卷积运算得到 $G_y(x,y)$，然后计算梯度值和梯度方向。

（3）获取梯度方向的统计量。这一步把图像分成若干尺寸为 8×8 的子图像，并用 9 个区间的直方图统计子图像的梯度信息，并存放在一个 9×1 大小的特征向量里。这一步是为图像的梯度特征进行编码，转变成一个特征向量，同时也能保持图像中对目标外形的敏感性。

（4）生成 HOG 特征。局部光照及目标背景对比度的变化，使得计算的梯度值存在较大的变化范围，因此需要通过归一化来规范梯度信息。这一步会把子图像组成空间联通的大的图像块（block），每个块里所有的特征向量串联起来就得到图像块的 HOG 特征。由于图像块存在重叠区间，因此每个子图像的特征也会重复出现在最后的特性向量中。

上面就是 HOG 描述子具体的生成步骤，从中也能看到 HOG 描述子的以下优点。

（1）HOG 特征表示的是边缘（梯度）的结构特征，因此可以描述局部的形状信息。

（2）位置和方向空间的量化一定程度上可以抑制平移和旋转带来的影响。

（3）采取在局部区域归一化直方图，可以部分抵消光照变化带来的影响。

（4）一定程度忽略了光照颜色对图像造成的影响，使得图像所需要的表征数据的维度

降低了。

（5）这种分块分单元的处理方法,使得图像局部像素点之间的关系可以很好地得到表征。

同样,HOG 描述子也存在如下不足之处。

（1）描述子生成过程冗长,导致速度慢,实时性差。

（2）很难处理遮挡问题。

（3）由于梯度的性质,该描述子对噪点相当敏感。

获取图像的 HOG 特征可以使用 skimage 的库函数。skimage 即 scikit-image,是基于 Python 脚本语言开发的数字图片处理包。skimage 包的全称是 scikit-image SciKit (toolkit for SciPy),它对 scipy.ndimage 进行了扩展,提供了更多的图片处理功能。它由 Python 语言编写,由 scipy 社区开发和维护。skimage 包由许多子模块组成,各个子模块提供不同的功能。子模块 feature 中定义了图像特征检测和提取的功能函数,其中 hog() 函数能实现对图像的 hog 特征进行提取。其函数原型和参数定义如下。

```
feature.hog(image,
            orientations,
            pixels_per_cell,
            cells_per_block,
            visualize)
```

（1）image：输入图像。

（2）orientations：梯度方向的 bins。

（3）pixels_per_cell：每个 cell 的像素数量。

（4）cells_per_block：每个块中的 cell 数量。

（5）visualize：是否可视化的标记。

例 3：获取图像的 HOG 特征。

```
from skimage import feature, exposure
import cv2 as cv

img = cv.imread('parrot.jpg')
image = cv.cvtColor(img, cv.COLOR_BGR2GRAY)
fd, hog_image = feature.hog(image, orientations=9, pixels_per_cell=(8, 8),
                cells_per_block=(2, 4), visualize=True)
hog_image_rescaled = exposure.rescale_intensity(hog_image, in_range=(0, 10))

cv.namedWindow("img",cv.WINDOW_NORMAL)
cv.imshow('img', img)
cv.namedWindow("hog",cv.WINDOW_NORMAL)
cv.imshow('hog', hog_image_rescaled)
cv.waitKey(0)
cv.destroyAllWindows()
```

测试结果如图 8-8 所示。

8.2.3　分类器

获取了目标的特征后,下一步就是根据特性对目标进行分类。经常使用的分类器包括

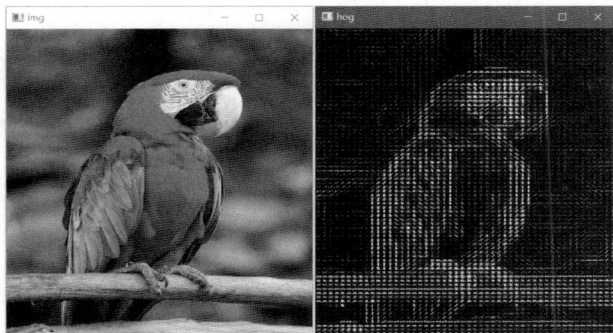

图 8-8　测试结果

支持向量机(SVM)、决策树、随机森林和 Adaboost 分类器等。

1. 支持向量机

支持向量机(Support Vector Machines，SVM)是一种训练机器学习的算法，可用于解决分类和回归问题，它是定义在特征空间上的间隔最大的线性分类器。同时，SVM 还可以通过核函数，把特征向量非线性投影到高维空间，从而把很多线性不可分的问题转换成线性可分，这种核函数技术也使得 SVM 扩展为非线性分类器。简单来说，SVM 就是完成一些非常复杂的数据转换工作，然后根据预定义的标签或者输出进而计算出如何分离用户的数据。如图 8-9 所示，可以看到有多条线能将蓝圈和红框分开，但为了使得绿色的曲线离蓝圈和红框距离最大化，需要找到一条最优的曲线，离这个曲面最近的红框和蓝圈就叫作支持向量。SVM 在图像分类领域应用非常广泛，其中 HOG＋SVM 的行人检测算法，就是其中的经典算法。

SVM 算法示意图如图 8-9 所示。

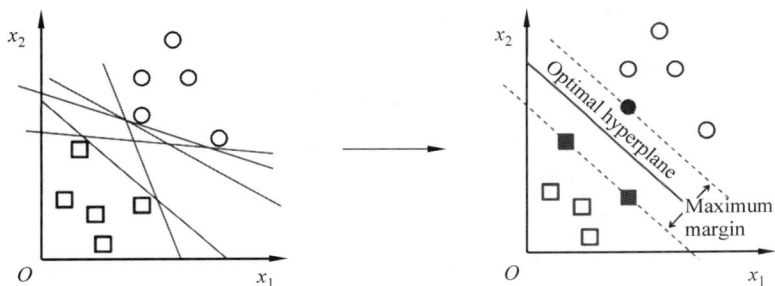

图 8-9　SVM 算法示意图

支持向量机的基本思想可以概括为：通过找到一个最优划分超平面，将不同类别的数据分开，从而对未知数据进行分类。支持向量机的核心在于寻找最优划分超平面，这个超平面在高维空间中可能是非线性的。支持向量机在进行分类之前，需要将输入空间映射到一个更高维的特征空间，使得原来不可分的样本变得线性可分。这个映射通常使用内积函数定义，如多项式内积、高斯内积等。这种映射将特征向量映射到一个更高维的空间，使得原本线性不可分的样本变得线性可分。确定最优划分超平面的方法是找到离超平面最近的一些样本点，这些样本点就是所谓的支持向量。然后根据支持向量构造一个超平面，并且使得所有的样本点都满足分类正确的条件。由于只有支持向量会对最终分类结果产生影响,因此该算法称为支持向量机。支持向量机较其他分类算法有许多优点,如处理高维数据效果好、避免过拟合、泛化能力强等。然而,它的计算复杂度较高,需要解决大规模数据集时可能会面临困难。

2. 决策树与随机森林

决策树是一种树形结构的分类器,它的内部节点表示一种特征属性,这个节点的每个分支代表一种测试结果,而叶子代表了一种分类类别。决策树可用来预测一个实例属于哪个类别。决策树的本质思想是递归地将数据集划分为更小的子集,直到所有子集都属于同一个类别或者满足某个预定义的停止条件。在决策树中,每个内部节点表示一个特征属性,并且每个分支代表该属性可能的取值,而叶子节点则代表一个具体的分类类别。

决策树生成过程通常包括 3 个步骤:特征选择、树的构造和树的修剪。

首先,在特征选择阶段,决策树算法会从所有可用特征中选出一个最佳特征作为当前节点的分裂标准。这个选择可以通过计算不同特征的信息增益、信息增益比、基尼指数等完成。这一步的目的是找到那些能够最大化类别差异性的特征,并利用它们将数据集划分成更具体的子集。

接着,在树的构造阶段,决策树算法会递归地将数据集切分成更小的子集,直到满足某个停止条件。停止条件可以是所有实例属于同一个类别,或者子集中的实例数小于某个阈值等。在每个子集中再重复进行特征选择和树的构造,直到得到一棵完整的决策树。在树的构造过程中,通常采用启发式算法选择特征和切分点。其中常用的有贪心策略、C4.5 算法、ID3 算法、CART 算法等。这些算法都采用某种启发式方法选取当前最佳的分割特征和分割点。

最后,在树的修剪阶段,决策树算法会对生成的决策树进行修剪。该过程的目的是避免过拟合,即减少树的深度或者剪枝某些分支。常用的修剪方法有预剪枝和后剪枝两种,其中预剪枝是在生成树的过程中就停止分支的生长,而后剪枝是在生成完整的树后再进行不必要的剪枝。

下面以人脸识别为例说明决策树的分类过程。假设采用的是二叉树分类器,从树根开始分叉,这个根节点判断目标是人脸还是非人脸,左边分支表示测试结果是非人脸,右边分支表示是人脸。如果该节点判断为非人脸,则输出结果,分类结束;如果判断为人脸,则在这个分支构造一个新的节点,进入下一层的判断,直到所有的特征分类完毕。决策树是一种强分类器,思路与级联分类器类似。

决策树的优点包括易于理解和解释、可处理离散型和连续型的数据、能处理多分类问题,以及具有较好的准确性等。它也有一些缺点,如易受噪声干扰、容易产生过拟合、不稳定性高等。为了克服这些缺点,研究人员提出许多改进算法,如随机森林、Boosting 等。

随机森林可以看成一种决策树的升级版本,把多种决策树组合成随机森林。随机森林是一种集成学习方法,它将多个决策树组成一个强大的模型来提高分类、回归或者特征选择的准确性。随机森林的核心思想是通过对训练数据集进行有放回抽样(bootstrap)和对每个节点的特征进行随机选择,产生多个独立的决策树,并通过投票或平均等方式将这些决策树的结果组合起来。

随机森林是一种集成学习算法,它通过组合多个决策树来提高分类准确率和泛化能力。下面是随机森林的训练过程。

（1）从原始数据集中随机有放回地抽取 n 个样本,作为新的训练数据集。这个过程叫作"放回采样"(bootstrap sampling),被抽到的样本会有重复。这样做可以增加数据集的多样性,降低过拟合的风险。

（2）随机选取 m 个特征($m \ll$ 特征总数),对特征进行随机选择,作为当前节点需要考虑的特征。这个过程叫作"随机子空间"(random subspace),可以避免决策树过于相似导致的相关性问题。

（3）使用上述训练数据集和选定特征构建一棵决策树,得到一个基分类器。在决策树的构建过程中,每个节点都会考虑一个特征,将数据集分成两部分并计算信息增益或其他划分指标,以找到最优的划分点。递归地进行这个过程,直到满足某个停止条件,例如达到最大深度、节点中样本数达到阈值或信息增益低于某个阈值等。

（4）重复上述步骤,得到多个基分类器。在实际应用中,通常会构建几百到几千棵决策树。

（5）将多个基分类器的结果进行综合,例如采用投票法或取平均值等方式,得到最终的随机森林分类结果。对于分类问题,一般采用少数服从多数的投票法;对于回归问题,一般采用平均值作为预测结果。

例如,在人脸分类的任务中,分别生成十棵决策树,每棵树采用不同的特征和输入,在获取所有树的分类结果后进行投票,以多数的结果为最终分类结果,这种机制就是随机森林。具体来说,首先从训练数据集中进行有放回的随机采样,生成多个不同的训练子集;接着对每个子集训练一棵决策树,每棵树使用不同的特征子集和输入样本,在构建过程中采用特定的划分准则,直到满足某些停止条件;最后,将所有构建好的决策树进行投票,以多数的结果作为最终分类结果。在随机森林中,每棵决策树都是相互独立构建的,而且每个节点的划分依据只考虑了部分随机选择的特征,这两点保证了每个基分类器之间的差异性和独立性。在分类过程中,在所有基分类器的预测结果中,选择出现最多次数的类别标签作为最终分类结果。由于随机森林能避免过拟合和处理异常值,同时还能提供特征权重,因此在人脸分类任务中具有较好的表现。

随机森林具有以下优点。

（1）随机森林能处理高维度数据,并且不需要进行特征选择。在实际应用中,数据集的特征维度通常非常高,此时选择合适的特征子集非常困难,而随机森林可以在训练过程中自动选择特征子集,不需要手动进行特征选择。

（2）随机森林能提供重要的特征权重,便于进行特征分析和理解。随机森林的每棵决策树都会对特征进行划分,根据划分贡献度可以计算出每个特征的重要性得分,这个得分可用来评估特征的重要性,帮助我们理解数据集。例如,在金融领域,可以利用随机森林的特征重要性分析方法确定影响股价波动的主要因素。

（3）随机森林在组合多棵决策树时能减少过拟合的风险。由于随机森林是由多棵决策树组成的,每棵决策树都是通过随机采样、随机特征选择、随机划分等方式构建的,因此不容易出现过拟合的现象。同时,每棵决策树都在不同的样本子集和特征子集上进行训练,使得基分类器之间的相关性降低,从而提高了模型的泛化能力。

（4）随机森林可以有效地处理缺失值和异常值。在实际应用中,数据集中经常存在一些缺失值和异常值,这会对模型的准确性产生影响。相比其他算法,随机森林具有更好的鲁棒性,能处理一定程度的缺失值和异常值。当某个特征有缺失值时,随机森林可以利用其他特征的信息进行预测;当某些样本有异常值时,随机森林可以通过随机采样的方式减少异常值的影响。

随机森林拥有广泛的应用前景,从市场营销到医疗保健保险,既可用来做市场营销模拟的建模,统计客户来源是保留还是流失,也可用来预测疾病的风险和患者的易感性。

3. AdaBoost 分类器

在很多分类任务中,如果采用的分类器是弱分类器,其精度是不够的,如果能自适应地从中挑取精度较高的分类器,并将其进行组合,从而提高分类精度,达到与强分类器一样的效果,这就是 AdaBoost 分类器的核心思想。

AdaBoost 算法是一种经典的集成学习算法,它通过对多个弱分类器的组合构建一个更强大的分类器。其核心思想是针对每个弱分类器,在不同的训练集上进行训练,然后将这些弱分类器组合起来形成一个强大的分类器。具体而言,AdaBoost 算法通过迭代地训练一系列弱分类器,并且在每次训练时,根据上一轮分类器的表现对样本数据的权重进行调整,使得上一轮分类器错误分类的样本在下一轮训练中得到更高的权重,从而增加其被正确分类的概率。这种调整方式可以使得新的弱分类器对原来被错误分类的样本更为敏感,从而提高整个弱分类器的泛化性能。训练完成后,AdaBoost 算法将所有弱分类器组合成一个强分类器。强分类器的预测结果是由所有弱分类器的加权求和得到的,其中每个弱分类器的权重是根据其准确率计算得出的。具体而言,准确率高的弱分类器将会被赋予更高的权重,因此对最终分类结果的影响也更加显著。理论上,只要每个弱分类器的分类能力比随机猜测好,当其个数趋向于无穷大时,强分类器的错误率将趋向于零。因此,AdaBoost 算法在应用中表现出极高的准确率和泛化性能,成为一种广泛使用的集成学习算法。

在算法开始时,每个样本的权重初始化为相同的值,即 $1/n$,其中 n 是训练样本的数量。然后使用这个样本分布训练出第一个基本分类器 $h_1(x)$,并计算其在训练集上的错误率 err1。如果某个样本被 $h_1(x)$ 正确分类,则它的权重降低;否则,它的权重增加。这样可以使得被错误分类的样本在下一轮训练中获得更高的权重,从而提高基本分类器对这些样本的分类准确率。接下来,根据样本权重重新抽取一组训练数据,并使用这个新的样本分布训练出第二个基本分类器 $h_2(x)$。这个过程重复 T 次,得到 T 个基本分类器和它们对应的误差率和权重。最后,将这 T 个基本分类器的输出按照其权重进行加权求和,得到最终的强分类器 $H(x)$。

AdaBoost 通常采用顺序级联的方式,前端是速度较快、性能较弱的分类器,以过滤掉大部分负样本;后端是速度较慢、性能较强的分类器,以完成大计算量、高精度的分类。

具体地,级联的过程是这样的:首先,训练出一个速度较快、性能较弱的分类器,如 Haar 特征＋SVM 或者 HOG＋SVM,通常称为"第一级分类器"。然后,使用 AdaBoost 算法训练一个更加具有准确性和稳定性的分类器,例如深度卷积神经网络,通常称为"第二级分类器"。在分类过程中,输入图像首先被送入第一级分类器进行初步筛选,只有通过第一级分类器的图像才会进入第二级分类器中进行更加精细的分类。如果图像不能通过第一级分类器,就直接判断为负样本并放弃处理,从而节省计算时间和资源。

采用级联方式可以带来多方面的好处。首先,可以有效地减少计算量和处理时间,提高系统的响应速度。其次,由于第一级分类器筛选掉了大部分负样本,第二级分类器只需要处理更少、更具有挑战性的图像,从而可以获得更好的分类准确率。最后,级联结构还具有较好的鲁棒性和可扩展性,在实际应用中非常实用。

8.2.4 目标跟踪

目标跟踪是一种计算机视觉技术,它的主要应用场景是利用摄像头获取到的视频流,对其中出现的移动目标进行实时定位和追踪。这些移动目标可能是人、车辆、动物等物体,而目标跟踪技术可以准确识别出它们的位置、速度和方向,从而对其进行有效的监控和管理。

在实际应用中,目标跟踪技术可以通过多种方式实现,例如基于颜色、形状或特征点等方法进行目标检测和匹配,或者使用深度学习等先进技术进行目标识别和跟踪。无论采用哪种方法,目标跟踪技术都需要对视频流进行实时处理,并快速准确地提取出目标的位置和运动信息,因此需要具备较高的计算效率和精度。

目标跟踪技术在各个领域中都有广泛的应用前景。在监控安防方面,利用目标跟踪技术可以对危险区域进行实时监控,及时发现异常情况并采取相应措施。在军事侦察方面,目标跟踪技术可以帮助军方进行情报收集和侦察,提高作战效率和安全性。在辅助驾驶方面,目标跟踪技术可以实现对车辆和行人的自动识别和预警,提高交通安全和驾驶体验。

目前可用多种方法实现目标跟踪,例如可用点目标跟踪法、基于差帧法对目标进行跟踪,实现方法与具体任务相关。

1. 差帧法检测

摄像机采集的视频序列具有连续性特点,如果场景内没有运动目标,则连续帧的变换很微弱,如果存在运动目标,则帧与帧之间变化就比较明显。当跟踪所有移动目标时,帧之间的差异会变得有用,差帧法就是计算帧之间的差异,或考虑背景帧与其他帧之间的差,其实现原理是利用时间上连续的两帧或与背景帧图像进行差分运算,不同帧对应的像素点相减,判断灰度差的绝对值,当绝对值超过一定阈值时,即可判断为运动目标,从而实现目标跟踪功能,示意如图 8-10 所示。

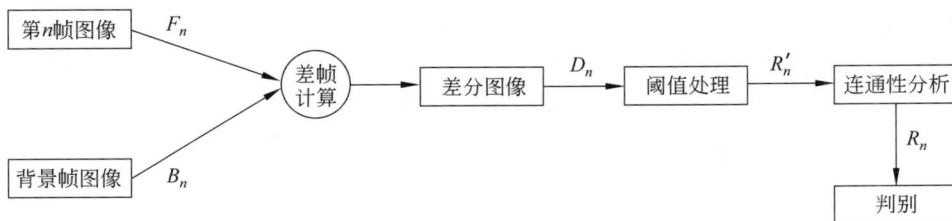

图 8-10 差帧法检测示意图

记录视频序列中的 B_{n-1} 作为背景帧,将视频中的第 n 帧 F_n 与之比较,两帧对应像素点的灰度值记为 $F_n(x,y)$ 和 $B_{n-1}(x,y)$,按照式(8-1)将两帧图像对应像素点的灰度值进行相减,并取其绝对值,得到差分图像 D_n:

$$D_n = | F_n(x,y) - B_{n-1}(x,y) | \tag{8-1}$$

设定阈值 T，按照式(8-2)对像素点逐个进行二值化处理，得到二值化图像 R'_n。其中，灰度值为 255 的点即前景(运动目标)点，灰度值为 0 的点即背景点；对图像 R'_n 进行连通性分析，最终可得到含有完整运动目标的图像 R_n。

$$R'_n = \begin{cases} 1, & D_n(x,y) \geqslant T \\ 0, & \text{其他} \end{cases} \tag{8-2}$$

2. 背景分割法检测

OpenCV 提供的背景分割器 BackgroundSubtractor 是专门用来视频分析的，这类似于 GrabCut 分割算法，并且可以通过机器学习方法提高背景检测效果，会对视频中的每一帧进行"学习"，比较、计算阴影，排除检测图像的阴影区域，按照时间推移的方法提高运动分析的结果。

目前，OpenCV 中提供了 3 种分类器，分别是 KNN、MOG2、GMG，它们都是基于统计学习的分类器。

KNN(K-Nearest Neighbors)是一种基于邻近样本进行分类的算法。在背景建模中，KNN 将每个像素点的颜色值看作一个多维空间中的向量，然后通过比较该像素点与周围像素点的距离判断该像素点是否为背景。KNN 算法简单易懂，适用于各种数据类型以及对异常值不敏感的场景，但对于动态背景和光照变化等情况处理不够准确且计算开销大。

MOG2(Mixture of Gaussian)是一种更复杂的背景建模算法。它将每个像素点的颜色值看作一个高斯分布，并通过对这些高斯分布的混合来描述背景模型。当新的帧到来时，MOG2 会根据像素点的颜色值计算出当前像素点属于各个高斯分布的概率，然后从所有概率中选择最大值作为该像素点的背景判定。MOG2 由于能适应场景中的动态变化，动态更新背景模型，能适应不同场景下的光照变化等因素，因此通常可以得到较好的效果。

GMG(Generalized Moment-Based Method)是一种基于图像矩的背景建模算法。该算法将每个像素点的颜色值看作一个概率分布，并通过计算这些分布的中心矩来描述背景模型。当新的帧到来时，GMG 利用像素点的颜色值更新背景模型，并根据当前像素点的颜色值和背景模型之间的距离进行背景判定。与 MOG2 相比，GMG 需要更少的存储空间和计算量，并且适用于处理具有瞬时移动物体的场景。

采用 KNN 算法计算背景分割，与差帧法比较，能减少噪点、阴影对检测带来的影响，处理方法更加灵活。

BackgroundSubtractor 类的另外一个特征是可以计算阴影，对于精确读取视频帧至关重要。通过检测阴影，可以排除检测图像的阴影区域。算法流程如图 8-11 所示。

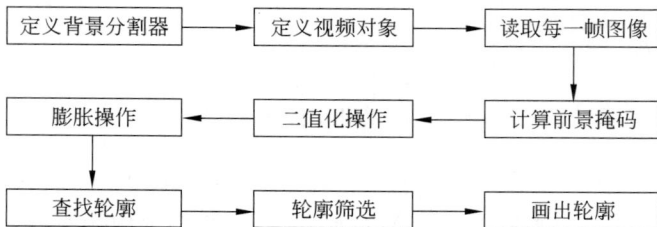

图 8-11 算法流程

3. 传统检测器

传统的里程碑检测器有如下 3 种。

1）Viola-Jones 检测器

Viola-Jones 检测器是一种基于 Haar 特征的目标检测算法，由 Paul Viola 和 Michael Jones 于 2001 年提出。该算法用于检测人脸、行人、汽车等目标，具有快速、准确的特点。

Viola-Jones 检测器的基本思想是使用 Haar 特征分类器判断图像中是否存在感兴趣的目标。这些分类器是通过 AdaBoost 算法训练得到的，可以自动选择最有效的 Haar 特征并将它们组合成一个强分类器。级联分类器由多个强分类器组成，每个强分类器都包含了多个弱分类器。级联分类器能快速地排除那些不可能是目标的区域，从而加速检测过程。

Viola-Jones 检测器的主要步骤如下。

（1）滑动窗口：将图像划分成多个大小相等的矩形区域，并对每个区域进行检测。检测时从左到右，从上到下依次遍历每个区域，可以通过调整滑动窗口的大小来适应不同尺度的目标物体。在每个区域内，使用积分图像计算 Haar 特征值。

（2）积分图像：为了加快处理速度，Viola-Jones 检测器使用了积分图像技术。积分图像是一个与原始图像大小相同的二维数组，其中每个元素代表该点左上角的矩阵像素值之和。通过使用积分图像，可以快速计算任意大小的矩形区域内的总和。

（3）特征选择：Viola-Jones 检测器使用 Haar 特征作为分类器的输入。Haar 特征是由相邻区域的像素差组成的，每个特征都表示某种模式。这些特征通常包括边缘、线条和矩形框等不同形状的模式。在训练过程中，AdaBoost 算法自动选择最有效的 Haar 特征，并将它们组合成一个强分类器。

（4）检测级联：级联分类器由多个强分类器组成，每个强分类器都包含多个弱分类器。级联分类器能快速排除那些不可能是目标的区域，从而加速检测过程。在每个窗口应用级联分类器进行分类，并将结果作为是否包含感兴趣目标的指示。

2）HOG 检测器

HOG（Histogram of Oriented Gradients）检测器最初是由 Navneet Dalal 和 Bill Triggs 在 2005 年提出的，用于行人检测和识别。该算法基于图像梯度的方向直方图，具有检测速度快、鲁棒性强等优点，在目标检测领域得到广泛应用。

在 HOG 检测器被提出之前，传统的目标检测方法主要基于特征描述符，如 SIFT、SURF、ORB 等。这些算法虽然可以有效地描述图像特征，但由于需要计算大量描述子，并且对尺度、旋转等问题不太敏感，因此难以实现高效的目标检测。

HOG 检测器通过对图像梯度的方向直方图进行统计分析，将复杂的图像特征简化为一组易于处理的直方图特征，从而使目标检测变得更加高效、准确。HOG 检测器已经被广泛应用于物体检测、人脸检测、行人检测和车辆检测等领域，并在实际应用中取得了非常好的效果。

HOG 检测器的成功不仅在于其高效和准确，也在于其提供了一种新的思路，即通过对图像特征进行统计分析，实现快速和准确的目标检测和识别。这一思路为后续的深度学习算法发展提供了重要的思想支持。

HOG 检测器是一种基于图像的目标检测算法,它通过计算图像中每个小区域内的梯度方向直方图描述图像特征,并使用 SVM 分类器对目标进行识别和分类。以下是 HOG 检测器的详细描述。

(1) 图像分块:将输入图像分成若干大小相等的矩形块,每个块称为一个单元(cell)。通常情况下,单元的大小与目标物体的尺寸相当。

(2) 计算梯度:对每个单元内的像素计算其梯度。一般采用 Sobel 算子计算梯度,得到每个像素点的梯度幅值和梯度方向。

(3) 统计梯度方向直方图:将每个单元内所有像素的梯度方向划分为若干个角度区间(bin),并统计每个区间内的梯度幅值之和,这样就可以得到每个单元内的梯度方向直方图。

(4) 归一化:针对整个图像,将其分成若干个相邻的块(block),每个块包含多个单元。对每个块内的所有单元的梯度方向直方图进行归一化处理,以减少光照变化和阴影等因素对检测结果的影响。

(5) 训练 SVM 分类器:使用已标记的正负样本训练 SVM 分类器。训练时,将每个块作为一个特征向量输入 SVM 分类器中进行训练,SVM 将学习如何将正负样本分开。

(6) 滑动窗口检测:将训练好的 SVM 分类器应用于测试图像上的滑动窗口,判断当前窗口是否包含目标物体。如果窗口内的特征与训练样本相似度高于某个阈值,则认为窗口内存在目标物体。

(7) 非极大值抑制:对于重叠的多个检测结果,只保留具有最高置信度的检测结果,其他检测结果被抑制。这一过程称为非极大值抑制(NMS)。

通过采用以上技术,HOG 检测器可以有效地处理不同尺度、旋转、姿态等问题,并且具有较高的准确性和鲁棒性,被广泛应用于人脸检测、行人检测等领域。

3) 基于变形零件的模型

基于变形零件的模型(Deformable Part Model,DPM)最初由 P. Felzenszwalb、R. Girshick、D. McAllester 和 D. Ramanan 在 2008 年提出。该算法是一种对目标物体进行多级零件建模和分类器训练的算法,可以有效地解决目标检测问题中不同尺度、姿态、遮挡等问题。

传统的目标检测算法主要基于全局特征或者滑动窗口方法,这些方法在处理复杂目标、多尺度问题时表现较差。DPM 算法通过将目标物体划分为多个不同的零件,并对每个零件进行局部特征提取和分类器训练,从而更好地描述目标物体的形状和结构,具有更好的鲁棒性和准确性。

DPM 算法的另一个重要特点是其可学习的形变模型,即针对不同的目标物体形状,可以学习到相应的形变模型。这样,在对目标进行匹配和检测时,DPM 算法可以自适应地调整目标物体的形状和结构,进一步提高了目标检测的准确性和鲁棒性。

DPM 算法已经广泛应用于人脸检测、行人检测、车辆检测等领域,并在实践中取得了非常好的效果。DPM 算法的成功不仅在于其能有效地解决多尺度、姿态和遮挡问题,也在于其提供了一种新的思路,即通过对目标进行多级零件建模和学习可变形模型实现高效和准确的目标检测。这一思路为后续的深度学习算法发展提供了重要的思想支持。

DPM 是一种广泛应用于目标检测领域的算法,它将目标物体分解为多个部分,并对每部分进行建模。以下是 DPM 算法的详细描述。

（1）零件划分：将目标物体按照其形状和结构划分为多个不同的零件,然后对每个零件进行建模。

（2）零件特征提取：在每个零件内,使用 HOG 或其他特征描述符提取图像特征,然后将这些特征组合成一个特征向量。

（3）零件分类器训练：针对每个零件,使用已标记的正负样本训练一个 SVM 分类器。训练时,将每个零件内的特征向量作为输入,SVM 将学习如何将正负样本分开。

（4）零件匹配：将训练好的零件分类器应用于测试图像上的滑动窗口,对每个窗口内的所有零件进行匹配,得到每个零件的置信度得分。

（5）目标检测：将所有零件置信度得分相加,得到整个目标物体的得分。如果该得分高于某个阈值,则认为图像内存在目标物体。

（6）非极大值抑制：对于重叠的多个检测结果,只保留具有最高置信度的检测结果,其他检测结果被抑制。这一过程称为非极大值抑制(NMS)。

DPM 算法通过对目标物体进行零件化建模和多级分类器训练,可以提高目标检测的准确性和鲁棒性,尤其适用于复杂场景下的目标检测任务。该算法已经广泛应用于人脸检测、行人检测、车辆检测等领域,成为目标检测领域中的经典算法之一。

8.2.5　目标检测数据集

数据集在目标检测中起着非常重要的作用。首先,目标检测是一项涉及大量标注数据的任务,因为模型需要通过这些数据学习如何识别和定位图像中的不同物体。因此,一个好的数据集可以提供高质量的标注数据,使得训练出的模型具有更好的性能和鲁棒性。数据集还可以帮助开发者选择合适的算法和模型架构。通过对现有数据集的分析和研究,开发者可以了解不同场景下的目标种类、大小、形状、方向等特征,并针对这些特征设计和调整算法和模型架构,以获得更好的性能表现。此外,数据集也可用于评估不同算法和模型架构的性能差异。通过在相同的数据集上测试不同的模型和算法,可以直接比较它们的精度、召回率、速度等指标,从而找到最优的解决方案。

数据集在目标检测中起着关键作用,不仅可以提供标注数据,帮助设计和调整算法及模型,还可用于模型的评估和改进。

1. COCO

COCO(Common Objects in Context)是一个广泛使用的计算机视觉数据集,主要包含有关日常场景中各种物体的图像和注释信息,包括物体类别、位置和尺寸等。该数据集共包含超过 330K 的图像,其中将近 20 万幅图像具有超过 80 种物体类别的着陆框注释。

COCO 数据集的图像来源于多个数据集,并经过对图像质量、内容多样性和标注准确性等方面的筛选。同时,为了提高数据集的多样性,COCO 还特别关注了一些在其他数据集中很少见的物体类别,如动物、家具、电子设备等。

在注释方面,COCO 数据集采用一种称为"实例分割"的方式标注物体,即对于每个物体,都会标注其所在区域的具体像素,并给出相应的类别标签和坐标信息。此外,COCO 还为每个图像提供了大量的对象级别和图像级别注释,如目标分类、姿态估计、语义分割等。

COCO 数据集由于具有丰富的注释信息和多样性的图像内容,因此成为目标检测、目标跟踪、实例分割等计算机视觉任务中广泛使用的数据集之一。

2. Pascal VOC

Pascal VOC 数据集是一个广泛用于计算机视觉领域的标准数据集,旨在帮助研究者和开发者进行物体识别、检测和语义分割。该数据集包含 11000 幅图像,涵盖 20 种常见物体类别,包括人、车、火车、船、飞机、瓶子、椅子、桌子、盆栽、羊、鸟、猫、狗、马、自行车、摩托车、巴士、卡车、行人和信号灯。

每幅图像都在不同的环境下进行了拍摄,并且为每个物体标注了边界框,以指示其位置和大小。此外,该数据集还提供了每个物体的类别标签和图像级别的注释,以便对数据进行更深入的分析和研究。

Pascal VOC 数据集已成为评估物体检测和分类算法性能的标准基准,在许多计算机视觉比赛中也成为重要的测试集。

3. ImageNet

ImageNet 是一个大规模的图像数据库,包含超过 1400 万幅图像,涵盖 22000 多个类别。该数据集旨在帮助机器学习算法进行图像分类和识别任务,并成为计算机视觉领域的重要基准数据集之一。

ImageNet 数据集的构建始于 2007 年,当时包括了 1000 个类别,共有 100 万幅图像。随着时间的推移,该数据集不断扩展,现在已经包含了 22000 多个类别和 14197087 幅图像。每个类别都有数百到数千幅图像,这些图像都来自互联网,如 Flickr、Google Images 等。所有图像都经过人工标注,以确保其正确性和可用性。

ImageNet 数据集中的图像涵盖各种物体和概念,包括动物、植物、场景、建筑、家具、食品等。每个类别都有其独特的视觉特征和属性,从而对图像分类和识别算法提出了巨大的挑战。

该数据集的重要性在于其规模和多样性,在帮助机器学习算法理解各种图像内容方面发挥了重要作用。

4. KITTI

KITTI(Karlsruhe Institute of Technology and Toyota Technological Institute)是一个专门用于自动驾驶车辆场景下的物体检测任务的数据集,主要包括平面检测、立体检测等多个子数据集。

KITTI 数据集由德国卡尔斯鲁厄理工学院和日本丰田技术研究所联合创建,旨在为机器人视觉和自动驾驶领域提供一个标准数据集。该数据集包含大量的传感器数据,如激光雷达、摄像头和 GPS 等,以便为机器学习算法提供各种环境下的输入数据。其中,KITTI 立体检测数据集包含了 22 个序列,每个序列都包含了 50~100 个图像对,涵盖了城市、乡村和高速公路等多种行驶场景。每个图像对都有带有 3D 边框的注释,表示图像中的各个物体及其在空间中的位置。这些注释可用于训练和评估深度学习模型,以实现自动驾驶车辆的物体检测。另外,KITTI 平面检测数据集也非常重要,它包含了 22 个序列的图像,以及与之相关的稠密地面真实标注。这些数据可用于如自动驾驶、室内导航等任务中的地面检测和地面平面拟合。

5. Open Images

Open Images 是由 Google 提供的一个大规模图像数据库,包含超过 90 万幅图像,共有 3280 个类别。该数据集旨在为机器学习算法提供具有挑战性的任务,并促进计算机视觉领域的研究和发展。Open Images 数据集涵盖各种物体和场景,包括动物、车辆、建筑、飞行器、自然风景等。每个类别都有数百到数千幅图像,这些图像都来自网络上的各种来源。所有图像都经过人工标注,以确保其正确性和可用性。与其他类似的数据集相比,Open Images 具有多样性和广泛性。它不仅包含了各种常见物体,还包括一些不太常见的物体和场景,从而对图像分类和识别算法提出更高的要求。此外,该数据集还包含了一些复杂的关系和属性标注,如物体间的遮挡、精细的姿态注释等,使得该数据集可应用于更广泛的计算机视觉任务中。

该数据集的重要性在于其规模和多样性,能为机器学习算法提供更好的训练数据,并帮助研究者和开发者深入理解图像内容和特征。

6. Cityscapes

Cityscapes 是一个用于城市街景目标检测任务的数据集,其中大约包含 5000 幅高分辨率图像,覆盖了 50 个不同的类别。这些图像来自德国和瑞士的数个城市,如 Berlin、Frankfurt、Munster 和 Zurich 等。该数据集主要用于训练和评估计算机视觉算法在城市环境下进行物体检测的能力。

Cityscapes 中的每幅图像都具有 2048×1024 像素的分辨率,并且拍摄于不同的天气条件下,如晴天、多云、雾天、雨天等。图像中物体的种类包括行人、车辆、建筑、树木、道路、天空和信号灯等。此外,该数据集还提供了像素级别的注释信息,可用于训练和测试语义分割模型,以实现对图像中物体的像素级别分类。

Cityscapes 为研究人员提供了一个广泛且真实的场景,可用于评估计算机视觉算法在城市环境下进行物体检测和分类的性能,进一步推动计算机视觉技术在实际应用中的发展。

7. BDD100K

BDD100K 是一个广泛用于城市驾驶场景下的目标检测数据集,其中包含 10 万幅高质量图像,并覆盖了 19 个物体类别。这些图像来自美国多个城市的真实交通场景,如旧金山、洛杉矶和纽约等地。每幅图像都具有 720×1280 像素的分辨率,并且拍摄于不同的天气条件下,如晴天、多云、雨天、雪天等。图像中物体的种类包括行人、车辆、建筑、路标、道路、天空和树木等。该数据集提供了精细的注释信息,包括物体类别、位置和边界框等,可用于训练和测试计算机视觉模型,以实现对图像中物体的检测和分类。与其他城市场景下的数据集相比,BDD100K 具有更加广泛的场景和更多的图像数量,能更好地反映真实交通环境下的挑战和复杂性。因此,该数据集可用于评估计算机视觉算法在城市驾驶场景下进行目标检测和分类的能力,尤其在自动驾驶技术的研究和实践中具有重要意义。

8.3 深度学习目标检测框架

基于深度学习的目标检测框架有很多种,在实际应用中,针对不同的检测目标可以采用不同的深度学习模型。以下是一些常用的目标检测框架,每个框架都有其特点和优势。

Faster R-CNN(Region-based Convolutional Neural Networks):一种经典的目标检测框架,它引入区域提取网络(Region Proposal Network,RPN)来生成候选区域,并使用卷积神经网络对候选区域进行分类和定位。Faster R-CNN 在准确性和速度方面取得了很好的平衡,并成为目标检测领域的基准方法。

SSD(Single Shot MultiBox Detector):一种单阶段的目标检测框架,它通过在不同尺度上应用一系列的卷积层和预测层同时预测不同尺寸和长宽比的物体框和类别。SSD 具有较快的检测速度,并且在小目标检测上表现优秀。

YOLO(You Only Look Once):一种基于单阶段检测的目标检测框架,它通过将图像分成网格,并在每个网格上预测物体框和类别,实现实时目标检测。YOLO 具有快速的检测速度和较好的实时性能,但在小目标和密集目标的检测上可能存在一定的精度损失。

RetinaNet:一种基于特征金字塔网络(Feature Pyramid Network,FPN)的目标检测框架,它通过在不同尺度上建立特征金字塔来检测不同大小的物体。RetinaNet 采用一种特殊的损失函数(Focal Loss),可以有效解决目标检测中类别不平衡问题,并取得了较好的性能。

EfficientDet:一种高效的目标检测框架,它通过在 EfficientNet 模型的基础上引入 BiFPN 和 AutoML 技术来构建一个轻量级而准确的检测网络。EfficientDet 在多个目标检测数据集上表现出色,并在计算效率和准确性之间达到了良好的平衡。

Mask R-CNN:是在 Faster R-CNN 基础上进一步发展的框架,除了能进行目标检测外,还能进行实例分割。它通过添加一个分支网络来预测每个物体实例的精确掩膜,从而实现对目标的像素级别分割。

Cascade R-CNN:是基于级联结构的目标检测框架。它通过级联多个检测器,每个检测器在前一个检测器的基础上进一步优化,以提高目标检测的精度。Cascade R-CNN 在难度较大的目标检测任务上具有较好的性能。

DSSD(Deconvolutional Single Shot Detector):一种基于单阶段检测的目标检测框架,它通过引入解卷积层对网络进行上采样,从而实现密集的特征预测和多尺度目标检测。

这些目标检测框架在设计和结构上有所不同,但它们都通过深度学习的方法实现了高效、准确的目标检测,都在深度学习社区中得到广泛应用,并且都具有相应的开源实现。选择合适的框架取决于具体的应用需求,包括检测精度、实时性、计算资源等因素。此外,这些框架通常都有开源的实现和预训练的模型,可以在各种深度学习框架(如 TensorFlow、PyTorch 等)中使用和调整。

8.3.1 基于 Faster-RCNN 的目标分类

RCNN(regions with CNN features)区域神经网络,以及 RCNN 的改进模型 Fast-

RCNN 和 Faster-RCNN 是将深度神经网络模型应用于目标检测领域的经典之作。

R-CNN 的工作流程如下：首先，从输入图像中选取约 2000 个提议区域，并为每个提议区域标注类别和边界框的偏移量（在这个过程中可以使用锚框等方法）。接下来，通过卷积神经网络对每个提议区域进行前向传播，以抽取区域的特征。最后，利用每个提议区域的特征预测其所属的类别和边界框。

尽管 R-CNN 模型通过预训练的卷积神经网络有效地提取了图像特征，但其速度较慢，RCNN 每个提议区域的卷积神经网络前向传播是独立的，没有共享计算。Fast R-CNN 则是对 R-CNN 的重要改进之一，它解决了 R-CNN 主要的性能瓶颈，即仅在整幅图像上执行卷积神经网络的前向传播。

为了实现更准确的目标检测结果，Fast R-CNN 模型通常需要使用选择性搜索生成大量的提议区域。Faster R-CNN 提出一种替代方法，即采用区域提议网络（region proposal network）替换选择性搜索，通过这种方法，可以减少生成的提议区域数量，并同时保持目标检测的准确性。

Faster-RCNN 网络模型示意图如图 8-12 所示。

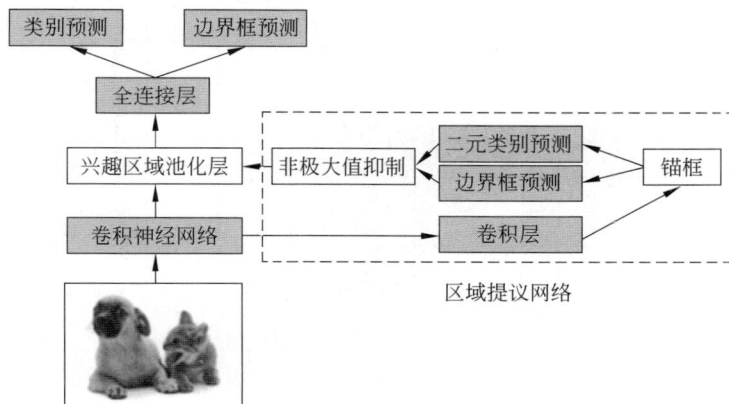

图 8-12 Faster-RCNN 网络模型示意图

8.3.2 基于 SSD 模型的目标检测

SSD(Single Shot MultiBox Detector)是一种用于目标检测的深度学习模型，它是一种基于卷积神经网络的实时目标检测算法。SSD 模型具有高度的准确性和实时性，广泛应用于计算机视觉领域。SSD 模型和 YOLO 模型是两种常用的实时目标检测模型。SSD 通过多尺度特征图和锚框策略，适应不同尺度和形状的目标，具有较高的检测精度。而 YOLO 采用网格划分和单次检测策略，在速度上具有优势，但可能牺牲一些准确性。SSD 注重多尺度处理和目标分类，适用于较高精度要求的场景，而 YOLO 适用于对实时性能较高的应用。具体选择取决于应用需求和性能要求。

SSD 和 YOLO 一样都是采用一个 CNN 网络进行检测，但是 SSD 采用了多尺度的特征图，其基本架构如图 8-13 所示。

1）采用多尺度特征图用于检测

所谓多尺度，采用大小不同的特征图，CNN 网络一般前面的特征图比较大，后面会逐

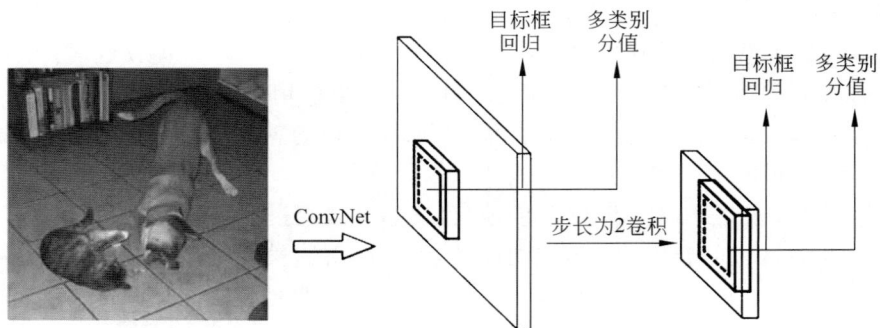

图 8-13　SSD 基本框架示意图

渐采用 stride＝2 的卷积或者 pool 来降低特征图大小,正如图 8-13 所示,一个比较大的特征图和一个比较小的特征图,它们都用来做检测。这样做的好处是比较大的特征图用来检测相对较小的目标,而小的特征图负责检测大目标,如图 8-14 所示。8×8 的特征图可以划分为更多的单元,但是其每个单元的先验框尺度比较小。

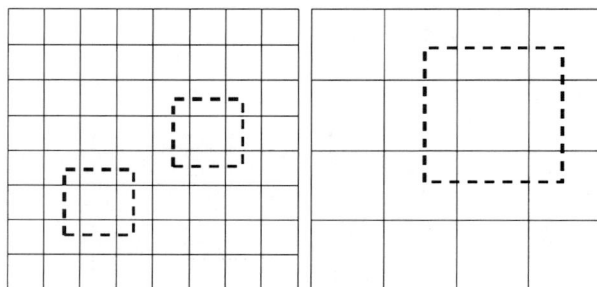

8×8特征图　　　　4×4特征图

图 8-14　不同尺度的特征图

2) 采用卷积进行检测

与 YOLO 最后采用全连接层不同,SSD 直接采用卷积对不同的特征图提取检测结果。对于形状为 $m×n×p$ 的特征图,只需要采用 $3×3×p$ 这样比较小的卷积核得到检测值。

3) 设置先验框

在 YOLO 中,每个单元预测多个边界框,但是其都是相对这个单元本身(正方块),真实目标的形状是多变的,YOLO 需要在训练过程中自适应目标的形状。而 SSD 借鉴了Faster R-CNN 中 Anchor 的理念,每个单元设置尺度或者长宽比不同的先验框,预测的边界框(bounding boxes)是以这些先验框为基准的,一定程度上降低了训练难度。一般情况下,每个单元会设置多个先验框,其尺度和长宽比存在差异,如图 8-15 所示,可以看到每个单元使用了 4 个不同的先验框,图像中猫和狗分别采用最适合它们形状的先验框进行训练,后面会详细讲解训练过程中的先验框匹配原则。

SSD 先验框如图 8-15 所示。

SSD 的检测值也与 YOLO 不太一样。每个单元的每个先验框,都输出一套独立的检测值,对应一个边界框,主要分为两部分。第一部分是各个类别的置信度或者评分,值得注意的是,SSD 将背景也当作一个特殊的类别,如果检测目标共有 c 个类别,SSD 其实

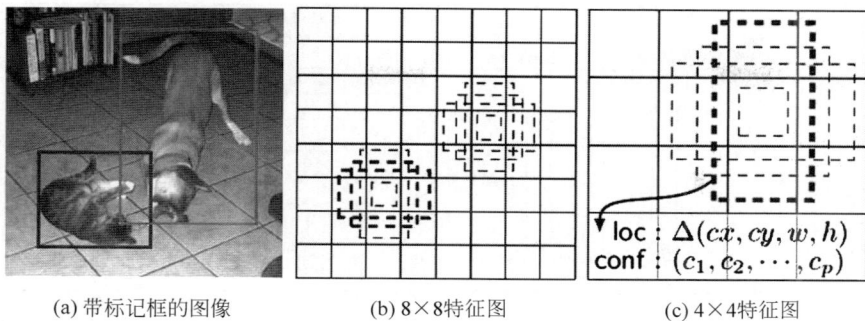

(a) 带标记框的图像　　　　　(b) 8×8特征图　　　　　(c) 4×4特征图

图 8-15　SSD 先验框

需要预测 $c+1$ 个置信度值,其中第一个置信度指的是不含目标或者属于背景的评分。后面当我们说 c 个类别置信度时,请记住里面包含背景那个特殊的类别,即真实的检测类别只有 $c-1$ 个。在预测过程中,置信度最高的那个类别就是边界框所属的类别。特别地,当第一个置信度值最高时,表示边界框中并不包含目标。第二部分就是边界框的 location,包含 4 个值 cx,cy,w,h,分别表示边界框的中心坐标以及宽、高。但是,真实预测值其实只是边界框相对于先验框的转换值。先验框位置用 $d=(d^{cx},d^{cy},d^w,d^h)$ 表示,其对应边界框用 $b=(b^{cx},b^{cy},b^w,b^h)$ 表示,那么边界框的预测值 l 其实是 b 相对于 d 的转换值:

$$l^{cx}=\frac{b^{cx}-d^{cx}}{d^w},l^{cy}=\frac{b^{cy}-d^{cy}}{d^h}$$

$$l^w=\log\ (b^w/d^w),l^h=\log\ (b^h/d^h)$$

习惯上,我们称上面这个过程为边界框的编码(encode),预测时,需要反向这个过程,即进行解码(decode),从预测值 l 中得到边界框的真实位置 b:

$$b^{cx}=b^w l^{cx}+d^{cx},b^{cy}=d^y l^{cy}+d^{cy}$$

$$b^w=d^w\exp(l^w),b^h=d^h\exp(l^h)$$

然而,在 SSD 的 Caffe 源码实现中还有 trick,那就是设置 variance 超参数来调整检测值,通过 bool 参数 variance_encoded_in_target 控制两种模式,当其为 True 时,表示variance 包含在预测值中,就是上面那种情况。但是,如果是 False(大部分采用这种方式,训练更容易?),就需要手动设置超参数 variance,用来对 l 的 4 个值进行放缩,此时边界框需要这样解码:

$$b^{cx}=d^w(\text{variance}[0]*l^{cx})+d^{cx},b^{cy}=d^y(\text{variance}[1]*l^{cy})+d^{cy}$$

$$b^w=d^w\exp(\text{variance}[2]*l^w),b^h=d^h\exp(\text{variance}[3]*l^h)$$

综上所述,对于一个大小为 $m\times n$ 的特征图,共有 mn 个单元,每个单元设置的先验框数目记为 k,那么每个单元共需要 $(c+4)k$ 个预测值,所有的单元共需要 $(c+4)kmn$ 个预测值,由于 SSD 采用卷积做检测,所以就需要 $(c+4)k$ 个卷积核完成这个特征图的检测过程。

　　4)网络结构

SSD 网络结构示意图如图 8-16 所示。

SSD 算法是一种直接预测目标类别和 bounding box 的多目标检测算法。针对不同大

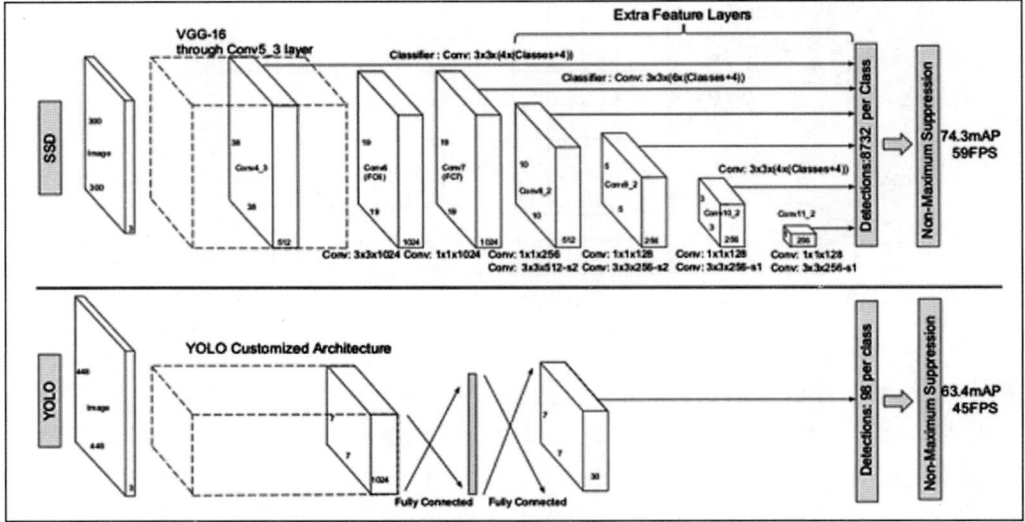

图 8-16　SSD 网络结构示意图

小的目标检测,传统的做法是先将图像转换成不同大小(图像金字塔),然后分别检测,最后将结果综合起来。SSD 算法则利用不同卷积层的 feature map 进行综合,这样也能达到同样的效果。算法的主网络结构是 VGG16,将最后两个全连接层改成卷积层,并随后增加了4 个卷积层来构造网络结构。对其中 5 种不同的卷积层的输出 feature map 分别用两个不同的 3×3 的卷积核进行卷积,一个输出分类用 confidence,每个 default box 生成 21 个类别 confidence;一个输出回归用 localization,每个 default box 生成 4 个坐标值(x,y,w,h)。此外,这 5 个 feature map 还经过 PriorBox 层生成 prior box(生成的是坐标)。上述 5 个 feature map 中每一层的 default box 的数量是给定的(8732 个)。最后将前面 3 个计算结果合并后传给 loss 层。

　　MobileNet 是 SSD 算法使用的具体的网络结构,它是为了适用移动端而提出的一种轻量级深度网络模型,主要使用深度可分离卷积(Depthwise Separable Convolution)对标准卷积核进行分解计算,减少了计算量。MobileNet 引入了减少输入/输出通道的宽度乘数和减少输入/输出特征数的分辨率乘数这两个超参数来减少参数量和计算量。深度可分离卷积是将一个标准的卷积核分成深度卷积核和 1×1 的点卷积核,假设输入为 M 个通道的feature map,卷积核大小为 $D_k \times D_k$,输出通道为 N,那么标准卷积核即为 $M \times D_k \times D_k \times N$。例如,输入 feature map 为 $m \times n \times 16$,想输出 32 通道,那么卷积核应为 16×3×3×32,则可以分解为深度卷积:16×3×3×32 得到的是 16 通道的特征图谱。点卷积为 16×1×1×32,如果用标准卷积,则计算量为 $m \times n \times 16 \times 3 \times 3 \times 32 = m \times n \times 4608$。用深度可分解卷积之后的计算量为 $m \times n \times 16 \times 3 \times 3 + m \times n \times 16 \times 1 \times 1 \times 32 = m \times n \times 656$。所以,和标准卷积核相比,计算量比率为$\dfrac{D_k \times D_k \times D_k \times D_k \times D_k + D_k \times D_k \times M \times N}{D_k \times D_k \times M \times N} = \dfrac{1}{N} + \dfrac{1}{D_k^2}$。

　　MobileNet 共 28 层(深度卷积和点卷积单独算一层),每层后边都有 BatchNorm 层和ReLU 层,如表 8-1 所示。

表 8-1　MobileNet 基本网络结构

Type/stride	Filter Shape	Input Size
Conv/s2	$3\times3\times3\times32$	$224\times224\times3$
Conv dw/s1	$3\times3\times32$ dw	$112\times112\times32$
Conv/s1	$1\times1\times32\times64$	$112\times112\times32$
Conv dw/s2	$3\times3\times64$ dw	$112\times112\times64$
Conv/s1	$1\times1\times64\times128$	$56\times56\times64$
Conv dw/s1	$3\times3\times128$ dw	$56\times56\times128$
Conv/s1	$1\times1\times128\times128$	$56\times56\times128$
Conv dw/s2	$3\times3\times128$ dw	$56\times56\times128$
Conv/s1	$1\times1\times128\times256$	$28\times28\times128$
Conv dw/s1	$3\times3\times256$ dw	$28\times28\times256$
Conv/s1	$1\times1\times256\times256$	$28\times28\times256$
Conv dw/s2	$3\times3\times256$ dw	$28\times28\times256$
Conv/s1	$1\times1\times256\times512$	$14\times14\times256$
$5\times$Conv dw/s1 $5\times$Conv/s1	$3\times3\times512$ dw $1\times1\times512\times512$	$14\times14\times512$ $14\times14\times512$
Conv dw/s2	$3\times3\times512$ dw	$14\times14\times512$
Conv/s1	$1\times1\times512\times1024$	$7\times7\times512$
Conv dw/s2	$3\times3\times1024$ dw	$7\times7\times1024$
Conv/s1	$1\times1\times1024\times1024$	$7\times7\times1024$
Avg Pool/s1	Pool 7×7	$7\times7\times1024$
FC/s1	1024×1000	$1\times1\times1024$
Softmax/s1	Classifier	$1\times1\times1000$

　　宽度乘数 α 主要用于减少 channels，即输入层的 channels 个数 M，变成 αM，输出层的 channels 个数 N 变成 αN，所以引入宽度乘数后的总计算量是 $D_k\times D_k\times\alpha M\times D_F\times D_F+\alpha M\times\alpha N\times D_F\times D_F$。分辨率乘数 ρ 主要用于降低图像的分辨率，即作用在 feature map 上，所以引入分辨率乘数后总的计算量为 $D_k\times D_k\times\alpha M\times\rho D_F\times\rho D_F+\alpha M\times\alpha N\times\rho D_F\times\rho D_F$。

8.3.3　YOLO 目标检测算法

　　You Only Look Once(YOLO)系列算法是一种基于深度学习的目标检测算法，可以同时执行物体检测和分类，其主要特点在于只使用单个神经网络就可以完成整个检测过程。

　　YOLO v1 是该系列算法的第一个版本，它将输入图像分成 $S\times S$ 个网格，并对每个网格预测 B 个边界框和 C 类别的概率值。在训练过程中，YOLO v1 采用多任务损失函数进行优化，其中包括边界框坐标误差、物体存在性和类别损失等，以实现物体检测和分类的联合训练。

YOLO v2 是 YOLO v1 的改进版,它采用一些新的技术提高算法的性能和精度。其中包括使用卷积层代替全连接层、采用 Batch Normalization 和 Leaky ReLU 等激活函数、加入 Anchor Box 等。这些改进使得 YOLO v2 相比于 YOLO v1 的平均精度均值(mAP)提高了近 10 个百分点。

YOLO v3 是 YOLO 系列算法的第三个版本,也是目前较流行和较成功的版本之一。相比于 YOLO v2,YOLO v3 引入多尺度预测和 DarkNet-53 作为主干网络,同时使用了更小的 Anchor Box 和多个不同尺度的特征图。这些改进在保证较快推理速度的同时,提高了算法的检测精度。

YOLO v4 进一步增强了该系列算法的性能和稳定性,引入了新的技术,如 Mish 激活函数、SPP 结构、CSP 结构等。YOLO v4 相比于 YOLO v3 在精度和速度上都有所提升,成为当前目标检测领域的一个研究热点。

YOLO 网络结构主要可分为两部分:特征提取网络和目标检测网络。

特征提取网络使用卷积层提取输入图像的特征。这个过程可以理解为将原始图像转换为一组特征映射,其中每个特征映射都代表着不同的低级和高级特征。在 YOLO 中,使用 Darknet 作为特征提取网络,它是一个由卷积层和池化层组成的深度卷积神经网络。具体过程是:首先,特征提取网络使用卷积层和池化层对输入图片进行多次变换,提取出不同层次的特征信息。这一步的目的是将原始的图像数据转换为更高级别的语义表达,以便后续的目标检测任务能更好地执行。YOLO 采用 24 个卷积层和 2 个池化层构建特征提取网络,其中卷积层使用 3×3 的卷积核,并采用 Leaky ReLU 激活函数,池化层使用 2×2 的池化核。

目标检测网络将特征映射传递到全连接层,然后输出检测框的位置和类别概率。YOLO 采用单次前向传递的方式预测所有对象,并且在每个单元格中预测固定数量的边界框。每个边界框包含 5 个信息:x、y、w、h 和置信度,其中 x 和 y 代表边界框中心的位置,w 和 h 代表边界框的宽度和高度,置信度表示该边界框中是否存在物体。目标检测网络使用全连接层将特征图转换为最终的输出结果。具体来说,在最后一层特征图上,YOLO 将每个像素点映射到 7×7 的网格中,并为每个网格预测 20 个边界框(bounding box),以及这些边界框所包含的物体的类别、置信度等信息。由于每个边界框需要预测 4 个坐标值和 1 个置信度分数,所以每个网格需要预测 $5\times20=100$ 个数值。因此,最终的输出张量大小为 $7\times7\times30$。

YOLO 网络结构示意图如图 8-17 所示。

YOLO 算法的流程如下。

1)将图像分割成网格

YOLO 算法将输入图像分割成多个大小固定的网格。每个网格都负责预测该网格内是否包含对象以及对象的位置和类别。通常情况下,YOLO 将图像分割成 $S\times S$ 个网格。

2)对每个网格进行处理

对于每个网格,YOLO 使用卷积神经网络对其进行处理,生成每个边界框的置信度得分和类型概率。这些得分是通过将图像映射到不同大小的特征图上计算得出的。具体来说,YOLO 使用多个卷积层和池化层提取图像的特征,并将这些特征映射到不同大小的特

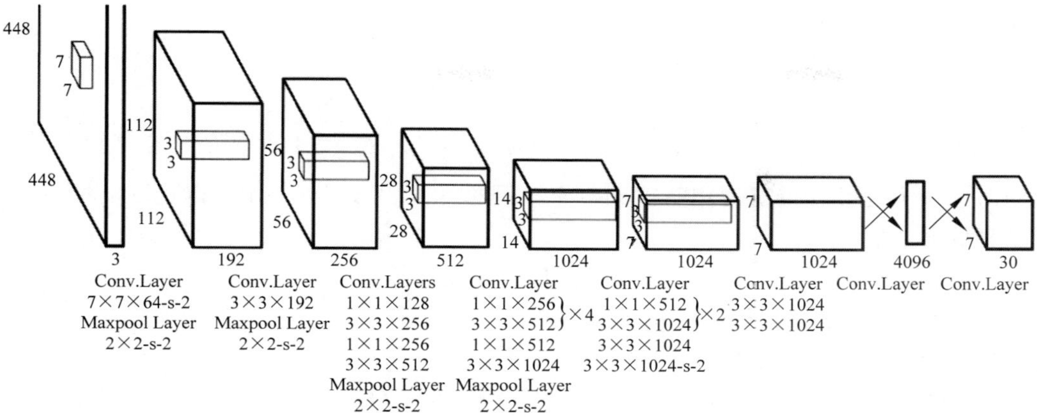

图 8-17 YOLO 网络结构示意图

征图上。然后，YOLO 使用卷积层和全连接层生成每个边界框的置信度得分和类型概率。

3）非极大值抑制

由于一个对象可能会被多个网格所覆盖，因此在最终输出所有预测的边界框之前，YOLO 会使用 NMS 处理重叠的边界框，以便仅保留最可能的候选框。具体来说，对于每个类别，YOLO 将所有预测的边界框按置信度得分进行排序，并遍历所有边界框。对于当前遍历到的边界框，如果它与任何先前遍历过的边界框的 IoU（交并比）大于一定阈值，则将其删除。

4）输出预测结果

最后，YOLO 输出所有预测的边界框、置信度得分和类别预测。YOLO 使用一个阈值确定哪些边界框包含对象，通常情况下，该阈值为 0.5。如果一个边界框的置信度得分大于该阈值，则认为该边界框包含对象。同时，YOLO 还可以输出每个对象所属的类别及其概率。

在 YOLO 中，损失函数主要由分类损失和定位损失两部分组成。

分类损失用于衡量模型对每个网格预测的类别是否准确，对于每个网格，YOLO 会预测出一个类别分数向量，该向量包含了所有可能的类别分数，分类损失采用交叉损失（cross-entropy loss）计算预测类别分数与真实类别分数之间的差距，具体地，设 $P_{i,j}$ 是第 i 行、第 j 列网格的预测类别分数向量，$P_{i,j}$ 是真实类别分数向量，则分类损失 L_{class} 可以表示为

$$L_{\text{class}} = \sum_{i=0}^{S}\sum_{j=0}^{S}\sum_{c=0}^{C}\left[y_{i,j,c}\log(P_{i,j,c}) + (1-y_{i,j,c})\log(1-P_{i,j,c})\right]$$

其中，S 是网格数，C 是类别数，$y_{i,j,c}$ 表示第 i 行、第 j 列网格是否包含类别 c。

定位损失用于衡量模型对目标位置的预测精度。对于每个网格。YOLO 会预测出一个边界框，并计算边界框坐标和大小对于该网格左上角的偏移量以及边界框的宽高比例。定位损失采用平方误差损失计算预测偏移量与真实移量之间的差距，具体地，设 $(x_{i,j}, y_{i,j})$ 是第 i 行、第 j 列网格的中心坐标，$(\omega_{i,j}, h_{i,j})$ 是第 i 行、第 j 列网格的宽度和高度，则定位损失 L_{loc} 可以表示为

$$L_{loc} = \sum_{i=0}^{S}\sum_{j=0}^{S}\sum_{c=0}^{C} l_{ij}^{obj}\left[(x_{i,j}-\hat{x}_{i,j})^2 + (y_{i,j}-\hat{y}_{i,j})^2\right] +$$

$$l_{ij}^{obj}\left[(\sqrt{\omega_{i,j}}-\sqrt{\hat{\omega}_{i,j}})^2 + (\sqrt{h_{i,j}}-\sqrt{\hat{h}_{i,j}})^2\right]$$

其中，l_{ij}^{obj}表示第 i 行、第 j 列网格是否包含目标物体，$\hat{x}_{i,j}$ 和 $\hat{y}_{i,j}$ 是预测的中心坐标偏移量，$\hat{\omega}_{i,j}$ 和 $\hat{h}_{i,j}$ 分别是预测的宽度和高度相对于该网格的比例。综上所述，YOLO 的损失函数可以表示为

$$L = \lambda_{class} L_{class} + \lambda_{loc} L_{loc}$$

其中，λ_{class} 和 λ_{loc} 分别是分类损失和定位损失的权重系数。

YOLO 算法的不足主要表现在以下几方面。

（1）对相互靠得很近的物体和小群体的检测效果不佳。这是因为 YOLO 将图像划分成网格，每个网格只预测两个边界框，并且将框分配到其中一个类别中。当物体非常接近或者形成一个小群体时，这种设计可能导致某些物体被忽略或者重复计算。

（2）泛化能力偏弱。虽然 YOLO 一定程度上可以应对长宽比变化较小的物体，但是当测试图像中出现新的不常见的长宽比时，YOLO 的泛化能力会受到一定影响。

（3）定位误差是影响检测效果的主要原因。YOLO 使用平方误差计算坐标损失，这可能导致模型更易受离群点的影响，尤其在处理大小物体时。因此，如果要改进 YOLO 的检测效果，需要考虑如何减少定位误差的影响。

8.4 应用案例：基于 YOLO 的汉字分拣目标检测

8.4.1 算法原理

汉字是人们在社会交流和通信中必不可少的信息载体，它在生活中以图片或者文本的形式大量存在。在我们的生活中有许多汉字识别技术的运用，汉字是人类交流信息的重要工具，在科技和网络不断发展的今天，文本的方式或者说载体发生了很大的变化，汉字不再只停留在书面，更以标识牌、横幅、广告牌等方式出现在我们的生活中，或者说，它们是一张张图片中的文本信息。用计算机检测识别这些信息将给我们的生活带来极大的便利。例如，自动驾驶技术识别路边的各种指示牌，停车场的车牌识别，扫描录入身份证信息，等等。

本实验采用的是基于 YOLO v5 目标检测神经网络框架和 AI 边缘推理加速引擎 NCNN 的汉字识别检测模型。NCNN 是一个手机端极致优化的高性能神经网络前向计算框架。YOLO v5 是在计算机视觉领域应用的非常广泛的一个深度学习的模型，在目标检测、物体识别等任务中表现也非常出色。

8.4.2 关键代码

```
from PIL import Image,ImageDraw,ImageFont
import numpy as np
import cv2 as cv
import os
import json
import base64
```

```python
import math
c_dir = os.path.split(os.path.realpath(__file__))[0]


class PickupChinese(object):
    def __init__(self, model_path="models/chinese_detection"):
        self.model_path = model_path
        self.pickup_model = ChineseDet()
        self.pickup_model.init(self.model_path)
        self.position = None

    def image_to_base64(self, img):
        image = cv.imencode('.jpg', img, [cv.IMWRITE_JPEG_QUALITY, 100])[1]
        image_encode = base64.b64encode(image).decode()
        return image_encode

    def base64_to_image(self, b64):
        img = base64.b64decode(b64.encode('utf-8'))
        img = np.asarray(bytearray(img), dtype="uint8")
        img = cv.imdecode(img, cv.IMREAD_COLOR)
        return img

    def __draw_info(self, image, objs):
        #绘制目标信息
        img_rgb = cv.cvtColor(image, cv.COLOR_BGR2RGB)
        pilimg = Image.fromarray(img_rgb)
        #创建 ImageDraw 绘图类
        draw = ImageDraw.Draw(pilimg)
        #设置字体
        font_size = 20
        font_path = c_dir+"/../../font/wqy-microhei.ttc"
        font_hei = ImageFont.truetype(font_path, font_size, encoding="utf-8")

        for obj in objs:
            loc = obj["location"]
            draw.rectangle((loc["left"], loc["top"], loc["left"]+loc["width"],
loc["top"]+loc["height"]), outline='green',width=2)
            msg =  obj["name"]+": %.2f"%obj["score"]
            draw.text((loc["left"], loc["top"]-font_size * 1), msg, (0, 255, 0),
font=font_hei)

        result = cv.cvtColor(np.array(pilimg), cv.COLOR_RGB2BGR)
        return result

    def __clac_place(self, img, loc):
        #计算目标在九宫格的位置
        px = loc["left"] + loc["width"]/2
        py = loc["top"] + loc["height"]/2
        width = img.shape[1]
        height = img.shape[0]
        ow = oh =  math.sqrt(loc["width"] * loc["width"])
        if abs(px - width/2) < ow * 0.75:
```

```
                    nx = 1
            elif px > width/2 and px < width/2+2.5 * ow:
                    nx = 2
            elif px > width/2-2.5 * ow and px < width/2:
                    nx = 0
            else:
                    return -1
            if abs(py - (height/2)) < oh * 0.75:
                    ny = 1
            elif py > height/2 and py<height/2+2.5 * oh:
                    ny = 2
            elif py>height/2-2.5 * oh and py <height/2:
                    ny = 0
            else:
                    return -1
            return ny * 3+nx+1


    def inference(self, image, param_data):
        #msg:相关提示信息
        #origin_image:原始图片
        #result_image:处理之后的图片
        #result_data:结果数据
        return_result = {'code': 200, 'msg': None, 'origin_image': None, 'result_
image': None, 'result_data': None}

        #实时视频接口:@__app.route('/stream/<action>')
        #image:摄像头实时传递过来的图片
        #param_data:必须为 None
        result = self.pickup_model.detect(image)
        result = json.loads(result)
        print(result)

        r_image = image
        if result["code"] == 200 and result["result"]["obj_num"] > 0:
            r_image = self.__draw_info(image, result["result"]["obj_list"])
            for obj in result["result"]["obj_list"]:
                #计算目标在九宫格的位置
                r = self.__clac_place(r_image, obj["location"])
                obj["place"] = r

        return_result["code"] = result["code"]
        return_result["msg"] = result["msg"]
        return_result["result_image"] = self.image_to_base64(r_image)
        return_result["result_data"] = result["result"]

        return return_result
        #单元测试,注意在处理类中如果有文件引用,单元测试要文件修改路径
```

```
if __name__=='__main__':
    from chinesedet import ChineseDet
    #读取图像数据
    img = cv.imread("./test.jpg")
    #创建图像处理对象
    img_object = PickupChinese(c_dir+'/../../models/chinese_detection')
    #调用图像处理对象处理函数对图像加工处理
    result = img_object.inference(img, None)
    #调用图像处理对象处理函数对图像加工处理
    frame = img_object.base64_to_image(result["result_image"])
    #图像显示
    cv.imshow('result',frame)
    cv.imwrite(c_dir + "/result.jpg", frame)
    while True:
        key=cv.waitKey(1)
        if key==ord('q'):
            break
    cv.destroyAllWindows()
else :
    from .chinesedet import ChineseDet
```

8.4.3　工程运行

1. 硬件部署

（1）准备智能分拣实训平台，给边缘计算网关正确连接 WiFi 天线、摄像头、电源。

（2）按下电源开关上电启动边缘计算网关，将启动 Ubuntu 操作系统。

（3）系统启动后，连接局域网内的 WiFi 网络，记录边缘计算网关的 IP 地址，如 192.168.100.200。

2. 工程部署

（1）运行 MobaXterm 工具，通过 SSH 登录到边缘计算网关（参考附录 B）。

（2）在 SSH 终端创建实验工作目录：

```
$mkdir -p ~/aicam-exp
```

（3）通过 SSH 将本实验工程代码上传到～/aicam-exp 目录下（文件的上传参考附录 B）。

（4）在 SSH 终端输入以下命令解压缩实验工程：

```
$cd ~/aicam-exp
$unzip pickup_chinese.zip
```

3. 工程运行

```
$cd ~/aicam-exp/pickup_chinese
$python3 algorithm/ pickup_chinese/ pickup_chinese.py
```

汉字识别结果如图 8-18 所示。

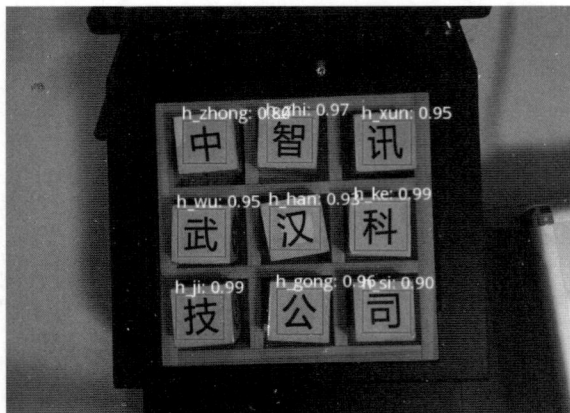

图 8-18　汉字识别结果

8.5　本章小结

　　本章主要介绍了目标检测识别技术,包括目标检测的原理、传统目标检测算法和目标检测框架等方面。通过学习本章内容,我们可以了解到目标检测是指在图像或视频中自动识别和定位特定物体的技术,并且了解到目标检测的应用广泛,如自动驾驶、安防监控等。传统目标检测算法主要有基于手工特征的方法和基于深度学习的方法,其中基于深度学习的方法已成为目标检测的主流算法。目标检测框架包括 RCNN 系列、YOLO 系列和 SSD 系列等,每个框架都有其独特的特点和优缺点。最后,通过案例实现了基于深度学习的分拣目标检测,展示了目标检测技术在实际应用中的价值和作用。

习题 8

　　1. 传统的目标检测中的区域选择和特征提取有什么作用? 为什么需要这些步骤?

　　2. 目前深度学习目标检测算法存在哪些问题? 有何解决方案?

　　3. 在实际应用中,如何对目标检测算法进行优化以,提高效率和准确性?

　　4. 目标检测技术未来会有哪些发展趋势?

　　5. 使用 HOG+SVM 方法同时检测行人和车辆。

　　6. 使用 HOG+SVM 方法在视频流中实时对行人进行检测。

本章学习目的与要求

本章学习基于人脸识别技术,了解并掌握基于人脸识别原理、人脸检测与人数统计技术和人脸识别技术,最后通过案例实现人脸检测、人脸属性和人脸识别应用。

本章主要内容

- 人脸识别原理
- 人脸检测与人数统计技术
- 人脸识别技术
- 人脸检测应用案例
- 人脸属性应用案例
- 人脸识别应用案例

9.1 人脸识别原理

在人工智能和计算机技术的不断发展下,人脸识别技术也在不断完善和提升。了解人脸识别技术的发展历程和分类特点,有助于我们更好地理解其原理和应用。接下来,将从人脸识别技术的发展历程和分类特点两方面对其进行介绍。了解这些内容后,我们可以更深入地探讨人脸识别技术的原理,并了解其在现代社会中的应用。

9.1.1 人脸识别技术发展历程

人脸识别技术是一种利用计算机技术和光学成像技术,通过对人脸的特征进行分析和比对,从而实现身份识别和安全控制的技术。经过多年的发展,已经从最初的基于图像处理的识别方法,发展到现在的基于深度学习和神经网络的高级技术。

1. 第一阶段(1964—1990 年)

在这一阶段,人脸识别通常只作为一个一般性的模式识别问题来研究,所采用的主要技术方案是基于人脸几何结构特征的方法。这集中体现在人们对剪影(Profile)的研究上,人们对面部剪影曲线的结构特征提取与分析方面进行了大量研究。人工神经网络也一度曾经被研究人员用于人脸识别问题中。较早从事 AFR 研究的研究人员除布莱索(Bledsoe)外,还有戈登斯泰因(Goldstein)、哈蒙(Harmon)以及金出武雄(Kanade Takeo)等。金出武雄于 1973 年在京都大学完成第一篇 AFR 方面的博士论文,直到现在,作为卡内基-梅隆大学(CMU)机器人研究院的一名教授,他仍然是人脸识别领域的活跃人物之一。他所在的研究组也是人脸识别领域的一支重要力量。总体而言,这一阶段是人脸识别研究的初级阶段,非常重要的成果不是很多,也基本没有获得实际应用。

2. 第二阶段(1991—1997 年)

这一阶段尽管时间相对短暂,但却是人脸识别研究的高潮期,可谓硕果累累:诞生了若干代表性的人脸识别算法;美国军方组织了著名的 FERET 人脸识别算法测试;出现了若干商业化运作的人脸识别系统,如最著名的 Visionics(现为 Identix)的 FaceIt 系统。美国麻省理工学院(MIT)媒体实验室的特克(Turk)和潘特兰德(Pentland)提出的"特征脸"方法无疑是这一时期最负盛名的人脸识别方法。其后的很多人脸识别技术都或多或少与特征脸有关系,现在特征脸已经与归一化的协相关量(Normalized Correlation)方法一道成为人脸识别的性能测试基准算法。

这一时期的另一个重要成果是麻省理工学院人工智能实验室的布鲁内里(Brunelli)和波基奥(Poggio)于 1992 年左右做的一个对比实验,他们对比了基于结构特征的方法与基于模板匹配的方法的识别性能,并给出一个比较确定的结论:模板匹配的方法优于基于特征的方法。这一导向性的结论与特征脸共同作用,基本中止了纯粹的基于结构特征的人脸识别方法研究,并在很大程度上促进了基于表观(Appearance-based)的线性子空间建模和基于统计模式识别技术的人脸识别方法的发展,使其逐渐成为主流的人脸识别技术。

贝尔胡米尔(Belhumeur)等提出的 Fisherface 人脸识别方法是这一时期的另一重要成果。该方法首先采用主成分分析(Principal Component Analysis,PCA,即特征脸)对图像表观特征进行降维。在此基础上,采用线性判别分析(Linear Discriminant Analysis,LDA)的方法变换降维后的主成分以期获得"尽量大的类间散度和尽量小的类内散度"。该方法目前仍然是主流的人脸识别方法之一,产生了很多不同的变种,如零空间法、子空间判别模型、增强判别模型、直接的 LDA 判别方法,以及近期的一些基于核学习的改进策略。

麻省理工学院的马哈丹(Moghaddam)则在特征脸的基础上,提出了基于双子空间进行贝叶斯概率估计的人脸识别方法。该方法通过"作差法",将两幅人脸图像对的相似度计算问题转换为一个两类(类内差和类间差)分类问题。类内差和类间差数据都要首先通过 PCA 技术进行降维,计算两个类别的类条件概率密度,最后通过贝叶斯决策(最大似然或者最大后验概率)的方法进行人脸识别。

人脸识别中的另一种重要方法——弹性图匹配(Elastic Graph Matching,EGM)技术也是在这一阶段提出的。其基本思想是用一个属性图描述人脸:属性图的顶点代表面部关键特征点,其属性为相应特征点处的多分辨率、多方向局部特征——Gabor 变换特征,称为 Jet;边的属性则为不同特征点之间的几何关系。对任意输入人脸图像,弹性图匹配通过一种优化搜索策略定位预先定义的若干面部关键特征点,同时提取它们的 Jet 特征,得到输入图像的属性图。最后,通过计算其与已知人脸属性图的相似度完成识别过程。该方法的优点是既保留了面部的全局结构特征,也对人脸的关键局部特征进行了建模。近年还出现了一些对该方法的扩展。

局部特征分析技术是由洛克菲勒大学(Rockefeller University)的艾提克(Atick)等提出的。LFA 本质上是一种基于统计的低维对象描述方法,与只能提取全局特征而且不能保留局部拓扑结构的 PCA 相比,LFA 在全局 PCA 描述的基础上提取的特征是局部的,并能同时保留全局拓扑信息,从而具有更佳的描述和判别能力。LFA 技术已商业化为著名的 FaceIt 系统,因此后期没有发表新的学术进展。

由美国国防部反毒品技术发展计划办公室资助的 FERET 项目无疑是该阶段的一个至关重要的事件。FERET 项目的目标是开发能为安全、情报和执法部门使用的 AFR 技术。该项目包括 3 部分内容:资助若干项人脸识别研究、创建 FERET 人脸图像数据库、组织 FERET 人脸识别性能评测。该项目分别于 1994 年、1995 年和 1996 年组织了 3 次人脸识别评测,几种最知名的人脸识别算法都参加了测试,极大地促进了这些算法的改进和实用化。该测试的另一个重要贡献是给出了人脸识别的进一步发展方向:光照、姿态等非理想采集条件下的人脸识别问题逐渐成为热点的研究方向。

柔性模型(Flexible Models)——包括主动形状模型(ASM)和主动表观模型(AAM)是这一时期在人脸建模方面的一个重要贡献。ASM/AAM 将人脸描述为 2D 形状和纹理两个分离部分,分别用统计的方法进行建模(PCA),然后再进一步通过 PCA 将二者融合起来对人脸进行统计建模。柔性模型具有良好的人脸合成能力,可以采用基于合成的图像分析技术对人脸图像进行特征提取与建模。柔性模型目前已广泛用于人脸特征对准(Face Alignment)和识别中,并出现了很多的改进模型。

总体而言,这一阶段的人脸识别技术发展非常迅速,所提出的算法在较理想图像采集条件、对象配合、中小规模正面人脸数据库上达到非常好的性能,也因此出现了若干知名的人脸识别商业公司。从技术方案上看,2D 人脸图像线性子空间判别分析、统计表观模型、统计模式识别方法是这一阶段的主流技术。

3. 第三阶段(1998 年至今)

FERET′96 人脸识别算法评估表明:主流的人脸识别技术对光照、姿态等由于非理想采集条件或者对象不配合造成的变化鲁棒性比较差。因此,光照、姿态问题逐渐成为研究热点。与此同时,人脸识别的商业系统进一步发展。为此,美国军方在 FERET 测试的基础上分别于 2000 年和 2002 年组织了两次商业系统评测。

基奥盖蒂斯(Georghiades)等提出的基于光照锥(Illumination Cones)模型的多姿态、多光照条件人脸识别方法是这一时期的重要成果之一,他们证明了一个重要结论:同一人脸在同一视角、不同光照条件下的所有图像在图像空间中形成一个凸锥——光照锥。为了能从少量未知光照条件的人脸图像中计算光照锥,他们还对传统的光度立体视觉方法进行了扩展,能在朗博模型、凸表面和远点光源假设条件下,根据未知光照条件的 7 幅同一视点图像恢复物体的 3D 形状和表面点的表面反射系数(传统光度立体视觉能根据给定的 3 幅已知光照条件的图像恢复物体表面的法向量方向),从而可以容易地合成该视角下任意光照条件的图像,完成光照锥的计算。识别则通过计算输入图像到每个光照锥的距离来完成。

以支持向量机为代表的统计学习理论也在这一时期被应用到人脸识别与确认中。支持向量机是一个两类分类器，而人脸识别则是一个多类问题。通常有 3 种策略可解决这个问题，即类内差/类间差法、一对多法(one-to-rest)和一对一法(one-to-one)。

布兰兹(Blanz)和维特(Vetter)等提出的基于 3D 变形模型的多姿态、多光照条件人脸图像分析与识别方法是这一阶段一项开创性的工作。该方法本质上属于基于合成的分析技术，其主要贡献在于它在 3D 形状和纹理统计变形模型(类似于 2D 时的 AAM)的基础上，同时还采用图形学模拟的方法对图像采集过程的透视投影和光照模型参数进行建模，从而可以使得人脸形状和纹理等人脸内部属性与摄像机配置、光照情况等外部参数完全分开，更加有利于人脸图像的分析与识别。Blanz 的实验表明，该方法在 CMU-PIE(多姿态、光照和表情)人脸库和 FERET 多姿态人脸库上都达到了相当高的识别率，证明了该方法的有效性。

2001 年的国际计算机视觉国际大会(ICCV)上，康柏研究院的研究员维奥拉(Viola)和琼斯(Jones)展示了他们的一个基于简单矩形特征和 AdaBoost 的实时人脸检测系统，在 CIF 格式上检测准正面人脸的速度达到每秒 15 帧以上。该方法的主要贡献包括：①用可以快速计算的简单矩形特征作为人脸图像特征；②基于 AdaBoost 将大量弱分类器进行组合形成强分类器的学习方法；③采用了级联(Cascade)技术提高检测速度。目前，基于这种人脸/非人脸学习的策略已经能实现准实时的多姿态人脸检测与跟踪。这为后端的人脸识别提供了良好的基础。

沙苏哈(Shashua)等于 2001 年提出一种基于商图像的人脸图像识别与绘制技术。该技术是一种基于特定对象类图像集合学习的绘制技术，能根据训练集合中的少量不同光照的图像，合成任意输入人脸图像在各种光照条件下的合成图像。基于此，沙苏哈等还给出了对各种光照条件不变的人脸签名(Signature)图像的定义，可用于光照不变的人脸识别，实验表明了其有效性。

巴斯里(Basri)和雅各布(Jacobs)则利用球面谐波(Spherical Harmonics)表示光照、用卷积过程描述朗博反射的方法解析地证明了一个重要的结论：由任意远点光源获得的所有朗博反射函数的集合形成一个线性子空间。这意味着，一个凸的朗博表面物体在各种光照条件下的图像集合可以用一个低维的线性子空间近似。这不仅与先前的光照统计建模方法的经验实验结果相吻合，更进一步从理论上促进了线性子空间对象识别方法的发展。而且，这使得用凸优化方法强制光照函数非负成为可能，为光照问题的解决提供了重要思路。

FERET 项目之后，涌现了若干人脸识别商业系统。美国国防部有关部门进一步组织了针对人脸识别商业系统的评测 FRVT，至今已经举办了两次：FRVT2000 和 FRVT2002。这两次测试一方面对知名的人脸识别系统进行了性能比较，例如 FRVT2002 测试就表明 Cognitec、Identix 和 Eyematic 3 个商业产品遥遥领先于其他系统，而它们之间的差别不大。另一方面则全面总结了人脸识别技术发展的现状：较理想条件下(正面签证照)，针对 37437 人 121589 幅图像的人脸识别(Identification)最高首选识别率为 73%，人脸验证(Verification)的等错误率(EER)大约为 6%。FRVT 测试的另一个重要贡献是还进一步指出了目前的人脸识别算法亟待解决的若干问题。例如，FRVT2002 测试表明：目前的人脸识别商业系统的性能仍然对室内外光照、姿态、时间跨度等变化条件非常敏感,大规模人脸库上的有效识别问题也很严重,这些问题都需要进一步的努力。

总体而言,目前非理想成像条件下(尤其是光照和姿态)、对象不配合、大规模人脸数据库上的人脸识别问题逐渐成为研究的热点问题。而非线性建模方法、统计学习理论、基于Boosting 的学习技术、基于 3D 模型的人脸建模与识别方法等逐渐成为备受重视的技术发展趋势。

9.1.2 人脸识别技术的分类及特点

1. 基于几何特征的人脸识别方法

人脸识别的关键在于提取人脸的特征信息。这些信息通常由眼睛、鼻子、嘴巴、下巴等部件组成,它们之间的形状和结构关系可以被用作人脸识别的重要特征。采用几何特征进行正面人脸识别一般通过提取人眼、口、鼻等重要特征点的位置以及眼睛等重要器官的几何形状作为分类特征。基于几何特征的人脸识别方法是早期的一种人脸识别技术,主要思路是通过计算人脸中各部位之间的距离、角度等几何信息对人脸进行识别。这种方法主要分为两个步骤:面部特征提取和模式匹配。

检测人脸关键点时,有多种算法可供选择。其中包括基于特征的方法、基于模型的方法、基于深度学习的方法等。基于特征的方法主要使用传统的机器学习算法,例如 Haar cascades、LBP(局部二值模式)等。基于模型的方法通常采用 Active Shape Model(ASM)、Active Appearance Model(AAM)等。而基于深度学习的方法则包括人脸检测网络(如 R-CNN、Fast R-CNN、Faster R-CNN 等),以及人脸对齐网络(如 DeepID、DeepID2、VGGFace 等)。

在模式匹配步骤中,通常使用分类器对提取出的几何信息进行匹配。分类器是一种机器学习算法,可将输入数据分为不同的类别。常用的分类器包括 KNN(K 近邻算法)、SVM(支持向量机)等。首先,需要对一组已知的人脸图像进行训练,提取出其几何特征并建立相应的模型。然后,对待识别的人脸图像也进行特征提取,并输入分类器中进行匹配。最后,根据匹配结果确定该人脸属于哪个已知的人或者是一个新的人。

可变形模板法是一种基于几何特征的目标识别和跟踪技术,它通过利用图像中目标的形状信息进行匹配和定位。与传统的几何特征法不同的是,可变形模板法引入了形变模型,即在匹配过程中可以对模板进行形变,以适应不同目标的形状变化。在实现过程中,首先需要构建模板,选择一张典型的图片作为起始模板,并将其转换成标准坐标系下的二值图像。接着,通过对模板进行平移、旋转和缩放等操作,定义形变模型,使得模板可适应不同目标的形状变化。然后,在待检测图像中进行边缘检测、滤波等处理,提取出角点、线段等几何特征。之后,采用局部卡尔曼滤波等方法,在搜索区域内寻找最佳匹配位置,并根据匹配结果更新形变模型。最后,在目标运动过程中,通过不断地更新形变模型和匹配位置,实现目标的跟踪。

2. 基于纹理特征的人脸识别技术

基于纹理特征的人脸识别技术是一种常见的人脸识别算法。它主要利用图像中人脸表面的纹理信息进行比对,以实现人脸识别的目的。

在基于纹理特征的人脸识别技术中,预处理是非常重要的一步,因为它可以去除图像中的噪声、归一化和增强图像的质量,从而提高人脸识别的准确度。

具体来说,预处理包括以下几个步骤。

(1)去除噪声:在人脸图像采集过程中,常常会受到各种干扰因素的影响,如环境光照、图像传感器的噪声、图像失真等。因此,需要对图像进行降噪处理,以保证纹理特征的准确性。

(2)归一化:由于不同人的面部特征会因为年龄、种族、肤色、性别等因素而产生差异,因此需要将不同人的面部特征进行规范化处理。这个步骤通常是将人脸图像进行缩放、旋转、平移等调整,使得人脸图像具有统一的大小、位置和方向,从而便于进行比对。

(3)增强:该步骤是指通过对图像进行滤波、直方图均衡化、锐化等操作,使得人脸图像更加清晰明亮,纹理特征更加明显,从而提高人脸识别的准确性。

接下来,在预处理之后,使用特定的算法从人脸图像中提取纹理特征。目前常用的纹理特征提取算法有 LBP、Gabor 滤波器、离散小波变换等。这些算法可以将人脸表面的纹理信息转换为数字特征向量,方便进行比对。

识别时,首先对待识别的人脸图像进行相同的预处理,并提取其纹理特征。然后将其与已知的人脸库中的纹理特征进行比对。具体的比对方法包括欧几里得距离、余弦相似度等。找到最相似的那个,即可确定待识别人脸的身份。由于不同人的纹理特征存在一定的相似性,因此在实际应用中需要设置一个阈值,以保证识别的准确性和可靠性。

基于纹理特征的人脸识别方法具有一些优势,但也存在一定的局限性。

优势方面,由于纹理特征具有一定的稳定性,因此该方法受光照、角度等因素的影响较小。即使在不同的光照条件下或者人脸处于不同的角度时,纹理特征的分布仍然相对稳定,可以进行准确的匹配。此外,该方法还可以部分地处理一些情况下的遮挡或变形。例如,即使人脸图像被遮挡了一部分,但仍然能提取出其中的纹理特征,并与已知的人脸库中的纹理特征进行比对。

局限性方面,由于基于纹理特征的人脸识别方法是一种浅层次的方法,只能从表面纹理入手,因此对于某些情况下的遮挡或变形,其识别效果可能并不理想。例如,如果人脸被遮挡得非常严重,或者人脸发生了剧烈的变形,那么纹理特征的提取和匹配就会受到很大影响。此外,该方法还可能受到噪声的干扰,从而影响识别准确性。另外,纹理特征的提取和匹配需要一定的计算资源和时间,因此在实际应用中需要考虑效率问题。

3. 基于神经网络的人脸识别技术

基于神经网络的人脸识别方法最早可以追溯到 20 世纪 80 年代初期,当时主要使用基于 BP 神经网络的方法。随着深度学习和大数据技术的发展,CNN 等新型神经网络模型被引入人脸识别领域中,并取得了显著的效果。近年来,随着硬件计算能力的提升和深度学习算法的优化,基于神经网络的人脸识别方法已经成为当前人脸识别技术中最具潜力和前景的方法之一。

常用的基于神经网络的人脸识别算法包括以下几种。

DeepFace 是 Facebook 团队在 2014 年提出的一种基于深度学习的人脸识别方法,其主要思想是将人脸图像中的三维信息转化为二维信息,并通过卷积神经网络进行特征提取和匹配,最终实现高精度的人脸识别。

具体来说,DeepFace 的工作流程如下。

(1) 人脸检测:使用 OpenCV 等工具对输入的图像进行人脸检测,将检测到的人脸区域从原始图像中裁剪出来,保留人脸图像。

(2) 人脸对齐:由于不同人的面部特征可能存在差异,因此需要对人脸图像进行对齐操作。具体来说,使用眼睛的位置作为参考点,将所有人脸图像旋转、平移和缩放到一个标准位置。

(3) 特征提取:将对齐后的人脸图像输入卷积神经网络中,通过多个卷积层和池化层逐步提取特征,最终得到 512 维的特征向量。

(4) 特征匹配:使用欧几里得距离或余弦相似度等指标,计算两张人脸图像的特征向量之间的距离,从而判断它们是否属于同一人。

DeepFace 的优点在于可以处理不同姿态、表情和光照等影响因素,并且具有很高的精度。但是,它需要大量的训练数据和计算资源,在实际应用中存在一定的限制。FaceNet 是 Google 团队提出的一种基于深度学习的人脸识别算法,其主要思想是将人脸图像转化为高维空间中的向量,并通过计算向量之间的距离实现人脸的匹配和识别。FaceNet 利用卷积神经网络提取人脸图像中的特征,然后将这些特征映射到一个高维空间中的向量,使得同一个人的人脸图像在向量空间中的距离较近,不同人的人脸图像在向量空间中的距离较远。

DeepID 是香港中文大学研究团队提出的一种基于深度学习的人脸识别方法,其主要思想是将人脸图像分为多个部分,对每个部分分别进行特征提取,最后将不同部分的特征合并起来进行人脸识别。

具体来说,DeepID 的工作流程如下。

(1) 人脸分块:将输入的人脸图像按照预定义的规则进行分块,得到多个子图像。其中,每个子图像包含一个局部区域的人脸特征。

(2) 特征提取:对每个子图像进行特征提取,具体使用了多个 CNN 层和全连接层,逐步提取高层次的特征信息,并对特征向量进行归一化操作以增加鲁棒性。

(3) 特征拼接:将每个子图像的特征向量拼接成一个整体特征向量,即将所有局部特征信息整合在一起。同时,为了去除特征向量之间的线性相关性,采用 PCA 或 LDA 等降维算法进行降维处理。

(4) 人脸识别:使用 SVM 等分类器进行分类,以确定输入的人脸图像所属的身份类别。

DeepID 的优点在于能有效地提取局部特征信息,并且在多个数据集上均表现出良好的识别效果。但是,其需要对每个子图像进行单独处理,计算量较大,加之深度学习模型的训练需要大量的样本和计算资源,因此在实际应用中存在一定的难度和限制。VGGFace 是牛津大学研究团队提出的一种基于深度学习的人脸识别方法,其主要思想是利用卷积神经网络从人脸图像中提取特征,然后使用 SVM 对特征进行分类,实现人脸识别的功能。

特征拼接里提到的 PCA 算法即主成分分析,是一种常用的数据降维技术,它可以将高维数据映射到低维空间,同时保留数据的主要特征。它的核心思想是寻找数据中的主成分,将其作为新的坐标轴来表示数据。通过计算协方差矩阵的特征向量和特征值,可以确定数据的主要特征,并将其映射到低维空间中。PCA算法具有较好的可解释性和有效性,在数据降维、数据压缩、特征提取等领域广泛应用。

9.1.3 人脸识别技术的安全与隐私问题

2019年10月28日,郭兵在杭州市富阳区人民法院提起诉讼,指控杭州野生动物世界强制收集个人生物识别信息。此前,该野生动物园升级入园检测系统,使用人脸识别技术检查年卡使用者是否为本人。由于郭兵认为人脸信息属于个人敏感信息,一旦泄露并被非法使用,将会对个人身体和财产安全造成威胁,他要求退还年卡费用,但请求未被接受。因此,他决定通过法律手段维护自己的权益。

人脸识别是一种基于人的面部特征信息进行身份识别的技术,它属于人工智能领域的重要分支之一。在2018年全球人脸识别算法测试中,中国公司包揽了前五名,这也反映出我国在人工智能技术方面的不断进步。然而,随着人脸识别技术的广泛应用,其所涉及的个人隐私和数据安全问题也愈加突出。因此,有必要在技术应用过程中加强监管和保护措施,确保公民个人信息的合法使用和安全保障。同时,也需要经过制定相关法律法规和行业标准来规范技术的应用,推动人工智能技术良性发展。

政府和法律制定者需要建立相关法规和政策来保护个人隐私权。美国、欧盟国家等已经颁布了一些法律来规范人脸识别技术的使用,例如欧盟的《通用数据保护条例》(GDPR)要求机构对数据的收集和使用进行透明化,并且需要时须取得个人同意。另外,还有如美国的《加州消费者隐私法案》(CCPA),更加严格地规范了机构对个人隐私的收集和使用。

随着人脸识别技术的不断普及和应用,相关的安全、隐私和伦理问题也日益受到关注。在安全方面,人脸识别技术可能会被恶意利用,例如通过篡改或者冒用他人的面部特征进行欺诈、侵犯等行为。同时,由于人脸识别技术需要收集和存储大量的个人面部信息,这些数据存在泄露或者失窃风险。在个人隐私权方面,人脸识别技术的使用可能会对个人造成不必要的影响,并且可能导致个人隐私泄露。例如,商家可能会在未经消费者同意的情况下使用人脸识别技术追踪其行踪和购物习惯,从而获取更多的商业机会。政府或其他组织也可能会滥用人脸识别技术,侵犯公民的隐私权和自由。除以上安全和隐私问题外,人脸识别技术还涉及一系列伦理问题。首先,人脸识别技术可能会引发种族、性别、年龄等因素的歧视。其次,人脸识别技术的使用可能会剥夺个人自主权和隐私权,进而影响社会公正与平等。最后,人脸识别技术的发展必须遵循伦理规范和道德原则,以确保其不会对人类的尊严和价值产生负面影响。

人脸识别技术可能带来安全问题,如识别误差、算法攻击、数据泄露等。

识别误差是指人脸识别系统进行识别时产生的错误,可能导致系统的准确性和可靠性下降,甚至对个人及社会造成不良影响。在实际应用中,人脸识别技术常常会出现误差,其原因主要包括数据质量、算法模型和环境干扰等方面。首先,数据质量直接影响系统的准确性和稳定性,如果数据集中存在噪声、低质量图像、光线差异等因素,那么系统将很难准确判断人脸,从而产生误识别或漏识别的情况。其次,算法模型是人脸识别系统的核心部分,直接影响其准确性和鲁棒性,如果算法模型设计不当,或者训练数据集不够充分,那么系统将无法识别出目标人物的真实特征,导致误认或者漏认。最后,环境干扰也是人脸识别误差的主要原因之一,自然光线变化、背景杂乱、戴帽子或口罩等,都可能影响系统的识别效果,导致误判或漏判。

为了解决人脸识别技术中的识别误差问题,可以采取多种措施。首先,改善数据质量是提高系统准确性的基础,通过减少噪声、滤除低质量图像、增加数据样本等方式改善数据质量。其次,优化算法模型也是一个重要的方法,选择合适的算法模型、训练更充分的数据集、利用深度学习等手段,可以提高系统鲁棒性和准确性。此外,减少环境干扰也是一个有效的方法,通过优化照明设备、减少背景干扰、使用红外线传感器等技术手段,可以降低环境干扰对系统造成的影响。最后,综合应用多种技术手段是一个全面提升系统性能的方法,如图像增强、特征点检测、人脸姿态估计等,加强对人脸识别的细节处理和特征提取,提高系统的可靠性和准确性。

算法攻击是指黑客和犯罪分子利用技术手段,通过对人脸识别系统的算法进行攻击,达到绕过系统验证、进行非法活动或侵犯个人隐私等目的。由于算法攻击技术的不断发展,这种安全威胁逐渐增加并趋于普遍。在人脸识别技术中,常见的算法攻击方式主要包括对抗样本攻击、人工智能模型攻击和数据攻击等。对抗样本攻击是利用人工智能算法的特性生成专门改造的图像,欺骗人脸识别系统,从而产生误判或漏判。人工智能模型攻击则是通过黑盒攻击或白盒攻击技术手段,针对人工智能模型进行破解和攻击,以绕过人脸识别系统的验证。此外,数据攻击也是一种常见的攻击方式,攻击者可能会篡改输入数据的内容,比如修改人脸图像的特征或质量,使其无法被识别,或让人脸识别系统误认为另一个人。这些攻击方式给人脸识别技术的安全性带来了挑战,需要采取相应的措施来防范和避免这些攻击。

为了预防和解决算法攻击的安全问题,需要采取一系列措施。首先,对算法进行加密保护,采用加密技术对算法模型进行混淆和保护,可以有效避免黑客破解算法模型获取关键信息的情况发生。其次,人脸识别系统在设计和开发时,应考虑到安全因素,对算法进行安全训练,提高系统的鲁棒性和安全性。比如,在训练数据中添加噪声或扰动,以增强系统对于对抗攻击的鲁棒性。同时,也需要重视数据隐私保护,对人脸图像、特征值等敏感数据进行加密和保护,采用安全传输方式,防止数据被窃取或篡改。

另外,强化监控也是预防算法攻击的重要手段之一。加强对人脸识别系统的监控,不断跟进新的攻击手段和技术动态,并及时更新算法模型和升级系统,提高系统的安全性和可靠性。除此之外,还可以利用多种技术手段,如图像增强、特征点检测、人脸姿态估计等,加强对人脸识别的细节处理和特征提取,以提高系统的可靠性和准确性。

预防和解决算法攻击的安全问题需要采取综合措施。通过加密保护、安全训练、数据隐私保护、强化监控以及利用多种技术手段等方式,可以有效提高人脸识别系统的安全性和可靠性,避免被黑客攻击或破坏。针对算法攻击这种安全问题,需要综合运用多种技术手段进行预防和解决,从加密保护算法、安全训练、数据隐私保护以及强化监控等方面入手,构建一个更加安全可靠的人脸识别系统。

数据泄露是指人脸识别技术所需要的大量数据可能会被恶意攻击者窃取或泄露,造成不可估量的损失。在人脸识别技术的应用过程中,数据泄露问题是一个普遍存在的安全隐患。其主要原因包括以下几方面。首先,在网络传输过程中,如果数据没有进行加密传输,黑客可以很容易地窃取敏感信息,这是导致数据泄露的重要原因之一。其次,数据备份不完善或备份设备受到攻击也是导致数据泄露的原因,因为人脸识别数据涉及大量个人隐私信息，一旦恶意攻击者获取到备份数据，就会造成巨大的损失。此外，权限管理不规范也是导致数据泄露的原因之一。如果没有规范的权限管理机制，任何人都有可能获取、修改、删除人脸识别数据，从而导致泄露风险。因此，使用人脸识别技术时，需要采取相应的安全措施，如加密传输、完善备份机制、规范权限管理等，以确保数据安全和隐私保护。

针对人脸识别技术中的数据泄露问题，需要采取一系列措施来确保数据的安全性和隐私保护。首先，通过对人脸识别数据进行备份，确保备份设备存储在安全的环境中，并采用加密技术，保护备份数据的安全性。其次，在数据传输过程中采用加密技术，确保敏感数据在传输过程中不会被黑客获取或篡改。此外，对人脸识别系统进行权限管理，确保只有授权人员才能访问和使用系统，并且可以精确控制用户的权限范围，防止非法操作及数据泄露风险。最后，对人脸识别系统的数据流出、访问等行为进行日志记录和审计，及时发现异常行为并进行处置，降低数据泄露的风险。这些措施可以有效地解决人脸识别技术中的数据泄露问题，保障人脸识别系统的安全性和可靠性。

针对数据泄露问题，需要从加强数据备份、加密传输、权限管理、安全审计等多方面入手，构建一个更加安全可靠的人脸识别系统。应用人脸识别技术时，还需要把握合理范围使用技术，做好隐私保护工作，避免因数据泄露导致的隐私侵犯和其他不良后果。

9.2　人脸检测与人数统计技术

人脸检测和人数统计技术在现代社会中广泛应用，例如安防监控、人群管理、人流量统计等领域。人脸检测技术是指通过计算机视觉技术对图像或视频中的人脸进行自动识别和定位的过程，常见的算法包括 Haar 级联检测器、HOG 特征＋SVM 分类器、深度学习方法等。而人数统计技术则是通过对摄像头捕捉到的人体轮廓或头部进行分析，利用图像处理和机器学习的方法，实现对人数及其移动行为的精确统计与预测，广泛应用于公共交通站点、商场、展厅等人员密集场所。

9.2.1　人脸检测技术原理及常见算法

人脸检测是计算机视觉领域中的一项重要技术，其基本原理是通过对图像进行分析和处理，从中识别出具有人脸特征的图像区域。常见的人脸检测算法包括以下几种。

1. Haar 特征分类器

Haar 分类器进行面部检测，它是利用 Haar 特征、积分图方法、AdaBoost、级联的一种基于统计的方法。

Haar 特征分为边缘特征、线性特征、中心和对角线特征，通常将这些特征组合成特征模板。特征模板内有白色和黑色两种矩形，并定义该模板的特征值为白色矩形像素和减去黑色矩形像素和。图 9-1 所示的特征模板称为"特征原型"。

图 9-1　特征模板

图 9-2 所示的两个矩形特征,表示出人脸的某些特征。比如,中间一幅图表示眼睛区域的颜色比脸颊区域的颜色深,右边一幅图表示鼻梁两侧比鼻梁的颜色要深。同样,其他目标,如眼睛等,也可以用一些矩形特征表示。

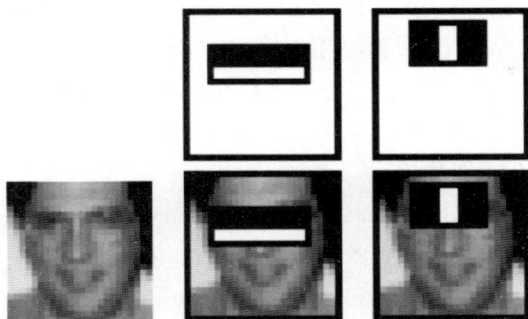

图 9-2　矩形特征表示人脸某些特征

使用特征比单纯使用像素点具有很大的优越性,并且速度更快。通过改变特征模板的大小和位置,可在图像子窗口中穷举出大量特征。特征原型在图像子窗口中扩展(平移伸缩)得到的特征称为"矩形特征";矩形特征的值称为"特征值"。

积分图(Integral Image)是一种用于快速计算图像中矩形区域像素和的技术。它可以在 $O(1)$ 的时间复杂度内得到任意大小的矩形区域内所有像素点的和,而不需要遍历每个像素点。这使得积分图成为计算 Haar 特征的重要方法之一。

具体来说,假设有一个 $m \times n$ 的灰度图像 $I(x, y)$,其中 x 表示行,y 表示列。积分图 $S(x, y)$ 是一个与原始图像同样大小的矩阵,其中每个像素值表示原始图像中该位置及其左上角所有像素的累计和:

$$S(x, y) = \Sigma\Sigma I(i, j),其中 0 \leqslant i \leqslant x, 0 \leqslant j \leqslant y$$

这个计算过程可以通过动态规划的方式进行优化,即只需要遍历一次原始图像,就可以计算出整个积分图。例如,对于任意矩形区域 $[(x1, y1), (x2, y2)]$,可以使用下列公式计算该区域的像素和:

$$sum = S(x2, y2) - S(x2, y1-1) - S(x1-1, y2) + S(x1-1, y1-1)$$

这里的减法和加法操作可以在 $O(1)$ 时间内完成,因此计算任意矩形区域的像素和的时间复杂度为 $O(1)$。

利用积分图,可以方便地计算 Haar 特征值。Haar 特征包括 3 种类型:边缘特征、线性特征和中心特征。以线性特征为例,它是由两个相邻的白色矩形和一个黑色矩形组成的,可以表示为

$$f(x, y) = w1 \times sum1 - w2 \times sum2$$

其中,sum1 和 sum2 分别是两个白色矩形和一个黑色矩形对应区域内像素和的值,$w1$ 和 $w2$ 是权重系数,用于调整特征响应的灵敏度。由于积分图可以快速计算任意大小矩形区域内的像素和,因此可以通过简单的加减运算快速计算出每个 Haar 特征所对应的特征值。

AdaBoost 是一种常用的集成学习方法,它通过迭代训练多个弱分类器(也称为基础分类器),并将它们进行加权组合,从而形成一个强分类器。AdaBoost 的核心思想是在每次

迭代中,对上一轮分类结果错误的数据样本赋予更高的权重,然后使用这些具有更高权重的数据样本重新训练一个新的弱分类器;最后将多个弱分类器的结果按照其准确度进行加权组合,得出最终的强分类器。

在 Haar 分类器中,AdaBoost 用于训练每个弱分类器。首先,Haar 特征被提取出,并用作输入特征。接下来,AdaBoost 算法用于训练多个弱分类器,以对这些 Haar 特征进行分类。每个弱分类器采用不同的 Haar 特征和阈值,以便能捕捉到图像中的不同纹理和形状特征。最终,经过多次迭代和弱分类器的组合,可以得到一个高精度的 Haar 分类器,用于检测目标对象是否存在于图像中。

AdaBoost 是一种强大的分类器训练技术,它可以通过迭代训练多个弱分类器,将它们组合成一个强分类器。在 Haar 分类器中,AdaBoost 用于训练多个弱分类器,以便检测出图像中的目标对象。

级联可以将多个弱分类器组合成一个强分类器,以提高整个分类器的准确度和速度。

Haar 分类器通过使用 Haar-like 特征来检测对象。这些特征包括黑白条纹的组合、矩形框、对角线和边缘等。这些特征用来描述图像区域的局部结构,以便进行分类。

级联由多个分类器组成,每个分类器都是一个"弱分类器",也就是说,它们单独并不足以对整个图像进行可靠的分类,但是当它们被组合在一起时,可以形成一个"强分类器",可以对整个图像进行准确分类。

级联分类器的工作方式是:首先,将图像分解为许多小的图像块。然后,将每个块送入级联的第一层中,该层包含许多弱分类器,这些分类器能快速排除大多数非目标图像块。如果一个图像块被所有的弱分类器都判定为可能是目标,则该块会被传递到下一层进行进一步分类。这个过程会一直持续到最后一层,该层包含的强分类器将能准确地确定图像中人脸的位置。

通过级联的方式,Haar 分类器能在处理大量数据时保持高效,同时又能保持较高的准确度。这使得 Haar 分类器成为计算机视觉领域中常用的目标检测算法之一。

2. 基于特征的人脸检测

基于特征的人脸检测方法是一种常用的计算机视觉技术,它通过寻找图像中具有人脸特征的区域实现人脸检测。这类方法通常包含以下步骤。

(1)特征提取:使用图像处理技术和计算机视觉算法提取出人脸的特征信息,如眼睛、鼻子、嘴巴等部位的位置和形状信息。

(2)特征分类:将提取出的特征进行分类,将其分为人脸特征和非人脸特征。这个过程可以使用机器学习算法,如 SVM、AdaBoost 等。

(3)检测器构建:使用已经分类好的特征训练一个人脸检测器。这个检测器可以将新的图像区域与已知的特征进行比较,从而确定该区域是否为人脸。

(4)检测:使用训练好的人脸检测器扫描整幅图像,识别其中的人脸并标记出来。

Haar-like 特征、LBP 特征等都是常用的人脸检测算法中使用的特征。Haar-like 特征是一种基于图像灰度值的特征,用于对象检测和识别。它们是由 Viola 和 Jones 在 2001 年提出的用于人脸检测的算法中使用的特征之一。Haar-like 特征是指由黑白相间的矩形区域组成的模板,这些模板可以检测特定的图案,如边缘、角、线段等。这些特征可以在不同大小和位置的图像块上进行计算,并被用作机器学习算法训练模型的输入特征。LBP 特征也是一种常用的人脸检测算法中使用的特征。LBP 特征是通过对局部图像区域进行二值化提取的,它将像素与周围像素进行比较,并将结果编码为二进制数。然后,这些二进制数可用来表示图像的纹理信息。在人脸检测中,LBP 特征通常用于描述人脸表面的纹理特征,例如皮肤颜色、眼睛和嘴巴周围的纹理等。LBP 特征具有计算速度快、鲁棒性高等优点,因此广泛应用于人脸检测和识别领域。

3. CNN 人脸识别

CNN 是一种常用于处理图像、视频和语音等大型高维数据的深度学习模型。CNN 中最重要的组成部分是卷积层和池化层,这两个层次结构在对输入图像进行处理时起到至关重要的作用。

卷积层是 CNN 的主要组成部分之一,它通过应用卷积核对输入图像进行滤波操作,从而提取出图像中的特征信息。卷积核可以看作一个小的矩阵,其大小通常为 3×3 或 5×5,可以在整幅图像上移动并计算每个位置与卷积核的内积,得到一个新的特征图像。由于卷积操作能在不改变图像尺寸的情况下提取出更加抽象和具体的特征信息,因此卷积层在 CNN 中发挥着重要的作用。

池化层是 CNN 的另一个重要组成部分,它通常紧跟在卷积层的后面,将前一层的输出结果简化成一个更小的特征映射,减少卷积层对图像的复杂度,并提高训练速度和泛化能力。池化操作通常有两种形式:一种是最大池化(Max Pooling),它会选取每个卷积核区域内的最大值作为输出;另一种是平均池化(Average Pooling),它会计算每个卷积核区域内所有元素的平均值并将其作为输出。

CNN 模型通常由多个卷积层和池化层组成,在整个模型训练的过程中,它可以自动学习到图像中的特征。在训练过程中,CNN 会通过反向传播算法不断调整卷积核权重和偏置,使得模型能更好地适应训练集,并具有更好的泛化能力。最终,经过多次迭代后,CNN 会输出一个二元分类结果,即输入图像是否为人脸。

4. 基于模板匹配的人脸检测

基于模板匹配的方法是一种常用于人脸检测的经典算法,其主要思想是通过将一组具有代表性的人脸模板与待检测图像进行匹配,从而确定图像中是否存在人脸。该方法需要预先准备一组具有代表性的人脸模板,并在待检测图像中对每个部分进行模板匹配,最后根据匹配程度确定图像中是否存在人脸。

具体来说,基于模板匹配的方法通常包括以下步骤。

(1)准备一组具有代表性的人脸模板。这些模板应该包括正面、侧面等不同角度和姿态的人脸图像,并且能覆盖各种肤色、年龄、性别的人群,以保证模板的泛化性和准确性。

(2)对待检测图像进行预处理。通常需要进行图像增强和降噪等操作,以提高匹配的准确性。

(3)在待检测图像中滑动窗口,即将一定大小的模板从图像的左上角开始顺序移动,直到扫描整张图片。这个过程可以看作一个卷积操作,将待检测图像与人脸模板进行匹配。

(4)计算每个窗口和人脸模板之间的相似度。通常使用相关性系数或欧几里得距离等方法计算窗口与模板之间的相似程度,从而得到一个匹配值。

（5）根据匹配值判断窗口中是否存在人脸。如果匹配值超过一个设定的阈值,则认为该窗口中存在人脸;反之,则认为该窗口中不存在人脸。

（6）对于存在人脸的窗口,可以进一步进行特征提取、人脸识别等操作,以完成更加精细化的人脸检测任务。

基于模板匹配的方法其准确性和鲁棒性都较低,容易受到光线、角度、姿态等因素的影响。同时,由于需要滑动窗口搜索整张图片,因此其时间复杂度也较高,不适用于实时应用场景。

9.2.2　人数统计技术原理及应用场景

摄像机实现人数计数在公共场合具有重要的研究价值,因为它可以帮助优化公共交通调度和智能安防系统。随着城市化进程的不断加速,人口密集区域的交通流量越来越大,因此,如何更有效地管理交通流量以便更好地服务人们已经成为当今城市规划中需要解决的重要问题之一。同时,在公共场合中实施智能视频监控系统也是必需的,这样可以更好地维护公共安全和治安秩序。而人数计数和人群密度估计技术则是实现智能视频监控的重要手段之一。通过对图像和视频进行分析和处理,利用人工智能和计算机视觉技术,可以实现精确的人数计数和人群密度估计,从而更好地应对突发事件和保障公共安全。

人数统计技术是指通过对图像或视频进行分析和处理,从中识别出人体轮廓,并对人数进行统计的技术。常见的人数统计技术包括以下几种。

1. 基于背景减除的人数统计

其基本原理是通过建立场景的背景模型,在此基础上检测前景对象（即人体轮廓）与背景之间的差异,从而实现对人数的监测和统计。该方法通常包含以下步骤。

（1）建立场景背景模型:利用一定时序下的图像序列,采用背景分离算法,建立场景的背景模型,即将静态背景部分抽取出来,得到一个静态背景图像。

（2）背景减除:在背景模型的基础上,将当前帧图像中的像素与背景进行比较,得到前景结果图像。这个前景结果图像中,不同于背景的部分就是前景区域,即人体轮廓及其他可能存在的动态物体。

（3）二值化处理:通过阈值分割等技术,将前景结果图像转换为二值化图像,即将前景区域和背景区域分别标记为白色和黑色。

（4）连通域分析:利用连通域分析算法,对二值化图像进行分析,找到其中的连通区域,即人体轮廓。

（5）人数统计:对于每一个连通区域,可以确定其中是否包含人体轮廓,并进行计数,从而得到当前场景中的人数。

基于背景减除的人数统计方法适用于场景相对稳定,并且人员进出比较集中的公共场所。在商场、车站、机场等场所,该方法可用于实时监测人流量,从而为相关管理部门提供参考依据,以便采取合适的措施。但是,该方法也存在一些缺陷,例如对光照、阴影等因素比较敏感,可能导致误检和漏检,因此需要根据具体情况进行优化。

2. 基于深度学习的人数统计

随着计算机视觉技术的飞速发展,人脸识别技术已经进入人们的生活中。人脸识别中一个很重要的应用是监控场景中的实时人脸识别,往往也是难度最大的。真实的监控场景往往会面对很多不确定因素的挑战,首先我们没办法搜集到大量数据,如何基于少量数据进行人脸识别,还有人脸往往不会主动有意识地望向摄像头,摄像头下的人脸会有不同的姿态、不同光照强度、较低的分辨率、不同尺寸大小和遮挡的情况,这时就可以利用深度学习。自从 2006 年提出深度学习概念以来,对深度学习的研究便广泛进行,并在理论和运用方面都有巨大进展。深度学习的主要框架如下:无监督+有监督的深度学习有受限玻尔兹曼机和自动编码机两种框架。自动编码机又拓展为稀疏自动编码机(降低隐层维度)和降噪自动编码机(加入随机噪声)。纯有监督的深度学习主要是卷积神经网络。在实际应用中主要采用深度卷积神经网络的模式。

深度学习是提高人脸识别准确性的方法之一。深度学习从面部图像中提取独特的面部嵌入,并使用经过训练的模型从数据库中识别其他照片和视频中的照片。有两种常见的方法可以将深度学习用于人脸识别。

(1) 具有预训练模型的解决方案,包括 Deepfacial、FaceNet 和其他一些模型。像这样的模型已经拥有一套用于人脸识别的算法。Deepfacial 是一个基于深度学习的人脸识别模型,由 Facebook 在 2014 年发布。该模型使用 CNN 和三维仿射变换(3D Affine Transformation)对输入图像进行处理,并将其转化为特征向量。

Deepfacial 的 CNN 包括多个卷积层、池化层和全连接层,其中最后一个全连接层输出的向量即特征向量。通过这些层次的处理,Deepfacial 可以提取出人脸图像中最重要的特征,如形状、纹理和颜色等。同时,Deepfacial 还使用三维仿射变换对输入图像进行预处理。具体来说,它将输入图像的 2D 平面映射到一个 3D 空间中,从而使得模型可以更好地处理人脸图像中的形态和姿态变化。为了训练 Deepfacial 模型,Facebook 使用超过 1200 万幅图像进行训练,其中包括公共数据集和 Facebook 内部的数据集。这些数据集涵盖大量不同的人脸图像,包括各种年龄、性别、种族和角度等。通过使用这些数据集进行训练,Deepfacial 模型可以在大规模人脸识别任务中实现高精度。Deepfacial 是一个使用卷积神经网络和三维仿射变换进行人脸识别的模型。通过大量的训练数据和深度学习算法,Deepfacial 可以在复杂的人脸图像中提取出关键的特征,并实现高精度的人脸识别任务。

FaceNet 是一个基于深度学习的人脸识别模型,由 Google 在 2015 年发布。该模型同样使用 CNN 对输入图像进行处理,将其转化为特征向量。与 Deepfacial 不同的是,FaceNet 使用 triplet loss 训练模型,这一方法可以使得相似的人脸距离更近,不相似的人脸距离更远。具体来说,FaceNet 使用了三元组(triplet)的训练数据,每个三元组包含一个锚点(anchor)图像、一个正样本(positive)图像和一个负样本(negative)图像。在训练过程中,FaceNet 的目标是让锚点图像与正样本图像之间的距离尽可能小,而与负样本图像之间的距离尽可能大。通过使用 triplet loss 训练方法,FaceNet 可以学习到更好的特征表示,从而更好地区分不同的人脸。同时,FaceNet 还使用归一化层对特征向量进行标准化处理,从而进一步提高了精度。FaceNet 模型同样使用了大量的数据集进行训练,其中包括 MS-Celeb-1M 和 CASIA-WebFace 等公开数据集。通过使用这些数据集进行训练,FaceNet 模型可以在 LFW(Labeled Faces in the Wild)和 MegaFace 等公认的人脸识别基准测试任务中取得领先的精度。FaceNet 是一个使用深度学习和 triplet loss 训练方法进行人脸识别的模型。通过使用三元组训练数据和归一化层,FaceNet 可以提高特征表示的质量,并实现更好的人脸识别效果。FaceNet 在人脸识别领域取得了重要的突破,成为该领域的重要参考模型。

(2)从头开始开发神经网络。这适用于具有多用途功能的复杂人脸识别技术。它需要更多的时间并且需要大量图像用于训练数据集。开发网络架构时,最好应用卷积神经网络,因为它们在图像识别方面更有效。神经网络在人脸识别中的主要好处是能训练系统捕捉复杂的面部模式。神经网络在网络中是非线性的,因此它是一种广泛使用的面部识别技术。许多常见的识别问题,如字符或物体识别,已被神经网络成功解决。

当今的人脸识别系统虽然包含无数细节和各种工程技巧,但大的系统框架不外乎如下所示的流程:要输入一张人脸图片,需要先找到人脸的位置(人脸检测),然后在这个基础上定位人脸关键点的位置(如眼睛中心或嘴角等),每个系统关键提取的数量相差很大,有的只有左右眼睛中心两个点,有的可能多达近百个点。这些点的位置一是用来做人脸的几何校正,即把人脸通过缩放、旋转、拉伸等图像变化变到一个比较标准的大小位置。这样,待识别的人脸区域会更加规整,便于后续进行匹配。同时,现在的实际系统一般也都配有人脸光学校正模块,通过一些滤波的方法,去除一些对光照更加敏感的面部特征。做完这些预处理后,就从人脸区域提取各种特征,包括 LBP、HOG、Gabor 等。最终相关的特征会连接成一个长的特征向量,然后匹配出人脸的相似度,根据相似度的大小,系统会判定两张图片到底是不是一个人。人脸识别技术是一个系统链条较长,较为有技术门槛的领域。因为这条流水线的每个环节可能都会严重影响最终系统的性能,所以一个好的人脸识别技术需要在各环节上追求细节,最终才有可能在最后的人脸识别精度上有出色的表现。

基于深度学习的人数统计方法使用 CNN 等深度学习算法对图像或视频进行分析,可以自动学习到人体轮廓及特征,从而实现人数的统计。这种方法相对于传统方法更加准确可靠,并且能快速应用于不同的场景。该方法通常包含以下步骤。

(1)图像/视频采集:使用摄像头、监控器或其他设备采集场景中的图像或视频。

(2)数据准备:将采集到的数据进行预处理,例如调整图像大小或裁剪视频帧等操作,以便于后续的模型训练和推理。

(3)标注数据:为了让模型学会如何识别图像或视频中的人数,需要为数据集中的每个图像或视频添加标注信息,即该场景中包含的人数。

(4)模型训练:使用深度学习算法,例如 CNN,对标注的数据进行训练,以便于模型能自动学习到人体轮廓及特征,并且能准确地预测出每幅图像或视频中的人数。

(5)推理阶段:使用训练好的模型对新的图像或视频进行推理,即输入一幅新的图像或视频,输出其中包含的人数。

基于深度学习的人数统计方法相比传统方法具有更高的准确性、更强的适应性和更好的可扩展性。这是因为基于深度学习的方法可以自动学习到人体轮廓及特征,从而能更加准确地识别出图像或视频中的人数,并且在不同场景下进行快速应用,例如室内、室外、白天和晚上等不同环境下。此外,基于深度学习的方法可以随着数据集的增加而不断进行迭代训练,从而提高模型的准确性和鲁棒性。

3. 基于图像匹配的人数统计

基于图像匹配的人数统计是一种利用计算机视觉技术统计待检测图像中人数的方法。

它的实现过程分为两个步骤：特征提取和特征匹配。

在特征提取阶段,需要从已知的人脸或身体图像中提取出关键的特征点或特征描述子。这些特征点或描述子能表征一个人脸或身体的唯一性,例如面部轮廓、眼睛、鼻子、嘴巴等特征点,或者 SIFT、SURF 等局部特征描述子。

在特征匹配阶段,需要将待检测图像中的特征与已知的特征进行匹配,以确定是否存在相同的人脸或身体。如果匹配成功,则可以将其归为同一个人,并统计人数。如果匹配失败,则说明该图像中不存在已知的人脸或身体,不进行计数。

基于图像匹配的人数统计适用于需要对特定人员进行统计的场合。例如,在工厂需要统计员工的数量,可以通过拍摄员工的照片并提取特征点进行匹配计数。在考试现场需要统计考生的数量时,可以通过拍摄考生的身份证或照片,并提取身体特征进行匹配计数。这种方法不仅可以提高统计的准确性,而且能节省人力成本和时间成本。

人数统计技术的应用场景非常广泛,主要包括以下几方面。

(1)人流量监控:利用摄像头等技术对人流量进行实时监测。这种方法通常应用在商业区、交通枢纽等地方,以帮助决策者更好地管理和优化资源配置。具体来说,人流量监控系统通常由多个摄像头、计算机视觉算法和数据处理软件组成。摄像头可以安装在公共场所的入口或出口处,或者在高架桥、广场等位置,以捕捉路人行为和人流动态。计算机视觉算法会将摄像头捕捉到的视频图像转换成数字信号,并进行实时处理。通过分析这些数字信号,系统可以识别出通过该区域的人数,进而生成实时人流量统计报告。这些报告可以为决策者提供有关人流量的相关信息,例如高峰时间、热门区域和拥堵点等。这些信息可以帮助决策者更好地规划和管理城市的公共设施和服务资源,以更好地满足市民的需求。

(2)安防监控:监控系统对公共场所、重要设施等地方进行实时监控。这种方法通常包括摄像头、计算机视觉技术和数据处理软件等组成部分,可以帮助保障人员安全和设施安全。安防监控系统可以通过在关键位置安装摄像头来获取监测区域的视频信号,并将其传输到数据处理软件中进行分析。通过计算机视觉技术进行人数统计,系统可以识别进入或离开该区域的人数,并记录相关信息,如时间、地点、身份等。安防监控系统还可以配备其他设备,如红外传感器和门禁系统等,以收集更多有关监测区域的信息。通过实时监控和数据分析,安防监控系统可以及时发现潜在威胁,如犯罪活动、火灾、自然灾害等,从而及时采取应对措施。同时,安防监控系统也可以为相关决策者提供有关监测区域的数据和报告,以协助他们制定更有效的安全管理措施。

(3)营销分析:通过人数统计技术,可以了解商场、超市等零售场所顾客到店率。通过收集每天进出店门的人数,可以计算出每天到店的顾客数量,从而了解到店率。这项数据对于制定营销策略非常重要,因为它可以告诉商家哪些时间段和哪些日期更容易吸引顾客,从而针对性地制定促销活动。其次,人数统计技术还可以记录顾客在店内的停留时长。当顾客进入商场、超市等零售场所时,传感器或摄像头会开始计时,直到顾客离开为止。商家可以利用这项数据了解购物者喜欢逗留的区域和商品,以及顾客在店内花费的平均时间。这些信息可以帮助商家优化布局和商品展示方式,提高顾客的购物体验并增加销售额。人数统计技术还可以帮助商家跟踪顾客。通过记录不同日期、不同时间段和不同地点的顾客数量,商家可以了解哪些区域什么时间段更受欢迎。这项数据可以帮助商家优化营销策略,为顾客提供更加个性化的购物体验。

（4）物资管理：通过人数统计技术可以实时监控仓库或工厂内部人员的数量。当有人员进出时，传感器或摄像头会自动记录人数并上传至系统，仓库或工厂管理员可以通过系统随时查看最新的人员进出情况，这样可以大大提高人员进出的安全性，避免非法人员进入，保证物资正常出入库。其次，人数统计技术还可以帮助管理者了解人员进出的时间和地点。通过分析进出仓库或工厂的人员数量和时间，管理者可以了解仓库或工厂哪些区域在什么时间段人员进出较多。这项数据对于提高物资管理效率和优化仓库布局非常重要。例如，在高峰期增加人力资源，以便更好地处理物资出入，或者将热门商品放置在易于到达的地方，以便顾客更容易找到。最后，人数统计技术还可以帮助管理者防止盗窃和其他不当行为。如果有人员未经过授权就进入特定区域或者在不当时间段出现，管理者可以通过人数统计技术及时发现并采取相应措施。这项技术可以帮助提高物资的安全性和保护企业的财产。

9.3 人脸识别技术

人脸识别技术是一种基于计算机视觉和图像处理技术的人工智能应用，可以通过对人脸图像进行特征提取和匹配，完成对个体身份的识别。其中，人脸特征提取技术是关键的前置步骤，包括对人脸图像的检测、对齐和特征提取等过程。在人脸识别算法方面，常见的分类包括基于传统方法的模板匹配算法和基于深度学习的卷积神经网络算法。不同算法具有各自的优缺点，需要根据实际需求进行选择。而人脸对比技术则是人脸识别的核心实现方式，其能快速、准确地完成人脸比对和识别，广泛应用于安防、金融等领域。

9.3.1 人脸特征提取技术

人脸特征提取技术是指通过计算机视觉和图像处理技术，从人脸图像中提取出具有独特性、不易被伪造的特征点或特征向量，并将其转化为可用于身份识别或验证的数字化信息的技术，主要包括以下几个步骤。

（1）人脸检测：对人脸进行检测，确定人脸在图像中的位置和大小。常见的人脸检测算法包括基于 Haar 特征的级联分类器（Viola-Jones 方法）、基于深度学习的 CNN 等。

（2）关键点定位：对面部的关键点进行定位，以确定人脸的几何结构。常见的关键点包括眼睛、鼻子、嘴巴等部位。关键点定位可以使用基于模板匹配的方法、基于形状模型的方法或者基于深度学习的方法等。

（3）特征提取：根据关键点位置，通过计算人脸图像中的各种特征，如颜色、纹理、形状等，提取出人脸的特征点或特征向量。常用的特征提取方法包括局部二值模式（LBP）、主成分分析（PCA）、线性判别分析（LDA）等。

（4）特征编码：对提取出的特征进行编码，将其转化为数字表示，并选用适当的算法进行压缩和加密，以保证数据的安全性。

（5）特征比对：使用已有的人脸库中的特征信息，根据一定的匹配算法（如欧几里得距离、余弦相似度等），对待识别的人脸特征进行比对和验证，从而确定身份的真实性。

HOG 是一种非常实用的特征描述方法，由于其在计算机视觉和模式识别领域中的应用广泛，因此已经成为一个标准的特征提取方法。HOG 特征描述方法的主要思想是将图像分成若干个小的单元格,在每个单元格内计算梯度的方向密度分布,并将这些信息汇集起来形成一个全局特征向量。HOG 方法能捕捉到目标的边缘、纹理和形状等信息,并且具有旋转不变性。同时,HOG 方法也具有较高的计算效率和相对较小的存储空间需求,因此得到广泛应用。HOG 特征特别适合于做图像中的人体检测。

HOG 特征提取方法通过将图像划分为小的连通区域,即细胞单元,然后采集这些单元中各像素点的梯度或边缘方向直方图,最后组合这些直方图构成特征描述符。为了提高算法性能,需要对这些局部直方图进行对比度归一化,在更大的图像区间进行。具体而言,对于每个区间,计算各直方图在其中的密度,并根据密度对区间中的细胞单元做归一化处理。这种归一化方式可以帮助算法适应光照变化和阴影情况,从而获得更好的效果。

HOG 特征提取方法在行人检测等任务中表现良好,其主要原因是人体的轮廓和边缘结构可以被很好地描述。因此,HOG 方法常用于视频监控、交通安全等领域。

HOG 特征提取方法的步骤如下。

(1)色彩和伽马归一化:为了使图像在不同光照条件下具有更好的可比性,需要对图像进行色彩和伽马归一化处理。对于 RGB 图像,首先需要将其转换为灰度图像。然后,为了排除光照条件对图像亮度的影响,需要对图像进行伽马校正,即对图像每个像素点的灰度值进行幂函数变换,将其映射到一个更宽的范围。这样做可以使得图像灰度值分布更加均匀,去除过暗或过亮的部分,提高图像对比度。接着,需要对图像进行归一化处理,即将图像中的像素值缩放到一个确定的范围,如$[0,1]$或$[-1,1]$。这个范围一般由具体应用场景而定,但无论如何,这样做都能消除图像中的颜色偏移,使得不同图像能更好地进行比较和匹配。

(2)计算图像梯度:HOG 方法主要通过统计图像局部梯度方向描述图像纹理信息。因此,需要对图像进行灰度化处理,并计算出每个像素点的梯度大小和方向。对于一幅 RGB 图像,首先需要将其转换为灰度图像。这是由于灰度图像中每个像素只有一个通道,便于后续处理。接着,可以通过 Sobel、Prewitt 等算子求得每个像素点处的梯度大小和方向。这里以 Sobel 算子为例,其本质是一组 3×3 的卷积核,用来计算每个像素点附近的梯度值。对于水平和垂直方向,分别采用如下两个卷积核:

$$Gx=[-1,0,1;-2,0,2;-1,0,1]$$
$$Gy=[-1,-2,-1;0,0,0;1,2,1]$$

其中 Gx 和 Gy 分别代表水平和垂直方向上的梯度变化,它们会根据输入图像中的像素点计算相应的梯度大小和方向。然后计算出图像每个像素点处的梯度大小和方向。接下来将提取出的梯度方向进行划分,并统计落入各个角度范围的梯度数目,构建该细胞单元的方向直方图。

(3)构建方向直方图:将图像划分为小的连通区域,即细胞单元。在每个细胞单元中,将像素点的梯度方向按照一定的角度范围进行划分,并统计落入各个角度范围的梯度数目。统计得到的这些梯度数目即构成了该细胞单元的方向直方图。在 HOG 特征提取中,幅值用于表示权值,而细胞单元可以采用矩形或星形的形式。另外,直方图通道可以平均分布在 0°~180°或 0°~360°的范围,具体取决于不同的应用场景和需求。经过大量的实验和研究,使用无向的梯度和 9 个直方图通道能在行人检测等任务中取得最佳效果。这是因为使用无向梯度可以更好地反映图像的局部纹理信息,而 9 个直方图通道则可以提供足够的细节信息来区分不同的目标类别。

（4）将细胞单元组合成大的区间：为了获得更全局的纹理信息，需要将多个细胞单元组合成大的区间。通常情况下，相邻的 n 个细胞单元会被组合成一个大小为 n 的区间。在 HOG 特征提取中，常见的两种区间形状是矩形区间和环形区间，如图 9-3 所示。这些区间用于将图像分割为不同的细胞单元，并计算每个细胞单元内的梯度方向直方图。

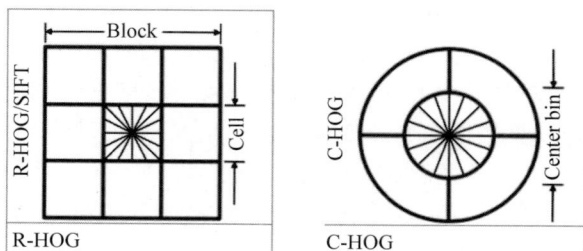

图 9-3　矩形区间与环形区间示意图

矩形区间（R-HOG）是最简单和最常见的区间类型。它们通常是矩形，由固定大小的像素块组成。将图像划分成一系列重叠的矩形区间，每个区间内都可以生成一个梯度方向直方图。矩形区间因其简单性而具有优良的计算速度和较强的鲁棒性，得到广泛应用。但是，由于矩形区间的形状是固定的，因此其可能无法捕捉到某些目标的真实形状信息，例如圆形或非规则形状的物体。

环形区间（C-HOG）是另一种常见的区间类型，也称为圆形区间或环形卷积。与矩形区间不同，环形区间采用基于极坐标的表示方法，其形状类似于圆环。环形区间通常由一个中心点和不同半径的圆环组成。对于每个环，将其分成一定数量的角度块，并计算每个角度块内的梯度方向直方图。环形区间能更好地适应目标的真实形状，因此在某些应用中具有更高的检测准确度。然而，由于环形区间需要进行圆形卷积操作，因此计算成本较高，尤其是当环的数量和细分数增加时。

（5）收集 HOG 特征：将所有区间中的方向直方图进行串联，得到图像的 HOG 特征。最后，通过对这些特征进行 SVM 等机器学习方法的训练和分类，可以实现图像目标检测等任务。

9.3.2　人脸识别算法分类及优缺点比较

人脸识别算法主要分为以下 4 种。

基于特征的方法：这种方法使用已知的面部特征（如眼睛、鼻子、嘴巴等）进行人脸识别。这些特征通常由专业人员手动标记并提取，然后与存储在数据库中的人脸特征进行比较。其优点是识别效果较好，但缺点是需要耗费大量时间和资源进行特征提取和标注。

基于模板匹配的方法：这种方法将人脸图像与已存储的模板进行比较，找到最匹配的模板即可识别出人脸。这种方法可以快速识别人脸，但对光照、表情等外部因素敏感，容易被误导。

基于统计学模型的方法：这种方法通过建立概率模型来描述人脸图像的统计特性，并利用训练数据调整模型参数，从而实现人脸识别。该方法需要大量的训练数据和计算资源，但识别效果较好。

　　基于神经网络的方法:这种方法利用深度学习技术,通过建立多层神经网络来自动提取人脸图像的特征,然后进行分类识别。该方法具有较高的准确性和鲁棒性,但需要大量的训练数据和计算资源。

　　以上 4 种方法各有优缺点,在实际应用中需要根据具体需求选择合适的算法。基于神经网络的方法目前广泛应用于人脸识别领域,并且随着硬件技术的发展,其在速度和准确性上也不断提高。

　　人脸识别技术的准确率与多个因素相关。

　　数据集质量:数据集质量对训练模型的表现和准确性影响很大。数据集是指用于训练机器学习模型的一组数据样本,对于人脸识别技术而言,数据集质量对模型的表现和准确性影响很大。数据集越大,则可以提供更多的样本来训练模型,从而能更好地捕捉人脸的特征和变化。因此,具有更大的数据集通常能提供更高的识别准确度。数据集中所包含的图像质量、清晰度、光照条件、拍摄角度等因素与实际应用场景相关,需要符合真实情况。如果数据集中所包含的样本过于单一或者不具有代表性,则可能导致模型泛化能力不足,对新的样本难以识别。在数据集中,每个类别的样本数量应该尽可能平衡,否则可能导致模型对某些类别的识别准确率较低。另外,数据集中应包含多种不同年龄、性别、肤色、发型、面部表情等因素的样本,以确保模型能识别不同类型的人脸。

　　算法选择:在不同的数据集和场景下,不同的算法表现也会有所不同。因此,应用人脸识别技术时,需要根据具体情况选择合适的算法。

　　环境因素:光线、角度、遮挡等环境因素都可以影响人脸识别的准确率。例如,暗光下的图像可能难以被正确识别,遮挡或者侧面拍摄的图像也可能导致识别失败。

9.3.3　人脸对比技术

　　人脸对比技术是一种通过计算机视觉和模式识别等技术,对两幅或多幅人脸图像进行比较和匹配的技术。其基本流程包括采集图像、特征提取、特征匹配和结果输出。具体来说,人脸对比技术首先需要从采集的图像中提取出人脸区域,并将其进行归一化处理,使得不同分辨率和角度下的人脸能进行有效比较。然后,从归一化后的人脸图像中提取出一组特征向量,例如人脸轮廓、眼睛、鼻子和嘴巴等关键特征点,这些特征向量可用来描述人脸的形状、纹理、颜色等特征。特征提取完成后,人脸对比技术会将两幅或多幅人脸的特征向量进行比较和匹配,得出它们之间的相似度或距离值。这些数值可用来判断两幅人脸是否属于同一个人,或者在多个人脸库中寻找匹配的人脸。人脸对比技术在安防、身份验证、移动支付、社交网络等方面有广泛的应用。同时,随着人工智能技术的发展,人脸对比技术也在不断提高准确度和适用性。

　　face_recognition 是一款免费、开源、实时、离线的 Python 人脸识别库,是目前世界上最简洁的人脸识别库。face_recognition 是一个 Python 库,用于人脸检测、识别和面部特征提取等任务。该库基于 dlib 库实现,使用深度学习技术进行训练和测试,具有高效、准确和易用的特点。

　　使用 face_recognition 库时,首先需要安装 dlib 和 OpenCV 库,并下载 dlib 提供的预训练模型(如 shape_predictor_68_face_landmarks.dat)以及 face_recognition 提供的人脸识别模型(如 hog 或 cnn)。然后,可以通过调用 face_recognition 库中的函数完成各种人脸处理

任务。

主要函数如下。

1. face_locations(image，model＝"hog")

此函数用于检测图像中所有人脸位置。它采用 dlib 库和深度学习模型，在给定的图像中查找并返回包含人脸的矩形框坐标。该函数可以使用两种不同的算法("hog"或"cnn")，默认使用"hog"算法，因为它速度较快，适用于大多数应用场景。

2. face_landmarks(image，face_locations＝None)

此函数用于提取指定人脸的面部特征，如眼睛、鼻子、嘴巴等重要标志点。它接收一个包含人脸位置的列表(也可以为空)，并返回每个人脸关键点的字典。在字典中，每个关键点都有一个对应的坐标元组表示其在图像中的位置。此函数也基于 dlib 库和深度学习模型实现。

3. face_encodings(image，known_face_locations＝None，num_jitters＝1，model＝"small")

此函数用于提取指定人脸的 128 维面部特征向量。它接收一个包含人脸位置的列表(也可以为空)，并返回一个包含所有人脸特征向量的 numpy 数组。该函数还支持一些参数，例如 num_jitters 定义了提取特征时需要进行多少次随机扰动(默认为 1 次)，model 定义了特征提取模型的类型(支持"small"和"large"两种不同大小的模型)。

4. compare_faces(known_face_encodings，face_encoding_to_check，tolerance＝0.6)

此函数用于比较已知人脸特征向量和待识别人脸特征向量之间的相似度，并返回是否匹配。它接收一个包含所有已知人脸特征向量的列表、一个需要检查的人脸特征向量，以及一个容差阈值(表示允许的最大距离)。该函数会将待检测向量与已知向量逐一比较，如果存在任何一个距离小于容差阈值，则判定为匹配。

5. load_image_file(file，mode＝'RGB')

此函数用于加载图像文件，并返回一个 numpy 数组表示的 RGB 图像。它接收一个文件路径或 Python 文件对象，以及一个可选的 mode 参数(指定图像的色彩空间，默认为"RGB")。该函数使用 OpenCV 库中的 imread() 函数读取图像文件并转换为 numpy 数组。除这些主要函数外，face_recognition 库还提供了一些其他有用的函数和工具，例如根据人脸特征向量进行聚类、可视化人脸特征等。

face_recognition.face_encodings() 函数用于提取人脸的 128 维面部特征向量，该向量包含了人脸图像的重要特征信息。这个过程仅是一个粗定位的过程，因为它只能获取人脸的大致位置和特征向量。如果想更加精细地定位，可以调用 face_recognition.face_landmarks() 函数。该函数会识别出人脸的 68 个特征点的位置，包括嘴唇、眉毛、鼻子等精细区域的特征点位置。返回的结果是一个列表，其中每个元素都是一个字典，表示一个人脸的特征点位置。字典中的键表示不同的特征点类型，例如"chin"表示下巴，"left_eyebrow"表示左眉毛，"right_eye"表示右眼等。每个键对应的值是一个包含多个特征点坐标的列表，即具体的特征点位置。使用 face_recognition.face_landmarks() 函数可以进一步优化人脸识别的效果，特别是在进行面部表情分析、眼部跟踪、口型识别等方面有重要的作用。人脸的 68 个特征点如图 9-4 所示。

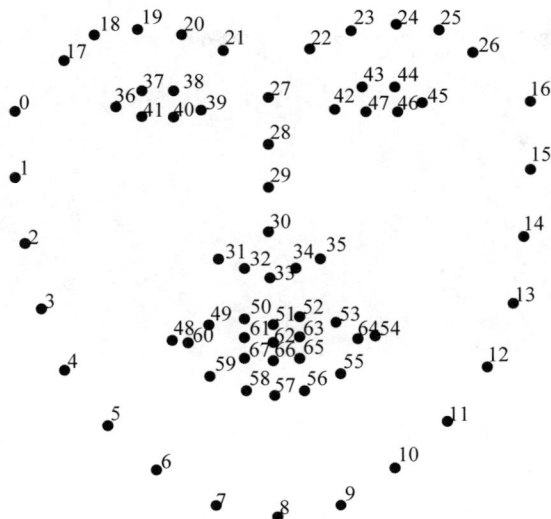

图 9-4 人脸的 68 个特征点

检测到人脸特征点后可以通过欧拉公式,计算两个人脸向量之间的距离。

如经过计算后,A 的特征向量是 $[x_1, x_2, x_3]$,B 的特征向量是 $[y_1, y_2, y_3]$,C 的特征向量是 $[z_1, z_2, z_3]$。

则 A 和 B 之间的欧几里得距离是:

$$\sqrt{(x_1-y_1)^2+(x_2-y_2)^2+(x_3-y_3)^2}$$

A 和 C 之间的欧几里得距离是:

$$\sqrt{(x_1-z_1)^2+(x_2-z_2)^2+(x_3-z_3)^2}$$

具体可以通过 face_recognition.compare_faces() 函数实现。

9.4 应用案例

9.4.1 应用案例 1:人脸检测

1. 算法原理

1)基本描述

人脸检测为目标检测的特例,是商业化最早的目标检测算法,也是目前几乎各大 CV(计算机视觉)方向 AI 公司的必争之地,非受控场景中的小脸、模糊和遮挡的人脸检测是这个方向上最有挑战的问题,如图 9-5 所示。

随着深度学习的兴起,工业界和学术界越来越多地使用基于深度学习的方法,而不是传统的基于模板匹配、纹理提取或者像素积分图等方法。因为人脸检测本身并不属于特别复杂的任务,所以轻量级的深度学习模型即可满足该任务。

2)模型描述

本实验采用的是 RetinaFace 人脸检测模型,该模型是 InsightFace 团队在 2019 年提出

图 9-5　人脸检测

的新人脸检测模型。RetinaFace 是基于检测网络 RetinaNet 的改进版,添加了 SSH 网络的三层级联检测模块,提升了检测精度。

RetinaFace 通过联合外监督(extra-supervised)和自监督(self-supervised)的多任务学习,对各种尺寸的人脸进行像素级别的定位。其主要贡献如下。

(1) 在 WIDER FACE 数据集上手动标注了 5 个面部关键点,在外监督信号的辅助下人脸检测得到显著提升。

(2) 添加了一个自监督网格编码分支,用于预测一个逐像素的 3D 人脸信息,并使该分支与已存在的监督分支并行。

(3) 在 WIDER FACE 硬测试集上,RetinaFace 比最先进的平均精度(AP)高出 1.1%(达到 AP 等于 91.4%,指 ISRN)。

(4) 在 IJB-C 测试集上,RetinaFace 使当时最好的人脸特征提取模型 ArcFace 在人脸认证(face verification)的性能上进一步得到提升(TAR=89.59 FAR=1e−6)。

(5) 采用轻量级的骨干网络,RetinaFace 可以在单个 CPU 上实时运行。

RetinaFace 的 mnet 本质是基于 RetinaNet 的结构,采用了特征金字塔的技术,实现了多尺度信息的融合,对检测小物体有重要的作用。RetinaNet 的神经网络结构如图 9-6 所示。

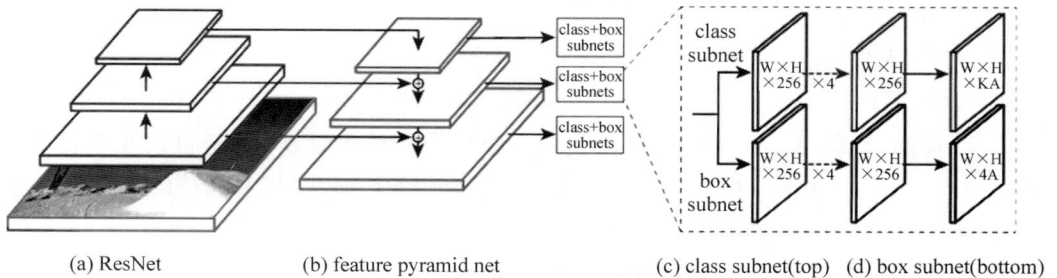
图 9-6　RetinaNet 的神经网络结构

2. 关键代码

人脸检测模型能检测视频中的人脸并标记出人脸坐标,支持同时检测多张人脸。算法文件如下（algorithm\face_detection\face_detection.py）。

```
##################################################################
#########################
#文件:face_detection.py
#作者:Zonesion Fenglei 20220412
#说明:检测视频中的人脸并标记出人脸坐标
#修改:
#注释:
##################################################################
#########################
import numpy as np
import cv2 as cv
import os
import json
import base64
from PIL import Image, ImageDraw, ImageFont
c_dir = os.path.split(os.path.realpath(__file__))[0]
class FaceDetection(object):
    def __init__(self, model_path="models/face_detection"):
        self.model_path = model_path
        self.facedet_model = FaceDetector()
        self.facedet_model.init(self.model_path)

    def image_to_base64(self, img):
        image = cv.imencode('.jpg', img, [cv.IMWRITE_JPEG_QUALITY, 60])[1]
        image_encode = base64.b64encode(image).decode()
        return image_encode

    def base64_to_image(self, b64):
        img = base64.b64decode(b64.encode('utf-8'))
        img = np.asarray(bytearray(img), dtype="uint8")
        img = cv.imdecode(img, cv.IMREAD_COLOR)
        return img

    def inference(self, image, param_data):
        #code:若识别成功,则返回 200
        #msg:相关提示信息
        #origin_image:原始图像
        #result_image:处理之后的图像
        #result_data:结果数据
        return_result = {'code': 200, 'msg': None, 'origin_image': None, 'result_image': None, 'result_data': None}

        #实时视频接口:@__app.route('/stream/<action>')
        #image:摄像头实时传递过来的图像
        #param_data:必须为 None
        result = self.facedet_model.detect(image)
        result = json.loads(result)

        img_rgb = cv.cvtColor(image, cv.COLOR_BGR2RGB)
```

```
pilimg = Image.fromarray(img_rgb)
#创建 ImageDraw 绘图类
draw = ImageDraw.Draw(pilimg)
#设置字体
font_size = 20
font_path = c_dir+"/../../font/wqy-microhei.ttc"
font_hei = ImageFont.truetype(font_path, font_size, encoding="utf-8")
#print (result["result"])
for i in range(result["result"]["obj_num"]):
    obj = result["result"]["obj_list"][i]
    loc = obj["location"]
    msg = "%.2f"%obj["score"]
    draw.rectangle((loc["left"], loc["top"], loc["left"]+loc["width"],
loc["top"]+loc["height"]), outline='green',width=2)
    draw.text((loc["left"], loc["top"]-font_size * 1), msg, (0, 255, 0),
font=font_hei)
    i = 0
    for mark in obj["mark"]:
        x = mark["x"]
        y = mark["y"]
        polygon=((x,y-4),(x+4,y),(x,y+4),(x-4,y))
        fills = ["yellow","yellow","red","gold","gold"]
        draw.polygon(polygon,fill = fills[i])
        i += 1

result_img = cv.cvtColor(np.array(pilimg), cv.COLOR_RGB2BGR)

return_result["result_image"] = self.image_to_base64(result_img)
return_result["result_data"] = result["result"]
return_result["code"] = result["code"]
return_result["msg"] = result["msg"]
return return_result
```

3. 工程运行

1) 硬件部署

(1) 准备人工智能边缘应用平台,给边缘计算网关正确连接 WiFi 天线、摄像头、电源。

(2) 按下电源开关上电启动边缘计算网关,将启动 Ubuntu 操作系统。

(3) 连接局域网内的 WiFi 网络,记录边缘计算网关的 IP 地址,如 192.168.100.200。

2) 工程部署

(1) 运行 MobaXterm 工具,通过 SSH 登录到边缘计算网关(参考附录 B)。

(2) 在 SSH 终端创建实验工作目录:

$mkdir -p ~/aicam-exp

(3) 通过 SSH 将本实验工程代码上传到～/aicam-exp 目录下(文件的上传参考附录 B)。

(4) 在 SSH 终端输入以下命令解压缩实验工程:

$cd ~/aicam-exp
$unzip face_detection.zip

3）工程运行

（1）在 SSH 终端输入以下命令运行实验工程：

```
$cd ~/aicam-exp/face_detection
$chmod 755 start_camera.sh
$./start_camera.sh
开始运行脚本
* Serving Flask app "start_camera" (lazy loading)
* Environment: production
  WARNING: Do not use the development server in a production environment.
  Use a production WSGI server instead.
* Debug mode: off
* Running on http://0.0.0.0:4001/ (Press CTRL+C to quit)
```

（2）在电脑端或者边缘计算网关端打开 Chrome 浏览器，输入实验页面地址并访问 http://192.168.100.200：4001/static/face_detection/index.html。

4）实验现象

（1）单击应用左侧的菜单，选择"人脸检测"，应用将会在返回的视频流画面中检测是否有人脸。

（2）当摄像头视窗中出现人脸时，应用将会在实时视频流上面将人脸框出来，并且标记 5 个脸部关键点，在实验结果处，会显示人脸的坐标及关键点的坐标信息，如图 9-7 所示。

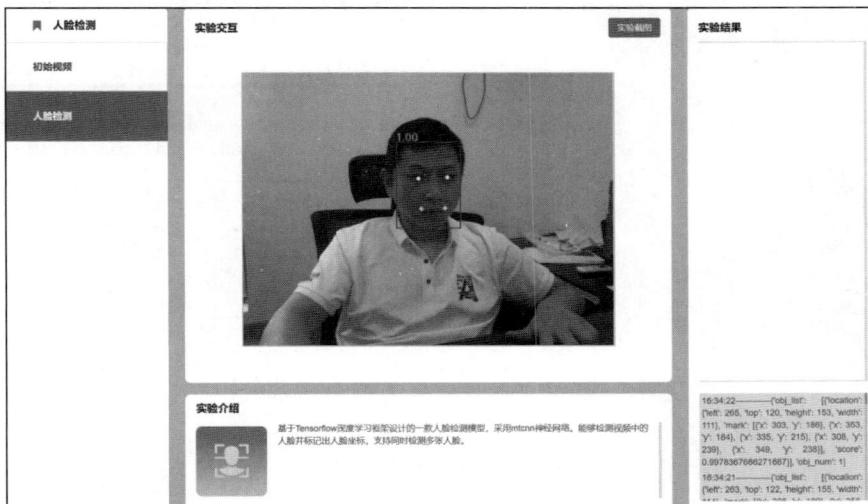

图 9-7　实验现象

9.4.2　应用案例 2：人脸属性

1. 算法原理

1）基本描述

人脸识别包含人脸检测与属性分析、人脸对比、人脸搜索、活体检测等能力。人脸识别技术灵活应用于建设工地、智慧社区、智慧园区等行业场景中，实现身份核验、人脸考勤、闸机通行等，如图 9-8 所示。

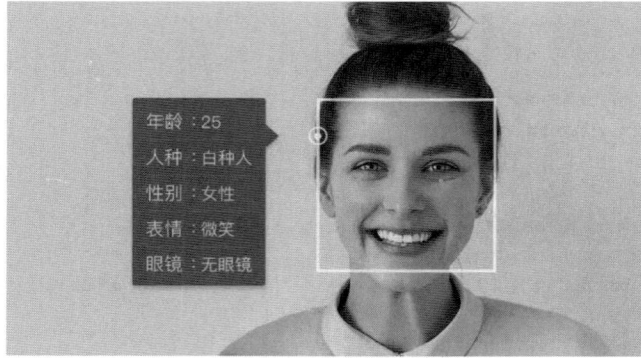

图 9-8　人脸识别

其中人脸识别中对人的属性特征进行识别的功能,包括性别、年龄、表情、魅力、眼镜、头发、口罩、姿态等,在以人、物为中心的应用场景中有巨大的价值。

2）模型描述

人脸属性指的是根据给定的人脸判断其性别、年龄和表情等,使用 MobileNet v2 网络实现快速人脸对齐技术,进行预处理和估计人脸属性,执行速度更快,并且能部署在移动设备上,如图 9-9 所示。

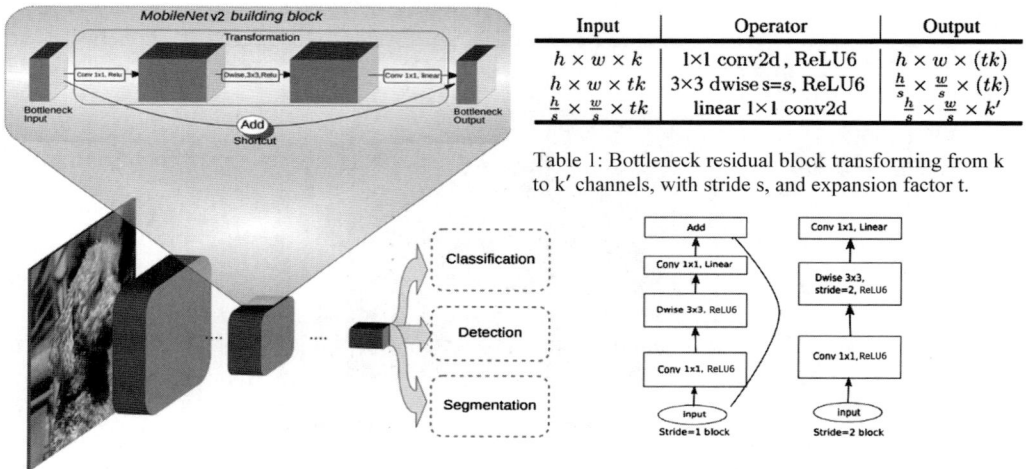

Input	Operator	Output
$h \times w \times k$	1×1 conv2d , ReLU6	$h \times w \times (tk)$
$h \times w \times tk$	3×3 dwise s=s, ReLU6	$\frac{h}{s} \times \frac{w}{s} \times (tk)$
$\frac{h}{s} \times \frac{w}{s} \times tk$	linear 1×1 conv2d	$\frac{h}{s} \times \frac{w}{s} \times k'$

Table 1: Bottleneck residual block transforming from k to k' channels, with stride s, and expansion factor t.

图 9-9　人脸属性模型

2. 关键代码

人脸属性应用能检测视频中的人脸并识别人脸属性,包括性别、年龄、表情、是否戴眼镜、是否戴帽子,支持同时检测多张人脸并标记出人脸坐标和属性。算法文件如下(algorithm\face_attr\ face_attr.py)。

```
##############################################################################
#######################
#文件:face_attr.py
#作者:Zonesion Fenglei 20220412
#说明:人脸属性识别,包括性别、年龄、表情、是否戴眼镜、是否戴帽子
```

```python
#修改:
#注释:
######################################################################
#########################
from PIL import Image, ImageDraw, ImageFont
import numpy as np
import cv2 as cv
import os
import json
import base64
c_dir = os.path.split(os.path.realpath(__file__))[0]
class FaceAttr(object):
    def __init__(self, model_path="models/face_attr"):
        self.model_path = model_path
        self.attr_model = FaceAttrRec()
        self.attr_model.init(self.model_path)

    def image_to_base64(self, img):
        image = cv.imencode('.jpg', img, [cv.IMWRITE_JPEG_QUALITY, 60])[1]
        image_encode = base64.b64encode(image).decode()
        return image_encode

    def base64_to_image(self, b64):
        img = base64.b64decode(b64.encode('utf-8'))
        img = np.asarray(bytearray(img), dtype="uint8")
        img = cv.imdecode(img, cv.IMREAD_COLOR)
        return img

    def inference(self, image, param_data):
        #code:若识别成功,则返回 200
        #msg:相关提示信息
        #origin_image:原始图像
        #result_image:处理之后的图像
        #result_data:结果数据
        return_result = {'code': 200, 'msg': None, 'origin_image': None, 'result_
image': None, 'result_data': None}

        #实时视频接口:@__app.route('/stream/<action>')
        #image:摄像头实时传递过来的图像
        #param_data:必须为 None
        result = self.attr_model.detect(image)
        result = json.loads(result)
        #print(result)
        if result["result"]["obj_num"] > 0:
            #data_list 中保存了一张图像中的所有人脸坐标和属性信息

            result_img=cv.cvtColor(image, cv.COLOR_BGR2RGB)
            font = ImageFont.truetype(c_dir+"/../../font/wqy-microhei.ttc", 22)
            fillColor = (0, 255, 0)
            frame = Image.fromarray(result_img)
            draw = ImageDraw.Draw(frame)
```

```
                for obj in result["result"]["obj_list"]:
                    loc = obj["location"]
                    ret = [loc["left"], loc["top"],loc["left"]+loc["width"],
    loc["top"]+loc["height"]]

                    draw.rectangle(ret,fill=None,outline='green',width=1)
                    if obj["attr"]["male"]:
                        msg = "性别:男"
                    else:
                        msg = "性别:女"
                    draw.text((loc["left"]+1,loc["top"]-100), msg, font=font, fill=
    fillColor)
                    draw.text((loc["left"]+1,loc["top"]-80), "年龄:%d"%obj["attr"]
    ["age"], font=font, fill=fillColor)
                    if obj["attr"]["hat"]:
                        msg = "帽子:是"
                    else:
                        msg = "帽子:否"
                    draw.text((loc["left"]+1,loc["top"]-60), msg, font=font, fill=
    fillColor)
                    if obj["attr"]["glass"]:
                        msg = "眼镜:是"
                    else:
                        msg = "眼镜:否"
                    draw.text((loc["left"]+1,loc["top"]-40), msg, font=font, fill=
    fillColor)
                    if obj["attr"]["smile"]:
                        msg = "微笑:是"
                    else:
                        msg = "微笑:否"
                    draw.text((loc["left"]+1,loc["top"]-20), msg, font=font, fill=
    fillColor)

                result_img = cv.cvtColor(np.array(frame), cv.COLOR_RGB2BGR)
            else:
                result_img = image

            return_result["result_image"] = self.image_to_base64(result_img)
            return_result["result_data"] = result["result"]
            return_result["code"] = result["code"]
            return_result["msg"] = result["msg"]
            return return_result
```

3. 工程运行

1) 硬件部署

(1) 准备人工智能边缘应用平台,给边缘计算网关正确连接 WiFi 天线、摄像头、电源。

(2) 按下电源开关上电启动边缘计算网关,将启动 Ubuntu 操作系统。

(3) 连接局域网内的 WiFi 网络,记录边缘计算网关的 IP 地址,如 192.168.100.200。

2) 工程部署

(1) 运行 MobaXterm 工具,通过 SSH 登录到边缘计算网关(参考附录 B)。

(2) 在 SSH 终端创建实验工作目录:

```
$mkdir -p ~/aicam-exp
```

（3）通过 SSH 将本实验工程代码上传到～/aicam-exp 目录下（文件的上传参考附录 B）。

（4）在 SSH 终端输入以下命令解压缩实验工程：

```
$cd ~/aicam-exp
$unzip face_attr.zip
```

3）工程运行

（1）在 SSH 终端输入以下命令运行实验工程：

```
$cd ~/aicam-exp/face_attr
$chmod 755 start_camera.sh
$./start_camera.sh
开始运行脚本
 * Serving Flask app "start_camera" (lazy loading)
 * Environment: production
   WARNING: Do not use the development server in a production environment.
   Use a production WSGI server instead.
 * Debug mode: off
 * Running on http://0.0.0.0:4001/ (Press CTRL+C to quit)
```

（2）在电脑端或者边缘计算网关端打开 Chrome 浏览器，输入实验页面地址并访问 http://192.168.100.200：4001/static/face_attr/index.html。

4）实验现象

（1）单击应用左侧的菜单，选择"人脸属性识别"，应用将会在返回的视频流画面中检测人脸并显示人脸的属性。

（2）当摄像头视窗中出现人脸时，应用将会在实时视频流上将人脸框出来，并且显示人脸属性，包括性别、年龄、表情、是否戴眼镜、是否戴帽子（由于模型精度的原因，本应用识别效果比较差），如图 9-10 所示。

图 9-10　实验现象

（3）可以尝试采用更准确的模型实现人脸属性的识别。

9.4.3　应用案例 3：人脸识别

1. 算法原理

1）基本描述

人脸识别是基于人的脸部特征信息进行身份识别的一种生物识别技术。具体而言，就是计算机通过视频采集设备获取识别对象的面部图像，再利用核心算法对其脸部的五官位置、脸型和角度等特征信息进行计算分析，进而和自身数据库里已有的范本进行对比，最后判断用户的真实身份。

人脸识别主要分 4 个步骤：图像采集→人脸定位→特征提取→特征对比，如图 9-11 所示。

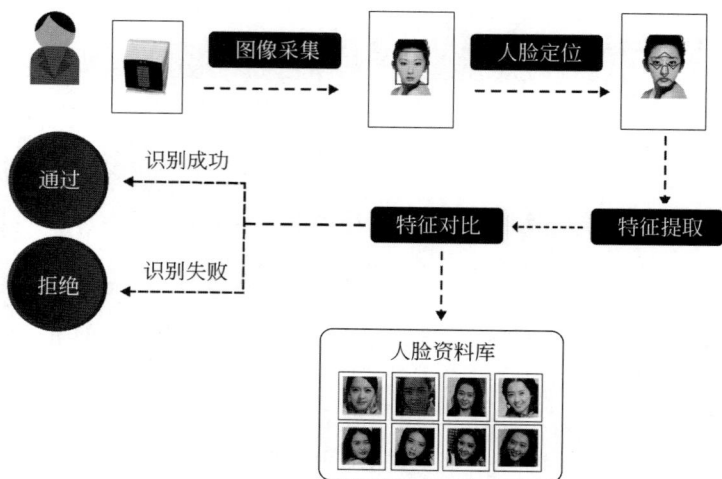

图 9-11　人脸识别步骤

2）模型描述

本实验采用 MobileFaceNet 模型实现人脸识别。MobileFaceNet 模型是北京交通大学的 Sheng Chen 等在论文 *MobileFaceNets：Efficient CNNs for Accurate RealTime Face Verification on Mobile Devices* 中提出的一种专门针对人脸识别的轻量级网络。它在 MobileNet v2 的基础上使用可分离卷积代替平均池化层，即使用一个 $7\times7\times512$（512 表示输入特征图通道数目）的可分离卷积层代替全局平均池化，这样经过训练后网络可以学习到不同空间位置的权重。MobileFaceNet 识别人脸流程如图 9-12 所示。

2. 关键代码

人脸识别模型能检测视频中的人脸并标记出人脸坐标，支持同时检测多张人脸。算法文件如下（algorithm\face_recognition\face_recognition.py）。

```
##################################################################################
#########################
#文件：face_recognition.py
#作者：Zonesion Fenglei 20220412
```

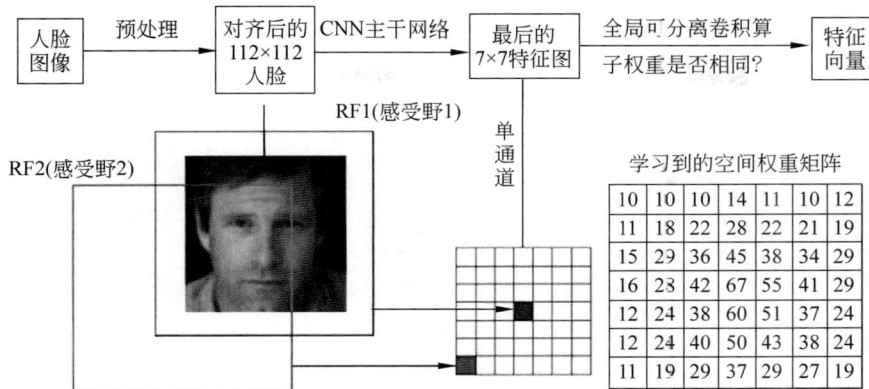

图 9-12　MobileFaceNet 识别人脸流程

```
#说明：人脸识别
#修改：
#注释：
############################################################
##########################
import numpy as np
import cv2 as cv
import os
import json
import base64
import copy
import math
import time
from PIL import Image, ImageDraw, ImageFont


c_dir = os.path.split(os.path.realpath(__file__))[0]


def load_json_file(name):
    jo = {}
    if os.path.exists(name):
        with open(name,"r") as f:
            jo = json.loads(f.read())
    return jo


def save_json_file(name, jo):
    with open(name,"w") as f:
        f.write(json.dumps(jo))


def image_to_base64(img):
    image = cv.imencode('.jpg', img, [cv.IMWRITE_JPEG_QUALITY, 60])[1]
    image_encode = base64.b64encode(image).decode()
    return image_encode


def base64_to_image(b64):
    img = base64.b64decode(b64.encode('utf-8'))
    img = np.asarray(bytearray(img), dtype="uint8")
```

```
        img = cv.imdecode(img, cv.IMREAD_COLOR)
        return img


class FaceRecognition(object):
    def __init__(self, model_path="models/face_recognition"):
        self.facerec_model = Facerec()
        self.facerec_model.init(model_path)

        self.__features_file_name = c_dir+"/features.txt"
        self.name_feature =  load_json_file(self.__features_file_name)

    def __calculate_similarity(self, feature1, feature2):
        '''人脸相似度计算'''
        inner_product = 0.0
        feature_norm1 = 0.0
        feature_norm2 = 0.0
        for i in range(len(feature1)):
            inner_product += feature1[i] * feature2[i]
            feature_norm1 += feature1[i] * feature1[i]
            feature_norm2 += feature2[i] * feature2[i]
         return inner_product / math.sqrt(feature_norm1) / math.sqrt(feature_
norm2);

    def __find_name(self, feature):
        '''根据特征码匹配人名'''
        mp = 0
        rname = "unknow"
        for name in self.name_feature.keys():
            f = self.name_feature[name]
            p = self.__calculate_similarity(f, feature)
            if p>0.5 and p > mp :
                rname = name
                mp = p
        return rname, mp

    def __draw_info(self, image, loc, msg):
        img_rgb = cv.cvtColor(image, cv.COLOR_BGR2RGB)
        pilimg = Image.fromarray(img_rgb)
        #创建 ImageDraw 绘图类
        draw = ImageDraw.Draw(pilimg)
        #设置字体
        font_size = 20
        font_path = c_dir+"/../../font/wqy-microhei.ttc"
        font_hei = ImageFont.truetype(font_path, font_size, encoding="utf-8")
        draw.rectangle((loc["left"], loc["top"], loc["left"]+loc["width"],
loc["top"]+loc["height"]), outline='green',width=2)
        draw.text((loc["left"], loc["top"]-font_size * 1), msg, (0, 255, 0), font=
font_hei)
        result = cv.cvtColor(np.array(pilimg), cv.COLOR_RGB2BGR)
        return result
```

```
    def inference(self, image, param_data):
        #code:若识别成功,则返回 200
        #msg:相关提示信息
        #origin_image:原始图片
        #result_image:处理之后的图片
        #result_data:结果数据
        st = time.time()
        return_result = {'code': 200, 'msg': None, 'origin_image': None, 'result_
image': None, 'result_data': None}

        #应用请求接口:@__app.route('/file/<action>', methods=["POST"])
        #image:应用传递过来的数据(根据实际应用,可能为图像、音频、视频、文本)
        #param_data:应用传递过来的参数,不能为空
        if param_data != None:
            #人脸注册
            if param_data["type"]==0 and "reg_name" in param_data:
                if param_data["reg_name"] in self.name_feature:
                    #已经注册
                    return_result["code"] = 202
                    return_result["msg"] = '%s 用户已经注册!'%param_data["reg_
name"]
                else:
                    image = np.asarray(bytearray(image), dtype="uint8")
                    image = cv.imdecode(image, cv.IMREAD_COLOR)
                    ret = self.facerec_model.feature(image)
                    jret = json.loads(ret)
                    if jret["code"] == 200:
                        if jret["result"]["obj_num"] > 0:
                            #检测到人脸
                            if jret["result"]["obj_num"] > 1:
                                #检测到多张人脸
                                return_result["code"] = 204
                                return_result["msg"] = "找到多张人脸!"
                            else:
                                feature = jret["result"]["obj_list"][0]["feature"]
#特征码
                                self.name_feature[param_data["reg_name"]] = feature
                                save_json_file(self.__features_file_name, self.
name_feature)
                                return_result["code"] = 200
                                return_result["msg"] = "注册成功!"
                                #框出人脸位置
                                obj = jret["result"]["obj_list"][0]
                                result_img = self.__draw_info(image,obj["location"],
param_data["reg_name"])
                                return_result["result_image"] = image_to_base64
(result_img)
                                return_result["origin_image"] = image_to_base64
(image)
                        else:
                            #没有检测到人脸
```

```
                                return_result["code"] = 404
                                return_result["msg"] = "没有找到人脸!"
                    else:
                        #C++接口调用错误
                        return_result["code"] = jret["code"]
                        return_result["msg"] = jret["msg"]
            #人脸删除
            elif param_data["type"]==1 and "del_name" in param_data:
                if param_data["del_name"] in self.name_feature:
                    del self.name_feature[param_data["del_name"]]
                    return_result["code"] = 200
                    return_result["msg"] = '删除成功!'
                    save_json_file(self.__features_file_name, self.name_feature)
                else:
                    #删除用户不存在
                    return_result["code"] = 205
                    return_result["msg"] = '未注册,删除失败!'
            #人脸查询
            elif param_data["type"]==2 and "find_name" in param_data:

                if param_data["find_name"] in self.name_feature:
                    return_result["code"] = 200
                    return_result["msg"] = '查询'+param_data["find_name"]+'成功,
已注册'
                else:
                    return_result["code"] = 205
                    return_result["msg"] = '查询'+param_data["find_name"]+'失败,
请先注册'
            else:
                #参数错误
                return_result["code"] = 201
                return_result["msg"] = '参数错误!'


        #实时视频接口:@__app.route('/stream/<action>')
        #image:摄像头实时传递过来的图片
        #param_data:必须为None
        else:
            result = self.facerec_model.feature(image)
            jret = json.loads(result)
            result_img = image
            if jret['code'] == 200:
                face_list = [] #保存识别到的已注册的人脸信息
                if jret["result"]["obj_num"] > 0:
                    for obj in jret["result"]["obj_list"]:
                        name, pp = self.__find_name(obj["feature"])
                        face = {}
                        face["name"] = name
                        face["score"] = pp
                        face["location"] = obj["location"]
                        face_list.append(face)
                        show_text = name +":%.2f"%pp
```

```
                        result_img = self.__draw_info(result_img, obj["location"],
show_text)

                r_data = {
                    "obj_num":len(face_list),
                    "obj_list":face_list
                }
                return_result["code"] = 200
                return_result["msg"] = "SUCCESS"
                return_result["result_image"] = image_to_base64(result_img)
                return_result["result_data"] = r_data
            else:
                #C++接口调用错误
                return_result["code"] = jret["code"]
                return_result["msg"] = jret["msg"]
        et = time.time()
        return_result["time"] = et - st
        return return_result
```

3. 工程运行

1) 硬件部署

(1) 准备人工智能边缘应用平台,给边缘计算网关正确连接 WiFi 天线、摄像头、电源。

(2) 按下电源开关上电启动边缘计算网关,将启动 Ubuntu 操作系统。

(3) 系统启动后,连接局域网内的 WiFi 网络,记录边缘计算网关的 IP 地址,如 192.168.100.200。

2) 工程部署

(1) 运行 MobaXterm 工具,通过 SSH 登录到边缘计算网关(参考附录 B)。

(2) 在 SSH 终端创建实验工作目录:

$mkdir -p ~/aicam-exp

(3) 通过 SSH 将本实验工程代码上传到～/aicam-exp 目录下(文件的上传参考附录 B)。

(4) 在 SSH 终端输入以下命令解压缩实验工程:

$cd ~/aicam-exp
$unzip face_recognition.zip

3) 工程运行

(1) 在 SSH 终端输入以下命令运行实验工程:

$cd ~/aicam-exp/face_recognition
$chmod 755 start_camera.sh
$./start_camera.sh
开始运行脚本
```
 * Serving Flask app "start_camera" (lazy loading)
 * Environment: production
   WARNING: Do not use the development server in a production environment.
   Use a production WSGI server instead.
 * Debug mode: off
```

```
 * Running on http://0.0.0.0:4001/ (Press CTRL+C to quit)
```

（2）在电脑端或者边缘计算网关端打开 Chrome 浏览器，输入实验页面地址并访问 http://192.168.100.200：4001/static/face_recognition/index.html。

4）实验现象

• 人脸注册

在左侧的"初始视频"菜单，当摄像头视窗内出现单一人脸时，单击应用右上角的按钮"人脸注册"，弹出"人脸注册"窗口，输入英文格式的用户名称，单击"注册"按钮，等待注册成功的提示窗，并自动返回初始视频页面，如图 9-13 所示。

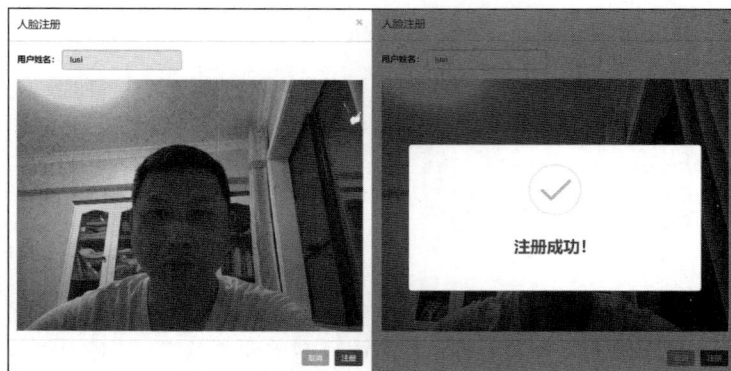

图 9-13　人脸注册

• 人脸识别

单击应用左侧的菜单，选择"人脸识别"，如图 9-14 所示。出现实时视频识别画面，当摄像头视窗内出现人脸时，将识别人脸并标注人脸信息。

图 9-14　人脸识别

• 人数统计

使用 Haar 特征级联器模型在视频图像中检测人脸，并统计人脸数量。

示例代码如下。

```
#!/bin/usr/python3
#-*- coding: UTF-8 -*-
"""
人脸计数

"""
import cv2 as cv

#对每帧图像进行人脸检测处理
def  face_id(img,classifier):
    gray = cv.cvtColor(img,cv.COLOR_BGR2GRAY)
    faces = classifier.detectMultiScale(gray,1.3,5)
    count = 0
    for (x,y,w,h) in faces:
        cv.rectangle(img,(x,y),(x+w,y+h),(255,0,0),2)
        count = count+1
    cv.putText(img,str(count),(10,100),cv.FONT_ITALIC,4,(0,0,255))
    cv.imshow("face",img)

#载入 Haar 检测器

face_cascade = cv.CascadeClassifier("./haarcascade_frontalface_alt.xml")
camera = cv.VideoCapture(0)
camera.set(cv.CAP_PROP_FRAME_WIDTH,640)
camera.set(cv.CAP_PROP_FRAME_HEIGHT,480)
camera.set(cv.CAP_PROP_FPS,30)
cv.namedWindow('face',flags=cv.WINDOW_NORMAL | cv.WINDOW_KEEPRATIO | cv.WINDOW_
GUI_EXPANDED)

while True:
    ret,frame = camera.read()
    face_id(frame, face_cascade)
    if cv.waitKey(1) & 0xFF == ord('q'):
        break
cv.destroyWindow("face")
camera.release()
```

创建 Python 文件 face_count.py,使用 SSH 方式登录边缘计算网关的 Linux 终端,执行命令运行程序,程序将调用摄像头对人脸进行识别并统计,如图 9-15 所示。

$python3 face_count.py
提示-按键前需要选中当前画面显示的窗口

按键 Q: 退出程序

• 人脸注册

若要实现人脸简易的验证,首先需要在本地或者数据库中录入使用者的人脸特征,调用 face_recognition.face_encodings()函数,将返回的脸部特征向量以 numpy 形式存储到文件中。这里以当前路径下的 files 文件夹为例,录入一个面部特征并将其存储到该文件夹下。

图 9-15　人数统计效果图

示例代码如下。

```python
#!/bin/usr/python3
#- * - coding: UTF-8 - * -
"""
人脸注册
"""

import argparse
import face_recognition
import numpy as np
import os
import cv2 as cv

#对每帧图像进行人脸检测处理
def face_id(img,classifier):
    gray = cv.cvtColor(img,cv.COLOR_BGR2GRAY)
    faces = classifier.detectMultiScale(gray,1.3,5)

    #画出人脸位置
    for (x,y,w,h) in faces:
        img = cv.rectangle(img,(x,y),(x+w,y+h),(0,0,255),2)
    cv.imshow("face_register",img)

def face_register():
    flag = False
    print("获取人脸中")
    face_cascade = cv.CascadeClassifier("./haarcascade_frontalface_alt.xml")
    cap = cv.VideoCapture(0)
    cap.set(cv.CAP_PROP_FRAME_WIDTH, 640)
    cap.set(cv.CAP_PROP_FRAME_HEIGHT, 480)
    cap.set(cv.CAP_PROP_FPS, 30)
    cv.namedWindow('face_register',flags=cv.WINDOW_NORMAL | cv.WINDOW_KEEPRATIO |
cv.WINDOW_GUI_EXPANDED)
```

```
    while True:
        ret,image = cap.read()
        face_id(image, face_cascade)
        key = cv.waitKey(1) & 0xFF
        #如果按下键盘上的"g"字符,则开始保存人脸
        if key == ord("g"):
            image_encoding = face_recognition.face_encodings(image)[0]
            if len(image_encoding) !=0:
                flag = True
                break
            else:
                print("没有检测到人脸")
        elif key == 27:
            break

    cap.release()
    cv.destroyAllWindows()
    return image_encoding, flag

ap = argparse.ArgumentParser()
ap.add_argument("-n","--name", required=True, help="请输入注册人的姓名:")
args = vars(ap.parse_args())
image_encoding, flag = face_register()


if flag:
    feature_name = args["name"] + ".npy"
    feature_path = os.path.join("./files", feature_name)
    np.save(feature_path, image_encoding)
    print("已保存人脸")
```

创建 Python 文件 face_register.py,使用 SSH 方式登录边缘计算网关的 Linux 终端,执行命令运行程序,程序将调用摄像头开始捕捉人脸,如图 9-16 所示。

图 9-16 人脸注册效果图

```
$python3 face_register.py -n lusi
```

提示－按键前需要选中当前画面显示的窗口

按键 G：拍照检测
按键 Q：退出程序

获取人脸中
已保存人脸

然后按下"g"键，开始保存注册人脸的特征文件，如图 9-17 所示。

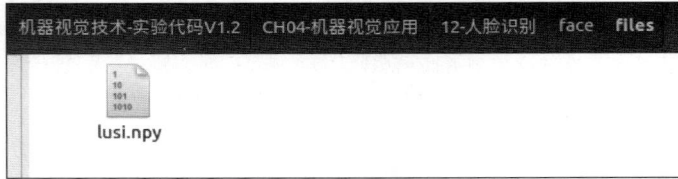

图 9-17　人脸特征文件

- 人脸识别

若要对比两张人脸，首先需要使用 face_recognition.face_encoding()函数对两张人脸进行面部编码，结果返回 128 个面部编码的列表，如图 9-18 所示。再使用 face_recognition.compare_faces()函数对两张面部编码表进行比较，其流程如图 9-19 所示。

图 9-18　比较两张面部编码表

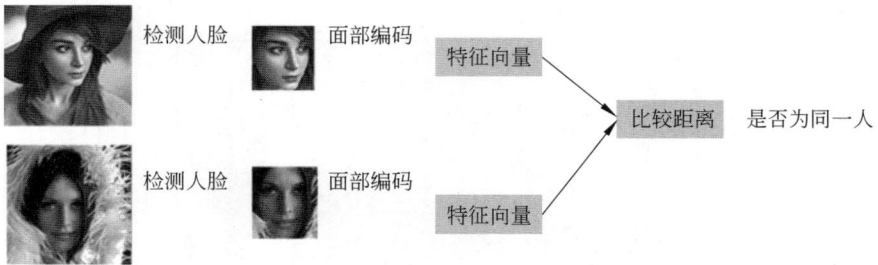

图 9-19　人脸对比流程图

以摄像头捕捉到的人脸图片，对该图片进行特征编码，再与特征库中的所有人脸特征进行对比，调用 face_recognition.compare_faces()函数，返回一个布尔值的列表，如图 9-20所示。

示例代码如下。

```
#!/bin/usr/python3
#-*-coding: UTF-8-*-
```

图 9-20　返回布尔值的列表

```python
"""
人脸识别
"""

import glob
import face_recognition
import numpy as np
import os
import cv2 as cv


#对每帧图像进行人脸检测处理
def face_id(img, classifier):
    gray = cv.cvtColor(img, cv.COLOR_BGR2GRAY)
    faces = classifier.detectMultiScale(gray, 1.3, 5)

    #画出人脸位置
    for (x, y, w, h) in faces:
        img = cv.rectangle(img, (x, y), (x + w, y + h), (0, 0, 255), 2)
    #cv.imshow("result", img)
    return faces


def face_recog():
    #读取注册的人脸特征 npy 文件
    feature_path = os.path.join("files", "*.npy")
    feature_files = glob.glob(feature_path)
    #解析文件名称,将其作为注册人姓名
    feature_names = [item.split(os.sep)[-1].replace(".npy", "") for item in
feature_files]
    #print(feature_names)
    face_cascade = cv.CascadeClassifier("./haarcascade_frontalface_alt.xml")
    cap = cv.VideoCapture(0)
    cap.set(cv.CAP_PROP_FRAME_WIDTH, 640)
    cap.set(cv.CAP_PROP_FRAME_HEIGHT, 480)
    cv.namedWindow('result', flags=cv.WINDOW_NORMAL | cv.WINDOW_KEEPRATIO | cv.
WINDOW_GUI_EXPANDED)
```

```
        features = []
        for f in feature_files:
            feature = np.load(f)
            features.append(feature)

        while True:
            ret, frame = cap.read()
            rects = face_id(frame, face_cascade)
            for x, y, w, h in rects:
                crop = frame[y: y + h, x: x + w]
                #视频流中人脸特征编码
                img_encoding = face_recognition.face_encodings(crop)

                if len(img_encoding) != 0:
                    #获取人脸特征编码
                    img_encoding = img_encoding[0]
                    #与注册的人脸特征进行对比
                    result = face_recognition.compare_faces(features, img_encoding,
tolerance=0.4)
                    if True in result:
                        result = int(np.argmax(np.array(result, np.uint8)))
                        rec_result = feature_names[result]
                        print(rec_result)
                        cv.rectangle(frame, (x, y - 30), (x + w, y), (0, 0, 255), thickness=-1)
                        cv.putText(frame, rec_result, (x, y), cv.FONT_HERSHEY_SIMPLEX,
1.2, (255, 255, 255), thickness=2)
                    else:
                        cv.rectangle(frame, (x, y - 30), (x + w, y), (0, 0, 255), thickness=-1)
                        cv.putText(frame, 'unkown', (x, y), cv.FONT_HERSHEY_SIMPLEX,
1.2, (255, 255, 255), thickness=2)

                else:
                    cv.rectangle(frame, (x, y - 30), (x + w, y), (0, 0, 255), thickness=-1)
                    cv.putText(frame, 'unkown', (x, y), cv.FONT_HERSHEY_SIMPLEX, 1.2,
(255, 255, 255), thickness=2)

            cv.imshow('result', frame)
            key = cv.waitKey(1) & 0xFF
            if key == ord('q'):
                break

        cap.release()
        cv.destroyAllWindows()
        #return flag, feature_names[count]


if __name__ == '__main__':
    face_recog()
```

创建 Python 文件 face_recog.py，使用 SSH 方式登录边缘计算网关的 Linux 终端，执行命令运行程序,程序将调用摄像头对人脸进行识别,识别成功后在终端打印结果,并在图片上显示姓名,如图 9-21 所示。

```
$python3 face_recog.py
```
提示-按键前需要选中当前画面显示的窗口

按键 Q: 退出程序

人脸识别通过,姓名:hq

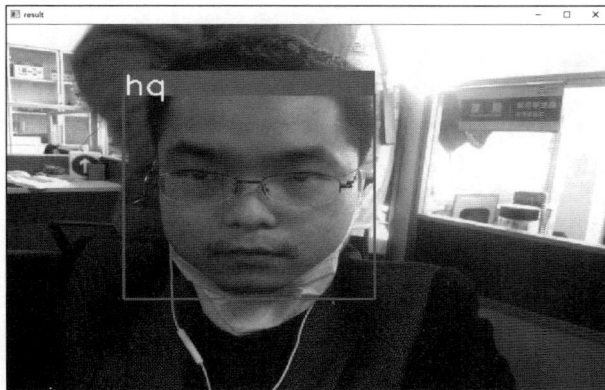

图 9-21 人脸识别效果图

9.5 本章小结

本章主要介绍了基于人脸识别技术的相关知识。首先介绍了人脸识别的原理,包括特征提取和匹配算法等;其次讲解了人脸检测与人数统计技术,包括基于 Haar 级联分类器的人脸检测方法和基于深度学习的目标检测方法等;然后详细介绍了人脸识别技术,包括基于传统算法的人脸识别和基于深度学习的人脸识别等;最后通过案例实现了人脸识别应用,展示了人脸识别在实际场景中的应用价值。

习题 9

1. 人脸识别技术的应用场景有哪些?
2. 人脸识别技术的准确率与哪些因素相关?
3. 人脸检测技术中的 Haar 特征分类器是如何工作的?
4. 人脸识别技术如何应对隐私问题?

本章学习目的与要求

本章学习基于百度公司 AI 开放平台的机器视觉云服务技术，了解并掌握基于百度云服务的数字识别技术、图像分类技术和人物特征识别技术，最后通过案例实现基于百度云服务的车型识别。

本章主要内容

- 基于百度云服务的数字识别
- 基于百度云服务的图像分类
- 基于百度云服务的人物特征识别
- 基于百度云服务的车型识别应用案例

10.1 概述

百度公司开发的 AI 开放平台具有丰富的开发功能，且具有打造定制化 AI 的能力，其主要功能如图 10-1 所示。

图 10-1 百度公司 AI 开放平台的主要功能

百度公司开发的 AI 开放平台提供了丰富的功能，涵盖自然语言处理、人脸识别、图像识别、语音识别、智能推荐和机器学习等方面。在自然语言处理方面，该平台提供了多项工具，如文本分类、情感分析、命名实体识别和问答系统等,可用于构建各种自然语言处理应用程序;在人脸识别方面,该平台提供了人脸检测、人脸比对、人脸识别等工具,可用于构建各种人脸识别相关的应用程序;在图像识别方面,该平台提供了图像分类、目标检测、图像风格转换和图像生成等工具,可以帮助开发者构建各种图像识别和处理应用程序;在语音识别方面,该平台提供了语音识别、语音合成和声音分析等工具,可用于构建各种语音识别和合成应用程序;在智能推荐方面,该平台提供了个性化推荐、内容分发等功能,可用于构建各种基于用户行为和兴趣的推荐系统;在机器学习方面,该平台提供了多项工具和库,如深度学习框架 PaddlePaddle、自动机器学习 AutoDL 和数据处理工具 DataHub 等,可以帮助开发者构建高效的机器学习应用程序。这些丰富的功能和能力为开发者提供了广泛的选择,使其能根据实际需求灵活选择并构建各种强大而智能化的人工智能应用程序。

为了满足用户定制化的需求,百度提供了一系列定制化训练模型和服务的平台,用户提供自己的数据,这些数据可能是图片、文本、声音或者视频等。然后放入平台中,由平台做加工学习、部署和服务。最终给用户提供一个云端独立的 RestAPI 或者是一个离线 SDK,让用户能根据自己的应用需求定制 SDK,以应用到终端智能设备中。平台使用方便、训练模型更加轻快、精度更高,而且有强安全的策略能保护用户的数据和模型。

10.2 基于百度云服务的数字识别

百度数字识别应用,对图片中的数字进行提取和识别,自动过滤非数字内容,仅返回数字内容及其位置信息,识别准确率超过 99%。使用数字识别技术,对快递单、物流单据、外卖小票中的电话号码进行识别和提取,可大幅提高收货人信息的录入效率,方便进行收件通知,同时可识别纯数字形式的快递三段码,有效提高快件分拣速度。

利用百度云服务实现数字识别的具体步骤如下。

(1)部署边缘计算网关,并启动 Ubuntu 系统,连接好网络,计算机通过 SSH 方式登录到边缘计算网关系统。

(2)创建图像识别的接口,由于添加了人脸识别的功能,因此这里不需要重新创建百度应用 API。

(3)使用百度 AI 云服务,首先需要获得百度的 AI 账号信息,API Key 和 Secret Key 在自己创建的应用列表中获取,如图 10-2 所示。

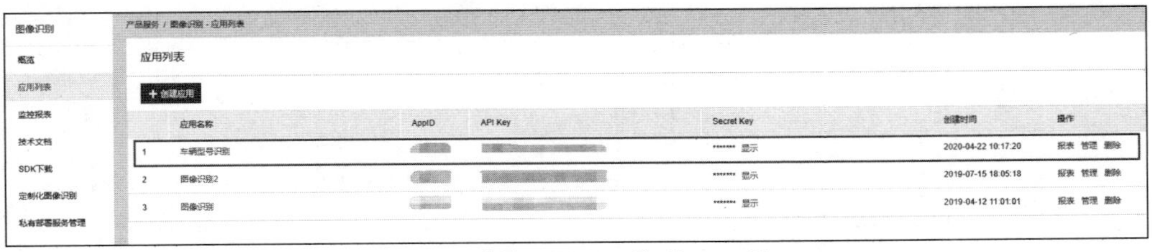

图 10-2 获取 API Key 和 Secret Key

示例代码如下(需要替换自己的百度账号信息到 param_data 中)。

```
from PIL import Image, ImageDraw, ImageFont
import numpy as np
```

```
import cv2 as cv
import os,sys,time
import json
import base64
from aip import AipOcr

class BaiduNumbersDetect(object):
    def __init__(self, font_path="font/wqy-microhei.ttc"):
        self.font_path = font_path

    def imencode(self,image_np):
        #JPG图片格式编码为流数据
        data = cv.imencode('.jpg', image_np)[1]
        return data

    def image_to_base64(self, img):
        image = cv.imencode('.jpg', img, [cv.IMWRITE_JPEG_QUALITY, 60])[1]
        image_encode = base64.b64encode(image).decode()
        return image_encode

    def base64_to_image(self, b64):
        img = base64.b64decode(b64.encode('utf-8'))
        img = np.asarray(bytearray(img), dtype="uint8")
        img = cv.imdecode(img, cv.IMREAD_COLOR)
        return img

    def inference(self, image, param_data):
        #code:若识别成功,则返回 200
        #msg:相关提示信息
        #origin_image:原始图片
        #result_image:处理之后的图片
        #result_data:结果数据
        return_result = {'code': 200, 'msg': None, 'origin_image': None, 'result_image': None, 'result_data': None}

        #param_data:应用传递过来的参数,不能为空
        if param_data != None:
            #读取应用传递过来的图片
            image = np.asarray(bytearray(image), dtype="uint8")
            image = cv.imdecode(image, cv.IMREAD_COLOR)
            #图像数据格式的压缩,方便网络传输
            img = self.imencode(image)

            #调用百度数字识别接口,通过以下用户密钥连接百度服务器
            #APP_ID 百度应用 ID
            #API_KEY 百度 API_KEY
            #SECRET_KEY 百度用户密钥
            client = AipOcr(param_data['APP_ID'], param_data['API_KEY'], param_data['SECRET_KEY'])

            #配置可选参数
```

```
        options={}
        #small:定位单字符位置
        options['recognize_granularity']='small'

        #带参数调用数字识别
        response=client.numbers(img, options)

        #应用部分
        if "error_msg" in response:
            if response['error_msg']!='SUCCESS':
                return_result["code"] = 500
                return_result["msg"] = "数字识别接口调用失败!"
                return_result["result_data"] = response
                return return_result
        if response['words_result_num'] == 0:
            return_result["code"] = 404
            return_result["msg"] = "没有检测到数字!"
            return_result["origin_image"] = self.image_to_base64(image)
            return_result["result_data"] = response
            return return_result

        if response['words_result_num']>0:
            #图像输入
            img_rgb = cv.cvtColor(image, cv.COLOR_BGR2RGB)
                                                #图像色彩格式转换
            pilimg = Image.fromarray(img_rgb)
                                            #使用 PIL 读取图像像素数组
            draw = ImageDraw.Draw(pilimg)
            #设置字体
            font_size = 20
            font_hei = ImageFont.truetype(self.font_path, font_size, encoding=
"utf-8")

            #取数据
            words_result=response['words_result']
            for m in words_result:
                loc=m['location']              #文字位置
                words=m['words']               #文字数据
                #使用绿色字体和方框标注文字信息
                draw.rectangle((int(loc["left"]), int(loc["top"]),(int(loc
["left"]) + int(loc["width"])), (int(loc["top"]) + int(loc["height"]))),
                    outline='green',width=1)
                draw.text((loc["left"]+loc["width"]+1, loc["top"]), words,
fill= 'green', font=font_hei)
                chars=m['chars']
                for n in chars:
                    loc=n['location']          #字符位置
                    char=n['char']             #字符数据
                    #使用绿色字体和方框标注字符信息
                    draw.rectangle((int(loc["left"]), int(loc["top"]),(int
(loc["left"]) + int(loc["width"])), (int(loc["top"]) + int(loc["height"]))),
                        outline='green',width=1)
```

```
                                draw.text((loc["left"], loc["top"]-font_size-2), char,
        fill= 'green', font=font_hei)

                    #输出图片
                    result = cv.cvtColor(np.array(pilimg), cv.COLOR_RGB2BGR)
                    return_result["code"] = 200
                    return_result["msg"] = "数字识别成功!"
                    return_result["origin_image"] = self.image_to_base64(image)
                    return_result["result_image"] = self.image_to_base64(result)
                    return_result["result_data"] = response
                else:
                    return_result["code"] = 500
                    return_result["msg"] = "百度接口调用失败!"
                    return_result["result_data"] = response

        return return_result

#单元测试。注意,在处理类中如果有文件引用,单元测试要修改文件路径
if __name__=='__main__':
    #创建图像处理对象
    img_object = BaiduNumbersDetect()

    #读取测试图片
    img = cv.imread("./test.jpg")
    #将图片编码成数据流
    img = img_object.imencode(img)

    #设置参数
    param_data = {"APP_ID":"12345678", "API_KEY":"12345678", "SECRET_KEY":
"12345678"}
    img_object.font_path = "../../font/wqy-microhei.ttc"

    #调用接口处理图片并返回结果
    result = img_object.inference(img, param_data)
    if result["code"] == 200:
        frame = img_object.base64_to_image(result["result_image"])
        print(result["result_data"])

        #图像显示
        cv.imshow('frame',frame)
        cv.imwrite('./result.jpg', frame)
        while True:
            key=cv.waitKey(1)
            if key==ord('q'):
                break
        cv.destroyAllWindows()
    else:
        print("识别失败!")
```

创建 Python 文件 baidu_numbers_detect.py,根据自己在百度注册的信息修改代码中的百度 Key,使用 SSH 方式登录边缘计算网关的 Linux 终端,执行命令运行程序,程序将

调用百度 API 进行数字识别并显示,运行结果如图 10-3 所示。

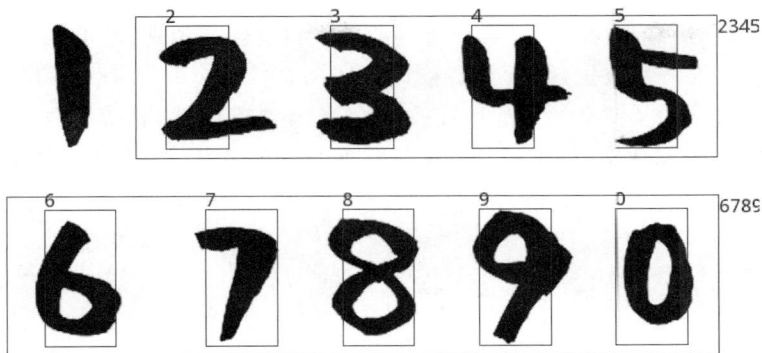

图 10-3　代码运行结果图

注意,画图所需的字体文件与 Python 文件的相对关系是:../../font/wqy-microhei.ttc。

```
$python3 baidu_numbers_detect.py
```

按键 Q: 退出程序

10.3　基于百度云服务的图像分类

　　传统的图像分类方法主要包括 4 个步骤:特征提取、特征选择、分类器训练及测试和评估。其中,特征提取通过对图像进行处理,提取出能代表图像内容的特征,如颜色、纹理、边缘等信息,或者使用卷积神经网络模型提取高层抽象特征。在特征选择过程中,需要选择一些最相关的特征用于分类。常用的算法包括主成分分析、线性判别分析等。分类器训练将提取出的特征和标记好的样本数据输入分类器中进行训练,以得到一个准确分类的模型。传统的分类器包括决策树、支持向量机、朴素贝叶斯分类器等。最后,使用未知的测试数据集对已经训练好的分类器进行测试,得出分类器的准确率和召回率等评价指标。传统的图像分类方法需要手工设计特征和分类器,投入大量时间和人力,效果不如深度学习方法。近年来,随着深度学习技术的发展,基于卷积神经网络的图像分类方法已经成为主流,并在各种应用领域广泛应用。

　　传统的图像分类和百度云服务的图像分类都是实现图像分类的方法,但它们有几个不同之处。首先,传统的图像分类方法需要手动设计特征和分类器,在特征提取、特征选择和分类器训练等方面需要投入大量时间和人力。而百度云服务的图像分类使用深度学习技术实现自动图像分类,无须进行手工设计,同时具有高度准确性和快速响应的优点。其次,传统的图像分类方法对数据质量要求非常高,在特征提取阶段需要去除噪声和干扰,否则会影响分类结果的准确性。而百度云服务的图像分类使用深度学习技术,能有效地处理复杂的图像信息,对数据的质量要求较低。另外,传统的图像分类方法需要针对不同的应用场景进行定制化开发,而且在遇到新的数据集时需要重新设计特征和分类器。相比之下,百度云服务提供的图像分类 API 具有通用性,可以适应多种应用场景,同时能自动适应新的数据集。传统的图像分类方法需要更多的人工投入和时间,对数据质量要求更高,适应性和通用性较低;而百度云服务的图像分类基于深度学习技术,具有自动化、高准确性和快速响应等优势,并且可以适应多种应用场景。

百度图像识别接口支持多种垂类业务场景的细粒度图像识别,精准识别超过十万种物体和场景,基于百度海量数据,持续丰富接口返回内容信息。并且基于百度丰富的海量数据,利用深度学习技术及精准的算法迭代模型,不断提高准确性,支持根据不同的业务场景定制客户专属的 AI 识图能力,满足非通用场景下的业务需求,如图 10-4 所示。

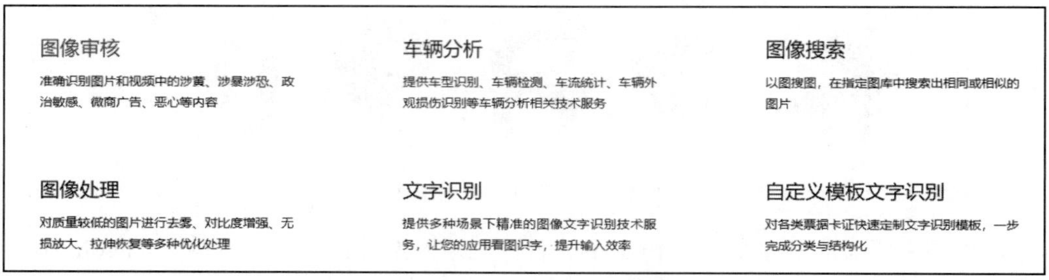
图像审核
准确识别图片和视频中的涉黄、涉暴涉恐、政治敏感、微商广告、恶心等内容
车辆分析
提供车型识别、车辆检测、车流统计、车辆外观损伤识别等车辆分析相关技术服务
图像搜索
以图搜图,在指定图库中搜索出相同或相似的图片
图像处理
对质量较低的图片进行去雾、对比度增强、无损放大、拉伸恢复等多种优化处理
文字识别
提供多种场景下精准的图像文字识别技术服务,让您的应用看图识字,提升输入效率
自定义模板文字识别
对各类票据卡证快速定制文字识别模板,一步完成分类与结构化

图 10-4　基于百度云服务的图像识别

百度图像识别接口具有以下特点和优势。

(1) 支持细粒度图像识别:百度图像识别接口可以识别超过十万种常见的物体和场景,并且不断更新和优化算法,增加新的分类。这些分类包括但不限于人物、动物、植物、食品、电子产品、交通工具、建筑物、自然景观等多种垂直领域,可满足不同行业的需求,如电商行业、广告宣传、安防监控等。

(2) 多个场景下的图像识别:除细粒度图像识别外,百度图像识别接口还支持多个场景下的图像识别,如车牌识别、logo 识别、菜品识别、文字识别等,可以帮助企业提高工作效率,降低成本。

(3) 丰富的返回内容信息:为了提供更好的服务,百度图像识别接口结合了百度海量数据,不断丰富返回内容信息。例如,在人脸识别方面,除返回性别、年龄等基本信息外,还可以返回面部表情、眼镜佩戴情况等更多的细节信息,以满足不同行业的需求。

(4) 高准确性和稳定性:百度图像识别接口采用深度学习技术,具有较高的准确性和稳定性,能自动学习图像特征并对图像进行分类,避免了传统特征提取方法的局限性。

可以利用百度云服务实现动物识别应用,具体实施过程如下。

使用百度 AI 云服务,首先需要获得百度的 AI 账号信息,API Key 和 Secret Key 在自己创建的应用列表中获取,如图 10-5 所示。

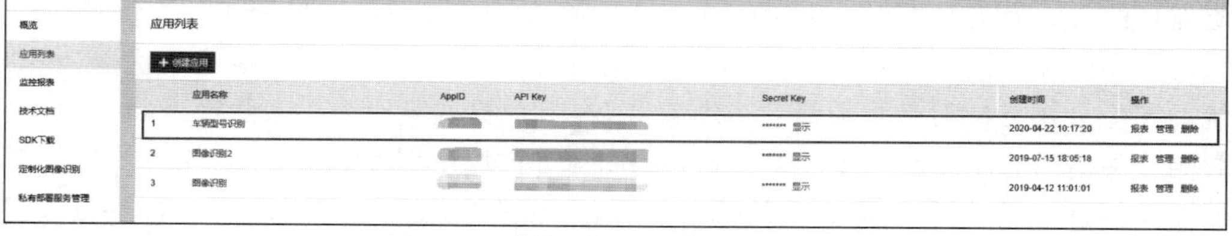
图像识别
概览
应用列表
监控报表
技术文档
SDK下载
定制化图像识别
私有部署服务管理
产品服务 / 图像识别 - 应用列表
应用列表
+ 创建应用
应用名称
AppID
API Key
Secret Key
创建时间
操作
1
车辆型号识别
******* 显示
2020-04-22 10:17:20
报表 管理 删除
2
图像识别2
******* 显示
2019-07-15 18:05:18
报表 管理 删除
3
图像识别
******* 显示
2019-04-12 11:01:01
报表 管理 删除

图 10-5　获取 API Key 和 Secret Key

示例代码如下(需要替换自己的百度账号信息)。

```python
import numpy as np
import cv2 as cv
import base64
from aip import AipImageClassify

class BaiduImageClassfy(object):
    def __init__(self):
        pass

    def imencode(self,image_np):
        #JPG图片格式编码为流数据
        data = cv.imencode('.jpg', image_np)[1]
        return data

    def image_to_base64(self, img):
        image = cv.imencode('.jpg', img, [cv.IMWRITE_JPEG_QUALITY, 60])[1]
        image_encode = base64.b64encode(image).decode()
        return image_encode

    def base64_to_image(self, b64):
        img = base64.b64decode(b64.encode('utf-8'))
        img = np.asarray(bytearray(img), dtype="uint8")
        img = cv.imdecode(img, cv.IMREAD_COLOR)
        return img

    def inference(self, image, param_data):
        return_result = {'code': 200, 'msg': None, 'origin_image': None, 'result_
image': None, 'result_data': None}

        if param_data != None:
            #读取应用传递过来的图片
            image = np.asarray(bytearray(image), dtype="uint8")
            image = cv.imdecode(image, cv.IMREAD_COLOR)
            #图像数据格式的压缩,方便网络传输
            img = self.imencode(image)

            client = AipImageClassify(param_data['APP_ID'], param_data['API_KEY'],
param_data['SECRET_KEY'])
            #可选参数
            options = {}
            options["baike_num"] = 1

            #带参数调用通用物体识别函数
            response=client.advancedGeneral(img,options)
            #应用部分
            if "error_msg" in response:
                if response['error_msg']!='SUCCESS':
                    return_result["code"] = 500
                    return_result["msg"] = "通用物体识别接口调用失败!"
```

```
                    return return_result
        if len(response['result']) == 0:
            return_result["code"] = 404
            return_result["msg"] = "没有检测到物体!"
            return return_result
        if len(response['result']) > 0:
            return_result["code"] = 200
            return_result["msg"] = "通用物体识别成功!"
        else:
            return_result["code"] = 500
            return_result["msg"] = "百度接口调用失败!"

        return_result["result_data"] = response

    return return_result


#单元测试。注意,在处理类中如果有文件引用,单元测试要修改文件路径
if __name__ == '__main__':
    #创建图像处理对象
    img_object = BaiduImageClassfy()

    #读取测试图片
    img = cv.imread("./test.jpg")
    #将图片编码成数据流
    img = img_object.imencode(img)

    #设置参数
    param_data = {"APP_ID":"123456", "API_KEY":"123456", "SECRET_KEY":"123456"}
    #调用接口处理图片并返回结果
    result = img_object.inference(img, param_data)
    print(result["result_data"])
```

创建 Python 文件 baidu_image_classify.py,根据自己在百度注册的信息修改代码中的百度 Key,使用 SSH 方式登录边缘计算网关的 Linux 终端,执行命令运行程序,程序将调用百度图像识别通用 API 获取图片信息并打印。测试图片如图 10-6 所示,代码运行结果如图 10-7 所示。

$python3 baidu_image_classify.py
提示-按键前需要选中当前画面显示的窗口

按键 Q: 退出程序

图 10-6　测试图片

{'result': [{'baike_info': {'description': '《报纸杂志》是一款中文软件, 支持平台是IOS, 软件大小为1.2MB。', 'baike_url': 'http://baike.baidu.com/item/%E6%8A%A5%E7%BA%B8%E6%9D%82%E5%BF%97/19108720'}, 'root': '非自然图像-文字图', 'keyword': '报纸杂志', 'score': 0.955207}, {'root': '商品-原材料', 'keyword': '板材', 'score': 0.747886}, {'root': '商品-电脑办公', 'keyword': '书本', 'score': 0.54204}, {'root': '商品-原材料', 'keyword': '工业毛毡', 'score': 0.282433}, {'root': '商品-纸制品', 'keyword': '报纸', 'score': 0.199692}], 'log_id': 1697177393491551054, 'result_num': 5}

图 10-7　代码运行结果图

10.4 基于百度云服务的人物特征识别

传统的人物特征识别可分为两部分：面部特征识别和身体特征识别。

面部特征识别是通过人脸识别技术，对人脸图像进行分析，提取出人脸上的各种特征，并将这些特征进行比对和匹配，确定一个人的身份或者辨认出一个人的面部特征。

进行面部特征识别时，通常需要经过以下步骤。

(1) 采集人脸图像：使用摄像头或者照相机等设备采集人脸图像。在采集图像的过程中，需要注意环境因素对图像质量的影响，如光线、角度、遮挡等。

(2) 图像预处理：对采集到的图像进行预处理。这包括去除噪声、增强对比度、调整图像大小和亮度等操作，目的是减少干扰和提高图像质量，以便后续进行分析处理。

(3) 人脸检测与定位：将图像中的人脸区域进行检测和定位。人脸检测技术可以使用传统的基于特征的方法，如 Haar 特征、HOG 特征等，也可以使用深度学习模型，如 CNN 等。人脸检测后，需要通过对眼睛、鼻子、嘴巴等关键点进行检测来精确定位人脸区域。

(4) 特征提取：对定位好的人脸区域进行特征提取，可以抽取出眼睛、嘴巴、鼻子、脸型、面部纹理等特征。通常使用局部特征描述符（Local Feature Descriptors）算法，如 SIFT、SURF、ORB 等。

(5) 特征匹配：将提取出的特征与数据库中存储的特征进行比对，找出匹配的结果。可以使用传统的机器学习算法，如 SVM、卡方检验和欧几里得距离等，也可以使用深度学习算法，如人脸识别模型 FaceNet、DeepID 等。

身体特征识别则是通过分析人体姿势、体态、运动、行走等方面的特征，确定一个人的身份或者辨认出一个人的身体特征。身体特征识别实现流程一般如下。

(1) 采集数据：使用监控摄像头等设备采集视频或者图像数据。视频和图像数据可以分别用于动态和静态特征提取。

(2) 图像处理：对采集到的数据进行处理，去除噪声，提高图像质量。这包括灰度化、滤波、增强、裁剪、旋转、缩放等常见操作。

(3) 特征提取：提取出关键点，如人体轮廓、手臂、腿部、头部等。这可以通过基于深度学习的神经网络模型进行检测和分类来实现。例如，可以使用 CNN 对人体姿势进行识别。

(4) 运动关系分析：分析关键点之间的运动关系，如人体姿势、步态等。这通常需要使用计算机视觉算法和数学模型对提取出的关键点进行匹配和跟踪，以捕捉人体的运动状态。

(5) 特征匹配：将提取出的特征与数据库中存储的特征进行比对，找出匹配的结果。这可以使用各种相似性度量方法进行计算，如欧几里得距离、余弦相似度等。

传统的人物特征识别通常由专业的人脸识别技术公司或者机构进行开发，它们会根据人脸图像的特征，如眼睛、鼻子、嘴巴等位置、大小以及颜色等信息判断这幅图像中的人物是谁。传统的人物特征识别算法通常需要耗费大量的时间和资源来训练模型，因此成本较高。

而百度云提供的人物特征识别服务是通过 API 实现的，只需要将图片上传至百度云平台，并调用对应的 API 即可获得人物特征信息。相比于传统的人物特征识别技术，百度云提供的人物特征识别服务具有以下优势：百度云提供的人物特征识别服务可以在几秒钟内返回结果，而传统的人物特征识别技术可能需要花费数分钟或数小时才能完成识别。使用百度云提供的人物特征识别服务无须购买昂贵的硬件设备或支付高额的开发成本，只需按照 API 调用次数进行付费即可。百度云提供的人物特征识别服务采用了深度学习技术，可以自动学习和优化算法，从而提高识别精度和准确性。

在人工智能技术的不断发展下，基于图像识别的人脸和人体特征识别技术已经得到广泛应用。作为其中的佼佼者之一，百度云提供了强大的人物特征识别服务。在百度云平台中，人脸识别和人体识别是两个重要的子项。

10.4.1　百度人脸识别

百度人脸识别包含人脸检测与属性分析、人脸对比、人脸搜索、活体检测等能力，如图 10-8 所示。

图 10-8　百度人脸识别

（1）人脸检测与属性分析：它可以实现对图片或视频流中的人脸进行快速、准确的检测，并且分析出人脸的性别、年龄、表情等属性信息。具体来说，该功能首先需要使用深度学习中的 CNN 模型对输入的图像进行处理，提取出人脸区域。然后，再利用分类器和回归器对人脸进行性别和年龄的判断，同时采用另外一个 CNN 模型进行表情分类。这些模型都是通过大量的训练数据进行训练得到的，具有较高的准确性和鲁棒性。在性别和年龄的判断中，分类器常用的是 SVM 等算法，回归器常用的则是线性回归、随机森林等算法。而在表情分类中，CNN 模型会根据不同的特征进行分类，如眼睛、嘴巴等部位的变化等。人脸检测与属性分析的应用非常广泛，例如可用于用户画像分析、广告投放、人脸验证等领域。同时，也可以结合其他技术，如语音识别、身份认证等，实现更加丰富的应用场景。

（2）人脸对比：它可以对两张或多张人脸图片进行比较，以确定它们是否属于同一人。

这个功能通常用于身份验证、犯罪侦查等领域。为了实现人脸对比,百度人脸识别系统采用了深度学习中的 Siamese 神经网络模型。这种模型可以将两张人脸图片转换为向量表示,并计算它们之间的相似度。简单来说,Siamese 神经网络包含两个相同的 CNN 模型,分别用于处理两幅输入图像。然后,将这两个 CNN 模型的输出连接起来,并通过全连接层将其映射到相同的向量空间中。最终,通过计算这两个向量之间的距离或相似度,就可以得出这两张人脸图片是否属于同一个人的结论。计算相似度时,通常使用欧几里得距离或余弦相似度等方法。如果两张图片的相似度高于预设的阈值,那么就认为它们属于同一个人。相反,如果相似度低于阈值,则认为它们不属于同一个人。

(3) 人脸搜索:该功能可以根据输入的人脸图片,在海量的人脸库中进行搜索,找到与之相似的人脸。首先,构建搜索系统时,需要对每张人脸图像提取特征。百度人脸识别系统使用深度学习模型进行特征提取,并将其转换为 128 维的向量表示。这个向量由著名的 FaceNet 模型生成,该模型在 LFW (Labeled Faces in the Wild)数据集上可以达到 99.63% 的准确率。接着,针对所有的特征向量,百度人脸识别系统使用 KNN 算法进行索引。KNN 算法是一种分类和回归的机器学习算法,它可以根据输入数据的相似程度,找到最靠近的 K 个邻居,并输出它们的标签或数值。在人脸搜索中,KNN 算法可以帮助寻找与查询图像最相似的人脸。在搜索过程中,用户上传待检索的人脸图像后,系统会将其转换成特征向量,并使用 KNN 算法在索引数据结构中查找最相似的特征向量。此外,为了提高搜索效率,百度人脸识别系统还采用了基于向量量化的近似最近邻搜索方法,即利用一组量化中心代替所有特征向量,从而加速最近邻搜索。最终,系统会返回查询图像所匹配到的人脸信息,包括该人脸对应的标识和相似度等信息。

(4) 活体检测:利用摄像头拍摄用户面部信息,并分析面部特征和运动,判断用户是否为真人。这个过程主要借助了深度学习中的 CNN 模型,能准确地检测出非真实面部信息,防止使用照片或视频等非真实面部信息进行欺诈攻击。具体来说,该系统将输入的人脸图像转换成一系列特征向量,并使用深度神经网络对这些向量进行训练,以便准确地区分真实面部信息和非真实面部信息。在训练过程中,该系统会通过大量样本数据识别不同类型的非真实面部信息,如照片、视频、面具、3D 打印模型等,从而提高检测的准确性。同时,百度人脸识别系统还采用了多种技术来提高检测的准确性和安全性。例如,它可以使用 3D 结构光技术对面部进行扫描,以获取更精确的面部信息;还可以使用红外成像技术检测面部温度,从而进一步确认面部是否真实。

百度人脸识别灵活应用于金融、泛安防、零售等行业场景,满足身份核验、人脸考勤、闸机通行等业务需求。在线 API、离线 SDK、私有化部署多种服务形式全面开放,适配多种应用场景,基于百度专业的深度学习算法和海量数据训练,人脸识别算法准确率很高。

利用百度云服务实现人脸识别,具体步骤如下。

(1) 部署边缘计算网关,并启动 Ubuntu 系统,连接网络,计算机通过 SSH 方式登录到边缘计算网关系统。

(2) 创建图像识别的接口,由于添加了人脸识别的功能,因此这里不需要重新创建百度应用 API,否则需要创建百度云服务接口。

(3) 使用百度 AI 云服务,首先需要获得百度的 AI 账号信息,API Key 和 Secret Key 在自己创建的应用列表中获取,如图 10-9 所示。

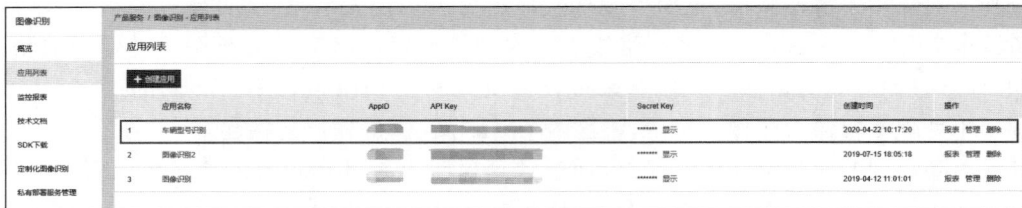

图 10-9　获取 API Key 和 Secret Key

示例代码如下(需要替换自己的百度账号信息)。

imencode、image_to_base64 等方法与 10.2 节中的代码相同,此处省略。

```python
from PIL import Image, ImageDraw, ImageFont
import numpy as np
import cv2 as cv
import os, sys, time
import json
import base64
from aip import AipFace


class BaiduFaceRecognition(object):
    def __init__(self, font_path="font/wqy-microhei.ttc"):
        self.font_path = font_path

    def imencode(self, image_np):
        ......

    def inference(self, image, param_data):
        return_result = {'code': 200, 'msg': None, 'origin_image': None, 'result_
image': None, 'result_data': None}
        # image:应用传递过来的数据(根据实际应用,可能为图像、音频、视频、文本)
        # param_data:应用传递过来的参数,不能为空
        if param_data != None:
            # 读取应用传递过来的图片
            image = np.asarray(bytearray(image), dtype="uint8")
            image = cv.imdecode(image, cv.IMREAD_COLOR)
            # 图像数据格式的压缩,方便网络传输
            img = self.image_to_base64(image)

            # type=0 表示注册
            if param_data["type"] == 0:
                client = AipFace(param_data['APP_ID'], param_data['API_KEY'],
param_data['SECRET_KEY'])

                # 配置可选参数
                options = {}
                options["user_info"] = param_data["userId"]  # 用户信息
                options["quality_control"] = "NORMAL"      # 图片质量正常
                options["liveness_control"] = "NONE"       # 活体检测
                options["action_type"] = "REPLACE"         # 替换之前注册的用户数据
                imageType = "BASE64"
```

```
#组名
groupId = "zonesion"
st = time.time()
#避免注册多个用户时 QPS 不足
while True:
    #带参数调用人脸注册
    response = client.addUser(img, imageType, groupId, param_
data["userId"], options)

        if response['error_msg'] == 'SUCCESS':
            return_result["code"] = 200
            return_result["msg"] = "注册成功,已成功添加至人脸库!"
            return_result["result_data"] = response
            break
        time.sleep(1)
        if time.time() - st > 5:
            return_result["code"] = 408
            return_result["msg"] = "注册超时,请检查网络!"
            return_result["result_data"] = response
            break
        if response['error_msg'] == 'pic not has face':
            return_result["code"] = 404
            return_result["msg"] = "未检测到人脸!"
            return_result["result_data"] = response
            break
else:
    #调用百度人脸搜索与库管理接口,通过以下用户密钥连接百度服务器
    client = AipFace(param_data['APP_ID'], param_data['API_KEY'],
param_data['SECRET_KEY'])


    #配置可选参数
    options = {}
    options["max_face_num"] = 10                    #检测人脸的最大数量
    options["match_threshold"] = 70
    #匹配阈值(设置阈值后,score 低于此阈值的用户信息将不会返回)
    options["quality_control"] = "NORMAL"
    #图片质量控制。NONE:不进行控制;LOW:较低的质量要求;NORMAL:一般的质
    #量要求
    options["liveness_control"] = "NONE"
    #活体检测控制。NONE:不进行控制
    options["max_user_num"] = 3
    #查找后返回的用户数量。返回相似度最高的几个月户,默认为 1,最多返回 50 个

    #搜索的组列表,这里只搜索 zonesion 组下的用户
    groupIdList = "zonesion"
    imageType = "BASE64"
    #带参数调用人脸搜索 M:N 识别接口
    response = client.multiSearch(img, imageType, groupIdList, options)

    #应用部分
```

```
                        if "error_msg" in response:
                            if response['error_msg'] == 'pic not has face':
                                return_result["code"] = 404
                                return_result["msg"] = "未检测到人脸!"
                                return_result["result_data"] = response
                                return_result["origin_image"] = self.image_to_base64
(image)

                                return return_result

                            if response['error_msg'] == 'SUCCESS':
                                #图像输入
                                img_rgb = cv.cvtColor(image, cv.COLOR_BGR2RGB)
                                pilimg = Image.fromarray(img_rgb)
                                #创建ImageDraw绘图类
                                draw = ImageDraw.Draw(pilimg)
                                #设置字体
                                font_size = 20
                                font_hei = ImageFont.truetype(self.font_path, font_size,
encoding="utf-8")

                                #取数据
                                #人脸数据列表
                                face_list = response['result']['face_list']
                                #人脸数量
                                face_num = response['result']['face_num']
                                for i in range(face_num):
                                    loc = face_list[i]['location']
                                    if len(face_list[i]['user_list'])>0:
                                        #取识别分数最高的人脸数据
                                        user = face_list[i]['user_list'][0]
                                        score = '%.2f'%user['score']
                                        user_id = user['user_id']
                                        group_id = user['group_id']
                                        user_info = user['user_info']
                                    else:
                                        score=user_id=group_id=user_info='none'

                                    #绘制矩形外框
                                    draw.rectangle((int(loc["left"]), int(loc["top"]),
(int(loc["left"]) + int(loc["width"])), (int(loc["top"]) + int(loc["
height"])))),
                                        outline='green',width=2)
                                    #绘制字符
                                    draw.text((loc["left"], loc["top"]-font_size*4), '用
户ID:'+user_id, (0, 255, 0), font=font_hei)
                                    draw.text((loc["left"], loc["top"]-font_size*3), '用
户组ID:'+group_id, (0, 255, 0), font=font_hei)
                                    draw.text((loc["left"], loc["top"]-font_size*2), '用
户信息:'+user_info, (0, 255, 0), font=font_hei)
                                    draw.text((loc["left"], loc["top"]-font_size*1), '置
信值:'+score, (0, 255, 0), font=font_hei)
```

```
                        #输出图片
                        result = cv.cvtColor(np.array(pilimg), cv.COLOR_RGB2BGR)
                        return_result["code"] = 200
                        return_result["msg"] = "人脸识别成功!"
                        return_result["origin_image"] = self.image_to_base64(image)
                        return_result["result_image"] = self.image_to_base64(result)
                        return_result["result_data"] = response
                    else:
                        return_result["code"] = 500
                        return_result["msg"] = "人脸接口调用失败!"
                        return_result["result_data"] = response
            else:
                return_result["code"] = 500
                return_result["msg"] = "百度接口调用失败!"
                return_result["result_data"] = response


        return return_result

#单元测试。注意,在处理类中如果有文件引用,单元测试要修改文件路径
if __name__=='__main__':
    #创建图像处理对象
    img_object = BaiduFaceRecognition()
    img = cv.imread("./test.jpg")
    img = img_object.imencode(img)

    #设置参数
    addUser_data = {"APP_ID":"12345678", "API_KEY":"12345678", "SECRET_KEY":
"12345678", "type":0, "userId":"lilianjie"}
    searchUser_data = {"APP_ID":"12345678", "API_KEY":"12345678", "SECRET_KEY":
"12345678", "type":1}
    img_object.font_path = "../../font/wqy-microhei.ttc"

    #调用接口进行人脸注册
    result = img_object.inference(img, addUser_data)
    #调用接口进行人脸识别
    if result["code"] == 200:
        result = img_object.inference(img, searchUser_data)
        try:
            frame = img_object.base64_to_image(result["result_image"])
            print(result["result_data"])

            #图像显示
            cv.imshow('frame',frame)
            cv.imwrite('./result.jpg', frame)
            while True:
                key=cv.waitKey(1)
                if key==ord('q'):
                    break
```

```
            cv.destroyAllWindows()

      except AttributeError:
            print("识别结果图像为空!,请重新识别!")
   else:
      print("注册失败!")
```

创建 Python 文件 baidu_face_recognition.py,根据自己在百度注册的信息修改代码中的百度 Key,使用 SSH 方式登录边缘计算网关的 Linux 终端,执行命令运行程序,程序将调用百度 API 进行人脸识别并显示,代码运行结果如图 10-10 所示。

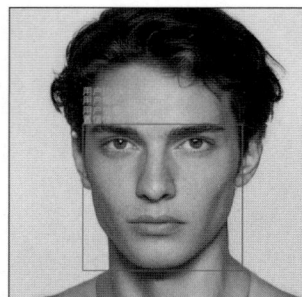

图 10-10　代码运行结果

$python3 baidu_face_recognition.py
提示-按键前需要选中当前画面显示的窗口

按键 Q:退出程序

10.4.2　百度云人体分析

百度公司提供了一系列用于分析和理解人体的功能和 API。人体分析接口具备准确识别图像中的人体相关信息,提供人体检测与追踪(人体检测功能可以在图像或视频中快速定位和检测出人体的位置和边界框。通过 API 调用,可以获取每个检测到的人体的坐标、宽度、高度等信息)、关键点定位(人体关键点检测功能可以检测人体的关键点位置,如头部、肩膀、手臂、膝盖等。通过 API 调用,可以获取每个关键点的坐标信息,用于姿态估计、动作识别等应用)、人流量统计(人流量统计功能可以统计图像或视频中的人数、密度、流动性等信息。通过 API 调用,可以获取人群的统计结果,用于人流量分析、场所管理等应用)、属性识别(人体属性分析功能可以识别和分析人体的各种属性,如性别、年龄、表情等。通过 API 调用,可以获取每个人体的属性信息,用于人群统计、用户分析等应用)、姿态分析(姿态估计功能可以估计人体的姿态、动作和姿势。通过 API 调用,可以获取人体的姿态参数,如旋转角度、身体部位的角度等,用于运动分析、人体姿势控制等应用)、行为分析、人像分割、手势识别、指尖检测等能力,并且其模型基于应用反馈的现场数据不断进行迭代优化,一般情况下能达到不错的效果,如图 10-11 所示。

百度云机器视觉云服务的人体分析功能可以广泛应用于视频监控、人流量统计、智能安防、人体姿态分析等领域。开发者可以通过 API 调用,将人体分析功能集成到自己的应用和系统中,实现更丰富的人体分析和理解能力。

利用百度云服务实现人体分析的具体步骤如下。

(1)部署边缘计算网关,并启动 Ubuntu 系统,连接网络,计算机通过 SSH 方式登录到边缘计算网关系统。

(2)创建图像识别的接口,添加人体分析的功能。

(3)使用百度 AI 云服务,首先需要获得百度的 AI 账号信息,API Key 和 Secret Key 在自己创建的应用列表中获取,如图 10-12 所示。

示例代码如下(需要替换自己的百度账号信息)。

图 10-11 百度云人体分析

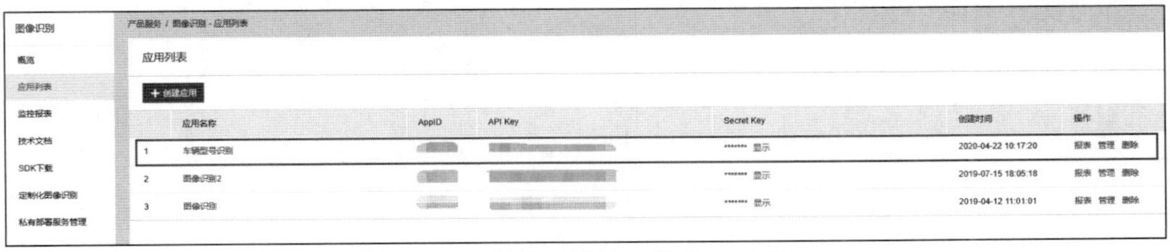

图 10-12 获取 API Key 和 Secret Key

```python
from PIL import Image, ImageDraw, ImageFont
import numpy as np
import cv2 as cv
import os,sys,time
import json
import base64
from aip import AipBodyAnalysis

class BaiduBodyAttr(object):
    def __init__(self, font_path="font/wqy-microhei.ttc"):
        self.font_path = font_path

    def base64_to_image(self, b64):
        ......

    def inference(self, image, param_data):
        return_result = {'code': 200, 'msg': None, 'origin_image': None, 'result_image': None, 'result_data': None}
```

```
#image:应用传递过来的数据(根据实际应用,可能为图像、音频、视频、文本)
#param_data:应用传递过来的参数,不能为空
if param_data != None:
    #读取应用传递过来的图片
    image = np.asarray(bytearray(image), dtype="uint8")
    image = cv.imdecode(image, cv.IMREAD_COLOR)
    #图像数据格式的压缩,方便网络传输
    img = self.imencode(image)

    client = AipBodyAnalysis(param_data['APP_ID'], param_data['API_KEY'],
param_data['SECRET_KEY'])
    #配置可选参数
    options = {}
    #配置参数 type,开启 gender(性别)、age(年龄阶段)、headwear(是否戴帽子)、
face_mask(是否戴口罩)检测
    options["type"] = "gender,age,headwear,face_mask"

    #调用人体检测与属性识别接口
    response=client.bodyAttr(img, options)

    #应用部分
    if "error_msg" in response:
        if response['error_msg'] != 'SUCCESS':
            return_result["code"] = 500
            return_result["msg"] = "人体接口调用失败!"
            return_result["result_data"] = response
            return return_result

    if response['person_num'] == 0:
        return_result["code"] = 404
        return_result["msg"] = "没有检测到人体!"
        return_result["origin_image"] = self.image_to_base64(image)
        return_result["result_data"] = response

    if response['person_num'] > 0:
        #图像输入
        img_rgb = cv.cvtColor(image, cv.COLOR_BGR2RGB)
        pilimg = Image.fromarray(img_rgb)
        #创建 ImageDraw 绘图类
        draw = ImageDraw.Draw(pilimg)
        #设置字体
        font_size = 20
        font_hei = ImageFont.truetype(self.font_path, font_size, encoding=
"utf-8")
        #取数据
        for res in response['person_info']:
            #初始化数据
            gender = age = face_mask = headwear = None
            #保存识别位置信息
            loc = res['location']
            #保存识别出人的属性信息
```

```
                    for i in res['attributes'].keys():
                        if i == 'gender':  #性别
                            gender=res['attributes']['gender']['name']
                            gender_score = '%.2f'%res['attributes']['gender']
['score']
                        if i == 'age':  #年龄
                            age=res['attributes']['age']['name']
                            age_score = '%.2f'%res['attributes']['age']['score']
                        if i == 'face_mask':  #是否戴口罩
                            face_mask=res['attributes']['face_mask']['name']
                            face_mask_score = '%.2f'%res['attributes']['face_
mask']['score']
                        if i == 'headwear':  #是否戴帽子
                            headwear=res['attributes']['headwear']['name']
                            headwear_score = '%.2f'%res['attributes']['headwear']
['score']
                    #绘制矩形外框
                    draw.rectangle((int(loc["left"]), int(loc["top"]), (int(loc
["left"]) + int(loc["width"])), (int(loc["top"]) + int(loc["height"]))),
                    outline='green', width=1)
                    #绘制字符
                    if gender is not None:
                        draw.text((loc["left"], loc["top"]-font_size * 4), '性别:'+
gender+gender_score, (0, 255, 0), font=font_hei)
                    if age is not None:
                        draw.text((loc["left"], loc["top"]-font_size * 3), '年龄:'+
age+age_score, (0, 255, 0), font=font_hei)
                    if face_mask is not None:
                        draw.text((loc["left"], loc["top"]-font_size * 2), '口罩:'+
face_mask+face_mask_score, (0, 255, 0), font=font_hei)
                    if headwear is not None:
                        draw.text((loc["left"], loc["top"]-font_size * 1), '帽子:'+
headwear+headwear_score, (0, 255, 0), font=font_hei)
                #输出图片
                result = cv.cvtColor(np.array(pilimg), cv.COLOR_RGB2BGR)
                return_result["code"] = 200
                return_result["msg"] = "人体识别成功!"
                return_result["origin_image"] = self.image_to_base64(image)
                return_result["result_image"] = self.image_to_base64(result)
                return_result["result_data"] = response
            else:
                return_result["code"] = 500
                return_result["msg"] = "百度接口调用失败!"
                return_result["result_data"] = response

        return return_result

#单元测试。注意,在处理类中如果有文件引用,单元测试要修改文件路径
if __name__=='__main__':
    #创建图像处理对象
    img_object = BaiduBodyAttr()
```

```
img = cv.imread("./test.jpg")
img = img_object.imencode(img)

#设置参数
param_data = {"APP_ID":"12345678", "API_KEY":"12345678", "SECRET_KEY":
"12345678"}
img_object.font_path = "../../font/wqy-microhei.ttc"

#调用接口处理图片并返回结果
result = img_object.inference(img, param_data)
if result["code"] == 200:
    frame = img_object.base64_to_image(result["result_image"])
    print(result["result_data"])

    #图像显示
    cv.imshow('frame',frame)
    cv.imwrite('./result.jpg', frame)
    while True:
        key=cv.waitKey(1)
        if key==ord('q'):
            break
    cv.destroyAllWindows()
else:
    print("识别失败!")
```

创建 Python 文件 baidu_body_attr.py,根据自己在百度注册的信息修改代码中的百度 Key,使用 SSH 方式登录边缘计算网关的 Linux 终端,执行命令运行程序,程序将调用百度 API 进行人体识别并显示,代码运行结果如图 10-13 所示。

$python3 baidu_body_attr.py
提示–按键前需要选中当前画面显示的窗口

按键 Q: 退出程序

图 10-13　代码运行结果

10.5 应用案例：基于百度云服务的车型识别

基于百度云服务的车型识别功能提供了一种快速、准确识别车辆类型和品牌的解决方案。以下是基于百度云服务的车型识别的基本流程和主要功能。

首先需要将车辆图像上传至百度云服务。可以通过 API 将车辆图像传输到百度云的服务器上。图像可以是常见的图像格式，如 jpeg、png 等。一旦图像上传完成，可以调用百度云提供的车型识别 API。通过 API 调用，将上传的车辆图像发送给百度云服务进行处理和识别。百度云服务会对上传的车辆图像进行预处理和分析，提取图像中的特征信息。这包括车辆的外观特征、形状、标识等。在特征提取完成后，百度云服务会使用机器学习和深度学习算法进行车型识别和品牌分类。通过比对图像特征和预训练模型，识别车辆的具体型号和品牌信息。识别完成后，百度云服务将返回一个包含识别结果的结构化数据，通常是 JSON 格式。该结构化数据包含识别出的车辆型号、品牌等信息。接收到识别结果后，可以进行进一步的数据后处理，例如对识别结果进行校验、格式化或存储到数据库中，以便后续使用。

基于百度云的车型识别较传统的车型识别功能具有多个优势。首先，基于百度云的车型识别利用深度学习和机器学习等先进技术，通过大量的训练数据和优化模型，提高了识别的准确性，相比传统的方法更能准确识别车辆的型号和品牌。其次，百度云车型识别功能支持广泛的车辆类型和品牌识别，无论是乘用车、商用车、越野车、货车等各种类型的车辆，还是不同品牌的车辆，都可以通过百度云的服务进行识别。这种多样性的支持使得车型识别功能更具通用性和适用性。此外，基于百度云的车型识别利用了百度云强大的计算能力和云端资源。通过云端服务，可以实现高性能的图像处理和识别，大大加快了识别速度，提升了用户体验。而且，百度云车型识别提供了简单易用的 API，可以方便地进行调用和集成到各种应用及系统中。开发者可以根据自己的需求，通过 API 实现车型识别功能，无须自行开发复杂的算法和模型。最后，基于百度云的车型识别是基于云平台的服务，具有高度的可扩展性，无论是处理单幅图像还是批量处理大量图像，都可以通过百度云服务实现，满足不同规模的需求。

基于百度云的车型识别较传统的车型识别功能具有更高的准确性、更广泛的支持、更强大的计算能力和更灵活的接口调用。这些优势使得基于百度云的车型识别更适合应用于各种车辆相关的场景。

创建百度云服务的具体步骤如下。

(1) 百度 AI 云服务账号申请。

百度 AI 云服务网址为 https://ai.baidu.com，如图 10-14 所示。

注册百度 AI 开发账号：

使用百度 AI 云服务，须注册百度开发者账号，注册网址为 https://passport.baidu.com/v2/? reg&u＝https％3A//login.bce.baidu.com/％3Faccount％3D％26redirect％3Dhttp％253A％252F％252Fconsole.bce.baidu.com％252F％253Ffromai％253D1％23/aip/overview&tpl＝bceplat，填入所需信息，完成注册，如图 10-15 所示。

注册完成后，使用注册的账号登录百度 AI 云服务，如图 10-16 所示。

图 10-14　百度云服务网页

图 10-15　注册页面

图 10-16　登录页面

创建应用:登录成功后,系统自动进入百度智能云控制台,如图 10-17 所示。

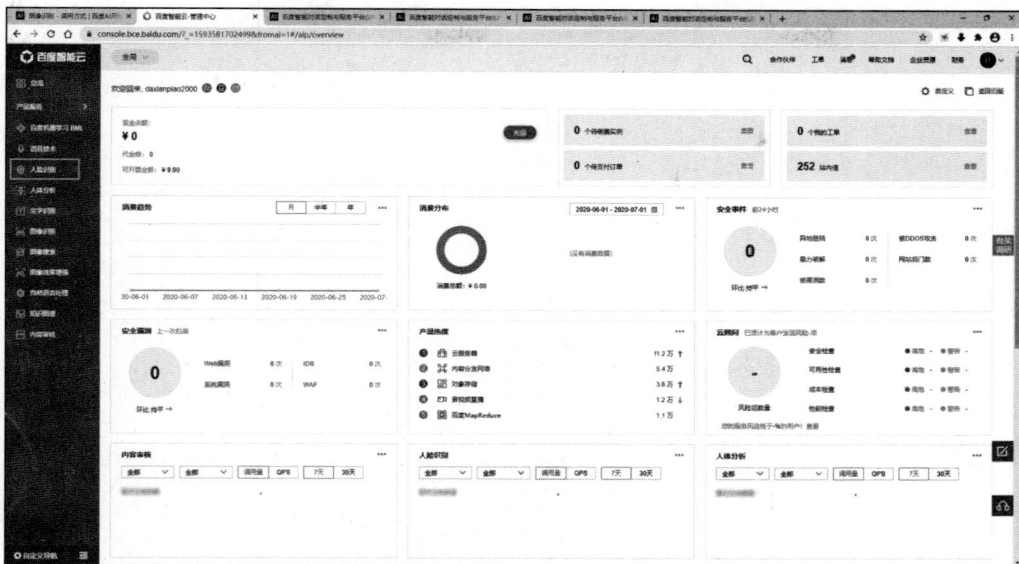

图 10-17　百度智能云控制台

在图 10-17 中,可以选择需要创建的云服务类别,并创建相应的应用。例如,选择图 10-18 左侧所示的"人脸识别"选项,在弹出的界面中单击"创建应用"。

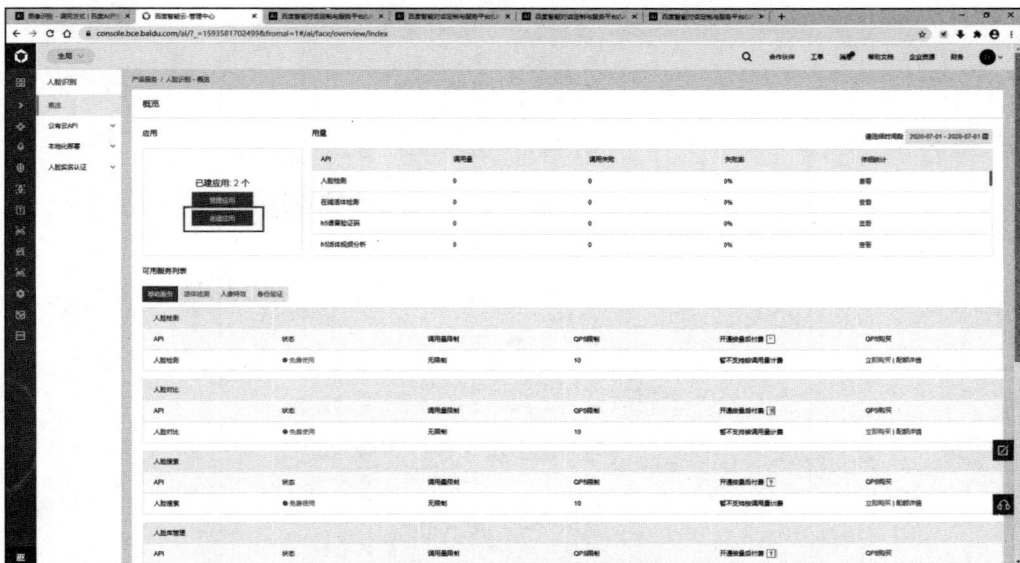

图 10-18　创建应用

添加云服务接口:

在图 10-18 中单击"创建应用"后,系统会弹出创建应用界面,可以选择添加各种百度 AI 云服务接口(注意,接口选择中须勾选所有的接口项),如图 10-19~图 10-23 所示。

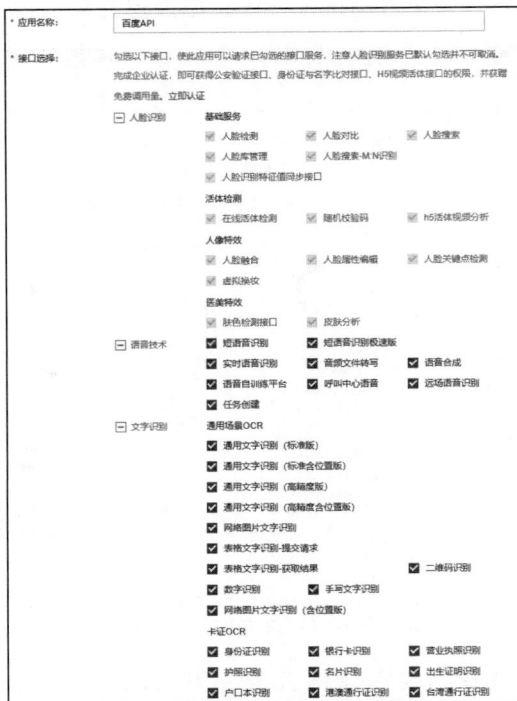

图 10-19　选择添加百度 AI 云服务接口 1

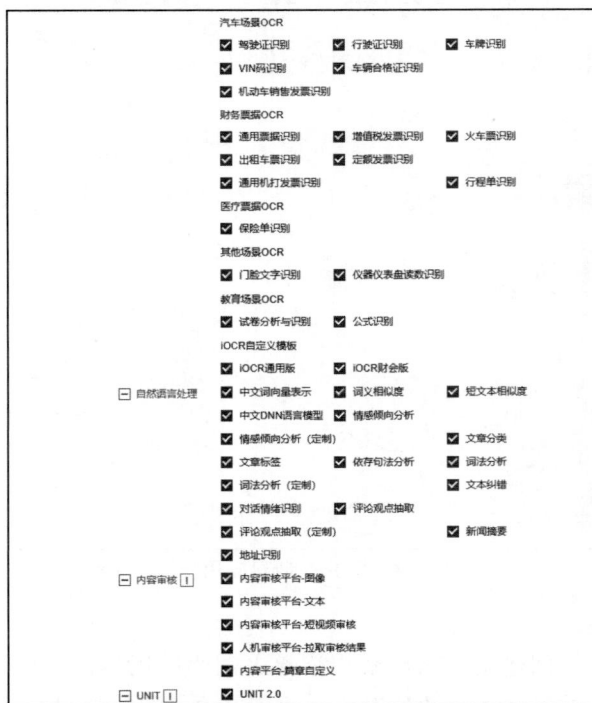

图 10-20　选择添加百度 AI 云服务接口 2

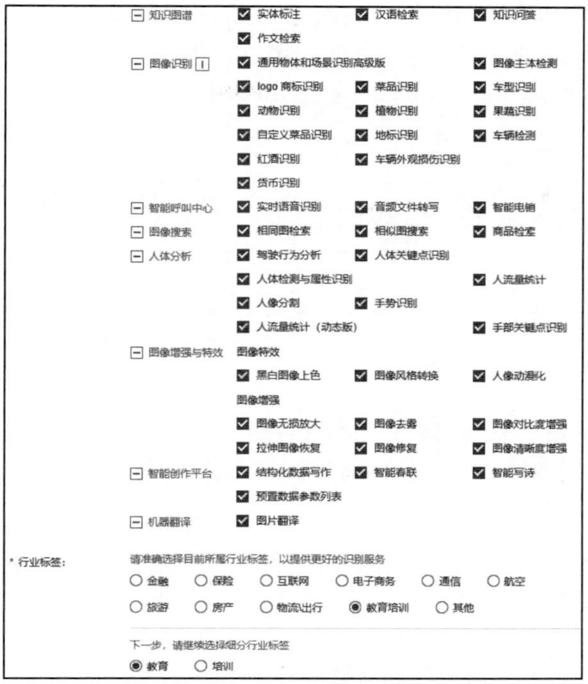

图 10-21 选择添加百度 AI 云服务接口 3

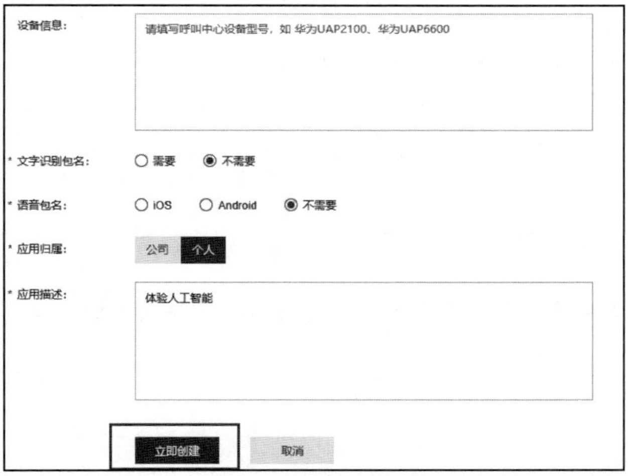

图 10-22 立即创建

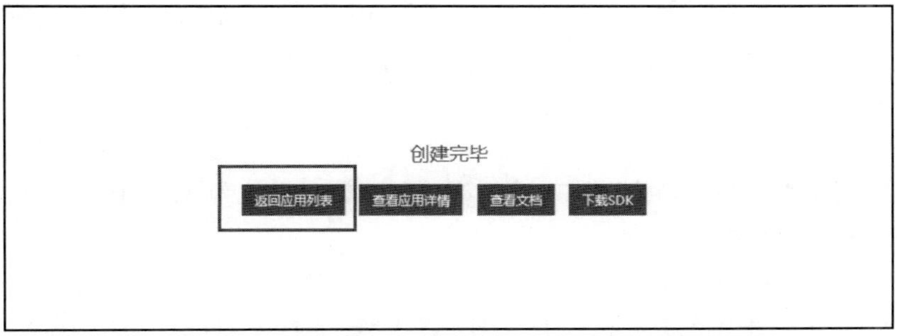

图 10-23 创建完毕示意图

应用创建完成后,返回应用列表,系统会显示刚刚创建的应用,并显示 AppID、API Key、Secret Key。记录这些数据,待后续调用接口时使用,如图 10-24 所示。

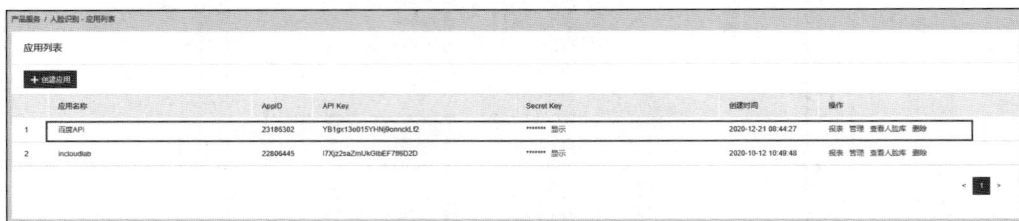

图 10-24　AppID、API Key 和 Secret Key

领取语音调用权限:

单击左侧菜单栏"语音技术"图标的菜单,默认显示语音识别,在语音识别接口列表中找到短语音识别-中文普通话,对应后面有"立即领取"按钮,领取免费调用额度,认证的个人账号总共有 15 万次调用,如图 10-25 所示。

图 10-25　领取语音调用权限 1

单击语音合成-基础音库后面的"立即领取"按钮,领取免费调用额度,认证的个人账号总共有 5 万次调用,如图 10-26 所示。

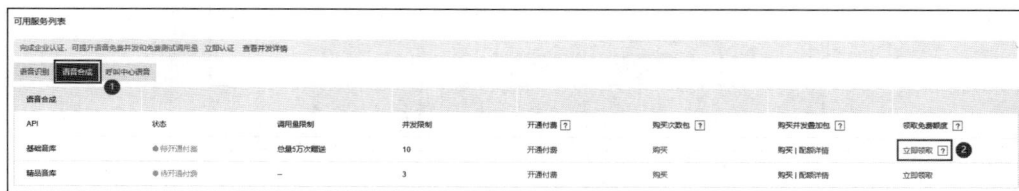

图 10-26　领取语音调用权限 2

创建智能对话 UNIT:

单击左侧菜单栏上的"展开"菜单,然后单击"智能对话定制与服务平台 UNIT",进入配置页,如图 10-27 和图 10-28 所示。

单击"UNIT 配置平台"菜单,进入 UNIT 主页,如图 10-29 所示。

单击 UNIT 主页上的"进入 UNIT"按钮,进入"我的技能"页面,如图 10-30 所示。

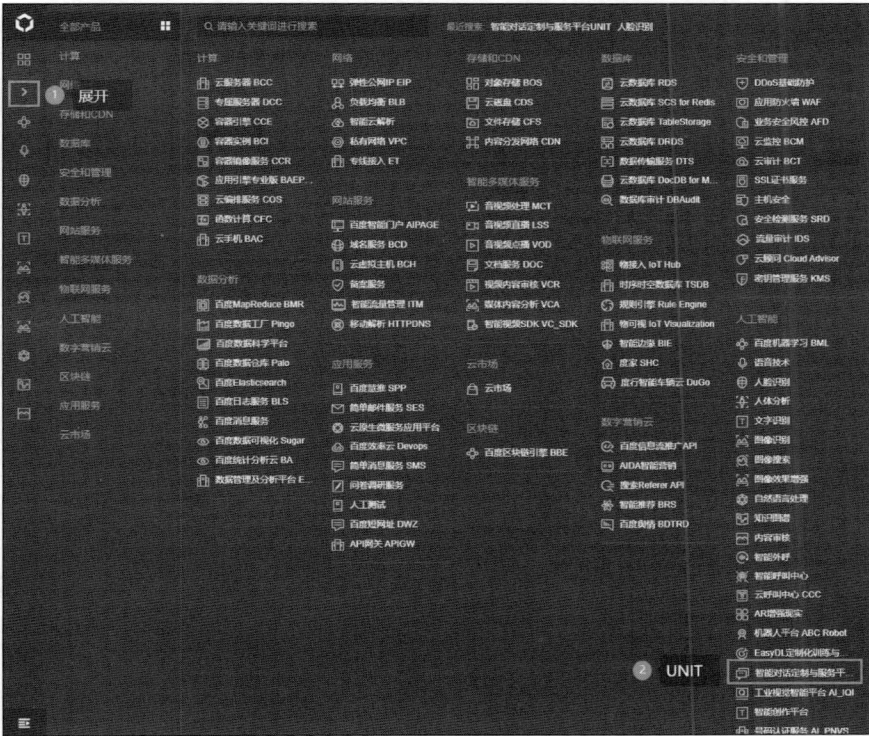

图 10-27　进入 UNIT 配置页 1

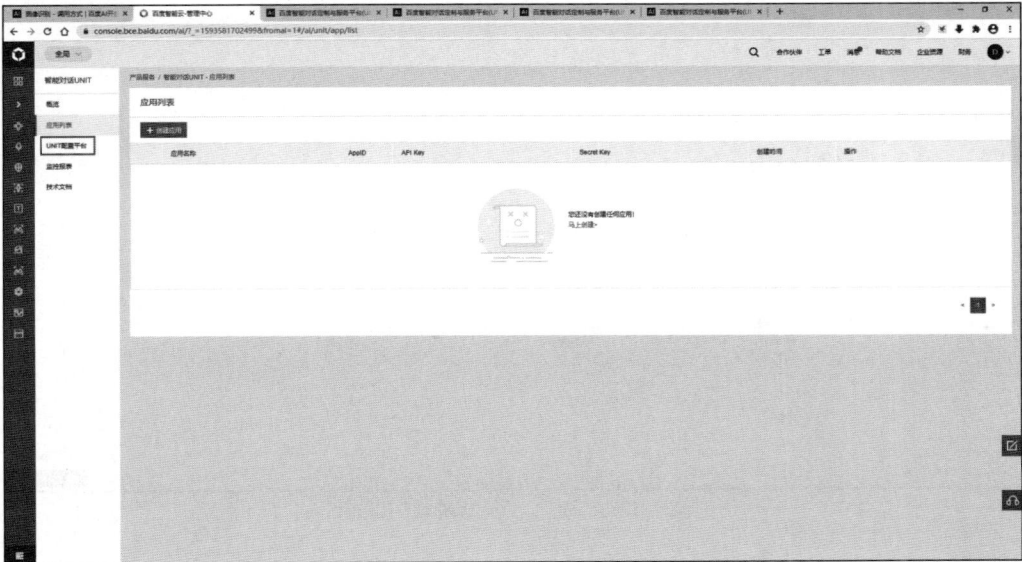

图 10-28　进入 UNIT 配置页 2

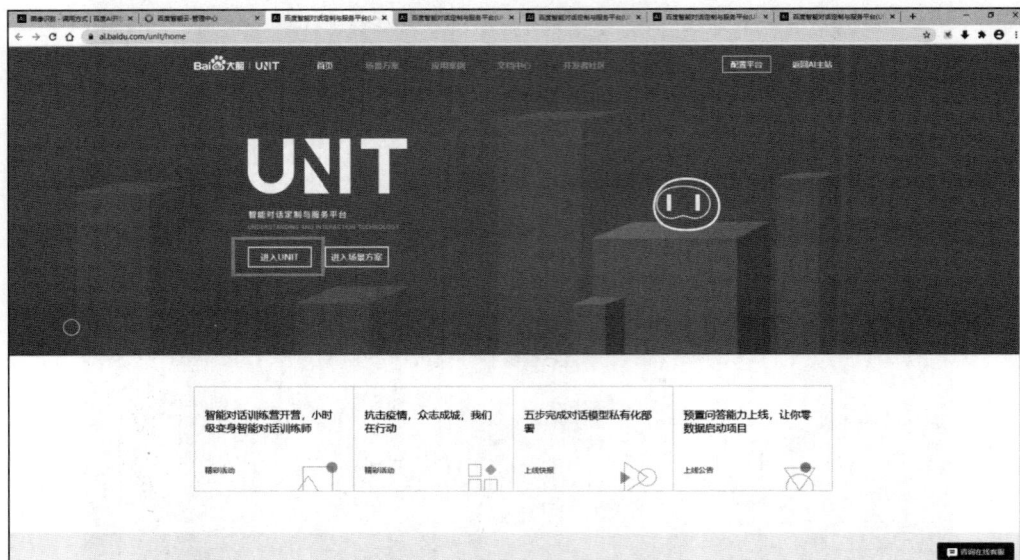

图 10-29　进入 UNIT 主页

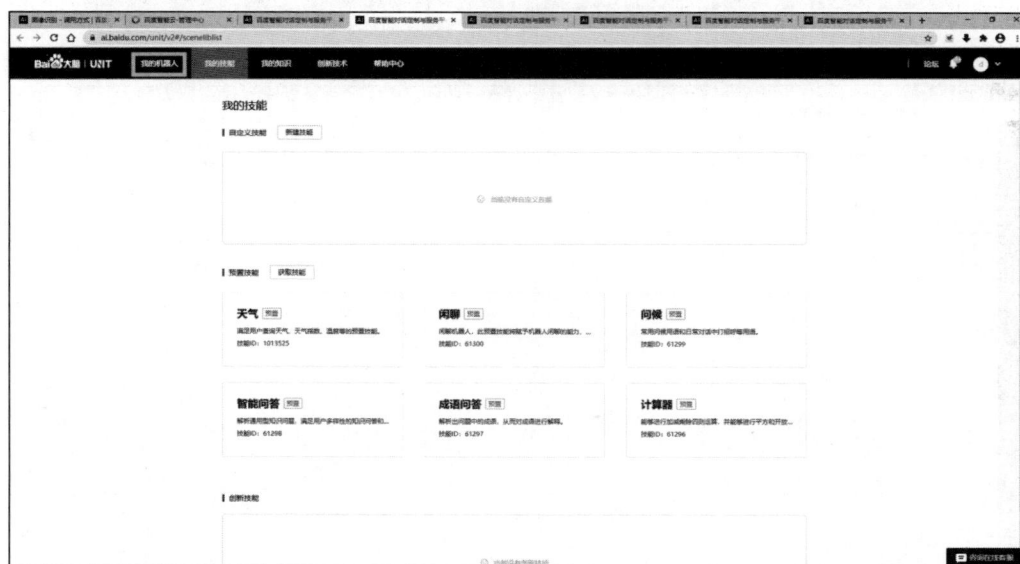

图 10-30　进入"我的技能"页面

单击图 10-30 中的"我的机器人"菜单,进入机器人配置页,如图 10-31 所示。

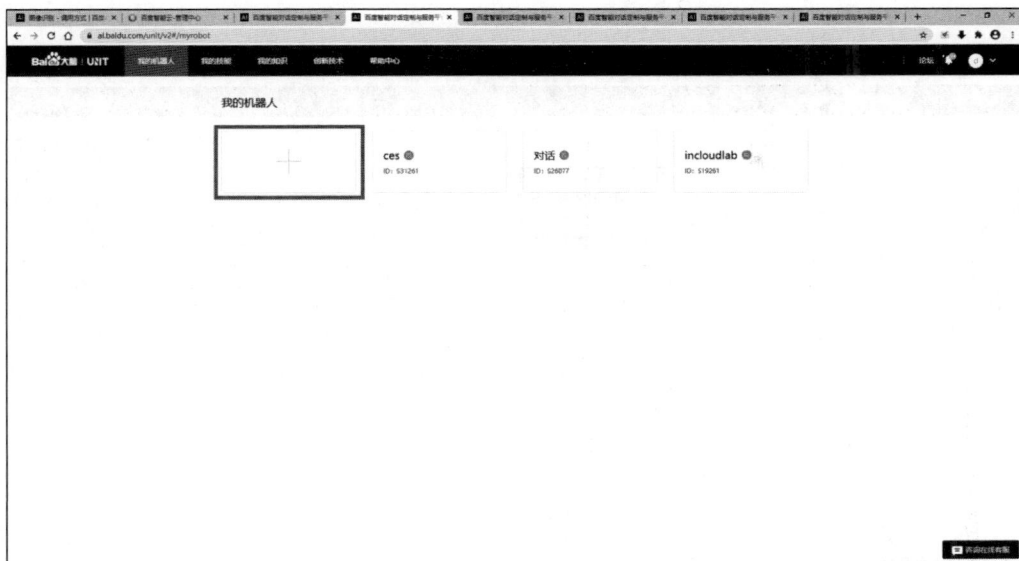

图 10-31　进入机器人配置页

单击图 10-31 中的"＋"号按钮,开始创建对话机器人,如图 10-32 所示。

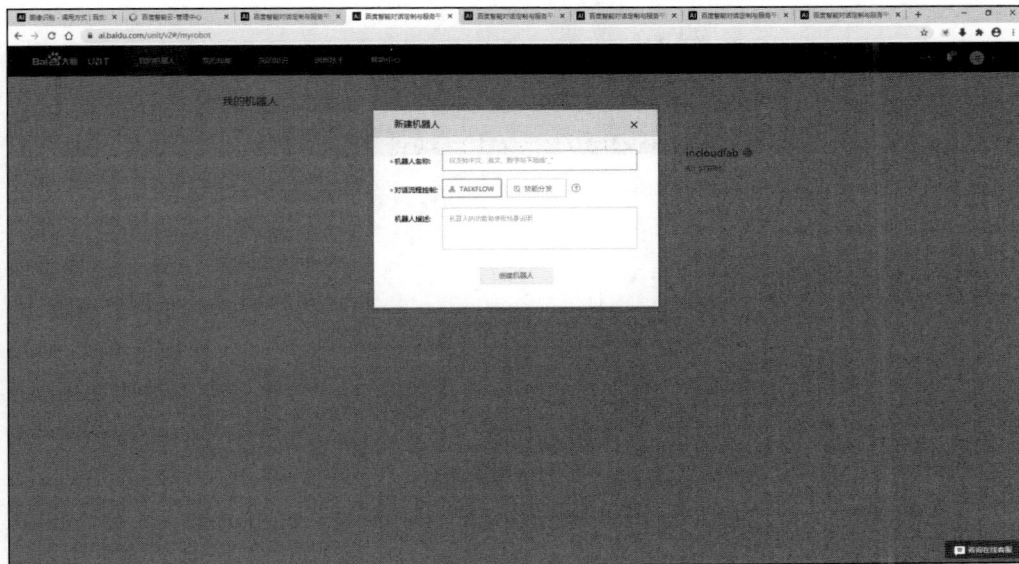

图 10-32　创建对话机器人 1

填写机器人名称(任意填写)后,单击"创建机器人"按钮完成创建,如图 10-33 所示。

单击图 10-33 中刚刚创建好的机器人,进入机器人配置页面,如图 10-34 所示。

单击"添加技能"按钮给机器人添加对话技能,如图 10-35 所示。

单击图 10-35 中的"技能管理页"按钮,进入预置技能管理页,如图 10-36 所示。

单击"获取技能"按钮添加预置技能,在左侧的技能列表中选择需要添加的技能,然后单击"获取该技能"按钮,如图 10-37 所示。

图 10-33　创建对话机器人 2

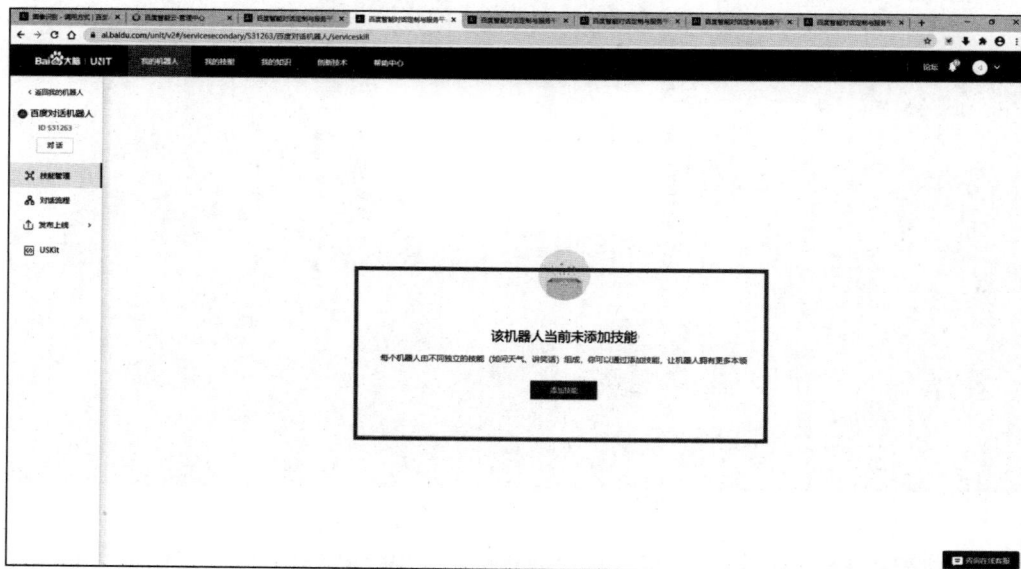

图 10-34　机器人配置页面

注意：一次只能添加一个预置技能。

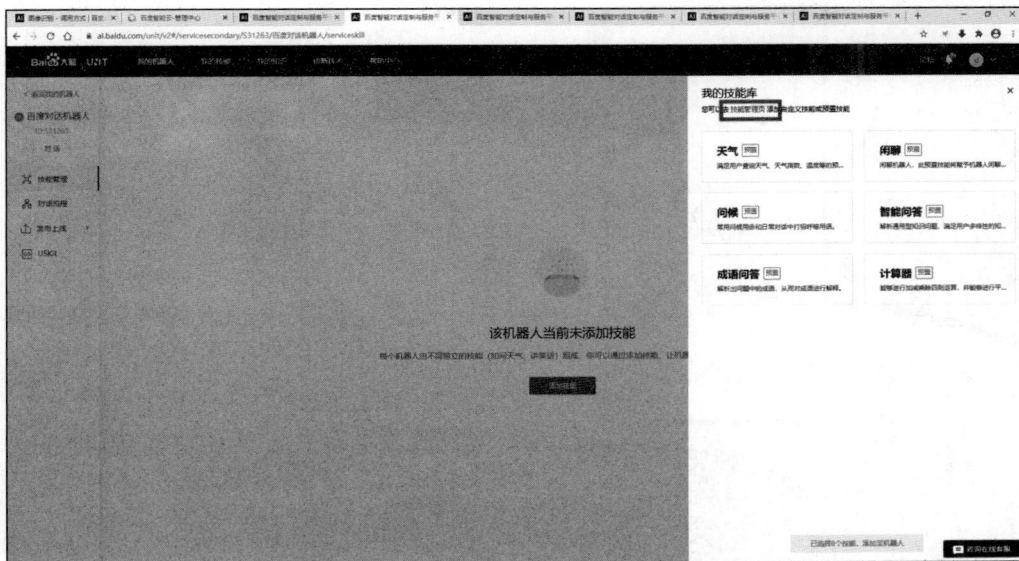

图 10-35　给机器人添加对话技能

图 10-36　预置技能管理页

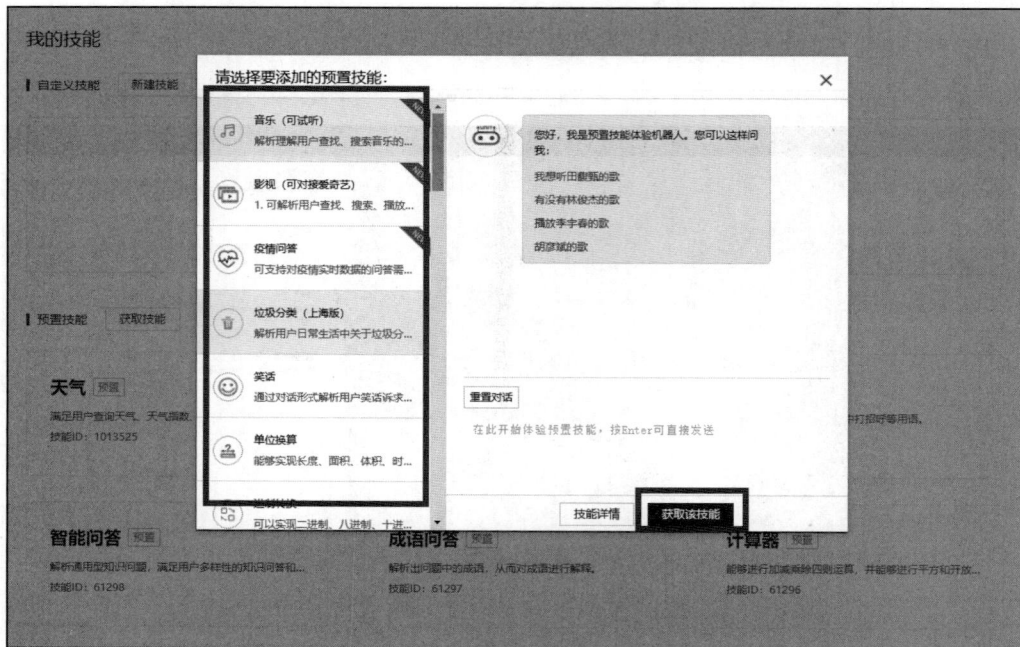

图 10-37　选择需要添加的技能

添加完成后,就能在我的技能页面看到已添加的技能,如图 10-38 所示。

图 10-38　已添加的技能

然后再回到"我的机器人"配置页面,如图 10-39 和图 10-40 所示。

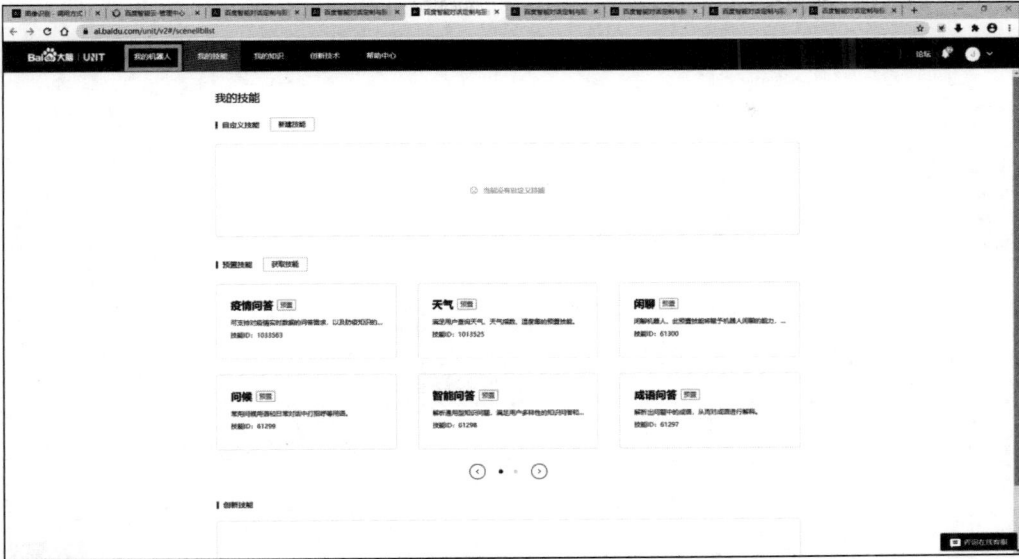

图 10-39 我的机器人配置页 1

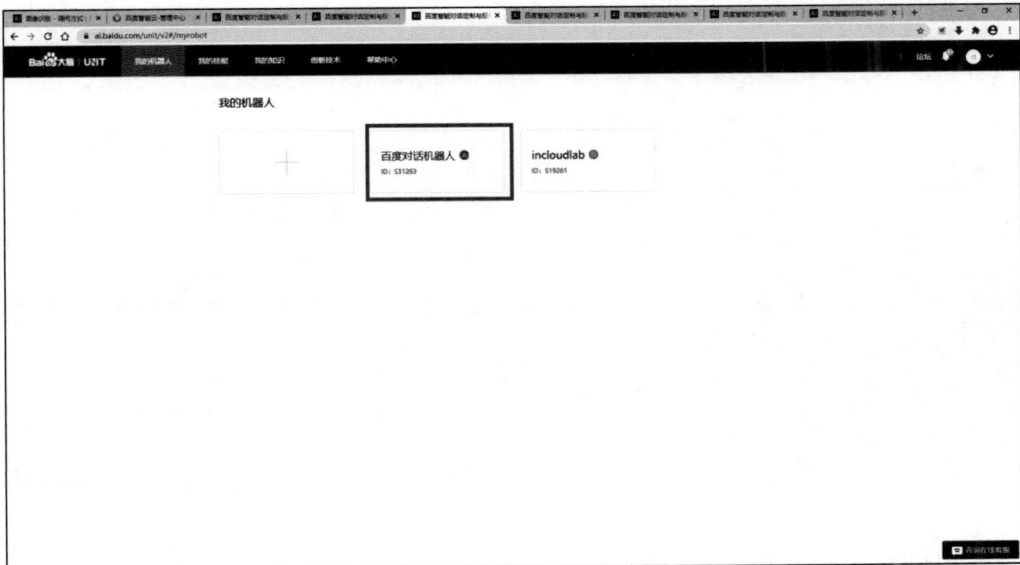

图 10-40 我的机器人配置页 2

添加机器人的预置技能,可以多选,然后单击"已选择,添加至机器人"按钮,如图 10-41~图 10-43 所示。

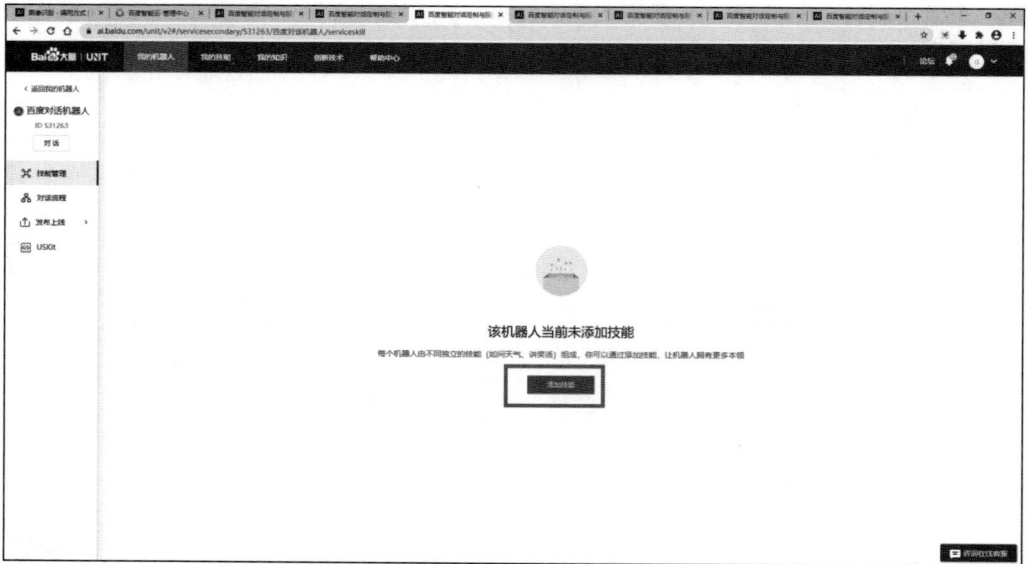

图 10-41　添加预制技能 1

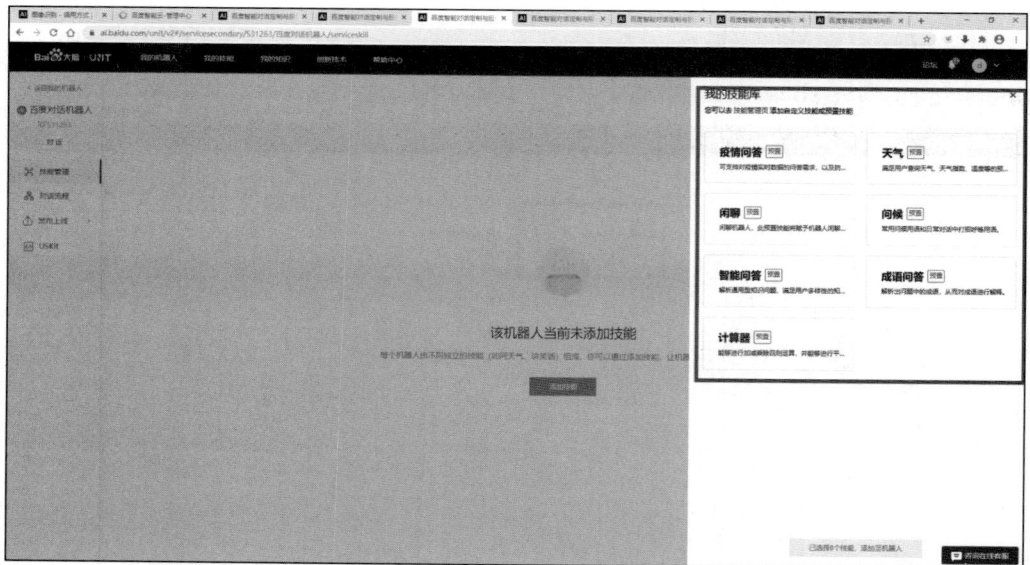

图 10-42　添加预制技能 2

完成后即可看到该机器人具备的所有预置技能,如图 10-44 所示。

机器人 ID 即百度对话服务的编号,如图 10-45 所示。

(2) 创建百度云服务接口。进入百度 AI 开放平台(http://ai.baidu.com),在首页单击开放能力,选择图像技术,然后在车辆分析中选择车型识别,如图 10-46 所示。

(3) 弹出登录界面,如果已经没有百度账号,则选择注册选项,申请百度 AI 云服务账号;如果已经有账号,就直接登录,如图 10-47 所示。

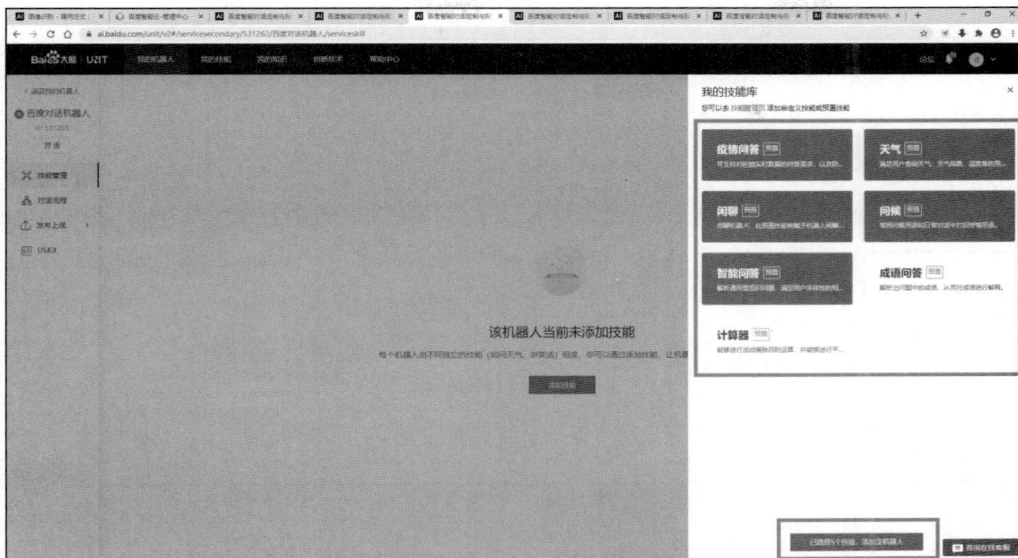

图 10-43　添加预制技能 3

图 10-44　机器人具备的所有预置技能

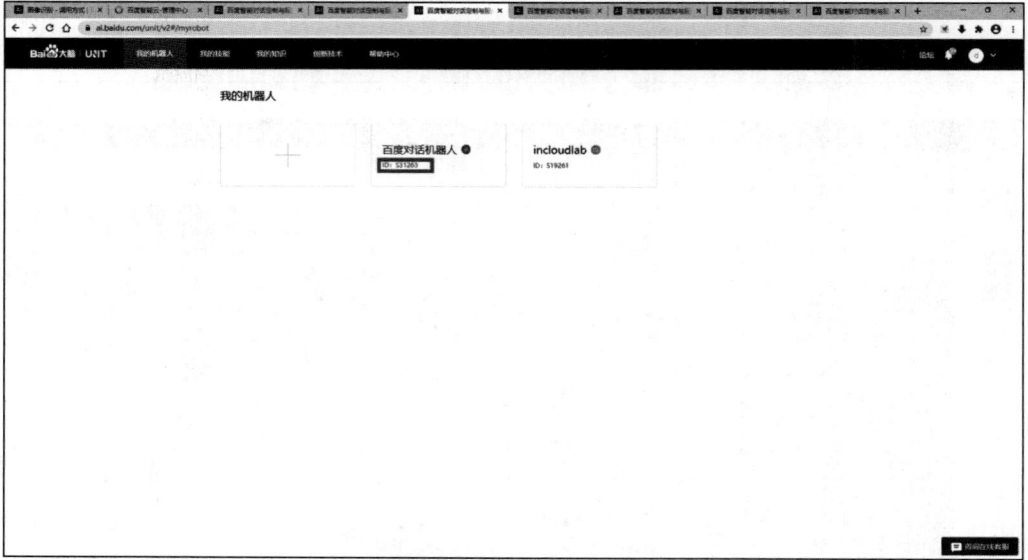

图 10-45　机器人 ID

图 10-46　创建百度云服务接口

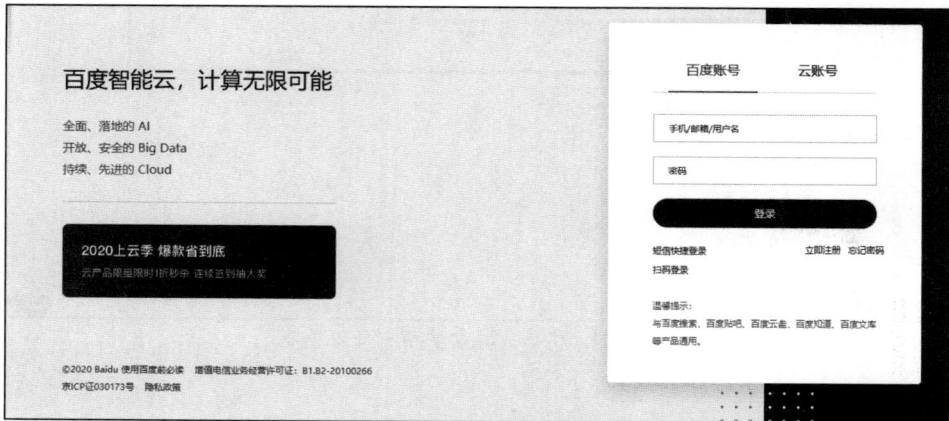

图 10-47　弹出的登录界面

（4）登录后，填写相关信息，如图 10-48 所示。

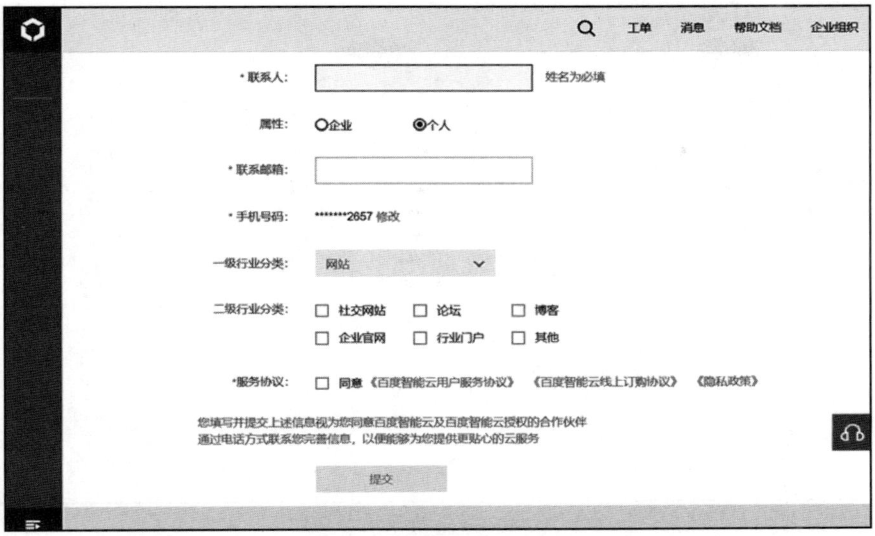

图 10-48　填写相关信息

（5）登录账号后，进入如图 10-49 所示的界面，然后单击"创建应用"，填写相关信息，勾选需要添加的相关功能应用，这里仅需要添加图像识别的接口。为了便于后续其他应用的开发，勾选所有信息功能，如图 10-50 所示。

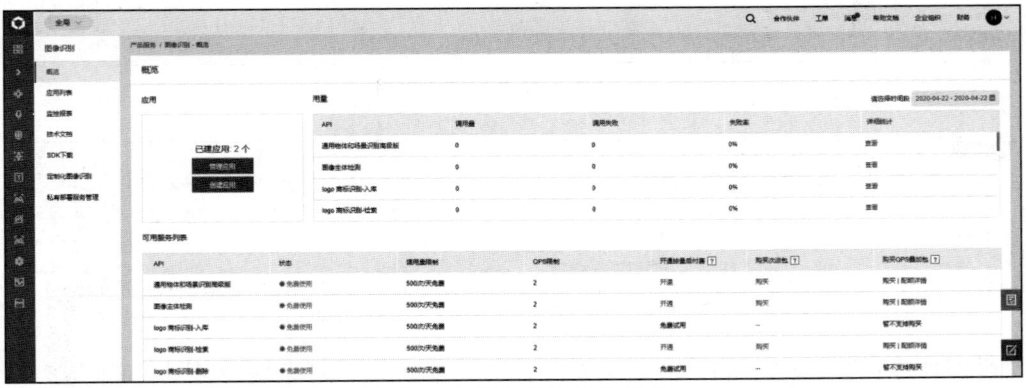

图 10-49　进入登录后的页面

（6）返回应用列表，即可查看创建的应用，如图 10-51 所示。其中 API Key 与 Secret Key 较为重要，代码中需要用到。

创建好百度云接口后，就可以基于该服务实现图像分类了。下面以车辆识别为例，阐述具体实施方法。

使用百度 AI 云服务，首先我们需要获得百度的 AI 账号信息，API Key 和 Secret Key 在自己创建的应用列表中获取，如图 10-52 所示。

百度云服务图像识别的车型识别实现方法主要包括以下几个步骤。

数据采集和预处理：首先收集大量车辆图片数据，并对这些数据进行预处理。预处理包括图像缩放、灰度化、裁剪等操作，以便使得各个样本具有相同的大小和方向。

图 10-50　勾选所有信息功能

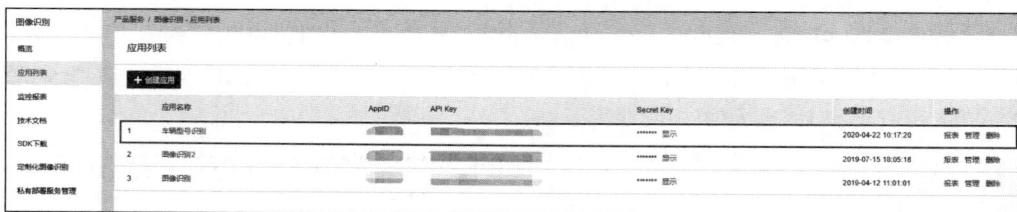

图 10-51　查看创建的应用

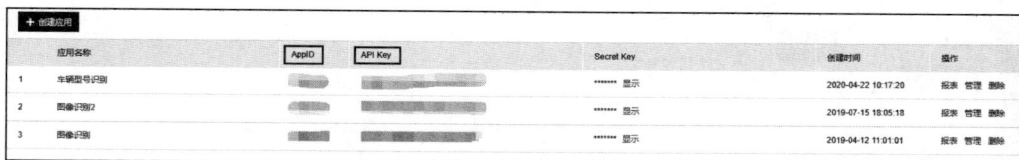

图 10-52　获取 API Key 和 Secret Key

模型训练：预处理完成后，需要将处理过的数据划分为训练集、验证集和测试集。然后，使用深度学习模型进行训练。百度云服务采用了基于 CNN 的图像识别技术，其中最常用的算法是 ResNet50 或者 Inception v3。训练模型时，需要设置超参数，如学习率、批次大小、迭代次数等。

模型调优：经过多轮训练后，需要对模型进行调优，以提高其运行效果和准确率。调优可以采用多种手段，如改变模型结构、调整超参数、增加数据集等。

模型部署：当训练好的模型满足需求后，需要将其部署到实际应用中。百度云服务提供了 API 和 SDK，使得开发者可以方便地将车型识别技术集成到自己的应用程序中。调用 API 时，只将需要进行识别的图片上传到服务器，即可获得相应的识别结果。

示例代码如下(需要替换自己的百度账号信息)。

```
from PIL import Image, ImageDraw, ImageFont
```

```
import numpy as np
import cv2 as cv
import base64
from aip import AipImageClassify

class BaiduVehicleDetect(object):
    def __init__(self, font_path="font/wqy-microhei.ttc"):
        self.font_path = font_path

    def base64_to_image(self, b64):
        ......

    def inference(self, image, param_data):
        return_result = {'code': 200, 'msg': None, 'origir_image': None, 'result_
image': None, 'result_data': None}
        #image:应用传递过来的数据(根据实际应用,可能为图像、音频、视频、文本)
        #param_data:应用传递过来的参数,不能为空
        if param_data != None:
            #读取应用传递过来的图片
            image = np.asarray(bytearray(image), dtype="uint8")
            image = cv.imdecode(image, cv.IMREAD_COLOR)
            #图像数据格式的压缩,方便网络传输
            img = self.imencode(image)

            client = AipImageClassify(param_data['APP_ID'], param_data['API_KEY'],
param_data['SECRET_KEY'])
            #配置可选参数
            options = {}

            #带参数调用车辆检测
            response=client.vehicleDetect(img, options)

            #应用部分
            if "error_msg" in response:
                if response['error_msg']!='SUCCESS':
                    return_result["code"] = 500
                    return_result["msg"] = "车辆识别接口调用失败!"
                    return_result["result_data"] = response
                    return return_result
            if len(response['vehicle_info']) == 0:
                return_result["code"] = 404
                return_result["msg"] = "没有检测到车辆!"
                return_result["result_data"] = response
                return return_result
            if len(response['vehicle_num'])>0:
                #图像输入
                img_rgb = cv.cvtColor(image, cv.COLOR_BGR2RGB)   #图像色彩格式转换
                pilimg = Image.fromarray(img_rgb)            #使用 PIL 读取图像像素数组
                draw = ImageDraw.Draw(pilimg)
                #设置字体
                font_size = 20
```

```python
        font_hei = ImageFont.truetype(self.font_path, font_size,
encoding="utf-8")
                        #取数据
                        for res in response['vehicle_info']:
                            probability=res['probability']
                            #置信值过小,丢弃
                            if probability<0.8:
                                continue
                            loc=res['location']
                            type=res['type']
                            #绘制矩形外框
                            draw.rectangle((int(loc["left"]), int(loc["top"]),(int(loc
["left"]) + int(loc["width"])), (int(loc["top"]) + int(loc["height"]))),
                            outline='green',width=1)
                            draw.text((loc["left"], loc["top"]), '类别:'+type,fill=
'green', font=font_hei)


                        #输出图片
                        result = cv.cvtColor(np.array(pilimg), cv.COLOR_RGB2BGR)
                        return_result["code"] = 200
                        return_result["msg"] = "车辆识别成功!"
                        return_result["origin_image"] = self.image_to_base64(image)
                        return_result["result_image"] = self.image_to_base64(result)
                        return_result["result_data"] = response
                    else:
                        return_result["code"] = 500
                        return_result["msg"] = "百度接口调用失败!"
                        return_result["result_data"] = response


        return return_result


#单元测试。注意,在处理类中如果有文件引用,单元测试要修改文件路径
if __name__=='__main__':
    #创建图像处理对象
    img_object = BaiduVehicleDetect()
    img = cv.imread("./test.jpg")
    img = img_object.imencode(img)

    #设置参数
    param_data = {"APP_ID":"12345678", "API_KEY":"12345678", "SECRET_KEY":
"12345678"}
    param_data = {"APP_ID":"26256153", "API_KEY":"PVohxGNNUVHZl845VnKZIuGQ",
"SECRET_KEY":"zpVikkISTzRrY8U79QLF1TSt55w2G6Xk"}

    img_object.font_path = "../../font/wqy-microhei.ttc"

    #调用接口处理图片并返回结果
    result = img_object.inference(img, param_data)
    if result["code"] == 200:
        frame = img_object.base64_to_image(result["result_image"])
        print(result["result_data"])
```

```
#图像显示
cv.imshow('frame',frame)
cv.imwrite('./result.jpg', frame)
while True:
    key=cv.waitKey(1)
    if key==ord('q'):
        break
cv.destroyAllWindows()
    else:
        print("识别失败!")
```

创建 Python 文件 BaiduVehicleDetect.py，根据自己在百度注册的信息修改代码中的百度 Key，使用 SSH 方式登录边缘计算网关的 Linux 终端，执行命令运行程序，程序将调用百度 API 获取车型信息并显示，如图 10-53 所示。

\$python3 BaiduVehicleDetect.py
提示–按键前需要选中当前画面显示的窗口

按键 Q：退出程序

【卡车】

【小汽车】

图 10-53　车型识别效果图

10.6　本章小结

本章主要介绍了基于百度公司 AI 开放平台的机器视觉云服务技术，包括数字识别技术、图像分类技术和人物特征识别技术。通过学习本章内容，我们可以了解到这些技术在实际应用中的作用和意义，并且了解到如何使用百度云服务实现这些功能。在本章中，我们还学习了一个案例，即基于百度云服务的车型识别。通过这个案例，我们可以进一步了解如何使用百度云服务中的机器视觉云服务技术实现一个实际的应用。

习题 10

1. 机器视觉云服务有哪些优势和应用场景？
2. 百度数字识别的原理是什么？
3. 百度人脸识别和人体分析的原理是什么？
4. 基于百度云服务的车型识别如何实现？

A.1　系统网络配置

边缘计算网关支持有线和无线两种方式的网络连接。

1. 有线网络配置

有线网络的 LAN 口位于边缘计算网关的侧面,如图 A-1 所示。

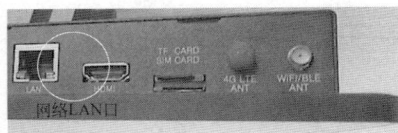

图 A-1　网络 LAN 接口

插入网线后,边缘计算网关的系统右上角会出现网络连接成功的图标,如图 A-2 所示。

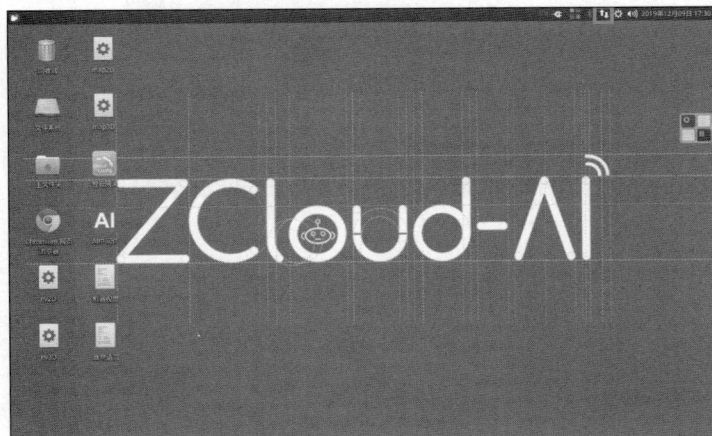

图 A-2　网络连接成功的图

单击图 A-2 所示框选区域,打开网络配置选项,如图 A-3 所示。

图 A-3　打开网络配置

选择"连接信息",弹出网络连接信息的详细页面,如图 A-4 所示。

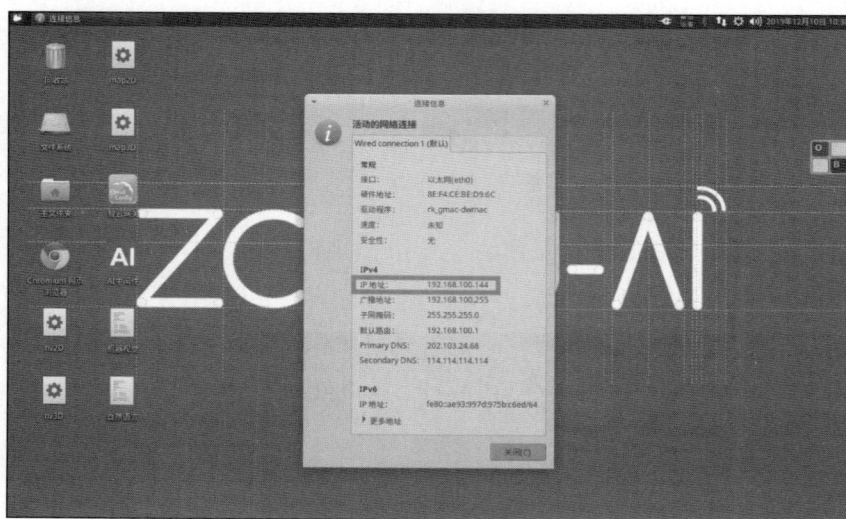

图 A-4　网络连接信息

可以看到有线网络的 IPv4 信息,边缘计算网关的 IP 为 192.168.100.144。

2. 无线网络配置

边缘计算网关配有无线模块,可以连接 WiFi 信号进行网络连接,无线模块接口位于网关侧面,如图 A-5 所示。

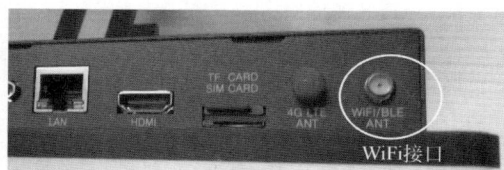

图 A-5　WiFi 接口

为了保证 WiFi 信号传输的稳定性及速度，需要在图 A-5 所示的 WiFi 接口处安装天线（黑色圆柱形），如图 A-6 所示。

图 A-6　连接天线

接上天线后，在 Ubuntu 操作系统界面右上角找到网络配置的图标，网关没有配置网络时状态如图 A-7 所示。

图 A-7　检查配置网络

单击图 A-7 所示圆形框中的网络图标，即可打开 WiFi 列表，如图 A-8 所示。

图 A-8　打开 WiFi 列表

机器视觉应用开发与项目案例教程

选择需要连接的 WiFi 网络，弹出 WiFi 认证窗口，如图 A-9 所示。

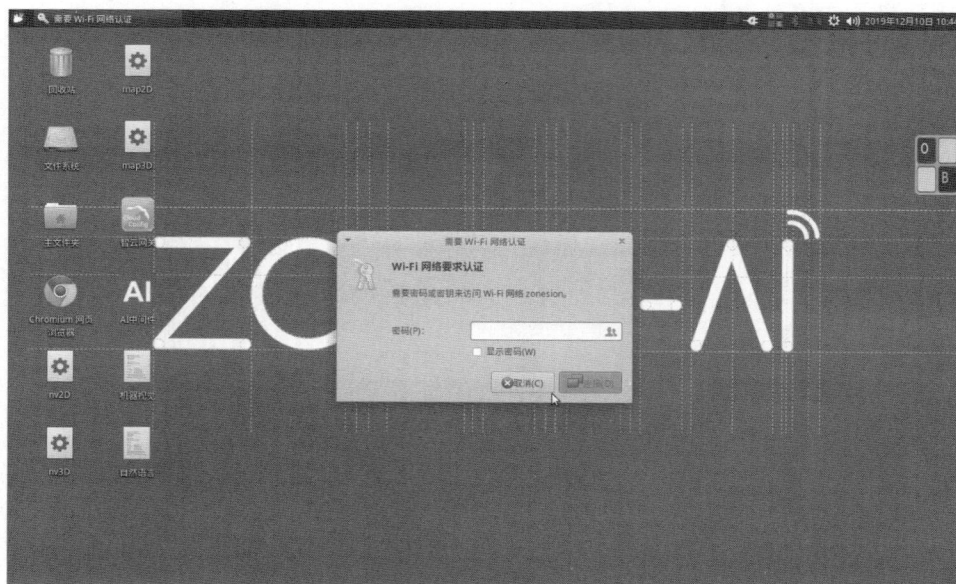

图 A-9　WiFi 认证窗口

填写正确的 WiFi 认证密码，单击"连接"按钮，等待网关连接 WiFi，如图 A-10 所示。

注意：如果输入法软键盘未弹出，可以单击桌面悬浮的图标进行软键盘开关切换。

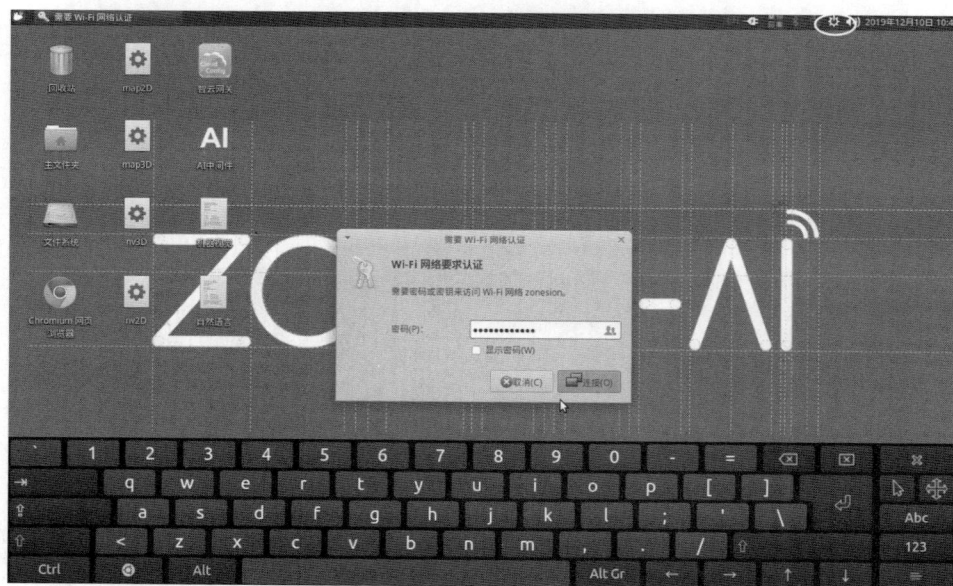

图 A-10　填写正确的 WiFi 认证密码

连接成功状态如图 A-11 所示。

单击圆形选框中的图标，弹出如图 A-12 所示的菜单。

选择"连接信息"，即可打开连接信息详情，查看 IP 地址，如图 A-13 所示。

424

图 A-11 显示连接成功

图 A-12 弹窗菜单

A.2 系统音频配置

（1）边缘计算网关正确安装 AI 摄像头和麦克阵列模块，开机进入 Ubuntu 系统。

（2）单击系统右上角的音量图标，在弹出的菜单中选择"声音设置"，如图 A-14 所示。

（3）在"声音设置"界面选择"输出设备"选项卡，单击选中"realtek，rt5651-codec 模拟立体声"后面的勾选框，此时将设置边缘计算网关的喇叭作为音频输出设备，关闭窗口即设置成功，如图 A-15 所示。

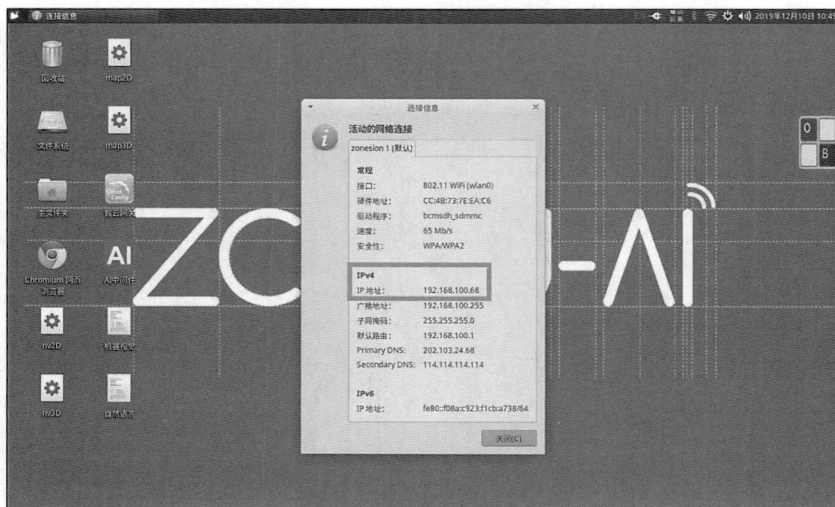

图 A-13　连接信息详情

图 A-14　选择"声音设置"

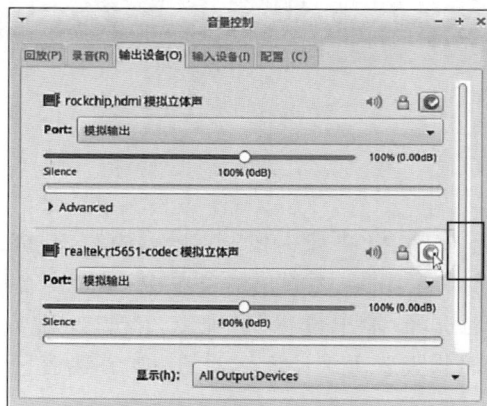

图 A-15　选择"输出设备"

（4）在"声音设置"界面选择"输入设备"选项卡，可以选择"麦克阵列模块"或者"USB摄像头麦克"作为音频输入设备。

方式一：单击选中"ZONESION(R) Audio 模拟立体声"后面的勾选框，此时将设置边缘计算网关的麦克阵列模块作为音频输入，关闭窗口即设置成功，如图 A-16 所示。

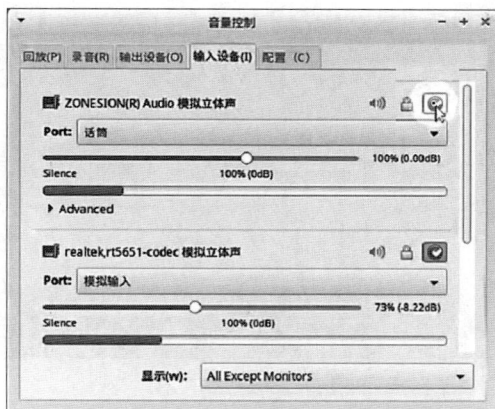

图 A-16　选择"ZONESION(R) Audio 模拟立体声"

方式二：单击选中"USB Camera 模拟立体声"后面的勾选框，此时将设置边缘计算网关的 USB 摄像头作为音频输入，关闭窗口即设置成功，如图 A-17 所示。

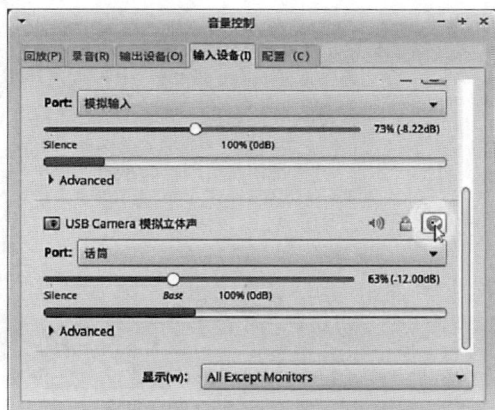

图 A-17　选择"USB Camera 模拟立体声"

A.3　智云网关配置

（1）系统开机后，智云网关程序会自动启动，单击远程服务/本地服务的启动按钮，打开服务，成功后会显示已连接，如图 A-18 所示。

（2）若需要修改边缘计算网关内置的 ZigBee 协调器节点的网络参数，则选择 ZigBee 标签页，对 PANID/CHANNEL 进行修改，修改完成后重新勾选启动选项，如图 A-19 所示。

注意：第一次使用建议修改节点的网络参数，避免不同组设备因为出厂网络信息一致而导致数据紊乱。

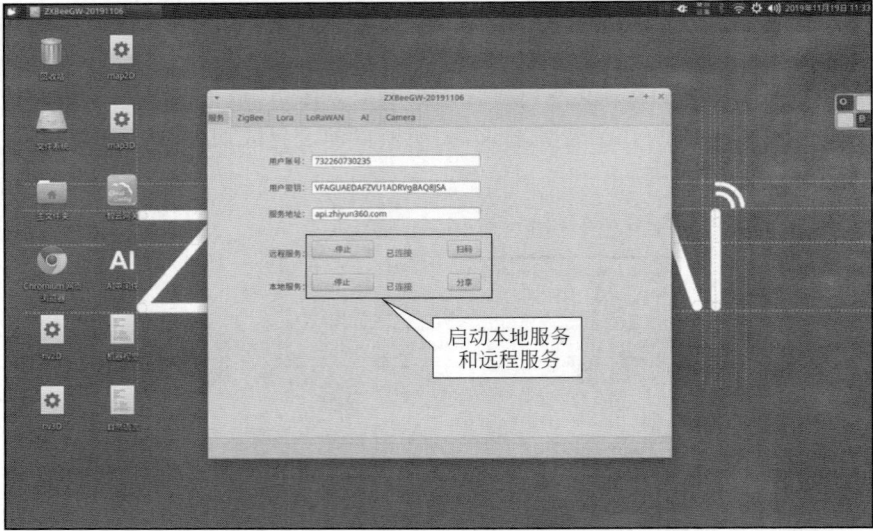

图 A-18　选择服务

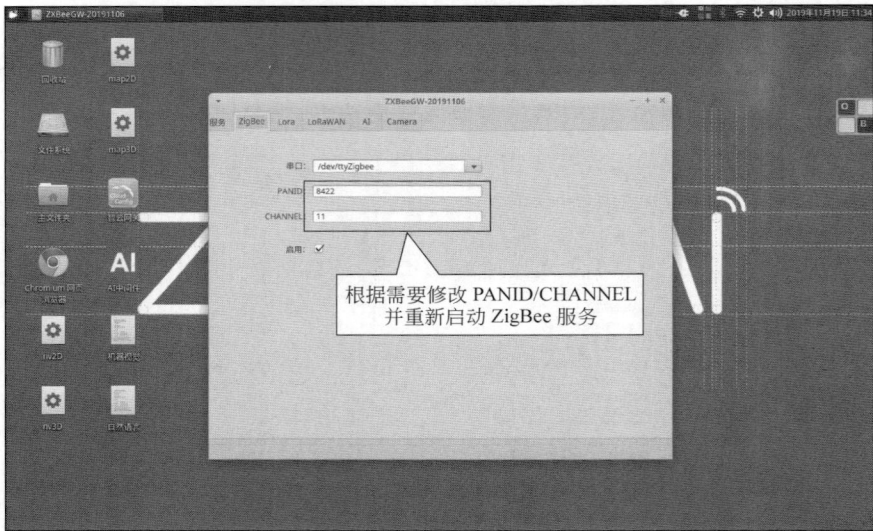

图 A-19　修改 PANID/CHANNEL

A.4　无线节点配置

边缘计算网关默认标配 3 个 ZigBee 节点和 6 个传感器(A/B/C/D/EL/EH)。

注意：第一次使用建议修改节点的网络参数，避免不同组设备因为出厂网络信息一致而导致数据紊乱。

• 节点镜像固化

根据 ZigBee 节点所搭配的传感器不同，烧写最新的镜像。

• 修改网络参数

(1) 通过 MiniUSB 线，将智能产业套件节点的 USB 串口连接到计算机，并打开套件的电源(上电),如图 A-20 所示。

电源 　　　　USB串口

图 A-20　电源和 USB 串口

注意：第一次会提示安装 USB 串口驱动(DISK-Packages\53-常用驱动程序\USB 串口驱动\CP210x_Drivers-win7.zip)。

(2) 右击桌面上的"计算机",选择"管理"→"设备管理器"→"端口",展开后可以看到串口,如图 A-21 所示,当前串口为 COM5。

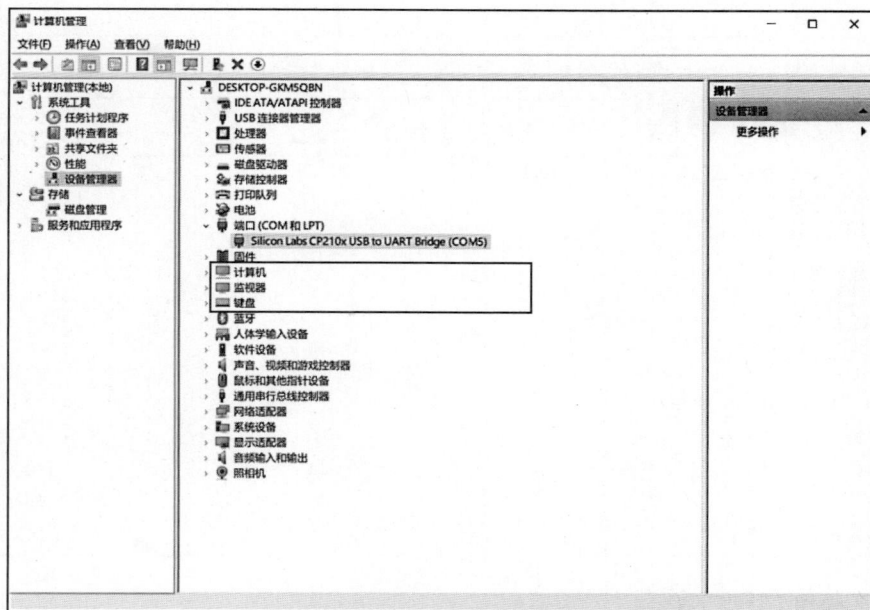

图 A-21　查看串口

(3) 运行 xLabTools 软件,选择菜单栏中的 ZigBee 选项,软件会自动识别当前计算机上连接的串口(如 COM5),如图 A-22 所示。

当 xLabTools 软件自动识别的串口和在上一步的计算机"设备管理器"中查看的串口不一致时,需要在 xLabTools 串口号右边的下拉菜单栏中手动调整。

(4) 单击"打开串口"按钮,xLabTools 软件与 ZigBee 节点通过串口建立连接,并读取数据,如图 A-23 所示。

图 A-23 中,显示当前节点的 ZigBee 网络的 PANID 为 8422,CHANNEL 为 11,如果没有显示,则单击"读取"按钮,读取当前节点的网络参数。

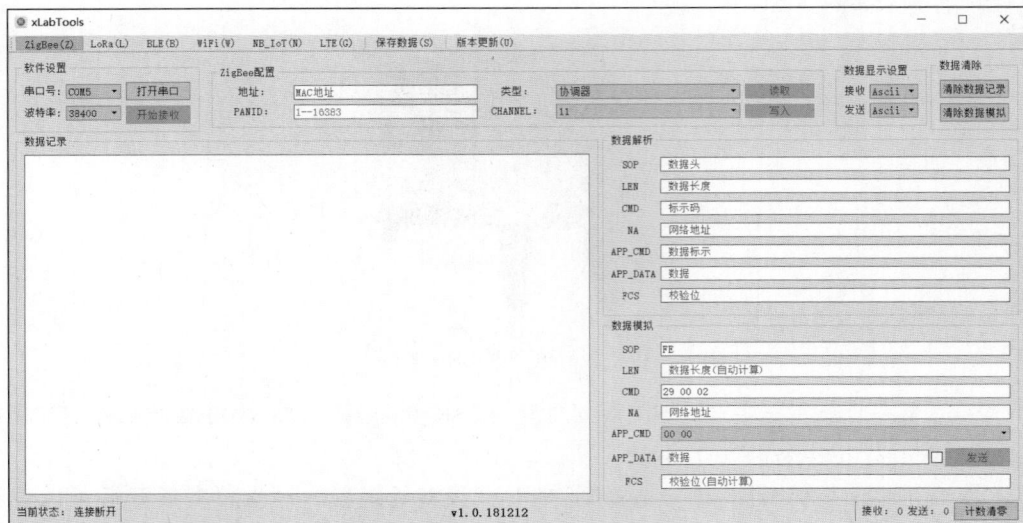

图 A-22　运行 xLabTools 软件

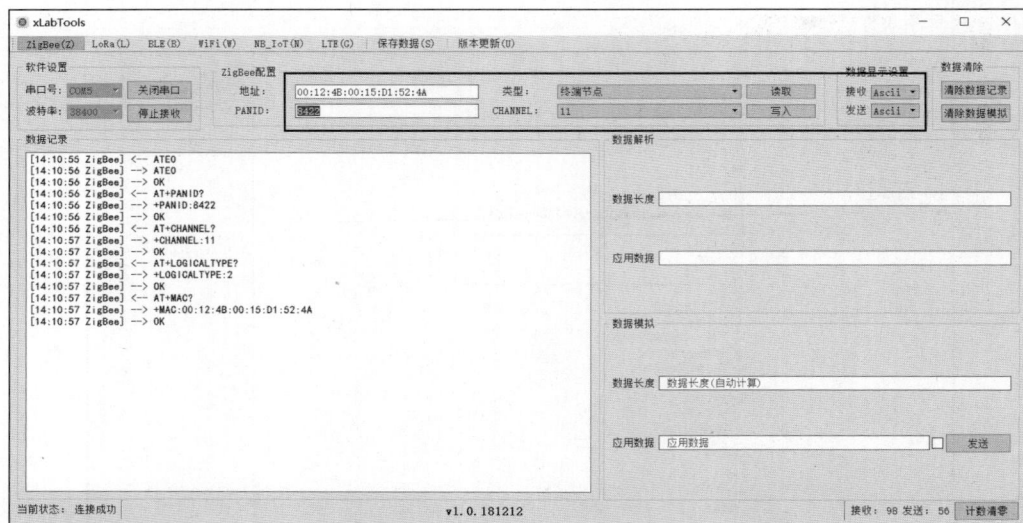

图 A-23　打开串口

（5）设置 ZigBee 节点的 PANID/CHANNEL 等参数：在图 A-24 的 PANID/CHANNEL 后的文本框中输入需要修改的 PANID 和 CHANNEL，单击"写入"按钮（同一网络的协调器节点和普通节点 PANID 和 CHANNEL 要保持一致）。

图 A-25 是边缘计算网关的 ZigBee 服务参数设置界面。

注意：同时启动多个边缘计算网关时，每个边缘计算网关可以设置不同的 PANID（低于 37777 即可），只要保证边缘计算网关的协调器节点和智能产业套件节点的 PANID 和 CHANNEL 参数保持一致即可组网。

边缘计算网关的协调器节点和智能产业套件的 ZigBee 节点的 PANID 都是 8422，而且 CHANNEL 都是 11。

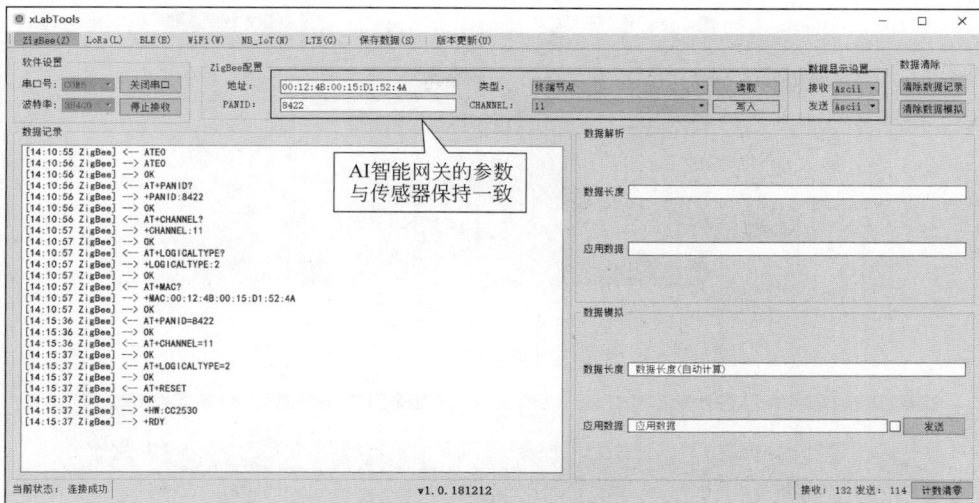

图 A-24　参数保持一致

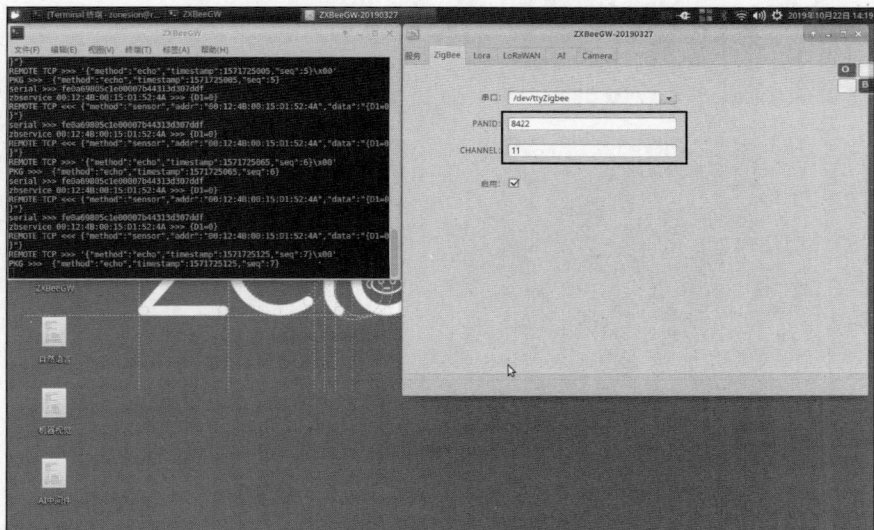

图 A-25　ZigBee 服务参数设置界面

• 智能产业套件组网

打开智能产业套件各节点的电源开关，并确认智能产业套件的各节点已经连接成功，确认方法是：检查各节点的电源开关灯（红灯常亮）、节点数据灯（有数据收发，蓝灯闪亮）和节点网络灯（组网成功，红灯常亮）。

如果这些灯没点亮或不断闪烁，则该节点连接存在问题，需要联系客服解决。

智能产业套件各节点正常连接状态如图 A-26 所示。

A.5　启动应用案例

（1）默认 AI 中间件随系统已经自动启动，此时只需要分别双击桌面上的"机器视觉"图标和"自然语言"图标，启动视觉、语音的应用，如图 A-27 所示。

节点网络灯

节点数据灯

节点的电
源开关灯

图 A-26　智能产业套件各节点正常连接状态

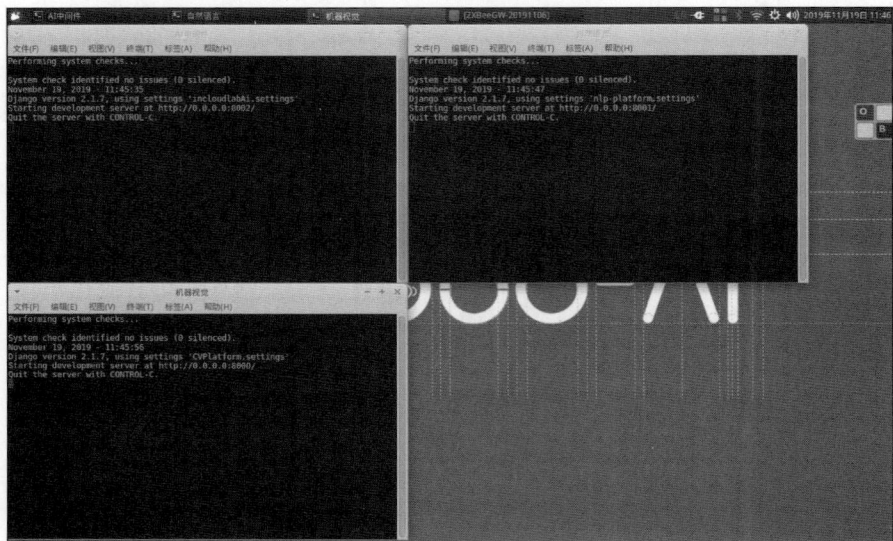

图 A-27　启动视觉、语音的应用

（2）打开 Chrome 浏览器，单击浏览器书签栏的"人工智能综合应用"，进入中智讯人工
智能综合应用系统，即可进行相关应用的演示，如图 A-28 所示。

单击"人工智能综合应用"

图 A-28　打开 Chrome 浏览器

（3）人工智能综合应用系统包括"机器视觉""自然语言""网络摄像""测试工具""AI中间件""远程协助"等模块，如图 A-29 所示。

图 A-29　人工智能综合应用系统

智能网关提供了远程协助服务,供本公司客服人员或其他技术人员远程登录智能网关,检查各应用模块运行状况,监测智能＋产业套件各节点网络连接情况,从而大大减轻传统实验设备的调试和技术支持难度。智能网关的远程协助功能具体操作如下。

B.1　通过 SSH 连接

用户可以使用 SSH 工具 MobaXterm,通过"远程 SSH"参数连接到实验平台(说明:需确保智能网关通过 WiFi 或有线连接到互联网),操作如下。

(1)打开 MobaXterm,如图 B-1 所示。

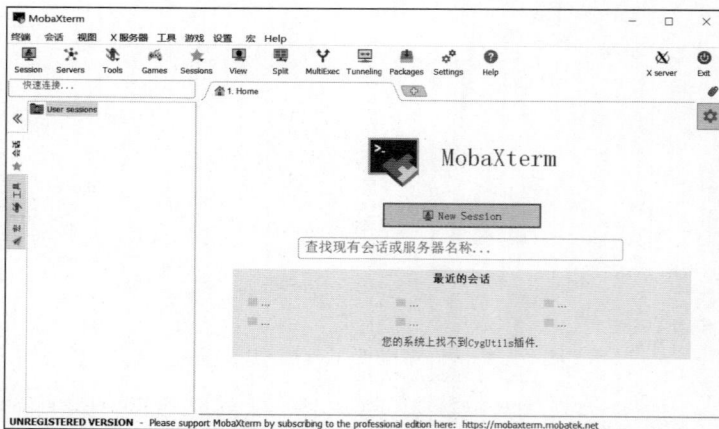

图 B-1　MobaXterm 页面

(2)单击图 B-1 中的 New Session 按钮,启动一个新会话,如图 B-2 所示。

在图 B-2 中录入远程协助 URL:ngrok.zhiyun360.com,并录入相应的账号 zonesion 和端口。

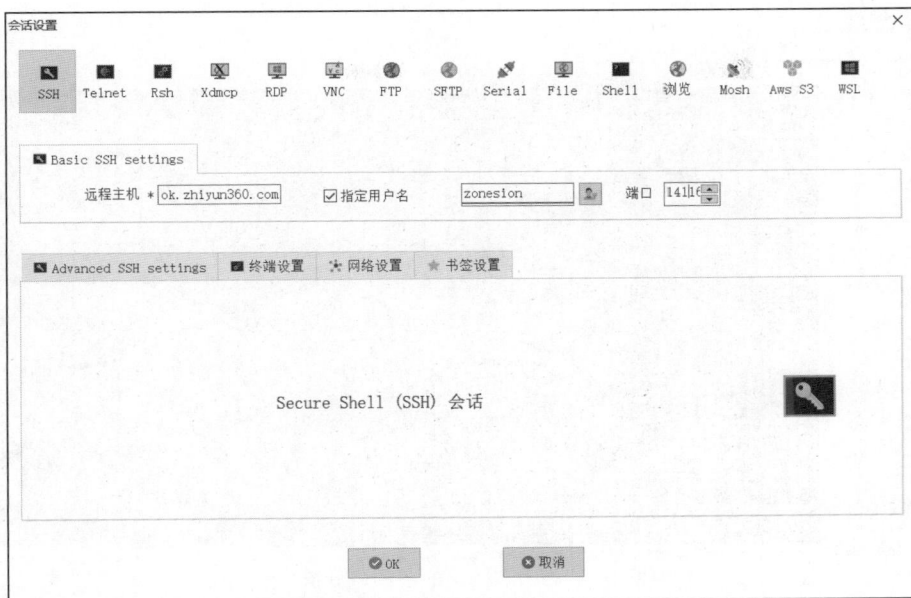

图 B-2 启动一个新会话

注意：远程协助的默认账号是 zonesion，密码是 123456。远程协助的端口（图 B-2 中
是 14116）一旦断网，重连后会更新，如 SSH 连接不上，可以刷新智能网关的远程协助页面，
使用更新后的端口号，再用 MobaXterm 重新连接。

连接后的界面如图 B-3 所示。

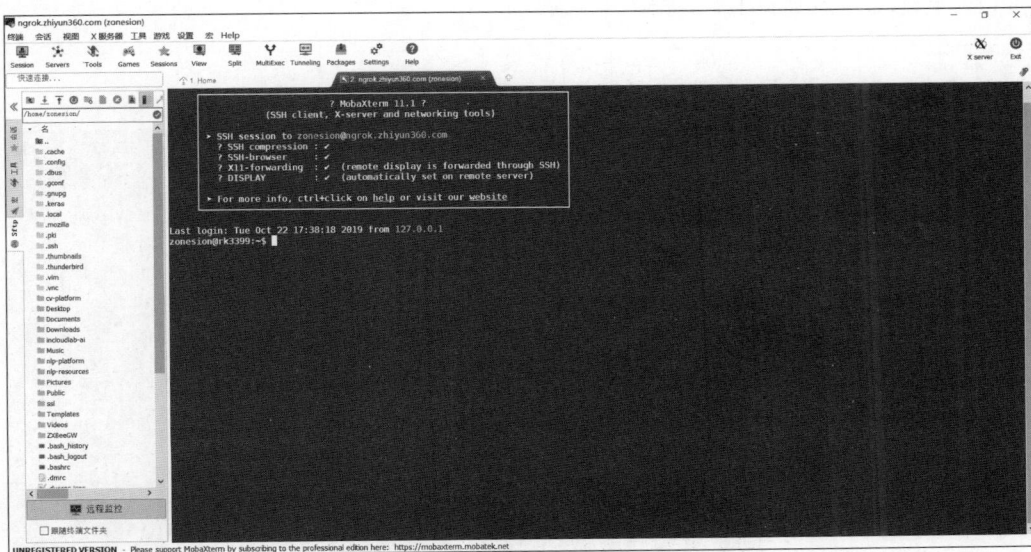

图 B-3 连接后的界面

可以使用 Linux 的各种命令操作，如图 B-4 所示。

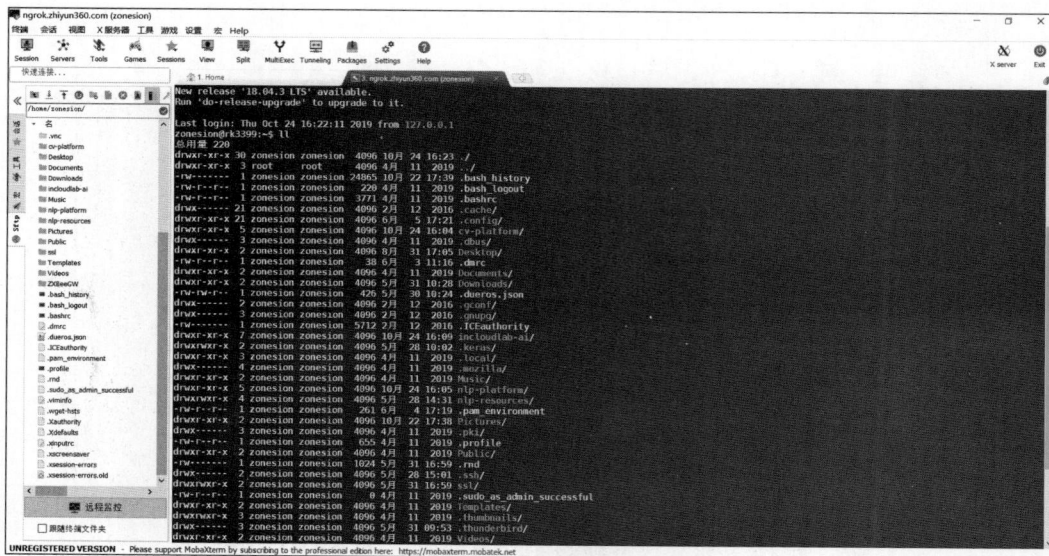

图 B-4　使用 Linux 的各种命令操作

B.2　上传、下载文件到实验平台

用户使用 MobaXterm 远程协助工具通过 SSH 方式登录到智能网关后，可以将本地数据文件或模型文件等上传到智能网关，也可以从智能网关下载相关文件，具体操作如下。

（1）上传文件到实验平台，如图 B-5 所示。

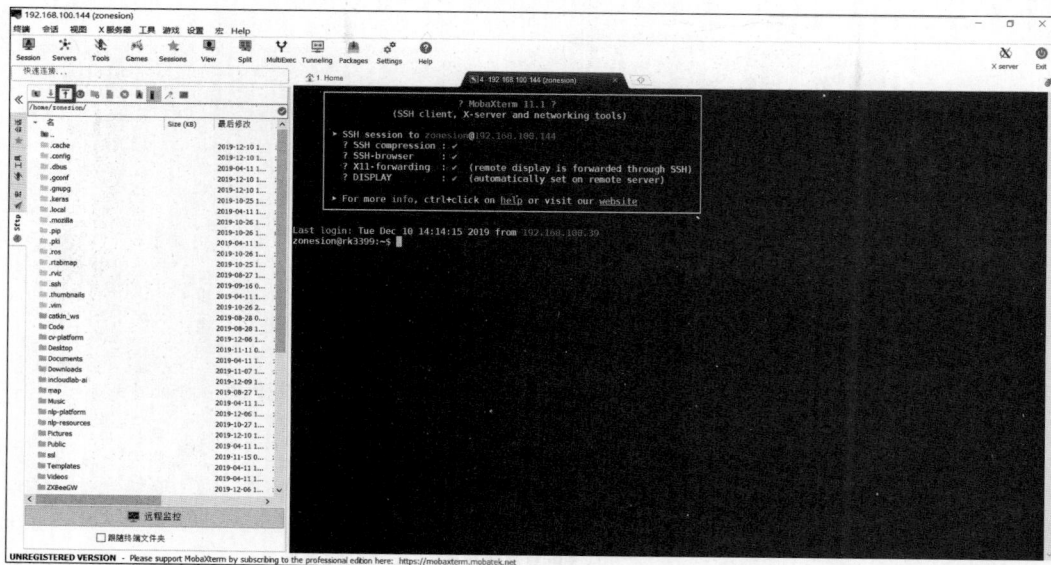

图 B-5　上传文件

单击图 B-5 中红色框选的蓝色上箭头按钮，即可弹出选择文件上传的窗口，如图 B-6 所示。

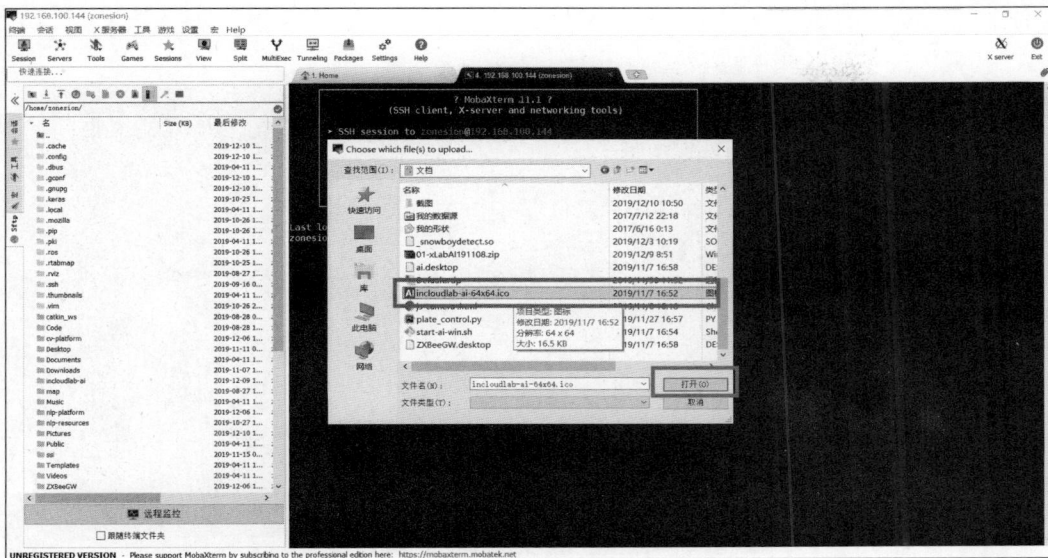

图 B-6　选择文件上传

选择需要上传的文件后，单击"打开"按钮，文件会上传到智能网关的目录中，如图 B-7
所示。

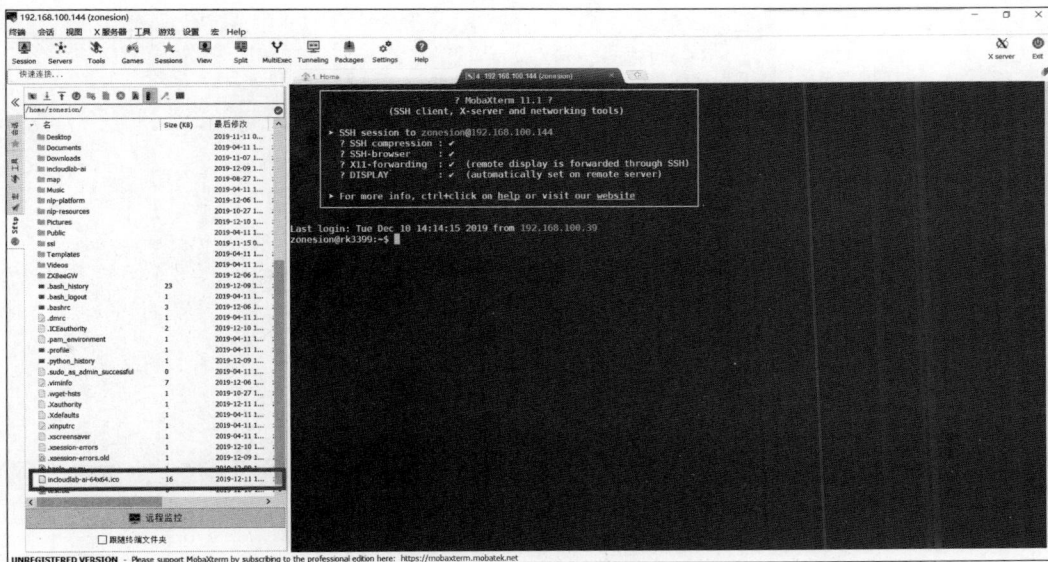

图 B-7　文件上传到智能网关的目录

（2）下载智能网关中的文件到自己的计算机中，如图 B-8 所示。

在左侧的目录中选择需要下载的文件，然后单击左侧上方的蓝色下载箭头图标，即可
弹出选择路径的对话窗口，如图 B-9 所示。

选择好路径后，单击 OK 按钮，即可开始下载。下载完成后文件即存在自己的计算机
中，如图 B-10 所示。

（3）创建文件夹，如图 B-11 所示。

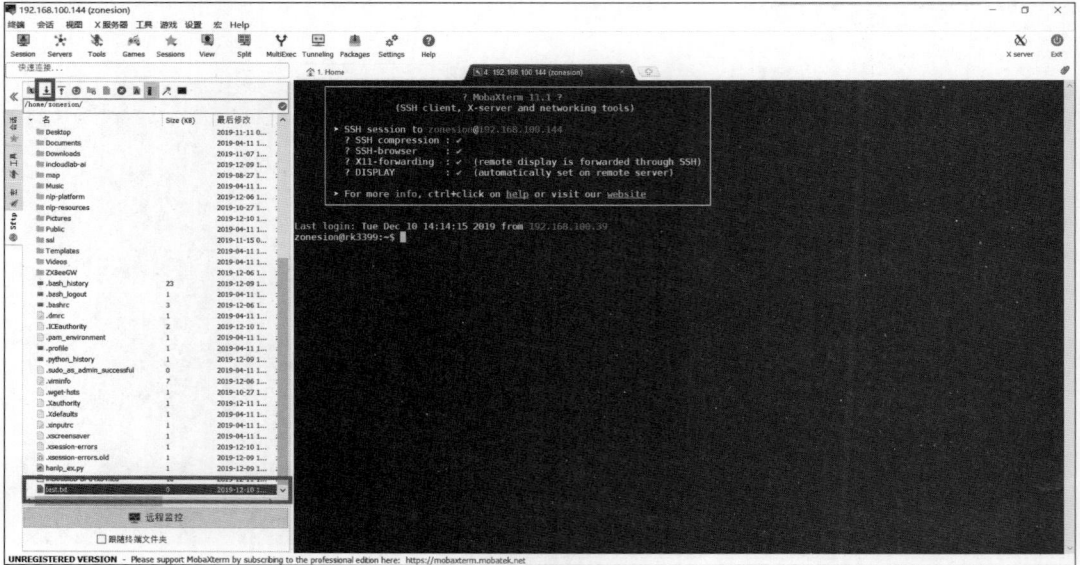

图 B-8　文件下载

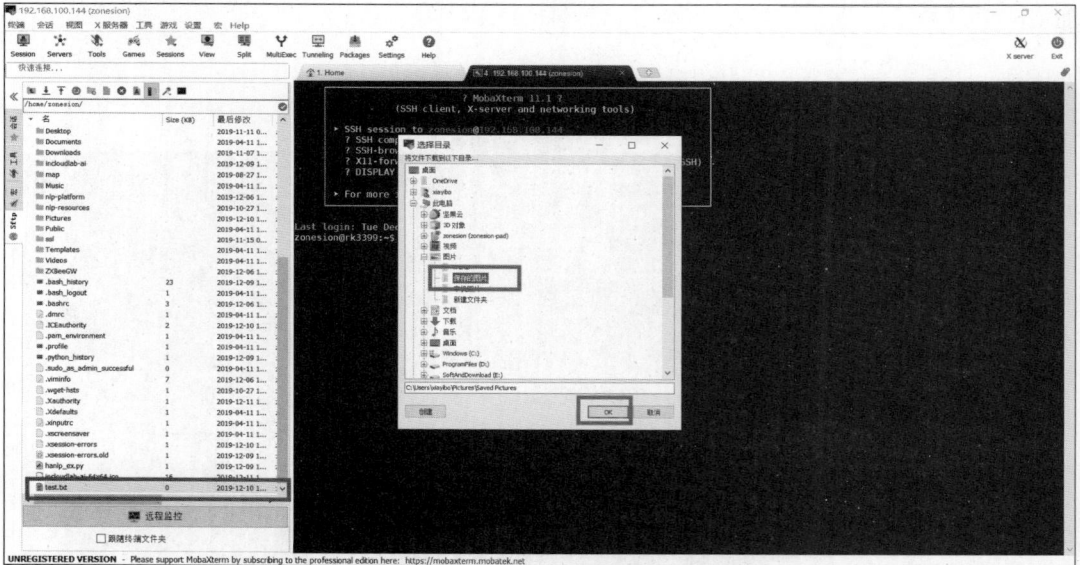

图 B-9　选择文件下载路径

　　单击图 B-11 中红色框选区域的黄色文件夹图标,会弹出创建文件夹的对话框,如图 B-12
所示。

　　填写完文件夹名后,单击 OK 按钮即可完成创建,如图 B-13 所示。

　　(4) 创建文件,如图 B-14 所示。

　　单击图 B-14 中框选的新建文件的图标,即可弹出创建文件的对话框,如图 B-15
所示。

　　填写完文件名后,单击 OK 按钮即可完成创建,如图 B-16 所示。

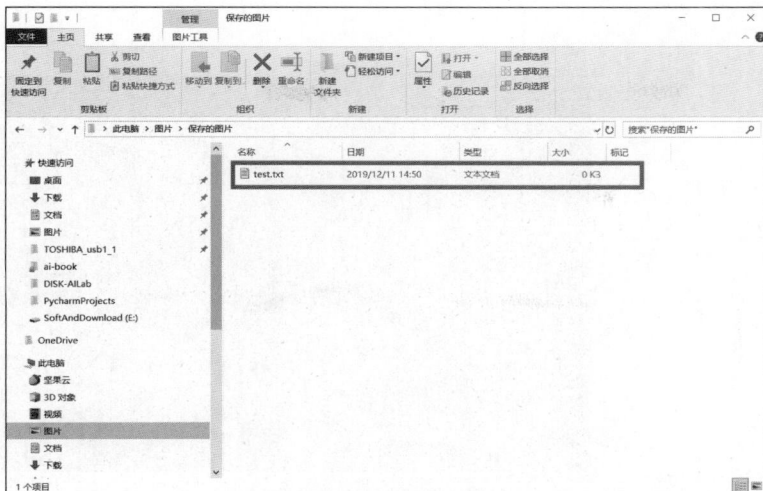

图 B-10 文件下载完成

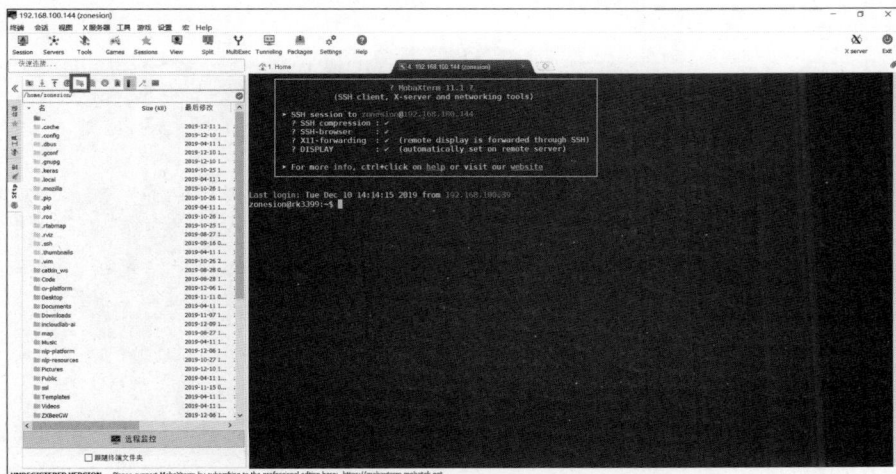

图 B-11 创建文件夹

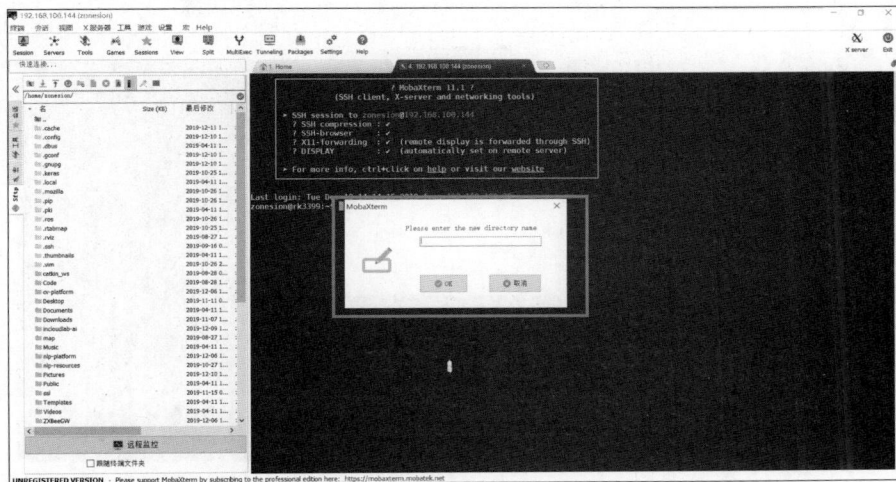

图 B-12 填写文件夹名称

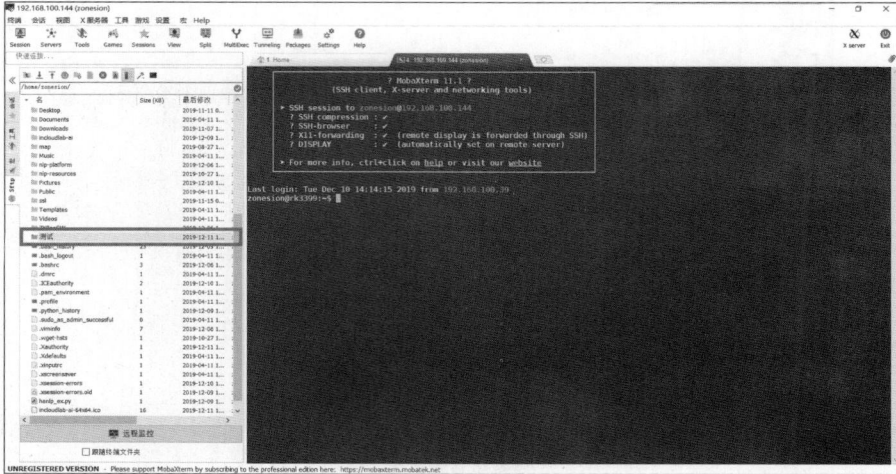

图 B-13　完成文件夹创建

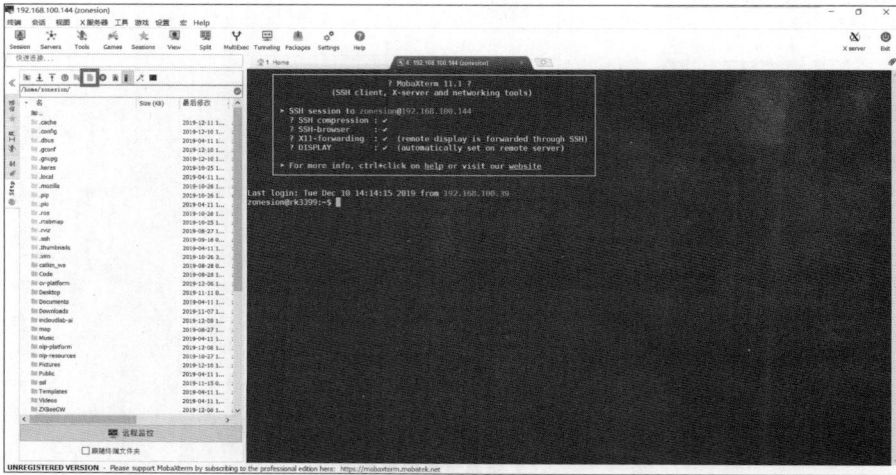

图 B-14　创建文件

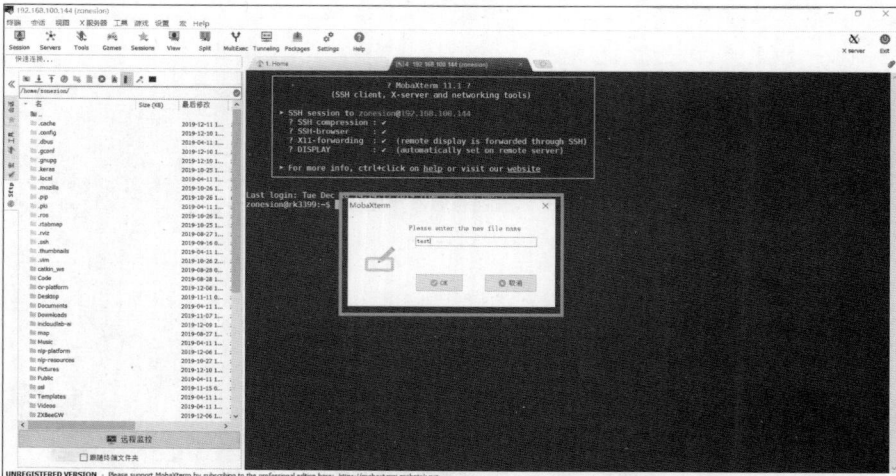

图 B-15　填写文件创建名

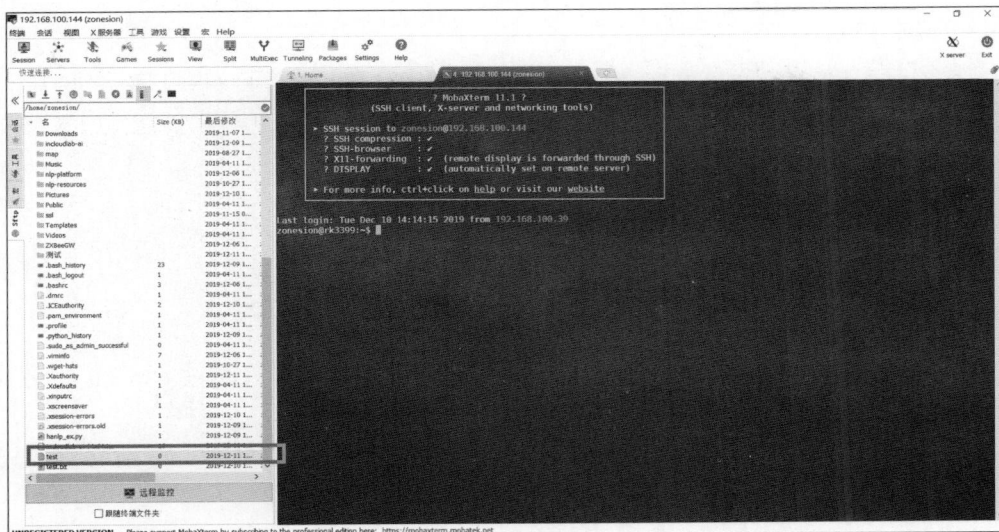

图 B-16　文件创建完成

B.3　通过 VNC 连接

用户可以通过 MobaXterm 远程协助工具，连接到智能网关的桌面，具体操作如下。

（1）打开 MobaXterm。

（2）单击 New Session 按钮，启动一个 VNC 新会话，如图 B-17 所示。

图 B-17　启动 VNC

（3）录入远程 VNC 的地址和端口，并单击下方的 OK 按钮，如图 B-18 所示。

（4）通过 VNC 成功连接智能网关，如图 B-19 所示。

VNC 连接完成，用户可以进行相关桌面操作。

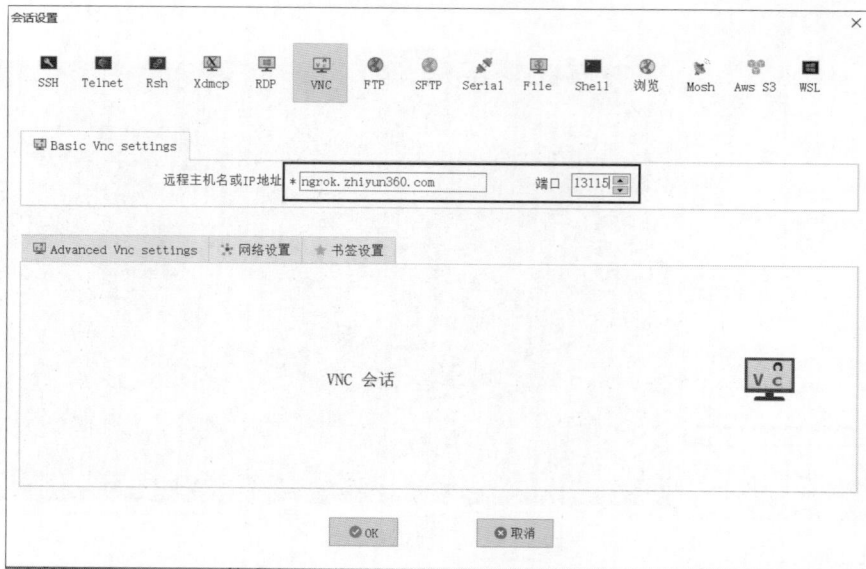

图 B-18　录入远程 VNC 的地址和端口

图 B-19　成功连接智能网关

图书资源支持

感谢您一直以来对清华版图书的支持和爱护。为了配合本书的使用,本书提供配套的资源,有需求的读者请扫描下方的"书圈"微信公众号二维码,在图书专区下载,也可以拨打电话或发送电子邮件咨询。

如果您在使用本书的过程中遇到了什么问题,或者有相关图书出版计划,也请您发邮件告诉我们,以便我们更好地为您服务。

我们的联系方式:

清华大学出版社计算机与信息分社网站: https://www.SHUIMUSHUHUI.com/

地　　址: 北京市海淀区双清路学研大厦 A 座 714

邮　　编: 100084

电　　话: 010-83470236　010-83470237

客服邮箱: 2301891038@qq.com

QQ: 2301891038(请写明您的单位和姓名)

资源下载: 关注公众号"书圈"下载配套资源。

资源下载、样书申请

图书案例

书圈

清华计算机学堂

观看课程直播